U0342501

工业硅生产实用技术手册

Practical Technical Manual for Metallurgical Grade Silicon Production

唐　琳　魏奎先　邢鹏飞
李小明　张　爽　王海娟　主编

北　京
冶　金　工　业　出　版　社
2022

内 容 提 要

本书简要介绍了硅及工业硅的基本性质、用途、标准以及工业硅行业的现状及发展趋势；详细阐述了工业硅生产的基本原理、原料、设备、操作、精炼、设计及辅助设备；介绍了工业硅生产的环保与节能技术，包括除尘及脱硫脱硝、烟气余热利用、副产品（微硅粉）的利用；介绍了工业硅生产的劳动、卫生、安全、清洁生产及质量检验、工厂设计、技术经济分析等。附录中精选了部分优秀论文及国家产业政策的有关规定、标准等内容。

本书可供工业硅生产企业的生产、技术、管理及科研设计人员，工业硅生产设备制造、原材料供应及矿热炉生产其他产品的从业人员以及相关专业院校师生参考阅读。

图书在版编目(CIP)数据

工业硅生产实用技术手册/唐琳等主编．—北京：冶金工业出版社，2020.10（2022.8重印）

ISBN 978-7-5024-5629-0

Ⅰ.①工…　Ⅱ.①唐…　Ⅲ.①硅—生产—技术手册　Ⅳ.①TQ127.2-62

中国版本图书馆CIP数据核字（2020）第180654号

工业硅生产实用技术手册

出版发行 冶金工业出版社　**电　　话** (010)64027926
地　　址 北京市东城区嵩祝院北巷39号　**邮　　编** 100009
网　　址 www.mip1953.com　**电子信箱** service@mip1953.com

责任编辑 曾 媛　美术编辑 彭子赫　版式设计 孙跃红 禹 蕊
责任校对 李 娜　责任印制 李玉山
北京捷迅佳彩印刷有限公司印刷
2020年10月第1版，2022年8月第2次印刷
169mm×239mm；34.5印张；12彩页；618千字；521页
定价 198.00元

投稿电话 (010)64027932　投稿信箱 tougao@cnmip.com.cn
营销中心电话 (010)64044283
冶金工业出版社天猫旗舰店 yjgycbs.tmall.com
（本书如有印装质量问题，本社营销中心负责退换）

《工业硅生产实用技术手册》

编辑委员会

《工业硅生产实用技术手册》
编写委员会

主　编：唐　琳　魏奎先　邢鹏飞　李小明　张　爽
王海娟

副主编：赵　林　詹世伟　邹永安　范光辉　郭龙君
董　涛　廖常见　邬生荣

委　员：（以编写内容先后为序）
范光辉　王海娟　郭龙君　魏奎先　邬生荣
廖常见　刘栋城　芮立国　李均利　范　举
刘维国　张　彬　高　辉　张　爽　张　帅
姜春喜　邢鹏飞　李小明　赵玉军　陈　军
周　磊　董　涛　魏连有　曹转科　詹世伟
龚远程　杨开云　林祖德　邹永安　冉登高
韩　涛　赵　林　金长浩　郑　毅　马文会
唐　琳

主　审：马文会　徐爱华

序

有色金属是全球经济社会发展必不可少的基础材料和重要战略资源。有色金属作为功能材料和结构材料广泛应用于人类生活的各个领域，当今已成为高新技术发展和国防军工建设的重要支撑。有色金属的生产和消费水平已成为衡量一个国家社会进步的重要标志。

新中国成立70年多来，我国已经建成了包括地质勘察、采矿、选矿、冶炼加工和大专院校、科研设计、机械制造和建设施工在内的较为完整的工业体系，形成了具有相当规模的产业基础，取得了举世瞩目的成就，实现了历史性的跨越。特别是改革开放以来，有色金属工业持续快速发展，行业总量规模不断扩大，全球影响力飞速提升，在国民经济中的地位和作用日益提高。目前，我国有色金属产量、消费量均已接近或超过世界总量的40%，已成为全球有色金属产量和消费量增长的主要推动力。

硅作为材料领域重要的产业，是我国电子材料和高新技术材料发展的基础。特别是工业硅作为硅铝合金、有机硅、多晶硅、单晶硅等产业上游最基础的原材料，其应用已经渗透到国家的经济建设、国防军工，以及日用民生、新能源、电子通信等各个行业中，成为名副其实的“工业味精”。

近年来，我国工业硅行业实现了长足发展，其产量已占全球总量的60%以上，产业集中度不断提高，生产装备和相关技术经济指标显著提升。

为了适应工业硅产业发展需要，提高工业硅生产技术水平，促进我国从工业硅生产大国向生产强国转变，中国有色金属工业协会硅业分会专家委员会资深专家唐琳先生组织编写了《工业硅生产实用技术手册》一书。该书集中了行业各领域专家的智慧和力量，汇集了当今中国乃至世界工业硅领域的最新技术知识、实践经验和科技信息，深入浅出，通俗易懂，融实用性和知识性为一体，是行业学习和提高工业硅生产技术的实用工具书。该书的出版发行，将进一步增进全行业对工业硅生产技术的了解，推动全行业生产技术水平再次提升。

让我们行动起来，为我国工业硅行业的技术进步，为实现行业发展的既定目标，为促进我国有色金属工业持续稳定发展而奋勇前进。

中国有色金属工业协会副会长
兼硅业分会会长 赵家生

2020年8月23日

前　言

工业硅是冶金、化工和电子工业不可缺少的基础材料。随着科技创新的不断发展，对工业硅的质量提出新的要求，因此，工业硅生产技术的提高显得越来越重要。

20世纪90年代以来，我国工业硅生产获得快速发展，现在全国投产和在建的工业硅电炉500余座，形成了多个品种、多种容量(或规模)、多种生产方法的大、中、小型相结合的行业格局。目前，我国工业硅生产能力雄居世界首位，自给有余，每年出口近100万吨，成为全球生产和出口工业硅大国。随着引进国外先进工艺及设备技术，并因地制宜地进行“消化、吸收、创新”，我国工业硅生产总体水平已迈上新台阶。

在高速发展的背景下，工业硅行业越来越清楚地取得这样一个共识：处于激烈的国内外市场竞争中，企业的生存与发展，关键在于要随着生产的发展需要不断创新，提高技术、装备和管理水平。只有这样，才能提高产品质量，降低能耗及物耗，获得良好的经济效益，在竞争中立于不败之地。然而，有关工业硅生产的基础理论研究和实用技术开发的文献资料甚少，且分散于各种期刊之中，使各个企业查阅和运用信息资料存在很大困难，尤使新建投产的厂家更感不便。基于上述情况，我们将从事工业硅生产、设计、科研教育工作数十年，既有理论基础、又有丰富实践经验的工业硅领域的专家和学者组织起来，共同编写《工业硅生产实用技术手册》一书。

本书具有明显的特点：第一是“全、新、精”。“全”是指内容全面，包括国内外有关工业硅的用途、标准、原理、原料、设备、工艺、设计、节能、环保、管理等内容；“新”是指荟萃了当代国内外工业硅生产与技术管理的新理念、新理论、新工艺和新装备；“精”是指篇章精当、语言精准、文字精炼。第二是理论紧密联系实际，突出实用性，可操作性强。本书充分反映了21世纪现代中国工业硅生产与管理的特色。

我们深信，本书的出版，一定会受到从事工业硅生产、设计、科研及教学工作者的欢迎，它将帮助各界读者从中吸取全面系统的工业硅生产知识，以促进工业硅生产技术的进步，为工业硅行业繁荣与发展的明天作出更大贡献。

参加编写本书的人员有：第2章由云南宏盛锦盟企业集团范光辉撰写；第3章由北京科技大学王海娟撰写；第4章由四川乐山鑫河电力综合开发有限公司郭龙君撰写，其中4.6节由昆明理工大学魏奎先、陈正杰撰写；第5章中，5.1节由内蒙古纳顺装备工程（集团）有限公司郇生荣撰写，5.1.1节由成都青城耐火材料集团有限公司廖常见撰写，5.1.3节由福建炭基科技（三明）有限公司刘栋城撰写，5.1.5节由成都瑞途电子有限公司芮立国撰写，5.2节由汉江集团丹江口电化有限责任公司李均利撰写，5.2.2节由锦州新生特种变压器有限责任公司范举撰写，5.2.8节由吉林铁合金股份有限公司刘维国和四川蓉开电气成套设备有限公司张彬撰写，5.2.9节由西安秦东冶金设备制造有限责任公司高辉撰写；第6章由西安腾冶冶金工程有限责任公司张爽、张帅撰写，其中6.6节由新疆鑫涛硅业有限公司姜春喜撰写；第7章由东北大学邢鹏飞、都兴红撰写；第8章由西安建筑科技大学李小明撰写；第9章由四川硅联科技有限公司赵玉军撰写；第10章由四川四海缘环保科技有限公司陈军撰写；第11章中，11.1节由湖北潜江江汉环保有限公司周磊撰写，11.2节由南京库泰环保科技有限公司董涛撰写；第12章由中材节能股份有限公司魏连有撰写；第13章由遵义联丰工贸有限责任公司曹转科撰写；第14章由东方希望昌吉吉盛新型建材有限公司詹世伟撰写；第15章由阿坝州禧龙工业硅有限责任公司龚远程撰写；第16

章由四川德昌亚王金属材料有限责任公司杨开云撰写，其中16.2节由云南宏盛锦盟企业集团林祖德撰写；第17章由四川省冶金设计研究院邹永安、冉登高、韩涛撰写；第18章由四川纳毕硅基材料科技有限公司赵林、金长浩、郑毅撰写。全书由唐琳、魏奎先统稿。

本书在组织编写的过程中，得到中国有色金属工业协会副会长兼硅业分会会长赵家生先生的指导和帮助，并为本书作序；东北大学邢鹏飞教授提出了许多宝贵意见，对此表示衷心的感谢。同时感谢编辑委员会各位成员的支持和参与，在此一并表示感谢。

本书在编写过程中，得到很多工业硅生产企业、设备制造企业、高等院校及设计研究院所的大力支持和帮助，在此深表感谢。

由于编者水平所限，时间仓促，书中不妥之处在所难免，敬请不吝赐教。

编　者

2020年9月

目　　录

我国部分工业硅企业及科研单位

中国有色金属工业协会硅业分会
昆明理工大学云南省硅工业工程研究中心
云南宏盛锦盟企业集团
东北大学新能源材料研究所
东方希望昌吉吉盛新型建材有限公司
北京科技大学钢铁冶金新技术国家重点实验室
四川纳毕硅基材料科技有限公司
四川省冶金设计研究院
四川乐山鑫河电力综合开发有限公司
西安建筑科技大学冶金应用技术研究所
内蒙古纳顺装备工程（集团）有限公司
西安腾冶冶金工程有限责任公司
成都青城耐火材料集团有限公司
福建炭基科技（三明）有限公司
成都瑞途电子有限公司
福建省泰宁县三晶光电有限公司
南京库泰环保科技有限公司
阿坝州禧龙工业硅有限责任公司
四川四海缘环保科技有限公司
四川蓉开电气成套设备有限公司
贵州阳光万峰实业开发有限公司
西安秦东冶金设备制造有限责任公司
四川骏驰冶金成套设备制造有限公司
云南硅储/宏硅物流有限公司

工业硅生产的新理念

- 必须全面地系统地做好工业硅生产中每一个细小环节。

- 搞好工业硅生产的要诀：
  原料是基础、设备是保障、操作是关键、管理是统帅。

- 感性经验与理性认识相结合才成为知识；
  知识需要融会贯通才能举一反三；
  只有全面地系统地掌握知识，效果就会更佳。

- 优秀的工业硅人应该既是电炉的母亲又是电炉的医生。

- 细节决定成败！

1 工业硅的用途、标准及发展

1.1 工业硅的用途

工业硅广泛应用于配制合金、制取有机硅、多晶硅、碳化硅以及其他用途。

1.1.1 配制合金

工业硅第一大用途是配制合金产品，其中主要是配制铝合金、铜基合金和炼制硅钢。

1.1.1.1 铝合金

硅在配制铝合金中的用量可占其总用量的40%之多。铝硅合金是铸造合金中品种最多、用量最大的合金，工业用铝硅合金的硅含量可达30%，其他仅占10%。工业硅用于配制硅铝合金时主要使用冶金级牌号产品，其中国标553#、441#等低端牌号产品用量较大，而3303#、2202#等中高端牌号产品用量相对偏少。以硅为主要合金成分的铸造铝合金见表1-1。硅铝中间合金见表1-2。高硅铝合金见表1-3。

表1-1 以硅为主要合金成分的铸造铝合金

序号	合金牌号	合金代号	主要元素/%						
			Si	Ca	Mg	Mn	Ti	Ni	Al
1	101号铸铝锭	ZLD101	6.5~7.5	0.3~0.5					余量
2	102号铸铝锭	ZLD102	10.0~13.0						余量
3	103号铸铝锭	ZLD103	4.5~6.0	2.0~3.5	0.4~0.7	0.3~0.7			余量
4	104号铸铝锭	ZLD104	8.0~10.5		0.2~0.35	0.2~0.5			余量

续表 1-1

序号	合金牌号	合金代号	主要元素/%						
			Si	Ca	Mg	Mn	Ti	Ni	Al
5	105 号铸铝锭	ZLD105	4.5～5.5	1.0～1.5	0.45～0.65				余量
6	106 号铸铝锭	ZLD106	7.5～8.5	1.0～1.5	0.35～0.55	0.3～0.5	0.1～0.25		余量
7	107 号铸铝锭	ZLD107	6.5～7.5	3.5～4.5					余量
8	108 号铸铝锭	ZLD108	11.0～13.0	1.0～2.0	0.5～1.0	0.3～0.9			余量
9	109 号铸铝锭	ZLD109	11.0～13.0	0.5～1.5	0.9～1.5			0.8～1.5	余量
10	110 号铸铝锭	ZLD110	4.0～6.0	5.0～8.0	0.3～0.5				余量
11	111 号铸铝锭	ZLD111	8.0～11.0	1.3～1.8	0.45～0.65	0.1～0.35	0.1～0.35		余量

表 1-2 硅铝中间合金

产品名称		化学成分/%									用途举例
		主要成分		杂质							
牌号	代号	Si	Al	Fe	Mn	Ca	Ti	Cu	Zn	总和	
0 号铸造硅铝合金锭	ZALSiD-0	11.5～13.0	余量	≤0.35	≤0.1	≤0.1	≤0.1	≤0.03	≤0.08	≤0.76	高纯中间合金
1 号铸造硅铝合金锭	ZALSiD-1	11.5～13.0	余量	≤0.5	≤0.5	≤0.15	≤0.15	≤0.03	≤0.08	≤1.41	高纯硅铝合金
2 号铸造硅铝合金锭	ZALSiD-2	11.5～13.0	余量	≤0.7	≤0.5	≤0.2	≤0.2	≤0.03	≤0.08	≤1.71	压力铸造合金

表 1-3 高硅铝合金

牌号	化学成分/%					
	主要成分		杂质含量			
	Si	Al	Fe	Mn	Cu	Zn
AlSi24	22～26	余量	≤0.45	≤0.35	≤0.2	≤0.2
AlSi20	18～21	余量	≤0.45	≤0.35	≤0.2	≤0.2

硅加入铝合金后可提高合金的硬度、强度和刚度，并使其抗氧化和耐腐蚀能力增加。此外，铝硅合金还具有密度低、热胀系数小、铸造性能好、铸件的抗冲击性高和在高压下致密性好等优良性能。铸造合金中的ZLD102，因其铸造性能好、耐腐蚀性强而被广泛应用。

1.1.1.2 铜基合金

工业硅与铜配制成合金，如硅青铜，具有良好的焊接性能，用它做的储罐遇到冲击时不易产生火花，是一种防爆装置。ZQSiD3硅青铜还有很强的耐腐蚀性，因此广泛应用于海洋和石油工业等领域，如跨洋作业中跨海大桥，海洋中的基石、桥墩，开采石油等。常用铜硅基合金见表1-4。

1.1.1.3 硅钢

工业硅是制作硅钢片的重要材料。钢中加入硅能极大改善钢的磁性，增大磁导率，使磁滞和涡流损失降低。含硅5%左右的硅钢片可用于制造电机和普通变压器的铁芯。在钢中加入含铝低于0.1%的硅，冷轧而成无取向硅钢片所制成的电器设备，铁芯的总磁损可以降低到小于0.4W/kg，无取向硅钢片是制作高级变压器铁芯的主要材料。

1.1.2 制作有机硅

有机硅生产过程中使用工业硅作为原料，其主要牌号是化学级工业硅441#、421#、411#等。有机硅包括单体、硅油、硅树脂、硅橡胶、硅烷硅脂等中间体，以及有机硅填充颜料、硫化剂、胶黏剂、电子灌封胶等上万种产品。

1.1.2.1 单体

在工业用途中，工业硅用于生产有机硅产品最直接的用途是生产单体产品。单体产品包括DMC、D3、D4、D5、水解物、甲基氢二氯硅烷（MH）、一甲基三氯硅烷（M1）、二甲基二氯硅烷（M2）、三甲基一氯硅烷（M3）、甲基乙烯基氯硅烷、乙基三氯硅烷、苯基氯硅烷、丙基三氯硅烷、γ-氯丙基三氯硅烷、氟硅单体、乙烯基三氯硅烷等。

用于生产有机硅产品的工业硅磨成200目硅粉与氯化铜按氯化铜15：硅85混合，在270~300℃温度通入CH_3Cl制得三氯氢硅产品，再加入化学级工业硅441#、421#、411#硅块制得单体产品，单体产品进而制成硅橡胶、硅树脂、硅油等产品。在有机硅合成中，1t工业硅可合成3~4t有机硅单体。

表 1-4　常用铜硅基合金

名称	代号	化学成分/%												
		主要成分				杂质								
		Cu	Si	Pb	Zn	Fe	Pb	Sb	Mn	Sn	Bi	Al	P	小于
铸造硅黄铜	ZHSiD80-3	79~81.0	2.5~4.5		余量	≤0.4	≤0.1	≤0.05	≤0.5	≤0.2	≤0.003	≤0.1	≤0.02	1.5
	ZHSiD80-3-3	7.9~81.0	2.5~4.5	2.0~4.0	余量	≤0.4		≤0.05	≤0.5	≤0.2	≤0.003	≤0.2	≤0.02	1.5
	ZHSiD65-1.5-3	63.5~66.5	1.0~2.0	2.5~3.5	余量	≤0.15		≤0.005			≤0.002		≤0.01	1.5
	ZHSiD63-2	6.2~68.0	2.0~2.5		余量	≤0.4	≤0.3	≤0.05		≤0.2	≤0.002		≤0.01	1.5
铜中间合金硅铜	CuSi16	余量	15~16			≤0.2	≤0.1	≤0.1					≤0.1	0.5
铸造硅青铜	ZQSiD3-1	余量	2.75~3.5			≤0.3	≤0.03	≤0.002		≤0.25	Zn ≤0.5		≤0.05	1.1
	ZQSiD1-3	余量	0.6~1.1	Ni 2.4~3.4	Mn 0.1~0.4	≤0.1	≤0.15			≤0.1	Zn ≤0.1	≤0.02	≤0.01	0.4

1.1.2.2 硅橡胶

硅橡胶最主要的特性是在高温和低温的情况下都能保持弹性，不变脆也不变形，是制作高温橡胶的主要材料。硅橡胶包含有101生胶、107胶、室温硫化硅橡胶（RTV）、模具硅橡胶、加成型液体硅橡胶LSR、高温硫化硅橡胶（HTV）、混炼胶、苯基硅橡胶、腈硅橡胶、苯撑硅橡胶、丝印硅胶、硅凝胶、苯醚撑硅橡胶、特种硅橡胶、电力硅橡胶等。

1.1.2.3 硅树脂

硅树脂耐热温度可达200℃，可用于生产高温涂料和生产热绝缘漆。硅树脂制成的涂料用在化工加热蒸发结晶的换热器上，可延缓结垢速度，提高热交换效率。硅树脂包含甲基苯基硅树脂、甲基透明硅树脂、苯甲基硅树脂、云母黏结硅树脂、氟硅树脂纯硅树脂、有机硅树脂乳液、乙烯基MQ硅树脂、环氧改性硅树脂、甲基MQ硅树脂、高温型有机硅树脂、环氧改性有机硅树脂、有机硅树脂、有机硅聚酯改性树脂等。

1.1.2.4 硅油

硅油由于其黏度受温度影响很小，常用于高级润滑剂、上光剂、流体弹簧、介电液体等方面，还可加工成物色透明的液体用于建筑物上的防水工程。硅油包含二甲基硅油、含氢硅油、高真空扩散泵油、氟硅油、乙烯基硅油、羟基硅油、苯基硅油、乳化硅油、氨基硅油、苯甲基硅油、甲氧基硅油、水溶性硅油、干性硅油、挥发性硅油、高黏度硅油、硅油乳液、柔软整理剂等。

1.1.3 制作多晶硅

在半导体材料中用量最多的是硅和锗。硅的熔点高，热稳定性好，且资源丰富，是生产半导体的理想原料。随着工业发展和高纯硅制取技术的进步，20世纪60年代中期以来，半导体硅的用量已超过锗。

工业硅通过西门子法提纯制取成多晶硅。而单晶硅是将晶体无序排列的多晶硅熔化拉制成单一方向结晶而来。由于硅的熔点高、稳定性好、硅元件的工作温度可达200℃，且资源丰富，制作成本相对较低。随着科技进步，硅的应用越来越广泛，越来越重要。单晶硅主要用于大型集成电路和电子元器件以及太阳能电池等方面。作为集成电路核心的电子元器件，95%以上是用半导体硅制成的，半导体硅是当代信息工业的支柱。

重要的新能源——太阳能的主要原料也是工业硅。工业硅应用于光电领域中的数量正以每年30%及以上的速度递增。目前国家正在打造工业硅、多晶硅、单晶硅、有机硅、太阳能组件等为一体的硅产业链模式，多晶硅和有机硅项目新投建、新投产项目年产能超过200万吨。

1.1.4 其他用途

制作氮化硅（Si_3N_4）。氮化硅是新型的耐热、耐磨、耐腐蚀材料。它是在氮气气氛下将粒度小于250目的硅粉加热到1250~1400℃而制得：

$$3Si+2N_2 \xlongequal{\triangle} Si_3N_4$$

氮化硅中 α-Si_3N_4的密度为3.19g/cm^3，是针状结晶的白色粉末。在燃气透平机中应用氮化硅可提高其工作温度。

制作涂面材料。将硅、氮化硅磨成200目粉末后与其他物质按一定质量分数混合（表1-5），用ZCDP-3型工业硅喷枪喷到石墨电极表面，涂层厚0.5~1.0mm，这样可提高电极抗氧化温度，在相同使用条件下，电极净耗降低17%左右。

表1-5 硅质涂层材料配比

原料	硅粉	碳化硅粉	钛白粉	铝粉	硼酸	纸浆	水
质量分数/%	10.3	10.6	12.5	9.7	6.6	4.6	45.7

钢件表面渗硅。钢件在1000~1200℃下的$SiCl_4$气相中进行表面渗硅，渗硅过程的机理是：

$$4Fe+3SiCl_4 \longrightarrow 3Si+4FeCl_3$$

渗硅后的钢件，可提高使用性能。

用于硅热法冶炼高熔点铁合金或微碳铁合金。其机理是：

$$MeO+Si \longrightarrow SiO_2+Me$$

即硅还原某种金属氧化物成金属。工业硅还用作冶炼高熔点铁合金或微碳合金的还原剂。例如生产含钨80%的钨铁，需要用Si 98.5%以上的工业硅做还原剂。

把硅、二氧化硅与石灰石等混合，进行水热反应，可生成泡沫铝的发泡剂。泡沫铝耐火、耐热性能高、易加工，是理想的装饰材料。人们还研制出把硅、锌和铜的再生物加工成混合物，掺入到纺织品中，制成不沾附尘土和脏物的衣料，这种衣料不需经常洗涤，能经久耐用。

随着国民经济和近代科学技术的发展，工业硅的应用领域和用量在加速增长。

1.2 工业硅的牌号

1.2.1 工业硅的国家标准（GB/T 2881—2014）

1.2.1.1 牌号

工业硅按化学成分分为多个牌号。牌号按照硅元素符号与 3 或 4 位数字相结合的形式表示，3 或 4 位数字依次分别表示产品中主要杂质元素铁、铝、钙的最高含量要求，其中铁含量和铝含量取小数点后的一位数字，钙含量取小数点后的两位数字。示例见表 1-6。

表 1-6 工业硅牌号示例

牌　　号	主要杂质含量/%		
	Fe	Al	Ca
工业硅 3303	3	3	03
	≤0.30	≤0.30	≤0.03
工业硅 441	4	4	1
	≤0.40	≤0.40	≤0.10

1.2.1.2 化学成分

A　常规检测元素含量

工业硅需常规检测的元素含量应符合表 1-7 的规定。需方需要其他牌号时，由供需双方协商确定后在订货单（或合同）中具体注明。

表 1-7 工业硅主要元素要求 （wt%）

牌号	化　学　成　分			
	硅含量	主要杂质元素含量		
		Fe	Al	Ca
1101	≥99.79	≤0.1	≤0.1	≤0.01
2202	≥99.58	≤0.2	≤0.2	≤0.02
3303	≥99.37	≤0.3	≤0.3	≤0.03

续表 1-7

牌号	化学成分			
	硅含量	主要杂质元素含量		
		Fe	Al	Ca
4110	≥99.40	≤0.4	≤0.1	≤0.1
4210	≥99.30	≤0.4	≤0.2	≤0.1
4410	≥99.10	≤0.4	≤0.4	≤0.1
5210	≥99.20	≤0.5	≤0.2	≤0.1
5530	≥98.70	≤0.5	≤0.5	≤0.3

注：分析结果的判定采用修约比较法，数值修约规则按 GB/T 8170 的规定进行，修约数位与表中所列极限值数位一致。其中硅含量则为100%减去铁、铝、钙含量总和的值。

B　微量元素含量

需方对工业硅中的微量元素含量有要求时，应在订货单（或合同）中注明“要求微量元素含量”，具体要求应符合表 1-8 的规定。若供需双方对微量元素有别的要求时，由双方协定之后在订货单（或合同）中具体注明。

表 1-8　工业硅微量元素要求

用途		类别	微量元素含量（$\times10^{-6}$）								
			Ni	Ti	P	B	C	Pb	Cd	Hg	Cr
化学用硅	多晶用硅	高精级	—	≤400	≤50	≤30	≤400	—	—	—	—
		普精级	—	≤600	≤80	≤60	≤600	—	—	—	—
	有机用硅	高精级	≤100	≤400	—	—	—	—	—	—	—
		普精级	≤150	≤500	—	—	—	—	—	—	—
冶金用硅	—	—	—	—	—	—	—	≤1000	≤100	≤1000	≤1000

1.2.1.3　粒度

工业硅粒度范围及允许偏差应符合表 1-9 的规定，需方对粒度有特殊要求时，由供需双方在订货单（或合同）中具体备注说明。

表 1-9　工业硅产品粒度要求

粒度范围/mm	上层筛筛上物/wt%	下层筛筛下物/wt%
10~100	≤5	≤5

1.2.1.4　外观

工业硅以块状或粒状供货，其表面和断面应洁净，不允许有夹渣、粉状硅黏结以及其他异物。

1.2.2 工业硅的企业标准

1.2.2.1 牌号

相比工业硅的国家标准，企业标准更加多元化，根据企业本身来说划分的牌号相对较多，每个牌号以铁、铝、钙的指标差别进行细分，其牌号划分标准与国家标准保持一致。

1.2.2.2 化学成分

企业标准中需常规检测的元素含量应符合表1-10的规定。需方需要其他牌号时，由供需双方协商确定后在订货单（或合同）中具体注明。

表1-10 工业硅企业标准中常规元素含量检测要求 （wt%）

牌号	化学成分			
	硅含量	主要杂质元素含量		
		Fe	Al	Ca
1101	≥99.79	≤0.1	≤0.1	≤0.01
1501	≥99.69	≤0.15	≤0.15	≤0.01
2202	≥99.58	≤0.2	≤0.2	≤0.02
2502	≥99.48	≤0.25	≤0.25	≤0.02
3303	≥99.37	≤0.3	≤0.3	≤0.03
331	≥99.3	≤0.3	≤0.3	≤0.1
411	≥99.40	≤0.4	≤0.1	≤0.1
4103	≥99.47	≤0.4	≤0.1	≤0.03
4105	≥99.45	≤0.4	≤0.1	≤0.05
421	≥99.30	≤0.4	≤0.2	≤0.1
4402	≥99.18	≤0.4	≤0.4	≤0.02
441	≥99.10	≤0.4	≤0.4	≤0.1
521	≥99.20	≤0.5	≤0.2	≤0.1
551	≥98.9	≤0.5	≤0.5	≤0.1
5503	≥98.97	≤0.5	≤0.5	≤0.03
553	≥98.70	≤0.5	≤0.5	≤0.3

企业制定的工业硅标准中杂质含量、粒度及外观等都与国家标准保持一致，除非需方有其他的特殊要求，由供需双方协商确定后在订货单（或合同）中具体注明。

1.3　我国工业硅生产的现状及展望

1.3.1　我国工业硅产量

工业硅生产始于20世纪初期，1907年波特（Poter）用碳还原硅石提取非晶单质硅获得成功，为硅的生产开辟了新的途径。1936年苏联进行了提取工业硅的生产研究，1938年建立了工业硅冶炼炉。1957年，我国第一台容量为5000kV·A单相双电极工业硅冶炼炉在抚顺铝厂建成后投产。进入20世纪90年代，云南、四川、贵州等地工业硅行业快速发展，也让中国工业硅在世界上的地位稳步向前。

自2000年以来，随着科技和生产的快速发展，工业硅的需要量高速增长。我国工业硅的出口量逐年增加，我国工业硅产量也占全球市场的60%左右。由于国内南方水电资源丰富，前些年南方是工业硅主产地。而近年来，随着新疆大电炉时代的兴起，新建企业的增多，工业硅主产地更改为新疆、云南、四川、福建、青海、甘肃等地。截至2019年，我国工业硅产能为482万吨/年，产量为220万吨。新疆为我国工业硅产量第一的省份，2019年产量达97万吨，云南、四川产量位列第二、第三，三省（区）总产量达到170万吨。表1-11为2016~2019年我国工业硅分地区产能、产量统计表。

表1-11　2016~2019年我国工业硅分地区产能、产量表　　（万吨）

省（区）	2016年		2017年		2018年		2019年	
	产能	产量	产能	产量	产能	产量	产能	产量
云南	115	48	115	51	115	48	115	41
新疆	120	70	145	77	168	102	170	97
四川	70	39	68	36	70	34	63	32
贵州	16	4	14	4	14	4		5
湖南	15	4	15	7	14	6		
甘肃	20	6	20	7	18	9	18	9
福建	26	14	25	14	25	11	25	8
其他	78	25	78	24	76	26		28
总计	460	210	480	220	500	240	482	220

1.3.2 我国发展工业硅行业的优势

（1）所有原材料不需要进口。我国锰矿、铬矿、镍矿主要依靠进口，没有任何优势，但对硅系行业而言，所需原材料硅石、煤炭等国内遍地都是，完全能够满足生产所需。

（2）工艺路线成熟，技术经济指标先进。我国工业硅行业是伴随工业发展起来的，改革开放后，随着国内外市场需求的增长，我国工业硅产品在满足国内市场后，进入国际市场。跨入21世纪后，我国工业硅发展步入快车道，工业硅企业如雨后春笋般迅猛发展，产品品种配套齐全，产品享誉国内外。2008年后，随着硅系行业环保准入政策的实施，25.5MV·A以上大型工业硅电炉陆续建成投产。这一时期的电炉，装备水平有了较大的提升，配套设施更加完善，在节能降耗、烟气污染综合治理、烟气余热利用、降低综合能耗等方面迈上了新台阶，工艺技术趋于娴熟，技术经济指标达到先进水平。

（3）与有渣法品种相比，对环境污染相对较小。工业硅生产采用电炉法冶炼，属于无渣法生产，对环境污染相对较小。

1.3.3 我国工业硅行业的现状

1.3.3.1 产能再创新高

硅被称为“工业味精”“半导体之王”“光伏产业”的火车头，可以说没有硅就没有今天的高科技工业。工业硅又称金属硅、结晶硅，被广泛应用于冶金、化工、电子光伏等行业，是现代工业尤其是高科技产业必不可少的原材料。我国依托资源能源优势，占据全球工业硅生产总量60%，但依然处于粗放式发展阶段，行业发展主要依赖于资源能源的大量消耗和国内外市场的需求，整体竞争力不强。工业硅生产企业应控制重复建设、控制行业总量、提升装备水平、调整产品结构、降低排放消耗、实现集约集群发展，真正把我国建设成为硅材料生产、研发、应用和贸易中心。

1.3.3.2 供大于求

工业硅产量虽然占全球比重大，但由于产能相对过剩、资源能源消耗高、生态环境压力大、产业集中度低、装备水平有待提高、低水平重复投资建设等问题，已引起社会各界的广泛关注。2019年，全国工业硅产能已接近500多万吨，实际产量220万吨，产能利用率约50%。而国内市场对工业硅消费量仅为161万吨左右，一部分产品依赖国外市场需求，导致近30%的工业硅产品成为发达国家制造高端硅材料的廉价原料或冶金辅料。

1.3.3.3 产业结构性调整潜力大

尽管大部分企业积极采用石油焦、洗精煤等替代木炭还原剂生产工业硅，但行业仍有一部分企业以木炭作为还原剂。木炭具有很高的比电阻和反应能力，而且杂质含量少，是生产工业硅的理想的还原剂，但木炭的来源受到限制，无法再大量使用木炭作还原剂。工业硅产能增大，对木炭消耗和需求上升。当前，工业硅整体生产都是传统方式，工业污染仍采取末端治理管理模式，存在着一系列严重问题，控制处理工业硅污染物投入高、效率低，费用与提高经济效益有明显倒挂，导致企业普遍缺乏治理污染积极性，企业发展与环境保护能力提升协同性严重偏离，行业结构性调整压力大。全国尚有企业新建、改建、扩建工业硅电炉，全部建成后将进一步加剧上述问题。

1.3.3.4 调整还原剂结构

使用石油焦、精煤代替木炭作还原剂。化学级硅生产所用的主要还原剂有石油焦、精煤、木炭。为增大炉料的电阻率，增加化学活性，也有搭配气煤焦、硅石焦、兰炭、半焦、低温焦、木块。在碳质还原剂化学成分中，主要应考虑固定碳、灰分、挥发分和水分。一般要求固定碳要高，所需还原剂总量减少，从而灰分带入的杂质少，电能消耗降低，工业硅中杂质含量降低。碳质还原剂的电阻率要大，气孔率要高。炉料电阻率主要取决于碳质还原剂，木炭、精煤电阻率大，化学活性好，硅的回收率高。石油焦是所有用于工业硅生产的还原剂中灰分最低的，含灰分0.17%~0.6%，固定碳84%~90%，挥发分10%~15%。工业硅冶炼采用石油焦作还原剂，这是因为它的灰分低，有利于提高产品质量。但由于石油焦电阻率小，反应性差，高温下易石墨化，用量偏大时，导致炉况不好控制，造成炉料透气性差、刺火严重、电耗高、出炉困难。从国外的情况看，绝大多数国家已不再使用木炭，国内的很多厂家在寻求和使用木炭代用品方面也做了大量工作。实践证明，在各种碳质还原剂中，从反应能力和比电阻的大小来看，精煤是木炭之外的另一种较为理想的还原剂。

1.3.3.5 开展清洁生产评价与审核

据了解，少数工业硅企业在“十二五”期间已经关注环境保护与企业发展的重要性，增加环保末端治理的投入，开展清洁生产评价审核工作。如四川省某工业硅公司，2015 年就投入专项资金，聘请第三方，实施清洁生产评价审核工作。该公司以此为契机，积极响应，加快推行清洁生产，提高资源利用效率，减少污染物的产生和排放，保护环境，增强企业竞争力，促进经济社会可持续发展。提高员工对清洁生产审核的认识，核对并查定有关单元操作、原材料、产品、用水、能源和废物的资料；确定废弃物的来源、数量及类型，并根据审核结果制定削减目标，制定经济有效的废物控制对策；找寻出企业效率低的瓶颈部位和管理上疏忽之处。通过清洁生产审核，针对企业现状，提出许多可行的清洁生产方案，并通过对全部可行性方案的实施，树立该公司的良好形象，提高该公司的管理水平，提高原材料、水、能源的使用效率，有效地降低了成本，减少该公司主要污染物的产生及排放量；提高员工素质，为该公司带来一定的经济、环境和社会效益，该公司已基本建立清洁生产体制，基本达到产品、生产、服务过程的“节能、降耗、减污、增效”目的。

我国加快工业企业强制性清洁生产进程。四川省提出 2018 年重点企业实施强制性清洁生产审核，对工业硅企业也提出清洁生产审核时间表。

1.3.4 我国工业硅生产的未来

制造业作为国民经济主体，是立国之本、兴国之器、强国之基。制造业不仅是实体经济的代表性行业，其生产的产品更为其他工业企业提供“粮食”，是国家竞争力和经济健康发展的基础。我国虽是制造业生产大国，还不是制造业强国。党的十九大报告提出，要“加快发展先进制造业”“培育新增长点、形成新动能”“支持传统产业优化升级”等，每一条都为工业硅的改革发展指明方向。因此，制造业的发展趋势在某种程度上影响和引导着工业硅行业的发展。

党的十九大报告明确指出，实体经济是国民经济的命脉，建设现代化经济体系必须把发展经济的着力点放在实体经济上。我国经济已由高速增长阶段转向高质量发展阶段，在宏观政策的引导下，中国工业硅行业出现了一些新的发展趋势，这些趋势必将成为工业硅今后的发展方向：

（1）新增产能布局正在发生转移。新进入工业硅行业的资本正在向环境容量相对较大，人力资源成本相对较低，劳动力资源相对富裕，电价相对较低，能源资源富裕的地区布局和扩大。

（2）企业规模进一步扩大，工业硅产能集中度有望得到提高。随着落后产能的淘汰和产业结构的调整，中国大型工业硅企业几乎都有进一步扩大生产规模的动向，有的正在扩大生产规模，有的规划和打算扩大生产规模。随着国家环保政策的不断加强，小型电炉将逐步淘汰出局，各地引企入园，工业硅产业集中度将进一步得到提高。

（3）行业技术进步和创新助推工业硅电炉向大型化、自动化、智能化和余热综合利用方面发展。为进一步挖掘节能减排潜力，降低工业硅能耗，提高劳动生产率，提升企业竞争力，今后，有实力的大型工业硅企业将电炉大型化和配套余热利用设施作为企业发展壮大的必选项。

（4）重视产业链建设。工业硅企业将积极与电力企业合作，或煤电硅一体化、水电硅一体化，循环经济产业链不断深化，努力建设互利共赢的利益共同体，并向下游有机硅、多晶硅发展。

1.3.5　我国工业硅行业将实现低碳、绿化、可持续发展

《中国制造 2025》明确坚持创新驱动、智能转型、强化基础、绿色发展，加快我国从制造大国向制造强国转变。推进工业硅行业智能生产是时代发展的必然趋势，也是我国实现硅行业强国的必由之路。

党的十九大报告提出，推动互联网、大数据、人工智能和实体经济深度融合。当今智慧科学与信息技术在不断改变着世界，工业硅产业如何应对新的机遇和挑战，推动工业硅行业向着智慧制造健康有序发展，为人类呈现更多可能，这是每一个工业硅企业都应该认真思考的问题。

应通过加强行业规范准入管理，化解低效过剩产能，实行产能置换，调控总量规模，企业兼并重组，倡导科技创新，开发新工艺、新技术、新产品，提高装备水平强化内部管理，努力降低生产成本，增强企业综合竞争力，从而推动工业硅行业供给侧结构性改革，实现行业转型升级，促进行业持续健康发展。具体体现在以下几方面：

（1）工业硅企业应当坚持科学发展观，勇于承担社会责任，推动工业硅行业向绿色行业方向发展。随着经济高速发展和世界经济一体化的进程，资源环境约束的矛盾日益突出，加强能源资源的节约和生态环境的保护，实现可持续发展是经济社会面临的现实任务和重大课题。工业硅作为资源性行业，工业硅生产企业既要加快技术装备的升级改造，降低成本，提升市场竞争力，也要加快先进适用成熟可靠的节能环保工艺技术的改造升级。应坚定不移地抓好节能减排、淘汰落后工艺技术、产业升级、发展循环经济工作，降低工业硅生产的能源消耗、资源消耗，减少排放量，使工业硅企业环保设施完好

率全部达到100%，环保设施同步运行率 100%，废水、废气排放符合相关标准。

（2）提高行业集中度是工业硅行业奋斗的方向。产业集中度低是工业硅企业竞相压价、市场无序竞争、行业利润率低、话语权缺失的根源，这也是多年来工业硅市场恶性竞争、大起大落、企业技术装备水平上不去的主要原因。因此，工业硅产业要以优化产业结构和布局，培育具有国际竞争力的大型企业集团为目标。一方面，要依托现有大型优势企业，加速行业并购整合，产业升级等方式；另一方面，要大力支持大型优势工业硅企业加快发展，通过加大资金投入，推动科研开发、提升改造和兼并重组，实现工业硅行业结构调整，提高产业集中度，全面提升中国工业硅行业的国际竞争力。

（3）维护工业硅市场供需平衡，防止出现大起大落。近年来，一方面国家通过调整产业政策，淘汰落后产能，另一方面市场疲软也致使不少企业长期停产被迫退出市场，或者出现“烂尾”在建项目和休眠备案立项。工业硅企业应当加强相互沟通与交流，建立信息共享，行业自律制度，共同培育竞争力，共同维护市场供需平衡状态，全力防范市场出现大起大落局面，降低行业运行风险。

（4）智能制造与现代信息技术带来的改变社会的能力，以及企业全新的运作模式，都在为硅产业链行业的竞争力重构创造机会。在工业硅行业实施人才战略，硅产业企业应积极与高等院校、科研机构相联合，不断培养既能热衷于硅产业事业又能勤于钻研的技术人才，搭乘“一带一路”的快车，为我国与沿线周边国家在硅产业工程项目、冶炼技术、经贸管理方面培养和储备大量后备人才。同时要不断进行技术创新，降低工业硅行业的劳动强度，改善工业硅行业的劳动环境，早日做到工业硅生产低碳化、智能化，努力使我国由工业硅大国向工业硅强国迈进。

2 硅的性质

硅是自然界中分布最广的元素之一，它在地壳中的丰富度仅次于氧（见图2-1）。在自然界中，硅主要是以氧化硅和硅酸盐的形态存在。人类最早利用的较纯硅化物是石英和石英砂。石英中的透明者即水晶，最初主要做装饰品；石英砂则用于烧制玻璃。据说古埃及人公元前3500年就已掌握了烧制玻璃的技术。公元前4000多年我国黄河流域的人们就用黏土等硅质材料制造陶瓷用品。

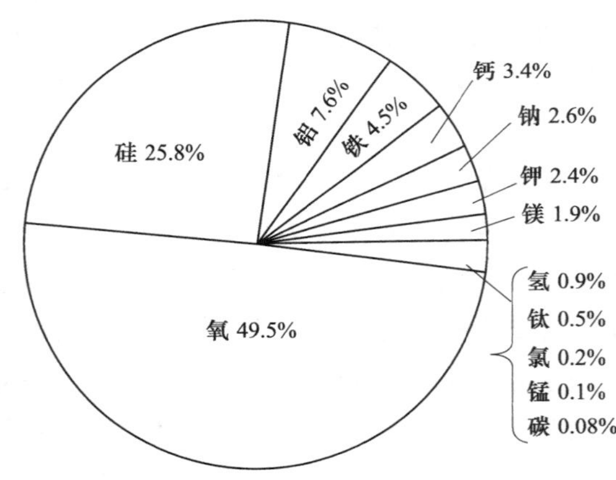

图2-1　主要元素在地壳中的分布

现在人们已经知道自然界中有200多种氧化硅的不同变体和数千种硅与其他元素氧化物化合成的硅酸盐矿物。公元1811年法国哥依鲁次克和西纳勒德通过加热分解硅的氧化物而制得纯净硅。公元1823年瑞典雅各布·贝米利乌再次制得纯硅后确认并命名为元素硅（Si）。公元1885年由得威利制得钢灰色具有金属光泽的晶体硅。贝克特威通过四氯化硅与锌的化学反应，以锌置换四氯化硅中的硅而获得硅（Si）。

$$SiCl_4+2Zn = 2ZnCl_2+Si$$

2.1 硅的物理性质

硅有无定形和结晶形两种同素异形体。无定形硅可用细砂（很纯的 SiO_2）与镁煅烧而制得。所得硅呈棕色，密度为 2.35g/cm^3。无定形硅呈粉末状，化学性质活泼，不导电，用途较少。结晶形硅可用硅氟酸钾与铝熔合，再将合金溶解在酸中而制得。结晶形硅为固体时呈暗灰色，并具有金属光泽，质坚而脆（莫氏硬度 7 级，冲击韧性为 0.02~0.04MPa），其貌似金属，但化学反应中又更多地显示出非金属性质，导电率介于金属和非金属之间，所以通常被称为半金属。硅在 650℃以下不导电，可以用硅作绝缘材料；超过 650℃开始导电，随着温度升高其导电性不断提高。硅的主要物理性质见表 2-1。

表 2-1 硅的主要物理性质

晶格常数 a/nm	硬度（莫氏）	熔点 /℃	沸点 /℃	熔化热 Q/kJ · mol^{-1}	汽化热 Q/kJ · mol^{-1}	密度 ρ/kg · m^{-3}
0.543	7	1683	2628	39.6	383.3	2330（298K）
原子半径 r/pm	摩尔体积 V_m/cm^3 · mol^{-1}	电阻率 ρ/Ω · m	第一电离能 W/kJ · mol^{-1}	热导率 λ/W · (m · K)$^{-1}$	线膨胀系数 α_1/K^{-1}	c/J · (mol · K)$^{-1}$
117	12.06	0.001（273K）	787.16	148（300K）	4.2×10^{-6}	17.058

2.2 硅的化学性质

硅在元素周期表中属ⅣA 族，原子序数为 14，相对原子质量为 28.0855，核外电子的排布为 $1s^22s^22p^63s^23p^2$，化合价表现为四价或二价（四价化合物为稳定型）。因晶体硅的每个硅原子与另外四个硅原子形成共价键，其 Si—Si 键长 2.35Å（1Å=0.1nm），成为正四面体型结构，与金刚石结构相近，所以硅的硬度大、熔点、沸点高。

硅在常温下不活泼，在高温下化学性质比较活泼，在高温下能与氧、氯、卤族元素等多种元素结合成化合物，如二氧化硅（SiO_2）、四氯化硅（$SiCl_4$）。硅不溶水、硝酸、盐酸，溶于氢氟酸和碱液。硅不溶于任何浓度的酸中，但能溶于硝酸或盐酸与氢氟酸的混合液中，与 1∶1 浓度的混合稀酸发生如下反应：

$$Si+4HF+4HNO_3 \xlongequal{\triangle} SiF_4\uparrow+4NO_2\uparrow+4H_2O$$

$$3Si+12HF+4HNO_3 \xlongequal{\triangle} 3SiF_4\uparrow+4NO\uparrow+8H_2O$$

这个特性可用于硅的化学分析中，即先将试样硅中的硅以氟化物形式挥发，而分析硅中残留的铁、铝、钙元素。硅能与碱反应，生成硅酸盐，同时放出氢气，如：

$$Si+2NaOH+H_2O = Na_2SiO_3+2H_2\uparrow$$

硅与卤族元素反应，生成相应化合物，如：

$$Si+2F_2 = SiF_4$$

$$Si+2Cl_2 = SiCl_4$$

这是利用工业硅制取多晶硅的主要反应之一。硅在高温下能与氧化合，生成 SiO_2或 SiO：

$$2Si+O_2 = 2SiO$$

这是工业硅生产中，发生在电弧区的副反应，可造成硅的挥发损失，降低冶炼中硅的回收率。固体 SiO_2的密度为 2. 13～2. 15g/cm^3。硅几乎能与所有非金属生成化合物，如：

$$Si+C = SiC$$

SiC 具有良好的耐磨、耐高温性能，已由独立的生产部门生产，现已测出 SiC 有 50 多种结晶类型。在工业上，SiC 是在电阻炉内用石英砂、煤或石油焦、木屑等制得的，主要用于磨料、耐火材料和电热元件。

2. 3　硅的氧化物

硅在自然界中不以游离状态存在，大多与氧等结合。二氧化硅是主要存在形式之一，以 SiO_2为主的硅石是生产工业硅的唯一矿石。一氧化硅是生产工业硅中的重要中间产物。

2. 3. 1　二氧化硅

二氧化硅（SiO_2）其结构式如图 2-2 所示。每个硅原子位于四面体中心，氧原子排列在四面体的每个角上。每个氧原子与两个硅原子相连接，其通式为（SiO_2）$_n$，简化为 SiO_2。硅与氧结合得很牢固（Si—O 键的键长为 0. 162nm，键能为 369. 275J/mol），因此二氧化硅有很高的硬度和很好的稳定性。二氧化硅的性质见表 2-2。

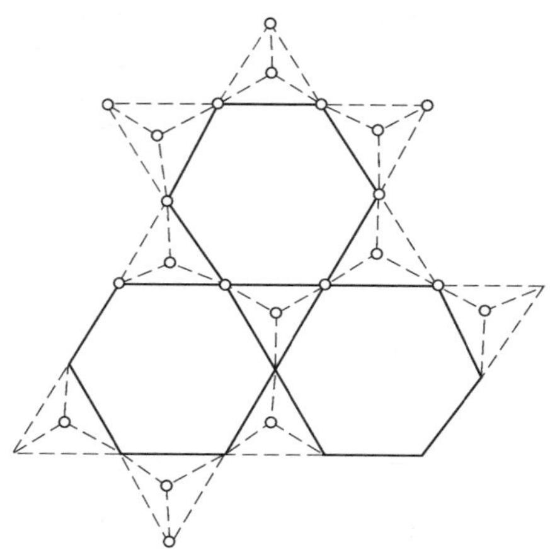

图 2-2　二氧化硅（SiO_2）的结构式

表 2-2　二氧化硅的性质

熔点/K	1993
沸点/K	3048
熔化热/$kJ \cdot mol^{-1}$	8.54
蒸发热/$kJ \cdot mol^{-1}$	697.8
升华热/$kJ \cdot mol^{-1}$	562.3
1273K 时的导热系数/$W \cdot (m \cdot K)^{-1}$	2.01
298K 时的质量热容/$kJ \cdot (kg \cdot K)^{-1}$	0.931
2273K 时的动力黏度/kPa · s	39.9
矿石刻画硬度	6~7
显微硬度/MPa	11130.95
1973K 时的电阻率/Ω · m	90

二氧化硅可分为无定形和结晶形两种。无定形二氧化硅呈沉积态，在自然界中存在较少。结晶形二氧化硅又分显晶形和隐晶形。石英石、石英砂、水晶、河卵石属显晶形，通常用显晶型二氧化硅——大晶粒石英和硅石用于工业硅生产。

石英和硅石有透明、白色、淡灰、暗灰、玫瑰色、褐色等颜色，这主要是由其中的杂质含量决定的。表 2-3 列出前苏联资料介绍的石英的颜色与化学组成的关系。

表 2-3　石英和硅石的颜色与化学组成的关系

硅石或石英的颜色	杂质含量/%		
	Fe_2O_3	Al_2O_3	CaO
透明	0.18	0.06	0.25
浅灰色	0.23	0.55	0.16
白色	0.37	0.95	0.19
暗灰色	0.46	0.75	0.18
玫瑰色	0.69	0.48	0.22
褐色	3.08	0.97	0.20

结晶态二氧化硅根据晶型的不同，在自然界存在着三种不同的形态：α石英、鳞石英和方石英，这几种不同形态的二氧化硅又各有高温型和低温型两种变体。因而，结晶态二氧化硅实际上有六种不同的晶型，各种不同晶型的存在范围、转化情况如图 2-3 所示。

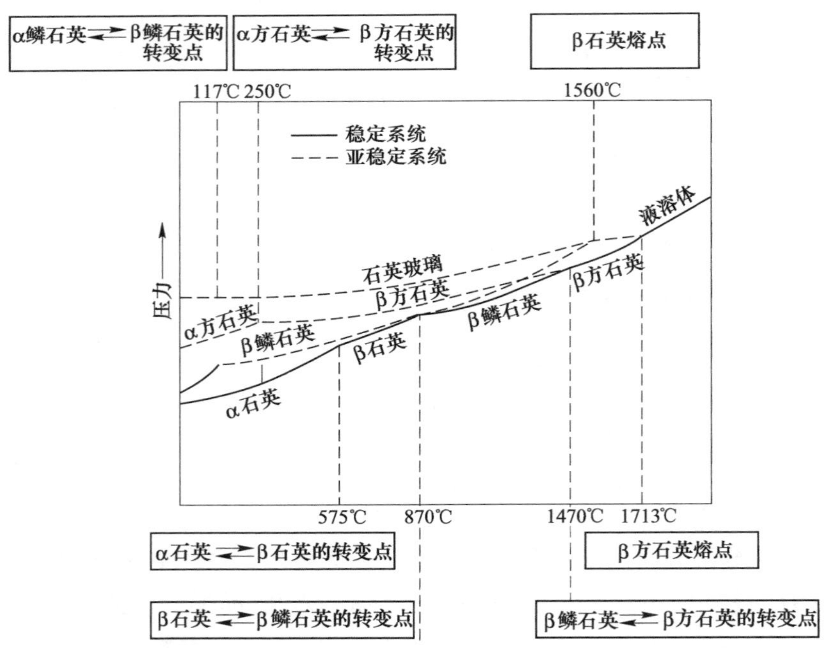

图 2-3　二氧化硅的晶型转变

在工业硅的冶炼过程中，随着炉内温度逐渐升高，不同晶型的二氧化硅在转化过程中，不仅晶型发生变化，而且晶体的体积也伴随着发生变化，特别是石英转化成鳞石英时，体积发生明显膨胀，这是硅石在冶炼过程中发生爆裂的主要原因。硅石爆裂后颗粒变细、透气性降低，这对工业硅生产不利。大电炉炉口温度高，爆裂严重，所以要求硅石有较好的抗爆性。结晶态二氧化硅是一种坚硬、较脆、难熔的固体，熔点为1713℃，沸点为2590℃。

二氧化硅在低温下比电阻很高。但温度升高时，二氧化硅的比电阻急剧降低，比电阻大对工业硅冶炼有利。二氧化硅是一种很稳定的氧化物，化学性质很不活泼。除氢氟酸外，二氧化硅不溶于任何酸。

2.3.2 一氧化硅

硅与氧在自然界中普遍存在的形式是二氧化硅，但是在一定条件下，例如将硅和二氧化硅混合物加热到1500℃以上，或者将碳和过量的二氧化硅混合物加热到大约2000℃时，可获得气态物质SiO。SiO的挥发性很强，其蒸气压在1890℃时就可达到1.01325×10^5Pa。SiO的高挥发性，在硅石的还原过程中起着十分重要的有益作用，它可以促进反应的加速进行。

在工业硅生产的数学模型（第3章图3-7）指出：炉膛底部生成大量SiO，由于SiO的易挥发性，从炉膛底部快速上升：

$$3/2SiO_2+SiC = 1/2Si+CO\uparrow +2SiO\uparrow$$

$$SiO_2+Si = 2SiO\uparrow$$

炉膛中部一部分SiO与C作用生成SiC+CO

$$SiO+2C = SiC+CO$$

炉膛上部SiO发生歧化反应生成Si和SiO_2

$$2SiO = Si+SiO_2$$

最后部分SiO逸出料面与空气中的O_2生成SO_2，进入烟气成微硅粉。

$$2SiO+O_2 = 2SiO_2$$

由上可见，一氧化硅在工业硅生产中起着十分重要的作用。

2.4 硅与金属的共熔体

硅可与大多数熔融金属互熔，并生成多种硅化合物的共熔体。图2-4～图2-6分别示出3个单纯二元系相图。

由图2-4 Si-Fe系相图可以看出，硅、铁可按比例互溶，并生成多种硅化合物，其中有Fe_2Si、Fe_5Si_3、FeSi、$FeSi_2$、Fe_3Si_2。最稳定的是FeSi，其熔点是 1410℃。Si-Fe 系相图中，有 3 个共晶体：第一个为 Fe_2Si（含硅 19. 36%），熔点为 1190℃；第二个为 FeSi（含硅 51%），熔点为 1212℃；第三个为 Fe_3Si_2（含硅 59%），熔点 1208℃。

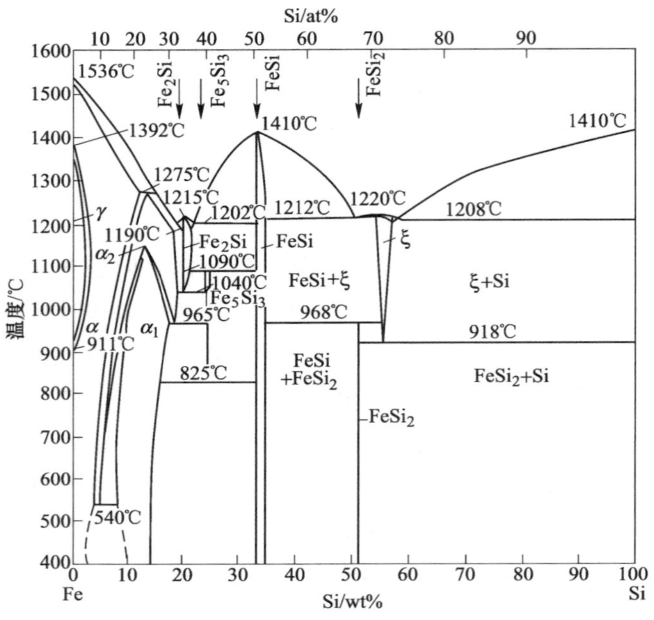

图 2-4　硅铁二元相图

由图 2-5 Si-Al 系相图可以看出，Si-Al 可以任何比例互熔，而不生成任何化合物。在含硅 12. 7%时为共晶体，熔点为 577℃。共晶体成分被广泛用作硅铝合金。

图 2-6 Si-Ca 系相图表明，硅与钙生成三种化合物：Ca_2Si（含硅 29. 5%）立方晶格，Q=4. 7Å；CaSi（含 Si 41. 2%）斜方晶格，a=3. 91Å，b=4. 59Å，c=10. 80Å；$CaSi_2$（含 Si 58. 36%）六方晶格，a=10. 4Å，α=21°30′。

工业硅中除含有 97%以上的硅外，还含有不同数量的其他元素，含有铁、铝、钙等金属元素的氧化物、碳化物等，致使工业硅的物理化学性质与元素硅略有不同，其特性值不是一个定数，而是一个范围。如密度为 2. 3～2. 4g/cm^3（20℃时），熔点 1410℃左右，电阻率约为 $1\times10^{-3}\Omega\cdot cm$（1700℃时，抚顺铝厂测定值）。多种杂质元素及其化合物的存在和参与反应，致使工业硅生产的化学反应和生成物及相图等更为复杂。

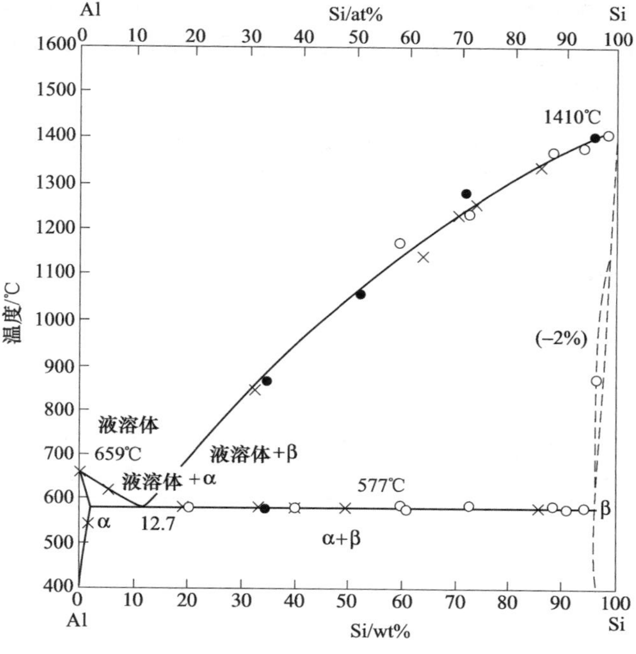

图 2-5 硅铝二元相图

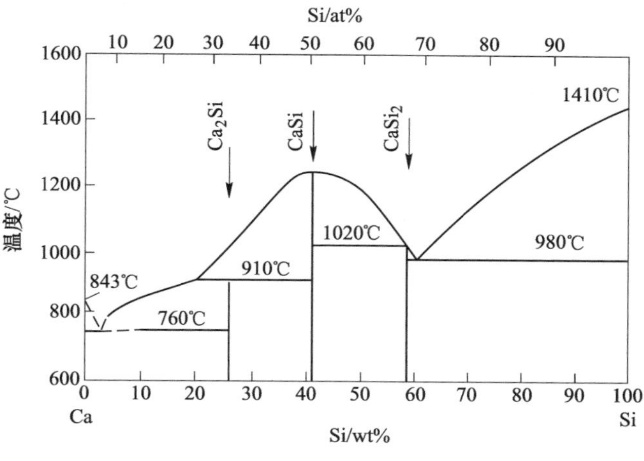

图 2-6 硅钙二元相图

表 2-4 列出在通常生产工艺条件下制得的工业硅的杂质含量。从表 2-4 可以看出，工业硅中除含有按标准正常分析的铁、铝、钙外，尚含有钛、锰、镍、锌、铬、铜、钴、钼、镁等金属元素，约占工业硅的 0.08%~0.10%，含

有氧、碳、硫、硼、磷等非金属杂质，占工业硅的0.2%~0.3%。此外，硅锭中还含有其他一些杂物。一般情况下，工业硅中铁、铝、钙外的各种杂质总量约为工业硅的0.5%。

表 2-4　通用生产工艺条件下工业硅中杂质含量　　（ppm）

生产单位	方法	Fe	Al	Cu	Ti	Mn	Ca	Ni	Zn	Mg	Cr	V	P	B	C	S
电子工业部十八所	光谱法	2800	1500	1100	200	90	10	78		180	13	10				
抚顺铝厂	化学法				550	26	41	35	11		11	23	93	110	220	170
国外	光谱法	1550~6500	1000~4300	250~500	140~300	10~105	15~45	10~105	20	10	50~200	50~250	20~50	40~60		

3 工业硅生产的基本原理

3.1 工业硅生产的基本工艺路线

工业硅原名结晶硅，国外称金属硅。生产是以优质硅石矿和碳质还原剂（木炭或精煤或石油焦等）以及疏松剂（木片、木块、玉米芯、松子球、椰子壳等）为原料，在矿热电炉（又名矿热炉）内连续进行的电热化学反应过程。硅石矿、还原剂、疏松剂等炉料，由原料处理系统将生产所需要的合格炉料送到电炉车间的合格料堆场（库）。根据生产要求，按确定的炉料配比，通过配料站，称量准确的炉料，由输送设施送达电炉车间炉顶料仓（或操作平台的贮料仓），根据炉况由炉口操作人员，将炉料通过加料管（或炉口加料车）加入炉膛内。炉口操作人员适时进行透气、捣炉、沉料、加料、推料等操作，使电炉内炉料具有良好的透气性，合适的熔池电阻及足够高的炉膛温度，以保持炉况顺行，电炉生产正常。工业硅生产过程是连续的，出炉是间断的（国外大型炉生产出炉也有连续的），熔硅进入硅水包进行精炼，经炉外硅水包内精炼，降低工业硅中铝、钙等杂质，工业硅熔体的成分进一步得到纯化，经扒渣后，再注入锭模中铸成锭块，硅锭冷却脱模后进行破碎、取样、化验、分级、包装、称量、入库。工业硅生产工艺流程见图 3-1。

3.2 金属氧化还原的基本理论

深入研究金属氧化还原的基本原理对制定合理的金属冶炼和精炼方法，开发研制相关的工艺及设备，预见性地控制生产过程具有重要的作用。

3.2.1 氧化还原反应热力学

元素氧化（还原）热力学主要是研究元素氧化（还原）趋势及元素氧化（还原）顺序和程度。凡此都是由元素与氧亲和力大小决定的，并与成分、温度和压力有关。与任何一种自发反应过程一样，金属的氧化（还原）趋势可以用氧化物生成自由能变量 ΔG 表示。ΔG 不仅是衡量标准状态下氧化物还原、金属氧化趋势的判断依据，也是衡量标准状态下氧化物稳定性大小的尺度。

某一金属氧化物的 ΔG 值越小或越负，则该元素与氧的亲和力越大，氧化反应的趋势也越大，其氧化物就越稳定，即其被还原倾向越小。

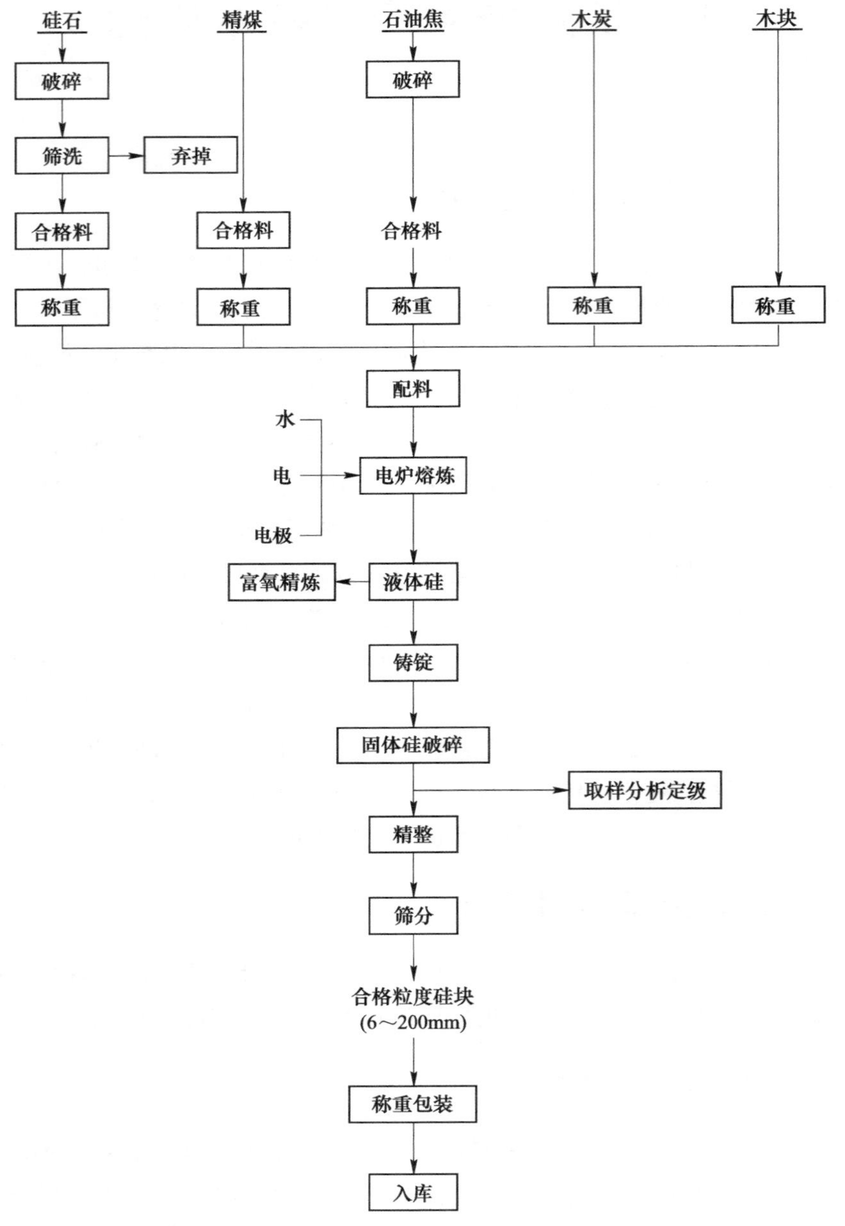

图 3-1　工业硅的生产工艺流程

基本理论表明，某一氧化物的 ΔG 值仅取决于温度，即可以表示为 $\Delta G=$

$f(T)$。为方便计算和作图，经回归分析处理后得出适用于一定温度范围的二项式，即 $\Delta G=A+BT$。一些元素氧化反应的 ΔG 与 T 关系的二项式已列于热力学数据手册和有关图书中。各种元素氧化反应的 ΔG-T 关系图如图 3-2 所示。

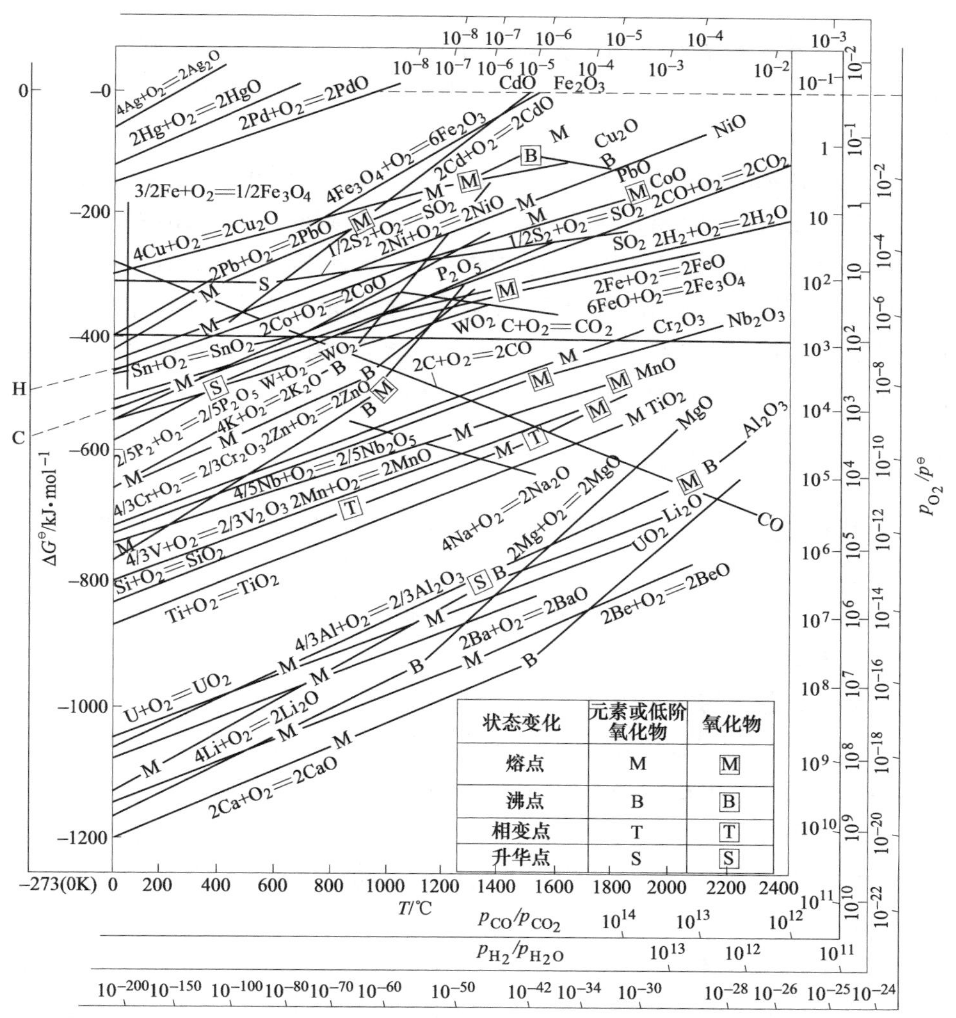

图 3-2 氧化物标准生成自由能变量 ΔG 与温度 T 的关系

图 3-2 中给出了各种氧化物的标准生成自由能变量随温度的变化规律，可粗略地找出给定温度下某一金属氧化（还原）反应的 ΔG 值。由图 3-2 看出，几乎所有氧化物在熔炼温度范围内其 ΔG 值都为负值，说明在标准状态下各元素的氧化反应在热力学上均为自动过程。从各直线之间的相互位置比较来看，

直线的位置越低，ΔG 值越小，金属的氧化趋势越大，即其氧化物越稳定，或者说氧化物越难还原。如镁、铝、钙易氧化，其氧化物难还原。反之，直线位置越高，ΔG 值越大，如铜、铅、镍金属难氧化，其氧化物易还原。根据直线之间的位置关系可以知道元素的氧化和还原顺序。由图 3-2 可见，在熔炼温度范围内，各元素氧化先后的大致顺序是：钙、镁、铝、钛、硅、钒、锰、铬、铁、钴、镍、铅、铜等。同理，它们的氧化物的还原顺序正好相反，即由铜、铅、镍至铝、镁、钙。

总之，在标准状态下，金属的氧化趋势、氧化顺序和可能的氧化烧损程度，一般可用氧化物的标准生成自由能变量 ΔG 作判断，通常 ΔG 越小，元素氧化趋势越大，氧化物越稳定。但在实际熔炼条件下，元素的氧化反应不仅与 ΔG 有关，还受反应物活性和分压的影响。改变反应物或生成物活性及炉气中反应物的分压，会影响反应进行的顺序、趋势和限度，甚至改变反应进行的方向，成为控制或调整氧化还原反应的依据。

3.2.2 氧化还原反应动力学

研究氧化还原反应动力学的主要目的之一，是要弄清在熔炼条件下，氧化反应机制、限制性环节及影响氧化还原速度的诸多因素（温度、浓度、氧化膜结构及性质等），以便针对具体情况改善熔炼条件，控制氧化速度，尽量减少金属的氧化烧损。

金属氧化膜结构理论认为，金属的氧化过程由下述主要环节构成：

（1）氧由气相通过边界层向氧-氧化膜界面扩散，即外扩散。气相中氧主要依靠对流传质而不是浓差扩散，成分较均匀。由于固相对气相的摩擦阻力和氧化反应消耗了氧，在氧-氧化膜界面附近的气相中，存在一个有氧浓度差的气流层，即边界层。边界层中气流是层流运动，在垂直于气流的方向上几乎不存在对流传质，氧主要依靠浓度扩散。

（2）氧通过固体氧化膜向氧化膜-金属界面扩散，即内扩散。氧化膜因其结构、性质不同，有的连续、致密，有的疏松、多孔。通常金属是致密的，因此反应界面将是平整的，并且随着氧化过程的继续，反应界面平行地向金属内移动，氧化膜逐渐增厚。

（3）在金属-氧化膜界面上，氧和金属发生界面化学反应，与此同时，金属晶格转变为金属氧化物晶格。

化学反应过程是按上述三个步骤进行的，每一步骤进行的速度不同。总的反应速度将取决于最慢的一步，即限制性环节。在金属熔炼过程中，气流速度较快，常常高于形成边界层的临界速度，因而外扩散一般不是限制性环节。内扩散和结晶化学反应两个环节中谁是限制性环节与其氧化膜的性质有关，即主要与氧化膜的致密度有关。各种金属由于其氧化膜结构不同，其对氧的扩散阻力不同。很显然，当氧化物的分子体积与形成该氧化物的金属原子体积之比大于 1 时，生成的氧化膜一般是致密的，其具有连续性、保护性。氧在这种氧化膜内扩散无疑会遇到较大阻力，故使内扩散速度慢，成为限制性环节（结晶化学反应速度快）。随着氧化膜不断增厚，扩散阻力逐渐增大，氧化速度将随时间的延续而降低。如铝、硅、镍等大多数金属生成的氧化膜具有此种性质。

当氧化物的分子体积与形成该氧化物的金属原子体积之比小于 1 时，所生成的氧化膜则是疏松多孔的，氧在其间的扩散阻力将比前者较小，故其结晶化学反应成为限制性因素。此时，氧化反应速度为常数。碱金属及碱土金属锂、镁、钙的氧化膜具有这种特性。过渡族金属如铁的氧化膜属另一类型，这种十分致密但内应力很大的氧化膜增长到一定厚度后即行破裂，这种现象周期性出现，故氧化膜是非保护性的。

一般认为，低温下氧化过程受化学反应控制，而在高温下化学反应速度迅速增大，以致大大超过扩散速度，这时氧化反应过程由动力学区转移到扩散区。高温下固态纯金属的氧化速度受氧化膜的性质所控制，并且与反应温度、反应面积以及氧的浓度有关。不同金属的化学动力学随时间增加呈现不同变化规律。固态纯金属的氧化动力学规律也适用于液态纯金属。但由于氧化物的特性以及它们的熔化或溶解，情况就变得复杂得多。合金熔体氧化动力学的实验研究很少。观察表明，添加合金元素能强烈地影响金属的氧化特性。加入少量使基体金属氧化膜致密化的元素，能改变熔体的氧化行为并降低氧化烧损。

3.2.3 选择性氧化还原反应

确定化合物或元素在高温冶金过程中的行为，是冶金过程热力学分析的重要内容。

3.2.3.1 氧化逐级分解原则

许多金属或非金属元素，特别是那些副族元素与氧结合时，很容易生成氧化程度各不相同的各种氧化物。例如，Fe、Mn、Si、Cr 等元素，与氧结合时，就能生成几种氧化程度不同的氧化物：FeO-Fe_3O_4-Fe_2O_3、MnO-Mn_3O_4-

Mn_2O_3-MnO_2、SiO-SiO_2、CrO-Cr_2O_3。如前所述，氧化物在一定温度下的分解趋势，主要取决于该氧化物的分解压力。在一定温度下，氧化物的分解压力越大，氧化物的分解趋势也就越强烈。这一原则，对由同一元素形成的氧化程度不同的各种氧化物，也是适用的。

以铁氧化物的分解压力为例，由表 3-1 可以看出，铁氧化物的分解压，随着铁氧化物含氧量的增加而增大：

$$P_{O_2}^{Fe_2O_3} > P_{O_2}^{Fe_3O_4} > P_{O_2}^{FeO}$$

表 3-1　铁氧化物在 1500K 时的分解压

氧化物	含氧量/%	分解压/Pa
Fe_2O_3	30	6.457×10^{-11}
Fe_3O_4	27.59	6.902×10^{-12}
FeO	22.22	2.477×10^{-12}

相应的，铁氧化物在一定温度下的分解趋势，也随着铁氧化物含氧量的增加而增强，即 Fe_2O_3的分解趋势最强烈，Fe_3O_4 次之，FeO 分解趋势最小，最稳定。同样，硅的氧化物在一定温度下的分解趋势，也随着氧化物含氧量的增加而增加，即 SiO_2被分解趋势大，而 SiO 的分解趋势小，最稳定：

$$P_{O_2}^{SiO_2} > P_{O_2}^{SiO}$$

研究表明，其他元素氧化程度不同的各种氧化物，其分解压与稳定程度也有同样的规律。也就是说，在各种氧化程度不同的氧化物中随着氧化物含氧量的增加氧化物在一定温度下的分解压将逐渐增大，稳定程度将逐渐减弱，而分解趋势则逐渐增强。或者说，相比之下，高价氧化物最容易失去氧，中间氧化物较难失去氧，低价氧化物最难失去氧。由此可见，对于各种氧化程度不同的氧化物，在较高温度下能够稳定存在的氧化物，应该是低价氧化物；在较低的温度下，则高价氧化物也能稳定存在。而且，随着体系温度的升高，分解压较大，较不稳定的高价氧化物，将逐步放出氧，分解成分解压较小，稳定性较大的低价氧化物，最终则可分解成单质和氧气。

氧化程度不同的各种氧化物，在分解过程中所具有的这一特征，称为氧化物的逐级分解原则，考虑到冶金反应中元素的氧化与还原，与氧化物的分解和生成直接有关。因而，这一原则是确定化合物或元素高温行为的重要准则之一。在确定氧化物逐级分解顺序时，有一点必须注意。即有些低价氧化物，只有在一定温度以上才能稳定存在，低于此温度时，将因歧化反应而分解。例如，FeO 和 SiO 只有在 570℃和 1500℃以上时才能稳定存在，低于上述温度时，将因下述反应而分解：

$$4FeO = Fe + Fe_3O_4 \quad (<570℃)$$

$$2SiO = Si + SiO_2 \quad (<1500℃)$$

对于这种情况，可以以这一温度为分界线，将氧化物的逐级分解，分为高温分解顺序和低温分解顺序：

铁氧化物的高温分解顺序

$$Fe_2O_3 \rightarrow Fe_3O_4 \rightarrow FeO \rightarrow Fe \quad (>570℃)$$

铁氧化物的低温分解顺序

$$Fe_2O_3 \rightarrow Fe_3O_4 \rightarrow FeO \quad (<570℃)$$

硅氧化物的高温分解顺序

$$SiO_2 \rightarrow SiO \rightarrow Si \quad (>1500℃)$$

硅氧化物的低温分解顺序

$$SiO \rightarrow Si \quad (<1500℃)$$

因此，在工业硅生产中要控制炉料上层温度较低，则硅回收率可以提高。

3.2.3.2 元素的氧化还原顺序

冶炼过程中所发生的化学反应，主要是氧化物的还原反应和元素的氧化反应。因而，熔池内元素的氧化和还原顺序，是决定整个冶炼过程的主导因素。氧化物分解压的大小，既体现了氧化物的稳定性，实际上也反映了元素与氧的结合能力。显然，在一定温度下，氧化物的分解压越小，就表示氧化物中元素与氧的结合能力越强。而元素与氧的结合能力越强，实际上就意味着元素与氧接触时，被氧化的可能性越大。相反，氧化物的分解压越大，则表示氧化物中元素与氧的结合能力越弱，氧化物发生分解（还原）的可能性越大。

在一定温度下，分解压较大的氧化物与分解压较小的氧化物，共存于一个体系中时，毫无疑问，只有分解压较小的氧化物才能稳定存在，分解压较大的氧化物则有可能分解。因而，根据各氧化物的分解压，完全可以确定体系中元素的氧化还原顺序。一般来说，在一定温度下，氧化物的分解压越小，氧化物中的元素就越容易氧化；氧化物的分解压越大，氧化物中的元素就越容易被还原出来或氧化物越容易还原。据此，就可列出冶金中常见元素的氧化还原顺序（25℃、1 大气压时）。元素氧化顺序（从左至右元素的氧化倾向增强）为：

$$Cu \to Pb \to Ni \to Fe \to P \to Zn \to Cr \to Mn \to V \to Si \to Ti \to Al \to Mg \to Ca$$

氧化物还原顺序（从左至右氧化物越来越容易还原）为：

$$CaO \to MgO \to Al_2O_3 \to TiO_2 \to SiO_2 \to V_2O_3 \to$$
$$MnO \to Cr_2O_3 \to ZnO \to P_2O_5 \to FeO \to NiO \to PbO \to CuO$$

假设氧气精炼过程在液态工业硅中进行，根据上述顺序，以元素硅作为分界线，在硅右边的元素将被氧化掉，而处于硅左边的元素，在精炼过程中并不氧化。

大多数氧化物的分解压，在冶炼温度下都很小。因而，想依靠氧化物本身的热分解来制取元素是不现实的。为了从氧化物中提取元素，在火法冶炼过程中，一般都借助于具有强夺氧能力的所谓还原剂。由于元素与氧的结合能力或夺氧能力取决于此元素所形成的氧化物的分解压，因而只有当夺氧元素所形成的氧化物的分解压，小于被还原氧化物的分解压时，夺氧元素才能作为还原剂使用。此外，很明显由夺氧元素所形成的氧化物分解压越小，夺氧元素的还原能力也就越强。夺氧能力强的还原剂，称为强还原剂。

对于下反应来说：

$$RO + X = R + XO$$

只有当 XO 的分解压 P^{XO} 小于 RO 的分解压 P^{RO} 时，X 元素才能作为还原剂使用。

一般来说，在一定温度下，越是容易氧化的元素，作为还原剂时，其还原能力也就越强。例如，铝的还原能力就比硅的还原能力为强。在铁合金冶炼中使用的还原剂有两大类：一类是碳质还原剂，如焦炭、木炭、石油焦、煤等；另一类是金属还原剂，如铝、硅铁、硅锰、硅铬等。

氧化剂是作为还原剂的对立面出现的。显然，只有那些分解压大的高价氧化物或氧气，才适宜于作为氧化剂使用。对于那些分解压较小的氧化物，除特殊情况外（如真空超微碳铬铁生产中的 Cr_2O_3），一般不宜选作氧化剂使用。在铁合金冶炼中使用的氧化剂主要有氧气、铁矿石等。工业硅生产中精炼使用的氧化剂是氧气。

3.2.3.3 选择性氧化还原

在一定温度下，对于各种不同的氧化物，它们分别具有不同的分解压。

有的氧化物分解压大，不稳定，易分解，易还原；有的氧化物分解压小，较稳定，不易分解，不易还原。因而，在一定温度下，将一定量的还原剂加入到多种氧化物共存的体系中去时，还原剂对各种氧化物的还原必然有选择性，各氧化物之间的还原程度也必然有差异。显然，分解压大的氧化物还原程度较高，消耗掉的还原剂也较多；分解压小的氧化物还原程度较低，消耗掉的还原剂也较少。与此类似，在一定温度下，将一定量氧气吹入熔池进行氧化精炼时，氧气对各元素的氧化具有相似的规律。元素在氧化和还原过程中，所具有的这种特征，统称为选择性氧化还原。

由于工业硅生产过程本身就是一个颇具代表性的选择性氧化还原，因而，掌握选择性氧化还原的规律，对了解化合物和元素在冶炼过程中的动态，是极有帮助的。应该指出，在选择性氧化还原中，易还原的氧化物先还原（或易氧化元素先氧化），难还原的氧化物后还原（或难氧化元素后氧化）这一特征，并不等于说，在易还原氧化物还原（或易氧化元素氧化）时，难还原氧化物一点也不还原（或难氧化元素一点也不氧化），只是在这时难还原氧化物还原（或难氧化元素氧化）的数量较少而已。

此外，氧化物的还原或元素的氧化均有一定的限度。因而，随着温度的升高和还原剂（或氧化剂）用量的增加，各氧化物（或各元素）之间还原程度（或氧化程度）的差异将逐步缩小，各氧化物（或各元素）还原（或氧化）时所消耗掉的还原剂（或氧化剂）的数量比例也将相互接近。显然，只要还原剂（或氧化剂）的数量足够多，温度也足够高，则共存于同一体系中的各种氧化物的还原（或各种元素的氧化），都将达到近似相等的程度，而还原（或氧化）时所消耗的还原剂（或氧化剂）的比例，也必然近似相等。

上述分析表明，为了保证在冶炼过程中实现选择性氧化还原，必须严格控制温度和还原剂（或氧化剂）用量。例如，在工业硅生产中，就必须严格控制炉温和还原剂用量，以保证硅与钙、铝等元素分离。最后应该指出，迄今为止的所有讨论，只是对各种物质都处于纯态时而言的。如果反应在熔体中进行，则情况将复杂得多，而且结论也将发生变化。

3.2.3.4 金属挥发

金属由固态或液态转变为气态的现象统称为挥发。挥发是金属的重要熔炼特性之一。金属挥发除了可用于精炼提纯外，在高温熔炼时还会导致有用金属成分的挥发损失。由于各合金元素的挥发程度不同，挥发损失各异，故使合金成分控制困难。挥发的金属蒸气及其氧化物污染环境，危害人体健康。

因此，应研究金属挥发的规律，采取适当措施，减少挥发损失。

蒸气压是衡量金属挥发趋势大小的一个重要热力学参数。在相同条件下，蒸气压高的金属一般易于挥发。金属的挥发能力也可用其蒸发热或沸点来判断，一般蒸发热小、沸点低的金属较易挥发（见表 3-2）。

表 3-2　一些元素的沸点和蒸发热数据

元素	沸点 T/℃	蒸发热 ΔH/kJ · mL^{-1}	元素	沸点 T/℃	蒸发热 ΔH/kJ · mL^{-1}
P	280	12. 129	Pb	1740	177. 7
Na	883	96. 96	Mn	1962	226
Zn	907	115. 3	Al	2467	293. 4
Mg	1090	127. 4	Cu	2567	300. 3
Ga	1484	153. 6	Cr	2672	344. 3
Fe	2750	349. 6	Co	2870	376. 5
Ni	2762	370. 4	Mo	4612	598
W	5655	824			

在外压一定时，纯金属的蒸气压只取决于该金属所处温度，即 $P_M=f(T)$。蒸气压可由实验测定，也可由相变反应热力学数据进行计算。元素的挥发速率可由 Dalton 经验式加以描述：

$$U_V=\frac{b}{P}(P_{Me}^0-P_{Me}) \tag{3-1}$$

式中，U_V 为挥发速率；P 为体系外部压力；P_{Me}^0 为元素蒸气压；P_{Me} 为元素实际蒸气分压；b 为与量度单位和金属性质有关的常数。

由式（3-1）可见，金属的挥发速率与 $P_{Me}^0-P_{Me}$ 成正比。当 $P_{Me}^0>P_{Me}$ 时，挥发速率为正，即凝聚相挥发；反之，当 $P_{Me}^0<P_{Me}$ 时，挥发速率为负，即非凝聚相挥发，而是蒸气相的凝聚。所以，凡是影响 P_{Me}^0 和 P_{Me} 的因素都会影响挥发速率。比如，温度提升使 P_{Me}^0 增大，则挥发速率提高；当挥发空间体积一定时，挥发表面积越大，P_{Me} 增高越快，并将迅速达到饱和值，即 $U_V\to0$；当挥发表面积一定时，挥发空间体积越大，P_{Me} 值增高越慢，使 U_V 达到零值所需时间越长。挥发速率还随金属蒸气在气相中的传质速率增大而加快。不断有气流将金属蒸气及时带出挥发空间，则金属挥发过程可一直进行到凝聚相消失。外压对金属蒸气压影响很小。但是外压对挥发过程动力学却有显著影响。使 P 降低，会使 U_V 迅速提高，真空熔炼正是运用这一原理，确保较低温度下获得较高的挥发速率。

3.3 工业硅生产的基本原理

3.3.1 工业硅生产的基本原理

工业硅生产无论是国内还是国外，都是以硅石为矿石，碳质原料为还原剂在电炉中进行冶炼而得到。由于工业硅生产难度较大，致使产品能耗高，质量不易稳定。为了进一步提高我国工业硅生产的技术水平，改善产品的各项技术经济指标，降低产品能耗，把握工业硅的基本冶炼原理是必要的。生产工业硅的炉内总反应式可写成：

$$SiO_2+2C = Si+2CO \quad \Delta G^{\ominus}=167400-86.40T \tag{3-2}$$

$$T_{开}=1937.5\text{K} \quad （相当于 1664.5℃）$$

该反应的平衡常数为：

$$K_P=\frac{a_{Si}P_{CO}^2}{a_{SiO_2}a_C^2}$$

工业硅炉内坩埚区温度大于 2000℃，生产工业硅的反应是可以进行的。从式（3-2）$\Delta G^{\ominus}$与温度的关系和平衡常数计算式可知，提高炉内温度和降低 CO 的分压力对反应有利，矿热炉熔炼工业硅的过程（C 还原 SiO_2的过程），不是简单的 SiO_2与碳反应生成硅的过程。正如美国 Kelly 的试验表明，SiO_2与 C 反应的直接产物是 SiC 和气态 SiO，在矿热炉内正是由于有 SiO 的循环、SiC 的破坏和 SiO 的凝聚，才有硅的生成。

从图 3-3 中 Si-O-C 三元系可以看到有四个凝聚相和一个气相，该气相起着重要作用，其组成随温度变化。温度恒定时四个凝聚相不能同时共存，只能有其中的三个凝聚相同时存在。如图 3-3 中的Ⅰ、Ⅱ区域，它们分别由 SiO_2、SiC、Si 和 SiO_2、SiC、C 组成气相，组成取决于两凝聚相的共存状态。体系中由于 CO_2 含量极少，故不予考虑。该三元系有五种不同的两相组合，即气相 SiO 由下列五个反应决定：

$$SiO_2+C = SiO+CO \quad \Delta G^{\ominus}=159600-77.94T \tag{3-3}$$

$$2SiO_2+SiC = 3SiO+CO \quad \Delta G^{\ominus}=351850-131.13T \tag{3-4}$$

$$SiO_2+Si = 2SiO \quad \Delta G^{\ominus}=121430-52.87T \tag{3-5}$$

$$SiO+2C = SiC+CO \quad \Delta G^{\ominus}=5875-4.02T \tag{3-6}$$

$$SiC+SiO = 2Si+CO \quad \Delta G^{\ominus}=49150-24.59T \tag{3-7}$$

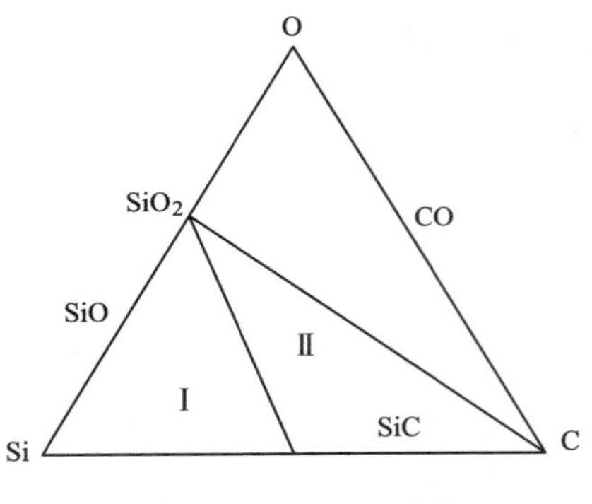

图 3-3　Si-O-C 三元系

图 3-4 是反应式（3-3）~式（3-7）所决定的气相组成情况。图中 Ⅰ$_1$、Ⅱ$_2$为两个平衡点，它标志着 C 还原 SiO_2过程中的开始和生成 Si 的温度。Ⅰ$_1$点，T= 1507℃，P_{SiO} = 0. 1013×0. 005MPa，存在相为 SiO_2、C、SiC；Ⅱ$_2$点，T=1819℃，P_{SiO} = 0. 1013×0. 67MPa，存在相为 SiO_2、SiC、Si。这说明低于 1507℃时没有 Si 生成，只有温度达到 1819℃，P_{SiO}为 0. 1013×0. 67MPa，即 P_{SiO}/P_{CO}=2 时才有 Si 生成。在实际生产中炉内存在着 Si、SiO_2、SiC、C 和气态 SiO、CO、Si 等，表明存在着许多固相、气相相互渗透的反应。收集到的炉尘主要是 SiO_2，说明是 Si 或 SiO 氧化而成，证明 SiO_2的还原大部分是由高价变低价的过程，即 SiO_2→SiO→Si，这与图 3-4 是一致的。

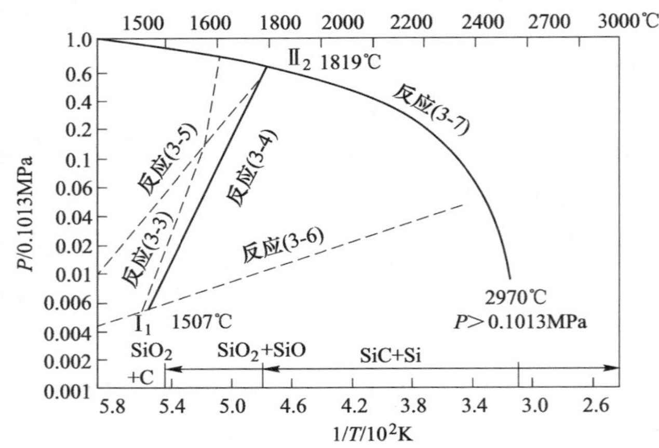

图 3-4　Si-O-C 系与凝聚相的气相组成

根据图 3-4 按不同温度，将炉内分成几个化学反应区，分析 C 还原 SiO_2的过程：

（1）SiO 凝聚区。该区温度低于 1500℃，存在物质 SiO_2、C、Si。主要反应是 $2SiO = Si+SiO_2$，该反应是反应式（3-5）的逆反应，为放热反应，在该区内硅石进行晶型转变，由于体积膨胀而碎裂。SiO_2与 C 的反应由于没有达到所需的温度条件（1775℃）而不能进行，上升的 SiO 气体除主要在 SiC 生成区与 C 发生反应式（3-6）外，在该区继续与 C 反应，向低温方向延长 SiO 分压线，则式（3-5）、式（3-6）反应在 500~700℃有个交点。温度低于交点时有利于反应式（3-5）的逆反应（歧化反应）进行，这正在炉口料面，说明歧化反应对 Si 回收率是有重要影响的。

（2）SiC 生成区。该区温度 1500~1800℃存在相为 SiO_2、SiC、C、Si，主要反应是 $SiO+2C = SiC+CO$，该区内随温度升高 C 逐渐消失，转变成 SiC，Ⅰ点便是转变点，该区的主要反应式（3-6）的 P_{SiO}很低，且随温度升高而缓慢增加。当该区内上升的 SiO 分压 $P_{SiO} = 0.1013 \times 0.67\text{MPa}$（Ⅱ点）时，如果 $P_{SiO}+P_{CO} = 1013\text{MPa}$，在炉内实际反应温度下（1873K），则反应式（3-6）有：

$$\Delta G_5 = \Delta G_5^{\ominus} + RT\ln(P_{CO}/P_{SiO}) = -67047.2\text{kJ/mol}$$

可见反应式（3-6）是可充分进行的，对于反应式（3-4），在上述条件下，有：

$$\Delta G_3 = \Delta G_3^{\ominus} + RT\ln(P_{SiO}^3 \cdot P_{CO}) = 257671.9\text{kJ/mol}$$

故该反应不能进行。

（3）SiC 分解区。该区温度大于 1800℃，存在相为 SiO_2、SiC、Si，主要反应是 $SiC+2SiO_2 = 3SiO+CO$，$SiC+SiO = 2Si+CO$。总反应为 $SiC+SiO_2 = Si+SiO+CO$，该反应需吸收大量的热。在该区 SiC 被破坏，生成 Si。从反应式可知，P_{SiO}/P_{CO}的比值对生成 Si 很重要，该比值取决于 SiO 的生成和消耗速度，提高温度有利于反应的进行。在 SiC 生成区内 C 吸收 SiO 的反应越彻底越利于该区 SiC 的破坏，同时减少了歧化反应的 SiO 量，提高了 Si 的回收率。

（4）电弧区。该区温度达 2000~4000℃。由于 Si 和 SiC 在电弧高温下产生蒸气，故 P_{SiO}降低，其气相组成是 SiO、CO、Si、SiC。由于温度很高，很多反应都可以进行。

由以上分析可得出如图 3-5 所示的 C 还原 SiO_2过程。

在工业硅生产中，图 3-4 所示的气相平衡非常重要，破坏了此平衡将直接影响炉况的运行。

在工业硅生产中热量的来源主要有两条途径：电流通过电极-炉料-电极三角回路产生的电阻热和电流通过电极-电弧-熔池-电弧-电极星形回路产生

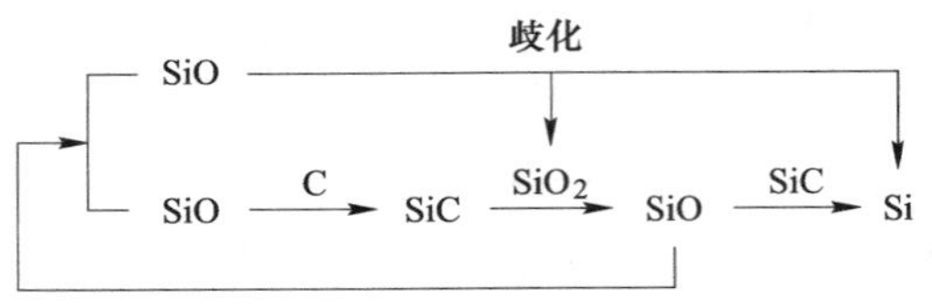

图 3-5　C 过原 SiO_2 的过程

的电弧热。炉料的导电性决定电阻热的大小。炉料的导电性强，则由其产生的电阻热多，使炉料过早熔化，影响透气性，料面温度高不利于歧化反应的进行，此时电弧产生的热量相对少，坩埚温度低，不利于生成 Si 的反应。为此，希望炉料电阻应尽量大些，以提高坩埚区温度。

在工业硅生产中炉气是热量的主要载体。炉气的热量主要来自坩埚区，坩埚区电流密度大，电压降大，使气体电离，在周围空间充满带电粒子，温度高，使大量物质蒸发，且压力很大。从图 3-4 可知，当温度高于 2970℃ 时炉内压力大于 0. 1013MPa。这股高温气流载着大量热，向一切可以降低压力的方向流动，将热量传递给炉内各区。同时坩埚区还有电弧的辐射热，其传递给坩埚壁。上层炉料的热传导是靠热气流与炉料间的热交换进行的，其中有 CO、SiO 的显热、潜热，SiO 歧化和生成 SiC 放出的热。

炉子上部不断加入新料，下部反应不断进行，使炉料不断向下部运动；破坏 SiC 生成的 SiO，一部分在炉内继续破坏 SiC 生成硅，另一部分则上升，再生成 SiC 和凝集。没有被破坏的 SiC 及没有被还原的 SO_2 和杂质则聚集于炉底或在温度低的地方形成死料区。

综上所述，工业硅生产中的炉内结构如图 3-6 所示。从上至下可分为 7 个区域。

由上述对工业硅的理论认识，建立了一个与之相适应的理想数学模型（见图 3-7）。当然，该模型比较简单，炉内不同组分的变化对模型的影响尚未全部表示出来，有待于进一步研究。

该模型是理想状态下加入 1 个 SiO_2 和 2 个 C。在炉膛产生 SiO 中 50% 的 SiO 在第 Ⅰ 区产生歧化反应生成 Si。C 在第 Ⅱ 区与 SiO 全部转化为 SiC，没有 SiO 损失和 SiC 沉积，此时 Si 回收率为 100%。实际生产中炉子上部有 Si 存在，证明歧化反应是存在的，且放出的热量很大，可使上部硅石熔化并与碳黏结在一起，结成黏块，阻碍 SiO 和 CO 气体逸出；但并没有如此多的 SiO（50%）凝聚，一部分 SiO 随刺火等逸出炉外，造成 Si 损失。实际生产中 Si 回收率约为 85%。由数学模型可以得到，配碳量与 Si 回收率的关系如图 3-8

所示。

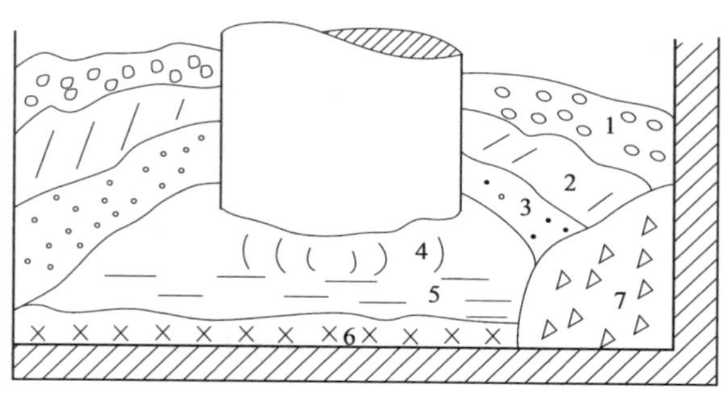

图 3-6 工业硅炉内结构示意图

1—冷凝区（歧化反应区）：主要有 SiO、SiO_2、C、Si，温度低于 1500℃，主要反应是 $2SiO = Si+SiO_2$；2—SiC 形成区：主要有 SiO、SiO_2、C、SiC、Si，温度为 1500～1800℃，主要反应是 $SiO+2C = SiC+CO$；3—SiC 分解区：主要有 SiO、SiO_2、SiC、CO、Si，温度高于 2000℃，主要反应是 $SiC+2SiO_2 = 3SiO+CO$，$SiO+SiC = 2Si+CO$；总反应为 $SiC+SiO_2 = Si+SiO+CO$；4—电弧区：主要有 SiO、SiC、CO、Si 蒸气，温度为 2000～6000℃；5—硅熔液区：主要有 Si；6—炉底：主要有 SiC、SiO_2、杂质；7—死料区：主要有 SiO_2、C、Si、SiC

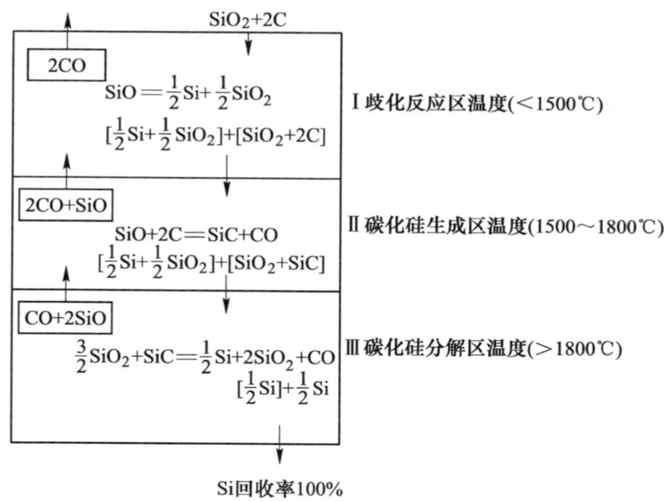

图 3-7 工业硅冶炼的理想数学模型

由图 3-8 工业硅冶炼的理想模型可知：

（1）配料必须按照 1 个 SiO_2 分子和 2 个 C 原子准确配料，并且混料要均匀，在炉内各个区域都达到上述配比要求。上层炉料要有适宜的高度和透气

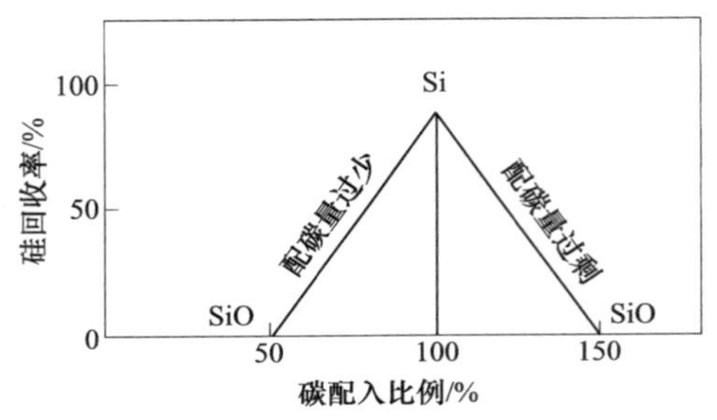

图 3-8　工业冶炼的理想模型

性，使反应生产的 CO 气体迅速排出和气态 SiO 在料层中被充分捕收回来，有利于提高硅的回收率和提高产量降低电耗。歧化反应 $2SiO \rightarrow Si+SiO_2$是放热反应，因此料面温度不能过高以利歧化反应进行，为此电极要有一定的插入深度，高温区不能上移。

（2）进入反应区的炉料所含的 SiO_2和 C 量要合适。反应需要的硅石既无多余的 SiO_2，也无多余的 C。当炉况反映炉料中 C 或 SiO_2有过多或过少现象，应进行及时调整，防止生成过多的气态 SiO 和造成 SiO_2熔渣沉积或未分解的 SiC 堆积炉底。

（3）反应区要有充足的热量和高温。反应区进行 SiC 的分解，SiC 的分解是吸热反应，起始温度 1827℃，因此反应区的温度必须达到 2000℃以上，温度过低 SiC 分解反应不能充分进行，甚至无法进行，SiC 将下沉至炉底。但高温最好不要超过 2400℃，因为超过此温度，气态 SiO 蒸发会明显增加，Si 的损失将增加，Si 的回收率将降低，影响产量和电耗。

3.3.2　工业硅电炉中的电流、热量、温度

工业硅电炉生产需要大量的热量和炉膛底部需要高的温度。热量和温度主要来源于电能。所以炉膛里电流的流经路线及各路线的电流量分布对炉膛内各区的温度分布和整个生产过程的顺利进行有重要影响。

工业硅生产是在埋弧式电炉内进行，埋弧式电炉炉膛内电流的流经路线可大致分为三部分，如图 3-9 所示。

分支电流 I_1是由电极端经电弧、熔体硅再经电弧回到另一根电极；分支电流 I_2是从电极侧表面经炉料到另一电极的侧表面到电极；分支电流 I_3是从电极侧表面经炉料到侧部碳块，再经炉底碳块和另一侧的侧部碳块和炉料，到另一电极的侧表面到电极。在实际的熔炼过程中，I_1、I_2、I_3很难截然分开，

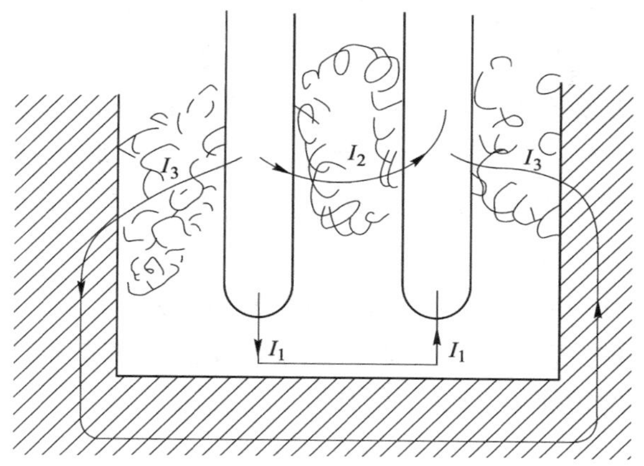

图 3-9　埋弧式电炉炉膛内的分支电流

彼此是相互串通，又是动态变化。为便于分析炉内电流分布，可将电炉内电流视为由 I_1、I_2、I_3三个并联支路组成，如图 3-10 所示。

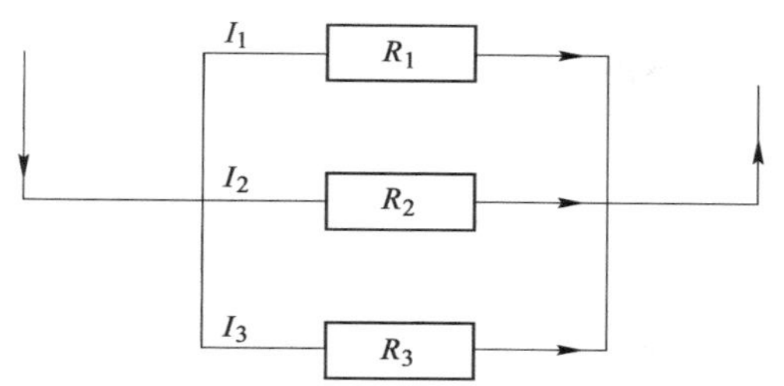

图 3-10　电极电流及分支电流构成的电路

在硅熔炼过程中，为提高生产率和热的利用率，反应区热量需要集中，就是分支电流 I_1要尽量大，也就是要保持电极端头与炉底熔池的电阻相对要小，这样必须做到通常要求要深埋电极，把热量和温度集中到炉膛底部。在硅的熔炼过程中，为减小电极间的分支电流 I_2，必须在电极间的炉料要有较高的电阻，以减小该部分电流，因此要有合适的极间距和一定的极间电位梯度（单位为 V/cm）。在极心圆不变的情况下减少 I_2的措施有：（1）在电极安全运行的情况下缩小电极直径，增大极间距。（2）增大炉料电阻：1）选用电阻大的还原剂；2）使用木屑（或木块）。炉缸四周形成的致密炉衬结壳，不仅能保护侧部碳块，也能有效地减小乃至消除分支电流 I_3，对熔炼过程必须要有合适的极墙距。太大不利排渣，太小烧坏炉墙，同功率电炉，使用炭电极或石墨电极它们的极间距和极墙距不一样。

用三相电炉熔炼工业硅时，特别是对大容量工业硅电炉，由于电炉具有高的电抗，在三相之间还有功率分布不均匀问题。当短网布置不合理或冶炼工艺不适当时，常会产生三相功率不平衡问题，即出现“强相”和“弱相”。“强相”表现为功率大、化料快、炉面冒火有力；“弱相”表现为功率小、化料慢、炉面死。相间功率差值越大区域间温差越大，产品电耗量往往也越高。相间不平衡持续时间较长，还可能破坏整个熔炼过程。所以在工业硅生产中，不仅要尽量增大分支电流 I_1，还要注意维持三相电流平衡，这样才能使工业硅电炉内有足够的热量并集中于炉膛底部，促使炉膛底部有足够高的温度，促进工业硅生产的物理化学反应顺利进行。

4 工业硅生产原料

工业硅生产是无渣冶炼，不能用有渣冶炼法通过改变炉渣物理、化学性质的方法来调整电炉的电热参数和产品成分。因此原料质量的优劣不但直接影响产品质量，同时影响冶炼操作和炉况，影响电炉产量、质量和能耗等技术经济指标。工业硅产品对原料的要求十分严格。为此要求原料的化学成分和物理性质必须符合产品质量和冶炼工艺条件，达到下述基本要求：

（1）炉料的主要化学成分须满足产品化学成分和冶炼工艺要求。

（2）炉料须有良好的化学活性以便还原反应顺利进行。

（3）炉料要有合理的粒度和良好的热稳定性，使电炉具有均匀的透气性和良好的热交换性。

（4）炉料须有较高的比电阻以保证电极深插。

工业硅冶炼的主要炉料是硅石、碳质还原剂。实践表明，精料入炉是工业硅生产的重要基础。因此精选炉料，精确配料非常重要。

4.1 硅石

对用于冶金或机械工业的工业硅产品，冶炼所用的硅石要求：$SiO_2 \geqslant 99.2\%$，$Fe_2O_3 \leqslant 0.12\%$，$Al_2O_3 \leqslant 0.15\%$，$CaO \leqslant 0.12\%$。对用于化工或电子工业的工业硅产品要求硅石杂质含量更低（$Fe_2O_3 \leqslant 0.10\%$，$Al_2O_3 \leqslant 0.12\%$，$CaO \leqslant 0.10\%$）。如果配置炉外精炼，则硅石中 Al_2O_3和 CaO 的含量可以适当放宽。其次是化工和电子工业用的工业硅，对于硅石中的硼（B）、磷（P）等有严格的要求。

4.1.1 二氧化硅的形态及性质

硅在自然界中不以游离态存在，大都与氧等结合。二氧化硅是硅的主要存在形式之一，其结构式如图 2-2 所示。每个硅原子位于四面体中心，氧原子排列在四面体的每个角上。每个氧原子与两个硅原子相连接，其通式为 $(SiO_2)_n$，简化为 SiO_2。硅与氧结合得很牢固（Si—O 键的键长为 0.162nm，键能为 369.275J/mol），因此，二氧化硅有很高的硬度和很好的稳定性。二氧化硅的性质见表 2-2。

结晶形二氧化硅又可分为显晶形和隐晶形。隐晶形是无定形和结晶形的致密混合物。蛋白石是含有结晶水的二氧化硅。玉髓呈细纤维状，多孔，有各种颜色，用作冶金原料比石英差，因而用途有限。水晶是透明纯净的石英，由于它具有较好的压电效应，除作为装饰品外，还用于制作石英谐振器，是无线电通信设备中的重要元件，应用在卫星、雷达、石英钟、电子计算机及高空摄影等方面。河卵石是由在河床内冲磨而成，常含其他杂质，可用于硅铁生产。无定形和隐晶形二氧化硅藏量少，含杂质多，且活性差，所以不能用于工业硅生产。通常只有显晶形二氧化硅——大晶粒石英和硅石用于工业硅生产。二氧化硅在温度、压力等外界条件变化时，会发生一系列相变，如图 4-1 所示。

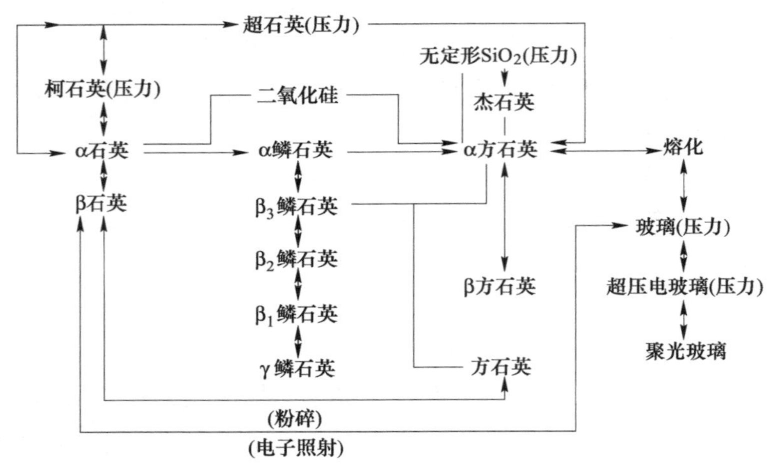

图 4-1 二氧化硅的相变图

二氧化硅的相变特性列于表 4-1。

表 4-1 二氧化硅的相变特性

变 化	T/K	p/MPa	ΔV/%	Q/J · mol^{-1}
β 石英→α 石英	846	0.1	+0.8	1047
α 石英→α 鳞石英	1143	0.1	+14.7	502
α 石英→α 方石英	1323	0.1	+14.4	837
γ 鳞石英→$β_1$ 鳞石英	390	0.1	+0.2	293.1
$β_1$ 鳞石英→$β_2$ 鳞石英	436	0.1	+2.3	167.5
$β_2$ 鳞石英→$β_3$ 鳞石英	483	0.1	−1.8	

续表 4-1

变　　化	T/K	p/MPa	ΔV/%	Q/J·mol^{-1}
β_3 鳞石英→α 鳞石英	748	0.1	-0.3	188.4
β 方石英→α 方石英	540	0.1	+3.8	1131
α 方石英→熔化	2001	0.1	+0.1	8793
杰石英（Keatite）→α 方石英		0.1	+12.6	
α 石英→柯石英（Cocsite）		3500	-13.1	942.1
柯石英→α 超石英（Stischowit）		10000	-32.3	61235
方石英→β 石英（粉碎）	298	0.1	-33.2	
方石英→α 方石英（加热）	1173	0.1	-11.5	
纤维状→α 方石英	1173	0.1	-11.2	
玻璃→α 方石英	1173	0.1	+0.9	

注：T、p、ΔV 及 Q 分别为温度、压力、相体积变化及相变热。

不同的二氧化硅变体是以晶格结构和密度不同相区分的。某种变体在一定温度范围内是稳定的，超过一定温度范围就发生晶变。这一点对耐火材料生产很重要。只有把石英焙烧转变为鳞石英，使其膨胀到最大，密度最小，在使用时才不至于因受热而破裂，保证耐火制品有好的耐急冷急热性能。

4.1.2 生产工业硅用的含氧化硅矿物

现在世界各国生产工业硅所用的含氧化硅矿物主要是硅石和石英。石英是一种纯天然形态的二氧化硅。在地壳中发现的原生石英矿呈岩层、矿巢、扁平矿体和其他结构形态，而且不同粒度的这种矿物的晶体之间往往是相互胶结在一起。由于石英所含杂质和结晶程度的不同，其硬度和颜色也不同。石英的密度一般为 2.59～2.65g/cm^3，硬度为 7，脉石英是共生的结晶集合体形成的，其硬度较高，外来杂质少，断面均匀。

石英矿破坏后形成的分散颗粒即为石英砂，石英砂的分布也很广。经过地壳复杂而长时间的变化后，形成了几乎全是由石英累积而成的岩石，这种岩石结构坚固，与石英原矿的结构不同。由于地壳变化的结果，冲击的石英砂转变为砂岩，即由于某种胶结物，如黏土或含硅的胶结物的作用，使石英颗粒胶结成岩石，最好形成石英颗粒与胶结物之间没有差别的硅石，硅石呈块状而致密，断口平整。硅石的视在孔隙率不大于 1.2%，吸水率为 0.1%～0.5%，密度为 2.65g/cm^3，剧烈膨胀的开始温度不低于 1150℃。石英形态的砂岩与硅石不同，物理性质较差，视在孔隙率为 1.2%～4.0%，吸水率为

0.5%~4.5%，热稳定性差，受热后剧烈膨胀并碎裂。

我国硅石资源丰富，产地遍布全国各地，优质硅矿产地也较多，其主要分布见表4-2。

表4-2　我国部分地区优质硅石情况　　(wt%)

地　名	主要杂质含量			
	SiO_2	Fe_2O_3	Al_2O_3	CaO
湖北广水	99.4	0.14	0.17	0.12
陕西洋县	99.06	0.15	0.20	0.18
广西贺州	99.46	0.05	0.06	0.04
湖北谷城	99.56	0.12	0.13	0.1
山西洪洞	99.20	0.14	0.25	0.18
山西五台	99.25	0.12	0.15	0.11
江西九江	99.33	0.06	0.12	0.08
山东泰安	99.10	0.14	0.27	0.12
四川会理	99.42	0.05	0.20	0.05
云南彝良	99.36	0.06	0.12	0.02

在冶炼过程中，还要求硅石清洁、无泥沙等杂物。硅石中的杂质一是硅石本身带入；二是表面泥沙混杂带入。杂质的主要成分是 Fe_2O_3、Al_2O_3、CaO。硅的回收率约为85%，其他条件不变时，可以计算出硅石中硅含量每降低1%，生产1t工业硅硅石消耗就要增加25kg，导致渣量增加，杂质消耗的热量增加。硅石带入的杂质在矿热炉里会有一定数量被还原进入硅熔液，杂质含量越高还原倾向、还原数量越多，因此，一方面还原这些难还原的氧化物要消耗电能，同时还增加工业硅中的杂质量，使工业硅纯度下降。其中大部分未被还原的杂质则形成熔渣，熔渣不但消耗热量，增加电耗，而且使用 Al_2O_3、CaO、MgO 高的硅石生产时，炉口料面明显发黏，类似配料亏碳现象，容易造成生产中的误判断和误操作。使用杂质含量高的硅石会使炉口透气不好，料面温度升高发红，炉料电阻下降，电极不易深插，进而使炉底温度受影响，熔渣黏稠不易排出，严重时造成坩埚缩小，炉底上涨，炉况恶化，从而使产品质量降低，产量下降，电耗增加。

硅石精选和水洗是减少硅石带入杂质节能降耗的重要措施之一。工业硅生产企业使用的硅石在入炉前都进行严格的把关和水洗，冲掉各种杂质和黏着物。

化学成分相似的硅石，由于产地不同，其物理、化学特性会有较大差别，因而对炉况的影响也会有较大差异，这一点必须引起足够重视。从物化特性上要求硅石须有足够的热稳定性和良好的抗爆性。加入电炉的硅石，如果受热很快碎裂或表面迅速剥落，会导致电炉透气性变坏，电炉上部炉料黏结，不利于冶炼过程正常进行。一般来讲，结晶水含量较高的硅石，受热后会因结晶水分解逸出，致使剧烈膨胀而破裂，因而透气性差。工业硅用硅石要求结晶水含量不超过 0.5%，剧烈膨胀的开始温度不低于 1150℃。

在地壳的长期复杂的演变过程中，由于演变条件不同，硅石中石英的形态也有差异。硅石中石英颗粒细而致密、视在孔隙率小的硅石其还原性和反应性较差，使用这样的硅石会使料层发黏，透气性差。因此在工业硅生产中不宜使用致密状硅石（硅石的孔隙率不超过 1.2%）。可见，在选择矿点时不但要做硅石的化学成分分析，同时须进行物理、化学性能试验。

硅石入炉粒度对工业硅生产有重要影响。粒度过小，虽能增大与还原剂的接触面，有利于还原反应的进行，但却使炉料透气性变坏，反应过程中生成的气体不能顺利排出，反而会减慢反应速度。同时硅石粒度过小，带入的杂质较多，影响产品质量，降低产品等级，因此小于 20mm 的硅石要严禁入炉。粒度过大，由于不能和捣炉沉料及反应速度相适应，易使未反应的硅石沉入炉底或进入硅熔液中，造成渣量增多，硅熔液流动性变差，出炉困难以及硅回收率降低，乃至熔渣堆积炉底造成炉底上涨，影响正常生产等现象出现。前苏联科学家研究了粒度与反应速度的关系，如图 4-2 所示。

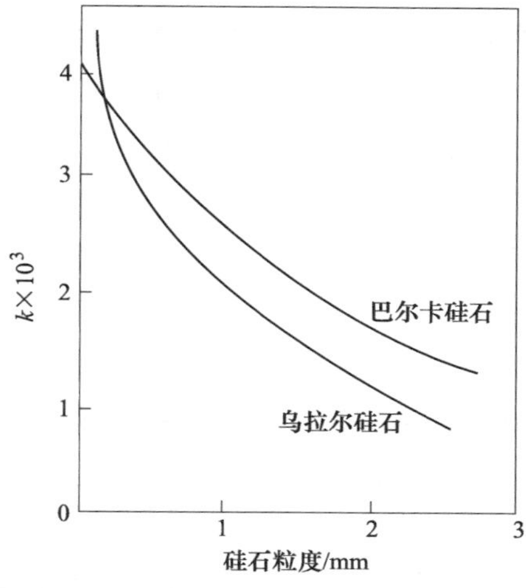

图 4-2　1648℃时硅石粒度对还原速度的影响（时间为 20min）

图 4-2 指出巴尔卡硅石和乌拉尔硅石的反应速度常数 k 随粒度增大而急剧下降。绝大多数工业硅生产企业普遍认为，硅石的适宜粒度依据生产经验来决定，其影响因素主要是硅石种类、还原剂种类和粒度以及电炉容量、操作状况等。一般情况下，决定硅石粒度大小的原则是：在保证炉内透气性良好的前提下粒度要均匀些、小些。我国目前小型工业硅电炉的硅石入炉粒度为 20~50mm，中型电炉硅石入炉粒度为 30~70mm，大型电炉硅石入炉粒度为 30~80mm。如果抗爆性能差粒度可适当放大。

4.1.3　硅石质量对工业硅生产的影响

4.1.3.1　硅石质量对产品质量的影响

（1）硅石中的 Fe_2O_3、P_2O_5在冶炼过程中 95%~98%优先被还原，直接进入硅熔液中，是影响产品质量的关键元素。

（2）硅石中的 Al_2O_3熔点高，生产时熔渣黏稠流动性差，炉内反应区上移，气态 SiO 蒸发较多，Si 损失大，出炉时渣量增大，带走的 SiO_2总量较多，硅元素回收率降低，产品质量下降，Al 含量偏高。

（3）硅石中的 CaO 偏高时，炉渣熔点高、渣量大，出炉时渣中带走的 SiO_2多，硅元素回收率降低，SiO_2氧化还原失衡。需要通氧除钙的产品，除 Ca 难度增大不易彻底，产品中 Ca 含量偏高。

4.1.3.2　硅石质量对炉况的影响

（1）SiO_2含量的影响。硅石中的 SiO_2含量较低，杂质含量越高，在冶炼中渣量大，特别是 Al_2O_3熔点高，熔渣黏稠，流动性差，电极下插困难，炉内温度低。熔渣中未被还原的 SiO_2、Al_2O_3、CaO、MgO 等氧化物在炉内形成熔渣难以排除，沉积物不断增多，沉积层不断增高，导致硅熔渣和反应区逐渐上升，电极上移，炉底温度不断下降，出炉时硅熔液和熔渣不能顺利流出，造成炉底上涨炉况恶化。

（2）粒度大小的影响。硅石粒度过小、硬度较差，熔点较低，会提前熔化影响透气性，造成刺火 Si 损失加大；硅石粒度过大，没完全反应就进入炉膛底部，增加熔渣，使得硅熔液和熔渣分离不好，混熔在一起变黏的熔体出炉时不易排出，造成熔渣堆积炉底上涨。

（3）抗爆性的影响。抗爆性差的硅石在加热后很快破碎或表面迅速剥落，会造成炉膛上部的炉料黏结，透气性变坏，不利于冶炼过程的正常进行。因此要求硅石有足够的抗爆性和热稳定性。结晶水多的硅石，在受热后由于脱水的作用，将出现微观的网状裂纹，也容易破裂，因此硅石中结晶水含量超过 0.5%不宜使用。

4.1.3.3 硅石质量对工业硅冶炼企业经济效益的影响

硅石中的 SiO_2 含量越低，杂质越多，不仅对产品质量、炉况有较大影响，而且对整个工业硅生产经济技术指标有更大的影响：一是硅石中杂质含量多，熔化还原杂质所需要的电能使吨产品电耗增加；二是因硅石杂质中各元素属性不同，炉内反应温度不同，炉况难以稳定，炉料中各氧化物氧化还原失调，产品质量不稳定；三是冶炼出炉时因渣量大，而带走的 SiO_2 总量较多，硅元素的回收率降低，矿耗、电耗增加，产量降低，成本升高。

根据工业硅冶炼入炉硅石中 SiO_2 含量的测算分析，入炉 SiO_2 含量每降低 1%，硅元素回收率降低 2%，吨产品电耗增加 300 度左右，同时产品中的有害元素增多，产品质量降低，售价降低，对效益产生双重影响。

4.2 还原剂

工业硅生产中，还原剂不但为还原反应提供必需的碳量，而且还有以下作用：(1) 炉料中碳质还原剂是电流通过炉料的主要导体；(2) 使炉膛里熔融和半熔融的炉料有一定的透气性，以提高硅石的反应速度和保证还原反应的充分进行；(3) 在冶炼过程中，可通过改变还原剂种类、用量和粒度来改变炉料电阻的大小，以调整电极在炉膛里的插入深度，控制电炉的生产过程；(4) 可通过选用不同种类的还原剂和调整它们之间的配比来控制工业硅的质量和品级。

为了保证冶炼过程正常进行，获得符合要求的工业硅，并取得较低的电耗和较好的技术经济指标，根据碳还原氧化硅的碳热反应的特点和过程，工业硅生产用碳质还原剂必须符合纯度高、反应性好、比电阻大等要求。工业硅常用的还原剂有木炭、石油焦、精煤、兰炭和木块，它们都含有一定数量的灰分。在冶炼过程中灰分中的氧化物一部分被还原成单质元素，另一部分则以氧化物状态进入熔渣。单质元素进入产品中，降低产品质量。氧化物进入熔渣则增加渣量，影响冶炼过程，增加电耗。因此，为了提高产品质量和降低能耗，要求还原剂要纯度高、灰分低、比电阻大和反应能力强。

还原剂的反应性是指其还原氧化物的性质或能力，在工业硅冶炼中则是碳还原二氧化硅的能力。它通常是指在一定温度下和一定时间内 $CO_2+C=2CO$ 反应进行的程度，并在一定时间内生成的一氧化碳量来表示。由于碳的还原能力直接影响硅石中二氧化硅的还原比例和还原速度，故碳的还原能力与工业硅冶炼的生产效率和电耗等技术经济指标密切相关。为了获得高产、优质、低耗指标，必须要求碳质还原剂反应能力强。

不同碳质还原剂的反应能力差别很大。最新研究认为，碳质还原剂自身的结构和物理性质比其化学成分对反应能力的影响还大。碳质还原剂的结晶和石墨化程度对其反应能力影响更大。含有较多无定形碳的碳质原料，其反应能力大于具有较大石墨化程度的碳质原料。有的碳质原料在高温下，其分子结构改变，发生碳的富集，石墨化程度增加，导致反应能力降低，例如石油焦。有的碳质原料在高温下，其分子结构结晶程度没有大的变化，所以它在高温条件下仍具有较高的反应能力，例如木炭。碳质原料的孔隙多少、微气孔的大小和性质，对碳质原料的反应能力也有重要影响。有资料指出，工业硅电炉中熔硅的形成速度与碳质还原剂外露气孔的相对体积成正比。同时还提出，可用单位质量碳质原料形成 CO 气体的总体积、微小的过渡孔的总体积、比表面积和真密度这四个物理量来综合衡量碳质原料的反应能力，并认为碳质还原剂与二氧化硅的反应速度是这四个因素量的复合函数。

还原剂在电炉中是电流通过炉料时的主要导体。在一定电压下，为使电流达到一定值，电极应有一定的插入深度，要求还原剂具有较大的比电阻。电流一定时，还原剂比电阻较大，电炉可以使用较高的二次电压，以提高电炉的电效率和功率因数。在冶炼过程中足够的电极插入深度和采用较高的二次电压是提高电效率和热效率的可靠保证，是提高产量和节能降耗的必需条件，因此，要求工业硅还原剂必须具有较高的比电阻。碳质原料比电阻大小也与碳的结晶程度和石墨化程度有关，石墨化程度高的碳质原料比电阻小导电性强。对常用的四种碳质还原剂比较得出：石油焦、精煤、泥煤兰炭、木炭的比电阻按顺序依次增大。

碳质还原剂的粒度对炉料的比电阻、透气性、反应过程速度和进行程度都有很大影响。同一种碳质原料，粒度过小，虽可增大比表面积，有利于反应的进行，但却会增大还原剂在炉口的燃烧损失，导致还原剂不足或消耗过多；使炉料透气性变坏，炉况恶化。如果粒度过大，则会影响反应速度和反应进行程度；还会使炉料导电性增加，不利电极深插。因此，还原剂必须有适宜的粒度。

工业硅生产前期技术准备阶段，要慎重选择碳质还原剂的品种、产地、粒度，以获得较高的炉料比电阻。炉料电阻与电炉的操作电阻成正比关系，即 Rmoor 公式中，$R_{操}$ 为电极操作电阻；$R_{损}$ 为电炉电阻。据电炉阻抗三角形可知：

$$\cos\varphi = (R_{操}+R_{损})/Z_{总}$$

式中，$\cos\varphi$ 为电炉功率因数；$R_{操}$为电极操作电阻；$R_{损}$为变压器及短网的交流电阻损耗；$Z_{总}$ 为每相的总阻抗。

可见，选择合适粒度的还原剂能提高电炉的炉料电阻和功率因数。表 4-3 为国内工业硅电炉常用还原剂的粒度情况。

表 4-3 国内工业硅常用还原剂的粒度 (mm)

还原剂种类	6.3MV · A 电炉	12.5MV · A 电炉	30MV · A 电炉
木 炭	5～80	10～100	20～100
石油焦	2～10	2～10	3～15
精煤、兰炭	3～10	3～15	5～20
木 块	10～80	20～80	20～100

4.2.1 还原剂种类

下面介绍我国工业硅生产中常用的几种碳质还原剂：木炭、石油焦、褐煤、烟煤、兰炭和木块。

4.2.1.1 木炭

木炭是将木材在隔绝空气或有限制地通入空气条件下加热，使其分解干馏后所得到的固体产物。它具有高的化学活性和反应能力，高的比电阻和较低的杂质含量，特别是铁的含量低，是生产工业硅最为理想的还原剂，也是最早用于工业硅生产的还原剂。目前世界上森林资源丰富的国家如巴西仍以木炭为主要还原剂生产工业硅。

不同地区、不同种类的木材烧制的木炭其化学成分和物理性质不同，我国北方地区土壤属碱性，其树木制得的木炭含钙高于南方地区。硬杂木木炭与松木木炭相比，前者灰分含量较小，机械强度较高，比电阻较低。树皮对木炭中灰分的含量影响很大，特别是树皮灰分的含钙量高出木炭 1 倍以上。树皮中混入泥沙杂质多，为了降低工业硅中的杂质含量，应使用去皮木炭。

木炭的化学成分要求为：固定碳大于 75%，灰分小于 5%，入炉粒度一般与硅石粒度相同。制得 1t 木炭要消耗 4～5t 木材。我国是森林资源贫乏的国家，大量使用木炭将破坏森林资源，故应尽量减少木炭的使用量和积极寻找木炭的代用品。

4.2.1.2　石油焦

石油焦是石油炼制中的副产品。石油提炼一般有釜式焦化、平炉焦化、延迟焦化、接触焦化和流化焦化五种方式。我国目前主要采用延迟焦化法提炼石油，故目前所使用的石油焦多半为延迟石油焦。石油焦的特点是灰分低、石墨化程度高、反应性差、导电性强。石油焦目前还没有相应的国家标准，现国内生产企业主要依据原中国石化总公司制定的标准 SHOS27—92，见表4-4。石油焦的灰分低。工业硅用石油焦灰分一般不大于 0.5%，可以生产杂质含量很低的高质量工业硅，目前石油焦已成为我国生产工业硅的主要还原剂之一。表 4-5 列出了某企业所用石油焦的灰分组成。

表 4-4　石油焦标准（SHOS27—92）

项　目	一级品	质量指标					
		No. 1		No. 2		No. 3	
		A	B	A	B	A	B
硫含量/%	≤0.5	≤0.5	≤0.8	≤1.0	≤1.5	≤2.0	≤3.0
挥发分/%	≤12	≤10	≤12	≤12	≤15	≤16	≤18
灰分/%	≤0.3	≤0.3	≤0.5	≤0.5	≤0.5	≤0.8	≤1.2

表 4-5　某企业石油焦灰分组成　　（%）

灰分	SiO_2	Al_2O_3	CaO	FeO	MgO	P_2O_5
含量	30~50	8~13	6~12	10~20	1~4	0.2~0.5

由于石油焦灰分中有多种金属元素和非金属元素，如钒（V）、钛（Ti）、镍（Ni）、铬（Cr）、磷（P）、硼（B）等，表 4-6 给出了某企业石油焦的元素分析结果。因此，在生产某些有机硅用或多晶硅用工业硅时，石油焦使用会受到一定的限制。石油焦中含硫较木炭和精煤高，在工业硅生产时会氧化生成一定数量的二氧化硫（SO_2），空气中的二氧化硫会导致酸雨与雾霾，污染环境，损害人体健康。因此，工业硅生产时尽量少用高硫焦，并且要增设烟气脱硫净化装置。

表 4-6　某企业石油焦的元素分析　　（ppm）

元素	Al	Ca	Fe	K	Mg	Mn	Na	P	S	Mn	V	Pb	Ni	Ti
含量	165	700	216	29	61	4	32	26	71	18	97	1	55	8

石油焦由于石墨化程度高、比电阻小，不利于电极深插，不利于炉况顺行；加之其化学活性差、反应性差、还原速度低，因此全部用作工业硅生产的还原剂效果不佳。目前国内工业硅生产厂家普遍利用石油焦灰分低的优点，配以其他比电阻高的炉料（木炭、精煤）以及调整炉型参数等，以确保炉料比电阻的合适值，获得工业硅生产较好的技术经济效果。

4.2.1.3 精煤

精煤是烟煤或褐煤经破碎、水洗提纯后产品的总称。褐煤多孔无光泽，易碎，变质程度和挥发分较低，烟煤则是一种变质程度低、挥发分较高、电阻率大、烧结性好的煤。烟煤的特点是反应能力强，比电阻高，灰分高，含铁量高。用褐煤或烟煤代替木炭或石油焦会使产品的铁含量升高，但可减少钙含量。褐煤或烟煤的价格较低，有利于降低成本。我国内蒙古、陕西出产的煤精选后灰分可降到3.5%以下，最近发现新疆某地烟煤灰分不大于3.5%。我国目前工业硅生产用煤见表4-7。

表4-7 我国工业硅生产用煤成分 （%）

产　地	固定碳	灰分	挥发分	Fe	Al	Ca
新疆哈密	约55	≤3.5	35~45	≤0.18	≤0.45	≤0.15
宁夏石嘴山	约65	≤4.0	25~35	≤0.20	≤0.60	≤0.15
青　海	约60	≤3.5	32~40	≤0.15	≤0.45	≤0.15
湖南邵东	约75	≤3	22~32	≤0.18	≤0.50	≤0.10
陕西神木	约60	≤3.5	32~38	≤0.18	≤0.35	≤0.15

4.2.2 工业硅生产还原剂的选择要求

4.2.2.1 化学成分

对工业硅还原剂而言，通常所说的化学成分指还原剂固定碳、灰分、挥发分和水分的含量等几项。

A 固定碳

要求还原剂所含的固定碳要高。固定碳越高，生产同样数量的工业硅所用的还原剂就越少，由还原剂所带入的杂质就越少；但固定碳也不能太高，含碳量太高会影响其化学活性和比电阻。

B 灰分

灰分就是还原剂中的杂质，这些杂质主要为金属氧化物，主要有Al_2O_3、

CaO 和 Fe_2O_3等，这些杂质会被还原剂还原进入产品，影响产品质量。另外，灰分多会增加炉内渣量，使炉渣变黏，难以排除，恶化炉况。所以要求还原剂灰分要低，一般要求精煤灰分在 3.5%以下。

C　挥发分

碳质还原剂中的挥发分是指其内部以碳氢化合物的形式存在的那部分。还原剂挥发分越高，机械强度就越低，但比电阻会增加，因此要求精煤的挥发分在 30%~40%为宜。

D　水分

还原剂中的水分主要取决于其自身的种类、结构、运输条件和储藏条件等。碳质还原剂内部水分含量的波动会影响配碳量进而影响炉况。因此，要求还原剂入炉水分应在 6%以下为宜。

4.2.2.2　电阻率

在冶炼过程中，炉内保持有适宜的高温区是炉况顺利运行和取得良好技术经济指标的重要条件。实践证明，炉内高温区熔池反应区的大小，在很大程度上与炉料电阻率和电极插入深度有关，还原剂的电阻率是影响电极深插的一个重要原因。在其他条件一样的情况下，电阻率大，电极插得深而稳，同时坩埚区扩大，热损失降低。所以，为提高电炉生产能力和电耗降低，碳质还原剂的电阻率应越大越好。炉料的电阻率影响因素有自身粒度、类型、结构等。在常见碳质还原剂中，木炭和烟煤电阻率高，达到几千 μΩ · m，石油焦最差只几十到几百μΩ · m。

4.2.2.3　反应活性

碳质还原剂的反应活性就是还原剂的反应能力，通常用还原剂产生一氧化碳的能力来表达（$C+CO_2=2CO$），即所生成的一氧化碳气体占总气体的比例。还原剂反应活性越强，生产率就越高。碳质还原剂的反应活性影响因素有材料组成、温度和气孔率大小及碳化程度。气孔率大、碳化程度低、高温下不易石墨化的还原剂具有较强的反应能力。木炭、烟煤的反应活性大，石油焦反应活性差。

4.2.2.4　粒度组成

炉料的透气性和电阻率受碳质还原剂的粒度影响较大。粒度大的碳质还原剂虽然透气性较好，但其比表面积小，使其电阻率小，反应能力差，炉料导电性好，电极下插困难，电炉电耗增加。粒度小的碳质还原剂，比表面积大，电阻率大，反应能力强，加入炉内有利于电极深插，促进反应进行。但是粒度太小，炉料透气性变差，炉况恶化，且碳损耗严重，使炉料呈现含碳量不足的局面，影响冶炼过程的进行。一般据不同炉型要求不同粒度，小容量矿热炉可使用3~10mm的还原剂，容量大的可使用5~20mm粒度的还原剂。在实际生产中要注意兼顾炉料电阻率大小、化学反应性和炉料透气性。

4.2.2.5 机械强度

还原剂的机械强度低不利于运输和储存。机械强度低会使破损增大，生产成本增加，而且入炉后继续破裂，影响透气性。由于工业硅生产温度高达2000℃，机械强度低的还原剂会造成塌料，影响炉况运行。根据工业硅生产对还原剂的要求，低灰分煤、木炭等碳质还原剂具有良好的物理化学性能，但它们的机械强度差，石油焦、低灰分煤很少单独使用，常配木块、玉米芯、甘蔗渣、椰子壳、松塔等增加炉料的透气性。

由于各种碳质还原剂的成分和物理化学性质不同，其电炉冶炼特性也不同。木炭的气孔率最大，在高温下不易石墨化，在工业硅电炉中有高的化学活性，高的化学反应性，木炭的固定碳含量一般在70%~80%，灰分一般为5%~7%，灰分中铁含量也很低，不足的是木炭灰分中钙含量较高，对产品质量有影响，特别是树皮中钙含量更高。国内外生产实践证明：用木炭作工业硅生产的还原剂，产品质量好，电耗低，是工业硅生产理想的还原剂。但是木炭价格贵，特别是烧制木炭要消耗大量森林资源，故木炭的使用正逐渐被其他碳质还原剂所代替。

石油焦在各种碳质原料中灰分最低，固定碳含量85%~90%，但因其在温度升高时石墨化程度增加，导致化学活性、反应能力和比电阻值降低，易造成冶炼炉况恶化。用石油焦代替木炭，从提高产品质量和扩大还原剂资源来看是可取的。但用石油焦全部代替木炭后易出现炉况不稳定，单位产品能耗增加，炉料黏结块增加，透气性变坏，刺火跑火现象增加，热效率降低，炉内热量损失严重，二氧化硅还原困难，炉内积渣、炉底上涨、电极上抬等问题。

烟煤的化学活性和反应能力强，电阻率也较高，已在工业硅生产中推广使用。在以石油焦为主的还原剂中掺入一定比例的烟煤，炉料电阻增加，使电极下插炉底温度升高，炉况有所稳定。但是随着烟煤掺入量增加，电耗降低的同时，工业硅产品质量会下降。这是因为烟煤灰分高于石油焦，因而烟煤在工业硅还原剂的掺入比例受到限制。国内某厂冶炼工业硅，使用灰分含量3.5%左右的烟煤，石油焦与烟煤的配比为6∶4，取得了较好的技术指标。如能对烟煤富选使灰分下降为3%以下，烟煤的使用比例可增大。在石油焦中配入一定比例的烟煤可使工业硅的冶炼效果改善，烟煤作为木炭的替代原料（烟煤的化学活性和电阻率接近木炭），具有经济意义和重大的环保意义。但是烟煤的灰分比石油焦高，故只能搭配使用。有的厂在石油焦中搭配40%烟煤，产品出炉后经底吹精炼，使工业硅质量达到化工级。烟煤在工业硅生产中的应用将会越来越普遍。

综上所述，工业硅常用碳质还原剂的技术特点总结于表4-8。

表4-8　工业硅常用碳质还原剂的技术特点

名称	固定碳 /%	灰分 /%	挥发分 /%	反应性 (1100℃)/%	电阻率（900℃） /μΩ·m	含硫量 /%
木炭	65~75	≤6.0	25~30	96~99	5000~6000	0.08
油焦	84~90	≤0.5	10~16	40~48	980~1080	0.5~3.0
烟煤	50~60	≤4.0	35~45	72~86	2200~3600	0.2~1.0

4.3　疏松剂

疏松剂是由于近年来木炭资源缺乏后，针对工业硅冶炼炉料中使用的还原剂化学活性和透气性差、冶炼操作困难、炉龄周期短而使用的一种辅助材料。

4.3.1　疏松剂的品种

目前国内工业硅冶炼中，广泛使用的疏松剂主要有木屑、木块、玉米芯、松树果、竹块等。由于疏松剂在加工、运输、存储过程中存在差异，故要求加工木屑的树木要去掉树皮，粒度都要合适，不允许有泥土、金属等杂质混入。

4.3.2　疏松剂的作用

（1）疏松剂的化学活性好，不仅增加炉料透气性，还可以增加炉料电阻便于电极深插，增强炉渣流动性，确保炉况正常，延长炉龄周期。

（2）疏松剂通过燃烧可产生6%~12%的碳，可减少其他还原剂的用量，同时减少还原剂带入的杂质和有害元素，提高产品质量。

4.3.3 疏松剂的使用

疏松剂使用时需干净不带泥沙等杂物，且应根据使用还原剂的种类、炉料粒度、透气性和炉料烧结情况等综合考虑：

（1）使用全煤作还原剂的，可在炉料中加入硅石量的30%~40%的疏松剂用量；

（2）使用石油焦为主、烟煤为辅助还原剂的，可在炉料中加入硅石量的40%~50%的疏松剂用量；

（3）使用部分木炭作还原剂的，可在炉料中加入20%~30%的疏松剂的用量。

目前，国内工业硅生产厂家普遍推广应用多种碳质还原剂合理配比入炉的做法，并已获得明显的改善技术经济效果。表4-9列出国内部分工业硅生产企业的配料比例。

表4-9 国内部分工业硅生产企业的配料比例 （kg）

企业编号	硅石	木炭	石油焦	精煤	木片	木块
1	1200			800		500
2	800		250	180	320	
3	600	100		294	200	
4	400		120	98	140	
5	300		80	88	110	
6	200		55	55		80
7	200	30	69		75	

4.4 还原剂对产品质量和炉况的影响

4.4.1 还原剂对产品质量的影响

（1）还原剂用量不足。炉料中SiO_2还原不充分，Fe_2O_3、P_2O_5的95%~98%被优先还原，直接进入工业硅，导致炉内SiO_2、Fe_2O_3、P_2O_5氧化还原比例失调，产品中Fe、P超标。

（2）还原剂用量过多。炉料导电性强，电极上抬，“刺火”塌料，Si元素挥发损失严重，炉内SiO_2生成SiC，导致炉料中各元素氧化还原失调，产品质量不稳定。

（3）还原剂粒度过小。挥发损失大，不仅用量增加，而且带入的有害元素增加，产品质量降低。透气性变坏影响炉况，技术经济指标降低。

（4）还原剂杂质含量高。炉内渣量大，特别是 Al_2O_3、CaO 偏高时，炉渣熔点高，冶炼中熔渣黏稠流动性差，炉内反应区上移，气态 SiO 蒸发较多，Si 元素损失大，出炉时渣量增大，带走的 SiO_2 总量较多，Si 元素回收率降低，各元素还原比例失调，产品质量不稳定，需要通氧的产品通氧难度增大，产品中 Al、Ca 含量偏高。

4.4.2　还原剂对炉况的影响

还原剂固定碳含量越低，杂质含量越高，在生产中渣量大，特别是 Al_2O_3 熔渣黏稠，流动性差，电极下插困难。熔渣中未被还原的 SiO_2、Al_2O_3、CaO、MgO 等氧化物在炉内形成熔渣难以排除，沉积物不断增多，沉积层不断升高，导致硅熔渣和反应区逐渐上升，电极上移，电炉炉底温度不断下降，出炉时硅熔液和熔融渣不能顺利流出，造成炉底上涨，炉况恶化。

4.4.2.1　还原剂过剩

还原剂过剩会导致炉料疏松，导电性强，电流不断增大，火焰变长集中于电极周围，炉料不烧结，“刺火”塌料严重，电极消耗慢，炉内生成 SiC，电极四周炉料锥体边缘发硬，出炉时带出的黏渣呈绿色。当还原剂严重过剩时，仅在电极周围窄小区域内频繁“刺火”塌料，其他部位的料层发硬不沉料，“坩埚”缩小，热量集中在电极周围，电极上抬，热损失严重，炉底温度下降，硅水温度低，炉眼缩小难开，假炉底很快上涨，被迫停炉。

4.4.2.2　还原剂不足

还原剂不足会导致料面烧结严重，透气性差，化料慢，火焰短小无力，“刺火”严重。缺碳前期电极插入较深，炉内温度有所提高，在短时间内硅水量会增多，硅水有过热现象。炉内温度严重缺碳时，电流波动大，电极下插困难，“刺火”，电极消耗快，炉眼发黏难开，硅水量下降，炉底积渣增多，炉底上涨，生产指标不断恶化，企业效益下降。

4.4.3　不同企业对还原剂的使用

目前，国内大部分工业硅生产企业使用的还原剂是石油焦和低灰分烟煤，少部分使用木炭。也有用木块代替木炭进行全煤生产的企业。

根据不同生产企业对还原剂使用的差异，其经济技术指标差距较大：

（1）用石油焦、低灰分烟煤、木块生产的企业，炉况稳定，产品质量较好，多属高等级工业硅；使用全煤生产的企业，产品质量一般，多属中、低级品工业硅。

（2）亏碳操作。由于人为原因造成炉内亏碳（加重料），使炉内部分氧化物没有被充分还原，未被还原的SiO_2、Al_2O_3、CaO、MgO等进入炉膛底部，形成高熔点、高黏度的氧化物熔渣，不易随硅熔体排出炉外，积存在炉底，造成炉渣堆积炉底上涨。

（3）多碳操作。配料中还原剂用量过多，在炉内生成大量碳化硅无法充分分解，进入炉底。而碳化硅熔点高，渗入炉底熔渣后造成熔渣黏度较高，无法随硅熔液排出，造成炉内熔渣堆积炉底上涨。

（4）偏加料。造成炉内还原剂分布不均，一部分区域亏碳，产生氧化物熔渣；另一部分区域多碳，产生碳化硅熔渣。氧化物熔渣或碳化硅熔渣的特点是熔点高，黏度大，流动性差，无法在炉内充分接触进行还原反应和分解反应，最终造成炉内堆积炉底上涨。

（5）用碳量先亏后多。有些企业为了使电极深插，便在配料中减少还原剂用量，造成炉内缺碳，氧化渣堆积。最终使堆积在炉底的氧化渣导致炉底上涨。一是氧化渣熔点高黏度大，流动性差，很难排出，一旦形成氧化渣在短期内炉况很难正常；二是后期调节碳量且炉内碳量很难准确掌握，久之导致生产指标严重恶化只能停炉挖炉。

4.5 配料计算

4.5.1 配料比例

配料中有三个重要比例需要明确和认真掌握。这三个比例是：还原剂组分的使用比例、计算的原料比例和实际使用的配比。

还原剂组分的使用比例，在工业硅生产中，普遍采用由几种碳质原料组成的混合还原剂。构成还原剂的各种碳质原料的应用比例，就是还原剂组分的使用比例。不同的工厂，产品质量要求不同，原料供应情况不同，还原剂组分的使用比例就不同。同一工厂随着各种时期的炉况和生产要求不同，还原剂的使用比例也不同。如要求生产高质量的工业硅时，就不宜多使用灰分含量高的烟煤；生产中对产品质量要求不很严格时，就可以同时使用木炭、油焦和烟煤三种碳质原料，并可适当增加烟煤用量；当电极上抬，炉况不好时，可多用木炭和烟煤，少用油焦；当电极埋得深而稳定，炉况很好时，为了降低产品成本，则可适当增加油焦和烟煤用量。还原剂组分的使用比例，要因地制宜地合理确定，还要适时地加以调整。

4.5.2 配料计算

工业硅生产的总反应：

$$SiO_2+2C \xrightarrow{\triangle} Si+2CO\uparrow$$

说明：

(1) 为简化计算可以认为炉内只发生上述总反应；

(2) 硅石中 SiO_2 含量为 100%；

(3) 碳质还原剂中灰分的氧化物还原所需的碳与电极参加反应的碳量相当，忽略不计。

在这种情况下，还原 100kg 硅石所需固定碳量为：

$$100\times\frac{2\times\text{碳的原子量}}{SiO_2\text{的分子量}}=100\times\frac{2\times12}{28+32}=40(\text{kg})$$

根据冶炼硅的主反应式，还可以计算出生产 1kg 硅所需固定碳量为：

$$1\times\frac{2\times\text{碳的原子量}}{\text{硅的原子量}}=1\times\frac{24}{28}=0.857(\text{kg})$$

生产 1kg 硅需要的硅石量为：

$$1\times\frac{SiO_2\text{的分子量}}{\text{硅的原子量}}=1\times\frac{60}{28}=2.14(\text{kg})$$

在一般情况下，取精煤的水分为 9%，挥发分为 36%，灰分为 3.5%；石油焦水分为 6%，挥发分为 12%，灰分为 0.5%。因此，煤的固定碳量为：

$$C_{\text{煤}}=100\%-(\text{水分}+\text{挥发分}+\text{灰分})$$
$$=100\%-(9\%+36\%+3.5\%)=51.5\%$$

石油焦的固定碳量为：

$$C_{\text{焦固}}=100\%-(\text{水分}+\text{挥发分}+\text{灰分})$$
$$=100\%-(6\%+12\%+0.5\%)=81.5\%$$

当确定还原剂组分的使用比例（固定碳比）为煤：石油焦=70：30 时，

还应考虑还原剂在炉面有烧损和飞扬损失，精煤和油焦的损失系数 K 都设为 10%，则计算出原料的用量比例为：

$$\text{硅石}:\text{煤}:\text{石油焦}=100:\frac{40\times70\%}{C_{\text{煤固}}(1-K_{\text{木}})}:\frac{40\times30\%}{C_{\text{焦固}}(1-K_{\text{焦}})}$$

$$=100:\frac{40\times70\%}{51.5\%\times(1-10\%)}:\frac{40\times30\%}{81.5\%\times(1-10\%)}$$

$$=100:60:16.5$$

计算的原料比例可在一定程度上表示出电炉熔炼要求的较准确的配料比例，可作为生产中实际配料的基本依据。但在实际生产中，由于各种碳质原料，特别是木炭含水率波动很大（有时木炭含水量可达 45%）以及炉子的电气参数、操作情况，出炉和交接班前后各种因素的变化，致使电炉熔炼在某段时间内实际需要的用料与计算所得的原料比例有一定差异。在实际生产中，是通过增减还原剂中某种碳质原料（通常是石油焦）来调整这种差异。也就是对计算的配料比进行适时调整，计算出实际用的配料比。

国内工业硅企业生产中运用这种实际用的配料比分为两个体系：一个体系是，随时调整实际配料比，即当班工人依据炉况，可适当调整配料比例，有时每班就可变化三四次。这样的好处是，由于随时调整配料比，因而熔炼过程处于最佳工作状态，某些故障可消除在萌芽状态，从而获得较好的技术经济指标。但这样处理方式的首要条件是，员工必须有较高的技术水平和操作经验，能正确判断炉况，否则如炉况判断不准，会造成越调越乱，生产不能稳定进行。只有生产历史较长、员工技术水平较高的企业才能采用这种可随时调整的实际配料比。另一种体系是，经生产中实际摸索确定计算的配料比例后，各班工人不能自行变动，在一定时期保持不变。有时可保持 10 天或更长时间。只有经过例会或专门研究，才能改变。这样做，虽不便于通过及时调整使熔炼处于最佳状态，但却易于使炉况保持基本稳定，不容易出现因调整不当造成的运行紊乱。刚投产不久、员工操作不熟练的企业，大都采用这种相对稳定的实际配料比。

4.6 工业硅新型还原剂的研究

工业硅生产过程的各种原料具有不同的性质，原料的不同配比严重影响着工业硅冶炼生产过程，因此通过优化原料配比后制备复合碳质还原剂并将其进行了工业化生产是一个非常重要的环节。另外，针对石油焦活化实验结果，将其添加剂对石油焦原料的活化效果进行工业化生产，并对实验数据进行系统分析。

4.6.1　工业硅新型还原剂的实验室研究

4.6.1.1　工业硅新型还原剂研究方案

本节针对国内外研究进展情况，提出了工业硅碳质还原剂的研究与应用总体试验方案，如图 4-3 所示。

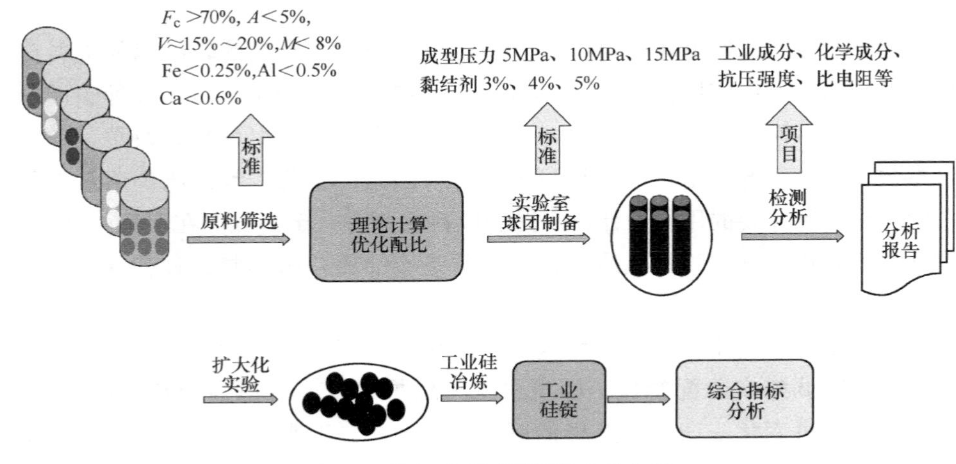

图 4-3　符合碳质还原剂研究总方案

4.6.1.2　工业硅新型还原剂研究球团

在实验研究中，为了研究球团的各种性能，通过不同实验条件进行配料，最终原料配比见表 4-10。

表 4-10　原料配比　（%）

低灰煤	兰炭	增碳剂	石油焦	木炭粉末
20~25	5	10	55~60	5

通过混合原料添加黏结剂压制成型的实物图如图 4-4 所示。

4.6.1.3　新型工业硅还原剂性能测试

A　抗压强度测试

球团抗压强度是衡量球团在储存、运输以及入炉过程中保证原料完整性的重要指标，球团的抗压强度一般要求应力大于 2MPa，用多功能力学测试仪

图 4-4　自制的还原剂照片图

器对其进行抗压强度进行测试。实验制样品均为圆柱形，直径都为 2cm，而厚度存在一定差异，为了测试结果准确性，在每测试样品之前都对厚度进行测量并在测试软件中直接输入样品尺寸大小。抗压强度测试曲线如图 4-5 所示。

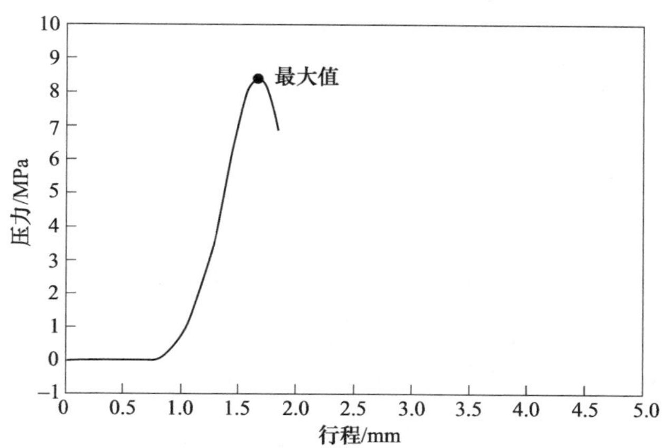

图 4-5　还原剂抗压强度测试曲线图

从图 4-5 可以看出，在压强 20MPa 条件下的球团的应力均高于 9MPa，换算成压力在 3000N 左右，完全满足还原剂的储存、运输及其入炉要求。由于在工业化生产中，并没有严格去控制成型压力，因此，没有过多的讨论成型压力对其强度的影响，仅仅是在实验室研究了成型压力对球团抗压强度的影响。

B 化学反应活性测试

工业硅冶炼过程中，还原剂的化学反应活性是影响还原剂用于工业硅生产过程的一个重要指标，对于工业硅冶炼要求还原剂的化学反应活性越高越好。衡量化学反应活性主要是通过碳质还原剂和 CO_2 气氛反应生成 CO 的反应性。样品化学反应活性分析结果如图 4-6 所示。

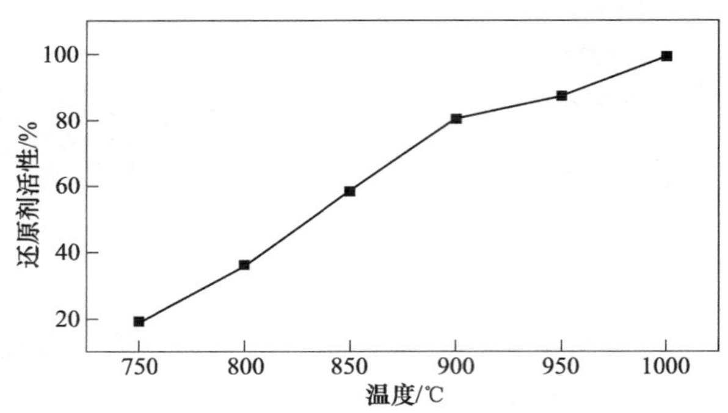

图 4-6 还原剂活性随温度的变化趋势图

从图 4-6 可以看出，还原剂的活性在 900℃内随着温度的升高，化学反应活性呈直线趋势增加；当温度达到 900℃时，活性随着温度的升高增速减缓，主要是原料中主体成分碳随着温度增加其碳结构发生变化导致的。从化学反应活性来看，木炭在 1100℃的活性为 98.1%，新型还原剂在 1000℃的活性值为 99.2%，该还原剂的反应活性完全可以替代木炭用于工业硅的冶炼。

C 成分分析以及比电阻测试

碳质还原剂中固定碳、挥发分、水分以及灰分对工业硅冶炼生产过程具有显著的影响，因此新型复合还原剂的工业成分以及灰分中主要金属氧化物成分 Fe、Al 和 Ca 分析结果见表 4-11，比电阻分析结果也呈现在表 4-11 中。

表 4-11 成分分析以及比电阻测试

检测项目	固定碳 /%	水分 /%	挥发分 /%	灰分 /%	比电阻 /μΩ · m	铁 /%	铝 /%	钙 /%
分析结果	69.75	≤6	27.01	3.24	3572.57	0.146	0.392	0.486

从表 4-11 中可以看出，新型复合还原剂的各项指标满足工业硅冶炼生产的要求。但在工业化应用过程中有很多不确定因素，为了探索复合还原剂在炉子中燃烧反应特性，对球团产品在富氧条件下进行了燃烧试验，燃烧过程

如图 4-7 所示。从图可以看出，燃烧火焰比较高涨和旺盛，随着燃烧进行球团出现不同程度的裂纹并且体积不断缩小，整个燃烧过程中球团体不会散开，可以满足入炉要求。

图 4-7 球团燃烧情况照片图

从图 4-7 可以看出，球团在燃烧过程中会产生不同程度的裂纹，和木炭的燃烧比较相似。这种裂纹的产生将使球团的反应活性有所提高，并且在整个燃烧过程中球团不会散开，可以保证在球团参与反应的过程中的透气性作用。

4.6.2 工业硅新型还原剂的工业化生产

根据实验室的研究结果，将新型复合还原剂的扩大化试验，具体的试验流程如图 4-8 所示。主要包括原料准备、黏结剂混合过程、搅拌过程、成型过程以及烘干过程。

将球团进行烘干处理后得到的还原剂产品如图 4-9 所示。

4.6.3 工业硅复合碳质还原剂用于工业硅生产的展望

将新型还原剂产品应用于企业，如图 4-10 所示。该公司所采用碳质还原剂主要是木炭、石油焦、煤三种原料，其中木炭固定碳为 70%、石油焦固定碳为 80%、煤固定碳为 60%。

经过分析，新型还原剂固定碳在 70%左右，与木炭的成分比较接近；另外，新型炭质还原剂的实质是以替代工业硅冶炼用木炭为最终目标，但是为了保证正常生产，在实际生产过程将原来配入木炭减少并用该还原剂等量替代进行试验。

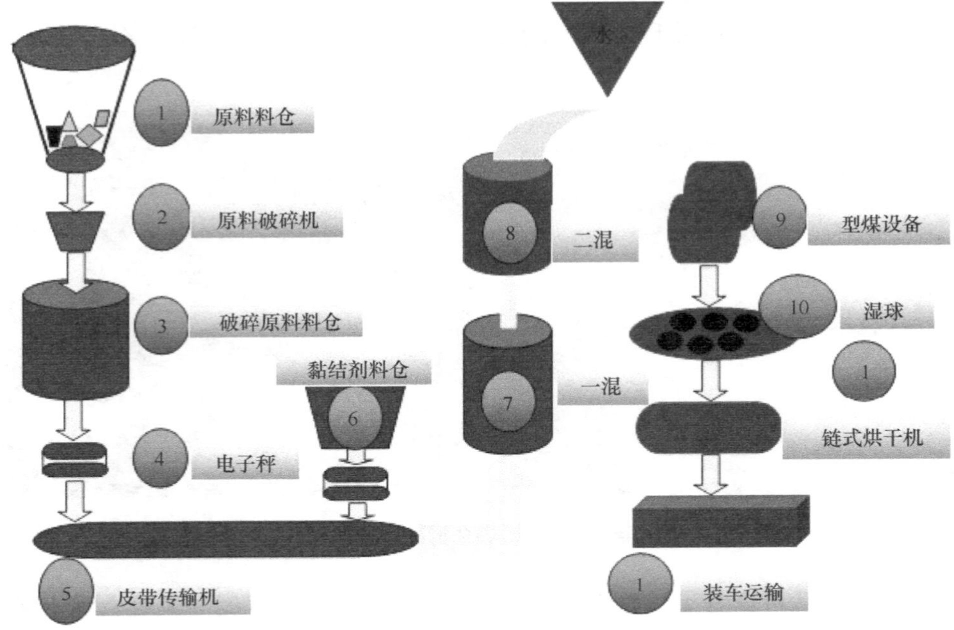

图 4-8　球团生产流程示意图

图 4-9　新型复合还原剂实物照片

从表观现象来看，在投料之前，炉体中火焰短小有力，如图 4-11（a）所示；投料以后，火焰更高更旺，如图 4-11（b）所示。

工业硅冶炼矿热炉表面温度在 800~900℃，恰是复合还原剂高活性温度，随着反应的进行，温度逐渐升高，待温度达到 1000℃时，复合还原剂活性达

(a) (b)

图 4-10 原料混合过程
（a）复合还原剂；（b）混合均匀的还原剂

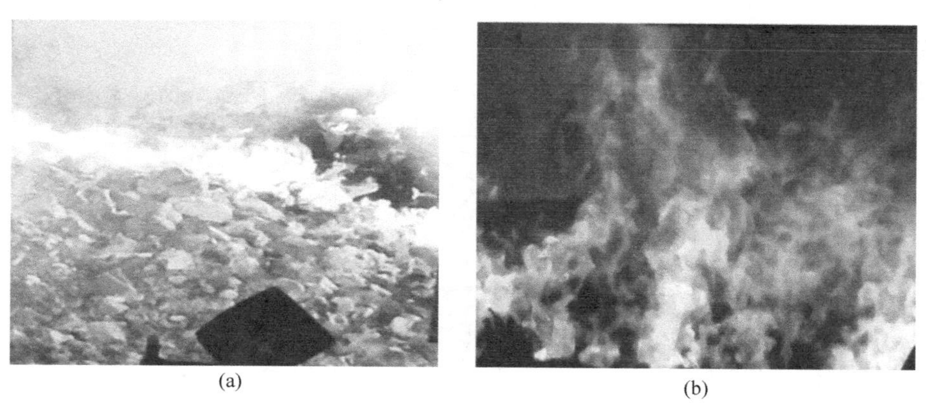
(a) (b)

图 4-11 投料前后对比
（a）投料前；（b）投料后

到了 99.2%，这将使复合还原剂的反应提前进行，即在表面就进行了 $C+O_2=CO_2$的反应，反应属于放热反应，致使表面温度越来越高，有利于工业硅强化冶炼。

5 工业硅生产设备

生产工业硅的电炉为矿热电炉，简称矿热炉。矿热炉是以电能为热源、矿石为原料、碳质材料为还原剂，在炉内进行电热化学反应获得产品，应用范围比较广泛，成为电冶金中使用最重要的一种，并且是比较复杂的电冶金设备。工业硅电炉设备主要由机械设备和电气设备两大部分组成。

工业硅在生产过程中需要捣炉不能全封闭，因此工业硅电炉分为半封闭固定式工业硅电炉（图 5-1）所示和半封闭旋转式工业硅电炉（图 5-2）。一般中小型工业硅电炉采用固定半封闭式电炉，新建大型工业硅电炉均采用半封闭旋转式电炉。

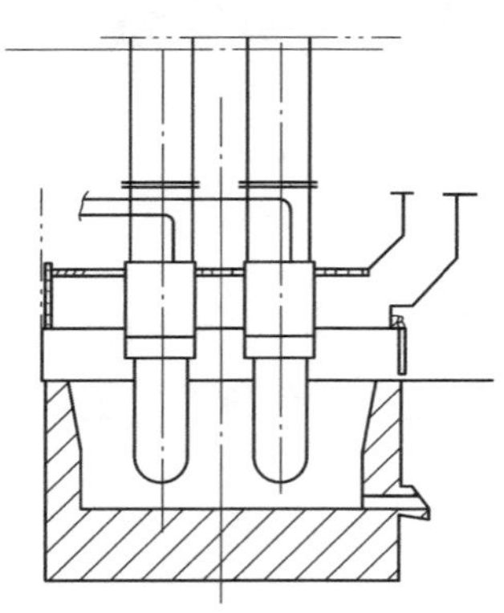

图 5-1　半封闭固定式工业硅电炉

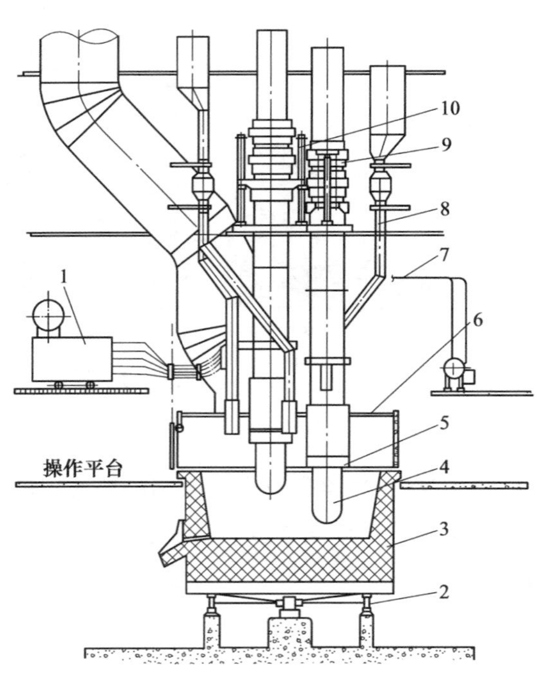

图 5-2　半封闭旋转式还原电炉

1—供电系统；2—炉体旋转机构；3—炉体；4—电极；5—电极把持器；6—半封闭烟罩；7—水冷却系统；8—加料系统；9—电极压放装置；10—电极升降装置

5.1　工业硅电炉的机械设备

工业硅电炉的机械设备主要由炉体、炉体旋转机械、电极系统、排烟系统、液压系统、冷却水系统、气封系统、配料站及上料、布料及下料设施等部分组成。

5.1.1　炉体

工业硅电炉的炉体由炉壳和炉衬组成。

5.1.1.1　炉壳

工业硅电炉的炉壳有圆筒形（图 5-3）或锥台圆形（图 5-4），它们优点是：结构紧凑，可以缩小单位辐射面积减少热损失，三根电极产生的热量比较集中，炉膛中死料区较少，短网布置也容易做到合理减少损耗。圆筒形炉壳容易制作安装，使用较广，由于工业硅电炉炉衬是使用膨胀系数较大的耐火材料砌筑，炉壳制成上大下小的圆锥形更好，这样生产时因高温膨胀的炉衬能沿着炉壳壁向上错动，从而减少对炉壳的压力。锥台圆形炉壳电炉下部有较大的空间，便于地面设施的布置，锥台圆形炉壳还可以缩短出硅槽长度便于出硅操作、便于排渣，但是锥台圆形炉壳制造难度较大。

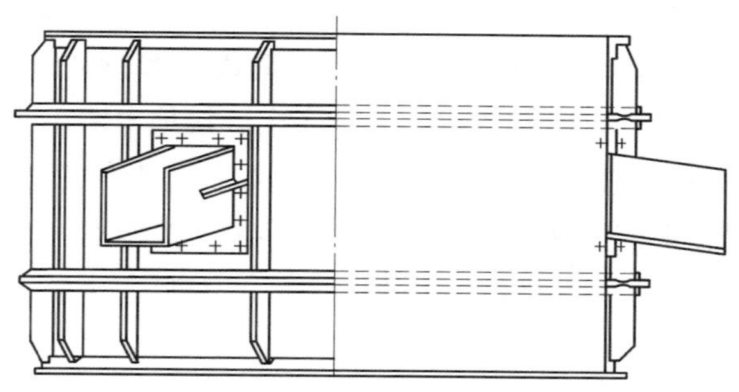

图 5-3　圆筒形炉壳

炉壳由炉身、炉底、加强筋等组成，采用焊接结构，炉壳要有足够的强度，大炉子炉身一般用 20~25mm 厚的锅炉钢制作，炉底多数用厚 25~30mm 钢板焊接而成，加强筋由主筋板和 3~5 个水平筋组成，它们的作用是抵抗由于炉衬热膨胀而产生的断裂反应，以防炉身膨胀变形。圆形炉壳身上，中小炉子一般配置 2~3 个对着电极的出炉口，旋转炉配置 5~6 个出硅口，出炉口附近由于流出熔融硅液、高温气流和电弧辐射作用，温度高，易使炉壳烧损和变形，因此在炉身出炉口处须增设加固筋或设专用框架。

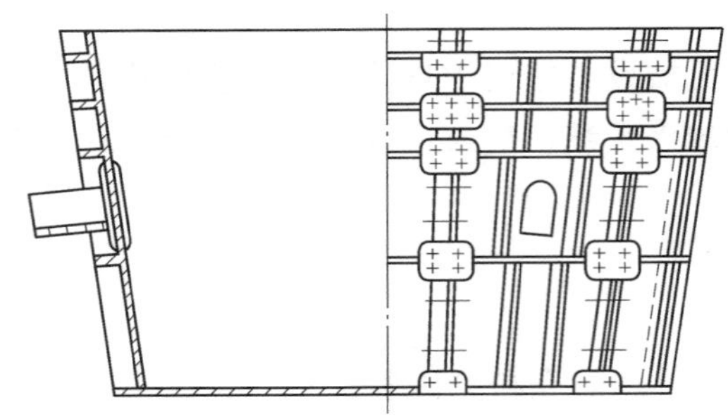

图 5-4　锥台圆形炉壳

大型工业硅电炉，为了减少涡流和磁滞损失，以及制作安装方便，炉壳可沿圆周分成几瓣，每瓣之间垫石棉板密封，用螺栓通过隔磁垫圈紧密连接，或采用全焊接结构。炉壳要高出操作平台 300～400mm，防止人员和操作设备滑入炉内。

工业硅电炉内衬含有碳质炉衬，炉壳要有良好的密闭性，以防空气进入氧化碳衬，降低炉衬寿命，为此在炉壳接缝内侧，加焊带伸缩性结构的薄钢板，采用连续焊接，焊接要求密实不漏气，以使接口良好。

炉壳底部呈水平状，炉壳浮放在工字梁上，以使炉壳和工字梁在受热时各膨胀各的，而不互相影响，同时空气也可在工字梁空道之间流通，起到冷却炉底的作用，还可以对炉底进行观察，及时发现和预防炉底烧穿事故。炉壳必须要有接地装置，以确保员工的人身安全，接地电阻不大于 4Ω。工业硅冶炼温度较高，炉底温度也会很高，应由风机通风对炉底进行冷却，并有炉底温度监测装置和把监测到的炉底温度传输到中央控制室。

5.1.1.2　炉衬

炉衬是工业硅电炉主体的内衬。它是由保温、耐火材料等为主组成，用以抵御和防止炉膛内高温热量的散失，确保炉内电热反应顺利、安全的进行，是电炉低耗、高产、安全生产的重要保证。因此炉衬是工业硅电炉设备的重要组成部分。

A　工业硅电炉炉衬的常用材料

a　硅酸铝耐火材料

(1) 黏土质耐火材料：黏土质耐火材料属于硅酸铝耐火材料中的一个品种，它以黏土熟料作骨料，耐火软质黏土作结合剂制成 Al_2O_3 含量为 30%～

48%的耐火制品，表 5-1 为黏土质耐火砖的理化指标。

表 5-1 黏土质耐火砖的理化指标

项目		N-1	N-2a	N-2b	N-3a	N-3b	N-4	N-5	N-6
耐火度/℃		≥1760	≥1740	≥1740	≥1720	≥1720	≥1700	≥1660	≥1580
荷重软化开始温度（0.2MPa）/℃		≥1400	≥1350		≥1320		≥1300		
重烧线变化率/%	1400℃，2h	+0.1 -0.4	+0.1 -0.5	+0.2 -0.5					
	1350℃，2h				+0.2 -0.5	+0.2 -0.5	+0.2 -0.5	+0.2 -0.5	
显气孔率/%		≤22	≤24	≤26	≤24	≤26	≤24	≤26	≤28
常温耐压强度/MPa		≥30	≥25	≥20	≥20	≥15	≥20	≥15	≥15
抗热震性/次		N-2b、N-3b 必须进行此项检验，将实测数据在质量证明书中注明							

（2）高铝质耐火制品：高铝质耐火材料是 Al_2O_3 含量 48%以上的硅酸铝耐火材料，其理化指标见表 5-2。高铝砖尺寸允许偏差及外观允许缺陷见表 5-3。

表 5-2 高铝砖理化指标

项目		LZ-75	LZ-65	LZ-55	LZ-48
Al_2O_3/%		≥75	≥65	≥55	≥48
耐火度/℃		≥1790		≥1770	≥1750
荷重软化开始温度（0.2MPa）/℃		≥1520	≥1500	≥1470	≥1420
重烧线变化率/%	1500℃，2h	+0.1 -0.4			
	1450℃，2h			+0.1 -0.4	
显气孔率/%		≤23		≤22	
常温耐压强度/MPa		≥53.9	≥49.0	≥44.1	≥39.2

表 5-3 高铝砖尺寸允许偏差及外观允许缺陷 （mm）

项目		指标
尺寸允许偏差	尺寸≤100	±2
	尺寸 101~300	±2%
	尺寸 301~400	±6

续表 5-3

项　目		指　标
扭曲	长度≤300	不大于±2
	长度 301~400	≤2.5
	长度 301~400	协议
缺棱深度		≤6
缺角深度		≤6
熔洞直径		≤6
裂纹长度	宽度≤0.25	不限制（不准成网状）
	宽度 0.26~0.50	≤50
	宽度 0.5~1.0	≤20
	宽度>0.25	不准有

（3）刚玉质耐火制品：刚玉砖是以刚玉为主晶体的铝硅质耐火制品。含 Al_2O_3 大于 90%以上制品称为刚玉质耐火材料，也称纯氧化铝耐火制品，在刚玉材料加入其他某些化学矿物组分，可形成复合制品，如锆刚玉砖、铬刚玉砖、钛刚玉砖。纯刚玉砖理化指标见表 5-4，电熔锆刚玉砖理化指标见表 5-5，铬刚玉砖理化指标见表 5-6，钛刚玉砖理化指标见表 5-7。

表 5-4　纯刚玉砖理化指标

项　目	指标	项　目	指标
Al_2O_3	≥95%	耐压强度/MPa	≥40
Fe_2O_3	≤0.5%	显气孔率/%	≤25
SiO_2	≤0.5%	体积密度/$g \cdot cm^{-3}$	≥2.85
Cr_2O_3	≤1%	荷重软化开始温度/℃	≥1630
TiO_2	≤1%		

表 5-5　电熔锆刚玉砖理化指标

牌号	耐火度/℃	显气孔率/%	体积密度/$g \cdot cm^{-3}$	抗压强度/MPa	化学成分/%							
					Al_2O_3	SiO_2	Fe_2O_3	NaO_2	MgO	CaO	TiO_2	ZrO_2
30 号	>1780	<5	>3.8	>250	49~51	15~18	0~0.5	1.5~20	<0.3	<0.3	<0.4	30~33
35 号	>1780	<5	>3.85	>250	50~51	11~13	0~0.3	1.0~1.5	<0.3	<0.3	<0.3	35~37
40 号	>1800	<5	>4.0	>250	47~48	10~12	0~0.2	0.6	<0.3	<0.3	<0.2	41~43

注：本产品显气孔率不算铸孔。

表 5-6 铬刚玉砖理化指标

项目	指标	项目	指标
Al_2O_3/%	≥94	耐压强度/MPa	≥40
Fe_2O_3	≤0.5	显气孔率/%	≤25
SiO_2	≤0.5	体积密度/g·cm^{-3}	≥2.90
Cr_2O_3	≤1	荷重软化开始温度/℃	≥1700
TiO_2	≤1	重烧收缩（1600℃，3h）/%	≤0.5

表 5-7 钛刚玉砖理化指标

项目	指标	项目	指标
Al_2O_3/%	≥94	耐压强度/MPa	≥40
Fe_2O_3	≤0.5	显气孔率/%	≤25
SiO_2	≤0.5	体积密度/g·cm^{-3}	≥2.85
Cr_2O_3	≤1	荷重软化开始温度/℃	≥1650
TiO_2	≤1	重烧收缩（1600℃，3h）/%	≤0.5

b 碳质耐火材料

碳质耐火材料的耐火度高，导热性和导电性高，热稳定性好，热胀系数小，高温强度高，耐磨性好，耐各种酸、碱、盐和有机溶剂的侵蚀，不易被熔渣、硅水侵蚀。但在氧化气氛中易于氧化。普通炭块的理化指标见表 5-8，高密度炭砖的理化指标见表 5-9。

表 5-8 普通炭块的理化指标

项目	指标	项目	指标
灰分/%	<8	耐碱性/级	LC
耐压强度/MPa	≥35	固定碳/%	≥90
真气孔率/%	≤20	热导率（900℃）/W·(m·K)$^{-1}$	≥5.0
体积密度/g·cm^{-3}	≥1.50		

注：热导率只作为设计参考，不作为验收依据。

表 5-9 高密度炭砖的理化指标

指标	RUD-N	RUD-S
体积密度/g·cm^{-3}	≥1.53	≥1.59
孔隙率/%	≤18.6	≤15.9
耐压强度/MPa	≥35	≥45
灰分/%	≤8	≤8
热导率/W·(m·K)$^{-1}$	≥3.5	≥3.83

（1）普通炭砖和高密度炭砖：如将普通炭砖用煤沥青浸渍一次，则普通炭砖的体积密度和机械强度可以明显提高，则称为高密度炭砖。

（2）自焙炭砖：自焙炭砖是采用高温煅烧无烟煤为骨料，以煅烧无烟煤和焦炭混合料为细粉，使用中温煤沥青作为黏合剂，在一定温度下混捏均匀，并采用高频模压振动成型而成，具有精确外形尺寸和特定理化性能的制品。它具有耐高温、导热性好、高温强度大、耐渣硅侵蚀性强、价格低等优点。自焙炭砖的理化指标见表 5-10。

表 5-10 自焙炭砖的理化指标

项　　目	THC1	THC2	THC3	THC4
灰分/%	≤1.5	≤4.0	≤8.0	≤12.0
挥发分/%	≤12.0	≤12.0	≤12.0	≤12.0
体积密度/$g \cdot cm^{-3}$	≥1.65	≥1.62	≥1.60	≥1.55
耐压强度/MPa	≥10	≥10	≥20	≥20
热导率/$W \cdot (m \cdot K)^{-1}$	≥14.0	≥10.0	≥6.0	≥2.0

（3）半石墨质炭砖：半石墨质炭砖的主要特点是采用高温电煅无烟煤为原料，电煅烧的温度可达到 1500～2000℃，使用无烟煤进入半石墨化状态（电阻率比一般煅烧无烟煤下降 50%以上），生产半石墨质炭砖一般不使用冶金焦为粉料，而使用磨碎的石墨碎（石墨电极废品及加工时的切削碎屑为粉料），这种半石墨质炭砖的导热性有明显提高，而且抗碱金属、盐类腐蚀能力也比普通炭砖好得多，有逐渐取代普通炭砖的趋势。它主要用于大型矿热炉炉底和炉墙下部，其理化指标见表 5-11。

表 5-11 半石墨质炭砖的理化指标

项　　目	半石墨质炭砖
真密度/$g \cdot cm^{-3}$	≥1.90
体积密度/$g \cdot cm^{-3}$	≥1.50
真气孔率/%	≤20
耐压强度/MPa	≥30
抗折强度/MPa	≥7.8
灰分/%	≤8
耐碱性	U 或者 LC
热导率（800℃）/$W \cdot (m \cdot K)^{-1}$	≥7

（4）微孔炭砖：微孔炭砖不仅具有优良的常规性能，而且具有优良的使

用性，包括抗碱性、导热性、抗铁水熔蚀性、抗氧化性和抗铁水渗透性等；同时透气度低，主要用于大型矿热炉炉底和炉墙下部高温部位，其理化性能见表5-12。

表5-12 微孔炭砖的理化性能

项　目		THC1	THC2
体积密度/g·cm^{-3}		≥1.58	≥1.54
真密度/g·cm^{-3}			≥1.90
显气孔率/%		≤16	≤18
耐压强度/MPa		≥38	≥36
抗折强度/MPa		≥9	
平均孔径/μm		≤0.5	≤0.5
<1μm孔容积比/%		≥75	≥70
热导率/W·(m·K)$^{-1}$	室温	7	7
	300℃	≥10	≥9
	600℃	≥12	≥10
	800℃	≥12	≥12
耐碱性		U或LC	U或LC
透气度/mDa		≤10	≤11
铁水溶蚀指数/%		≤28	≤30
氧化率/%		≤10	≤16

（5）炭质糊类制品：炭质糊类制品用于炉底找平层和炉墙膨胀缝及炭块砖间的黏结。其焙烧后应有较好的热导率和较小的体积收缩，施工时使用方便，热导率较高，为炉底及炉墙散热创造有利条件，同时能容纳炭块（砖）的热膨胀，对缓解炉衬的热效应有一定作用。炭质糊类制品具体有：

1）粗缝糊：粗缝糊用以炉底炭捣层，填充炭块与炭块间及炭块与炉体之间较宽缝隙的碳素材料，其理化指标见表5-13。

表5-13 粗缝糊理化指标

项　目	THC1	THC2	THC3	THC4
灰分/%	≤1.5	≤4.0	≤8.0	≤12.0
挥发分/%	≤12.0	≤12.0	≤12.0	≤12.0
体积密度/g·cm^{-3}	≥1.65	≥1.62	≥1.60	≥1.55
耐压强度/MPa	≥10	≥10	≥20	≥20
热导率/W·(m·K)$^{-1}$	≥14.0	≥10.0	≥6.0	≥2.0

2）细缝糊：细缝糊是砌筑炭块时用于填充较小缝隙（≤2mm）的炭素糊料。其质量要求为，挥发分不大于45%，挤压缝实验不大于1mm。

3）炭素胶泥：炭素胶泥是用于黏结炭块间小于1mm缝隙的炭素糊料，因其所用骨料较细，黏结剂软化温度较低且用量较大，常温下呈胶状，故也称炭胶。

c　碳化硅质耐火材料

碳化硅质耐火材料是以碳化硅（SiC）为原料生产的高级耐火材料。其耐磨性和腐蚀性好，高温强度大，热导率高，线膨胀系数小，抗热震性好。碳化硅质制品可按SiC的含量、结合相的种类分类。制品的性能在很大程度上取决于结合相的状况，按结合相碳化硅制品可分为：氧化物结合；以硅酸铝、二氧化硅为结合相，硅化物结合；以氮化硅（Si_3N_4）、氧氮化硅（Si_2ON_2）为结合相，再结晶。碳化硅颗粒之间通过再结晶的方法而直接结合。

碳化硅质制品在工业硅电炉炉衬中主要用于炉口部位。碳化硅捣打料也可以作炉膛底部与熔融硅液接触部位的捣打料。表5-14为不同结合相的碳化硅制品的物理化学性能。表5-15为不同碳化硅含量的黏土结合碳化硅砖的性能。

表5-14　不同结合相的碳化硅制品的理化性能

性　能		氧化物结合			氮化物结合			自结合致密型
		黏土结合	二氧化硅结合	二氧化硅结合	氮化物结合	氧氮化硅结合	塞隆结合	
最高使用温度（氧化气氛）/℃		1450	1500	1550	1600	1600		1650（惰性气体）
显气孔率/%		15	14	14	13	13	15	
体积密度/$g \cdot cm^{-3}$		2.52	2.60	2.57	2.60	2.61	2.70	3.10
耐压强度/MPa		>100	>100	105	150	>100		
抗折强度/MPa	室温	22	23.5	21	43	36	48	
	1400℃	13.5	20	18	40	33	66	12.65（1482℃）
热膨胀率/%		0.46	0.47	0.47	0.45	0.47		0.40

d　隔热耐火材料

隔热耐火材料是指气孔率高、体积密度低、热导率低的耐火材料，又称轻质耐火材料，主要包括隔热耐火制品、耐火纤维和耐火纤维制品。工业硅

表 5-15 不同碳化硅含量的黏土结合碳化硅砖的性能

性能	碳化硅含量/%				
	50	70	80	90	95~97（再结晶）
体积密度/g·cm^{-3}	2.3	2.3~2.4	2.35~2.45	2.4~2.55	2.2~2.85
显气孔率/%	20	20~23	17~20	18~24	10~31
荷重软化温度/℃	1500	1600	1650	>1700	>1700
耐压强度/MPa	50~80	80~90		>100	
热导率（1000℃）/W·(m·K)$^{-1}$	4.06	6.15	8.47	10.56	12.76~15.08

电炉炉衬常用的隔热耐火材料主要有高铝质隔热耐火砖和隔热纤维毡（硅酸铝质）：

（1）高铝质隔热耐火砖：高铝质隔热耐火砖使用温度 1250~1350℃，有的可达 1550℃，其理化指标见表 5-16。

表 5-16 高铝质隔热耐火砖理化指标

项目	LG-1.0	LG-0.9	LG-0.8	LG-0.7	LG-0.6	LG-0.5	LG-0.4
Al_2O_3/%				≥48			
Fe_2O_3/%				≥2.0			
体积密度/g·cm^{-3}	≤1.0	≤0.9	≤0.8	≤0.7	≤0.6	≤0.5	≤0.4
常温耐压强度/MPa	≥3.92	≥3.43	≥2.94	≥2.45	≥1.96	≥1.47	≥0.78
试验温度/℃（重烧线变化不大于 2%）	1400	1400	1400	1350	1350	1250	1250
热导率/W·(m·K)$^{-1}$（平均温度 350℃±25℃）	0.50	0.45	0.35	0.35	0.30	0.25	0.20

（2）耐火纤维：耐火纤维是纤维状隔热材料。其最高使用温度随着材质不同而异，玻璃质耐火纤维 1000~1300℃，多晶氧化铝纤维 1250~1500℃，氧化锆纤维 1600℃。

（3）耐火纤维制品：耐火纤维制品是以耐火纤维为原料，经加工制成的各种毡、毯、绳、带、纸、板等高温隔热材料。工业硅电炉常用的耐火纤维制品有硅酸铝耐火纤维毡和硅酸铝耐火纤维板，他们的主要物理化学性能见表 5-17 和表 5-18。

e 耐火浇注料

耐火浇注料是不经煅烧，加水搅拌后具有较好流动性的新型耐火材料，是不定形的耐火材料中一个重要品种。工业硅生产中常用的耐火浇注料的理化性能见表 5-19。

表 5-17　硅酸铝耐火纤维毡的理化性能

名称	普通硅酸铝纤维毡	高铝硅酸铝纤维毡	高纯纤维毡
Al_2O_3+SiO_2 含量/%	97	99	98. 5
Al_2O_3 含量/%	≥45	≥52	≥58
Fe_2O_3 含量/%	≤1. 1	≤0. 12	≤0. 3
K_2O+Na_2O 含量/%	≤0. 4	≤0. 1	≤0. 2
纤维长度/mm	20~60	20~40	20~630
纤维直径/μm	3~8	2~5	2~5
加热线收缩率/%	≤3（1150℃，6h）≤4. 5	（1300℃，6h）≤4. 5	（1350℃，6h）
体积密度/$g \cdot cm^{-3}$	220	220	300
热导率/$W \cdot (m \cdot K)^{-1}$	≤0. 14（900℃）	≤0. 22（900℃）	≤0. 18（1200℃）
长期使用温度/℃	100~950	1050~1100	1200

表 5-18　耐火纤维板的主要理化性能

项　　目		硅酸铝板	高铝板
长期使用温度/℃		1000	1200
化学成分/%	Al_2O_3+SiO_2	≥95	≥97
	Al_2O_3	>45	>58
	Fe_2O_3	<1. 3	<0. 5
	R_2O	<0. 5	<0. 3
体积密度/$g \cdot cm^{-3}$		0. 30~0. 60	0. 45~0. 60
常温耐压强度/MPa		0. 04~0. 5	0. 3~0. 7
常温抗折强度/MPa		0. 8~1. 2	0. 5~1. 0
热导率/$W \cdot (m \cdot K)^{-1}$		0. 13~0. 16 （平均温度 600℃）	0. 15~0. 17 （平均温度 700℃）
加热收缩率/%		2. 5~3. 0 （1150℃，6h）	约 3. 0 （1400℃，6h）
规格/mm		600×400×(15~50) 900×600×(15~50)	标型、异型

表 5-19 黏土质和高铝质致密耐火浇注料理化指标

分类		黏土结合耐火浇注料			水泥结合耐火浇注料					低水泥结合耐火浇注料		磷酸盐结合耐火浇注料			水玻璃结合耐火浇注料
牌号		NL-70	NL-60	NL-45	GL-85	GL-70	GL-60	GN-50	GN-42	DL-80	DL-60	LL-75	LL-60	LL-45	BN-40
Al_2O_3/%		≥70	≥60	≥45	≥85	≥70	≥60	≥50	≥42	≥80	≥60	≥75	≥60	≥45	≥40
CaO/%										≤2. 5	≤2. 5				
耐火度/℃		≥1760	≥1720	≥1700	≥1780	≥1720	≥1700	≥1660	≥1640	≥1780	≥1740	≥1780	≥1740	≥1700	
烧后线变化率不大于±1%的实验温度（保温 3h）/℃		1450	1400	1250	1500	1450	1400	1400	1350	1500	1500	1500	1450	1350	1000
110℃±5℃烘干后	耐压强度/MPa	≥10	≥9	≥8	≥35	≥35	≥30	≥30	≥25	≥40	≥30	≥30	≥25	≥20	≥20
	抗折强度/MPa	≥2	≥1. 5	≥1	≥5	≥5	≥4	≥4	≥3. 5	≥6	≥5	≥5	≥4	≥3. 5	
最高使用温度/℃		1450	1350	1300	1600	1450	1400	1350	1300	1500	1450	1600	1500	1400	1000

f　耐火捣打料

耐火捣打料是由耐火骨料和粉料、结合剂及外加剂等按比例组成，用捣打方法施工，故称为捣打料。用于炉衬炭块间粗缝砌筑使用低温粗缝糊捣打料，其理化性能见表 5-20。用于炉衬炉底垫层、炉底与炉膛侧部炭砖间隙用冷捣碳素料，其理化指标见表 5-21。

表 5-20　低温粗缝糊理化指标

项　　目	THC1	THC2	THC3	THC4
灰分/%	≤1.5	≤4.0	≤8.0	≤12.0
挥发分/%	≥12.0	≥12.0	≥12.0	≥12.0
体积密度/g · cm^{-3}	≥1.65	≥1.62	≥1.60	≥1.55
耐压强度/MPa	≥10	≥10	≥20	≥20
热导率/W · (m · K)$^{-1}$	≥14.0	≥10.0	≥6.0	≥2.0

表 5-21　冷捣炭素料理化指标

项　　目		BFD-S10	BFD-S9	BFD-S9D
固定炭/%		≥90	≥90	≥90
成型体积密度/g · cm^{-3}		≥1.50	≥1.50	≥1.63
耐压强度/MPa		≥19.6		
热导率 /W · (m · K)$^{-1}$	110℃，48h 后	≥12.8	≥10.1	≥3.5
	200℃，48h 后	≥14		
粒度	>1.190mm	28~36	28~36	28~36
	<0.125mm	35~40	35~40	35~40

g　耐火喷涂料

耐火喷涂料（也称耐火喷补料）是在砌筑和补炉时用喷涂方法施工的不定形耐火材料。在大中型工业硅电炉用于烟罩顶部或烟道防护用。

h　耐火泥浆

耐火泥浆是由耐火粉料、结合剂和外加剂组成，是定形制品的接触材料。工业硅电炉炉衬炉墙炭砖外部及上部高铝砖使用高铝质耐火泥浆砌筑，其理化指标见表 5-22。

B　工业硅电炉炉衬材料的选择

（1）炉膛底部和炉墙内侧约 1000mm 高度衬砖，选用半石墨炭砖或微孔炭砖；

表 5-22 高铝质耐火泥浆的理化指标

项目		LN-55A	LN-55B	LN-65A	LN-65B	LN-75A	LN-75B	LN-85B	GN-85B
使用温度/℃		≥1770	≥1770	≥1790	≥1790	≥1790	≥1790	≥1790	≥1790
成型体积密度/g · cm^{-3}		≥55	≥55	≥65	≥65	≥75	≥75	≥85	≥85
冷态抗折黏结强度/MPa	110℃干燥后	≥1.0	≥2.0	≥1.0	≥2.0	≥1.0	≥2.0	≥2.0	≥2.0
	1400℃，3h 烧后	≥4.0	≥6.0	≥4.0	≥6.0	≥4.0	≥6.0	—	
	1500℃，3h 烧后	—						≥6.0	≥6.0
荷重软化温度（0.2MPa）/℃		—	≥1300		≥1400		≥1400		≥1650
线变化率/%	1400℃，3h 烧后	+1～−5							
	1500℃，3h 烧后							+1～−5	
黏结时间/min		1～3							
粒度	−1.0mm	100							
	+0.5mm	≤2							
	−0.074mm	≥50							40

（2）出炉口选用碳化硅结合氮化硅砖；

（3）出炉口砖上部采用刚玉砖砌筑，高度平炉墙侧部炭砖；

（4）炭砖下部和炉墙炭素防渗层外侧以及炉墙炭砖上 8 层砖选用 Al_2O_3≥75%的高铝砖（ZL75）；

（5）炉墙炭砖与炉墙高铝砖之间用粗缝糊打捣成环形防渗层；

（6）高铝砖外侧选用高铝隔热砖；

（7）ZL75 高铝砖上直至炉口选用 LZ48 高铝砖；

（8）钢板接触贴 20mm 硅酸铝纤维板；

（9）砖砌体与硅酸铝纤维板之间间隙（50～80mm）为填充黏土熟料的弹性层；

（10）炉底硅酸铝绝缘板上找平层选用高铝浇注料或石英砂；

（11）炉底高铝砖与炭砖间的找平层选用炭素捣打料。

C 工业硅电炉炉衬的砌筑

（1）炉底高铝浇注料应严格找平，其不平度为每 2m 长度内不超过 3mm 全平面不超过 5mm；

（2）炉底高铝砖全部干砌，砖缝不大于 1mm 缝内填充高铝耐火粉料；

（3）炉底高铝砖呈十字形砌筑，每层交错 45°角，每层砖应严格找平，其不平度为每 2m 长度不大于 3mm，全平面内不大于 5mm；

（4）炉底炭素砖之间、炉墙炭砖之间用炭素胶泥黏结，缝隙不超过 1mm；

（5）炉墙炭砖与炉墙高铝砖之间的防渗层用炭素捣打料分层捣结，捣锤压力大于 0.5 MPa；

（6）炉底炭砖砌筑的不平度为 2m 长度内不超过 3mm，全平面内不超过 5mm；

（7）炉墙环砌耐火砖为湿砌，用高铝质耐火泥浆，砖缝不大于 2mm，炉墙环砌炭砖间的辐射缝要对准炉心，砌筑半径误差不超过 5mm，垂直误差不超过 3mm，上表面水平误差为每米长度内不超过 2mm，全环不大于 5mm；

（8）为防止炭砖烘炉时的氧化，炉墙炭砖外露部分砌一层 65～75mm 的黏土砖保护层，或刷一层厚石灰泥浆。此种材料为生产准备用料，不列入炉衬用料表；

（9）炉衬砌好后严禁淋水或浸水。

D　案例：30MV · A 工业电炉炉衬结构

炉底部位：由下往上：20mm 硅酸铝纤维板、40mm 高铝浇注料找平层、6 层 ZL48 高铝砖（390mm）、6 层 ZL75 高铝砖（390mm）、20mm 炭素捣打料找平、2 层半石墨炭砖（800mm）、1 层微孔炭砖（400mm）、100mm 炭素捣打料。炉底总厚度为 2060mm 加 100mm 炭素打捣料保护层。

炉墙部位：由外往里：绝缘层（20mm 硅酸铝纤维板）、膨胀层（60mm 耐火粒）、保温层（115mm 隔热高铝砖）、耐温层（230mmZL75 高铝砖）、炭砖防渗层（100 炭质粗缝糊）、耐火层（400mm 微孔炭砖）。炉墙总厚度 925mm。出炉口采用碳化硅结合氮化硅砖 800mm×800mm×1300mm。炭砖采用无缝砌筑，黏结料为炭素胶泥，炉底高铝砖采用干砌，砖缝不大于 1mm，缝隙由高铝粉料填充。炉墙高铝砖采用高铝质耐火泥浆湿砌，砖缝不大于 2mm。

5.1.2　炉体旋转机械

大型工业硅电炉下部都有炉体旋转机构，即炉体可绕垂直轴线按 360°旋转或按 120°往复旋转。炉体旋转有利于松动炉料增加透气性减少捣炉；有利于三相电极间炉料混合均匀，有利于电极间炉料电阻趋于一致，便于做到平衡送电和电极深插；有利于炉衬底部和炉墙炭砖温度均匀延长炉衬使用寿命；有利于扩大坩埚便于排渣，有利于延长炉龄。

炉体旋转机构，根据其结构特点，通常分为转轮式和转球式两种，如图 5-5 和图 5-6 所示。炉体旋转速度的选择很重要，合适的旋转速度既要使电极保持垂直和必要的插入深度，又要使电极不致受到过大的侧向压力。

炉体旋转系统由辐梁、上环形轨、下环形轨、滚轮导向架、中心轴及驱

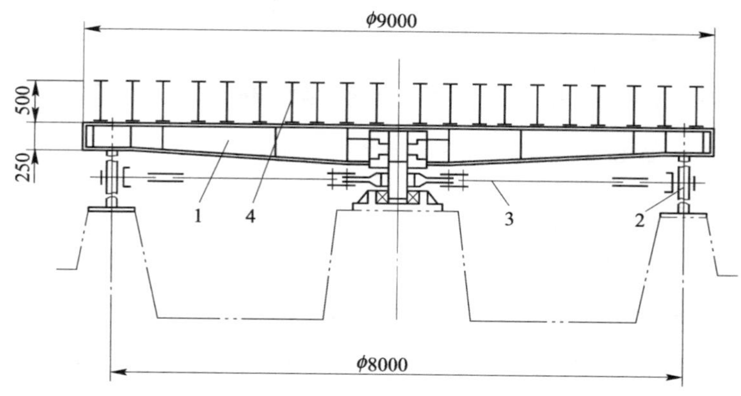

图 5-5 转轮式炉体旋转机构

1—旋转圆盘；2—圆锥形滚轮；3—拉杆；4—工字钢

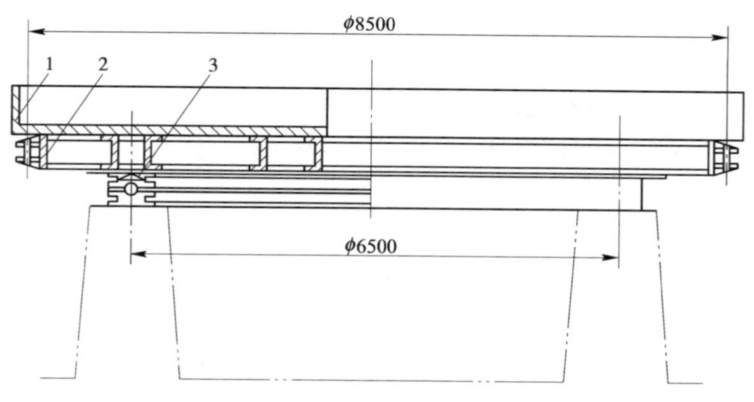

图 5-6 转球式炉体旋转机构

1—托盘；2—转盘；3—座圈

动机构等系统组成。辐梁由工字钢、钢板等焊接而成，主要承载炉体重量，安装在上环形轨上。辐梁与上环形轨间设置有绝缘垫，上环形轨下布置有滚轮导向架及下环形轨。滚轮导向架由 32 个滚轮及支架构成。32 个滚轮绕中心轴旋转。炉体旋转系统的电机、减速机、摩擦联轴器过去均为进口，现在国内已可生产。摩擦联轴器所传递的扭矩可调节，从而保护电机、减速机不会因过载而损坏，当电极所受阻力大，已超过摩擦联轴器所能传递的扭矩时，摩擦件产生相对滑动在不停电机的情况下使炉体停止旋转，以保护电极不被损坏。当电极所受阻力减小后，炉体可继续旋转。炉体旋转速度可调。炉体旋转开、关及转速接入 PLC 系统，设有手动和自动两种控制。

5.1.3　电极系统

电极系统由电极、电极把持器、电极升降机构和压放装置组成。

5.1.3.1　电极

工业硅产品的质量要求高，对产品中杂质特别是铁、铝、钙的含量控制严格，使用传统的自焙电极生产工业硅时，自焙电极本身的电极壳会带入一定量（约0.5%~0.7%）的铁。电极糊灰分高会带进一定量的铝、钙等杂质，这些杂质污染产品，无法使工业硅满足下游生产的需求。因此必须研发生产低杂质电极，电弧炉使用的石墨电极价格高，使用石墨电极会增加生产成本。在上述两种限制下，兼有杂质含量低、价格适中的炭素电极就应运而生，21世纪初我国自主研发的大型炭素电极创新成功。

电极是电炉的重要部件，依靠电极把经过电炉变压器输送过来的低电压大电流送到电炉内，通过电极端部的电弧、炉料以及熔体，把电能转化成热能而进行高温冶炼。因此，为了满足工业硅产品质量外，还要保持电极完好稳定的运行状态，尽可能地减少电极事故的发生，确保电炉生产正常进行。

A　炭素电极的基本要求

（1）低灰分。工业硅的品位直接影响其销售价格，高品位工业硅用途更广泛，因此，工业硅生产企业对生产原料包括电极中灰分的含量都有较为严格的控制。

（2）较高的体积密度。电极属于多孔结构，包括孔隙度在内的每单位体积材料的质量称为体积密度。提高电极体积密度，可降低电极孔隙率，提高抗氧化性，降低电极冶炼消耗。

（3）较低的电阻率。电极自身的电阻率低，说明其导电性好，可提高电流的入炉效率，增加炉内反应的热量，从而提高产量和产品品位。

（4）机械强度高。在正常工业硅生产过程中，电极将受到来自炉料的侧压力、捣炉操作的推力、大电流振动力、炉体旋转过程中产生的侧压力等多种外力的综合作用，为避免电极断裂，要求电极自身有较高的机械强度。

（5）热膨胀系数低。由于电极在使用过程中，是三相共同使用，每相电极柱连接7~9根电极，电极间通过公母式螺纹进行连接，电极连接部位是相对薄弱环节。当两根电极连接部位出铜瓦入炉料做功过程中，由于温度变化产生热膨胀，从而产生热应力。低的热膨胀系数可有效减少热应力，保障电极连接端的使用质量，避免电极断裂。

B 对炭素电极的技术要求

炭素电极的技术性能见表 5-23。

表 5-23 各类电极的技术性能

性　　能	石墨电极	炭素电极	自焙电极
电阻率/μΩ · m	8~12	30~45	55~100
体积密度/g · cm^{-3}	1.52~1.65	1.54~1.65	1.40~1.50
真密度/g · cm^{-3}	2.21~2.25	2.00~2.08	1.85~1.95
孔隙率/%	20~25	20~25	25~30
抗折强度/MPa	6.5~10.0	≥6.0	3.0~5.0
热膨胀系数/$℃^{-1}$	2.0×10^{-6}~2.8×10^{-6}	3.0×10^{-6}~3.8×10^{-6}	5.0×10^{-6}
抗压强度/MPa	19~36	≥25	15~20
灰分/%	0.3~0.5	1.0~2.5	4.0~6.0
电流密度①/A · cm^{-2}	14~20	6~8	3~7

① 电流密度：大型炉取较小值，小型炉取较大值。

炭素电极的电流负荷见表 5-24。

表 5-24 石墨质炭素电极的电流负荷

电极直径/mm	允许最高电流负荷/A	允许最高电流密度/A · cm^{-2}
870	43900	7.4
900	47000	7.4
920	49100	7.4
960	53500	7.4
1020	57900	7.1
1060	62600	7.1
1100	66400	7.0
1146	72100	7.0
1197	78700	7.0
1250	82200	6.7
1272	85100	6.7
1320	88900	6.5
1400	92300	6.0

炭素电极规格尺寸见表 5-25。

表 5-25　炭素电极的规格尺寸

电极直径/mm	接头长度/mm	柱体长度/mm
870	258	2000/2200±100
900	278	2000/2200±100
920	278	2000/2400±100
960	278	2000/2400±100
1020	300	2100/2500±100
1060	300	2100/2500±100
1100	310	2500/2700±100
1146	310	2500/2700±100
1205	340	2500/2700±100
1250	340	2500/2700±100
1272	340	2500/2700±100
1320	340	2500/2700±100
1400	340	2500/2700±100

C　炭素电极的制作

炭素电极采用石油焦、煤基、树脂基为原料，经过一系列特殊处理可满足低灰分、导电能力强、力学性能好、抗热震性好的技术要求。图 5-7 为炭素电极生产工艺流程。

D　炭素电极的结构

炭素电极的一端加工成带有圆锥形母螺纹的螺孔，另一端加工成相应尺寸圆锥形公螺纹，不需要专门加工的接头而实现两根电极的连接。炭素电极的结构如图 5-8 所示。

炭素电极采用凹凸连接形式，具有以下优点：

（1）不必专门生产接头坯料和加工接头，简化了生产工序，有利于降低生产成本；

（2）凹凸连接是数根几乎相同材质的电极直接结合，连接部位的电阻率和热膨胀系数差异较小，因此接触面上产生的应力也比较小；

（3）凹凸连接的连接部位设计尺寸较大，增大了接触面积，因此螺纹自锁能力强，连接部位具有较大的接触摩擦力；

（4）电极接装操作比较方便，只需将电极公螺纹的一端插入另一根电极

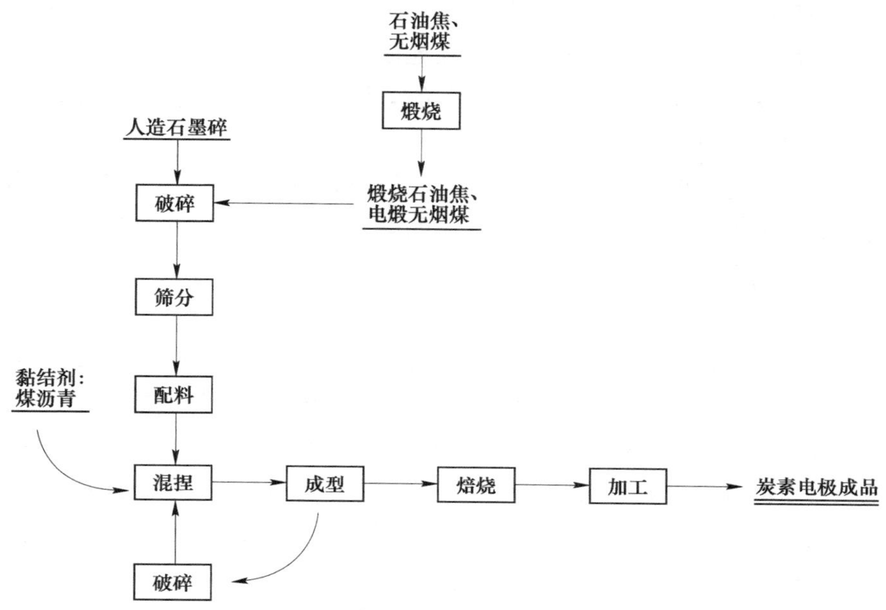

图 5-7 炭素电极生产工艺流程

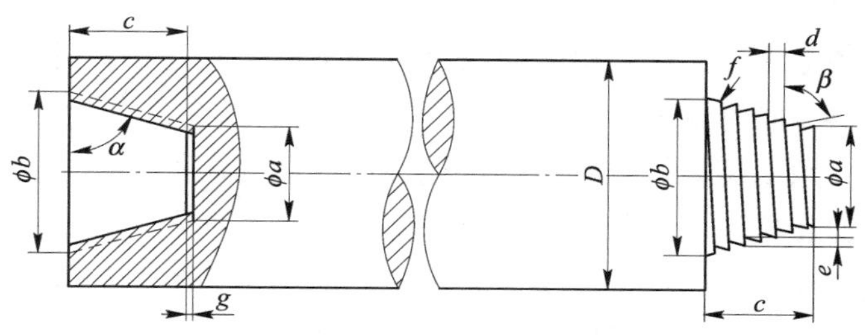

图 5-8 炭素电极结构示意图

一端的螺孔内，对准中心后拧 3~4 圈，就可以达到拧紧要求。

E 电极的使用

a 电极的包装

电极常规包装的两种形式：草绳包装、木托挡板包装。包装的主要作用是保护电极在吊装、储存和运输过程中不受损坏，尤其是保护螺纹和端面部位的完整性。

b 电极的运输与贮存

吊运电极时，要小心操作，谨防电极倾斜造成滑落，碰损电极。

为保证电极端面和电极螺纹的良好，吊运电极时不要直接用铁钩勾挂电极的螺纹部位。不要将电极直接堆放在地面上，需放在木托或铁架上，防止电极碰损、受潮或粘上泥土。暂时不用的电极，暂不要把包装物去掉，防止灰尘、杂物落到电极螺纹上。

电极在库房内储存要摆放整齐，电极的堆放高度一般不超过两层，电极垛两侧要用木楔垫好，以防滑落。存放的电极要注意防雨、防潮。受潮湿的电极，使用前要烘干，以免使用时电极产生裂纹。

c　电极安装前的准备

接装电极前，去掉电极包装，检查电极端面和螺纹是否完好（接头和接头孔螺纹的掉块不多于两处，累计长度不大于电极直径的十分之一）。

接装电极前，检查接头孔内是否清洁，若不清洁要清理干净后方可使用；若电极浸水潮湿应先晾干或烘干后再接装使用。电极的吊装应使用电极生产公司配套制造的电极专用吊具，在吊装前应仔细检查天车吊装系统的可靠性，避免发生事故。

对于新建的电炉，在安装电极前要检查上、下把持筒保证其同心，检查升降油路、抱闸内无外泄油现象，才能安装电极。

d　一体电极（凹凸连接）的安装（图 5-9）

安装一体电极，建议采用公螺纹接头朝下的方式连接，可防止冶炼过程中的残头脱落，同时便于电极吊装。

连接前，用压缩空气先吹净待接电极表面和孔内的灰尘、杂物，然后吹净新电极表面和接头上的灰尘、杂物。把电极吊装环套于新电极外圆上紧固好，在电极接头端加装保护支架，防止吊起时破损。将紧固好的新电极吊起垂直立好，把人工旋转扳手安装在新电极合适的位置上，安装位置根据平台以上待接电极的长度确定，以方便人工旋转电极。将新电极放到待接电极上方对准电极。在两根电极端面间预先放置 3～4 块相同厚度的隔离木块（木块厚度为电极螺纹的 2～3 倍为宜），可有效防止连接时螺纹碰损。当新电极与待接电极垂直对正时，用行车慢慢将电极下降。用人工旋转扳手转动新电极，在转动时注意保持电极良好的平衡，以防止碰到螺纹。当电极将接触隔离木块时，取出木块。通过吊具上的双头丝杠与电极一起转动下降，当电极端面间距离 20～30mm 时再次用压缩空气吹净，直到两电极端面接触为止。用行车卸下电极吊装环，人工旋转扳手，把电极锁紧装置分别在上下两根电极上紧固好，通过锁紧装置对电极进行锁紧，边加压边观察压力表的指针变化，直到规定的压力值为止，完成最终锁紧工作。在锁紧过程中，如果发现锁紧环与电极表面打滑，应紧固好锁紧环再继续加压。把电极锁紧完成后，用塞尺测量两根电极连接后端面的间隙，一般不允许超过0.5mm，在电极周长上均分选择测量4点，如果出现超差，必须查明原因，排除后拧紧达到要求的压力。

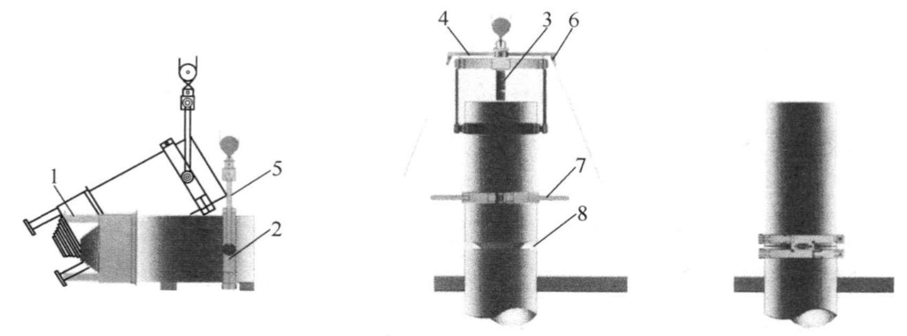

图5-9 电极连接过程与连接工具

1—电极保护支架；2—待装电极；3—吊装环；4—吊架；5—双头丝杆；6—横梁；7—人工旋转扳手；8—工作电极

应建立电极连接记录，内容包括电极编号、重量、长度、锁紧的表压、端面间隙数值等，万一发生连接故障，便于查找原因。

F 防止炭素电极事故的措施

首先炭素电极的电极电流密度要适中，千万不能超过允许值，其次电极的垂直度和倾斜度上、下不能超过5mm。在生产现场要严格遵守下述措施：

(1) 避免电极电流频繁波动。在工业硅冶炼中，电极电流的频繁波动会导致电极的热平衡状态被破坏，产生集中的局部应力，并在电动力的作用下，会在电极的薄弱处螺纹结合部出现螺母炸裂和掉块现象。

(2) 控制电极压放长度。在正常生产过程中电极应勤放少放，每压放一次的长度应不大于40mm。铜瓦是经冷却水强制冷却，铜瓦处电极温度与铜瓦下部温差很大，一旦电极离开铜瓦后，电极温度梯度骤然上升，电极产生的热应力突然变大，容易造成电极开裂，或是断电极。电极压放后，根据电极的状况，降低电极电流或保持恒电流操作，在电极达到红热状态后，再将电流提升到正常操作控制值。

(3) 避免在捣炉和加料过程中压放电极。在加料、捣炉过程中不能压放电极、松开铜瓦，否则炉料的涌动将对电极产生侧向应力，上部电极受到力矩的作用易造成抱闸下的电极断裂。正常生产运行期间加料时，先将电极周围的热炉料推至电极的周围，再下新料，将炉料拌均匀后，将新料推到电极周围，每根电极周围的炉料应尽可能堆成馒头形状，加新料时，应与电极保持一定距离，以防电极急冷而发生事故。在捣炉过程中，严禁捣炉杆碰撞电极以防撞伤电极。

（4）控制电极的位置。在正常生产过程中，把持器底环与料面距离应在300~500mm，以防电极过长暴露在高温下与空气长时间接触造成电极氧化，使电极和电量消耗增加。

（5）选择合理的电炉烟罩高度和配风风门形式及布置。电炉烟罩高度和配风风门形式及布置不合理时，使进入电炉烟罩内的配风不均匀，可能在某相电极的某一部位遭受大量空气的侵蚀，出现电极的“缩颈”现象，当这一现象发生在电极接缝处时，会发生电极硬断。因此，在电炉本体设计时，必须考虑选择适宜的电炉烟罩高度和配风风门形式和位置，合理配置烟气除尘风机的功率和风量。

（6）控制炉体旋转速度。工业硅生产中，大容量电炉通常采用炉体旋转机构，炉体旋转可有效防止反应区内产生的炉料烧结、棚料和碳化硅的沉积并扩大反应区，炉体旋转速度决定于电炉负载和工业硅产量。在电炉长时间停炉后送电，禁止启动炉体旋转机构，以防造成电极断裂；在电炉低负荷运行时，禁止高速旋转炉体。

（7）避免长时间热停炉。长时间热停炉，如果没有在停电期间活动电极，则可能会出现电极端头与炉底的工业硅黏结在一起，在送电烘炉提升电极时，易造成电极断裂。长时间停炉后，电极温度低，在送电烘炉时，如果送电负荷提升较快，电极内部温度梯度加大，电极内部产生的热应力快速上升，会造成电极开裂，甚至断裂。

（8）电极接长时控制好旋紧力矩。接长电极前，打开电极外包装，检查电极直径、同心度是否符合规定，外表面螺纹是否有碰伤、明显的裂纹等，否则不能使用。接长电极前，必须用压缩空气吹净全部接触面，如接触面上黏结有杂物时，可用钢丝刷刷净。电极在接长安装时旋紧力矩不宜过大或过小，过大会造成接头断裂，过小会导致电极连接处在压放至铜瓦以下时接缝加大、打弧出现断裂。电极对接时的拧紧力矩不当，会使接触电阻增大，螺纹接触面氧化，加之强大的电、磁场的交变震荡，最终导致电极在螺纹连接处松脱；或者螺纹剪应力过大，会造成电极在螺纹根部断裂。电极直径与旋紧力矩关系曲线如图5-10所示。

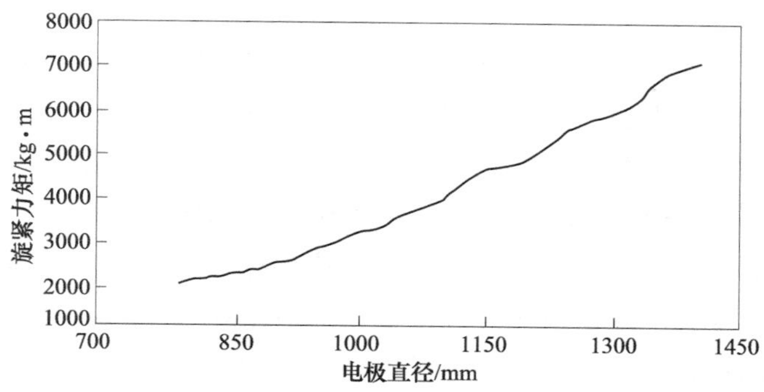

图 5-10 电极直径与旋紧力矩关系曲线

（9）控制配碳率。在工业硅生产过程中，入炉原料的配碳率不仅影响工业硅产量和产品单位电耗，而且影响电炉的稳定运行和电极消耗。保持稳定的配碳率的同时，也就保持了稳定的电极消耗量；如果电极消耗量偏低，暴露在高温空气中的电极氧化加快，是造成电极事故的原因之一，尤其是电极接缝长时间暴露在高温空气中，是引起电极硬断的主要原因。

（10）电极的正确储存。电极应存放于干燥并且通风良好的厂房内，潮湿和冰冻对电极使用影响大，由于电极有一定的空隙率、表面有浅的裂纹，如果有少量的水进入孔隙和裂纹而冻结，会使孔隙和表面裂纹扩大，造成电极报废。在电炉旁边的电极平台上，通常应保持不少于一周用量的备用电极。

5.1.3.2 电极把持器

把持器由导电铜瓦、导电铜管、下把持筒、上保护屏、下保护屏、压力环、底部环等组成，它的作用是把短网输送过来的电流通过导电铜管和铜瓦送到电极上。各部件均在高温和强磁场条件下工作，应具有充分的循环水冷却和较好的防磁性能。

导电铜瓦为铸锻或轧制而成，材质为 T_2 电解铜，铜瓦载流密度大，使用寿命长，一般可使用五年以上，每台中型电炉一般有 8~10 块铜瓦，和对应 8~10 块下保护屏，大型电炉每根电极有 10~12 块铜瓦。对应有 10~12 块下保护屏，为提高铜瓦的使用寿命，采用内部通水冷却结构。导电铜管采用 T_2 电解铜，每块铜瓦两根，在铜瓦内形成循环水路，铜管既起导电作用又起冷却水冷却铜瓦的作用，在电炉正常工作情况下导电铜管的电流密度控制在不大于 2.5A/mm^2。

压力环用以压紧铜瓦紧贴电极，减少接触电阻和杜绝铜瓦与电极间打弧，压力环上有对应铜瓦数量的顶紧装置，顶紧装置有两种：大型工业硅电炉采用波纹管膨胀箱，中型工业硅电炉使用弹簧压紧装置，实行一对一的顶紧铜瓦。由于采用液压控制顶紧装置的伸长或缩短，电极各铜瓦受力均匀，顶紧装置的顶紧压力可通过液压系统充油压力在0~6MPa之间调节，压力环材质为1Cr18Ni9Ti不锈钢，采用两个半环绞接成整体，以便安装、维修。在压力环下增设分体式底部环，采取合理设置底部内循环水路的方法，有效防止刺火对压力环的损害同时也降低整体压力环拆卸的麻烦，减少热停炉时间，提高电炉作业率。新型底部环如图5-11所示。

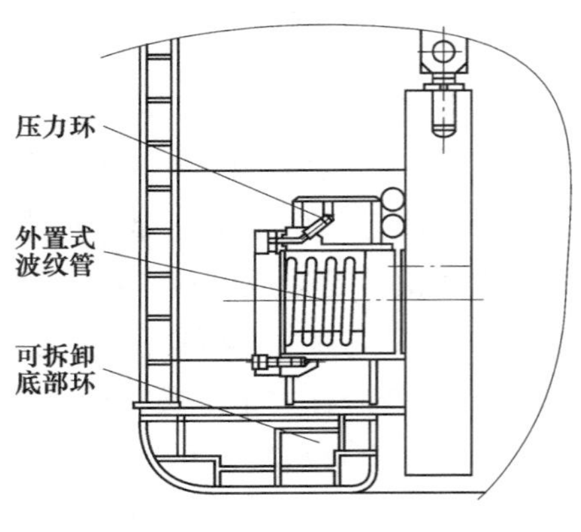

图5-11　底部环

底部环由螺栓与上部压力环连接，底部环底板采用双旋式结构，底部与侧面均无焊缝，这种结构可有效减少焊接应力和焊接疵病，避免焊缝漏水。在底部水路设计时考虑了冷却水流速对水垢及热交换率的影响，在底部高温区采用小截面高流速水路，减少水垢在压力环底部的堆积，提高热交换率，延长底部环的使用寿命，底部环应采用不导磁耐高温不锈钢1Cr18Ni9Ti或T_2铜。

新型工业硅电炉的保护屏制作成上、下两部分（图5-12），上部为不易变形并易于制作的圆筒形整体结构，在其大修周期内基本能做到免维修和易于与烟罩密封，下部做成可拆卸分体式结构，上、下保护屏的材质均为1Cr18Ni9Ti。

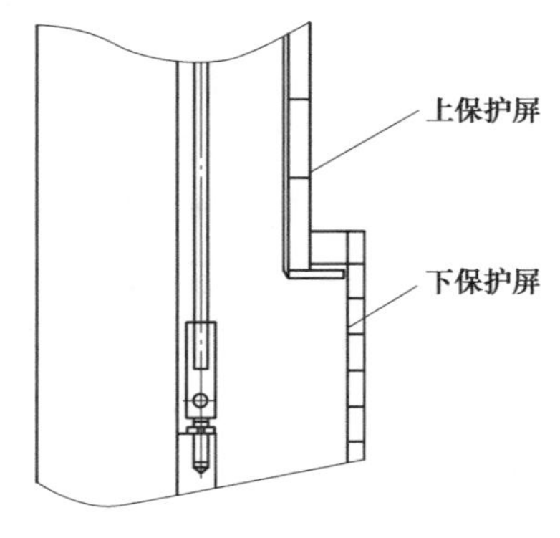

图5-12　保护屏结构示意图

中小型工业硅电炉的压力环顶紧装置大多采用弹簧形式，如图 5-13 所示。压紧铜瓦的力量来源于弹簧机构中的弹簧压紧力，松开铜瓦时靠液压力压缩弹簧实现，蝶形弹簧的材质为铍青铜，以免钢质弹簧因磁化失去弹性，电极下滑造成事故。

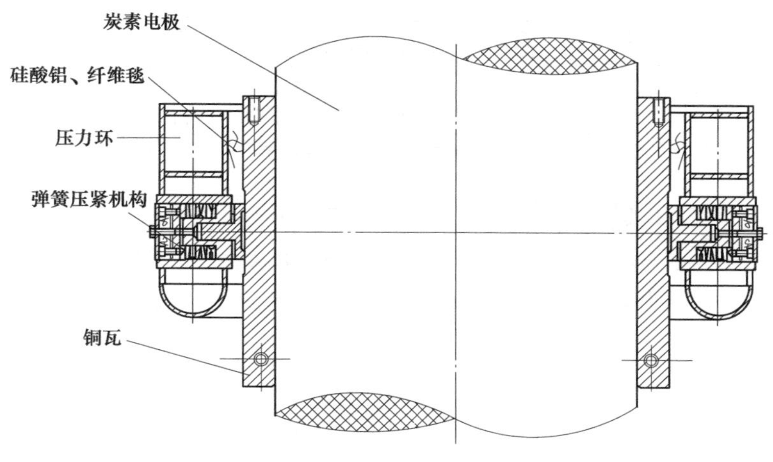

图 5-13　弹簧、液压式压力环

5.1.3.3　电极升降机构

电极升降机构用作电极的提升和下降，实现输入电炉的电流、功率的调整，现在工业硅电炉的电极升降机构全部由液压系统控制实现，根据电炉总体设计和安装情况，液压缸可设计成活塞式吊挂缸和活塞式座缸两种（图 5-14和图 5-15）。电极升降机构由升降油缸、上把持筒、压放平台、支撑平台、导向轮、横梁等组成，上把持筒和电极把持系统的下把持筒以螺栓连接在一起，以便安装和中间作绝缘处理，它的作用就是提升或下降电极，以此来改变电极与炉底间的距离，从而实现电极与炉底间的电阻和电极间的电阻的调节，来调节电极电流大小，以达到控制每相电极功率大小的目的。

座缸式电极升降机构（图 5-14），控制电极升降的油缸用螺栓固定在支撑平台上，油缸与支撑平台间应有绝缘，升降油缸是柱塞式，即电极提升靠液压力，电极下降靠自重，升降油缸内设有传感器，可使中央控制室电极操控人员随时知道升降缸活塞的位置，并采取相应措施控制电炉，当电极升降时导向轮对把持筒起导向作用，升降油缸与小横梁绞接，可消除升降电极时的晃动对液压缸的影响，小横梁与压放平台间以柱杆方式连接，它们之间应设置绝缘。

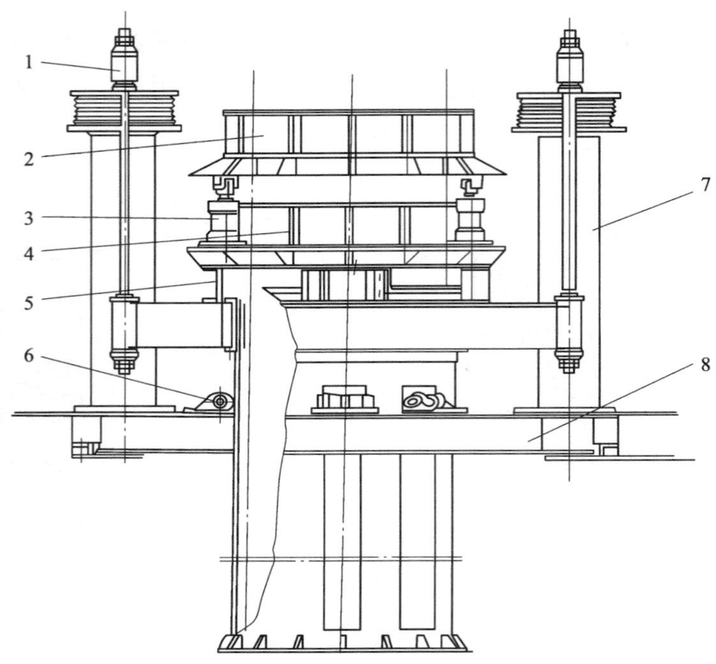

图 5-14　座缸式电极升降装置

1—升降油缸；2—上抱闸；3—压放缸；4—下抱闸；5—把持筒上横梁；6—导向轮；7—防尘罩；8—固定底座

吊缸形式的电极升降机构（图 5-15），升降缸吊挂在顶层平台下方，升降吊缸下部连接支撑平台（固定底座），它们之间应有绝缘，支撑平台与上把持筒连接在一起。

两种形式结构基本相同，只是承载平台不同，吊缸式在顶层平台、座缸式在次顶层平台。液压缸升降机构具有结构简单紧凑、传动平稳、能够实现自动化操作，为适应冶炼操作的特点，电极的升降要求提升时快一些（0.5～1.0m/s），下降时慢一些（0.2～0.4m/s），升降速度视电炉功率的不同而异，一般大型工业硅电炉的升降速度为 0.2～0.5m/s，中、小型工业硅电炉的升降速度选用 0.4～0.8m/s。

5.1.3.4　电极压放装置

对于工业硅电炉的电极压放装置，大型工业硅电炉采用上、下两道活动式液压机械块式抱箍。它具有安全可靠，操作方便，可实现手动、自动操作，

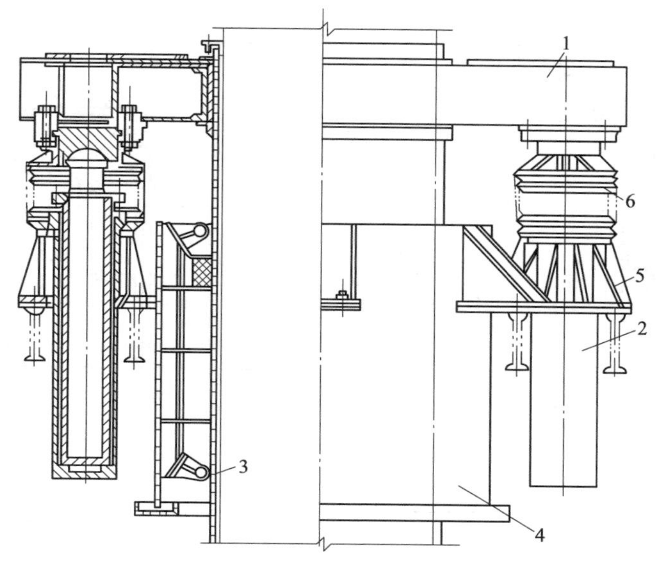

图 5-15 吊缸式电极升降装置

1—把持筒上部横梁；2—升降油缸；3—导向轮；4—导向筒；5—底座；6—防护罩

并可做到带电压放和压放量控制操作等优点。电炉工作时对电极抱紧力靠蝶形弹簧的弹力，松开电极时用液压力克服弹簧的弹力，实现抱闸对电极的松开动作。压放电极可使用手动、PLC 自动压放和机旁操作三种形式，大型工业硅电炉在每个电极上、下两道活动液压机械抱箍之间有 3~4 个压放小油缸，控制每次动作的压放量，每次压放量可事先调定最小 20mm，最大 100mm。中小型工业硅电炉大多采用上抱闸固定在顶层平台上，为常开式抱闸，下抱闸为常闭式抱闸与上把持筒相连（图 5-16）。

电炉工作时下抱箍抱紧电极，压放时先上抱箍抱紧电极，然后松开下抱箍，提升把持器到需要的高度（即压放量），再下抱箍抱紧电极，最后上抱箍松开电极，整个压放过程结束。

大型工业硅电炉压放装置为双抱闸环夹持结构，抱闸环由闸瓦、抱闸箱、抱闸油缸和组合蝶簧组成，抱夹紧电极时靠抱闸环径向均布六组组合蝶簧作用，闸瓦用钢质材料制作，闸瓦表面粘贴硫化橡胶作闸皮，以提高摩擦力，同时确保电极与压放装置间绝缘。使电极可在液压系统出故障时不产生下滑，打开夹持装置靠抱闸环径向分布的六个抱闸油缸来完成，电极的压放是由安装在两抱闸中间的 4 个压放油缸来实现，电极压放过程由人工或 PLC 自动控制完成，也可在液压阀台上手动完成。电极的压放周期主要取决于电极的消

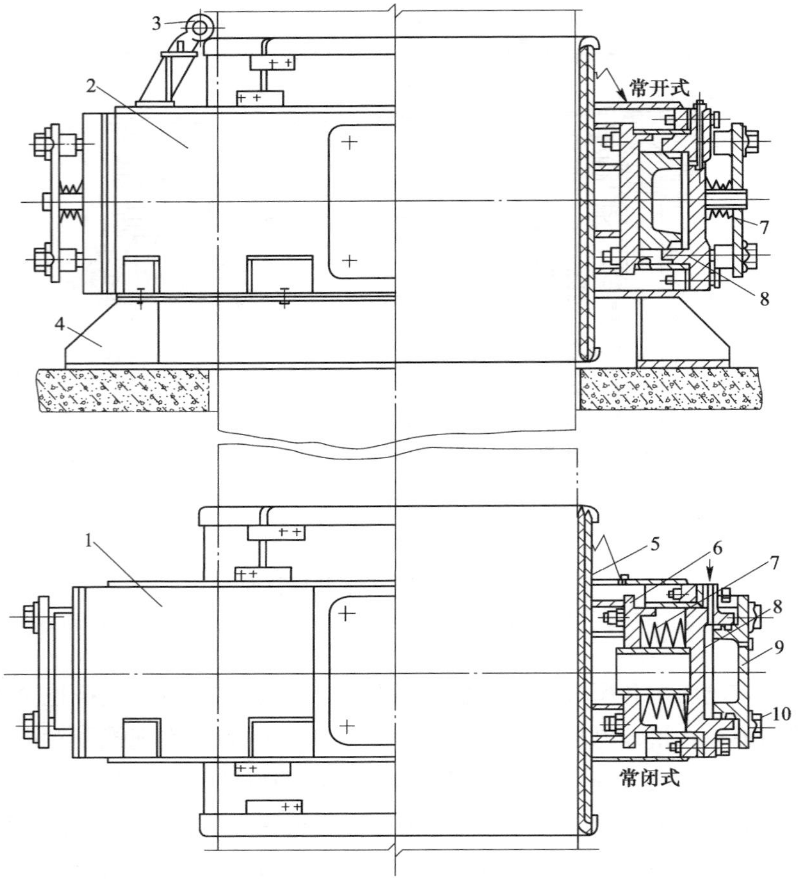

图 5-16　液压闸块式抱闸

1—下抱闸；2—上抱闸；3—导轮装置；4—支架；5—橡胶闸皮；6—钢闸瓦；7—蝶形弹簧；8—缸体；9—压盖；10—调整螺栓

耗，电极的消耗又取决于工艺操作和电炉的用电量。4 个压放小油缸控制每次运作的压放量，每次压放可事先调定最小为 20mm，最大 100mm。

在正常生产期间电极由压放装置夹持紧贴铜瓦，压放或倒拔时能在其间滑动，并按一定程序、一定数量来压放电极，以补充电极的消耗，也可以按照压放相反的程序提升（倒拔）电极，在倒拔电极时，一定要释放压力环对铜瓦的压力。压放电极步骤为：(1) 松开上抱闸；(2) 升降缸缸杆伸出上抱闸升起；(3) 上抱闸抱紧；(4) 下抱闸松开、压力环松开；(5) 下抱闸升起；(6) 下抱闸抱紧、压力环抱紧。在非正常情况下手动操作控制压放过程时，必须要有足够时间来完成每个步骤，任何时间绝不能同时给上、下抱闸给油加压，以免电极下滑酿成事故。

5.1.4 排烟系统

工业硅生产、出炉、炉外精炼和浇铸过程中都会产生大量的高温、带尘烟气，为了减少高温及粉尘对员工健康的伤害和对环境的污染，以及实现余热利用、生产副产品（微硅粉）回收，工业硅生产设备中排烟系统占有重要地位。其排烟系统示意如图 5-17 所示。

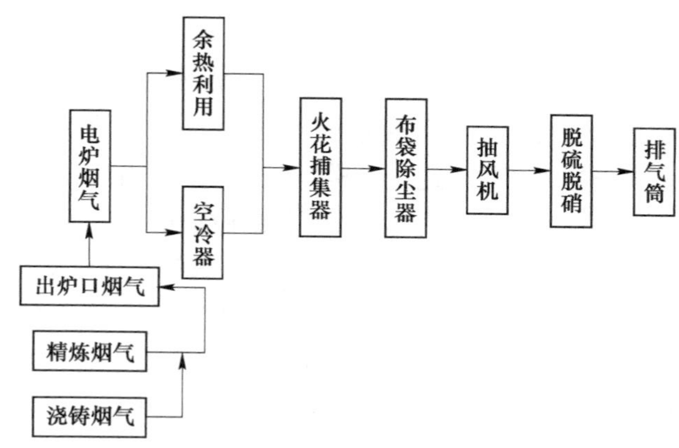

图 5-17 工业硅电炉生产排烟系统

5.1.4.1 烟罩

A 烟罩的作用

（1）改善劳动环境，保障一线员工身心健康。工业硅生产时产生大量高温、带尘烟气，烟罩隔离烟气与生产一线员工的接触，改善生产现场的劳动环境，保障一线员工的身心健康。

（2）捕集高温烟气余热利用，降低生产成本。

工业硅生产中产生大量的高温烟气，每产出 1t 工业硅产品，会产生 7 万~9 万立方米（标态）温度在 600~700℃的高温烟气。通过余热回收装置将余热回收，根据资料表明每生产 1t 工业硅余热发电量可达 1900kW · h 左右，占输入电炉电量的 15%。

（3）捕集粉尘，改善劳动条件和保护环境。工业硅生产产生的烟气中含有大量粉尘，据统计，每产出 1t 工业硅将有 0.4t 左右微硅粉，1 台年产

15000t 工业硅的大型电炉，每年将有 6000t 硅微粉，任其自行散发将严重恶化环境，影响人民身体健康。通过烟罩捕集和净化设备收尘，可大大减少硅微粉对环境和人民健康的影响。

（4）微硅粉回收利用可降低生产成本。工业硅生产产生的大量微硅粉可用于建筑、水工、耐火材料、橡胶、陶瓷、塑料、化工等领域，有相当高的经济价值，对降低生产成本有一定的作用。

B 工业硅电炉烟罩的组成

电炉烟罩由炉罩侧壁、炉罩侧裙、升降炉门、炉门提升装置、烟罩顶盖、烟罩骨架、烟罩吊挂、电极密封装置等组成。

工业硅电炉的烟罩采用半封闭式，立柱坐落在操作平台上，顶部吊挂在上部平台下方，烟罩侧部设计成六角形有六个炉门供捣炉、加料、推料和平整料面等炉口操作。由于有六个炉门避免了操作死角，炉门由液压控制，升降自如，可以控制冷空气进入量，调控烟气温度，有组织收集烟尘和余热利用，6 个升降炉门的设计也有效地防止了以往烟罩侧壁积灰的弊病，保证炉内环境的通畅，更有利于收尘除灰。另外利用炉门轨道，悬挂升降炉门，既降低炉门轨道受热变形导致炉门活动不畅甚至卡死现象发生的概率，也避免烟罩顶部因悬挂出现的不稳定、易损坏、检修困难等影响作业率的缺点。炉门开闭具备远方、机旁、遥控三种方式。开闭状态进 PLC 显示。烟罩炉门下方设防撞密闭装置，防止加料捣炉车撞击炉壳。烟罩顶部有 2 个烟道出口，3 个穿越电极的开口和多个料管开口，各烟罩盖板的炉内侧打结耐火材料层外通冷却水。

目前烟罩有无水冷骨架烟罩和水冷骨架烟罩两大类型。无水冷骨架烟罩的盖板通过烟罩吊挂吊在承载平台下方，减少了电炉中心电极三角区内因承重受热受压引起的变形、漏水及烧蚀，而烟罩盖板由钢板焊接而成，并采用水冷及内部打衬结构，以降低操作平台温度及延长烟罩使用寿命，盖板与盖板之间采用以耐火砖加配陶瓷纤维毡的绝缘方式，再用不锈钢、云母、标准件组成连接装置，使其连接在一起，其绝缘效果显著。盖板、骨架的连接示意如图 5-18 所示。其中耐火砖起绝缘作用，陶瓷纤维毡起密封作用，这样既解决盖板与盖板间的绝缘问题，也提高密封效果，绝缘距离的增加延长使用时间，同时也增加盖板与骨架间的绝缘距离，密封效果更加完善，延长盖板与骨架的使用寿命。通水烟罩盖板的材质为 1Cr18Ni9Ti，以减小磁场对电炉功率因素的影响，盖板外沿放置于烟罩骨架外环上，在盖板与骨架外环架间用石棉板予以绝缘和密封。

将立柱底法兰下部增加一段钢管使其提高，空隙部分由耐火砖填充，这

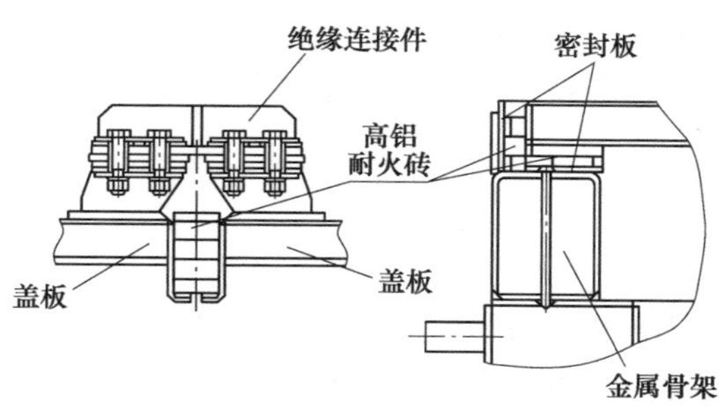

图 5-18　盖板、骨架的连接示意图

样不但不需要加大烟罩直径，还将增大烟罩与立柱底部的绝缘距离，提高烟罩对地的绝缘效果（图 5-19）。烟罩顶部的底面有高温和多种成分烟气的侵蚀，采用高铝质不定形耐火材料打结，为了防止脱落，在盖板内侧焊接“∧”形的锚固钉，锚固钉的材质为无磁不锈钢，长 50mm，高铝打结料厚度 70mm 左右。有金属骨架烟罩是指烟罩顶部中间有一金属骨架环，通过连接支架与烟罩顶部外环架坐落在六根支柱上，内嵌 3 个防磁电极孔圈和若干个加料孔圈组成内环，其间铺以水冷盖板，内环材料均为防磁不锈钢，外环与内环间用钢管连接，其间也铺设水冷盖板，外环、内环、内外环连接钢管、电极孔圈、四周加料孔圈、支管、立柱、炉门均需通水冷却。

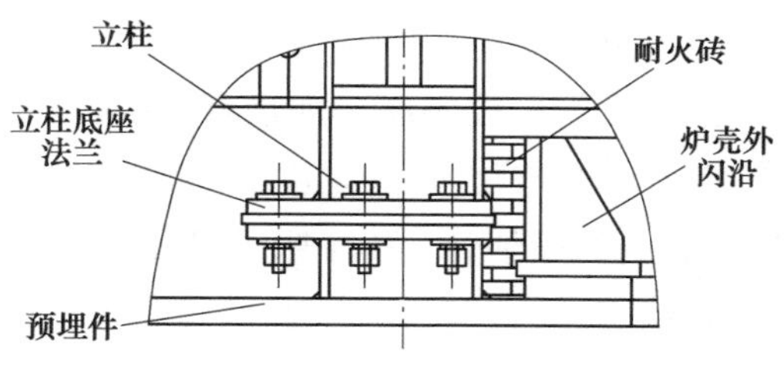

图 5-19　立柱的连接示意图

有学者推出凹型烟罩和大喇叭出口烟道，使烟罩炉门上方周围高，而烟罩中心区低的凹形形状共同组成一个笼烟罩，烟罩顶部四周高，有利于捕集高温烟气，通过大喇叭出口烟道易于把高温多尘烟气排出烟罩，烟罩中心部位较低，可以使上保护屏做得短些，把持器上的铜管也可短些，这对降低铜瓦铜管阻抗有较大帮助。电极的密封在烟罩顶部烟罩盖板及穿越电极的开口上，通水冷却，并通过扇形密封环压紧电极把持器的上保护屏（或称水冷大套），防止炉内烟气外逸，并可随极心圆调整而移动，烟罩吊挂在上层平台下方，烟罩吊挂装置必须设有两道绝缘。

最近国内推出大型矿热炉新型铜板炉盖，采用压延铜板钻孔、焊接工艺，烟罩对地绝缘良好，具有导热性良好、结构强度高、使用寿命长等特点，但造价高。

5.1.4.2 烟道

从烟罩顶部大喇叭排烟口往上直至顶端与大气相连的管道统称为烟道，每台电炉有 2 个烟道，每个烟道由保温烟道、烟管、钟罩阀、烟道吊挂等组成。烟道设有伸缩节以补偿烟道受热或冷却后尺寸发生变化。烟道的重量分段承载在烟罩盖板、压放和料仓平台，避免集中载荷。烟道下部尽量远离电炉短网，以减小磁场影响，从大喇叭口至上层平台间烟道材质选用无磁不锈钢，下部烟道温度较高，内腔先焊上锚固钉，然后打结或喷涂耐热保温材料，直至烟道旁出车间连接烟气净化系统处。上部烟道出口有放散阀门，控制烟气是否需放散，放散阀有翻板阀和钟罩阀两种，由液压装置进行控制。烟道对烟罩与平台的连接处、烟道吊挂、烟管间必须要有良好的密封和绝缘。

5.1.4.3 出炉口排烟装置

工业硅电炉出炉口烟气量约为 60000m^3/h，烟气温度约 150℃，含尘浓度约 1.5g/Nm^3。为改善出炉口处的劳动条件和捕集出炉时的粉尘，在出炉口处设有排烟装置，收集电炉出炉时产生的烟气，并为气封装置提供气源。出炉口排烟装置由吸烟罩、吸烟管、控制阀、烟道管、引风机等组成，大型工业硅电炉由于炉体旋转，使出炉口位置不固定，因此吸烟罩呈半环形布置在炉壳周围，5 个吸烟罩有各自的吸烟管，每个吸烟管都设有控制阀，出硅时出炉口附近的控制阀呈开启状态，关闭其余控制阀，并一定要关严，以免影响排烟效果。吸烟罩和烟道管由钢质材料加工而成，吸烟罩内部喷涂轻质耐火材料，以延长吸烟罩使用寿命，烟道管用钢制吊架吊挂在操作平台下方，出炉口排烟风机需有接地装置，为减小噪声及风管振动，抽风机进风口和出风口均需有软连接。

5.1.4.4 底吹富氧精炼工位排烟

液态工业硅出炉后流入硅水包，拉至精炼工位继续精炼，此时出炉口已停止排烟，通过精炼工位上方的吸烟罩—管道—控制阀与出炉口环形烟道相连，控制阀由精炼工控制，精炼时的烟气量约 40000m^3/h，烟气温度 100℃，含尘量约 1g/Nm^3。

5.1.4.5 浇铸时的排烟

液态工业硅在浇铸时会有少量的烟气，浇铸时在铸模上方设吸烟罩，烟气并入精整工位烟气管道进入出炉口环形烟道，再进入烟气净化系统。如果采取天车浇铸，可用移动罩式吸烟排烟或在浇铸间顶部设屋顶罩排烟。

总之，工业硅生产的整个过程中，都需要对可能产生烟尘的环节、工位进行消烟除尘。

5.1.5 配料站及上料、布料、下料系统

5.1.5.1 配料设备

A 结构形式

结构形式主要分为嵌入式和非嵌入式，配合场地条件可随意搭配机械安装方式，配合上料设备（输送机、斜桥等）能满足所有在建项目及改造项目。

a 嵌入式

嵌入式可分为全嵌入式和半嵌入式两种：

（1）全嵌入式，是指机械设备安装于相对地平面之下，所有输送带及称量装置安装在地坑内，优点易于观察料仓料位，装载原料方便。由于所有设备处于地坑内，缺点是搭接其他输送设备时角度大，坑内光线相对薄弱，设备维护相对困难。适用于场地开阔平坦，设备密集的场所。

（2）半嵌入式，是指机械设备部分处于地坑内，部分处于地坑外。加装防护栏及检修通道，使机械结构更为安全。优点由于部分设备处于地坑内，降低了设备的整体高度，占用地面空间小，物料装载效率高，是改造项目的首选结构。结构示意如图 5-20 所示。

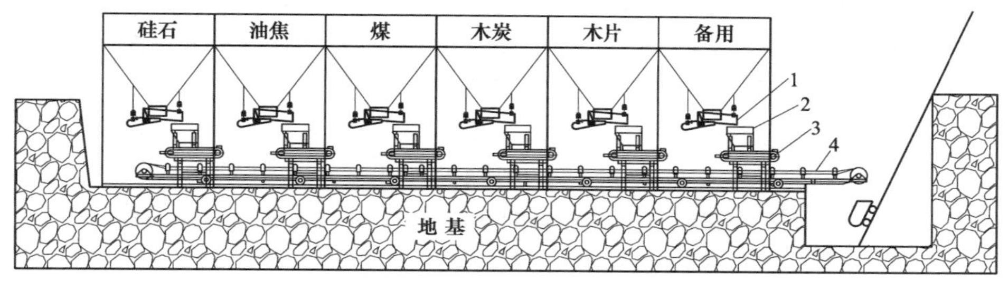

图 5-20 半嵌入式配料设施

1—进料机；2—计量斗；3—出料机；4—输送机

b 非嵌入式

非嵌入式是指所有设备完全处于地面上。由于安装维护方便，易扩展设备（省去地坑建设）。但是占空比高出相对水平面多，加料设备选择面窄，物料装载效率低。适用于场地狭窄，开挖地基条件困难的场所。结构示意如图 5-21 所示。

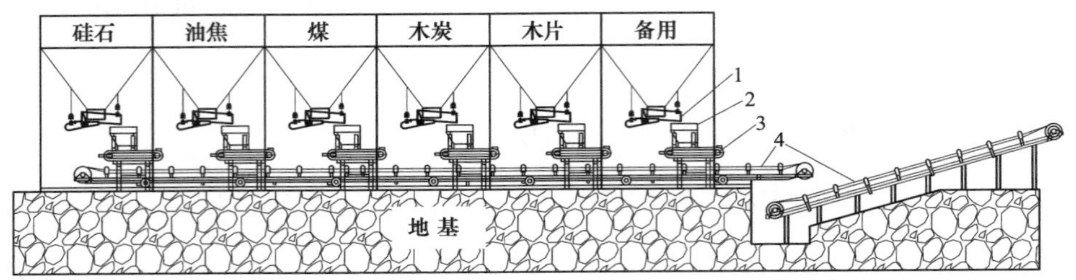

图 5-21 非嵌入式配料设施

1—进料机；2—计量斗；3—出料机；4—输送机

B 设备组成

配料设备主要由机架、主动滚筒、从动滚筒、托辊、挡轮、输送皮带、调节装置和传动装置、计量斗（或皮带秤）等零部件组成（图 5-22）。传动装置采用蜗轮蜗杆减速电机作为动力，驱动秤体主动滚筒运转，带动输送皮带运送物料。在从动滚筒两端装有滑块和丝杆调节装置，用于调节输送带张力、跑偏及更换输送带。斗秤、皮带秤体机械结构如图 5-22 所示。

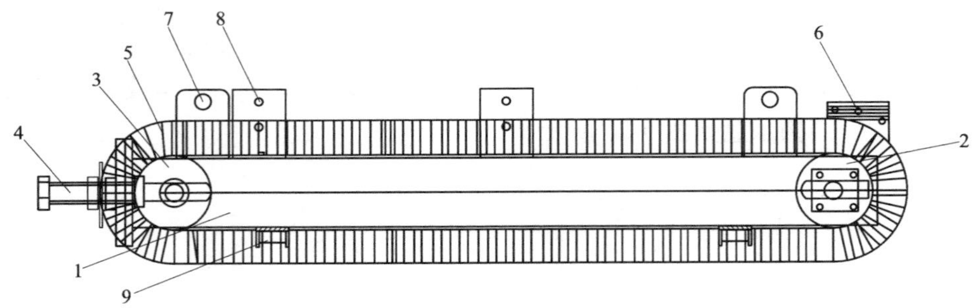

图 5-22 皮带秤机械结构图

1—机架；2—主动滚筒；3—从动滚筒；4—尾部调节；5—输送带；6—传动机构；7—吊耳（悬挂式）；8—计量斗座；9—传感器座（压式）

计量斗作为计量容器，其大小尺寸取决于系统要求，其结构如图 5-23 所示。

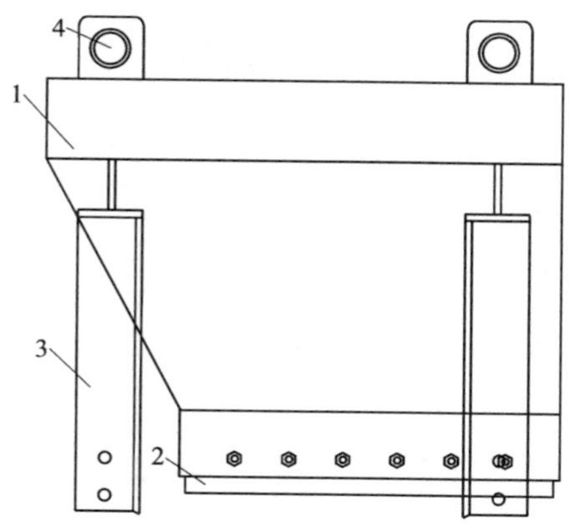

图 5-23 计量斗结构图

1—计量斗；2—挡边；3—支腿（压式）；4—吊耳（悬挂式）

C 安装方式

（1）悬挂式。将三只（或四只）传感器用万向调节装置安装在吊耳上将秤体悬挂于料仓或其他支撑物上，传感器处于拉伸状态，如图 5-24 所示。其特点是，受重力作用，故不受机械振动、皮带跑偏、张力影响，提高计量精度。

图 5-24 悬挂式称量装置

（2）悬臂式。将四只传感器安装在支架上，秤体垂直压在传感器上，传感器处于悬臂状态，如图 5-25 所示。

5.1.5.2 上料设备

A 上料设备

上料设备一般分为两种方式：一种是料车式上料机（斜桥上料机）；另一

图 5-25　悬臂式称量装置

种是胶带输送机。

a　组成

上料设备由斜桥、卸料小车、卷扬机绳轮等组成，如图 5-26 所示。

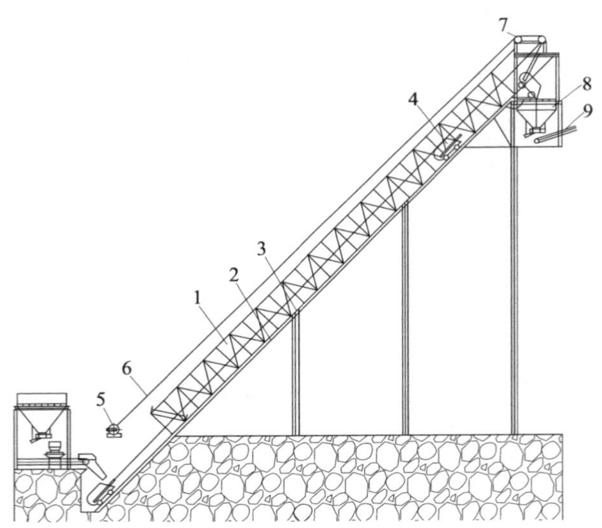

图 5-26　上料设备结构示意图

1—斜桥；2—主轨道；3—辅助轨道；4—料车；5—卷扬机；6—钢绳；7—导向轮；8—混合仓；9—输送机

b　特点

结构简单，运行安全可靠；倾斜角度大，倾斜角度在 50°~60°，占地面积较小，厂房结构紧凑；投资费用少，料车满载系数为 0.75；可扩展性好，可做成双料车式，也可做单料车式（目前最常用）。

c 计算方式

作业率 n 为：

$$n=\frac{m_1}{m_2}\times 100\%$$

$$m_2=\frac{24\times 60\times 60}{T}a$$

式中，m_1为电炉每 24h 需要最大上料批数；m_2为上料机允许每 24h 的最大上料批数；T 为小车装卸料一个周期所用的时间 s；a 为料车平均装载的料的批数。

注：作业率 n 的常用取值范围，单料车式作业率一般为 65%～75%，双料车式作业率一般为 70%～75%。

生产率 Q 为：

$$Q=\frac{nm_2q}{24}$$

式中，Q 为生产率，t/h；q 为每一批料质量，t。

斜桥上料车技术参考参数见表 5-26。

表 5-26 斜桥上料车技术参数

序号	内 容	参 数	
1	料车有效容积/m^3	1.0	2.0（4.0）
2	钢丝绳最大张力/N	32709	54000
3	允许最大行程/m	38	43
4	卷扬机最大速度/m · s^{-1}	1.3	0.45
5	钢丝绳型号	E×37-21.5-185-特-光-右同	6W(36)+7×7-26.5-185-特-光-右同 26.5
6	电机	YZR280M-10 FC=40%，N=45kW， n=560r/min	YZR280S-6 FC=60%，N=48kW， n=560r/min
7	设备质量/kg	4150	6200
8	适用电炉功率	16500kV · A	30000kV · A

d　控制方式

料车式斜桥上料机作为分站的一部分，控制采用就地（机旁控制箱）、现场（触摸屏）、集中（以太网组网）三种方式控制，从而满足各个层面的控制要求。

就地（机旁控制箱）：控制采用安全电压 DC24V 电源供电，保证设备的安全性，用开关量方式传输信号，使设备运行可靠。

现场（触摸屏）：相当于一台未联网的单机系统，除了基本的就地操作功能外，主要用于设备参数设定、系统校准及报警查询等。

集中（以太网组网）：主要用于连接其他设备。

B　胶带输送机

胶带式输送机作为上料设备的一种，广泛应用于现代工业硅车间。结合车间实际情况可定制大倾角式胶带输送机、大倾角槽形式输送机（外、内人字）及通用型输送机（平）等。其主要由机架、主动滚筒、从动滚筒、托辊支架、托辊、调心装置及机头机尾调节装置等组成。不同的输送机有不同的机械结构，详见图 5-27～图 5-29。

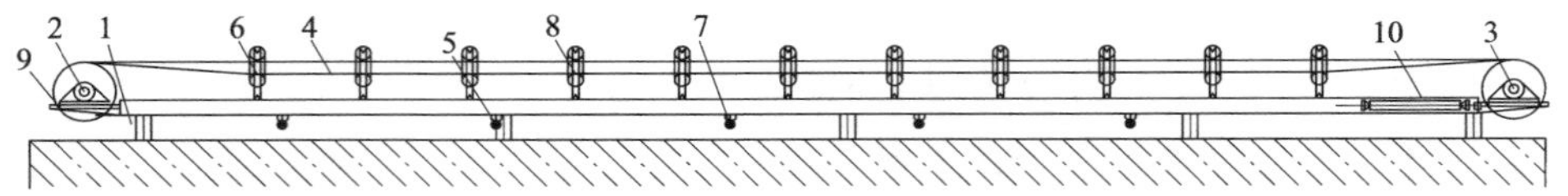

图 5-27　普通胶带输送机

1—机架；2—主动滚筒；3—从动滚筒；4—输送带；5—下托辊；6—上托辊；7—下调心；8—上调心；9—主动滚筒调节；10—从动滚筒调节

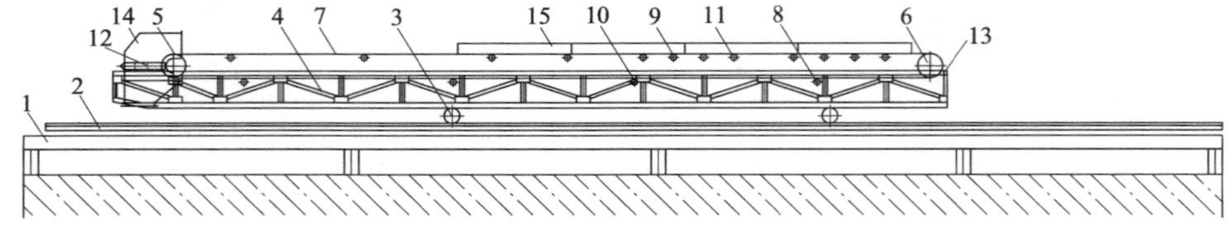

图 5-28　可逆轨道胶带输送机

1—基座；2—轨道；3—轨道轮；4—机架；5—主动滚筒；6—从动滚筒；7—输送带；8—下托辊；9—上托辊；10—下调心；11—上调心；12—主动滚筒调节；13—从动滚筒调节；14—机头护罩；15—挡边

关于胶带式输送机的规格型号较多，属于定制品。表 5-27～表 5-29 列出部分胶带式输送机的参数。

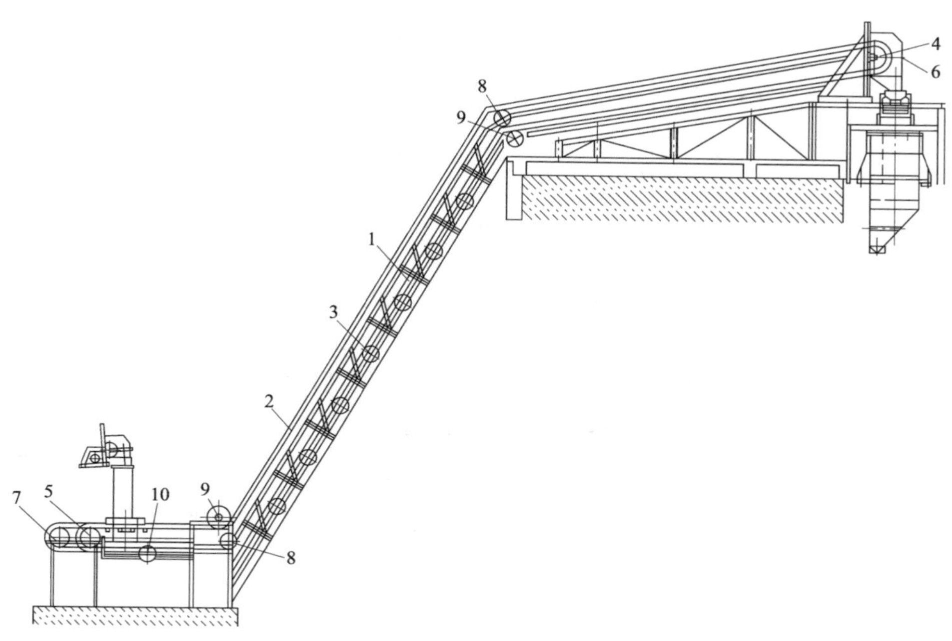

图 5-29 大倾角胶带输送机

1—机架；2—大倾角皮带；3—托辊；4—主动滚筒；5—从动滚筒；6—主动滚筒调节；7—从动滚筒调节；8—换向滚筒；9—压带轮；10—纠偏装置

表 5-27 通用型输送机（平、内人字、外人字）基本参数

断面形式	带速 v /m · s^{-1}	基带宽度 B/mm					
		500	650	800	1000	1200	1400
		输送量 Q/m^3 · h^{-1}					
槽形（内人字、外人字）	0.8	78	131				
	1.0	97	164	278	435	655	891
	1.25	122	206	348	544	819	1115
	1.6	156	264	445	696	1048	1427
	2.0	191	323	546	1033	1284	1748
	2.5	232	391	661	1233	1556	2118
	3.15			824		1858	2528
	4.0					2202	2996

续表 5-27

断面形式	带速 v /m·s^{-1}	基带宽度 B/mm					
		500	650	800	1000	1200	1400
		输送量 Q/m^3·h^{-1}					
平形	0.8	41	67	118			
	1.0	52	88	147	230	345	469
	1.25	66	110	184	288	432	588
	1.6	84	142	236	369	553	753
	2.0	103	174	289	451	677	922
	2.5	125	221	350	546	821	1117

注：表中输送量 Q 是在倾角系数 C=1.0 时的，如倾斜角度变化输送量 Q 应乘以表 5-28 中的系数。

表 5-28　倾角的运料系数

倾斜角度/(°)	≤6	8	10	12	14	16	18	20	22	24	25
系数 C	1.0	0.96	0.94	0.92	0.90	0.88	0.85	0.81	0.76	0.74	0.72

表 5-29　大倾角挡边式胶带输送机基本参数

基带宽度 B/mm	挡边高度 H/mm	带速 v /m·s^{-1}	倾角 β /(°)	输送量 Q /m^3·h^{-1}	功率 N /kW
300	40	0.8~2.0	30~90	18	1.5~18.5
	60			24	
	80			40	
400	60	0.8~2.0		34	1.5~18.5
	80			60	
	100			80	
500	80	0.8~2.0		84	1.5~18.5
	100			112	
	120			98	
650	100	0.8~2.0		156	1.5~30
	120			140	
	160			186	
800	120	0.8~2.5		186	1.5~55
	160			318	
	200			360	
1000	160	1.0~2.8		428	1.5~75
	200			483	
	240			683	
1200	160	1.0~3.15		535	1.5~110

注：表中输送量按 30°倾角计算，该规格许用最大带速和最小功率计算。

C 控制方式

上料设备作为分站的一部分，其单机设备主要配置PLC或传统继电器接触器的方式为单机设备采取就地（机旁箱）和集中控制两种控制方式。配置预警方式（电铃）、紧急停止方式（拉线开关）及在线检测装置（跑偏开关、打滑开关）三级防护设施确保设备长时稳定运行。接入主站的方式可用通讯（网线）的方式接入，也可用通用电缆连接端子接入。

5.1.5.3 布料设备

布料设备通常布置在炉顶，又称为炉顶分料设备，通常采用地面轨道式和悬挂式轨道两种方式给电炉炉顶料仓供料。

A 地面轨道式——直轨式

直轨式布料设备通常采用常规型胶带输送机，可逆胶带输送机。可逆轨道胶带输送机，可根据实际工艺，由多条输送机在空间上形成输送机网络而组成布料系统。其组成参见上料设备胶带输送机。其控制方式同上料设备控制方式基本相同，也配置三级防护。不同的是直轨式布料设备在就地增设单料仓选位功能及设备定位功能。

a 主要技术参数

直轨式布料设备主要技术参数详见表5-30。

表5-30 直轨式布料设备基本参数

序号	名　称	参　数
1	胶带宽度/mm	500、650、800
2	胶带长度/m	>2
3	胶带速度/m · s^{-1}	0.8~2.5
4	电机功率/kW	2.2~75
5	主动滚筒直径/mm	300、400、500
6	从动滚筒直径/mm	300、400、500
7	运输能力/t · h^{-1}	0~350
8	整机质量/kg	>1500

b 控制方式

控制方式同上料设备基本相同，分为就地（机旁操作箱）控制和集中控制，集中控制可以单独作为一个分站，通常将配料、上料设备和布料设备整合为一套系统，使得系统更具管理性。当作为一套系统时，采用分布式I/O

管理各个单机设备，配置一个 CPU 管理系统，上位机作为人机交互界面，使得整套系统可视化，实体化。系统有全自动、半自动和点动的操作模式，操作方式灵活，操作简单。

B　地面轨道式——环轨式

a　组成

环轨式布料设备主要由环形轨道、车轮、料车、卸料阀、驱动装置、定位装置、料位检测装置等组成。

b　主要技术参数

环轨式布料设备主要技术参数详见表 5-31。

表 5-31　环轨式布料设备参数

序号	名　称	参　数
1	料车有效容积/m^3	0.7~2.0
2	料车行走速度/$m \cdot s^{-1}$	0.3~0.5
3	回转半径/m	7.5~10.0
4	车轨距/mm	900
5	钢轨型号/mm	80×60
6	电机功率/kW	2.2~5.5
7	供电方式及电压/V	低压导轨供电 AC380V
8	车轮直径/mm	ϕ300~394
9	卸料阀门	电动气缸推杆或电动液压推杆
10	料车质量/kg	1600 以上

c　控制方式

由于执行机构（运料车）安装在一个轨道上，而且旋转方向和圈数都不固定，控制单元的数据采集采用工业无线以太网路由器对旋转机构的控制，数据采集设数据采集站。

控制方式采用手动及自动两种控制方式，手动配置无线遥控装置，自动控制配置工业电脑及上位机组态控制。上位机上进行控制，提供了工艺流程控制组态画面给用户，可以进行人机交互，上位机可以通过光纤连接到工厂任何位置。由于系统是全自动系统，一键启动，操作简单。系统同时也提供了半自动和点动的操作模式，适用于系统调试和检修，建议正常生产情况下，使用全自动，因为系统设计了安全可靠的联锁保护程序，设备不会误动作。

C 悬挂轨道式

悬挂轨道式布料设备又称空中轨道式，其应用方式同地面环轨式相似，设备组成、控制方式参见地面环轨式相关介绍，不同于地面环轨式主要区别是：悬轨式轨道悬空、料车悬挂方式安装。

5.1.5.4 炉顶加料设施

电炉炉顶设备包括：12个料仓，每个料仓的容积6~8m^3，经料仓下来接料管间断向炉内加料。每个仓下接1根加料管，其中1个中心料管，3个相间料管，6个电极料管，2个炉外料管。料管直径480mm×10mm，每个料管中间设两道液压闸阀或每个料仓下设1台振动给料机和一道闸阀，料管在短网标高以上1m以下用无磁不锈钢，炉内下料嘴采用不锈钢（1Cr18Ni9Ti）水冷。其余采用20g钢制作，加料采用炉口操作平台遥控操作和料仓下面控制液压闸阀旁手动操作均可。料管下插板闸和上插板闸连锁控制（不允许同时打开），防止误操作造成料管穿火。2个炉外料管，用作加料机加料，将调整炉料加到炉内需要的地方以调整。

5.1.6 液压系统

液压系统为电极系统的升降、压放、把持以及炉门的升降、料管闸阀、烟道控制阀的启闭等提供动力源。大型工业硅电炉的液压系统原理图如图5-30所示。

5.1.6.1 液压控制的优点

液压控制有以下优点：

（1）同样的功率，液压传动装置质量轻，结构紧凑，惯性小。

（2）运动平稳，便于实现频繁而稳定的换向，易于吸收冲击力，防止过载。

（3）能够实现较大范围的无级变速。

5.1.6.2 液压系统的组成

A 液压站（图5-31）

油泵：选用齿轮油泵或柱塞泵两台（一备一用），供油的压力6~12MPa，工作压力为10MPa以确保系统有充足的液压力。

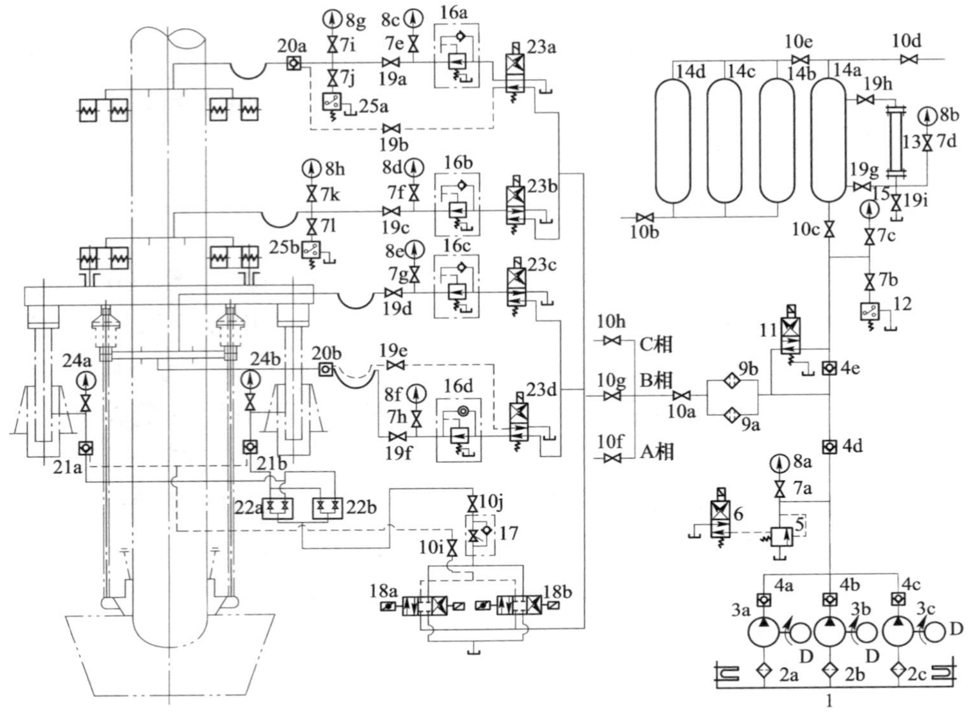

图 5-30 大型工业硅电炉的液压系统原理图

1—油箱；2a～2c—滤油器；3a～3c—油泵；4a～4e，20a，20b，21a，21b—单向阀；5—溢流阀；6，23a～23d—电磁换向阀；7a～7l—压力表开关；8a～8h—压力表；9a，9b—精过滤器；10a～10j，19a～19i—截止阀；11，18a，18b—电液换向阀；12—压力继电器；13—液位计；14a～14d—贮压罐；15—远程发送压力表；16a～16d—单向减压阀；17—单向节流阀；22a，22b—分流集流阀；24a，24b—电接点压力表；25a，25b—压力继电器

储气罐：又名蓄能器，为确保系统压力的稳定，液压站设置 4～6 个储气罐，储气罐容量需满足液压油泵停止运转后液压系统继续工作不少于 30min。

油箱：油箱为液压介质循环使用的容器。为减少液压介质的侵蚀和提高油箱的使用寿命，油箱采用耐腐蚀不锈钢制作，容量为 1. 8m^3。油箱中应安装液压介质冷却和加热装置，以确保电炉无论在冬天或夏天都能启动开炉生产。

液压介质：为防止泄漏油引起的失火，液压介质采用能阻燃的水乙二醇。水乙二醇对油泵、油箱、阀门、管道有一定的腐蚀作用，因此上述部件都要有抗腐蚀能力。

阀件：为运行控制需要，油泵站内设置了多种型号的阀件。

图 5-31 液压站

B 管路

液压系统的钢管必须用无缝钢管，连接软管用高压软管，连接处必须是耐高压耐高温的绝缘接头。

C 阀站

阀站由控制电极升降、压放、把持以及炉门升降、烟道钟罩阀等的液压元件组成，这些元件全部布置在一块金属版面上称阀屏。

5.1.6.3 液压系统的控制

液压系统控制有中央控制室内实行手动和 PLC 自动控制及液压站旁手动控制三种形式。液压系统压力，不但在电炉控制室设有直接防震压力表显示，在液压站也应有压力显示。

5.1.6.4 液压系统的安装

液压系统的液压钢制管路与把持器系统、炉门升降、料管闸阀及钟罩阀等采用高压软管连接，并设有二道绝缘接头，安装时两接头间留有 100mm 以上的安全距离，保证接头不因液压震动，产生松动、漏油、打电等现象，所有管路及泵站要有减震措施。液压管道在安装前要进行酸洗和纯化，管路试装清洗干净后，方可连接执行元件，确保系统清洁畅通和安全运行。

5.1.7 冷却水系统

工业硅电炉冷却系统是对处于高温下工作的构件进行冷却的系统。

5.1.7.1　系统的组成

工业硅电炉冷却水系统主要有：

（1）软化水冷却系统。为防止长期处于高温工作条件下构件的结垢，对这些部件的冷却采用经软化处理后的软化水。主要包括电炉把持器全部构件：铜瓦、铜瓦铜管、上保护屏、下保护屏、压力环、压力环顶紧装置（波纹管膨胀箱或蝶簧式压力箱）、底部环以及烟罩、短网等部分。

（2）清洁水冷却系统。清洁水冷却系统主要指工作温度不高，但对水温要求相对严格的部件进行冷却。主要包括电炉变压器油水冷却器、液压站油箱的冷却和除尘风机轴承冷却等。

5.1.7.2　冷却水要求

A　冷却水水质要求

冷却水技术条件见表 5-32。

表 5-32　冷却水水质技术条件

序号	项目与数据	软化水	清洁水
1	硬度（德国度）dH	<3	<8
2	悬净物含量/$mg \cdot L^{-1}$	<20	<80
3	pH 值（25℃）	7.0~8.5	6~9
4	氯离子（Cl^-）/$mg \cdot L^{-1}$	<5	<60
5	硫酸离子（SO_4^{2-}）/$mg \cdot L^{-1}$	<5	<5
6	*M* 碱度（$CaCO_3$计）/$mg \cdot L^{-1}$	<5	<60
7	总含盐量/$mg \cdot L^{-1}$	<40	<400
8	总铁量（Fe 计）/$mg \cdot L^{-1}$	<1	<2
9	硅酸盐（SiO_2计）/$mg \cdot L^{-1}$	<3	<6
10	油脂/$mg \cdot L^{-1}$	<1	<5
11	电导率（25℃）/$mS \cdot cm^{-1}$	<20	<500

B　冷却水水量

工业硅电炉冷却水量中软化水水量为每 100kV · A 约 20~30m^3/h，清洁水约 4~6m^3/h。

C 冷却水水温

工业硅电炉软化水进水温度≤35℃，出水温度≤50℃；清洁水进水温度≤28℃，出水温度≤35℃。

D 冷却水水压

工业硅电炉软化水水压在进水分配器处的压力不低于0.3MPa，清洁水水压视各部需要调整水压。

5.1.7.3 冷却水系统的组件

工业硅电炉软化水系统的组件由进水水管、进水分水器、分水支管、集水箱、配水管及仪表等组成。

进水水管：连接外部管网的管道，其直径大小由水量确定。

分水器：外部进入软水通过分水器分配到电炉各部需要软化水冷却的装置，分水器安置在电炉操作平台，也有安置在电炉变压器层平台。分水器由钢管或钢板制作，其上焊接分配给各部位的冷却钢管。进水分水器上安装有压力、温度、流量显示。

管路：由分水箱到需冷却部位的管路由DN40的钢管和高耐压夹布胶管（d=45mm，耐压≥0.6MPa）组成，用不锈钢抱箍（d40/D63）连接。在分水器的每个出水管上都装有阀门，阀门可控制水的通与断及调节水量的大小。大型工业硅电炉约有110个软水循环水路。

回水箱：由钢板制作，上部敞开以便观察各路回水的流量情况，在各回水管上装有测温温度计和压力表。

在进水分配器上温度、压力流量传感器和各回水支管上温度、压力、流量传感器都接入自动化检测控制的PLC系统，用于自动监控、报警和自动跳闸保护。软连接部分采用带绝缘双头系扣连接。

5.1.8 炉底测温装置

为防止炉底温度过高，烧穿炉底，设置多个炉底测温装置，测量电极位置下炉底温度，测出的炉底温度传输到中央控制室操作台显示。热电偶采用铂铑品牌，炉底还设置接地装置。

5.1.9 炉底通风冷却装置

工业硅生产炉膛底部温度高（2000℃以上），炉衬热传导好，炉底下部温度也高。炉底下方设置风机对炉底进行通风冷却。

5.1.10 气封系统

为防止高温烟气从电炉烟罩内外逸，电炉加料管、电极把持器上保护屏（水冷大套）与烟罩间以及烟罩炉门处设有气封。气封气源来自出炉口排烟风机。出炉口烟气经风机将烟气注入电炉气封系统，经管道分配到各需气封的部位，电炉加料管气封用气送到下料管闸阀处。电极保护屏处气封和炉门气封用气送到烟罩顶部，各用气支管上都设有控制阀，控制气封气量的通断和大小。

5.1.11 电极间木隔板

为杜绝接电极时相间短路及保证操作人员的安全，在电极连接平台上设置电极间木隔板及地面木地板。木隔板设有胶轮可移动，便于电极吊装及人员操作。

5.2 工业硅电炉的电气设备

工业硅电炉的电气设备从高压电气设备到低压电气设备，再到弱电自动控制设备，几乎包括现行所有的电气设备。

5.2.1 高压设备

工业硅电炉高压设备主要是指给电炉变压器一次侧供电的电气设备。现在新建的工业硅电炉高压设备主要有 35kV 和 110kV 两种电压。特别是 2010 年以后，110kV 等级电压在工业硅电炉中的使用越来越普遍，只要供电条件允许，新建的工业硅电炉基本都是用这一电压等级（110kV）。造成这种情况的原因主要有三个方面：（1）国家产业政策限制小型工业硅电炉，新建 25500kV · A 及以上容量的工业硅电炉只有使用 110kV 电压等级的供电，才能有稳定可靠的供电条件；（2）电炉变压器制造技术的进步使 110kV 作为一次电压得以实现；（3）110kV 等级的电价比 35kV 等级的电价要低。

5.2.1.1 高压隔离开关

高压隔离开关是按国家供电电压等级制造的高压配电装置，其主要用途是检修高压设备时用来断开高压供电电路的设备。高压隔离开关断开后有明显可见的断开距离，以保证检修工作的安全。高压隔离开关没有灭弧装置，不能用来切断带负荷的线路，否则动触头和静触头之间会产生电弧，造成相间和对地短路，发生事故。35kV 及以下等级的高压隔离开关基本全都是手动。110kV 电压等级的隔离开关有手动和电动之分，110kV 以上电压等级隔离开关以电动居多。根据安装地点高压隔离开关分户内式和户外式两种。根据带接地刀闸与否高压隔离开关分接地式和不接地式两种。根据结构高压隔离开关分三相式和单相式两种。

5.2.1.2 高压断路器

高压断路器又称高压负荷开关。其主要作用是用来断开带负荷的高压线路。高压断路器不仅要求能断开正常工作时的高压线路，更要求能断开发生短路故障时的高压线路。所以选用高压断路器须考虑有足够的遮断容量。高压断路器的触头都装在密封的开关容器内。其断开后不能直接见到触头的断开间隔。因此，在检修设备时须与隔离开关配合使用，即先断开高压断路器，后断开高压隔离开关，再挂上工作牌，才能确保检修工作的安全。高压断路器根据开关容器内灭弧介质的不同分为多种类型，如油断路器、真空断路器、六氟化硫断路器等。

在工业硅生产中油断路器已完全淘汰，35kV 电压等级的供电大多用真空断路器，110kV 电压等级的供电则用六氟化硫断路器。据悉，国内已有厂家试制成功了 110kV 电压等级的真空断路器，相信不久会推广使用。

5.2.1.3 高压组合电器

高压组合电器是将断路器、隔离开关、接地开关、电流互感器等电气元件封闭在金属外壳中，其母线敞开。高压组合电器分 35kV 和 110kV 电压，均在室内安装。该产品具有以下特点：

（1）将断路器、隔离开关、接地开关、电流互感器、电压互感器、避雷器、母线等元件有机的组合在接地的钢结构支架上，结构紧凑。

（2）其所占空间只有分体式的 50%，具有节约用地、减少工程造价等显著特点。

（3）采用预安装技术，整套设备在出厂前安装、调试完毕，实现“即插即用”功能，极大地缩短在施工现场的安装周期。

（4）采用高性能的高压电气设备，基本无维护，可靠性高。

（5）布置灵活，可用于各种接线方式。

5.2.1.4　过电压保护器

过电压保护器又称为阻容吸收装置。其工作原理是利用电容的充放电性能，吸收电炉变压器断开和合闸时供电线路中产生的过电压，从而保护电炉变压器与高压断路器。过电压保护器的安装位置一般是在高压断路器与电炉变压器之间的高压线路上的适当位置。过电压保护器根据电压的不同可分为35kV 和 110kV 两种。根据电容的绝缘介质的不同可分为油浸式和干式。

过电压保护器刚开始出现时有种理论认为：在使用电缆供电的线路中应采用过电压保护器，而在用裸线供电的线路中不必使用。但随着过电压保护器成本的降低和使用效果的验证，现在几乎所有电炉冶炼的高压线路上都采用了过电压保护器。

5.2.2　电炉变压器

在工业硅电炉中，电炉变压器被形容为电炉的心脏，可见其重要性。因此，性能良好的电炉变压器是获得优异生产指标的重要因素之一。正确选择变压器的各项技术参数，特别是二次侧工作电压，决定着电炉的作业指标。

5.2.2.1　电炉变压器的主要特点

（1）二次侧电压低、电流大。电炉变压器的一次电压是根据按照供电电网的标准来设计的，而二次侧电压则是根据拟建电炉的容量来确定的。如30000kV · A 容量的工业硅电炉变压器二次侧电压的常用电压在 200～220V 之间，二次线电流在 78700～86600A 之间。由于二次侧电压低，二次绕组的匝数就很少，一般都只有几匝。二次匝数少，匝间绝缘主要是用匝间距离来保证，匝间距离同时可作为冷却油的通道。因为二次电流很大，低压绕组的截面也相应很大，大容量电炉变压器二次绕组都是用铜排绕制，而且是多根铜排并列绕制。

（2）二次侧绕组都是铜管首尾相间隔引出箱体外。低压大电流分多路用铜管引出，既便于降低引线中附加涡流损耗，又便于散热。引线都是首尾相间引出，利用电流的流向不同使大电流在传输中降低电抗，从而提高电炉的功率因数。二次引线首尾相间引出还便于布置短网在电极上闭合成三角形接线，这也是提高电炉功率因数的措施之一。

（3）具有多级分接电压。工业硅电炉对二次工作电压值的大小非常敏感，尽管调节一档电压升降只有几伏的差别，冶炼过程中炉况也会做出明显反映。

因此，从冶炼工艺的角度考虑，电压分级越多越好。但电炉变压器分级电压越多造价就越高，经过多年的实践后，现在 30000kV · A 的工业硅电炉变压器一次电压为 35kV，因为一次侧可以进行星形与三角形转换，分级电压选择 24~26 挡即可。而电炉变压器一次电压为 110kV 时，一般分级电压选择 31~33 级为主。

（4）具有良好的绝缘强度和机械强度。电炉变压器开断、闭合操作较为频繁，为了防止操作过程中产生的过电压对电炉变压器造成损坏，须加强其绝缘强度。因此电炉变压器比一般电力变压器的绝缘强度要求更高一些。电炉变压器运行时，特别是二次侧短路情况下绕组间会承受很大的电磁冲击力。在电炉运行中由于炉料塌料等出现的冲击性过负荷，炉前操作也会偶尔造成电极间短路，为了经受这种偶然的冲击，电炉变压器必须结构充分牢固，有较高的机械强度。

（5）具有不大的阻抗和短路电压。电炉变压器不希望阻抗大，因为电炉变压器阻抗大电炉的自然功率因数就受影响。特别是大容量的电炉，短网阻抗不可避免比较大，如果电炉变压器阻抗再大，电炉的自然功率因数就更低。因此电炉变压器阻抗就相对要小一些才好。但阻抗又不能太小，太小容易造成操作过电压。

（6）接线组别。三相电炉变压器一般高、低压绕组都采用三角形接法，因为这样接线短网中流过相电流，可以减少短网的投资。高、低组别接线都采用三角形接法，这样高、低压电流没有相位差，可以用高压电流互感器直接观测低压侧电流，也可以用高压侧电流表直接调节三相电极的升降。

三台单相电炉变压器组合的电炉变压器：高压电压为 35kV 时，在开炉和其他特殊情况下高压侧为星形接线，正常运行时高压侧为三角形接线；高压侧电压为 110kV 时，高压接线为星形接法。无论高压电压是 35kV 还是 110kV，二次侧接线总是三角形接法。三台单相电炉变压器组合使用，高压为 110kV 时要求在每台单相电炉变压器低压侧加装一只电流互感器，方便电极升降的操作。

（7）具有一定的过负荷能力，配有良好的冷却。工业硅电炉负荷比较稳定，电炉一经投运，基本上是一直满负荷运行，如果工艺上需要也可以适当的过负荷运行，为此电炉变压器要求具有在一定时间内过负荷 20%~30%的能力。这样在正常满载运行时，电炉变压器的绕组温度比较低。既安全可靠，又降低了电炉变压器的铜损，也提高电炉的电效率。

电炉变压器一般都配备有专用的强迫油循环水冷设备。但不能只单独依靠冷却来提高电炉变压器的出力，因为这样虽然能控制电炉变压器的运行温度，但其绕组的阻抗压降和铜损却不能控制。因此会降低电炉的功率因数及电效率，势必也会造成产品的单耗增加。

（8）大容量电炉采用三台单相变压器组合的合理性。当采用三相电炉变压器时短网只能从电炉变压器的一侧出线，三相短网长度不一致，造成三相不平衡。这种不平衡的情况随着电炉容量的增加而加大。因此大容量电炉宜选用三台单相变压器组成三相变压器。三台单相变压器在加料层的上一层楼台上互为120°布置。这样布置的好处是三相短网既最短，三相阻抗又均衡。三台单相变压器比起同容量三相变压器投资要大一些，但从长期运行的效果来看，这种投资是很值得的。

（9）选用壳式结构的电炉变压器具有一定的优越性。变压器的基本结构形式如图5-32所示。壳式结构与芯式结构相比其感抗可降低20%～30%，因此空载损耗也有较大降低。同电压同容量的电炉变压器壳式要比芯式体积小、重量轻、过负荷能力强等优点。尤其是大容量的电炉变压器建议采用壳式。

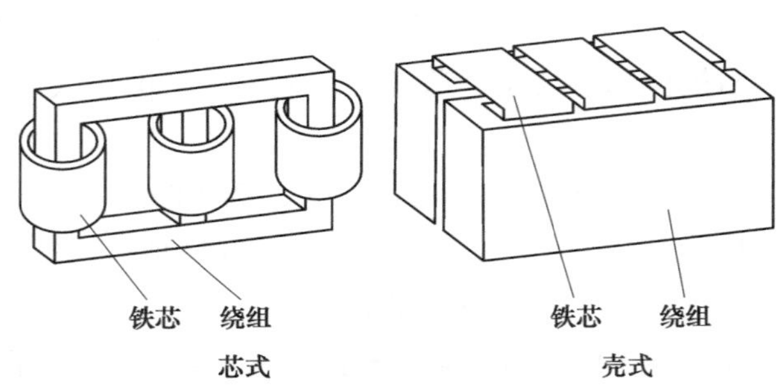

图5-32　变压器基本结构形式

5.2.2.2　电炉变压器的一次电压的选择

新建的工业硅电炉其电炉变压器一次侧基本上全部采用35kV以上的电压等级。具体采用哪种电压要根据建设当地的供电条件来选择。但容量在25000kV · A及以上的电炉采用110kV的电压等级为宜。

5.2.2.3　电炉变压器的二次电压及调压方式选择

A　电炉变压器二次电压的选择

电炉变压器二次电压是由实践经验选定。电炉容量、生产品种、原材料甚至操作人员的熟练程度都是决定二次电压高低的因素。因此选定一个准确的二次电压值并不是一件简单的工作，这也是电炉变压器二次侧有很多级电压的因素之一。但有一个简单的经验公式可以对电炉变压器二次电压进行粗略的计算：

$$U=K\sqrt[3]{S}$$

式中 U——电炉变压器二次线电压，V；

S——电炉变压器视在功率，kV · A；

K——经验系数，工业硅电炉一般值为 6~8。

如果取经验系数的一般平均值 7，则 30000kV · A 的工业硅变压器的二次线电压约为：

$$U=7\sqrt[3]{30000}=217\text{V}$$

B 二次电压调压方式的选择

三相电炉变压器当电炉容量大于 12500kV · A 时一般采用有载电动调压。三台单相电炉变压器组合使用时全部采用有载电动调压。

5.2.2.4 电炉变压器的二次侧出线方式

三相电炉变压器当容量大于 12500kV · A 时一般采用侧部出线。三台单相变压器组合使用时全部采用侧部出线。

5.2.2.5 电炉变压器的冷却

电炉变压器采用平滑油箱配备冷却效率较高的强迫油循环水冷却设备（简称强油水冷），见图 5-33。该系统主要包括油泵、冷油器、油管道及冷却水管道。其工作原理是：变压器顶部温度较高的油被油泵吸出加压，较高压

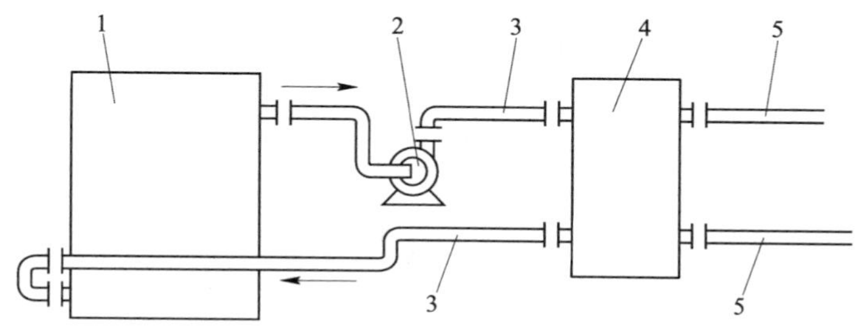

图 5-33 强油水冷系统图

1—电炉变压器；2—油泵；3—油管；4—油水冷却器；5—冷却水管

力的油克服冷油器内部的阻力在冷油器内部进行冷却，冷却后的油带压打入变压器底部，对变压器铁芯及绕组进行冷却，油温升高后又返回到变压器顶部被油泵再抽走，周而复始的重复循环。

在冷却器内部，热油用低于25℃的冷却水来降温。由于油的流动是靠油泵的强迫循环而冷却，介质是水，故称这种冷却方式是强油循环水冷却。冷却器的形式有多种，但其基本结构都是一个金属筒状的密封容器。目前国内在工业硅电炉上使用的强油水冷器主要有列管式和螺旋板式两种，现分别介绍如下。

A　列管水冷式油冷却器（图5-34）

冷却器附有油和水的进出法兰，进出法兰上都装有阀门，用来启闭及调节流量、压力之用。内部有大量内径约10mm的薄壁黄铜管，约有数百根，其均匀垂直密布在金属容器内，黄铜管内是冷却水的通道。另有一定数量的花隔板，水平放置在容器内，它们的作用是固定薄壁铜管及构成曲折的油路通道，从而使热油在铜管之间的狭小空间，沿着花隔板形成的通道在容器内部曲折迂回流动，铜管内部则有反向流动的温度较低的冷却水，热油和冷水通过薄壁铜管的“薄壁”进行热交换，使热油的温度降低。由于铜管数量多，热交换面积大，油与水的温差也大，故热交换效率很高。另外由于铜管管径小，故能充分发挥水的冷却作用，如果铜管管径大，则只有管壁处的水参与热交换，中心处的水就直接流走，冷却效率就低，造成冷却水的大量浪费。

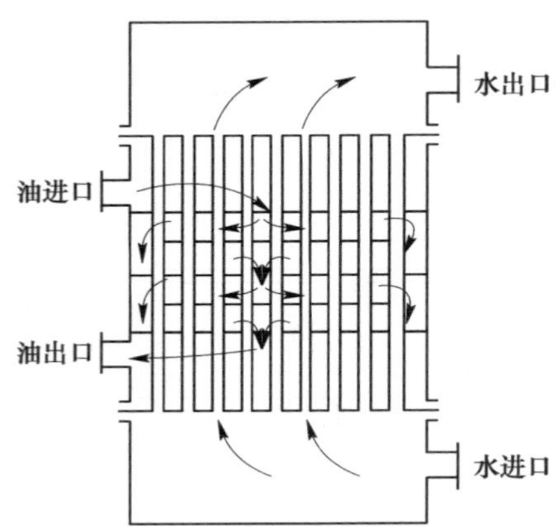

图5-34　列管水冷式油冷却器示意图

在冷却器内部，水路与油路应保证不发生相互渗漏。因为即使有少量的水分进入油内也会造成油的绝缘强度急剧降低，从而危及电炉变压器的安全。为了防止这种情况的发生，冷却器运行时要求必须油压大于水压50~100kPa。这样万一冷却器内部发生渗漏故障，由于油的压力大于水的压力，只能油向水中渗漏，而不可能水向油中渗漏。正是因为如此，所以在冷却器巡回检查时要特别注意观察其出水处有没有含油现象，一旦发现要及时处理。

为了保证变压器的安全运行，强油水冷系统的操作程序应该是：（1）电炉送电前，先启动强油冷却系统，停电后再关闭强油冷却系统。（2）启动时，先启动油泵，等油压正常后再启动水系统（要特别注意油压一定要大于水压50~100kPa）。停运时一定要先停水系统，等水压为零后再停油泵。

实际上强油水冷系统，除了图5-33所示的主要设备外，还有一些附属设备，如装在变压器底部进油阀前的过滤器，其作用主要是为了防止杂物进入变压器内部。过滤器前的油气分离器，其作用是把油内所含的气体分离出来，由专用开关放走，以免造成变压器的瓦斯发生器误动作。因油内有气体也会降低油的绝缘程度，与冷却器并联的净油器，内装有硅胶等物，以保证油的质量。

另外还有保护及控制仪表等，如差压器（主要用于监督油压大于水压的正常运行，不正常时发出信号，促使运行人员处理）、油及水的压力表、温度计以及流量计等。

B 螺旋板式冷却器（图5-35）

螺旋板式冷却器的油和水通过的通道是用一张整钢板卷制的，焊接密封，保证了油和水交换过程中不会混合，从而使变压器安全运行。

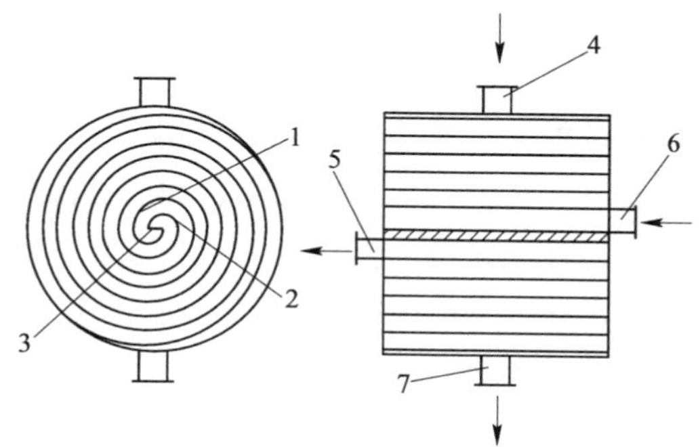

图5-35 螺旋板式冷却器示意图

1，2—钢板；3—隔板；4，5—热流体连接管；6，7—冷液体连接管其结构性能如下：（1）设备由两张钢板卷制而成，形成了两个均匀的螺旋通道，两种液体介质可以进行全逆流流动；（2）在壳体上的接管是切向结构，局部阻力小，螺旋通道的曲率是均匀的，液体在设备内部没有大的换向总的阻力也小，因而可以提高设计流速使其具备较高的传热能力；（3）螺旋通道是在端面焊接而成，密封性能好，结构可靠；（4）螺旋板式换热器与一般管式换热器相比是不容易堵塞。

其主要特点有：（1）传热效率高：介质在狭长通道内流动，冷热介质接触面大，其热效率是列管式换热器的 1~3 倍；（2）操作稳定：本设备具有两条的均匀通道，介质可进行均匀热交换；（3）结构可靠：两通道采用焊接密封，保证两种介质不混合；（4）自洁污垢：介质走狭长的单通道，流速比列管式换热器高，污垢不易沉积；（5）价格低质量可保证：本设备主体不用铜管材，只用钢板材，采用卷材卷制，材料利用率高，且制造简便、成本低；（6）不易检修：因螺旋板换热器被焊成一体，一旦损坏维修很困难。

5.2.2.6　电炉变压器的投入运行

电炉变压器的投入运行，意味着整个电炉设备投入运行，因此必须首先检查全部电炉设备。投入运行一般分两种情况：一是新建、改造或大修后的投入运行；二是小修或其他原因造成短时间停炉后的重新投入运行。如果是第一种情况，那么在投入运行前，必须按相关规程做全面的检查和试验，证明所有设备状态良好后，才可正式通电。

电炉变压器正式运行前应注意以下几个方面：（1）炉用变压器是否已按标准做过各项试验，试验报告单的评语及结论如何，分接开关是在哪一电压级，是否合乎开炉时的要求。（2）隔离开关、断路器是否已按标准进行试验、安装、调整，试验报告单的评语及结论如何。（3）电压、电流互感器以及防雷设备等高压附属设备是否均已按标准进行过试验，试验报告单的评语及结论如何。（4）继电保护各项元件及二次回路是否均已按标准做元件试验调整、回路校核以及整组试验，各项试验动作是否符合要求。（5）各项控制仪表是否均已按标准校验安装合格。（6）强油水冷设备，还应了解系统确已清洁试验，冷油器水路与油路确无渗漏。系统内的油及变压器油箱内的油均已合格。（7）其他必须了解的事项。

应在现场做详细的检查，主要有下列情况：（1）电源及室内高压小母线正常完整。（2）隔离开关、断路器外观正常。（3）油枕上的油位计是否完好，油位是否清晰可见，其高低是否合适。(4) 油枕与瓦斯继电器之间阀门是否已打开，瓦斯继电器内是否储有空气。顺便可对瓦斯继电器做打气试验，看轻重瓦斯动作是否正常。(5) 防爆管的膜片是否完好。(6) 低压出线是否连接良好、整齐及固定好。(7) 箱盖及变压器油箱等有无漏油现象。(8) 高压引线套管外观清洁完整。顺便可测试绝缘电阻，是否良好或达到一般参考值。(9) 变压器外壳接地牢固可靠否。(10) 变压器铭牌数据及规定的运行方式、冷却条件等是否与实际相符。(11) 消防设备是否具备，如四氯化碳灭火机、黄砂桶等。(12) 电炉短网、电极无短路或接地。(13) 屏板及操作台上仪表及指示灯、操纵开关等均完整良好。(14) 动力照明及操作电源等均良好可靠。(15) 其他有关事项。

在现场做几项测试，包括：(1) 强油水冷系统测试。在油路未和变压器接通情况下（即变压器进、出油阀未打开）试通水，随即关闭调节出水阀，使冷油器承受水静压 250kPa 左右（最好一进现场即开始试静压），维持数小时后，取出系统油样试耐压，应未降低。油路与变压器接通后，启动油泵试运转，小量供水，检查出水中有无油迹，管道设备有无漏油，各方面情况是否正常。(2) 断路器动作测试，在隔离开关断开未送高压电情况下，先试行合闸，以检查合闸回路，再按紧急跳闸按钮，看断路器动作可靠否，指示灯正常反映否。也可模拟继电器动作，使之跳闸。(3) 三相模拟送电，炉用变压器的低压侧已经和短网、电极等固定相接，为了检查低压侧确实无短路接地情况，一般用一个三相小升压变压器，将三相 380V 电源，升为炉用变压器额定高压值的 10%~20%，加于变压器的高压侧（三相 380V 电源合闸前，三根电极均提升到一定高度，与炉底距离大致相等），送电后，在电炉上用低量程电压表测量电极之间的线电压及每根电极对大地的电压。如果线电压平衡，且每根电极对大地均有电压，即是证明低压无短路接地。如果低压有短路，则短路处发生爆炸声，线电压不平衡。如其相接地，则其他两相对地电压较高，略小于线电压。(4) 投入试运行。

经过以上了解、现场检查、现场测试等，证明设备正常，即在保持电极离开炉底的情况下，试行送电，使变压器空载运行，此时检修人员应该离开电炉带电部分及可动机械的部位，以免发生意外。在变压器投入运行的合闸过程的瞬间，应密切监视盘上及操作台上仪表的指示。投入试运行应注意：三相电压是否平衡，电压表指示值与该级电压偏差是否在正常范围内，电流表的指示针是否晃动一下后随即回到零值附近？倾听变压器电磁声是否正常。万一有不正常情况，应即时跳闸进行处理，如果情况正常，也要跳闸后，冲击合闸三次，一切正常后，才可下降电极，使电炉正式通电。逐步增加负荷，也随时注意观察高、低压各接点状态。看各接点有无发红变色情况（晚上灭灯情况下最易发现），另外为了在实地中验证各电极的电流表相位无误，除直接升降该极可得电流的减少与增加外，还可通过有效相电压表来验证，即该电极提升时其有效相电压值也应上升，该电极下降时，其有效相电压值也应下降。

如果变压器的投入运行，只是小修或因某种原因暂停一段时间后的重新投入运行的情况，那么除了解指定小修的情况外，也要对现场检查及简单测试的有关项目，进行检查与测试，那些重要的项目，绝不可忽视。

5.2.2.7　工业硅电炉变压器的正常运行维护

为了保证变压器能安全可靠地运行，当变压器有异常情况发生时能及时发现和及时处理将事故消除在萌芽状态，运行值班人员应调整好三相电极的负载电流，注意监视仪表指示，做好运行记录，并且定期对变压器及高、低压配电设备进行巡视检查，并在记录本上记明有关情况。

调整负载电流，监视记录仪表指示数据应该符合下列情况：（1）调整好三根电极在电炉内插深，使三个电流表指示值均接近额定值，一般波动不超过±5%～10%，三相不平衡度一般也只应为±5%～10%，最多不超过±20%。尽可能使三个有效相电压表指示值也接近平衡，因为它们是间接表明电极与炉底中点距离的，严防电极短路。（2）监视仪表指示值，与以往正常情况比较，及时分析发现问题，有效相电压表实际也是低压绝缘监视仪表。（3）合断路器之前，电极须提高至离料面，不得带负荷合闸。跳闸前，须提升电极使电流降到正常值的一半以下。（4）按照记录要求，按时填明当时仪表指示数据。高低压电流、电压，变压器油温、室温（环境温度）进出水温、功率电度等。

定期巡回检查，在交接班时，除变压器外，还应对高压配电设备、继电保护屏、接触器屏等进行巡视检查，并将检查结果如实记录：（1）高压进线是否正常，特别是电缆头有无漏油现象，接触点是否过热变色（设备接触点均应注意）。（2）高压隔离开关、断路器等是否正常。（3）电压、电流互感器以及避雷器、室内高压小母线等是否正常。（4）变压器的上层油温是否正常，是否接近或超过最高允许限额。根据额定，工业硅电炉用变压器，由于长期满载运行，应采用加强冷却措施运行于较低温度，而实际一般不超过

+55℃，还有控制不超过50℃，目的在于长期经济安全运行。（5）变压器的电磁“嗡嗡”声与以往比较，有无异常现象，例如声音是否增大，有无其他新的响声等如放电声、气泡声等，并注意有无焦臭气味。（6）变压器油枕油位油色是否正常，油枕及油箱有无渗漏油现象。（7）箱盖上的绝缘零件，例如出线套管、低压引线、胶木板等表面是否清洁，有无破裂纹及放电痕迹不正常现象。（8）油冷却系统的运转情况是否正常，强油水冷系统油泵运转是否正常，出水中有无油迹等。（9）低压短网出线室内部情况是否正常。（10）变压器油每三个月取样做耐压试验一次，一年做一次简化试验。（11）继电保护二次回路的情况，如GL型电流继电器转盘是否转动，信号吊牌是否均在正常位置。（12）仪表控制盘及接触盘的情况。变压器正常运行维护，除了上述情况以外，一般还有电炉变电器设备的小、中、大修。

5.2.2.8 电炉变压器的选择案例

A 系统概况

（1）系统电压：110kV。

（2）系统最高电压：121kV。

（3）系统额定频率：50Hz。

B 技术参数

（1）名称：单相工业硅炉变压器。

（2）型号：HTDSPZ-10000/110，额定容量：10000kV · A（长期过载20%，允许过载30%）。

（3）额定电压：高压侧额定电压110kV（系统最高电压：121kV）；

低压侧额定电压：188V；

低压侧电压等级：143~188~233，共31挡，级差约3V，其中143~188V为恒电流，188~233V为恒容量。

（4）低压侧额定电流：92133A（三相组合线电流）。

（5）阻抗电压：188V时约7.0%，233V时约为6.0 %。

（6）冷却方式：水冷，配散热功率400kW的不锈钢螺旋板式冷却器。

（7）联接组别：联结组标号：Ii0；三台变压器组合成YNd11。

（8）调压方式：有载电动调压。

选用M型开关，开关机械寿命不低于80万次，电气寿命不低于20万次。

（9）相数：单相。

（10）频率：50Hz。

（11）变压器结构：芯式单器身。

（12）出线方式：为侧部出线，分两列，每列 10 根，沿垂直方向按头尾交错方式排列，每相共 20 根，采用 $\phi70\times12.5$mm 水冷铜管，U 形管结构。铜管水平中心距为 200mm，垂直中心距 180mm。布置方式见二次出线示意如图 5-36 所示。

（13）绝缘水平：HV 线路端子：LI/AC480/200kV；
LV 线路端子：AC5kV。

（14）工作环境：户内式。

（15）轨距：1070mm（面对低压侧）。

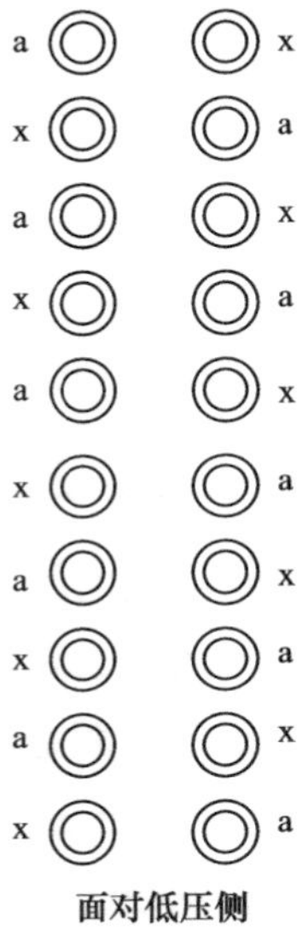

面对低压侧

图 5-36　二次出线低压侧

5.2.3　低压配电

工业硅生产中的低压配电是指电压 1000V 以下的交流和直流系统。低压配电系统是供配电系统的一个环节，它包含低压用电设备，因此须符合各种低压电气设备的技术条件。同时它又来自高压，所以又须与高压系统的技术要求相协调。低压配电系统的范围是指从低压降压变压器到用电设备的电源侧端子。

5.2.3.1　低压配电系统的特点

（1）用电设备类型和数量众多，配置分散；

（2）用电设备技术要求繁杂，如三相不平衡、频繁启动、要求不停电、要求自启动等；

（3）除非有特殊要求的地点外，一般都是无人值守（由电工定时巡视）或由非电工代管（如水泵站）；

（4）自然环境较差，工业硅厂房内外多数属于高温、高湿、多尘环境。

5.2.3.2　低压配电系统的电源及可靠性

低压配电系统的电源按生产需要分为工作电源、备用电源及保安电源：

（1）工作电源是指维持正常生产而配置的长期供电电源，其应能承担在正常工作时随时启动的最大用电设备和检修时临时增加设备的负荷要求。

（2）备用电源是指工作电源完全停电时才投入运行的供电电源。其次在正常工作电源有计划或故障停电时可以投入使用的电源。

（3）保安电源是指工作电源和备用电源全部停电时，保证工艺设备安全停产和工作电源恢复时保证尽快恢复生产的电源。

（4）低压供电的可靠性：供电系统可靠性是指供电不间断性和可维护性。度量可靠性程度有两种衡量尺度：一是停电频繁度有关的正常工作概率称为可靠度；二是正常供电时间的百分比称为时间有效度。可靠度是指在规定时间内、规定使用条件下，无故障发挥规定功能的概率。时间有效度是指系统供电时间占停电时间和供电时间之和的比率。

5.2.3.3　低压配电系统的典型结线

低压配电系统典型结线见表5-33。

表5-33　低压配电结线图

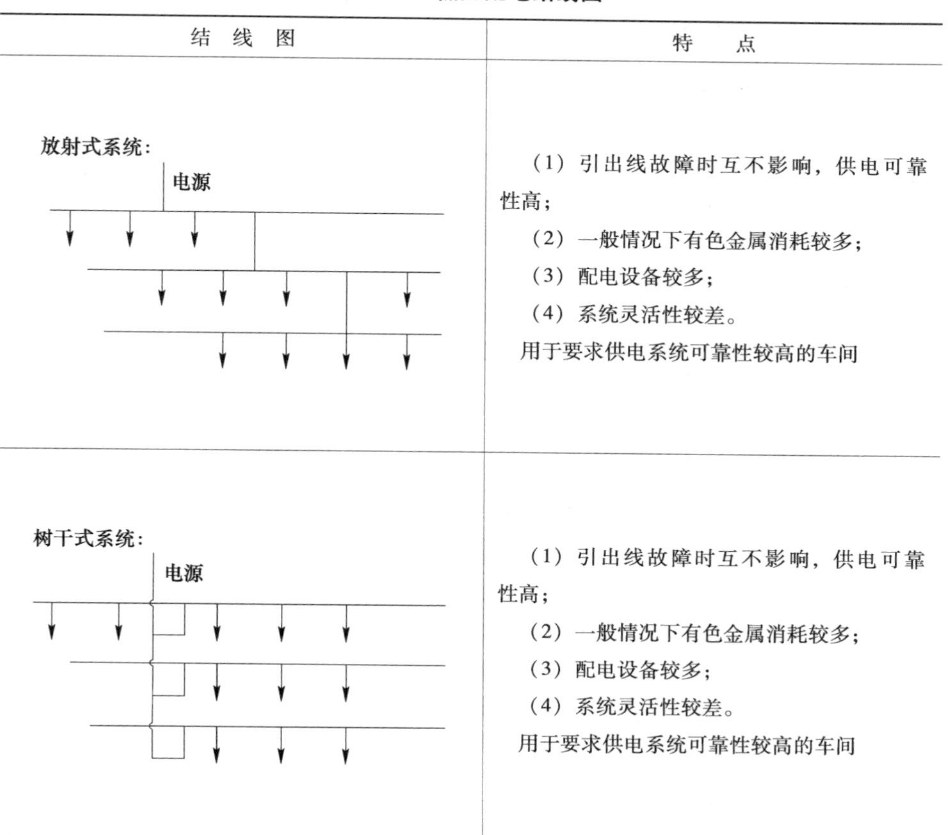

结　线　图	特　　点
放射式系统： 电源	（1）引出线故障时互不影响，供电可靠性高； （2）一般情况下有色金属消耗较多； （3）配电设备较多； （4）系统灵活性较差。 用于要求供电系统可靠性较高的车间
树干式系统： 电源	（1）引出线故障时互不影响，供电可靠性高； （2）一般情况下有色金属消耗较多； （3）配电设备较多； （4）系统灵活性较差。 用于要求供电系统可靠性较高的车间

续表 5-33

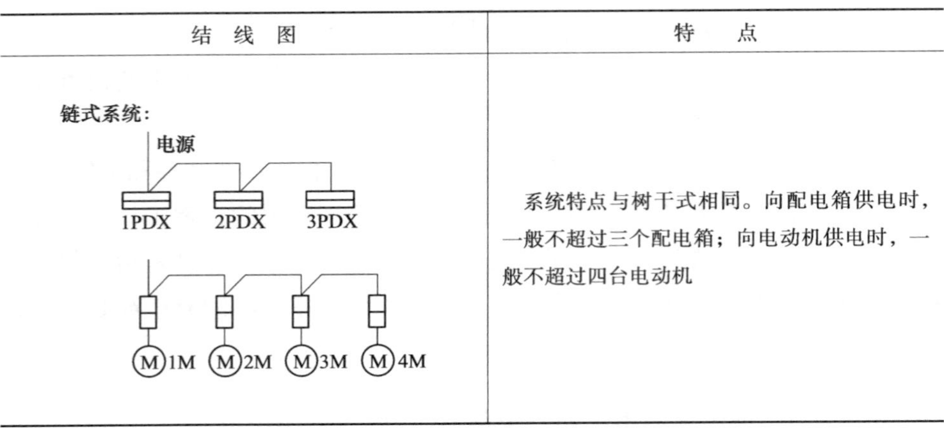

结线图	特点
链式系统	系统特点与树干式相同。向配电箱供电时，一般不超过三个配电箱；向电动机供电时，一般不超过四台电动机

应该特别指出，车间配电网络应根据具体情况决定，表 5-33 中所列只是较典型的结线，实际工作中往往是各种结线的综合。

5.2.3.4　低压配电系统的电压

低压系统的标准电压见表 5-34 和表 5-35。

表 5-34　低压系统的标准电压（1）

标准电压 220~1000V 之间交流系统及相关的标准电压/V
220/380
380/660
1100/(1140)

注：1. 1140V 仅限于某些行业内部系统使用；
2. 按 GB/T 156—2007 规定的标准额定电压摘录。

表 5-35　低压系统的标准电压（2）

交流低于 220V 或直流低于 750V 的设备额定电压/V			
直流额定电压		交流额定电压	
优选值	增补值	优选值	增补值
1.2			
2.5			
	2.4		
	3		
	4		

续表 5-35

交流低于 220V 或直流低于 750V 的设备额定电压/V			
直流额定电压		交流额定电压	
优选值	增补值	优选值	增补值
	4.5		
	5		5
6		6	
	7.5		
	9		
12		12	
	15		15
24		24	
	30		
36			36
	40		42
48		48	
60			60
72			
	80		
96			
			100
110		110	
	125		
220			
	250		
440			
	600		

注：按 GB/T 156—2007 规定的标准额定电压摘录。

5.2.3.5 低压配电系统的保护

低压配电系统设置保护的目的是迅速检出电气系统或电气设备的异常状态，并予以断开，以防止异常状态扩大，从而提高供电可靠性。

A 低压系统进线主保护

工业硅生产车间低压系统进线主保护主要是使用断路器或熔断器达到过

负荷保护、短路保护和单相接地保护的目的。由于近年来万能式断路器性能的不断提高和成本不断下降，新建工业硅生产车间基本上都是使用万能式断路器对低压系统进线进行保护。

B　配电线路保护

工业硅生产车间配电线路容量都不是太大，主要是利用塑料外壳式断路器对配电线路进行过载和短路保护。

C　电动机保护

工业硅生产车间交流电动机的保护主要是用塑料外壳式断路器和热继电器结合，对电动机进行过载、短路和缺相运行保护。低电压保护一般是利用启动器或接触器来实现。工业硅生产车间内使用直流电动机较少，如果有则保护应尽量选用直流快速断路器用于直流电动机的短路保护。

D　其他电气设备的保护

特殊用电设备一般均自带保护设备，低压配电系统仅需考虑配电线路保护即可。

由于工业硅冶炼性质所决定，其低压配电电气元件选择时应特别注意尽可能使用具有防尘性能的。

5.2.4　短网

在工业硅生产过程中，必须往电炉内输入几万甚至约十万安培的电流，这样的大电流就是靠短网输送。短网也可以称为大电流线路，是指从电炉变压器二次出线端到电极的载流体总称。通常短网随电炉设备一起成套供应。

5.2.4.1　短网的特点

（1）电流大。在短网导体中流过数万计安培的强大电流，必将在短网导体四周形成强大的磁场，在短网结构体及其周围钢铁构件中产生非常大的功率损耗。因此，必须采取有效隔磁措施。

（2）长度短。由于短网损耗大，必须尽可能地缩短短网长度，如30000kV · A 的工业硅炉其短网长度不应超过10m。

（3）结构复杂。短网各段导体的结构、形状不同，排列方式不同，既要考虑集肤效应和邻近效应的影响，又要注意导体的合理分布使电感尽量减小。

（4）工作环境恶劣。短网导体温度高，在尘埃多的恶劣环境下工作，既要注意短网导体的冷却问题，又要考虑绝缘和防污问题。

实践证明，短网的电参数对电炉正常运行起决定性作用。电炉的生产率、功率损耗、功率因数数值在很大程度上取决于短网的电参数选择。

5.2.4.2 短网的组成

广义的短网由水冷补偿器、水冷铜管、水冷电缆、导电铜管、铜瓦和电极等大部件组成。狭义的短网一般不包括铜瓦和电极。工业硅炉短网结构示意如图 5-37 所示。

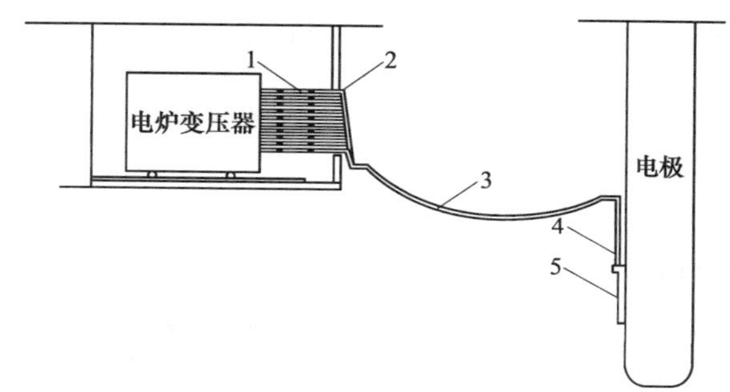

图 5-37 工业硅炉短网结构示意图

1—补偿器；2—短网铜管；3—冷水电缆；4—导电铜管；5—铜瓦

5.2.4.3 短网的基本技术要求

（1）短网是在低电压大电流的条件下工作。由于电流大，在导体周围的导磁元件上引起的电损耗也大，同时也会产生很大的电动力，因此要求短网结构必须牢固和所用材料的抗磁性能。

（2）短网长度须尽可能短。

（3）为使电损耗最小，电效率最高，必须使短网阻抗最小，三相阻抗尽可能平衡而且维修简单。减小阻抗首先要减小电抗，因为短网电抗约为电阻的 3~7 倍，炉子越大倍数越高。

（4）短网温度高又处于多灰尘环境，为了提高导体经济电流密度，必须采用冷却措施。

（5）短网经济电流密度的要求：短网的硬铜矩形母线，厚度应控制在 12mm 以内，宽厚比为 10~30，电流密度为 1.0~1.2A/mm^{2}以内；水冷铜管壁厚应不大于 12.5mm，电流密度为 2.0~2.5A/mm^{2}以内；水冷电缆电流密度应不大于 2.8/mm^2；铜与铜的接触面电流密度为 0.12A/mm^{2}以下；铜瓦与电极的接触面电流密度为 0.02~0.025A/mm^{2}以内。

5.2.4.4　短网结构的设计

A　足够的截流能力

保证短网导体有足够的有效截面积。足够的截面积就是选择合理的电流密度。电流密度选择小一些，看起来一次投资是稍高一点，但在长期运行时所产生的效益是远远大于多投资成本的。

有效截面积主要是指减少导体的集肤效应影响，具体就是把矩形导体的厚度控制在 12mm 以内；水冷铜管的壁厚控制在 12.5mm 以内。

B　尽可能减小短网电阻

(1) 缩短短网长度。

(2) 降低集肤效应和邻近效应。

(3) 减少短网电阻。短网导体的连接优选焊接，其次是螺栓连接，最后才考虑压接。为降低导体结合面的接触电阻，应注意以下几点：

1) 接触表面的平整度和光洁度应该达到要求，安装时接触面一定要清洁，不允许有污物和金属氧化物。接触面加工完成后应涂一层导电膏以防止表面氧化。安装时螺栓的压力会挤开导电膏，使其接触良好。

2) 接触面要有足够压力。铜与铜之间压力不能小于 10MPa（压力可以通过螺栓的大小和个数来进行核算）。如果压力过小则接触电阻增大，从而引起接触面过热甚至熔接。

3) 有足够大的接触面积。铜与铜的有效接触面电流密度须控制在 0.12A/mm^{2}以内。

4) 接触面处应尽可能选择柔性材质，如 T_2铜等。

5) 使用螺栓连接时，两端必须有相应的隔磁垫圈和隔磁套管。螺栓也应采用弱磁材料制作。

(4) 避免短网附近铁磁物质的涡流损耗。短网附近应尽量避免铁磁材料，以免其产生涡流引起额外的涡流损失。具体做法有：

1) 减少与短网垂直方向的导磁材料；

2) 在闭合导磁体中制造空气间隙或嵌入隔磁材料；

3) 用铜圈在导磁材料外进行磁屏蔽；

4) 在短网与导磁材料间用厚铜板来隔磁。

(5) 降低短网的运行温度。导体的电阻是随其温度的升高而增加的，因此应设法降低导体的运行温度，其主要方法有：

1）制作短网时选用较低的电流密度；

2）采取隔热措施，避免电炉对短网的辐射；

3）采用水冷铜管，进水温度不大于35℃，出水温度应控制在50℃以下；

4）短网压接时选择尽可能小的电流密度。

C 短网的感抗值应足够小

（1）尽可能减少短网的长度。

（2）相邻导体的电流方向不能相同。

（3）相邻导体的距离尽可能小。

（4）短网导体的根数尽可能多。

（5）短网导体的壁厚尽可能薄。

D 短网具有良好的绝缘及机械强度

短网制作安装时要注意监测正负极之间的绝缘，更要注意监测短网穿墙的对地绝缘情况。必须重视短网束的夹持及固定工作，因为这是短网机械强度的重要保证。

5.2.4.5 短网接线的典型位置

根据短网的结构原理，就必须采用一定的布置方式与之相适应。工业硅电炉短网上有采用按等边三角形排列的三相三极电炉。其短网接线的典型布置大致有如下几种：

（1）三相电极三角形：这种接线如图5-38所示，除电极流过线电流外，短网其余部分流过的全是相电流，所用铜材比较少，正负相间补偿也较好。过去中小型电炉采用此接法，现在新建大型电炉已不采用。

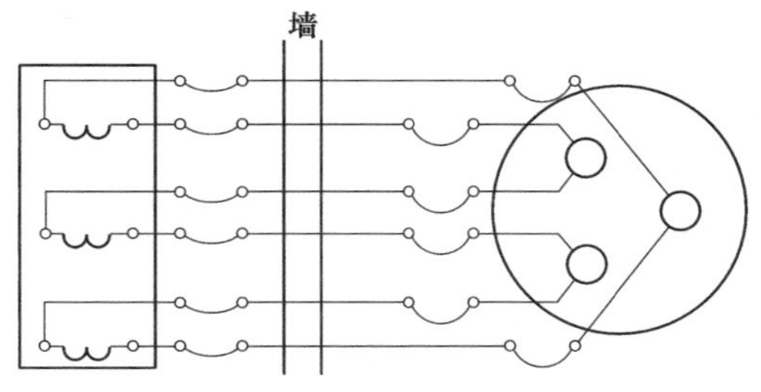

图5-38 三相电极三角形接法

（2）单相对称电极三角形：如图5-39所示，采用三台单相电炉变压器放置于炉台的上一层平台上，在平面上互成120°布置，这样布置短网铜导体上全部流过的是相电流，短网也可以很短，可以做到三相均衡补偿。

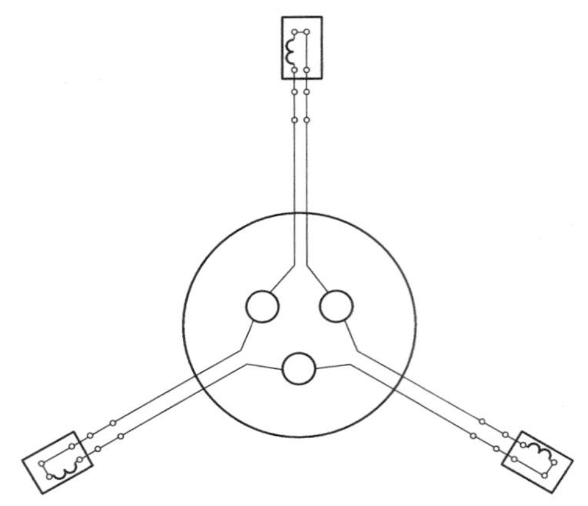

图 5-39　单相对称三角形接法

2000 年以前建造的工业硅电炉，由于容量较小，很多电炉变压器都是三相变压器，所以前种短网接线的较多。2008 年以后由于国家产业政策的要求，新建造的工业硅炉容量都不小于 25500kV · A，几乎全采用三台单相变压器组合使用，短网接线采用后种布置。

5.2.5　电气控制

5.2.5.1　供电自动控制

使用自动控制供电在铁合金生产中有较好的经济效果，见表 5-36。

表 5-36　自动控制效果　　(%)

冶炼品种	锰铁 (39000kV · A)	硅铁 (30000kV · A)	硅铁 (52000kV · A)	生铁 (52000kV · A)
产量	+20	+7	+6	+11.9
单耗	−10～−12	−1.5	−1.6	
电炉负荷	+6	+3	−3～−7	
电极糊消耗	−30	−13.5		
还原剂消耗	−10	−5		
电炉寿命	+2.5	+2	+8.8	

因此，在工业硅生产中使用自动控制供电是一个必然的趋势。工业硅的自动控制技术起步较晚，因此必须向其他铁合金行业学习。

控制供电主要是通过改变电炉变压器二次电压的挡位和升降电极来保持三相平衡（不平衡度控制在5%以内）。在电炉变压器容量允许的情况下，尽量向电炉内输入最大的有功功率，同时又使各相有效相电压控制在设定的范围内，并提供电极位置过高、过低，电极故障等报警信号。其控制手段是基于电炉操作电阻平衡的理念。由于电炉内有功功率为 I^2R，根据电炉等效电路，各感抗可以认为近似相等，故根据相电压和电流值可以计算出等效阻抗，通过升降电极控制各相阻抗平衡，使其达到预先的设定值。

电炉负荷控制是设定电炉最优负荷值，当电炉运行参数偏离最优负荷值时，首先通过升降电极控制电炉操作电阻平衡，然后通过控制电炉变压器的二次电压挡位进行调整。有关控制系统如图 5-40 所示。

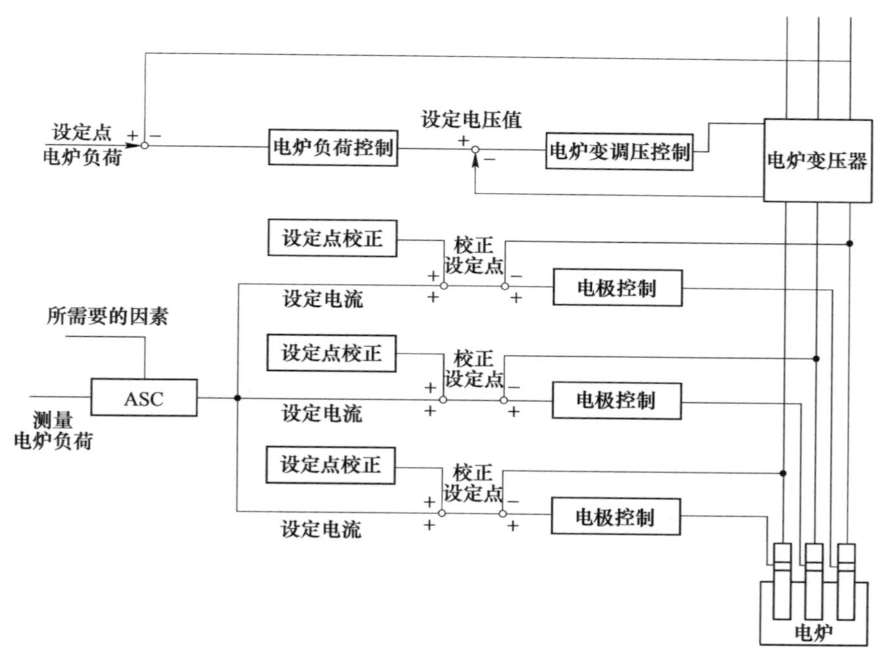

图 5-40 工业硅炉供电自动控制系统图

5.2.5.2 电极功率调节

为使输入电炉内的额定功率恒定，并力求维持三相功率平衡，采用手动和自动两种控制方式，通过升降电极来调节电炉功率。手动控制为人工操作开关或按钮，使三相电极负荷电流达到恒定。自动控制采用计算机系统通过采集多种电气参数，例如电炉操作电阻、电压、电流，电炉变压器二次电压，电网输入电压等作为操作对象，在冶炼过程中进行连续或间隙自动调节。

5.2.5.3　电极压放自动控制

工业硅电炉的电极是在运行不断消耗的，所以在生产过程中须不断地压放。电极是通过上、下抱闸和大立缸的顺序动作下放的（图 5-41）。座缸式电极升降系统动作的顺序为：松上抱闸—升上抱闸—紧上抱闸—松下抱闸、松压力环—升下抱闸—紧下抱闸、紧压力环。

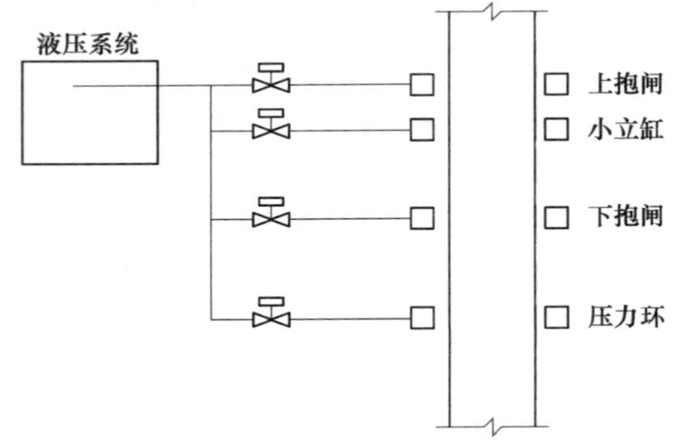

图 5-41　电极自动压放示意图

人工压放电极很难做到及时，往往间隔时间过长，一般还需要减负荷才能进行，压放过程中还易造成电极事故，因此需要自动压放。根据压放动作的顺序，并考虑相关连锁条件，下放时间间隔可以人工预先设定，并由计算机控制系统根据两次出炉间电极的平均位置进行自动修正。油路故障、下放长度不够或过多等情况均给出相关报警信号。电极压放时机的选择至关重要，正常情况下采用“勤压、少放”的操作原则，以保证电极的正常工作端长度。判断压放时机的方式有定时压放、按电极电流平方定时累加判定压放，但凭现场人工观察和生产实践来作判定压放时机是生产中使用最为普遍的方式。电极压放动作过程的程序控制，有手动程序开关、电气继电器、可编程序控制器（PLC）等方式。当电炉冶炼采用计算机控制系统时，电极压放也应纳入总体控制系统中。

5.2.5.4　电极深度的控制

工业硅冶炼中所需要的热量主要是由电极端部供给。当电极端部位置最佳时，产品单位电耗和生产率才能最佳，因此估计和控制电极深度（电极端头与炉底的间距）非常重要。目前尚未见到工业硅电炉电极深度控制成功案例的报道。现将国外其他铁合金品种的电极深度控制的报道介绍如下，以供国内研究单位参考借鉴。

电极端头位置可用电炉产生的气体温度和CO含量来表示：

$$电极深度指数=a\times电炉产生的气体温度+b\times CO含量+c$$

$$电极深度=d\times电极深度指数+e$$

式中，a、b、c为不同电炉和产品决定的参数；d、e为不同电炉、品种、电极、炉内电阻决定的参数。

为使电极深度保持最佳位置，要以电极深度为纵轴，以时间为横轴作出关系曲线。此外，炉料状态和操作条件等引起负荷的变化，也反映在电极深度上。为此将出铁结束到下一出铁开始的目标消耗电能分成10等分，并用5min消耗的电能和电极的相对位置来自动控制电极的深度。日本加谷川制铁所（硅锰合金）电极深度估计实例见表5-37，控制实例曲线如图5-42所示。

表5-37 日本加谷川制铁所铁合金炉电极深度估计实例

冶炼品种			硅锰合金		高碳锰铁	
			2号电炉	1号电炉	2号电炉	1号电炉
产生的气体温度/℃			316	294	426	373
气体中的CO含量/%			60.5	59.8	77.9	75.5
电极深度估计	参数	a	0.79	0.7	1	1
		b	0.71	0.71	0	0
		c	0	0	0	0
	指数		264	248	426	373
炉内电阻R/mΩ			0.32	0.39	0.57	0.5
估计的电极深度y/mm			2154	2280	2344	2150
实测的电极深度y'/mm			2137	2346	2295	2185
差值（$y-y'$）/mm			17	−66	49	−35

目前我国工业硅电炉电极深度的控制如图5-43所示。

5.2.5.5 上料及称量控制

上料控制包括各料仓的顺序控制，根据各料仓的料位信号加以控制。当某料仓料位低于设定最低值时，该料仓发出要料信号，相应的机械设备动作，向发出要料的料仓输送炉料。当该料仓料位达到设定最高值时，相应的机械

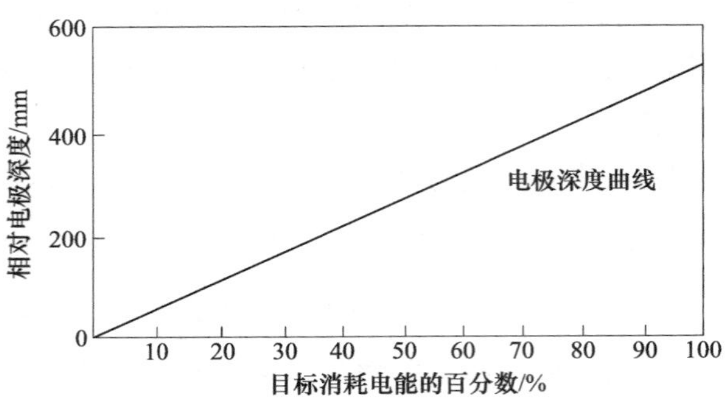

图 5-42　日本加谷川电极深度控制曲线

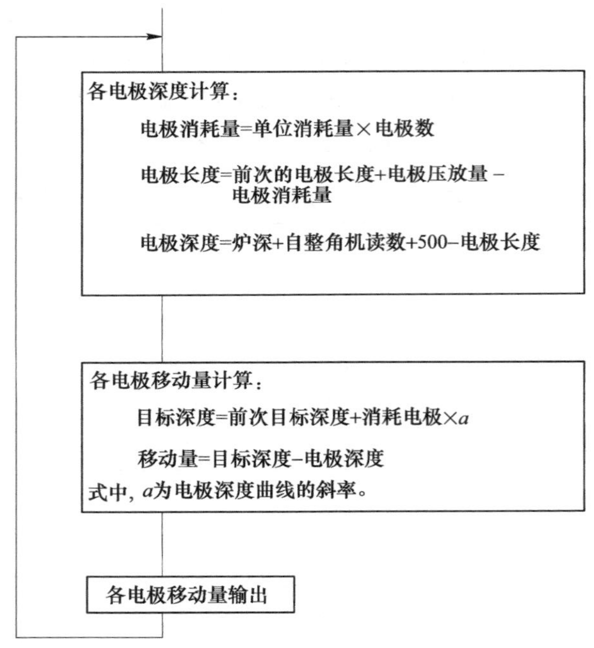

图 5-43　电极深度控制流程示意图

设备停止运行，上料工序完成。

称量包括配料、称量、补正控制以及配料后的运输控制。当操作人员设定好炉料配比后就发出信号给配料控制系统，控制系统按所设定的信号对各料仓、振动给料机及皮带机等机械设备进行程序控制，先以粗给料速度给料，当料重达到设定要求的90%时，自动变为细给料速度给料，直到料重达到设定值。在称料过程中，由于机械设备的“粘料”，可能会使设定值与实际值间产生偏差，系统将这一误差，在下一次的称量周期中补回这一误差重量。

正常情况下，一个台班结束后，将本班次的所有配料打印一份批料报告，包括配料次数、配料时间、配料成分、实际重量、料仓号等。如有需求也可以一批料打印一次。

5.2.5.6 过程计算机的功能

现代工业硅企业大都是分层次控制的。作为设备级控制的仪表及电控系统称为基础自动化极，作为监控用的计算机称为过程自动化级。过程自动化的主要功能是：

(1) 配料计算及其数学模型。

(2) 炉内碳平衡控制。除了在配料中计算碳量外，还动态控制炉内碳状态，即在线监测碳量，以作为控制碳的依据。在线监测碳量有多种方法，可测量电参数（因碳在炉中影响电阻值、三次谐波值等），电极端部位置以及分析炉气成分。入炉碳量减去炉气带走的碳量即为在炉碳量。

(3) 数据显示。主要显示工艺参数的设定值、实际值、工艺流程图、设定状态及事故报警、生产趋势和历史数据等。

(4) 技术计算。计算各项生产指标在炉产品量等。

(5) 数据记录。打印班报、日报、月报，事故记录等。

(6) 技术通讯。与生产管理机相连，进行通讯，与总厂的管理机传输数据等。

5.2.5.7 分布式系统在铁合金企业的应用

A 国外铁合金企业分布式系统

由于国外已经不再研制新的模拟控制器，仪表控制大多用微机为核心的单回路或多回路数字仪表，而仪表只剩下现场监测仪表。对于电控，由于数字仪表也有逻辑功能，并且工业硅生产的顺序控制功能简单，使用 PLC 即可。对于过程计算机有两种方案，小规模企业不设过程机，记录、显示或简单运算由数字仪表执行；对于较大规模企业使用过程计算机。

几种国外的“三电”系统如图 5-44~图 5-47 所示。

B 国内铁合金企业分布式系统设计

系统选择：首先确定是否选用过程计算机、如果不选择则要简单得多，主要是使用数字仪表（PPC）控制连续量，而顺序控制则用 PLC，此时两种

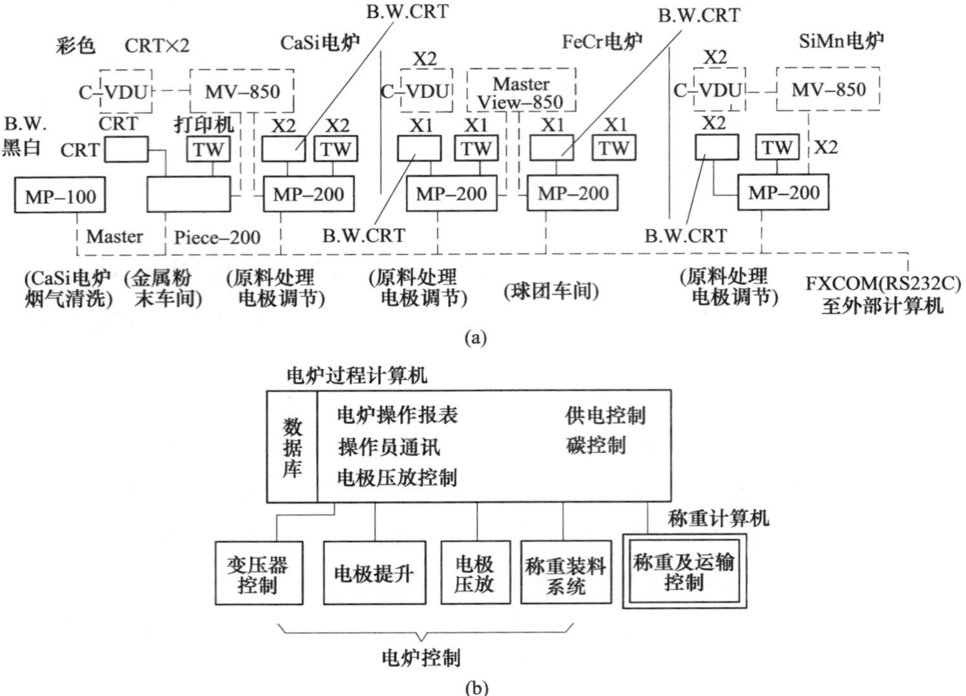

图 5-44　挪威埃肯公司的控制系统（a）和过程计算机功能连接图（b）

设备的连接，可用彼此的输入、输出相互连接。如果选用过程计算机作为监控，则分布式系统的网络还须考虑与 PLC 及过程机相连，相对要复杂一些。

硬件选择：采用国产的系列机型，要进行优选，以确保可靠性以及硬件的备品备件易得和有利于生产和维修。配件选择的另一点是先进性。

5.2.6　功率因数、电效率及热效率

在工业硅生产中，在炉料恰当、操作工艺合理的条件下，电炉能否达到高产、优质、低耗的目标，则决定于电炉的功率因数、电效率和热效率。而功率因数、电效率、热效率都是电炉建成后就难以更改的因素。也就是说，一台电炉在建设工作完成后，就已经决定了它是否有良好的生产指标。这就要求建设电炉前就要有这三个指标的预期要求，因此必须对它们进行仔细研究，并且从做技术要求时就要牢牢把握。

5.2.6.1　功率因数

在工业硅冶炼企业中，由于大量的负荷是感性负荷，因此电炉的功率因

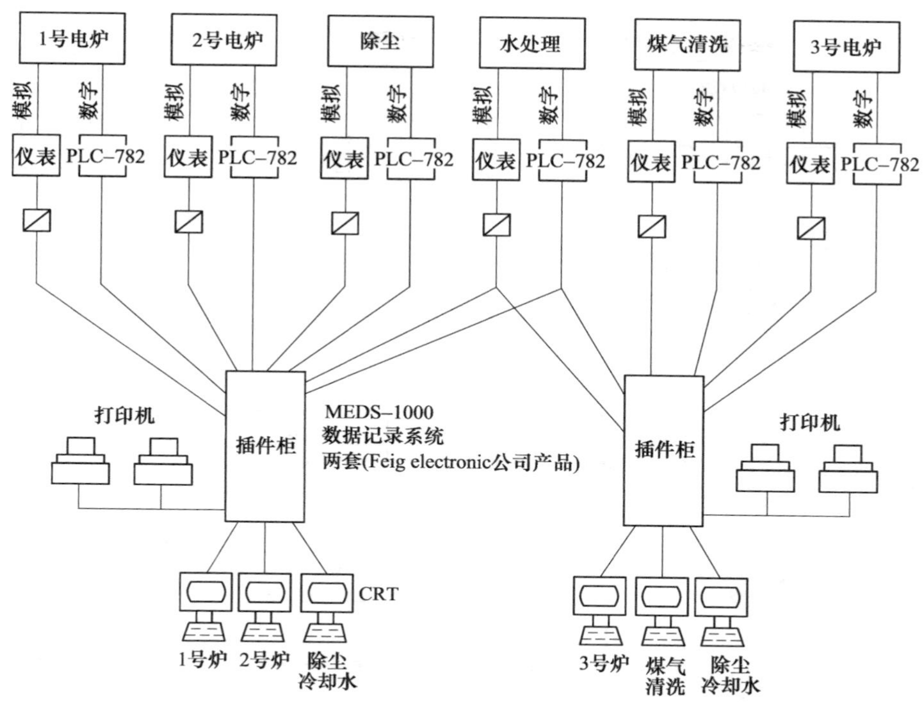

图 5-45 德国曼内斯曼公司的控制系统

数普遍比较低，如不采取措施提高功率因数，有如下不良后果：

（1）降低变电、输电设施的供电能力；

（2）使网络电力损耗增加；

（3）功率因数越低，供电线路的损耗就越大，压降就越大，从而导致用电设备的运行条件恶化。

在变压器的容量确定后，只有功率因数高才能从电网中获得较多的有功功率为高产创造前提条件。

功率因数 $\cos\varphi$ 可以用下式表示：

$$\cos\varphi=\frac{R_{总}}{Z_{总}}=\frac{R_{操}+R_{损}}{Z_{总}}$$

式中 $R_{操}$——操作电阻，Ω；

$R_{损}$——折算到低压等效回路的设备电阻，Ω；

$Z_{总}$——折算到低压等效回路的设备总阻抗，Ω。

由上式可以看出，降低设备的阻抗和提高操作电阻，都可以提高功率因

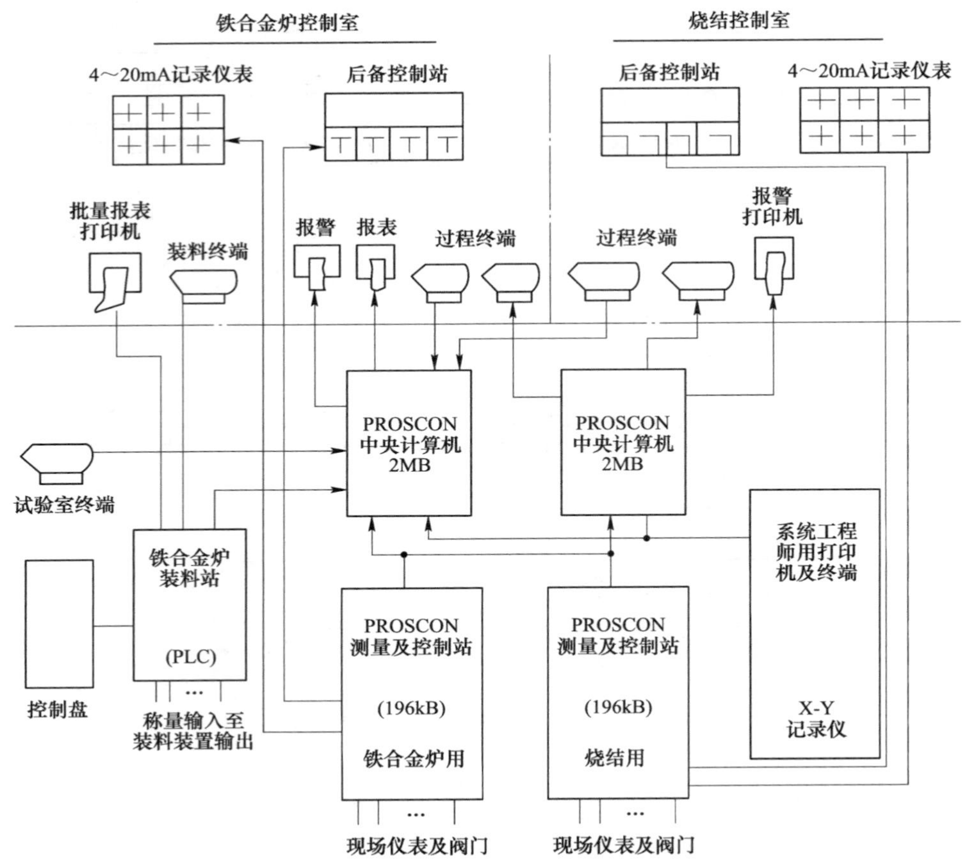

图 5-46　芬兰铁合金企业的控制系统

数。而降低设备的阻抗只能在建设期做，建设完成后设备的阻抗就已经确定，并且很难再加以更改。而操作电阻是在电炉运行时，可以根据炉料和操作工艺做变动的。可见要想电炉有较高的功率因数，必须分建设期和生产期两步走，任何一步的缺失都是无法达到的。

5.2.6.2　电效率

电效率高才能把从电网得到的有功功率，充分输入电炉内进行生产。

电效率可以用下式来表示：

$$\eta = \frac{R_{操}}{R_{操} + R_{损}}$$

式中 $R_{操}$——操作电阻，Ω；

$R_{损}$——折算到低压等效回路的设备电阻，Ω。

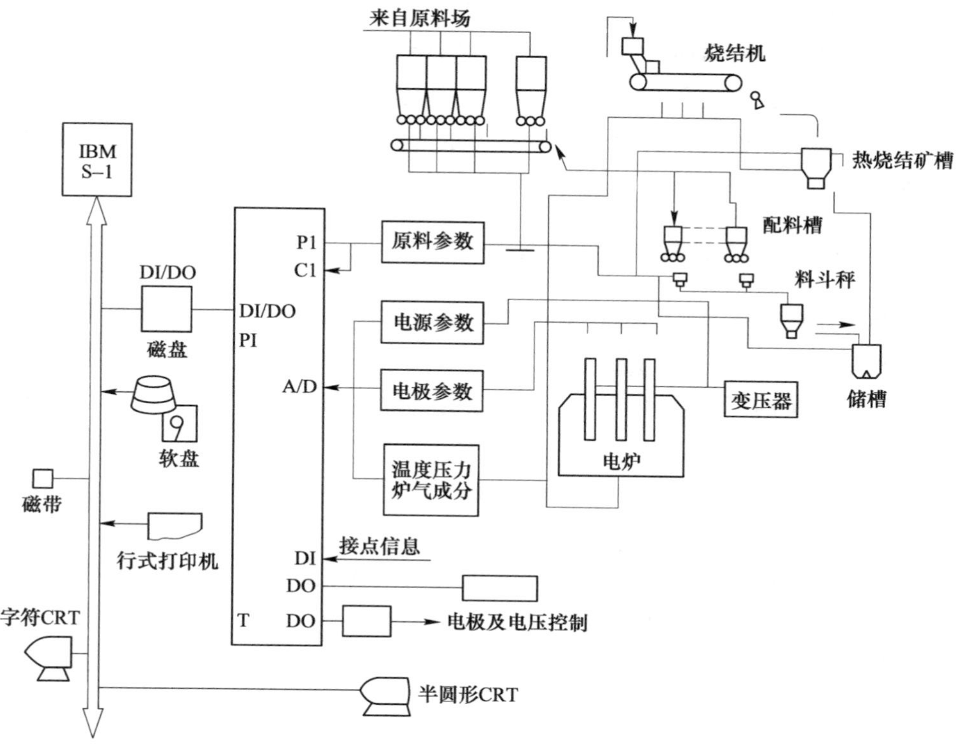

图 5-47 日本加谷川的铁合金控制系统

由上式中可以看出降低设备的电阻和提高操作电阻，同样可以提高电效率。可见提高电效率同提高功率因数一样，都得在建设期和生产期分别加以注重，缺一不可。

5.2.6.3 热效率

热效率高，电炉所得到的总热能才可以充分利用于生产。热能来源于电能，也有少量的其他能源，如炉料中炭材的燃烧等，但相对较少，基本上可以忽略。

热效率可用下式表示：

$$\eta=\frac{Q_c}{Q_s}=\frac{Q_c}{Q_c+Q_w}$$

式中　Q_c——产品生产所需要的热量，J；

Q_s——入炉电功率转换成的热功率，J；

Q_w——生产过程中损耗的热能，J。

由上式可以看出减少生产中热量的损耗，就可以提高热效率。热量的损耗是多方面的，但最主要有两个方面：首先是生产的操作工艺中的热量损耗，再就是炉壳及其他设备的散热。而最为重要的就是操作工艺的热量损耗。如果能做到闭弧操作，则可降低热损耗提高热效率。

5.2.7　操作电阻与炉料电阻的关系

从功率因数的公式和电效率的公式可以看出，提高生产中的操作电阻值，既能提高功率因数，也能提高电效率，是一举两得的事。但提高操作电阻绝不是一件简单的事，只有对整个生产过程进行全面的研究，并采取相应的措施才有可能达成。

5.2.7.1　炉内电气回路解析

工业硅炉内部同时存在电弧导电和电阻导电。通过炉料、熔池以及炉衬的电流是由无数个串联和并联的电路组成。

炉内电压分布情况可用炉内电压回路示意图来描述，如图 5-48 所示。

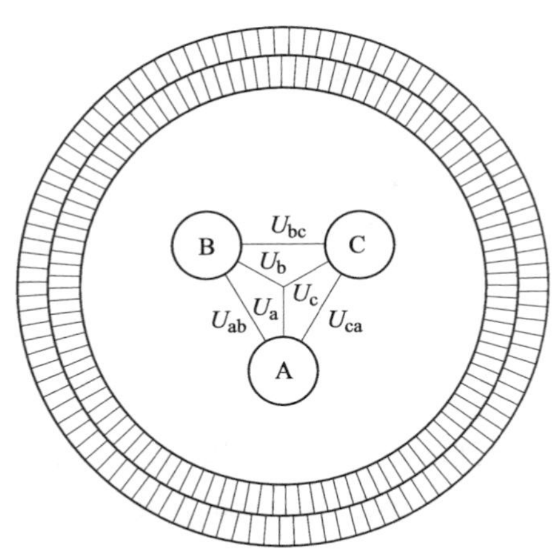

图 5-48　炉内电压回路示意图

若把电弧看成纯电阻，忽略炉内电抗因素和通过炉墙的电流，则炉内电阻的等效电路图如图 5-49 所示。

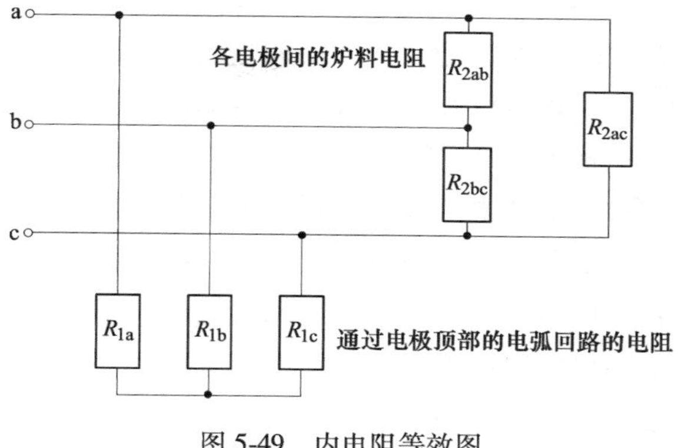

图 5-49 内电阻等效图

当各相电弧电阻相等时，即有 $R_{1a}=R_{1b}=R_{1c}=R_1$；当炉料电阻也相等，即有 $R_{2ab}=R_{2bc}=R_{2ac}=R_2$。熔池电阻 R_1 可以理解为电炉星形回路的相位电阻；炉料电阻 R_2 可以理解为电炉三角形回路的相位电阻。因此电炉负荷电阻可由下式表示：

$$R=\frac{R_1R_2}{R_1+R_2}$$

工业硅冶炼中通过炉料的电流约占电极电流的 20%~30%。

5.2.7.2 操作电阻

操作电阻就是电极与炉底之间的电阻。可以用有效相电压与电极电流的比值计算。用公式表达即为：

$$R=\frac{U_{相效}}{I_{极}}$$

式中 R——操作电阻，mΩ；

$U_{相效}$——有效相电压，V；

$I_{极}$——电极电流，kA。

电流在电炉内的支路有很多，但主要可分为炉料区和熔池区两大部分。因此操作电阻也可以认为是熔池电阻和炉料电阻这两部分并联组成，即：

$$R=\frac{R_1R_2}{R_1+R_2}$$

熔池电阻 R_1 即电弧电阻是电极下面电弧反应区和熔液区的电阻，从电极下端流出的电流经过熔池电阻把电能转换成热能。熔池电阻的大小取决于电极下端与炉底的距离、熔池区直径的大小及熔池区的温度。正常情况下熔池电阻很小，大部分电极电流经过它。

炉料电阻 R_2 是炉料区与相互扩散区的电阻，从电极侧面流出的电流经过炉料电阻把电能转换成热能。炉料电阻的大小取决于炉料的组成和特性、电极插入炉料的深度、电极的间距及该距离间的温度。正常情况下炉料电阻较熔池电阻大得多，电极电流只有小部分经过它。

操作电阻主要由电炉的几何参数和电气参数决定，改变电炉的配料也可以改变操作电阻。操作电阻可以通过以下方法进行调整：（1）改变电炉二次电压；（2）调整电极工作端的位置，改变二次电流；（3）调整炉料的组成、还原剂配比和粒度。

5.2.7.3　操作电阻的作用

操作电阻是一个非常活跃的电炉参数，对生产操作有以下非常重要的作用：

（1）合理分配热能。输入电炉的有效电能，绝大部分都转换热能。这些热能又分为两部分：大部分主要用于熔池反应区，决定该区域的温度促进其化学反应；另一部分用于尚未熔化的炉料区，提高炉料的温度，进而形成半熔料，为其进入熔池区创造良好的条件。这两部分热能分配合理是电炉运行良好的重要条件。

炉内分配于炉料层的热能分配系数 C 可以用下式表示：

$$C=\frac{Q_{料}}{Q_{总}}=\frac{P_{料}}{P_{总}}=\frac{U^2/R_2}{U^2/R}=\frac{R}{R_2}$$

式中　$Q_{料}$——炉料层热量；

$Q_{总}$——输入炉内总热量；

$P_{料}$——炉料层功率；

$P_{总}$——输入炉内总功率；

U——有效相电压；

R——操作电阻；

R_2——炉料电阻。

从上式可以看出，当炉料组成一定时，热量系数 C 随操作电阻 R 的变化而变化。若操作电阻 R 大，则热量系数也大，从而使加热炉料层的热量也过大，这会造成熔融料过多，导致熔池内的反应来不及进行，因而也降低了熔池内的温度，严重时甚至会造成炉底上涨。这种情况下电极升降时，电流表读数变化不明显。反之操作电阻过小，则用于加热和熔化炉料的热量太少，熔池温度过高，而进入熔池的熔料太少，促使一部分“半生料”进入熔池，造成产量和电耗指标不好。这种情况下电极升降时，电流表读数变化非常明显。

（2）使电极保持适当深插。不论是理论分析还是实践经验都证明，当电炉的几何参数、电气参数各炉料特性不变时，操作电阻与电极插深程度呈反比。如果能保持操作电阻不变，则可控制电极保持适当的深插，有利于反应区结构稳定。

（3）提高操作电阻可以提高功率因数和电效率。这在前面已经做过阐述，不再做论述。

5.2.7.4 影响炉料电阻率的因素

在生产中要想提高操作电阻的运行值，又不产生副作用，必须提高炉料电阻值，而炉料电阻值与炉料电阻率是成正比的，因此只要提高炉料电阻率就可提高炉料电阻及操作电阻。

炉料电阻率的重要性众所周知，已有一些数据和曲线图。虽然这些数据和曲线图多是在室温下测得，但一般认为室温下的电阻率与高温下的电阻率虽然相差很大，但两者之间应该有相似关系存在，这在实践中已经得到验证。

在室温下测量炉料电阻率的设备，一般采用内径（或边长）不小于电极直径的四分之一绝缘圆筒（或方筒），其高度等于或略大于电极直径。筒两端各装一导电极板，筒内充以炉料，两端极板上承受一定压力后，加上一定的电压，测量其电压及电流值，求出其电阻欧姆值，再由已知的柱长和截面积确定其电阻率。

影响炉内电阻率的因素主要有以下几方面：

（1）还原剂电阻率与其粒度及炭种有关：还原剂粒度大，则电阻率小；粒度小则电阻率大。1）同样是还原剂，但电阻率也是有很大差异的。这就提示我们还原剂选择的重要性。2）还原剂粒度增大，电阻率下降；还原剂粒度减小，电阻率增加。这又提示我们选择合理的还原剂粒度是多么的重要。3）烟煤的电阻率比石油焦的电阻率大得多，同时它对粒度的影响不像石油焦那么敏感。

（2）还原剂电阻与温度的关系：综合多种资料文献，可以得出以下关系：1）不同来源、不同品种的还原剂，在低温阶段其电阻率差别很大（正好处在炉料区，便于利用其差别大这一特点进行选择），但随着温度的升高差别越来越小。2）虽然普遍都是随着温度的增高电阻率减小，但不同来源品种的还原剂在不同温度范围内，其降低的速度各不相同。3）不同粒度的还原剂，在各种小试下仍保持粒度大电阻率小、粒度小电阻率大的规律不变。

（3）混合料（配料）电阻率与其含还原剂量的关系：根据资料，每100kg 矿石配 $m$kg 还原剂时其混合料的电阻率与还原剂的关系可按下式计算：

$$\rho = 19300m^{-1.75}$$

式中　ρ——炉料混合料的电阻率，Ω · cm；

m——每百公斤炉料配用的还原剂量，kg。

可见还原剂配比的大小对混合料的电阻率影响很大。还原剂增加 10%，电阻率就减小 15%；还原剂减少 10%，电阻率增加 15%，因此应当尽量避免采用过高或过低的还原剂配比。必要时可以用理论计算配还原剂量为起点，通过生产实践数据的统计，得出日产量或者单位电耗与还原剂配比的关系曲线图，在日产量的高峰值或单位电耗的低谷值之间，选择合理的还原剂配比（即在统计曲线图上，以还原剂为横坐标，其他为纵坐标）。

（4）混合料电阻率与用烟煤置换石油焦的关系：从已知的文献和资料进行分析可以指出提高电炉生产电阻率的一些方向：1）尽量选用电阻率高的烟煤；2）在不影响炉料透气的情况下尽可能选用粒度小的还原剂；3）要特别注意还原剂比例不可过高或过低，慎重选择还原剂过剩系数。

（5）操作电阻与电导的关系：从上述可知，提高炉料的电阻率是提高功率因数、电效率和热效率的有效手段，因此在生产中对炭素还原剂提出如下要求：1）还原剂的固定碳含量要高。根据前述，还原剂减少 10%，炉料电阻率可以提高 15%，这对工业硅生产十分有利。2）还原剂的机械强度要高。这样就可以把还原剂破碎到合适的粒度，而在破碎后粉末含量也不会太大。粒度小可以提高炉料电阻率。3）烟煤的电阻率比石油焦高。在石油焦中掺入一定量的烟煤，也可以提高炉料的电阻率。

5.2.8　功率因数补偿

工业硅电炉具有感抗，电炉越大感抗越大，它将严重影响电炉容量发挥，降低有功功率输入电炉，降低电炉功率，电炉越大功率因数越低。为此，需对电炉功率因数进行补偿，以充分发挥电炉功效。

5.2.8.1 无功补偿基本原理

无功补偿基本原理就是利用容性负载去补偿感性负载。纯电阻负载电流与电源电流相位相同；纯感性负载电流与电源电流相位滞后 90°；纯容性负载电流与电源电流相位超前 90°；无功补偿就是利用容性负载和感性负载的相位相反的特点，实现补偿。电路图及矢量示意图如图 5-50 和图 5-51 所示。

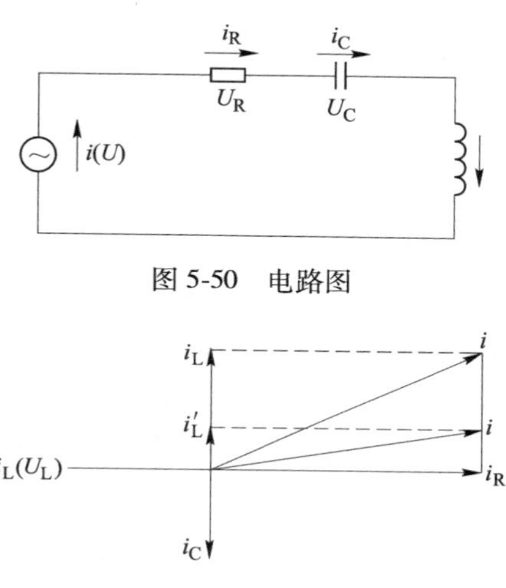

图 5-50 电路图

图 5-51 矢量示意图

功率三角形示意如图 5-52 所示。功率因数及相应变量的计算公式有：

$$\cos\phi = P/S = R/Z$$
$$P = I^2R = IU_R$$
$$S = I^2Z = IU$$
$$Z = (R^2+X^2)^{1/2}$$
$$Q = I^2X$$
$$X = X_L - X_C$$
$$Q_C = CU^2$$

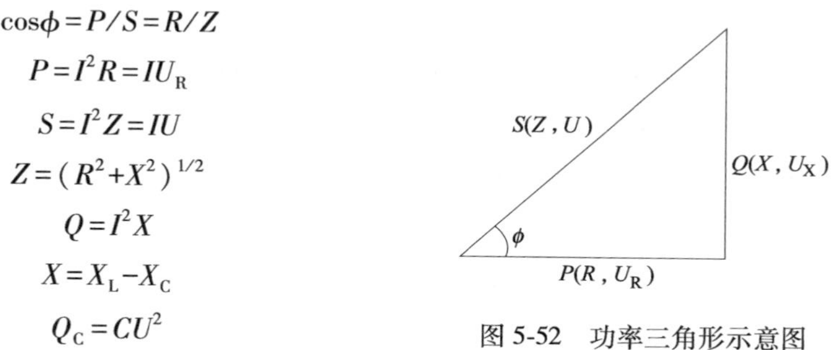

图 5-52 功率三角形示意图

5.2.8.2 补偿种类及方式

工业硅电炉是一个感性负载，其补偿方式可分为并联补偿和串联补偿，并联补偿按接入点分为三类：二次低压补偿、中压补偿和高压补偿；按电压高低分：高压、中压、低压补偿，其中，纵向补偿属于中压串联补偿。目前常用复合补偿方式：（低压补偿+高压补偿）或（纵向补偿+高压补偿）或（低压补偿+中压并联补偿）。

中压并联补偿效果与高压补偿原理与效果基本相同，即降低变压器一次电流中的无功电流，二次电流按其所在挡位的电流倍比关系随之变化，一次侧进线电压 110kV 时，高压补偿困难（费用高），可以使用中压并联补偿替代；高压、中压并联补偿在实际使用过程中均能使一二次侧电压升高 5%～10%（与补偿容量多少有关）。

5.2.8.3　二次低压补偿

（1）二次低压补偿是二次侧局部（大部分短网）补偿，只对短网末端接入点（水冷电缆）前的短网进行 T 接补偿，接入点后与补偿无关，因其与短网并联又称为并联补偿。

（2）通常看到的功率因数为一次侧（表接在一次侧）功率因数，也可接到二次侧出口端（补偿点前），此功率因数为二次侧补偿后功率因数，其数值略高于一次侧功率因数（一二次线圈有无功损耗）。

（3）在挡位不变、电极不动情况下投补偿，变压器一二次电流降低（无功电流减小，线路电流矢量减小），一二次侧电压略有提高（5%～10%），功率因数提高，视在功率下降，有功不变，电极运行状态与补偿前未变，表示电流略有降低（与补偿投入多少有关，补偿投的多电流降的多），电极实际电流大于变压器二次电流即电流表示数。

（4）在变压器运行容量不变（补偿前后变压器输出视在功率）的情况下，通过增加补偿容量，可以提高功率因数、提高有功。

（5）低压补偿采用分组并联补偿方式进行补偿，每组补偿采用并联方式连接，可以采用人工投切或 PLC 控制。

（6）不能直接显示电极电流，只能显示补偿后电流，电极电流大于表示数电流。

5.2.8.4　纵向串联补偿

（1）纵向串联补偿是对二次侧系统补偿，补偿电容器串接于电炉变压器中压绕组上，故又称中压串联补偿。

（2）补偿在降低电流同时使二次侧线路电压升高（电容器电压与变压器电压相加矢量和），相当于变相增加二次侧测量点二次电压（一般设计增加 30～60V，与电容器多少及连接方式相关），但变压器自身实际二次侧线路电压没有增加，但电极电压与二次侧电压同时升高。

（3）在挡位不变情况下，投补偿后有功功率增加（电压电流均升高），一次侧功率因数提高，二次侧、电极的电流与电压均大幅升高（电流少电压多）。

（4）投补偿时需要从较低档位开始，逐渐调挡，根据表示数选择实际需要电压挡位，表示数显示电压高于铭牌挡位电压。

（5）电极电流能直接显示，与表示数相同；通过增加电流增加输出视在功率。

（6）电容器可采用全并联与先串联分组后并联两种方式连接，但全并联效果好。

5.2.8.5 补偿目的及作用

（1）提高功率因数，避免用电罚款。

（2）提高变压器有功输出功率，充分发挥变压器潜力，同时增加变压器超负荷能力。

（3）改善电炉运行电气工艺参数（I/V），能适当增加电极下插深度，提高热效率，改善电炉指标。

（4）增强电炉超负荷能力及提高超负荷实际效果（增加有功），不适当超负荷补偿就失去意义。

（5）补偿既补自然功率因数不足 0.9 部分，又补自然功率因数下降部分。

5.2.8.6 影响功率因数因素

（1）自然功率因数：与变压器自身、短网、炉料、炉况、电压、电流有关，在品种、变压器确定条件下，与电流电压短网炉况关系密切，其中电流影响最大。一般情况下，使用常用电压级在额定电流时自然功率因数不同，品种、大小变压器有差异，但并不是所说那么低，一般都能超过 0.8，甚至可以达到 0.9 以上，之所以大家认为低，核心问题在于使用电流超额定电流，超得越多自然功率因数越低；炉况不正常时自然功率因数也很低，一般因炉况不正常时电压使用低，电流使用大；自然功率因数与电压成正比，与电流成反比。

（2）补偿增加功率因数：补偿通常采取假定方式来设计，根据电炉大小、品种设定自然功率因数及补偿后预期达到的功率因数，测算后设计补偿容量，一旦补偿容量设计后最大补偿能力就确定了，投补偿后功率因数高低基本与自然功率因数有关，与补偿无关。补偿后功率因数高低与补偿容量多少有关，达不到设计功率因数主要是因为电流超负荷过多，补偿容量不够造成的。

（3）不投补偿时一二次侧功率因数相同，都为自然功率因数；投补偿后一二次侧功率因数不同（关键看接点在哪侧和补偿点前后），通常显示为一次侧功率因数，计算有功时使用一次侧计算：$P=\sqrt{3}I_1V_1\cos\varphi$。

5.2.8.7　补偿应用

A　二次低压补偿使用

（1）在其他不变的条件下投补偿，从二次电流电压表上看，变压器一二次电流下降约10%以上，电压略有升高（5%～10%）。

（2）投补偿后电极电流因投补偿组数不同，与电流表示数差异不同，投的组数越多差异越大，可以通过计算（功率三角形）或单独安装计量表测量，要充分考虑电极焙烧及补偿点后导电设备承受能力，不能单看电流表示数。

（3）投补偿后使用电压应略高于补偿前（5%～10%），为避免补偿后炉内功率分配不合理（弧光功率和炉料加热功率），超电流同时超电压，增加自然功率因数。

（4）电流超负荷应与视在功率超负荷相匹配，量力而行，电流无限，超过上限将导致变压器寿命降低或烧毁。

（5）适当控制电流超负荷（补偿后电流不超额定20%），保证投补偿后短时间内功率因数不低于0.85，正常不低于0.9。

（6）稳定补偿投入，减少投切，稳定炉况及增加补偿使用寿命。

（7）通过调整炉料电阻、电极长短、位移调整稳定补偿稳定炉况，原则上不采用通过调整补偿量来控制电极位置。

（8）补偿投入多少、视在功率超负荷、电流超负荷、功率因数（有功）之间要相匹配。

（9）每相补偿应设置电压或电流上限报警和跳闸信号，控制电流运行在规定范围内，保证补偿运行合理及补偿安全。

（10）随着电流超负荷量的增加，补偿后视在功率增加而功率因数下降，负荷超过一定值功率因数下降明显有功不升反降（补偿能力不足所致），应以此为界限作为超负荷操作上限（现有补偿容量下），若想提高有功应增加补偿容量。

B　纵向串联补偿使用

（1）低挡位投补偿，按实际需求调整电压（挡位）电流，电压挡位要与补偿前挡位有较大差异，以表示数电压为准，投补偿前后对比，略高于投补偿前电压，此挡位作为使用挡位（补偿后挡位高于补偿前的挡位）。

（2）与低补不同，表示数电流为电极电流，应以此电流大小来判断电极焙烧、导电系统承受能力。

（3）纵补为自动跟踪补偿，补偿系统根据需要自动调整补偿容量，核心控制电容器电压，其与电炉电流直接相关，电炉电流大电容器电流电压随之也大，原则上电容器使用电压不超其额定电压（最大1.1倍）。

（4）纵补目前看超负荷能力比低补强（变压器、补偿容量大），使用纵补时可以在允许范围内增加电流不大于30%，超电流同时必须超电压，原则上电压按10%超，电流按20%超，进而保证视在功率超，发挥变压器潜能，电流电压比同步提高，电极不升并有所下降。

不管低压补偿还是纵向补偿电压表示数一般为变压器出口端电压（不是电极电压，电极电压=表示数-短网压降）；两个火线之间电压为线电压，火线与地线之间电压为相电压，线电压与变压器有关，相电压与电炉零点有关。变压器零点与电炉零点重合时，相线电压存在角接关系，电炉零点漂移后，与角接关系有差异；低补及纵补都能变相增加变压器视在功率，进而提高变压器超负荷能力（与无补偿变压器比）；使用补偿后超负荷唯一手段是超电流，超电流势必导致短网等无功压降增加，电极电压降低，改变炉料功率和弧光功率比例，为了满足电极电压及功率分配需求，使用补偿时应适当提高二次电压来满足进一步超负荷需要，将变压器潜力发挥到最大。

5.2.8.8 纵向串联补偿与低压补偿主要差别

纵向串联补偿可以实现系统二次侧自动跟踪补偿且无过补或欠补（补偿容量合理时）、节能、电容器采用中压10kV（电容器电流比低压补偿小50倍）、事故率低、使用寿命20年以上，电极电流可直接显示、投资低、电极电压升高较多（35kV，系统升高70~80V），同容量变压器超负荷潜力远大于低补（20%以上），旧变压器不能改造使用纵补。

低压补偿每组可以自动补偿，不能实现整个系统补偿自动跟踪补偿（可以实现，但价格进一步增高）、采用低压电容器（电容器电流大易过热、低压不稳定易击穿）事故率高、使用寿命1~2年（每组或每个电容器串联电抗器可以增加寿命，但价格增加），投资高于纵向补偿，设备庞大噪声大。电极电流为线路与补偿设备电流矢量和，电极电流大于线路电流，二次电压略有升高（5%~10%），新旧变压器都可以做补偿。

5.2.8.9　二次电流与功率因数合理选择

（1）调整电炉最佳运行点，增产创效。为了使炉变因功率补偿而空出的容量得到有效利用，实现补偿的效益最大化，可通过加大负荷电压、电流的方法来实现（先电压后电流）。投补偿目的就是依托增加二次电流适当增加电压，同时保证电极下插深度适当增加，既提高入炉功率又提高热效率。从而使电炉在新的最佳运行点运行，达到增产降耗的目的。

（2）二次电流选择大多取决于投补偿后功率因数和视在功率。首先根据视在功率最大值确定电流使用上限，使用时不能超过上限，一般要留有余地；其次是功率因数选择，功率因数主要看补偿容量全部投入后在合理电流超负荷范围内高低及电炉热效率，电流趋于上限功率因数过低说明炉况不好或补偿能力不足，电流在规定范围内功率因数过高说明补偿过剩，过低说明补偿能力不足；运行过程中既要考虑电流电压比又要考虑功率因数，不是功率因数越高越好，要与热效率有机结合；投补偿后通常情况下功率因数不应低于0.85来选择二次电流。

（3）功率因数高低与炉况是否顺行、补偿容量是否合理有直接关系。补偿容量是按电炉正常炉况设计的，投补偿后如果功率因数低原因首先是炉况不正常所致，其次是设计时选择自然功率因数过高或补偿容量不足，再次是电流超负荷过多导致无功增加多，并非补偿方式有问题。炉况不正常导致电炉自然功率因数大幅下降，补偿后也不能达到设计要求，所以，补偿可以起到锦上添花的效果但不是万能，是电炉炉况好坏的标志。补偿电容器电流控制在额定电流80%~90%，说明炉况正常。

（4）不管补偿与否，使用高二次电压低电流都有利于提高功率因数，原则上尽量使用高电压，合理控制电流超负荷（按对应挡位自身额定电流来超负荷，而不是按恒电流值来超负荷）。

5.2.8.10　超负荷运行

一般如果变压器容量允许超负荷30%，那么电流超负荷应控制在20%以内，二次电压超负荷10%以上。电流超负荷可以使电极下插提高热效率但降低有功及功率因数，提高二次电压可以提高功率因数、有功及弧光功率，降低炉料功率，二者要有机结合。“没有电压就没有有功，亦没有坩埚及坩埚间沟通”。通常所说超负荷一般都强调超电流，有效解决办法是采用大变压器低电压大电流设计（变压器恒功率段视在功率为 $I \times V$ 乘积，变压器容量增加后可以在电压不变的情况下增加电流），可以实现在电压满足的条件下，提高电流电压比，深插电极提高热效率。

目前，新建电炉参数普遍大于变压器参数，即使采用低压、纵向补偿，如果变压器容量不具备超负荷能力，仍不能满足电炉参数需求。为此，要么变压器一次性容量到位，要么具备超负荷能力（30%）以适应电炉参数需求；从使用效果看，纵补日耗电好于低补，核心在于相同容量下（铭牌），低补（变压器及补偿容量）超负荷能力不够，为保二次电流，二次电压设计偏低。变压器“电压有限，电流无限”，即一二次线圈匝数固定后，上下限电压固定，而电流只是人为设定上限，否则可以无限（导致烧损）；如果补偿能力不足，增加电流（无功继续增加）已不能增加有功（功率因数下降）；纵补因补偿可以提高电压（潜力），变压器设计时电压低电流大，超负荷能力大。理论上讲，当低补、纵补变压器能力，补偿能力相同时，电炉使用效果没有差别。

低补、纵补都具备增加变压器超负荷的潜力，核心在于补偿后都能降低无功，投补偿后实际视在功率下降，通过增加电流可以实现补偿后视在功率达到补偿前变压器最大视在功率，这就是补偿可以增加变压器超负荷潜力所在，所以在实际操作时应考虑这块潜力，补偿容量要具备满足功率因数达到设计要求的能力（低补现在看补偿容量普遍不够，电流超得多一点，功率因数下降较多）。

5.2.8.11 二次低压补偿及纵向补偿变压器设计

变压器设计基本原则为：二次电压挡位不宜多（不超 21 个挡位），关注最高（电压）挡电压，一二次线圈及变压器视在功率应具备超负荷 30% 能力，常用电压接近高挡位（5 挡左右），补偿要与变压器同步具备超负荷的能力。

低压补偿变压器：使用二次低压补偿能降低变压器使用电流，但电压升高不大。为此，采用低压补偿电炉，与纵补使用同样电炉参数时，变压器二次电压设计上应有所差别，二次电压较纵补要高 20~30V，绝不能参照纵补变压器将最高二次电压设计较低，否则电压低没有补救措施！

纵向补偿变压器：使用纵向补偿能提高变压器使用电压，为此，使用纵向补偿的变压器二次电压设计可以适当降低（要考虑补偿后升压因素），同样容量变压器线圈相对较大（铭牌 I/V 高），电流超负荷能力大于低补，其变压器造价相对略高。不可将最高二次电压设计过高，否则会造成高压挡位长期闲置制造费用加大而无法发挥（当按恒电流使用，电流及其超负荷能力不变时，导致视在功率超负荷过多）。

不管低补还是纵补，双恒挡位应适当降低，在容量不变前提下，可以将变压器线圈加大，二次恒电流值加大，有利于变压器自身电流超负荷；同样容量变压器设计时，低补要求高电压低电流，纵补要求低电压高电流，二次恒电流相差15%~20%。

5.2.8.12　补偿设计

A　补偿容量

（1）常用二次电压使用区间及自然功率因数确定；（2）补偿后最高功率因数确定；（3）变压器最大使用视在功率确定；（4）最大使用二次电流确定。根据以上四点确定补偿容量，保证补偿容量与变压器实际运行同步；补偿容量应按电流超负荷30%来设计，而不应该按额定电流来设计（投补偿电流不超负荷，除了补偿功率因数外没有实际意义）。

B　电容器额定电压

低补电容器额定电压不低于常用电压的1.3倍，纵补不低于常用电压的1.1倍，原则上额定电压越高越好，但额定电压高电容器绝缘等级增加，造价增加。电容器电压均可以采用非标设计，适当提高额定电压，可以防止电压击穿和过热鼓包，有利于电炉增加二次电流。

C　电容器连接、投切方式

原则上采用并联方式。低补采用分组，每组内电容器并联，每组之间也采用并联，并联方式可以保证电容器外部条件均衡，减少个别电容器自身原因而导致的损坏，即使个别电容器损坏对补偿影响小；纵补可以不分组，所有电容器全部并联，也可以先分组串联之后每组再并联，前者补偿功率因数下降，允许电流大易于电炉操作，后者补偿功率因数升高，允许电流小不利于电炉操作，易损坏；纵补建议也采用分组投切，正常补偿容量基础上再增加一组小容量补偿，根据实际需求投切。

D　仪表显示

（1）投切显示；（2）单相自然功率因数、补偿后功率因数，总功率因数；（3）单相或单组电容器电流和电压；（4）报警信号。

E　补偿容量与功率因数、超负荷关系

纵补补偿容量不足或串联后再并联功率因数高，电炉或电容器电流超负荷能力小，电容器全并联随补偿容量增加，功率因数降低，但电炉（电容器）电流超负荷能力大；低补功率因数及电流超负荷能力随补偿容量的增加而增加。

5.2.8.13 小结

（1）不管采用低压补偿还是纵向补偿，都要在不补偿的基础上采用超负荷的方式操作，补偿不仅可以提高功率因数，而且可以在提高功率因数的同时增加二次电流及二次电压并使电极下插深度增加，提高电炉热效率，改善电炉指标。

（2）采用补偿超负荷运行，原则上电流不超过20%，电压超负荷不低于10%，随着电压增加，电流稳定并呈下降趋势。

（3）电炉运行正常标志是电容器电流为其上限电流的80%~90%。

（4）目前实际运行看，相同视在功率，低补变压器用电能力低于纵补变压器，并且低补变压器二次电压偏低不能满足需求；相同有功功率，低补变压器容量要大于纵补，以上存在问题均为低补补偿容量不足所致，并非补偿方式造成。

（5）低补与纵补原则上没有差异，之所以出现差异，核心在于变压器容量和补偿容量的设计和使用是否合理。

（6）低补可用于没有补偿电炉新增补偿改造，纵补不能新增补偿，只有重新更换变压器。

（7）投补偿可以降低无功电流，降低无功，降低变压器输出的视在功率，提高变压器超负荷能力和功率因数。

（8）在某一挡位如果按额定容量（额定电流）进行补偿，只是提高了功率因数和降低视在功率输出，有功并没有增加。

（9）低补在使用过程中提高，不宜频繁投切，应稳定投入，便于判断炉况和处理炉况，同时有利于提高电容器使用寿命。

（10）在满足功率因数前提下，如果想提高视在功率输出容量以至于超负荷，需要增加一次（二次）电流，视在功率输出多少与功率因数无关，与电压电流有关，挡位确定后只与电流有关，随着电流的增加而增加，但变压器一二次线圈制作时电流允许超负荷能力有上限，并不是无限，即变压器最大容量（此时电流为补偿后的变压器电流）。

5.2.8.14 30MV · A 工业硅电炉补偿装置技术方案

30000kV · A 工业硅炉高低压无功功率补偿装置，补偿容量的计算：

依据补偿容量的估算公式 $Q_C=P(\tan\varphi_1-\tan\varphi_2)$，计算出 30000kV · A 工业硅炉从功率因数为 0.7 需要补偿到功率因数为 0.92 的无功功率补偿容量为 14824kvar（1kvar=1kV · A）。通过高压侧补偿补偿容量为 5164kvar，额定电压 10.5kV；通过低压侧补偿补偿容量为 9660kvar，额定电压 250kV。工业硅炉冶炼电压要根据冶炼工艺变化并考虑短网的电压降，一二次侧无功功率补偿的容量做了适当的放大，并考虑升压作用，保护电容器，最后取定容量为高压 7200kvar ，低压 12000kvar。这样补偿容量的选择将使二次低压侧的功率因数达到 0.85 以上，使送入工业硅炉内的有功功率大幅度增加，无功功率大幅度减小，起到增加产量降低单耗的作用。高低压侧的混合无功补偿将使计量点的功率因数达到 0.92 以上，完全满足供电局的力率要求。主要技术参数见表 5-38。

表 5-38　主要技术参数表

项目名称	30000kV · A 工业硅炉冶炼系统无功功率补偿项目			
技术参数	30000kV · A 工业硅炉无功功率补偿装置技术参数： 补偿容量：全部动态无功补偿容量 19200kvar，其中 110kV 高压补偿容量 7200kvar，250V 低压补偿容量 12000kvar			
技术指标和工业硅炉电气参数变化	内　　容	改造前	改造后	变化量
	实际运行平均总容量/kV · A	36000	28000	减小 8000
	功率因数 cosφ	一次侧 0.7	一次侧 0.92	提高 0.22
		二次侧 0.7	二次侧 0.85	提高 0.15
	平均有功功率/kW	25200	25760	提高 560
	运行无功功率/kvar	25200	10920	降低 14280
	运行一次侧电压/kV	110	112	增加 2.00
	运行一次侧电流/A	173	136	降低 37
	二次侧电压/V	211	214	提高 3~5

根据计算要求，110kV 高压补偿为单组户外式 7200kvar，主要元件见表 5-39。

表 5-39　110kV 高压侧补偿装置主要元件

序号	名　　称	型　　号	单位	数量
1	高压电容器	BFM10.5/300-1W	只	24
2	高压电抗器	CKGKL/110-12%	只	3
3	高压真空断路器	LW36-126	只	1

续表 5-39

序号	名　　称	型　　号	单位	数量
4	高压隔离开关	GW-110	只	1
5	综合保护器	WGB	只	1
6	电流互感器	LB6-110	只	3
7	避雷器	YH10WZ-108/281	只	3
8	瓷瓶	ZS-110，ZSW-35	只	
9	镀锌支架		只	16

（1）控制模式：采用远程手动方式。

（2）测量、保护：测量信号为电容电流，微机过电流保护。

根据计算要求低压补偿为 12000kvar，主要元件见表 5-40。

表 5-40　低压侧补偿装置主要元件

序号	名　　称	规格型号	单位	数量
1	低压补偿柜（柜体）	1200×1000×2100	台	12
2	低压真空接触器	CKJ41	只	72
3	铜管	ϕ70-10	m	200
4	快速熔断器	RS 400V/1600A	只	72
5	电容器	RKBSMJ	只	480
6	PLC 控制屏	800×800×2100	台	1
7	温控仪表	XMT605	只	12

5.2.9　低频电源

矿热炉大型化的技术优势已被理论和实践证明，在矿热炉逐渐大型化的过程中，矿热炉的自然功率因数 $\cos\varphi$ 越来越小，表 5-41 所列为国内不同容量矿热炉的自然功率因数的调研统计数值。

表 5-41　传统矿热炉容量与自然功率因数的统计数值

矿热炉容量/MV · A	12. 5	16. 5	25. 5	30. 0
自然功率因数 $\cos\varphi$	0. 82～0. 84	0. 78～0. 80	0. 68～0. 70	0. 66～0. 68
不低补功率/MW	约 10. 40	约 13. 04	约 17. 50	20. 10

自然功率因数降低意味着电炉变压器产生的有功功率被消耗在电炉变压器到达电炉炉膛的大电流线路上，导致电炉内有功功率降低，电炉产量降低，产品电耗增加，电炉生产效率降低，企业效益下降。为了扭转上述缺陷，国内外矿热炉工作者做了大量工作，至今收效甚微。我国矿热炉工作者从20世纪90年代开始进行这方面的研究和探索，收到了一定阶段性成果，以供广大矿热炉工作者参考借鉴。

5.2.9.1　矿热炉低频供电的电工学原理

我国目前常用的大型矿热炉短网流过的是频率为50Hz的交流电，少则4万~5万安，多的超过10万安，如此大的50Hz交流电在短网中流动，在其周围产生交变磁场，巨大交变磁场反过来使短网中产生巨大的电磁感应，进而产生巨大的电抗，消耗短网的有功电能，短网中的电抗使电炉的自然功率因数下降，直接影响电炉的产量和产品的单电耗。

根据电工学原理，矿热炉短网的电抗值为：

$$X = 2\pi fL$$

式中　X——电炉电抗，它包括电炉短网和周围铁磁体产生的电抗；

f——电流频率，我国交流电的频率为50Hz，欧美国家的频率为60Hz；

L——电炉感抗值。

L值随短网中流过的电流增大而增大，电炉容量越大，其短网电流越大，感抗、电抗也越大，有功损耗就越大。因此矿热炉容量越大，有功损耗就越大，电炉的自然功率因数就越小，表5-41所列的现象在电工学原理方面得到确认。

为了提高一定容量矿热炉的功率和自然功率因数，使用降低电路电流的频率f值以降低电炉电抗X值，达到降低有功损耗提高电炉自然功率因数的目的。如果把f值由50Hz降为1Hz，电炉电抗就只有原先值的2%，如果降为0.5Hz，即f值只有原先的1%。频率f值降低，根据电工学原理$X=2\pi fL$公式即可降低电炉的电抗，提高电炉的有功电量，提高电炉的电效率和功率因数，克服电炉容量越大、功率因数越低、电效率越低的不足。

5.2.9.2　矿热炉低频供电系统

A　传统的矿热炉供电系统

传统的矿热炉供电系统如图5-53所示。

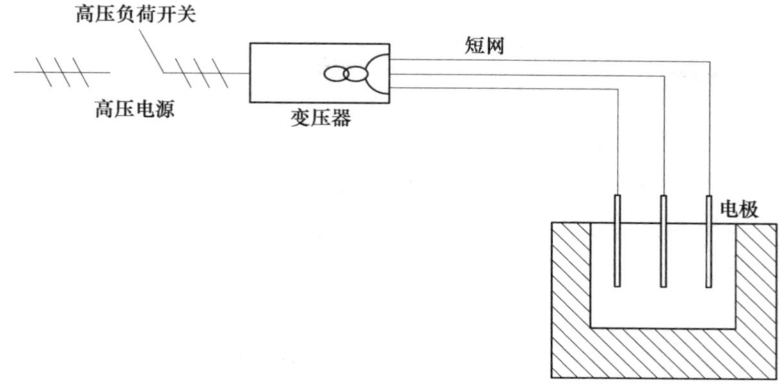

图 5-53 传统的矿热炉供电系统

B 低频矿热炉供电系统

由发电厂送来的 50Hz 三相交流，经过高压开关送入电炉变压器，降压后经过短网和低频电源到达电极，进入矿热炉，如图 5-54 所示。

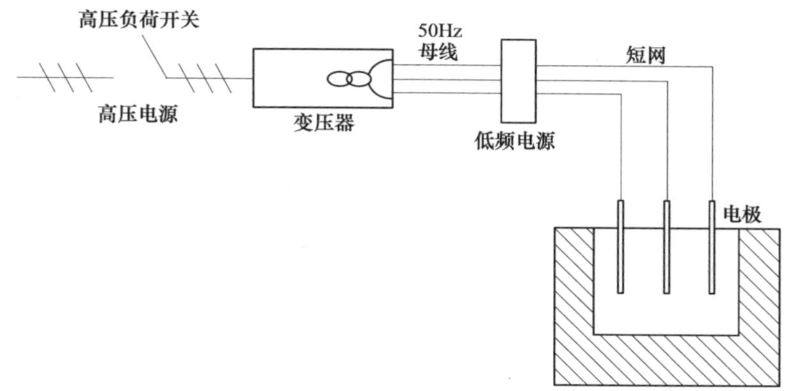

图 5-54 低频矿热炉的供电系统

比较图 5-53 和图 5-54 可知，低频矿热炉供电系统只是在传统交流矿热炉供电系统的电炉变压器二次侧加入一个低频发生装置，该装置多采用 SVF 型交流变频器（交-交变频器）。

交流变频器输出端直接通过大截面水冷电缆及导电铜管连接到电极上，安装简单容易。根据电炉容量的大小，可以选择合适的连接短网，并与 SVF 型交流变频器构成多种不同的接线方式，均可达到降低系统电感 L 和电抗 X 值，进而降低有功损耗提高电炉有功功率，提高电炉产量。

SVF 型交流变频器的容量可以任意选择，额定输出电流可达到 100kA 以上，输出的频率范围为0~50Hz，其主电路由大功率晶闸管及RS系列快熔等元器件组成，控制回路既可采用模拟自动控制系统，也可采用PLC系统，从而实现功能齐全的电流型逆变主电路系统。

SVF型交流变频器具有以下特点：

（1）电流调整范围大（20%~120%额定电流）；

（2）电流调整精度高（1%~3%额定电流），响应时间短（0.03s）；

（3）整机效率高（97%以上），运行损耗小；

（4）只运行电弧电流，升温速率高，电弧启动功能好，可实现软起动；

（5）控制系统操作灵活、方便，频率各挡调整范围宽，功能强；

（6）显示与保护功能齐全，出现故障时系统能自动闭锁，并能及时准确地显示出故障部位。

5.2.9.3　低频电源在矿热炉上的应用

A　首套低频电源的出现

俄罗斯首先提出低频电源装置，并在24MV·A硅铁炉上进行了工业性试验。24MV·A低频矿热炉电源采用3相/3相，直接频率转换（交交变频），并根据平方律各电极功率分开控制，线电压230V时转换器提供的有效电极电流达到75kA，功率因数0.90。频率f可以从几千分之几赫兹调到12.5Hz，在低频0.5~12.5Hz下冶炼45%硅铁的指标与50Hz时的指标对比见表5-42。

表5-42　不同频率下冶炼45硅铁时的比分指标比较

频率/Hz	视在功率/MV·A	有功功率/MW	cosφ	二次电流/kA	二次电压/V	每组操作电阻/MΩ	电效率	工作时间/$h \cdot d^{-1}$	吨铁电耗/$kW \cdot h \cdot t^{-1}$	日产量/$t \cdot d^{-1}$
50.0	22.4	19.08	0.85	64.5	90.0	1.4	0.915	23.6	4800	93.9
12.5	22.4	20.33	0.91	65.4	92.8	1.42	0.895	23.6	4625	103.7
0.5	22.4	20.33	0.91	65.4	92.8	1.42	0.895	23.6	4625	105.0
-0.5	27.6	25.67	0.93	81.9	94.9	1.16	0.909	23.6	4625	129.3

B　我国低频电源装置在5MV·A高碳铬铁炉上的应用

我国第一台低频电源矿热炉从1994年开始研制，1997年在锦州铁合金有限责任公司四分厂5MV·A高碳铬铁矿热炉上正式投产运行。该炉低频电源改造前后各项指标对比见表5-43。

表 5-43 5MV · A 矿热炉低频供电改造前后各项指标对比

指　　标	改　造　前	改　造　后
产量/t · d^{-1}	21.6	23.739
电耗/kW · h · t^{-1}	3450	3300
功率因数	0.7~0.82	0.9
二次电压（电流达到 24kA 时）/V	112.5	90
电极糊消耗/kg · t^{-1}	36	30
Cr 回收率/%	85	90.25
冶炼时间/h	4.5	4
炉前噪声/dB	85	<65

5.2.9.4 低频矿热炉的优点

（1）提高功率因数，增加电炉变压器的供电能力。安装低频电源发生器后，短网感抗 L 及电抗 X 都大幅度降低，有功功率因数可以达到 0.90~0.93，比原来提高 10%~20%，电炉接收到的功率相应增加 10%~20%，大容量矿热炉采用组合补偿装置后有功功率因数也只能在 0.80~0.85 左右。

（2）提高有功功率的有效利用率和电效率。短网的感抗 L 和电抗 X 的降低使短网电压降减小，短网的有功功率损失也随之降低，输入炉内的功率增加，提高了有功功率的有效利用率和电效率。

（3）电炉炉膛底部温度高。三相交流低频供电的每一瞬间都是一相正极二相负极或二相正极一相负极。随着电炉运行，三根电极上的电流方向也发生有序转换，从而避免了常规供电系统功率转移现象所产生的“强相”与“弱相”现象。三相供电均衡炉内电弧稳定，热量集中炉底，有利于提高和均匀炉底温度，尤其是正负极的缓慢换相，熔池中的液体金属受磁力影响，有一种自搅拌现象，既有利于均衡炉底温度，又有利于液体金属成分的均匀，并能有效防止硅系铁合金的炉底上涨。

（4）简化短网结构。低频电流降低了系统的 L 和 X，使短网的集肤效应、临近效应和功率转移现象得到改善，短网结构对短网损耗的影响也随之大大减少，从而可使短网结构简化，便于短网设计、制作安装及维护。

（5）电气控制系统操作简单。低频电源发生器可实现三相交流电频率从 50Hz 降到 0.01Hz 无触点有级调频，调频范围宽。需停电时只要打“封锁”，低频电源发生器就停止向炉内供电，避免了高压开关和电炉变压器的频繁操作，相应提高了其寿命。

（6）噪声低。低频矿热炉炉前噪声低，减小噪声对环境的污染，特别是夜间生产时降低对环境的影响。

5.2.9.5 小结

（1）传统矿热炉容量越大，功率因数越低。

（2）改变矿热炉电流频率可降低矿热炉电抗，实现电炉功率因数提高，提高矿热炉电效率，提高矿热炉有功功率。减少有功损耗，可以提高矿热产量和降低产品单耗。

（3）低频供电技术在矿热炉上的应用是矿热炉技术进步的重要创新。它能提高企业效益和社会效益，其应用和推广必将对矿热炉技术的发展产生重大影响。

6 工业硅生产操作

工业硅生产除了必须精料入炉和精良设备，同时还必须精心操作。

6.1 科学的工艺准则

科学的工艺准则是精心操作的前提。科学的工艺准则包括精准的碳平衡、合理的供电制度、合适的炉料空隙度和适宜的出炉制度。

6.1.1 精准的碳平衡

精准的碳平衡指的是碳质原料从选择、采购开始，直至加入炉内，抓住每个环节质量保证，计量、分析、检查并及时调整碳量。过多会引起炉底 SiC 堆积而使电极上抬，炉底变凉。碳量过大的电炉冶炼，开始往往电流表稳定，炉况平静，电极逐渐上抬，电极在炉料中的插入深度不断减小，而后电炉会出现“刺火”，炉底温度降低，致使炉眼开启困难，炉眼打开时开始硅液流得快，继而流量减小，甚至断流。此时炉膛中有 Si 和 SiC 的熔融混合物逐渐黏结起来，SiC 在炉底堆积，炉况恶化。

碳量不足的电炉特征：开始时电极埋得深，炉内过量的 SiO_2致使出炉时硅熔液中带有二氧化硅熔渣。由于电极开始下移，电炉上层温度降低，SiO 的冷凝条件有所改善，炉况看来平静。大量凝聚的 SiO 及其凝聚放热反应产生的过多热量，会使上部炉料形成黏性熔块。于是，炉料失去正常的孔隙度后，炉子便开始“刺火”。

由于电极周围出现结块情况，电炉的电流表就变得不稳。碳量不足的电炉比较好处理，一般是先附加一些碳，然后在料批中增加碳的配入量，并通过捣炉、扎眼，增加炉料的透气性和破坏黏结的结块。在实践中由于受电炉电气参数、几何参数及还原剂质量等因素的影响，硅的回收率不可能达到 100%（一般在 80%~85%左右），因此，合适的配碳量受炉料的性质及电炉的电气参数和几何参数的影响。在炉料性质和电炉条件一定时，每台电炉都有最佳的配碳系数。工业硅电炉的最佳配碳系数一般为 0.98~1.02。在生产中应通过每天计算和作图，密切注意电炉的碳平衡，了解电炉生产中的某些异常现象，以便及时纠正不正常炉况，确保电炉正常生产。

6.1.2　合理的供电制度

工业硅电炉的供电制度包括工作电压、工作电流的选择，以确定合理的输入功率。电炉容量、炉型尺寸、还原剂及其配比确定后，供电制度的选择，主要考虑下述因素：

（1）根据炉料粒度、质量等因素调节二次电压和功率输入。当硅石、还原剂粒度偏大时，炉料间的接触面减小，炉料比电阻小，电极不易深插，反应速度较慢，此时应选用较低的二次电压。如果硅石和还原剂粒度偏大，还原剂活性较差，比电阻较小等因素造成电极不能深插，刺火严重时，也应适当降低二次电压。上述情况出现时，若输入电压偏高，电极更不易下插，使上部料层温度偏高，会造成更多的 SiO 挥发和炉底上涨。

（2）应保证炉子上部有较厚的冷料层，为料层内的 SiO 凝聚提供良好的条件。这就要求电炉的供电制度合理，以稳定操作，保持料层温度均衡分布，做到电极插入炉内深而稳，不宜频繁捣炉和大翻膛，炉料应配比合理，混合均匀。

（3）合理选择还原剂，尽量使用比电阻大、化学活性好的还原剂。在还原剂品种有限的情况下，可合理搭配使用，以改善炉料综合性能，利于电极深插。

（4）合理配置，均衡分布炉膛功率。炉膛单位面积输入功率的计算公式为：

$$P=4P_{有}/(\pi D_{膛}^{2})\ (\mathrm{kW/m^2})$$

炉底直径过大，炉膛单位面积输入功率降低，炉底死料区增加，出炉不畅造成炉底上涨。

6.1.3　合适的炉料孔隙度

图 6-1 所示为工业硅冶炼坩埚示意图。由图 6-1 可以看出，对于炉料中坩埚外区的一些反应，需要多孔而有活性的还原剂与 SiO 气体反应。为了使 SiO 凝聚，还原剂的孔隙度和比表面积要大，以利于 SiO 气体在其上凝聚。工业硅冶炼是在高温下进行的，对孔隙度的要求尤为重要。

常用还原剂的孔隙度以木炭为最大，其他按如下顺序递减：木炭、烟煤、石油焦。前苏联资料给出上述还原剂的孔隙度平均值为：木炭，约 6.6L/kg 固定碳；低温焦，约 4.0L/kg 固定碳；烟煤，约 2.8L/kg 固定碳；石油焦，约 2.0L/kg 固定碳。

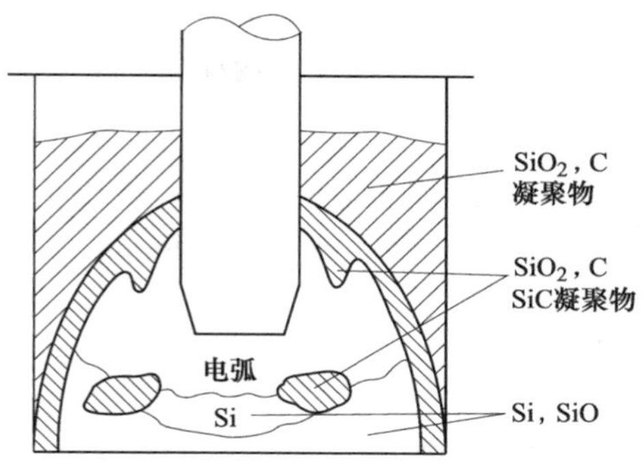

图 6-1 生产中的工业硅炉示意图

在实际生产中，多孔性炉料会使操作平稳，很少“刺火”，Si 的回收率和生产率高，电耗低。从多孔性角度看，还原剂应多使用木炭，但从保护森林资源考虑，应少用木炭。为了节省木炭，可采用碎木料、木材边角料、木屑及其他代用品，以增加炉料的孔隙度。在炉料中配入一定比例的烟煤，会使炉料化学活性和孔隙度提高，Si 的回收状况改善。

6.1.4 适宜的出炉制度

工业硅的出炉方式有间歇出炉和连续出炉两种。间歇出炉是指在炉内的硅熔液达到一定数量时，定期打开炉眼，使硅熔液放出，然后堵上炉眼。这种出炉方式，能确保小容量电炉顺利出炉；集中放出的硅熔液温度较高，有利于熔硅与熔渣的分离，使产品具有较高的纯净度和结晶结构。但因炉内积存的硅熔体较多时，容易产生过热，造成硅的挥发损失和二次反应损失，并且电极也不易深插。可见，间歇式出炉，特别是间歇时间过长很难确保正常的生产过程和节能降耗。

连续出炉是指在冶炼过程中，炉内反应生成的硅熔液经炉口不断放出，炉眼是敞开的。这样炉内硅熔液的过热程度小，挥发损失少，电极容易深插，对改善冶炼过程和提高产量有利。

对新投产的电炉，可采用间歇式出炉，以利于尽快提高炉底温度。开始出炉的间歇时间要比正常生产时长些，对 30MV · A 工业硅炉，第一次出炉可在加料后 40~56h 左右；以后逐渐缩短出炉间隔时间，直至每 8h 出 3~4 炉。我国的工业硅电炉多半采用间歇出炉方式。

前已述及，炉子运行中最麻烦的一种情况是炉膛中 SiC 堆积。减少 SiC 堆积，促进其与 SiO 气体顺利反应的最好办法，就是及时将硅熔液排空，也就是连续出炉。间歇出炉时，应灵活控制前后两炉之间的间歇时间和适当延长出炉后的堵眼时间，尽量使炉内硅熔液流净，并让炉眼冒火一段时间，以减少 SiC 及熔渣堆积炉膛的危害。

30MV · A 工业硅电炉的出炉间歇时间一般为 2h 左右，出炉时间为 1h，中型电炉出炉间歇约为 3h，出炉时间约为 80～90min。

6.2 精心操作的核心

6.2.1 适宜的料层厚度和良好透气性

反应区上部有适宜的料层厚度和透气性，使反应生成的 CO 气体能迅速溢出，气态 SiO 在料层中被充分捕收回来，以有利于提高 Si 回收率。

6.2.2 合理的配炭制度

进入反应区的炉料所带入的 SiO_2和 C 量要合适，生成 Si 后既无多余的 SiO_2也无多余的 C，既可减少炉底氧化渣又可杜绝炉底 SiC 的沉积。

6.2.3 适时调整配炭

当发现炉料中 SiO_2或 C 过多或过少时，应进行及时调整，防止炉底生成过多的氧化渣或 SiC 沉积，将使炉底上涨等不正常炉况消灭在萌芽期。

6.2.4 适时料面操作

通过适时的加料、焖烧、沉料、捣炉、推料等操作，减少或避免炉面刺火，减少热损失，既提高电炉热效率又减轻炉内设备的损坏和硅的挥发损失。

6.2.5 三相电极平衡送电

三电极均有一定的插入深度，炉内电流分布合理热量充足，炉膛底部温度高，满足 SiC 充分分解的需要。

6.2.6 减少杂质入炉

减少生产过程中铁等杂质进入炉内，提高产品质量。

6.3 精心操作的要领

精心操作的要领是使电炉经常保持生产处于正常状态。正常状态的标准有：

（1）按电炉正常生产的负荷送电。电极深而稳的插在炉料中，三相电极电流负荷稳定、平衡。

（2）冒气均匀沉料面大。炉气从炉膛上部整个有效表面均匀冒出，没有暗色烧结现象，也没有严重的大塌料大刺火现象，炉料沿炉膛上部的整个有效截面下沉。

（3）出炉口易开易堵。出炉口易烧开，炉眼畅通，硅水温度适中，出硅后期有少量熔渣流出，从炉眼喷出的炉气压力不大，出炉口好堵好开。

（4）质量、产量、电耗稳定。出炉的硅量与规定使用的电量和炉料量以及电极消耗相适应，产品质量稳定，产量和电耗稳定。

6.4 精心操作是工业硅生产的关键

精心操作主要包括：合理用电配电，均匀布料，适时下料，及时正确的捣炉、推料，规范化的出炉操作，炉体旋转，减少热停炉等。

6.4.1 选准二次电压

选择准确的二次电压是精心操作的首要地位，工业硅生产的实质是电能输入炉内转化的电弧电阻热产生高温，碳质还原剂还原硅石中二氧化硅，生成元素硅的电热化学反应。因此选对二次电压至关重要，是精心操作首要地位。

二次电压的确定：根据电炉已确定的实际使用功率、电极直径、极心圆直径、还原剂种类和配比，以及相同功率工业硅电炉的生产经验确定二次电压。

当炉况波动时可以通过调整二次电压调整电极深浅和有功功率大小。在电炉开炉的烘炉和投料初期要选用较低二次电压，避免电极端头过早远离炉底。炉况波动需调整二次电压时，需经现场主管技术人员批准才能操作。

6.4.2 精心配电操作

（1）在正常生产情况下，各相的相电压、相电流、功率应力求平衡。当相电流与规定的电流偏差大于10%时，应进行调整。当某相相电流连续调整三次要报告班长。要避免因频繁调整电流升降电极引起料面刺火和塌料，以免某相电极因连续调整造成插入过深或过浅。

（2）电炉在某一电压级下运行时，应把电流控制在规定的范围内，不得超载运行。

（3）在某一电压级下停送电时，应先将电极提升适当的高度，把电流降低到规定电流的60%以下，然后切、合电源。

（4）压放电极时，先将电极提升到适当高度，电极电流控制在规定电流的80%以下，才能进行压放电极。压放电极后视情况逐渐将电流恢复。

（5）中、小电炉间断出炉时，电极相电流偏差可比正常时偏高，烧穿器烧穿炉口后，硅熔液流出时，应下降附近电极，当流量变小时下降其他电极，出炉结束后调整三相电极电流基本平衡。

（6）大型电炉出炉时，应及时调整不靠近炉眼的两相电极，靠近出炉炉眼的相电流可相对低些。

（7）配电人员要时刻观察电气设备信号，按时做好记录。

（8）配电人员发现电炉的异常情况，如设备漏水、铜瓦打弧、电极自行下滑、硅溶液穿炉等事故要立即切断电源，以免事故扩大。

（9）电炉事故停电超过2h后应活动一次电极，以后每1h活动一次。事故处理结束，重新送电需按预案送电方案操作。

6.4.3 均匀布料

均匀布料主要指的是还原剂在炉内分布均匀，避免偏加料造成局部缺碳或局部碳过剩使还原不充分，出现炉料黏结、电极上抬和SiC堆积等现象。为使料层厚度均匀，压力一致，利于炉内CO等气体均匀排出，应保持电极附近料面呈中间高四周低的平顶锥形。由于电极四周温度高，熔化还原速度快，料层易变薄，高温气流易集中冲出形成刺火，使热损失增大，硅损失增加。因此，电极四周料面应高出200~300mm，但要呈平顶形，以免大粒度硅石滚落锥体下导致偏加料。

料面要保持平炉口，不要高料面操作。合适的料面使炉口辐射面减小，热损失减少，料层厚度不要过厚，料层过厚会导致电流随着通过的截面增大而增大，以致电极上抬。电极端头埋在炉料中的深度一般以电极直径的1.8~2.2倍为宜，电极端面距炉底一般为电极直径的0.6~0.8倍左右为宜。

6.4.4 适时下料

按炉料熔化速率下料，避免炉内缺料跑火或下料过多，炉温降低电极上抬。对电炉要及时在炉料下沉处补充新料，及时盖料。坚持少加勤盖，保证下料均匀，减少因料层厚度不均匀跑火导致被动随意加料。一般较大电炉炉料能自动下沉。经过加料保持一定的料面高度，保持炉口火焰均匀不过长。中小型电炉由于熔化能力小，熔化区上部料层压力小，炉料不能自动下沉，为避免熔融炉料架空，炉内硅液过热，电极四周炉料熔化空后（此时电流波动较大，电弧声变大，炉口火焰加长，炉口温度升高），及时用非铁质器具，沿电极熔化区边缘处压料、推料、盖料、加新料。下料后继续焖烧，炉料依次熔化还原。在完全熔化前，除了向刺火处和火焰较大处薄盖一层炉料调整火焰外，不再加料。待炉料全部熔化后，再重复下一次。这样下料的好处是：避免零星被动下料，减少空烧、塌料和炉口跑火次数，减少热损失，减轻劳动强度；集中彻底加料后，各电极周围料层厚度基本一致，因而压力一致，可使高温气体在三根电极周围较为均匀排出。这种加料方法不会扰乱料层正常的熔化次序，即半熔料在下，预热料在上，最上层是新料，因而可充分利用炉内热量，使炉料进入反应区时温度较高，反应进行更快。

6.4.5 及时正确地捣炉、加料和推料

采取及时正确的捣炉推料操作对于改善料层透气性，扩大坩埚反应区，促进合理焖烧，减少跑火塌料热损失，提高硅的回收率非常重要。工业硅电炉冶炼过程中，在远离电极处的炉料会经常出现烧结块，使料层透气性变坏，高温气流不易由此处通过，而集中于电极附近，造成透气不均匀，甚至局部刺火。结果是刺火处温度越来越高，结块处温度越来越低，影响了坩埚区扩大，使反应区缩小，显著地影响电炉产量、消耗等技术经济指标。及时采取捣炉推料操作，用捣炉推料机将三角区、大面及电极边缘处的烧结块或硬块捣碎，使炉料疏松，透气改善。火焰区扩大是改变和改善上述状况的有效途径。此外，捣炉须在每次出炉后进行，捣炉要求快、准、透、好。采用捣炉机捣炉，应做好准备工作，观察、判断炉况和炉料结构等情况。捣炉的顺序是：炉心、大面八字处、锥体下脚处、小面边缘处。注意捣起的大块料必须迅速推向炉心，应避免圆钢铁质污染硅液，影响产品质量。捣炉完毕应先推热料后盖新料，立即做好平顶锥形料面。

除捣炉外，焖烧时的扎眼操作也很重要。扎眼部位一般在锥体下脚，冒火范围边缘。扎眼应注意避免刺穿坩埚壁。前已述及，我国的电炉的出炉间隔一般为 2~3h，出炉后捣炉，集中下料，而后的炉子运行称为焖烧，此阶段炉内进行升温、熔化、调整火焰和小批加料。通过适当及时的扎眼操作后，透气性改善，火焰区扩大，炉内气压减小，电流波动减小，甚至可避免刺火塌料。

6.4.6　规范化的出炉操作

要重视出炉口的维护和排渣，实际生产中经常会因为出炉口开堵困难，出炉口不畅使电耗增加，如硅液排不净，熔渣排不出造成炉底上涨；电极上抬，使炉况恶化；以及出炉口难开而需长时间用烧穿器开口等。

出炉口必须大小合适，维持通畅，以确保出炉时硅液流股较大，并能将炉渣随之带出或用木棒或竹竿带渣，以免炉底积渣炉底上涨。出炉口位置要正确，出炉口通畅与否与炉况顺行电极插入深度及炉底温度有关。电极与炉底保持合理的距离是维护好出炉口的关键。电极端头距炉底距离为电极直径的0.6~0.8倍，可保持炉底高温，出炉口通畅。此外，出炉口的堵塞材料和方法也很重要。要保持一定的堵眼深度，不能使出炉口通道在靠炉膛内侧留有空段。一般出炉口深度要小于炉墙厚度，即炉眼外侧留有空段。

好的出炉口，人工开启，不需使用烧穿器，更不需使用氧气烧开。曾在6.3MV · A电炉上测试过：烧穿器工作电压为128V，烧穿器炭精棒上通过的电流为4000A，使用烧穿器1min则耗电为8kW · h；若用氧气烧时则能耗更高，且影响产品质量。炉眼烧通后，如果渣多，硅水流动不通畅，可用木棒或竹竿引流。

堵炉眼前应清除炉口处黏渣。如炉眼已被熔渣堵得很小，要用烧穿器扩烧，然后将100~150mm的硅块送到炉眼深处，再用炉眼堵具推实，这样连续堵入3~4块硅块后，再用0~10mm碎硅块堵封，深度为200mm；最后用黏土和碳粉的混合物（1∶1）做成的泥球堵封炉眼，并在炉眼外侧留约200~300mm的空段。对于新投产的工业硅炉，无硅块时，可用木棒或大块焦块代替硅块堵眼。

6.4.7　炉体旋转

新建大型工业硅电炉都装备有炉体旋转机构。炉体旋转是指电炉电极系统、烟罩等固定不动。炉体（炉壳及其内衬耐材和炉料）沿不动的电极等作圆周或往复转动。

6.4.7.1　炉体旋转的优点

（1）炉料在电炉内沿着电极极心圆运动有利于改善炉料透气性，有利于减少死料区，减少炉内沉渣。

（2）炉料在电炉内既有不断下沉的纵向运动，又有旋转产生的圆周运动，这使炉内硅石和还原剂的分布更趋于均匀，使还原反应充分进行，减少和避免局部偏加料造成炉内积渣。

（3）炉体沿三电极旋转，可扩大电炉内电弧反应区的容积，有利于炉温的提高和还原速度的提高，从而减少炉内积渣。

（4）炉体旋转炉料不易黏结变得疏松，可减少捣炉操作，降低劳动强度和改善操作环境。

（5）炉体旋转后炉底和炉壁高温区在不断变化，减少局部过热区，因此炉衬寿命得到延长。炉体旋转有利于炉膛内硅石和还原剂的均匀分布，电极间炉料电阻的一致，有利于三电极平衡深插有利于提高炉底温度，便于排除炉底沉渣。

鉴于以上优点，建议新建 16500kV · A 以上的大中型工业硅电炉采用旋转炉体结构。

6.4.7.2 旋转速度

根据国内外文献资料介绍：工业硅电炉的旋转速度约为每小时 4°~6°。建议我国目前的大型工业硅电炉旋转速度每小时 3°~5°为宜。

6.4.8 减少热停炉时间

减少热停炉是降低电耗提升效益的重要措施之一。实践表明，热停炉 1h，需要加倍或更长的供电时间，才能使炉况恢复到停电前的状态。为了减少热停炉时间和次数，首先要加强电极的维护，防止各种电极事故发生。保持铜瓦到料面的距离为 300~500mm（视电炉容量不同），避免刺火将铜瓦烧坏，随时检查设备，保证正常运转，注意冷却水的进出量、压力和温度及仪表信号的灵敏等。

有计划停电时，要根据停电时间的长短，充分做好停电前后的准备工作。停电前根据当时的炉况特点和停电时间长短采取相应的措施。停电结束应有事先制定的恢复炉况的预案，避免再次发生停电事故。

6.5 正常炉况的标志

工业硅生产，炉况容易波动，较难控制，必须正确判断炉况，及时处理。实际生产中，影响炉况最主要的因素是还原剂用量。炉况的变化通常反映在电极插入深度、电流稳定程度、炉子表面冒火情况、出炉情况及产品质量波动等方面。

炉况正常的标志是：

（1）三相电极电流、电压稳定相差不超过5%；

（2）电极平衡深插入炉内，电炉电弧声低而均匀；

（3）炉料透气性好，料面冒火区广而均匀，基本无刺火和大塌料；

（4）出硅时炉眼好开，流量开始时较大，然后均匀变小，最后有少量炉渣流出，出硅完毕炉眼易堵，并能深堵；

（5）工业硅产品产量、质量稳定。

6.6　不正常炉况及其处理

6.6.1　炉底上涨

炉底上涨主要是指炉膛底部未熔融物和半熔融物沉积层增高，造成电极和反应区上升，出炉时熔体硅液不能通畅地流出。造成炉底上涨的原因如下：

（1）电炉结构参数偏大，电炉长期在炉内温度不足的状态下运行，且熔体硅与炉眼间的通路变长，熔体硅液排出困难，往往出现仅有流动性好的熔体硅才能流出，而黏渣不能排出积存炉底，造成炉底进一步上涨。

（2）在电炉负荷不变时，如使用二次电压过高，造成电极上抬，热量和原料的损失增大，炉膛内功率密度降低，电极不易下插深埋，因而炉底温度低，炉底容易上涨。

（3）使用原料不适当。当原料导电性过强时，不利于电极深插；原料的粒度过大时，没完全反应的物料进入熔炼区，硅熔液变黏，出炉时不易排出熔渣，都容易造成炉底上涨。

（4）事故、故障热停炉次数多，如送电升温时间太短、加料后炉底温度低，也容易造成炉底上涨。

（5）捣炉和加料的操作不当，大量未预热的冷料进入反应区后，炉料不能完全反应，也会造成炉底上涨。

准确地查清炉底上涨的原因后，可采取相应的措施加以处理。炉底上涨的预防及处理详见附录A1.2。

6.6.2　料面透气性变坏

透气性变坏的主要特征是，炉面冒出的火苗呈亮黄色，有时几乎是白色，从料面冒出的炉气不均匀，形成大量刺火。刺火处的炉料烧结成块，黏结在一起。当炉料过细或使用还原剂不足的炉料时，会造成炉料烧结，造成料面的透气性变坏。

在这种情况下，应降低料面的高度，以减小气体排出的阻力，加快炉料的下沉速度，增加炉料的下沉量，还应附加还原剂，及时向炉内加入调整后的炉料。

6.6.3 形成刺火

“刺火”就是在料面形成较大的“刺火孔”，即气体通道，大量的火喷出来。刺火会伴随喷出大量热能和已还原的硅及其他氧化物，这不仅会造成热能和冶炼产物的大量损失，增大原料和电能的消耗，还会使炉膛上部料面温度升高，影响电极装置和其他靠近料面的设备和部件。

不及时加料或由于炉料在电极周围被烧结、粘挂在上部而造成沉料不足时，随着下层炉料的熔化，在烧结料壳下面形成自由空间，气体便集中在这个地方。到一定时间后，高温气体的强大压力便冲出料层，形成“刺火”。

为消除这种刺火，应使刺火部位上部料层均匀下沉，炉膛内炉料下沉后，将刺火部位周围炉料推向刚下沉炉料的位置，并把炉料推到电极附近，然后添加新的炉料。

炉膛上部局部炉料发死时，气体不能沿整个料面自由逸出，就会在下沉料层的最松散的部位冲出，这也会形成“刺火”。

为了能使气体均匀逸出和使坩埚内烧结部分的物料均匀下沉，要加强透气作业，应在锥体料面的根部定期进行透气操作。

在还原剂不足和使用过大硅石粒度时，电极附近出现白色的火焰。此时应拨开锥形料面，在电极下面加一定数量的还原剂。

如果炉膛上口料面结壳堵塞，可形成较大但不很明亮的刺火。此时需稍许处理炉膛料面的物料，以保证料面能很好地被加热。此时应刺穿圆锥料面的根部，并添加有稍多还原剂的炉料。

6.6.4 电极插入过深

在炉料中还原剂的量少时，炉料的电阻增大，为保持一定的电流负荷，电极必须下降到更低的位置。还原剂不足会造成料面的炉料严重烧结，还会增加电极的消耗量，为此不得不经常下降电极。在这种情况下，电极消耗成圆锥形，电炉料面刺火频繁，炉口温度高，黏稠的熔渣降到炉膛下部，伴随硅液流出。如果长时间还原剂不足，会从炉内滚出半熔化的没有还原的硅石，这种硅石可堵塞炉眼，妨碍硅液流出。短时间的还原剂不足，还不致引起生产率急剧下降。在电极深埋的最初几小时，由于炉底加热良好，尚能流出更多的硅液。但还原剂长时间不足，则会导致电炉生产率低和过多地消耗电极。在这种情况下，为调整好电炉的冶炼过程，必须以轻料的形式增加炉料中的还原剂，改善炉膛上部操作工序和用烧穿器不断加热出炉口。

电极插得过深的另一个原因是，为提高电炉功率而大幅度增大电流。正常的电流与电压的比值遭到破坏。在电气制度发生这种变化时，电极在炉料中的插入深度必然增加，因而缩小了电极下面的熔池高度，并进一步向炉底扩大熔池。由于向电极下面容积很小的空间导入的能量增加，热量迅速集中，炉料中很多组分大量蒸发。由于反应区的温度过高，这时铝、钙、镁的氧化物的还原反应比其正常炉况时得以更充分进行，因而造成工业硅产品中铝、钙、镁的含量增加，产品质量降低。

为保证电炉的正常熔炼，必须按适当比例增大电流、提高电压，如不能提高电压，应调整原定的电流强度。

6.6.5　电炉中心三角区下料过快

电炉中心三角区经常下料过快，说明在这种功率下电极间的距离偏小，要改变这种情况，应增大电极间的距离。

如果电极的间距不当，而炉料在外侧大量烧结，迫使气体移向电炉中心冒出，这时气体会集中于电炉中心加热炉料，也会引起电炉中心的料面快速下沉。在这种情况下，消除电炉中心区料面下沉过快的有效方法是将细碎硅石添加到电炉中心或者是向这个区域添加重料以及提高中心区的料面水平。如果中心区料面下沉过快的原因是电极周边添加了还原剂不足的炉料，那么应在整个圆锥料面上补加还原剂。

6.6.6　还原剂不足

还原剂不足，电极插入深度不稳定，输入的功率波动大，坩埚区缩小；炉料大量烧结，料面上出现强烈“刺火”现象；炉眼出硅时喷出强烈炉气火焰。炉气压急剧升高，从电极周围喷出的 SiO 发出白光；当还原剂持续不足时，黏稠的炉渣从炉眼流出，并逐渐减小直至完全终止。这种情况的补救办法之一是在炉料中补加一部分还原剂和在料批中配加更多些木块，并且加强活跃料面的操作，改变缺碳状况。当长期缺少还原剂操作时，打开炉眼出硅操作变得更困难；堵塞炉眼变得困难。当熔化区扩渗到拱顶和炉衬时，由于前墙的软化，首先出硅口炉眼部位遭到损坏，造成硅液从砖缝中渗出；应在炉口上部料面积极操作，并补加一些碳质还原剂。

当出硅炉眼损坏严重时，使用运行中的处理方法无效时，应该用以下的方法处理。将围绕在电极周围的炉料熔化下沉，并在坩埚区压入 20~60mm 的电极块 100~200kg，这种操作被执行得很理想时，被压入的电极碎块进入炉渣中，观察到三相电极略微升高，炉况恶化逐渐改善。在某些严重的情况下，这种操作应重复 2~3 次，但每个班最多一次。出硅炉眼损坏相当严重时需停炉进行修复。

从下列特征中可发现工业硅电炉缺少还原剂：电极消耗多，大量白色炉气喷出，炉气以较大的压力从出硅炉眼喷出，输入功率不稳，有未还原的硅石从出硅炉眼流出。补加一定的还原剂可以消除这种反常现象。还原剂不足时可以增加还原剂的加入量。当未被还原的硅石从出硅炉眼出来这种情况出现时，来回疏通拔出硅石；或将出硅炉眼里的硅石用电弧烧穿器加热熔化。

6.6.7 还原剂过剩

还原剂过剩的表现：电极位置抬高，从电极下部喷射出强烈火光，电炉发出吼叫声，坩埚区缩小，炉料沿电极周边塌陷频繁，电极电能输入稳定，炉渣少，硅液流出量少，硅液温度降低。

在电炉持续还原剂过剩操作，会引起料面炉料结壳透气性变坏和生产率突然降低，电炉还原剂过量容易发现。

纠正这种情况，通常措施是还原剂用量应适当减少，和适当降低二次电压使电极往下深插，提高炉膛底部温度。加强出硅口操作，尽可能多地排出炉内积聚熔渣。

6.6.8 电极过短

电极过短操作在特征和效果方面与还原剂过剩相似。火焰从电极下部喷出来，坩埚变窄，电弧有嗡嗡叫声，炉料沿电极边缘频繁塌落，硅水急剧减少，温度下降。应对措施是：电极应该及时下放和立刻增加电极工作端的长度。

6.6.9 电极过长

过多地插入电极会增加电能的损失；在电极插入深度过长情况下，电极下插到炉渣中，电弧消失，电炉不反应，大量电能被浪费掉；而且过长的电极操作通常引起炉料发死。这种情况电极工作长度应该缩短，以便及时恢复到正常位置。

在所有不正常情况下，应检查原料是否和生产要求标准一致，因为从外表特征看，粗大颗粒煤操作和过剩碳操作现象相类似。粉末太多也同样造成隐性缺碳事故。称量设备要准确，炉料配比要正确。还原剂的水分含量要一致，否则会造成偏料。同时应该将注意集中在炉口料面强化操作上，因为在炉料配比和质量符合正常操作要求时，电炉不正常现象多是由于炉口料面操作技术不正确、不过关导致。

改变炉料的性质、破坏规定的冶炼制度以及操作方法不当等都会破坏电炉的正常运行，出现异常炉况。

经常检查原料的质量，注意观察电炉运行情况和仔细分析炉膛上部料面发生的变化，便能够查明出现各种炉况的原因，及时恢复正常熔炼。

6.6.10 电极事故处理

不论是石墨电极还是炭素电极，在生产中都会因各种原因产生不同程度的电极事故。电极事故产生的原因和处理措施详见第 5.1.3.1 节内容。一旦出现电极事故必须立即停电处理。

6.6.11 其他异常炉况和事故的处理

其他异常炉况和事故的处理详见表 6-1。

表 6-1 异常炉况和事故的原因及处理方法

异常炉况或事故	产生原因	预防及处理方法
炉内部件打弧或漏水	（1）装置的电流密度超过允许值； （2）接触不良； （3）绝缘破坏； （4）水压低或水路不通畅，冷却效果差，部件温度高； （5）操作时碰坏	（1）及时调整电流，不要超过规定值； （2）下放电极，经常吹灰； （3）保持水路通畅； （4）及时修复或更换损坏部件
电极失控自动下滑	（1）抱紧装置或把持器压力环失控； （2）液压系统故障	立即停电检修
电极被粘住	停电后电极长期不活动被炉料粘住	（1）停电后要适时活动电极； （2）未粘住的电极抬高送电，通电熔化

续表 6-1

异常炉况或事故	产生原因	预防及处理方法
石墨电极或炭素电极的接头处氧化严重或折断	（1）接头处衔接不好，有灰尘； （2）电极质量不好或潮湿； （3）电流密度超过允许值； （4）电极中心线不重合； （5）炉内碳量过剩、电极消耗过慢	（1）接电极时，要先吹净灰尘，电极接好后拧紧； （2）受潮电极要较长时间加热干燥或用质量好电极； （3）改变配料比，加快电极消耗，电极氧化严重的部分尽快埋入炉料； （4）电极如氧化十分严重或折断，应停电拉出，再放入新电极
非出炉时间熔体硅液炉眼自动流出	炉眼小，且有黏渣，造成炉眼堵得浅，没封闭住炉眼	（1）每次堵炉眼，要堵深，堵实； （2）如离出炉时间较近可做出炉处理； （3）清整炉眼，用堵炉眼材料重新堵好
出炉炉眼上部陷膛	（1）出炉时，炉眼喷火严重，上部耐火砖烧损； （2）炉口砌筑质量差	（1）长期喷火严重，可用焦块堵炉眼； （2）对陷膛处可用镁砂或底糊等填充
出现明显的“死相”	（1）电气制度不合理； （2）炉内偏料	（1）长期出现固定的一相发死，应从电气制度上检查； （2）及时调整炉料，防止发生偏料
炉壁烧穿或漏炉	炉内衬严重破损，使熔体硅液从炉底砖或侧壁的砖缝流出	（1）停电大修； （2）炉底炭块以上发生漏炉，生产又要连续，可将漏炉处上部的耐火砖清除，用底糊捣固或用镁砂填补

7 富氧底吹精炼工业硅

工业硅广泛应用于冶金、化工、电子等行业，其传统的生产方式是在矿热炉内以硅石和碳质材料冶炼制得，随炉料带入炉内的其他元素在还原硅的同时也被还原，并且融入硅熔液，因此工业硅中存在多种杂质。这些杂质的存在严重影响工业硅的性能、使用和价值，因此，控制工业硅中杂质含量提高工业硅纯度，进而提高企业效益，日益成为工业硅生产中的工作重心。

一般通过精心选择原料、精心操作及控制合适的工艺制度，经电炉冶炼出质量满足冶金、机械制造工业配制铝硅合金的要求。但当原料质量较差，或者用于制取特种钢、化工用硅、电子用硅及某些新材料时，电炉冶炼的工业硅往往不能满足质量要求，需要进行炉外精炼提纯。另外，冶炼同样质量的产品，若设置炉外精炼就可放宽工业硅炉对各种原材料的要求，对于扩大原料来源、降低生产成本具有现实意义。

7.1 工业硅中杂质来源和性质

根据热力学和大量资料的分析可以确认，工业硅中的杂质以单质和化合物的形态存在。热力学资料表明，Fe_2O_3、SiO_2、MgO、Al_2O_3、CaO 等在常压和一定温度下还原时，其还原次序依次为：Fe_2O_3、SiO_2、Al_2O_3、CaO、MgO。冶炼时，Fe_2O_3、SiO_2基本上全部被还原，Al_2O_3、CaO、MgO 部分被还原。资料表明，硅石和还原剂灰分中的各种氧化物，经冶炼后进入产品的情况大致为 Si：80%~85%，Al：60%~70%，Ca：30%~40%。硅石、木炭、石油焦、烟煤和电极中的各种氧化物，在工业硅的冶炼过程中，大部分都不能完全被还原。未被还原的铝、钙等的氧化物与二氧化硅共同构成熔渣。这种熔渣积聚在一起，冷凝后成为明显的熔渣块，破碎时可用手工清除，另一些熔渣则变成仅在显微镜下才能看到的很小颗粒和硅混杂在一起，成为工业硅中的夹杂，降低了工业硅的质量。正常情况下生产 1t 工业硅，熔渣的生成量约为 25~40kg，其组成列于表 7-1。

生成熔渣的数量和组成与冶炼过程所用的原料、还原剂、电极的种类、数量及操作情况密切相关，并随这些条件的变化而变化。

表 7-1 工业硅熔渣化学成分 (%)

样品	SiO_2	SiC	Si	MgO	Al_2O_3	CaO	Fe_2O_3
1	33.03	10.4	4.73	0.27	28.1	23.56	0.21
2	47.01	9.2	5.88	0.36	23.21	13.42	0.17
平均	40.02	9.8	5.31	0.31	25.65	18.49	0.19

7.2 传统工业硅精炼方法

7.2.1 通气法精炼

7.2.1.1 通氯气精炼

向熔体硅中通入氯气，可除掉硅中杂质，国内外工业硅生产厂家过去大多采用氯化精炼法提纯工业硅。

氯气通入硅中有两个方面作用：(1) 物理作用，即当氯气进入熔体硅后，可使硅中微小的熔渣颗粒在新相气泡的作用下更易于聚集成大颗粒，借助熔渣与熔体硅的密度差从熔体硅中分离出来；(2) 化学作用，即氯气可与某些杂质发生氯化反应。在熔体硅的通氯精炼中，氯气对金属形态存在的杂质钙、铝、钛等金属都极易氯化，且氯化的速度很快，所以通氯除杂质的效果很明显；而以氧化物（Al_2O_3）形态存在的部分，只有在有游离碳存在时，才能被除掉。但熔体硅的游离碳有限，而杂质铝又有一半左右以氧化物形态存在，所以通氯精炼除铝的效果不如除钙；工业硅中的杂质铁都以金属形态存在，铁的氧化物稳定性与硅的氧化物稳定性接近，再加上硅的活度大，所以铁不易生成氯化物，通氯除铁的效果甚微。

通氯气精炼的具体做法是：在炉内的熔体硅流入硅水包后，当液面高度达到硅水包高度的三分之一时，拧开氯气罐阀门，氯气经导管和中间钻有 ϕ10mm 孔的石墨棒导入硅水包的熔体硅中。氯气从石墨棒的下孔喷出，以气泡的形式经过熔体硅后逸出硅水包，当认为氯化后的产品达到要求时，就可从熔体硅中提出石墨棒，然后关闭氯气罐的阀门，即完成了氯化精炼。工业硅炉外高温氯化精炼装置如图 7-1 所示。

虽然氯化精炼可以达到较好的精炼效果，但氯化精炼排出的气体毒性大，含氯烟气净化流程复杂，对人和环境危害很大，使用成本也较高，因而应用受到限制，目前已被淘汰。

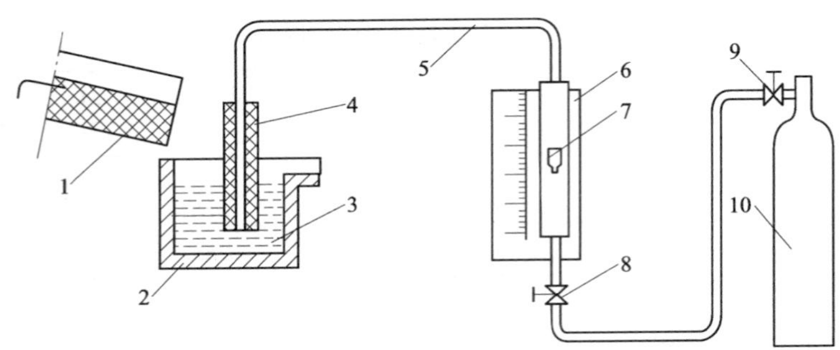

图 7-1　工业硅炉外高温氯化设备装置

1—电炉流槽；2—硅水包；3—工业硅熔体；4—氯化炭棒；5—氯气导管；
6—流量计；7—流量计浮子；8—氯气阀；9—液氯阀；10—液氯瓶

7.2.1.2　通入惰性气体

通入惰性气体精炼的原理是：利用杂质铝、钙等与硅的蒸气压不同，人为造成强制气化条件，使比硅的蒸气压高的钙、铝等气化升华，从而达到分离杂质的目的。通入的气体一般是氮气或氩气。使用惰性气体的优点是，在造成强制气化条件、熔融液相表面积增大时，不会造成硅的氧化。

7.2.1.3　通入氧气气体

氧化精炼的基本原则是选择性氧化，即在相同的氧压和温度下，氧选择在熔液中与其亲和力由大到小的诸元素进行氧化反应，使其氧化物进入渣相，金属与熔渣达到热力学平衡，从而完成去除杂质的目的。据资料计算得出工业硅熔液中几个元素与氧亲和力由大到小的顺序为 Ca、Al、Si、Fe。硅熔液中的钙、铝氧化总反应式为：

$$Ca+\frac{1}{2}O_2 = CaO$$

$$2Al+\frac{3}{2}O_2 = Al_2O_3$$

即进入精炼包的氧气，将首先氧化 Ca 和 Al，待达到基本平衡后，才可能氧化 Si 和 Fe，又因 Si 的活度 $a_{Si}=1$，故 Si 的氧化则保护铁不被氧化，所以吹氧无除 Fe 效果。

7.2.2　熔剂精炼

7.2.2.1　加氧化钠、氧化硅絮凝剂进行熔融精炼

工业硅熔剂精炼法是使低熔点氧化渣与工业硅熔液相混，使硅熔液中杂

质与氧化渣反应，分离脱除杂质的一种方法。

据国外资料介绍，在工业硅中加入由 Na_2O 5%~50%和 SiO_2 50%~95%组成的絮凝剂或者由 Na_2O 5%~50%和 SiO_2 50%~95%以及 MgO、CaO 低于 35%组成的熔剂后，熔渣的熔点可从原来的 1450~1480℃降到 1000℃左右，同时还可降低熔渣的密度，改善其黏度和表面张力，这样可更有利于熔渣和硅的分离。

我国某厂用 $Na_2O \cdot 2SiO_2$作渣剂在 1.8MV·A 矿热炉上进行的工业性试验也表明：采用 $Na_2O \cdot 2SiO_2$渣剂后，产品中铝平均含量不高于 0.3%，去除率达 30%左右，钙平均含量不高于 0.26%，去除率达 40%。

7.2.2.2 加氧化硅、石灰造渣剂并吹入氧气进行熔融精炼

由前面介绍的氧化精炼的冶炼原理可知，在相同的氧压和温度下，钙、铝对氧的亲和力均比硅大得多，所以在通入氧气或空气时，钙、铝被氧化的倾向也大于硅。单纯用富氧底吹便可使工业硅精炼取得较好的冶炼效果，如果再加入精炼渣和保温料覆盖，使工业硅熔液在保温条件下精炼，最终的精炼效果更好。

7.3 实例：富氧底吹精炼工业硅的实践

7.3.1 富氧底吹精炼

前述传统的氯化精炼工业硅法虽然除钙效果极好，但除铝效果一般，且排出的气体毒性大，含氯烟气净化流程复杂，对人和环境危害很大，国内外已取消了工业硅吹氯精炼法。通入惰性气体精炼法又难以解决熔体温度的大幅下降。单一加入熔剂精炼法的效果并不是非常理想，所以受炼钢炉外精炼技术的启发，在炉外把精炼渣与富氧底吹气体结合起来，已经成为主要的工业硅精炼技术。

目前工业发达国家已普遍采用富氧精炼代替氯化精炼，并已取得了好的精炼效果和社会效益。在 1995 年我国水利部丹江口铁合金厂，借鉴国外成功的经验开发研究适合我国工业硅生产实际的富氧底吹精炼技术，以使我国的工业硅在质量上提高档次，使之尽快达到化工用硅品级，提高国际竞争力，包括期望达到减少乃至不用木炭初炼“553”品牌配料的初炼工艺、供气系统的设计和透气元件的选择、富氧底吹精炼工艺。

7.3.2　主要设备及原材料

7.3.2.1　主要设备

设备主要包括用于工业硅冶炼的矿热炉和精炼系统，所用的矿热炉的主要技术参数见表 7-2。

表 7-2　富氧底吹精炼采用的矿热炉主要技术参数

电炉容量	6.3MV · A	电极直径	600mm（石墨）
变压器型号	HTSSPZ-6300/35	极心圆直径	1900mm
一次电压	35kV	炉膛直径	4100m
二次电压	110~149V（常用 132V）	炉壳直径	6000mm
一次电流	104A	炉膛深度	2000mm
二次电流	27556A	炉壳高度	4200mm

精炼系统的主要设备包括底吹硅水包、透气砖及供气系统等。该工业硅电炉每次出硅量约 3t。硅水包内衬为干砌高铝砖（型号为 LZ-75），包底为耐热混凝土打结料（成分见表 7-3）。透气砖置于硅水包底部中央，其性能要求见表 7-4。硅水包与透气砖尺寸如图 7-2 所示。

表 7-3　硅水包包底混凝土打结料成分

牌号	化学成分 /%	体积密度 /g · cm^{-3}		耐压强度 /MPa		抗折强度 /MPa		线变化率 /%		最高温度使用 /℃	含水量 /%
	Al_2O_3	110℃	1500℃	110℃	1500℃	110℃	1500℃	110℃	1500℃		
PN-SF_3	>90	>3.0	>3.0	>50	>80	>6	>12	±0.2	0~1.0	1800	5~6

表 7-4　透气砖（套砖）性能指标

牌号	化学成分/%	体积密度 (1500℃×3h) /g · cm^{-3}	耐压强度 (1500℃×3h) /MPa	抗折强度 (1500℃×3h) /MPa	线变化率 (1500℃×3h) /%	最高温度使用 /℃
	$Al_2O_3+Ar_2O_3$					
PN-TQ	>93.0	>3.20	>90	>15	0~1.0	1800

底吹气供气系统以氧气瓶组和 3m^3空压机作为气源，由压力表、流量表、截止阀、节流阀、单向阀等组成调节控制阀组，配以输气管道组成。供气系统有电动和手动两种操作方式，试验采用手动。底吹供气系统流程如图 7-3 所示。

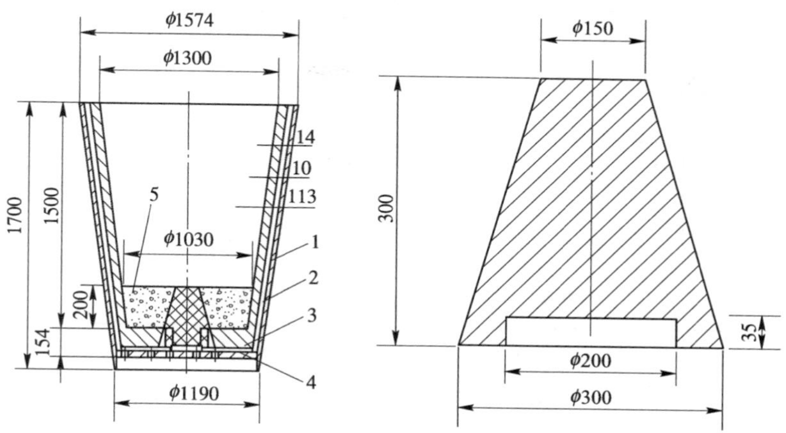

图 7-2 硅水包及透气砖剖面图

1—钢板；2—石棉板；3—耐火砖；4—透气砖；5—耐热砼打结层

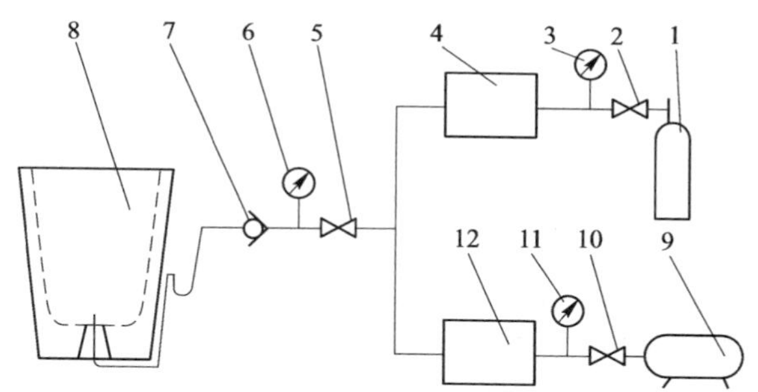

图 7-3 底部吹（氧）气系统

1—氧气源（瓶）；2，5，10—节流阀；3，6，11—压力表；4，12—联合阀组；7—单向阀；8—硅水包；9—空气源（空压机）

7.3.2.2 原材料

生产所用的原料有硅石、石油焦、木炭、兰炭及木块等。试验采用的两组原料及其化学组成分别列于表 7-5～表 7-9。

表 7-5 试验 I 组硅石的化学组成和粒度

试验组	主炉料	有效成分/%	主要杂质/%			粒度/mm
		SiO_2	Fe_2O_3	Al_2O_3	CaO	
I	硅石	99.06	0.14	0.38	0.22	20-60

表 7-6　试验 I 组还原剂的化学组成和粒度

试验组	还原剂	固定碳/%	灰分/%	挥发分/%	粒度/mm
I	石油焦	85.60	0.47	13.90	0~15
	木炭	73.40	3.13	23.47	5~100
	木块	12.5	5.01	72.06	10~80

表 7-7　试验 II 组硅石的化学组成和粒度

试验组	主炉料	有效成分/%	主要杂质/%			粒度/mm
		SiO_2	Fe_2O_3	Al_2O_3	CaO	
II	硅石 1	99.23	0.08	0.15	0.12	20~60
	硅石 2	99.15	0.11	0.14	0.13	20~60

表 7-8　试验 II 组还原剂的化学组成和粒度

试验组	还原剂	固定碳/%	灰分/%	挥发分/%	粒度/mm
II	石油焦	87.68	0.76	10.68	1~15
	木炭	72.79	6.48	19.56	10~80
	神木兰炭	88.12	5.63	5.97	5~20
	木块	11.84	6.87	70.65	<100

表 7-9　试验 II 组几种还原剂灰分的化学组成　（%）

试验组	还原剂	SiO_2	Fe_2O_3	Al_2O_3	CaO	MgO	P_2O_5	K_2O	Na_2O	TiO_2
II	石油焦	48.1	16.6	5.4	9.7	6.2	0.3			
	木炭	5.4	2.3	3.6	58.1	7.8		10.9	4.7	
	兰炭	49.3	8.6	18.7	12.5	2.4		0.8	1.0	0.7

对硅石和还原剂总的要求是：(1) 主要化学成分必须满足产品化学成分要求；(2) 要有合适的粒度组成。此外，要求硅石须有良好的热稳定性；要求还原剂应有高的比电阻和好的化学活性等。

7.3.3　试验方案及工艺流程

生产试验料批以 200kg 硅石为基准。初炼配料和工艺试验分为 2 组：试验

Ⅰ组原料中不加兰炭；试验Ⅱ组把还原剂分成两种方案，方案 1 的还原剂构成为石油焦：木炭=5：5；方案 2 的还原剂构成为石油焦：兰炭=7：3（另加木块作疏松剂）。试验Ⅰ组初炼的硅熔液，从出炉开始富氧底吹，出炉完毕继续进行不同吹气时间的对比试验，然后保持吹气浇注。试验Ⅱ组硅熔液，也从出炉开始富氧底吹，出炉完毕，做不同时间的吹气效果对比试验，迅速吊包浇注（继续吹气直至浇毕）。

7.3.4 试验工艺

出炉前先将硅水包加热烘烤至包壁发红（800℃以上），之后将硅水包拉至出炉口下，准备开眼出硅。打开炉眼前先向硅水包中通入压缩空气，初始压力为 2.45×10^5Pa，流量为 2~8Nm^3/h。随着炉内硅熔液的不断流出，逐渐加大空气流量，观察包内硅熔液翻腾情况，气体流量不得过大或过小，以不向包外喷溅为准。出硅至 1/3 量左右，开始富氧精炼，并投入精炼渣，保持氧气和空气按流量 1：1 混合，流量控制在 12~20Nm^3/h 左右，压力升至 4.5×10^5~5.0×10^5Pa。出硅完毕，继续吹气精炼并逐渐降低底吹气体的含氧量，以控制硅熔液温度并获得良好的底吹气体的搅拌作用。然后将硅水包吊至浇铸工位，待硅熔液温度降至 1600℃左右开始用木耙扒渣，扒渣完毕后开始浇铸。浇铸流量要适中，浇铸结束后，扒除包内炉渣，并延长吹气 3~5min。在整个出硅过程中，不间断地向铁水包中投入保温料覆盖。

精炼主要工艺参数为：工业硅出炉量：约 3 吨/炉；氧气耗量：5~7m^3/t；压缩空气耗量：8~10m^3/t；供气压力：2.45×10^5~4.9×10^5Pa；供气流量：0.4~0.8m^3/min。温度控制：工业硅出炉温度约为 1800℃，包内吹氧精炼温度控制在 1700~1800℃之间，后期吹气搅拌期间温度控制在 1600~1700℃之间，扒渣浇注温度控制在 1550~1600℃左右。

试验中需注意的事项：（1）应保证电炉冶炼的正常进行，保证熔硅流量较大、温度较高，并保持出硅量的均匀稳定；（2）气站内禁止吸烟及闲杂人员进入，气站及空压机必须由专人管理及操作；（3）吹气前必须做好气体中的排水工作，以防爆炸，确保安全。

7.4 试验结果分析

7.4.1 试验数据

试验结果列于表 7-10~表 7-12。

表 7-10　实验Ⅰ组实验结果

抽样号	吹氧时间/min	[Ca]/%		脱钙率/%	[Al]/%		脱铝率/%
		精炼前	精炼后		精炼前	精炼后	
1	15	0.392	0.073	81.4	0.67	0.34	47.7
2	15	0.409	0.085	79.2	0.64	0.28	56.6
3	15	0.415	0.080	82.3	0.65	0.33	51.5
4	15	0.443	0.106	76.1	0.63	0.33	53.1
5	15	0.378	0.101	73.3	0.68	0.31	50.8
6	15	0.402	0.093	76.9	0.64	0.28	53.3
7	20	0.415	0.064	82.9	0.63	0.23	63.5
8	20	0.453	0.071	84.3	0.65	0.21	67.7
9	20	0.425	0.065	84.7	0.66	0.22	66.7
10	20	0.472	0.063	86.7	0.67	0.19	71.6
11	20	0.389	0.052	86.6	0.64	0.24	62.5
12	20	0.416	0.059	85.8	0.65	0.23	64.6
13	25	0.436	0.044	90.2	0.68	0.16	76.5
14	25	0.429	0.038	91.1	0.65	0.15	76.9
15	25	0.458	0.047	98.8	0.67	0.17	74.6
16	25	0.427	0.054	87.4	0.65	0.16	75.4
17	25	0.453	0.036	92.1	0.64	0.13	79.7
18	25	0.418	0.040	90.4	0.59	0.14	76.3
19	25	0.437	0.042	90.4	0.62	0.14	77.4
20	25	0.406	0.048	88.2	0.63	0.17	73.0
21	25	0.457	0.044	90.4	0.65	0.16	75.3
22	25	0.508	0.046	90.9	0.67	0.13	80.6
23	25	0.483	0.037	92.3	0.66	0.14	78.7
24	25	0.465	0.045	90.4	0.65	0.15	76.7

表 7-11　试验Ⅱ组第一方案初炼产品精炼试验结果

抽样号	Ca/%			Al/%		
	精炼前	精炼后	脱除率	精炼前	精炼后	脱除率
1	0.77	0.060	92.2	0.31	0.081	73.8
2	0.68	0.058	91.2	0.35	0.081	76.9
3	0.69	0.056	91.9	0.31	0.074	76.1
4	0.74	0.048	93.5	0.28	0.068	75.7

续表 7-11

抽样号	Ca/%			Al/%		
	精炼前	精炼后	脱除率	精炼前	精炼后	脱除率
5	0.78	0.058	92.6	0.28	0.074	73.6
6	0.73	0.059	91.1	0.30	0.072	76.0
7	0.64	0.084	86.9	0.29	0.074	74.5
8	0.76	0.059	91.6	0.26	0.072	72.3
9	0.68	0.057	91.6	0.30	0.078	74.0
10	0.73	0.052	92.9	0.39	0.076	80.5
11	0.65	0.054	91.7	0.35	0.081	76.9
12	0.72	0.056	92.2	0.29	0.078	73.1
13	0.78	0.055	93.0	0.27	0.070	74.0
14	0.69	0.050	92.7	0.25	0.076	69.6
15	0.70	0.059	91.6	0.31	0.064	79.3
16	0.64	0.058	91.0	0.29	0.070	75.8
平均	91.7			75.1		

表 7-12　试验Ⅱ组第二方案初炼产品精炼试验结果

抽样号	Ca/%			Al/%		
	精炼前	精炼后	脱除率	精炼前	精炼后	脱除率
1	0.27	0.024	91.1	0.43	0.094	78.1
2	0.20	0.021	89.5	0.41	0.090	78.0
3	0.28	0.028	90.0	0.48	0.096	80.0
4	0.22	0.021	90.0	0.42	0.094	77.6
5	0.28	0.024	91.4	0.47	0.102	74.5
6	0.24	0.030	87.5	0.42	0.088	79.0
7	0.28	0.026	90.7	0.46	0.090	80.4
8	0.26	0.030	88.5	0.45	0.092	79.6
9	0.28	0.026	90.7	0.39	0.084	78.5
10	0.22	0.024	89.1	0.44	0.092	79.1
11	0.26	0.019	92.7	0.46	0.092	80.0
12	0.24	0.022	90.0	0.42	0.094	77.6
13	0.22	0.024	89.1	0.40	0.08	78.5
14	0.28	0.026	90.7	0.38	0.088	76.8
15	0.30	0.026	91.3	0.40	0.106	73.5
16	0.26	0.022	91.5	0.44	0.096	78.2
平均			90.3			78.1

7.4.2　结果分析

7.4.2.1　Ca、Al 脱除率

由表 7-10~表 7-12 可以看出，工业硅富氧底吹精炼有较高的脱钙和脱铝效率。脱钙率最高可达 95%以上，最低也在 75%左右，平均达 91%；脱铝率较脱钙率稍低，平均也在 75%左右。两组原料脱钙率和脱铝率的不同主要是因初炼产品的含钙量和含铝量不同。初炼产品含钙和含铝高，精炼脱钙和脱铝则高，反之则反。

7.4.2.2　吹氧时间与脱钙率、脱铝率之间的关系

将试验Ⅰ组原料的脱钙率和脱铝率按吹氧时间作成曲线如图 7-4 和图 7-5 所示。图中虚线为 Ca、Al 的脱除率趋势线（二阶多项式曲线）。由图可以看出，对同样的初炼产品，底吹氧精炼时间不同，脱钙率和脱铝率是不同的。在试验范围内，吹氧时间越长，钙、铝脱除率越高。对工厂要求的［Ca］、［Al］目标（［Ca］≤0.05%，［Al］≤0.3%），从抽样结果看，吹氧 25min 即可达到。如再增加吹氧时间，铝、钙脱除率增加不明显，同时还会增大氧气耗量，降低硅液温度，增加了精炼成本和浇铸难度。

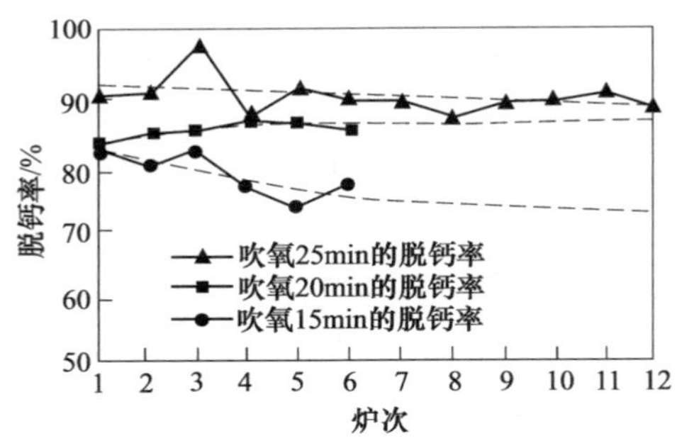

图 7-4　试验Ⅰ组的脱钙率与吹氧时间的关系曲线图

减少木炭还原剂的用量，保护自然资源，可以降低工业硅最终产品的［Ca］含量，提高产品质量。

图 7-6~图 7-9 分别显示了试验Ⅱ组原料出炉及精炼后的钙、铝含量分析，虚线是出硅时的分析，实线是精炼后的分析，由图可以看出，用兰炭替代木炭的方案 2 初炼产品中含钙较使用木炭的方案 1 低，其精炼产品中含钙也低，

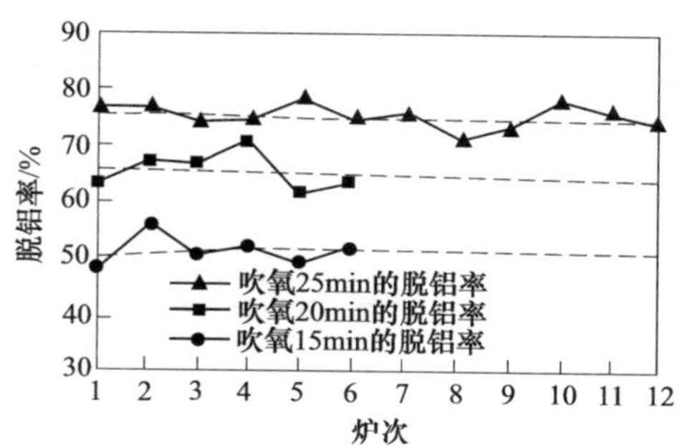

图 7-5 试验Ⅰ组的脱铝率与吹氧时间的关系曲线

平均可达 0.025%，方案 2 比方案 1 含铝略高，但精炼后的铝含量相差不大，均小于 0.1%。由此可见，应用石油焦，优质兰炭或烟煤等进行合理搭配，取代木炭，用木块作疏松剂，并采用合理的冶炼制度，其冶炼效果可与使用木炭时媲美，甚至更好。初炼产品含钙、含铝越低，精炼后的工业硅中［Ca］、［Al］含量越低，产品质量越好。

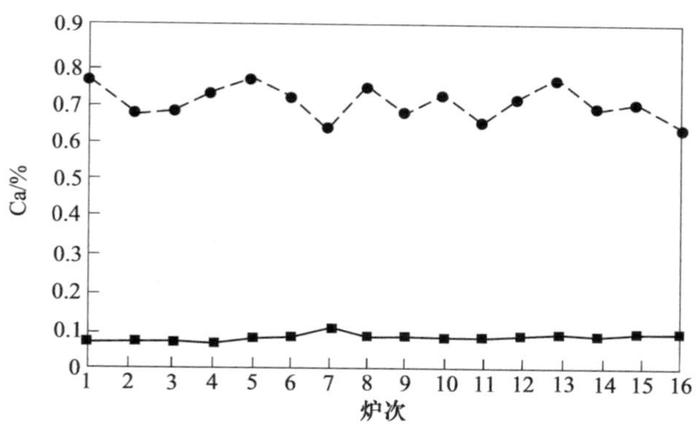

图 7-6 试验Ⅱ组方案 1 工业硅出炉及精炼后的 Ca 含量分析

（虚线为出炉时的分析，实线为精炼后的分析）

7.4.2.3 热平衡

在工业硅精炼中，由于引入富氧，会发生放热反应，使反应区附近温度升高，加之气体搅动作用，导致包底耐火材料的损坏加剧，特别是透气元件的寿命缩短。在工业硅包中精炼过程，由于熔池表面和包壁同时存在散热损失，为此，应加覆盖剂保温。

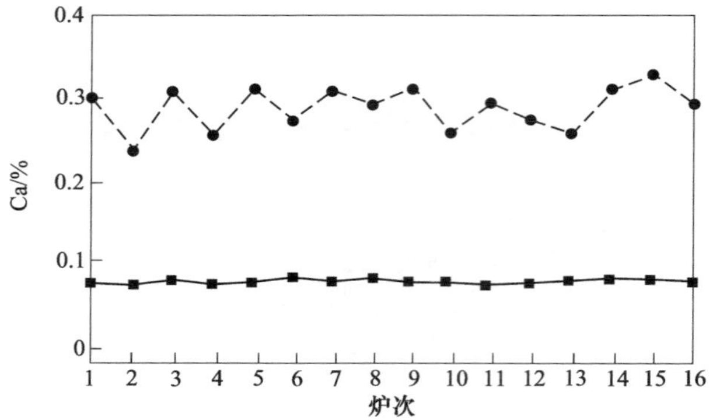

图 7-7　试验Ⅱ组方案 2 工业硅出炉及精炼后的 Ca 含量分析

（虚线为出炉时的分析，实线为精炼后的分析）

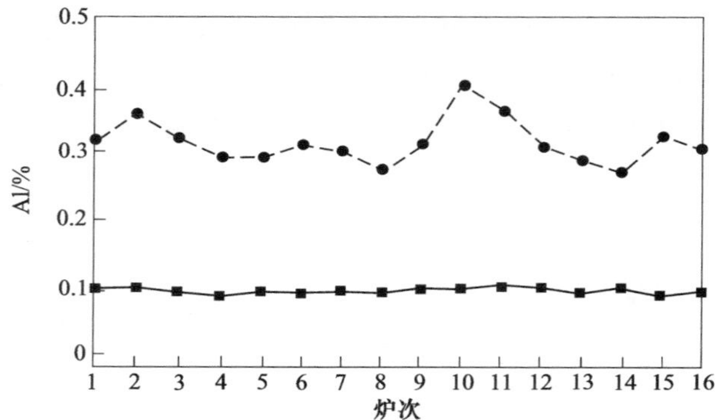

图 7-8　试验Ⅱ组方案 1 工业硅出炉及精炼后的 Al 含量分析

（虚线为出炉时的分析，实线为精炼后的分析）

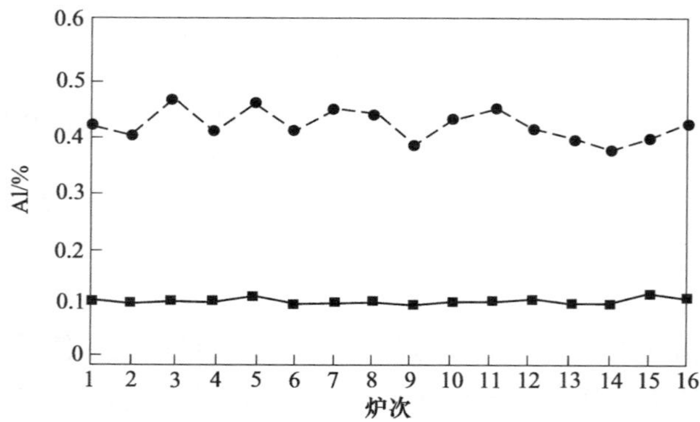

图 7-9　试验Ⅱ组方案 2 工业硅出炉及精炼后的 Al 含量分析

（虚线为出炉时的分析，实线为精炼后的分析）

工业硅的精炼终点温度不应低于1550～1600℃，否则会使硅液包结瘤，包底凝壳损失增加。图7-10显示了工业硅精炼过程中典型的温度变化。图中表明，由于铝和钙的氧化反应放热，精炼过程的前25min，温度升高；后期散热损失渐大，通常可以使温度降至1550～1600℃，此温度为浇铸前的适宜温度。

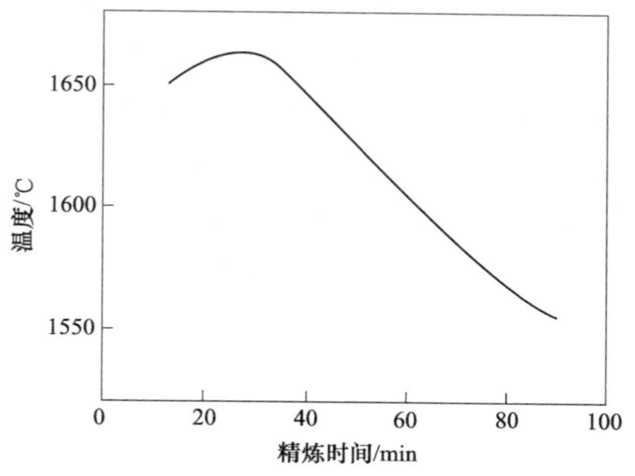

图7-10　工业硅精炼过程中的温度分析

硅液流量和出炉温度对热平衡影响很大，包体温度的显著升高会增加耐火材料的损坏程度。

热损失取决于出硅时间、硅水包形状、耐火材料和绝热材料的类型、是否采取保温措施及保温方法等。

7.4.2.4　渣型

控制合适的渣型，使其对铝和钙的氧化物有较好的吸收作用，且易与硅熔体分离。熔渣的主要组分为SiO_2 60%，CaO 25%，其他约15%左右，得到的产品中含Ca含量为0.026%，这时渣、硅分离良好。如果要将工业硅中钙含量精炼至0.01%，会因浮渣造成一定程度的合金夹渣。工业硅浇铸时，非常薄的渣层有时会凝结在包壁上。

7.4.2.5　搅拌与动力学

向硅熔池中喷吹富氧气体，在透气元件端部反应快捷、有效地使铝、钙、硅被氧化。引入压缩空气或惰性气体代替人工搅拌，改善了硅熔体的循环流动，促进了渣-金属之间的反应，使得铝和钙与二氧化硅之间发生反应，从而减少了渣中二氧化硅含量，所以搅拌对硅的回收率有重要影响。适当的搅拌对均匀熔体温度，解决包内挂渣结瘤等问题都具有重要意义。

7.4.2.6　富氧底吹精炼的优越性

传统的工业硅氯化精炼，虽对降低熔硅中钙、铝等杂质有良好的效果，但氯气对人体有害，污染环境，腐蚀设备。并且氯化精炼产生的铝，钙氯化物残留于产品中，易使产品吸湿，导致外观变坏，甚至内部组织疏松、粉化。再者，氯化精炼脱铝效果并不理想。而熔融工业硅底部吹氧逸出的气体对人体无害，且氧化精炼脱铝和脱钙效果都很好，运行安全，工艺流程短，操作、维护方便，不需要增添复杂昂贵的设备，投资及精炼费用低，因而我国在 20 世纪末就开始使用富氧底吹精炼工业硅的创新技术。

7.4.2.7　经济效益

采用富氧底吹精炼工业硅成本低，效益好。某企业 1996 年的统计富氧精炼仅增加生产成本约 133 元/吨，而产品质量的提高使销售价格增加约 800 元/吨，每吨产品实际获利 660 多元，提高了企业的经济效益，同时增强了产品的市场竞争力。

7.5　小结

（1）在工业硅炉采用以石油焦、木炭、兰炭为主的多元复合还原剂取代木炭为主的还原剂，具有重要意义。该法初炼产品杂质含量大幅降低，不精炼即可生产“553”品牌，即 Fe、Al、Ca 分别达到 0.5%，0.5%，0.3%或以下，特别是钙的控制低而稳定。

（2）采用富氧底吹法精炼工业硅，可使产品中 Ca 和 Al 下降 90%和 70%，确保高纯化学用硅生产。该法操作简单，运行安全，无污染，企业效益和社会效益都可获得提高。

（3）采用取代木炭的复合还原剂初炼工业硅“553”品牌，并配置富氧底吹精炼系统，可进一步生产高纯化工用硅品牌，提高产品的市场竞争能力。

8 工业硅电炉的设计计算

工业电炉的设计计算是工业硅电炉建设的第一步，它关系到今后电炉建成后生产指标的好坏，企业的经济效益。因此，必须认真对工业硅电炉进行科学的设计计算。

8.1 国内外工业硅电炉的发展概况

8.1.1 我国工业硅电炉的发展

我国第一台工业硅电炉 1957 年 8 月建成于抚顺铝厂，是容量为 5000kV · A 的单相双电极工业硅电炉，当时该厂拥有工业硅产能为 2000t/a。

20 世纪 60 年代先后在辽宁、上海和江苏等地几个企业也开始建设工业硅电炉，有单相双电极椭圆形工业硅电炉，如上海铁合金厂，也有三相三电极圆形工业硅电炉。20 世纪 80 年代开始，国内各地陆续建设了很多工业硅电炉，当时使用的是石墨电极，由于受我国电极制造的影响，炉容在 6300kV · A 以下，生产用的还原剂主要是木炭。期间遵义钛厂、抚顺铝厂、本溪合金厂曾用石油焦代替木炭生产工业硅，以求提高产品质量。存在的问题是炉料发黏、透气性差、电极易上抬、捣炉难度大、电耗升高、产量减少。

1978 年起，上海铁合金厂率先在工业硅电炉上用木块代替木炭，与石油焦一起作还原剂生产工业硅，取得了良好的效果。实践证明，木块与石油焦一起做还原剂，可增大炉料电阻、料层的孔隙率和疏松度，改善炉料透气性，促使电极深插，提高电炉的电效率和热效率，有利于生产过程的顺利进行，现在国内几乎所有的工业硅电炉已把木块作为入炉料的重要组成，在生产中长期使用。

青海民和镁厂、贵州遵义钛厂在利用不同牌号的煤和玉米芯作还原剂方面也有工业应用的试验。实践证明，这些材料只要选用、处理得当，都可作为生产工业硅还原剂的重要组分在生产中应用。

辽宁抚顺铝厂从 1965 年开始，采用氯气顶吹精炼工业硅熔液，遵义钛厂也用这种办法结合熔剂处理，使硅液中的钙含量减少 90%，铝含量减少 70%，这样大大地提高了工业硅产品的质量。抚顺铝厂于 1967 年开始在工业硅电炉上使用捣炉机，开始实现我国工业硅电炉的机械化操作。

1988 年，遵义钛厂在 2 台 6300kV · A 工业硅电炉采用半封闭烟罩，结合布袋除尘器处理工业硅电炉生产过程产生的烟尘，我国工业硅电炉开始实现烟气除尘。

1995 年，水利部丹江口铁合金厂在国内首先采用底吹富氧精炼工业硅，在提高产品质量的基础上，克服了氯气精炼既不环保又不安全的不足。低压补偿装置于 1998 年在水利部丹江口铁合金厂开始使用，电炉产量提高 10%，电耗降低 2%。工业硅电炉已实现了半封闭、布袋除尘、底吹富氧精炼、低压补偿装置、自动配料、机械加料、机械捣炉和推料、电极系统的液压控制、自动化配电装置等电子计算机控制工业硅电炉技术等，为工业硅电炉大型化奠定了基础。

21 世纪初，我国某电极公司突破外国对我国制造大直径炭素电极技术封锁，自主研发，自主创新，首先在国内生产出大直径炭素电极，为我国自主研发自主制造大型工业硅电炉克服最后的瓶颈。中国工业硅人在引进、学习、吸收、消化、创新国外大型工业硅电炉经验的基础上，先后在甘肃、四川、云南、新疆、贵州、福建等地雨后春笋般地建立起过百台大型工业硅电炉。现在我国工业硅的产能、产量、出口量都位居全球第一，装备水平也进入世界一流，同时还出口马来西亚、印度尼西亚、巴西、哈萨克斯坦、伊朗等国家。

8.1.2　国外工业硅电炉的发展

1937 年法国人埃莱夫申制造了 18kV · A 的小型工业硅电炉。20 世纪 40 年代最大工业硅电炉容量只有 8500kV · A，60 年代末，最大容量达到 20000kV · A，70 年代建立了 30000kV · A 以上容量，目前世界最大工业硅电炉达到 50000kV · A 左右。

电炉容量扩大后，提高了炉子的热效率和电效率，炉温和操作更稳定，电能等消耗有所降低，也为原料配料加料和操作机械化、自动化创造了条件，提高了劳动生产率。扩大电炉容量，还可明显降低投资，一般 2 台 15000kV · A 工业硅炉可比 4 台 75001kV · A 工业硅炉投资减少 10%～15%，一台 30000kV · A 工业硅炉可比 4 台 7500kV · A 工业硅炉投资减少 25%～30%。扩大电炉容量后，由于投资和劳动力的相对减少，明显降低了工业硅的成本。

扩大工业硅炉的容量，一般要求电极直径随之增大。石墨电极直径的扩大受压力机等限制。现在美国、加拿大、俄罗斯、日本等的大容量工业硅炉已趋向于采用炭素电极或自焙电极。

随铁合金炉炉容扩大之后，于20世纪50年代就开始采用旋转炉熔炼工业硅。60年代以后，国外工业硅生产中已普遍使用旋转炉。70年代日本五大公司的11台工业硅炉中，有7台是旋转炉。炉体旋转能及时破坏炉内碳化硅，帮助炉料下沉，延长检修周期，提高生产能力；可深埋电极、热利用好，降低电耗；能增加炉料透气性，因而可使用粒度更小一些的炉料，由于炉底和炉壁高温在不断变换，因此炉衬寿命得以延长；还可减少捣炉操作，降低劳动强度。

国外大容量工业硅炉的加料、捣炉等的机械化程度很高，有的已采用计算机控制。美国新西弗吉尼亚合金厂32000kW工业硅炉，20世纪70年代就采用了计算机控制，80年代以来又不断改进了控制过程。

国外很重视工业硅炉烟气的净化。20世纪70年代以来投产的大容量工业硅炉大多都设置了净化处理装置。70年代中期，南非投产的3台25000kV·A工业硅炉，各设一套净化处理装置，总费用250万兰特（约合人民币98.8万元）。日本11台工业硅炉中有9台装有袋式除尘器。意大利的工业硅炉装有赫德克斯（Hydrex）型湿式电除尘器。

8.2 中国特色的工业硅电炉

我国自21世纪初从国外引进大型工业硅电炉，经中国工业硅人的学习、消化、创新，已形成具有中国特色的大中型工业硅电炉。

8.2.1 容量利用率高

国外大型工业硅电炉的容量利用率一般不超过70%，见表8-1。

表8-1 国外大型工业硅电炉的容量利用率

指　标	挪威	德国	法国	法国	意大利
容量/kV·A	25.5	27	36	25.5	30
有功功率/MW	17.5	18.0	23.6	17.3	19.5
容量利用率/%	68.6	66.6	65.3	68.0	65.0

中国的大中型工业硅电炉的容量利用率见表8-2。

表 8-2　中国的大中型工业硅电炉的容量利用率

指　标	中　国	
容量/kV · A	30.0	18.9
有功功率/MW	25.5	17.0
容量利用率/%	85	90

由表 8-1 及表 8-2 可见，我国工业硅电炉的容量利用率比国外电炉容量利用率要高出约 15%~25%。

8.2.2　电极直径决定容量大小

我国目前中大型工业硅电炉使用的电极都是石墨质炭电极，石墨质炭电极已有我国的行业标准（见表 8-3），明确规定了一定直径的石墨质炭电极允许最高电流负荷（单位为 A）和允许最高电流密度（单位为 A/cm^2），由此可决定电炉容量。

表 8-3　电极电流负荷表

电极公称直径/mm	石墨质炭电极		石墨电极		电　炉			
	允许最高电流负荷/A	允许最高电流密度/A · cm^{-2}	允许最高电流负荷/A	允许最高电流密度/A · cm^{-2}	公称容量/MV · A	常用二次电压/V	常用二次电流/A	电极电流密度/A · cm^{-2}
800			60200	12.0	13.5	160	48715	9.7
1020	57900	7.1			13.5	160	48715	6.0
1146	72100	7.0			18.9	170	64189	6.2
1272	85100	6.7			30.0	220	78731	6.2

由表 8-3 可知，我国工业硅电炉的容量受电极直径制约，要使我国工业硅电炉发展更大型化，必须制造出能承载更大电流、更大直径的石墨质炭电极。

8.2.3　电极几何参数要根据实际使用的有功功率

由表 8-1 和表 8-2 可见，我国工业硅电炉的容量利用率远高于国外同容量工业硅电炉。因此，不能依照国外的理论和经验进行设计，必须要予以优化和创新。

8.3　工业硅电炉的设计计算

8.3.1　工业硅电炉生产能力计算

工业硅电炉生产能力采用下述公式计算

$$Q=\frac{24TPK_1K_2K_3\cos\varphi}{W} \tag{8-1}$$

式中　Q——电炉生产量，t/a；

24——电炉每天连续作业 24h；

T——电炉工作日历天数，d/a；

P——电炉变压器额定容量，kV·A；

$\cos\varphi$——电炉容量利用系数，视电炉容量大小而异，容量越大，其值就越小，一般为 0.85~0.92；

K_1——电源电压波动系数，一般为 0.95~1.0；

K_2——电炉变压器功率利用系数，一般为 0.95~1.0；

K_3——电炉作业时间利用系数，一般为 0.95~0.98；

W——产品冶炼电耗，kW·h/t。

8.3.2　工业硅电炉设计计算程序

8.3.2.1　电极直径的确定

中国的大型工业硅电炉（22.5~26MW）选用 ϕ1272mm 石墨质炭素电极，中型工业硅电炉（16.0~18.0MW）选用 ϕ1146mm 石墨质炭素电极。

8.3.2.2　电极极心圆直径的计算

根据电极直径，电极极心圆直径可按下式计算

$$d_c=K_c\cdot d_e \tag{8-2}$$

式中　d_c——电极极心圆直径，mm；

K_c——电极极心圆系数，与选用还原剂品种和还原剂配比有关，一般选用系数为 2.45~2.60，还原剂比电阻大取较小值，比电阻小取较大值；

d_e——电极直径。

C 炉膛内径的计算

根据极心圆直径，炉膛内径可按下式计算

$$d_i = K_i \cdot d_c \tag{8-3}$$

式中 d_i——炉膛内径；

K_i——炉膛内径系数，与出炉制度有关，一般 K_i 为 2.1～2.3，连续出炉取较小值，间断出炉取较大值。

D 炉膛深度的计算

根据电极直径，炉膛深度可按下式计算：

$$H = K_h d_e \tag{8-4}$$

式中 H——炉膛深度；

K_h——炉膛深度系数，与电炉有功功率有关，一般为 2.4～2.6，功率小取小值，功率大取大值。

8.3.3 电气参数计算

8.3.3.1 工业硅电炉额定容量的计算

电炉额定容量通常是给定的，但有时也需要计算。计算工业硅电炉有功功率的原始数据是所要求的生产能力和单位冶炼电耗。单位冶炼电耗不是严格的常数，往往因炉料质量、电气参数和电炉几何参数而有波动，要参考基本相似的情况选择单位冶炼电耗值：

$$P_s = \frac{QW}{Aa_1a_2a_3 \cdot \cos\varphi} \tag{8-5}$$

式中 P_s——电炉额定容量，kV · A；

Q——电炉年生产能力，t/a；

W——单位冶炼电耗，kW · h/t，一般取 12200～12700；

A——电炉年工作小时，h/a，一般取 7920～8040；

a_1——电源电压波动系数，一般为 0.95～1.05；

a_2——电炉变压器功率利用系数，一般为 0.95～1.00；

a_3——电炉作业利用系数，一般为 0.96～0.98；

$\cos\varphi$——电炉额定容量的容量利用系数，在我国一般取 0.85～0.92，大容量电炉取低值，小容量电炉取高值。

8.3.3.2 二次侧电压计算

电炉额定容量即电炉变压器的视在功率，根据电炉变压器视在功率，工业硅电炉二次侧常用电压可按下式进行计算：

$$U_2 = K_e \sqrt[3]{P_s} \tag{8-6}$$

式中 U_2——二次侧常用电压，V；

K_e——电压系数，工业硅电炉取 6.5~7.5；

P_s——电炉视在功率。

8.3.3.3 二次侧常用电流的计算

根据电炉变压器的视在功率 P_s 和二次侧常用电压 U_2，二次侧常用电流可按下式计算：

$$I_2 = \frac{P_s}{\sqrt{3}U_2} \times 1000 \tag{8-7}$$

式中 I_2——电炉变压器二次侧常用线电流，A。

8.3.4 工业硅电炉变压器确定

电炉变压器是工业硅电炉生产过程中个最关键的设备，经常被称为是工业硅电炉的心脏，工业硅电炉生产的好坏与电炉变压器的电气参数是否合适有很大关系。因此，设计工业硅电炉时，一定要根据电炉容量等技术条件及工艺要求，设计出合适的工业硅电炉变压器，具体详阅第 5.2.1.3 节。

8.4 工业硅电炉设计计算程序案例

计算年产 15000t 化工级工业硅电炉的各部参数：

（1）电炉变压器容量计算：

根据式（8-5），Q 取 15000t/a，W 取 12200kW · h/t，A = 350 天×24h = 8040h/a，a_1取 0.98，a_2 取 0.97，a_3 取 0.96，$\cos\varphi$ 取 0.86，代入式（8-5）得，$P_s \approx 30000$kV · A。

（2）二次侧常用电压计算：

根据式（8-6），P_s 取 30000kV · A，K_e 取 7.0，代入式（8-6）得，$U_2 \approx 220$V。

（3）二次侧常用电流计算：

根据式（8-7）：

$$I_2=\frac{P_s}{\sqrt{3}U_2}\times 1000=78732\text{A}$$

（4）电极直径计算：

$$d_e=1.128\frac{\sqrt{I_2}}{\sqrt{J}}$$

式中　I_2——二次侧电流，取 78732A；

J——电极电流密度，查表 8-3 取 6.5A/cm²；

$d_e\approx 1243$，按规格取 1272mm。最后实际电极电流密度为 6.3A/cm²。

（5）电极极心圆直径计算：

根据式（8-2），d_e 取 1272mm，k_c 取 2.50，代入式（8-2）得，$d_c\approx$ 3200mm。

（6）炉膛内径计算：

根据式（8-3），d_c 取 3200mm，k_i 取 2.2，代入式（8-3）得，$d_i=3200\times 2.2\approx 7100$mm。

（7）炉膛深度计算：

根据式（8-4），d_e 取 1272mm，K_h 取 2.5，代入式（8-4）得，$H=1272\times 2.5\approx 3200$mm。

从以上计算可知，年产 15000t 工业硅电炉：

（1）电炉变压器额定容量 P_s：30000kV · A；

（2）电炉常用二次侧电压 U_2：220V；

（3）电炉常用二次侧电流 I_2：78132V；

（4）电炉电极直径 d_e：1272mm，石墨质炭电极；

（5）电极极心圆直径 d_c：3200mm；

（6）电炉炉膛直径 d_i：7100mm；

（7）电炉炉膛深度 H：3200mm。

9 工业硅生产的辅助设备

工业硅生产的辅助设备主要有炉口操作设备和炉前设备。

9.1 炉口操作设备

炉口操作设备是工业硅电炉车间的关键设备之一，随着电炉大型化及其机械化和自动化装备水平的提高，炉口操作设备日益成为必备的设备。

工业硅电炉采用料管下料兼布料，并辅以自由行走的多功能加料推料捣炉机或单功能直轨式捣炉机，并辅以加料推料机。

9.1.1 单功能直轨行走式捣炉机

目前我国中小型工业硅电炉采用捣炉设备，通常一座工业硅电炉配备 3 台捣炉机，其主要技术参数见表 9-1，捣炉机结构图如图 9-1 所示。

表 9-1 捣炉机及挑料机主要技术参数

项 目	捣 炉 机		挑料机
	1	2	
进出速度/mm · s^{-1}	270	460	510
进出长度/mm	2800	1800	1200
升降速度/mm · s^{-1}	53	166~250	
捣（挑）炉最大角度/(°)	约 50	约 35	40
小车行走速度/mm · s^{-1}	250	人推	人推
轨距/mm	1000	750	850（无轨）
轮距/mm	850	800	1000
电动机型号	JO_2-42-4，JO_2-51-4，JO_2-22-4	JZ-12-6	JZR_2-22-6
电动机功率/kW	5.5 7.5 10	3.5	9.5
电动机台数/台	3（各 1）	2	1
外形尺寸/mm×mm×mm	4400×1250×1500	3600×1000×1250	3000×1200×2000
设备质量/kg	1710	922	

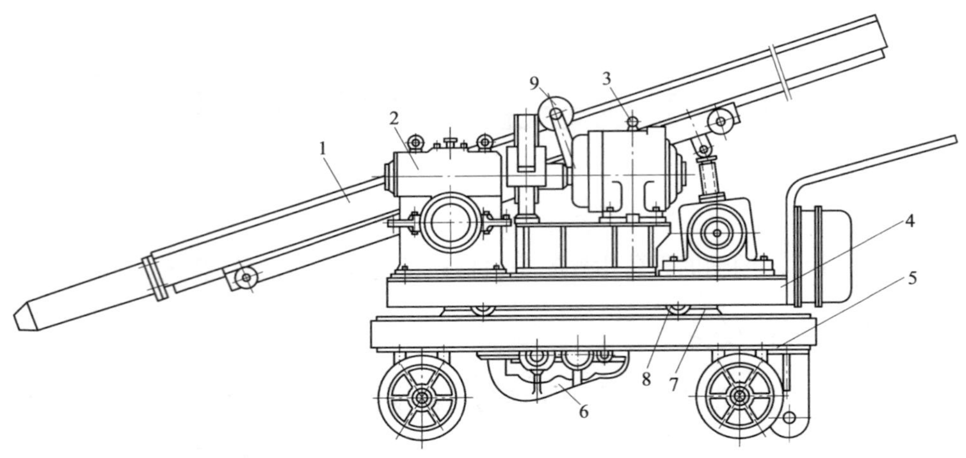

图 9-1　捣炉机结构图

1—捣杆；2—捣杆进退机构；3—捣杆升降机构；4—上车面；5—下车面；
6—小车行走机构；7—回转盘；8—回转轮；9—压辊

9.1.2　单功能直轨行走式加料机

我国有的工业硅电炉曾摸索使用加料机直接加料，但其使用效果、结构和工作情况还不够理想，有待改进和提高。表 9-2 为某厂使用的加料机的主要技术参数，加料机结构如图 9-2 所示。

表 9-2　我国某厂加料机的主要技术参数

项　　目	技 术 参 数			
加料槽内宽/mm	270			
加料槽内高/mm	145			
往复摆动距离/mm	140			
往复摆动速度/次 · min^{-1}	45. 7			
轨距/mm	1000			
电动机型号	JO_2-41-4	JO_2-32-6	JO_2-31-4	JO_2-32-8
电动机功率/kW	4	2. 2	2. 2	1. 5
电动机台数/台	4（各 1）			
外形尺寸/mm×mm×mm	5650×1950×1790			
设备质量/kg	4380			

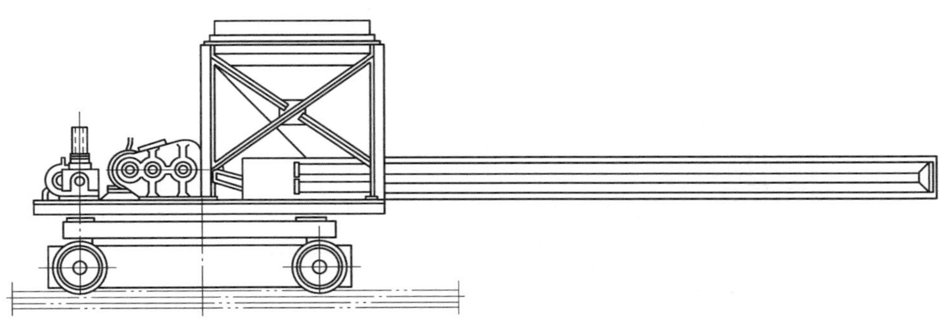

图 9-2 加料机结构图

9.1.3 自由行走式加料拨料捣炉机

自由行走式加料拨料捣炉机是目前世界上大中型工业硅电炉及其他同类型电炉生产铁合金时用作加料、推料和捣炉的常用设备。这种加料推料捣炉机，一座电炉配备一台即可，实现炉口操作区三个大料面的加料、推料及捣炉操作机械化。制造这种专用设备的厂家主要是德国丹戈和丁南塔尔（Dango & Dienenthal，简称 DDS）公司。20 世纪 80 年代以来，我国先后从 DDS 公司引进 8 台，分别负载能力为 1500kg 和 2000kg 两种规格，在 12500kV · A、25000kV · A 和 50000kV · A 半封闭式硅铁电炉和工业硅电炉上使用，如图 9-3 所示。

9.1.3.1 DDS 加料推料捣炉机

DDS 加料推料捣炉机的主要特点如下：

（1）炉内布料均匀，扩大反应区，消除悬料，减少结壳“刺火”；

（2）操作简单，可由一人驾驶；

（3）采用电缆卷盘式或环形滑接线供电；

（4）三轮行走，前两轮为主动轮，它们由主泵驱动，主泵由脚踏板控制，后轮为转向轮，由手控液压缸推动，可作水平摆动；

（5）操作部分分为四连杆机构，料杆臂可上下摆动，也可前后伸缩；

（6）料箱内设有卸料推料刮板；

（7）做捣炉用时可迅速将装料箱换成捣料杆。

DDS 加料捣炉机主要技术参数见表 9-3。

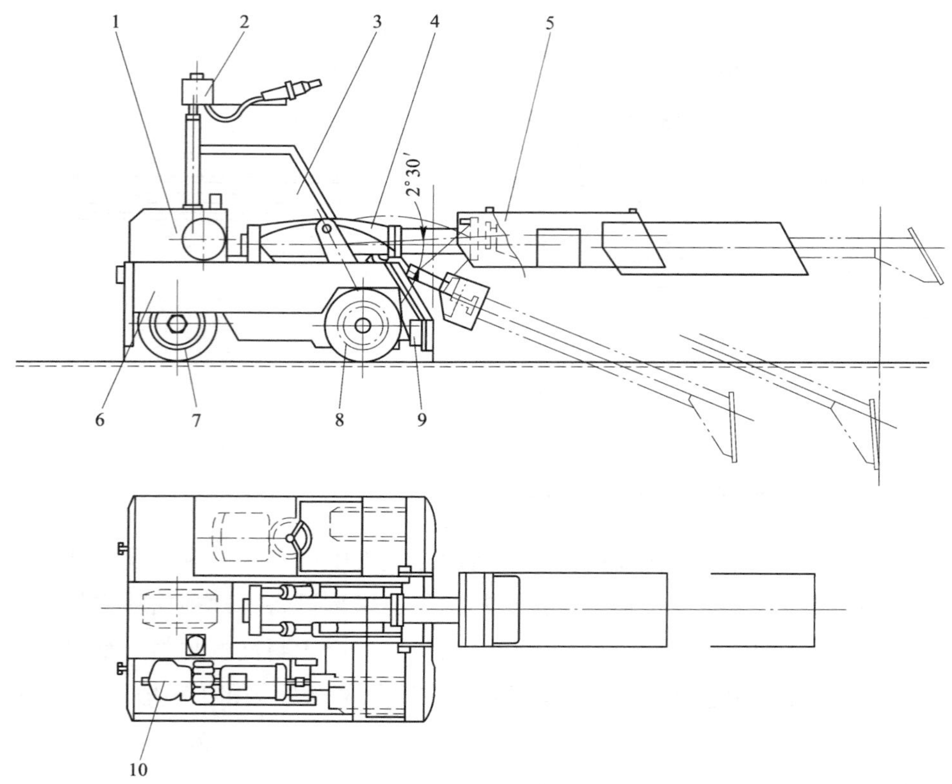

图 9-3　加料捣炉机结构图

1—油箱；2—电缆引入装置；3—驾驶舱；4—工作机构；5—料箱；6—机架；7—后轮及转向装置；8—前轮装置；9—缓冲器；10—油泵装置

表 9-3　DDS 公司生产的加料捣炉机系列产品技术参数

性　能		型　号		
		MCH2ATS		MCH5ATS
总载重量/kg		900	1500	2000
推料力/kN		33	33	41
负荷力矩/N · m		26500	44130	74530
操作臂长度/mm	料箱（缩回时）	2000	2000	2870
	料箱（伸出时）	3200	3200	4170
	捣料杆（缩回时）	3100	3100	3950
	捣料杆（伸出时）	4300	4300	5250
质量/kg		5800	7000	9800
料箱容积/m^3		0. 36	0. 50	0. 78
料箱质量/kg		470	550	660

9.1.3.2 国外几种加料捣炉机主要技术参数

DDS公司MCH2ATS型加料捣炉机与其他几个国家的产品主要技术性能参数列于表9-4。

表9-4 各个厂商加料捣炉机主要技术参数

性能		型号			
		MCH2ATS（DDS）	MT42R（瑟勒帝·汤法尼）	FB1000-E（日本制钢）	TRCM-59WP（东京流机）
装料能力/kg		650	420	300	420
推料行程/mm		1200	1200	1500	1300
推出时间/s		4		6	6.5
捣料力/kN		33		10	10
料杆臂伸缩距离/mm		1200	不可缩	不可缩	不可缩
料杆上下摆动角度		+2°33′～−22°30′	+2°～22°	+2°～−30°	+2°～−25°
料杆上下摆动时间/s		4	3	3	
行走速度/m·min^{-1}		0～110	75	60	42
电动机容量/kW		30		行走 15	18.5
				推料 5.5	
				捣料 11	
传动方式		全液压	机械行走液压操作	全机械	全液压
机体最小回转半径/mm		2760	2750	3900	2750
机器自重（不计附件）/kg		7000		7000	7500
外形尺寸（带料箱）/mm	长	伸出 5940 缩回 4740	6000	7540	5600
	宽	2000	2000	1900	2045
	高	2500	2800	3000	2780

9.1.3.3 国内某企业生产拨料、推料捣炉车

拨料、推料捣炉车在16500kV·A以上的矿热炉上使用，操作简单，只需要一个驾驶员，自动化程度较高；炉内布料均匀，扩大反应区，消除悬料，减少结壳“刺火”，采用电缆转盘式输送电能，电液驱动，前两轮为主动轮，后轮为转向轮，转弯半径小。工作部分分为四连杆机构，捣杆可上下摆动，也可前后伸缩；同时可快速更换捣杆、推料杆或料箱。

捣料、推料捣炉车如图 9-4 所示，推料杆、捣杆、料箱如图 9-5 所示，拨料、推料捣炉车主要技术参数见表 9-5。

图 9-4 捣料、推料捣炉车实物图

图 9-5 推料杆、捣杆、料箱实物图

表 9-5 拨料、推料捣炉车主要技术参数

项目	型号	
	DLC-1	DLC-2
主动力	30kW 电机	45 马力柴油机
捣杆上、下摆动角度	+3°~-23°	+3°~-23°
推料行程/mm	1200	1200
推料力/kN	35	41
捣炉力/kN	≥22	≥38
行走速度/$m \cdot min^{-1}$	0~110	0~150
料箱容积/m^3	≥0.5	≥0.8
驱动方式	电液驱动	柴油机驱动
主机自重（不含附件）/kg	约 5700	约 7100
外形尺寸（带推料杆）/mm	(5830~7035)×1980×2455	(6530~7550)×2180×2500

9.2 电炉炉前设备

9.2.1 开堵炉口设备

对于大中小型工业硅电炉，开堵炉口的操作多采用电弧烧穿器开眼和人工堵眼；而对于大型电炉多选用机械化程度较高的开眼堵眼机。

9.2.1.1 电弧烧穿器

电弧烧穿器广泛用于各类大中小型工业硅电炉的烧穿出炉口和修补炉眼。这种烧穿器按供电方式分为两种形式：一种是与炉用变压器低压侧中的一相直接联结；另一种是设专用单相烧穿用变压器，其操作电压可参照工业硅电炉常用电压，操作电流一般为3000～5000A。电弧烧穿器的结构如图9-6所示。

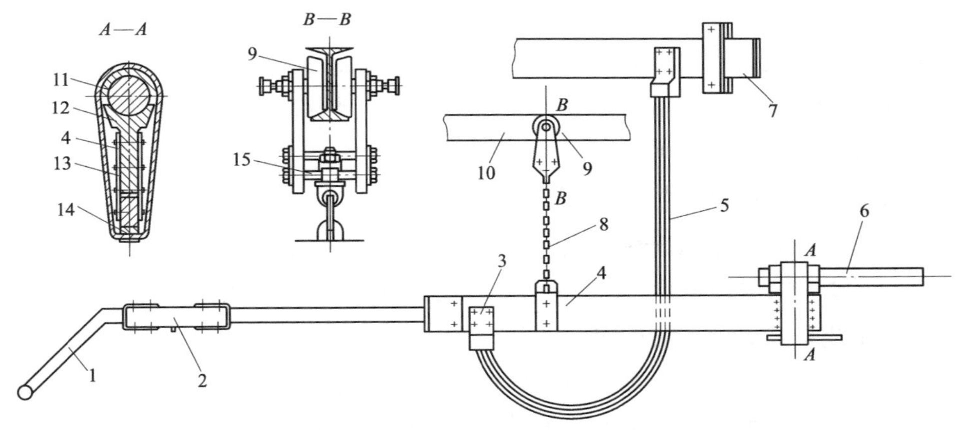

图9-6 电弧烧穿器

1—手把柄；2—木方梁；3—铜接头；4—导电板；5—软电缆；6—石墨电极棒；7—输入母线；8—悬挂链子；9—滑轮；10—工字梁；11—轴瓦；12—铜头；13—钢箍；14—销键；15—绝缘垫

烧穿器的作用是烧穿出炉，将硅熔体排出。它由烧穿器本体、烧穿母线、接触开关、轨道、吊挂等组成。烧穿器本体可在固定于操作平台下方的环形轨道上移动，以便在任何时候都能对准出炉口。堵出炉口或不使用时可把它从炉口移开。烧穿器本体前端装有ϕ100mm的石墨棒，石墨棒两端有螺母系扣，以便接长使用。烧穿器母线为铜排，电源来自电炉变压器，通过铜排把电流从短网经接触开关、软母线连接到烧穿器本体上。在烧穿器母线上设置穿心式电流互感器，并将电流信号上传至 PLC 进行显示。烧穿器本体、铜排都需要与周围环境绝缘，以保证环境安全和操作安全。烧穿器在不工作时，烧穿器接触开关需断开，只有当需要烧穿出炉口时，接触开关才能处于接触通电工作状态。

烧穿器安装时首先安装烧穿器轨道及烧穿器母线，烧穿器轨道应先在地面分段连接好再整体往上吊装，要控制好烧穿器轨道的水平度及高度尺寸，以确保烧穿器对准出炉口。然后安装烧穿器，安装完毕烧穿器应进退自如，旋转自如。在安装、调试阶段烧穿器接触开关要处于断开状态，以确保工作安全。

9.2.1.2　开眼堵眼机

开眼堵眼机这种机械化设备广泛用于大中型工业硅电炉的出炉操作。根据电炉设置出炉口的数量及布置形式的不同，开眼堵眼机的选型也有所不同，目前主要有组合式和单一式两类。根据结构类型分为吊挂式和落地式，根据传动方式分为电动式、液压式、气动式和气液一体化式。下面介绍国内及国外开眼堵眼机的一些情况。

A　气动开眼堵眼机

全气动电炉开眼堵眼机是国产的一种高效率炉前机械化出硅设备，该机使用范围较广，凡炉眼中心距炉前平台梁底部有近 480mm 净空高度的大、中型工业硅电炉或其他矿热炉均可使用。

该开眼机的主要特点是具有双向回转机构，与气动掐钎器配合可以实现机动卸钎杆，从而减轻了工人的劳动强度。堵眼机的主要优点是具有双活塞往复机构，对中性好，传动方式简单，日常维护量极少。

某全气动电炉开眼堵眼机的技术规格见表 9-6。

表 9-6　某全气动电炉开眼堵眼机主要参数

项　　目	参　　数
外形尺寸（长×宽×高）/mm	4580×2500×1730
机器质量/kg	约 6507
冲击频率/$r \cdot min^{-1}$	1800
钻杆扭矩/$N \cdot m$	98.1
钻孔耗气量/$m^3 \cdot min^{-1}$	8.5

续表 9-6

项　　目	参　　数
进给气马达功率/kW	1.84
进给速度/m·min^{-1}	10.5
装泥容量/L	40
泥缸直径/mm	250
气压缸直径/mm	530
活塞行程/mm	770
堵泥推力/kN	125
工作气压/MPa	0.49~0.69
小车行走速度/m·min^{-1}	24.5
大车行走速度/m·min^{-1}	14.5
小车行走电动机功率/kW	2.2
大车行走电动机功率/kW	4.0

B　气、液一体化开眼堵眼机

气、液一体化开眼堵眼机如图 9-7 所示。

图 9-7　气、液一体化开眼堵眼机

大车及电动行走部分参数如下：

（1）行走电机功率 3kW；

（2）大车行走速度 15~25m/min；

（3）机架材料采用 220mm 的国标 B 型材料；

（4）转盘铺板采用 δ=25mm 的板材制作；

（5）轨距 1300~1500mm。

气动钻机开眼参数如下：

（1）钻头：ϕ55～100mm，自动调速，螺旋运动；
（2）转速：120～160r/min；
（3）频率：50Hz；
（4）钻机行程：1200～2000mm；
（5）钻机高度：1500mm；
（6）钻孔深度：1200～1800mm。

液压堵眼系统参数如下：
（1）泥缸容积：35～45L；
（2）泥缸直径：160～250mm；
（3）活塞杆直径：70～120m；
（4）堵泥推力：20T；
（5）堵泥缸行程：800～1000mm；
（6）工作压力：16MPa；
（7）液压电动功率：11kW。

C　组合式吊挂环轨开眼堵眼机

组合式吊挂环轨开眼堵眼机如图 9-8 所示。

9.2.1.3　国外开眼堵眼机

德国 DDS 公司 SE50/30 型开眼堵眼机技术参数见表 9-7。

表 9-7　德国 DDS 公司 SE50/30 型开眼堵眼机技术参数

名　称	性　能	
开眼钻机	操作介质	压缩空气
	操作压力/MPa	0.6
	带载转速/$r \cdot min^{-1}$	180～195
	转矩（最大）/N · m	325
	负载/kW	6.5
	进给速度（最大）/$m \cdot min^{-1}$	0.8
堵眼泥泡	泥缸容量/L	50
	出口压力/MPa	3
	出口直径/mm	120
	小车行驶速度/$m \cdot min^{-1}$	20
	驱动装置负载/kW	1.6
	泥炮对炉壳的压力/kN	29.5

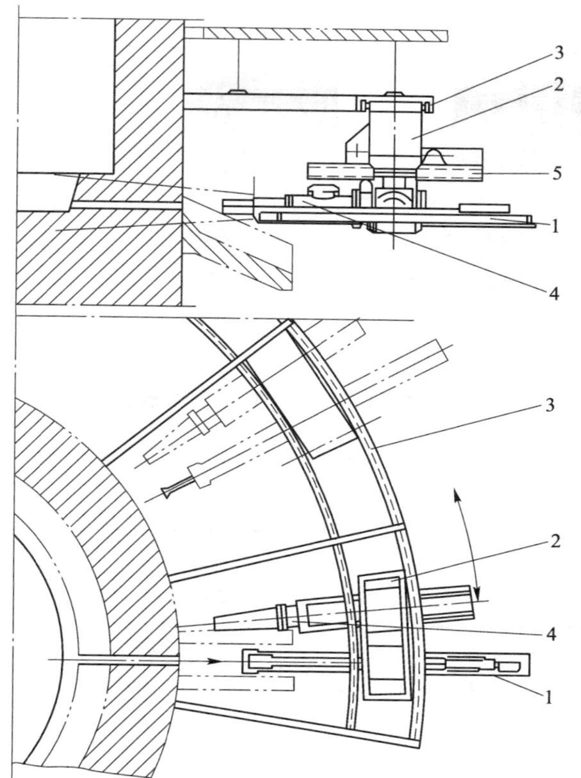

图 9-8 组合式吊挂环轨开眼堵眼机示意图

1—钻机；2—小车；3—轨道；4—泥炮；5—中间架

日本千代田公司开眼堵眼机技术参数见表 9-8~表 9-10。

表 9-8 日本千代田公司开眼机技术参数

性 能		型 号	
		TY90	TY110
开眼钻机	空气消耗/$m^3 \cdot min^{-1}$	4.5（0.5MPa STP）	6.8（0.5MPa STP）
	转速/$r \cdot min^{-1}$	160	90
	活塞行程/mm	60	80
	冲击频率/次 · min^{-1}	2400	1900
	冲击形式	直接打击	直接打击
	锥杆长度/mm	2700	2700
	锥杆断面六边形/mm	22	25
	钻头直径/mm	42	42

续表 9-8

性　能		型　号	
		TY90	TY110
自身进给器	空气消耗/$m^3 \cdot min^{-1}$	0.3（0.5MPa STP）	1.5（0.5MPa STP）
	推力/N	1300	3000
	进给长度/mm	2190	3000
移动梁	移动速度/$m \cdot min^{-1}$	5	5
	电动机/kW	2×0.4	2×0.4

表 9-9　日本千代田公司 MGR 堵眼机技术参数

堵泥量/$L \cdot 行程^{-1}$	行程/mm	气缸容积/$L \cdot 行程^{-1}$	空气压力/MPa	堵泥压力/MPa
40	770	350	0.6	2.24

表 9-10　日本千代田公司开眼堵眼机实际使用效果

项　目		人工堵眼	堵眼机堵眼
每次出铁的辅助材料消耗/%	圆钢棒（ϕ25mm）	100	550
	管子（ϕ16mm×5.5m）	100	34
	氧气	100	33
操作时间/min		10～20	5～10
封眼密实时间/min		5	0
铁口寿命/%		100	220
每次出铁的开眼费用/%		100	38

9.2.2　出炉口挡板和扒渣护屏

9.2.2.1　出炉口挡板

每台电炉设置多套出炉口挡板，保护出炉工操作安全。出炉口挡板有吊挂式，也有用滚动在出炉平台移动形式。

9.2.2.2　扒渣护屏

扒渣护屏用以扒渣操作时，对扒渣员工进行安全保护，扒渣护屏通常固定在扒渣工位。

9.2.3 硅水包、渣盘及牵引设备

9.2.3.1 硅水包

硅水包是指工业硅电炉车间内盛装液态硅溶液的容器。工业硅电炉车间硅水包的容积可按下列公式计算：

$$V_1 = KP/n\rho_1 m_1$$

式中 V_1——硅水包有效容积，m^3；

K——出硅不均衡系数，取 $K=1.2$；

P——电炉日产量，t/d；

n——昼夜出硅次数，次；

ρ_1——工业硅密度，t/m^3，取 $2.33t/m^3$；

m_1——硅水包装满系数，工业硅取 0.70~0.75。

过去对于不需要精炼的中小型工业硅电炉，出炉时用铸钢硅水包盛装液态工业硅，铸钢硅水包如图 9-9 所示，其主要参数见表 9-11。

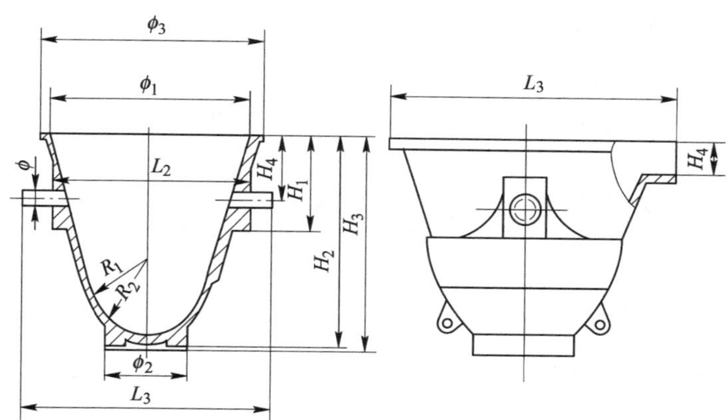

图 9-9 铸钢硅水包

表 9-11 铸钢硅水包主要技术参数

各部分尺寸/mm														容积	质量
L_1	L_2	L_3	ϕ_1	ϕ_2	ϕ_3	ϕ_4	H_1	H_2	H_3	H_4	H_5	R_1	R_2	$/m^3$	/t
2000	1736	2176	1860	700	1740	140	615	1415	1445	445	200	570	520	1.11	3.22

现在大中型工业硅电炉，硅液需炉外精炼，盛装硅液都使用带砖衬硅水包如图 9-10 所示，其主要技术参数见表 9-12。

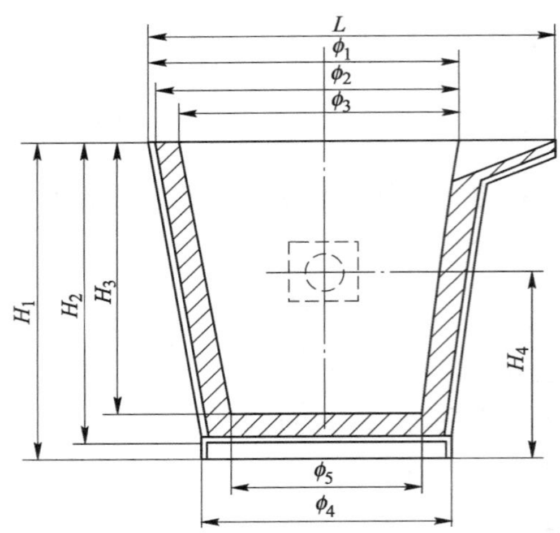

图 9-10　衬砖硅水包

表 9-12　砌砖硅水包主要技术参数

序号	各部分尺寸/mm										容积 /m^3	质量 /t
	ϕ_1	ϕ_2	ϕ_3	ϕ_4	ϕ_5	H_1	H_2	H_3	H_4	L		
1	1380	1356	1116	1260	936	1180	1130	1045	760	1940	0.7	2.9
2	1816	1760	1400	1604	1260	1725	1675	1400	940	2177	1.7	6.5
3	1400	1376	1050	1348	990	1470	1424	1230	716	2562	1.0	钢结构 1.459
4	2066	2010	1650	1854	1510	1984	1926	1610	1086	2482	2.5	8.2
5	2316	2260	1900	2104	1760	2242	2177	1820	1220	2787	3.2	9.8

9.2.3.2　渣盘

渣盘示意图如图 9-11 所示。一般每台工业硅电炉配备渣盘 2 个，用来接

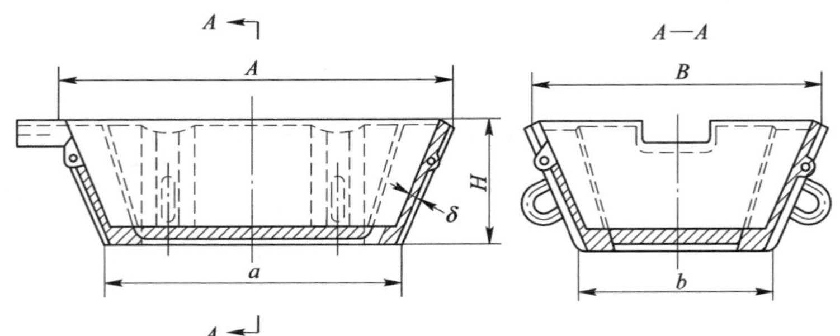

图 9-11　方口渣盘

存扒渣时的炉渣。渣盘有铸钢、铸铁两种。铸钢使用寿命较长，铸铁使用寿命较短。渣盘的主要参数见表 9-13。

表 9-13 渣盘主要技术参数

序号	外形尺寸/mm				容积/m^3	质量/t	材质	备注
	上部 $A\times B$	下部 $a\times b$	高度 H	壁厚 δ				
1	1760×1280	1410×1000	600	30	1.0		铸铁	带嘴
2	2600×1720	1764×1164	600	50	1.6	4.692	铸铁	
3	2120×1510	1740×1140	570	50	1.4	3.77	铸钢、铸铁	
4	2320×1730	1764×1164	600	50	1.4	2.707	铸钢、铸铁	
5	1956×1406	1356×800	540	60	0.7	2.1	铸铁	

9.2.3.3 炉前牵引设备

炉前牵引设备包括立式卷扬机、牵引车及运输车辆，见表 9-14~表 9-16。

表 9-14 牵引用卷扬机主要技术性能

卷扬机参数	立式卷扬机	锭模卷扬机
钢绳牵引力/kN	10	20
滚筒上钢绳速度/m · min^{-1}	16.5	
钢绳直径/mm	11	
卷筒直径/mm		200
电动机型号	MTK-12-6	JO-41-4
功率/kW	3.5	1.7
设备质量/t	0.655	0.383
备　注	牵引各种室内车辆	

表 9-15 硅包牵引车主要技术性能

项　　目	参　　数
硅铁包车载重量/kN	约 150
轮距 L/mm	800
轨距 S/mm	直线段 1422，曲线段（$R=5500$）1437
行走速度/m · min^{-1}	28.5
电动机型号	JZR-12-6
功率/kW	3.5
外形：长 C×宽 D×高 H/mm×mm×mm	2340×1832×896
钢轨型号/kg · m^{-1}	38
质量/t	2.4

表 9-16　运输车辆主要技术参数

小车名称		铁水包小车					渣盘小车	跨间小车		锭模车
主要技术参数	载重量/kN	约 85				约 150		约 60	约 120	约 45
	台面尺寸 $A\times B$ /mm×mm	800×1831		820×1650	920×1900	1200×1832	2090×1813	2000×1800	3000×2100	1760×1070
	车高 H/mm	966		950	1186	1106	1106	420	535	565
	轮距 L/mm	1600		1600	2000	1700	1700	1200	1600	840
	轨距 S/mm	1435	1435			1422	1422	1435	1524	750
	外形 $C\times D$ /mm×mm	2098×1831		2268×1850	2520×1850	2200×1832	2200×1832	同 $A\times B$	同 $A\times B$	同 $A\times B$
	质量/t	1.868	0.811	1.971	1.971	2.025	2.025	0.665	1.90	0.59
	钢轨型号 /kg · m^{-1}	38	38	38	38	38	38	38		
铁、渣包容积/m^3		1.0	铸钢包 1.11	1.2	2	8t	1.4			

9.2.4　浇铸机

大型工业硅电炉国外多用浇铸机浇铸，国内也开始使用浇铸机。使用浇铸机浇铸，机械化程度高，劳动条件好，锭块小，便于加工，损耗小。

浇铸机有带式和环式两种，根据工业硅电炉车间的场地情况，适合使用环式浇铸机。环式浇铸机由机体、液压驱动设备、推动机构、硅水包倾翻机构、锭模、浇铸槽、锭模倾翻机构及喷浆装置组成。

9.2.4.1　环式浇铸机主要参数

环式浇铸机的主要参数如下：

锭模数量　　20 个

锭模重量　　3050kg/个

浇铸机直径　　15300mm

浇铸机高度　　1450mm

锭模容积和充满重量

模深/mm	容积/dm³	充满重量/kg
60	110	258
80	147	338
100	184	423

9.2.4.2 环式浇铸机设备组成及结构特点

环式浇铸机的组成及结构示意如图 9-12 所示，其结构特点如下：

（1）硅水包。它是由钢壳和砌衬组成的专用于浇铸机的设备，最大允许容量为 6.5t。

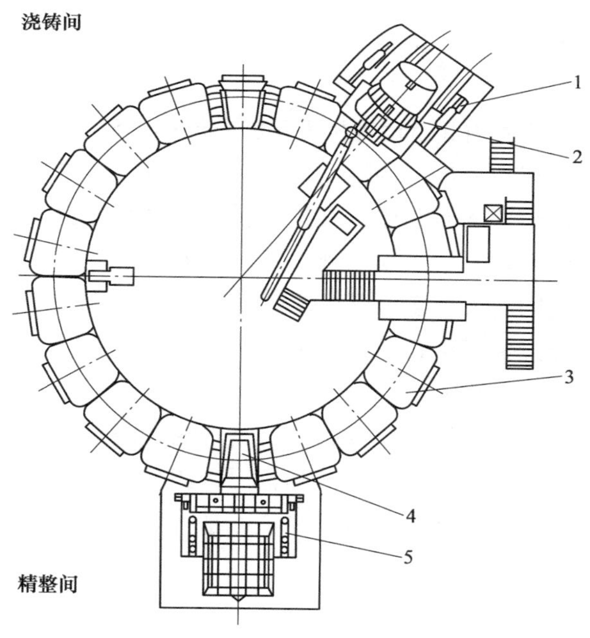

图 9-12 环式浇铸机结构示意图

1—硅水包旋转装置；2—可倾流槽；3—锭模；4—选择盘；5—翻模装置

（2）回转盘。它由旋转盘和环轨组成，浇筑时一个带有 20 个铸模和 6 个滚动轮的盘形装置在环轨上回转。

（3）推动机构。它是旋转盘的推力装置，由一个推动缸和一个连锁缸组成。

（4）硅水包倾翻机构。它包括硅水包卡紧、倾翻和流硅槽的倾动两个机构，均由液压缸操作。

（5）锭模翻转机构。该机构的作用是将锭模托起并翻转脱模，使被冷却到一定程度的固态硅锭装入预定的箱内。

（6）液压驱动机构。旋转盘的回转、硅水包翻转和锭模翻转等动作均由液压缸操作，浇铸机单独配置一套液压驱动机构，由两台45kW电动机分别带动两台轴向柱塞泵和相应的一套控制元件组成。

（7）硅粉粒的加料装置。它是一个容积为1.5m^3的料仓，其下部出口处设有气动闸门，气缸内径为51mm，行程为100mm，气体压力为0.5MPa。

（8）石灰乳喷浆装置。它具有一个带有搅拌装置的石灰乳槽，容积为5000L，有两台空气输液泵，石灰乳由空气泵打到5个喷头上，通过喷头将石灰乳喷洒在锭模上。

（9）除尘系统。该系统配备了一台有6个仓位的袋式除尘器，风机的驱动电机为125kW。

浇铸时，浇铸车间内起重运输机将盛满硅熔体的硅水包置于倾翻机构上，同时启动旋转盘，在推动机构的推动下旋转盘旋转，经过几秒钟后倾翻机构升起，硅水经流硅槽流入转盘中的锭模。在整个浇铸过程中，除了硅水包的倾翻和流硅槽的升降是采用手动之外，其余有关浇铸过程均是按程序自动进行的，并且各部之间均设有连锁以保证安全运行。当锭模浇铸后回转252°以后，在精整车间通过锭模翻转机构脱模，然后脱模后的锭模再喷以石灰乳和洒上硅粉粒进行下一次浇铸。

浇铸所用的时间是可以调整的，主要是根据所浇铸硅锭厚度而定，在硅锭厚度为100mm时，每浇铸一块锭模所需时间约为100s。

操作室和控制柜均设在旋转盘的中央，是一个两层的小屋，上面是操作室，下面安装液压驱动装置。

10 工业硅生产的环境保护

改革开放后，我国的经济水平得到很大提高，人民的物质生活质量同步得到很大改善；但同时，我国也付出了沉重的发展成本，尤其是在自然环境方面，由于疏于污染治理导致环境日益恶化，对人民的健康生活造成很大负面影响。

当前，最大的污染方面是水污染和大气污染。全球公认的大气污染三大问题是：全球变暖、酸雨、臭氧层破坏，在中国，雾霾也是普遍的环境灾害。造成酸雨的主要原因是人为的二氧化硫和氮氧化物的大量排放，除去少量的因生活因素造成的排放外，主要是工业废气排放超过了当地大气环境承受限度。

工业硅在生产中会产生大量的废气，含有粉尘、二氧化硫、氮氧化物等污染物。它们污染了人类赖以生存的生态环境，严重影响人类的健康和生命，我国已经把环境保护提高到基本国策的高度予以重视。

10.1 工业硅生产环境保护的发展简史

工业硅是现代必不可缺的新型而重要原料之一。随着现代工业的发展，工业硅产业也快速发展。工业硅生产过程中排出废气和污水，对环境造成污染。20 世纪 70 年代以来，世界各国对环境保护愈加重视，环境管理日趋严格，对工业硅生产中排放污染物采用新的控制技术，如日本、美国、前苏联等到 70 年代末实现“三无”生产，即无大气污染、无污水排放和无废渣（渣全部利用）。美国铁合金电炉 1970 年有 50%装备污染控制设备，到 1975 年，有 75%~80%的炉子安装烟气净化装置。美国环保局 1974 年还制定了工业硅污水排放标准。西欧各国对工业硅产业的污染物也很重视，法国到 1982 年已在全部电炉上装设了烟尘净化装置，挪威 1981 年实现了全部工业硅电炉的污染控制，瑞典 1975 年在全部工业硅电炉上安装了污染控制设备。在日本，凡是 1973 年以后投产的工业硅电炉都装备了烟气净化系统。概括地说，工业发达国家 20 世纪 50~60 年代工业大发展的同时，工业污染严重，到 70 年代开始全面治理，80 年代提高完善。

工业硅产业污染物控制技术的发展是与工业硅生产工艺及设备技术进步紧密相关。50~60 年代的工业硅炉一般为敞口冶炼，高悬式烟罩，炉内产生的高温烟气混入大量冷空气后通过烟囱排空。进入 70 年代，电炉改造和新建为半封闭式，混入冷空气后烟气量也相应减少，排烟温度提高，要求除尘器前端配置降温冷却设备，袋式除尘器滤料也有较大改进，烟气净化效率提高，满足日趋严格的环保排放标准。

中国工业硅行业，随着现代工业发展的需要而迅速发展起来。产品不仅满足自给，还出口到国际市场。但我国工业硅产业的环境保护和综合利用尚处于起步状态。中小工业硅电炉除尘设施欠完善，后建的大型工业硅电炉都设有烟气除尘设施，但烟气中的二氧化硫和氮氧化物还未进行妥善处理，生产过程中产生的炉渣、污水、烟气等治理设施尚需进一步完善。

10.2　工业硅生产的“三废”及治理

10.2.1　废气的产生及治理

10.2.1.1　粉尘的产生

工业硅电炉是生产工业硅产品的主导设备，其主要原料为硅石与碳质还原剂。原料入炉后，在熔池高温下呈还原反应，生成 CO、SiO 等高温含尘气体，称为烟气。它透过料层逸散于料层表面，当接触空气时 CO 燃烧形成高温高尘的烟气。SiO 氧化成 SiO_2粉尘。每吨工业硅成品的烟气发生量约 8 万立方米（标态），烟气温度约为 600℃。工业硅电炉的烟气量、烟气成分见表 10-1 和表 10-2。

表 10-1　工业硅电炉烟气成分（%）及烟气量

成分	N_2	CO_2	CO	H_2O	O_2	烟气量
占比	74~78	10~13	1~3	2~4	11~14	$8Nm^3/t$

表 10-2　工业硅电炉烟尘成分（%）及烟尘量

成分	SiO_2	FeO	Al_2O_3	CaO	MgO	C	烟尘量
占比	88~94	0.5~2	0.8~1.5	0.6~1	0.4~1	2~5	5~10g/Nm

工业硅生产过程中，每生产 1t 工业硅产生的温室气体 CO_2排放量约为 3t。

工业硅烟尘主要由无定形 SiO_2组成，大部分粒径为 0.25μm，因其粒径很小，在空气中呈漂浮状态，经呼吸进入人体，严重影响人类健康，须经处理后达标排放（工业硅生产烟气的综合治理详见第 11 章）。

10.2.1.2 二氧化硫（SO_2）的产生

碳质还原剂是工业硅生产的主要原料，石油焦和精煤又是碳质还原剂的主要品种，石油焦和精煤中含有 0.5%~3%的硫。硫在工业硅电炉中转化为二氧化硫，随炉气溢出，因此，在工业硅电炉烟气中含有 200~1000mg/Nm^3 二氧化硫。

10.2.1.3 氮氧化合物（NO_x）的产生

空气中的氮和氧在温度超过 900℃时，开始结合生成氮氧化合物（NO_x）。随着空气温度的升高，空气中氮氧化合物浓度也升高。工业硅电炉中的炉气在溢出料面时本身温度较高，加上炉气中含有一氧化碳，在溢出料面的瞬间与空气接触产生燃烧，进一步提高了烟气温度，因此在炉膛料面产生氮氧化合物。在炉况不正常时刺火、塌料和捣炉时溢出料面的炉气温度更高，烟气中氮氧化合物浓度也随之升高，据烟气在线检测数据折算值，工业硅烟气中氮氧化合物浓度约为 200~400mg/Nm^3，须经处理后达标排放（工业硅生产烟气的综合治理详见第 11 章）。

10.2.2 废水的产生及治理

10.2.2.1 电炉冷却水

工业硅电炉处于高温状态工作的部件例如电极把持器、烟罩、电炉变压器油水冷却器等，需要提供冷却水进行冷却，冷却水回水会使水温升高，水质没有变化。回水经过冷却后循环使用无外排放，循环使用率在 97%以上。

10.2.2.2 硅石冲洗水

硅石冲洗水带有泥沙杂物，经多道过滤后重复使用无外排。因此，工业硅生产无外排废水。

10.2.3 废渣的产生及处理

10.2.3.1 炉渣

工业硅生产属于无渣法冶炼，但还是有 3%~5%的炉渣，工业硅炉渣中含有30%～70%的硅，外销给铸造厂作合金添加剂使用。

10.2.3.2 硅石碎粒

硅石筛分水洗后产生的碎粒，可作玻璃、石英砂原料，也可用于建筑行业。因此，工业硅生产无外排废渣。

10.3 工业硅生产污染物排放限值

为贯彻《中华人民共和国环境保护法》《中华人民共和国水污染防治法》《中华人民共和国大气污染防治法》《国务院关于落实科学发展观 加强环境保护的决定》等法律、法规和《国务院关于编制全国主体功能区规划的意见》，保护环境、防止污染，促进工业硅工业生产工艺和污染治理技术进步，制定有关规定，规定了工业硅工业企业生产过程中水污染物和大气污染物排放限值、监测和监控要求，用于工业硅工业企业水污染和大气污染防治和管理。为促进区域经济与环境协调发展，推动经济结构的调整和经济增长方式的转变，引导工业硅工业生产污染治理技术的发展方向，我国正在制订工业硅生产污染物排放限值，待公布后按新国标执行。

10.4 工业硅企业噪声控制限值

工业硅企业厂区内各类地点的噪声，按照地点类别不同，不得超过表10-3所列的噪声限值。

表10-3 工业企业厂区内各类地点噪声要求

<table>
<tr><th>序号</th><th colspan="2">地点类别</th><th>噪声限值/dB</th></tr>
<tr><td>1</td><td colspan="2">生产车间及作业场所（工人每天连续接触噪声8h）</td><td>90</td></tr>
<tr><td rowspan="2">2</td><td rowspan="2">高噪声车间设置的值班室、观察室、休息室（室内背景噪声级）</td><td>无电话通讯要求时</td><td>75</td></tr>
<tr><td>有电话通讯要求时</td><td>70</td></tr>
<tr><td>3</td><td colspan="2">精密装配线、精密加工车间的工作地点、计算机房（正常工作状态）</td><td>70</td></tr>
<tr><td>4</td><td colspan="2">车间所属办公室、实验室、设计室（室内背景噪声级）</td><td>70</td></tr>
<tr><td>5</td><td colspan="2">主控制室、集中控制室、通讯室、电话总机室、消防值班室（室内背景噪声级）</td><td>60</td></tr>
<tr><td>6</td><td colspan="2">厂部所属办公室、会议室、设计室、中心实验室（包括试验、化验、计量室）（室内背景噪声级）</td><td>60</td></tr>
</table>

续表 10-3

序号	地点类别	噪音限值/dB
7	医务室、教室、哺乳室、托儿所、工人值班宿舍（室内背景噪声级）	55

注：1. 本表所列的噪声级，均应按现行的国家标准测量确定；

2. 对于工人每天接触噪声不足 8h 的场合，可根据实际接触噪声的时间，按接触时间减半噪声限制值增加 3dB 的原则，确定其噪声限制值；

3. 本表所列的室内背景噪声级，系在室内无声源发声的条件下，从室外经由墙、门、窗（门窗启闭状况为常规状况）传入室内的室内平均噪声级。

工业企业由场内声源辐射至厂界的噪声级，按照毗邻区域类别的不同以及昼夜时间的不同，不得超过表 10-4 所列的噪声限制值。

表 10-4 厂界噪声限制值 （dB）

厂界毗邻区域的环境类别	昼间	夜间
特殊住宅区	45	35
居民、文教区	50	40
一类混合区	55	45
商业中心区、二类混合区	60	50
工业集中区	65	55
交通干线道路两侧	70	55

注：1. 本表所列的厂界噪声级，均应按现行的标准测量确定；

2. 当工业企业厂外受该厂辐射噪声危害的区域同厂界间存在缓冲地域时（如街道、农田、水面、林带等），表中所列厂界噪声限制值可作为缓冲地域外缘的噪声限制值处理，凡拟作缓冲地域处理时，应充分考虑该地域未来的变化。

11 工业硅生产烟气的综合治理

11.1 工业硅生产烟气的物理净化——除尘

11.1.1 治理依据

中华人民共和国冶金行业标准《硅系铁合金电炉烟气净化及回收设施技术规范》（YB/T 4166—2007）规定如下：

（1）为保护和改善生态环境和生活环境，节约资源和能源，防治硅系铁合金电炉工程产生的烟气对大气的污染或公害，促进冶金工业，国民经济和社会的和谐发展，特制订本规范。

（2）本规范适用于冶金工业企业中的新建、改建、扩建和技术改造工程的硅系铁合金，包括硅铁、硅钙合金、硅铝合金、工业硅等半封闭式电炉的烟气净化设施的设计、施工、竣工验收和投产使用后的监督管理。冶炼其他品种铁合金半封闭式电炉的烟气净化设施，可参照本规范执行。

（3）硅系铁合金电炉工程建设过程中，必须严格贯彻执行国家环境保护、安全生产的方针政策和规定。烟气净化设施必须执行与主体工程“三同时”制度，即同时设计、同时施工、同时投产使用。排放的烟气含尘量必须达到省、自治区、直辖市人民政府规定的排放标准（下称地方标准），凡无地方标准的必须执行相应的国家规定的排放标准。

（4）硅系铁合金电炉生产过程中，排出的烟气带出大量余热，有条件时，应考虑余热的回收与利用。

（5）烟气净化与回收设施的工艺流程和主要设备的设计与选择，应结合实际，因地制宜，并经过技术方案优化和经济比较后择优确定。

（6）烟气净化设施包括管道及设备，应采取必要的安全防护措施。

（7）烟气净化设施的主要设备进出口管道或排放口上，应设烟气含尘量监测孔。监测孔处设置平台、梯子，为人工监测创造条件。

（8）烟气净化设施建成投入运行后，企业应配备专门管理值班人员及维修人员，并应制订相应的操作规程。

（9）硅系铁合金电炉烟气净化设施的建设与管理除应遵循本规范外，还应符合国家现行有关的法律、法规和强制性的标准与规范的规定。

11.1.2 电炉烟气量

参见《硅系铁合金电炉烟气净化及回收设施技术规范》（YB/T 4166—2007），工业硅半封闭式电炉烟气主要参数见表 11-1。

表 11-1 工业硅半封闭式电炉烟气主要参数

序号	炉容/MV·A	烟气量 /$Nm^3 \cdot h^{-1}$	烟气温度 /℃	烟气含尘量 /$g \cdot Nm^{-3}$
1	6.3	$4.0 \times 10^4 \sim 5.0 \times 10^4$	550~650	7~9
2	12.5	$8.0 \times 10^4 \sim 9.0 \times 10^4$	550~650	7~9
3	16.5	约 10.0×10^4	600~700	7~9
4	25.5	$14.0 \times 10^4 \sim 15.0 \times 10^4$	600~700	7~9
5	30.0	约 20.0×10^4	600~700	7~9

11.1.3 电炉烟气特性

以 30MV·A 半封闭工业硅电炉为例，典型半封闭工业硅电炉烟气主要参数如下：

（1）烟气成分（为设计参考值）见表 11-2。

表 11-2 烟气成分 （%）

成分	H_2O	CO_2	O_2	N_2
含量	3.7	11.6	14.6	72.0

（2）烟尘成分（为设计参考值）见表 11-3。

表 11-3 烟尘成分 （%）

成分	SiO_2	CaO	Al_2O_3	C	FeO	MgO
含量	85~93	0.4~1	0.2~0.5	3~10	0.5~3	1.0

（3）其中：SiO_2>85%；Fe_2O_3/Al_2O_3/CaO/MgO/C：10%~15%；烟气中 SO_2 含量：300~2000mg/Nm^3（折算值）；烟气中 NO_x 含量：250~1500mg/Nm^3（折算值）。

（4）内排烟尘粒度，见表 11-4。

表 11-4　烟尘粒度

粒度/μm	≤1.0	1.0~10	≥10
占比/%	<60	<30	<10

（5）烟气温度：600℃±100℃（在极端情况下超过 900℃）。

（6）含尘浓度：7~9g/Nm^3。

11.1.4　电炉烟气除尘

11.1.4.1　技术参数

半封闭工业硅电炉冶炼过程中产生烟气和烟尘排放是环境治理的重点。烟气中的 SO_2和 NO_x排放会给周边生态环境带来很大影响。CO_2温室气体的排放量的日益增加会影响全球气候变化，受到广泛关注。

为了正确进行半封闭工业硅电炉烟气净化与回收系统——除尘系统的工艺设计，首先需要提供准确的电炉冶炼工艺参数；项目所在地气象参数、地质条件及地震基本烈度；以及除尘系统烟气量、烟气特性等有关设计参数：

（1）需要提供的冶炼工艺参数见表 11-5。

表 11-5　需要提供的冶炼工艺参数

序号	项目名称	单位	备　注
1	冶炼品种		
2	电炉数量	台	
3	型号		半封闭矮烟罩
4	变压器	kV · A	
5	视在功率	kV · A	
6	功率因素	%	
7	电炉负荷	kW	

（2）项目所在地气象参数。

（3）地质条件及地震基本烈度：地震基本烈度—参考值按照《建筑抗震设计规范》（GB 50011—2010）（2016 年版）的标准划分：拟建场地类别场地土类型。

（4）除尘设计涉及的主要参数见表 11-6。

表 11-6 除尘器设计涉及的主要参数

序号	项目名称	单位	备 注
1	炉内排烟		
1.1	标况烟气量	Nm^3/h	即在 0.1MPa、0℃烟气量
1.2	工况烟气量	m^3/h	即在运行温度和压力工况下烟气量
1.3	烟气入口含尘浓度	g/Nm^3	
1.4	烟气温度（最大）	℃	平均、最大
2	出铁口		
2.1	标况烟气量	Nm^3/h	即在 0.1MPa、0℃烟气量
2.2	工况烟气量	m^3/h	即在运行温度和压力工况下烟气量
2.3	烟气入口含尘浓度	g/Nm^3	
2.4	烟气温度（最大）	℃	平均、最大
3	工作制度		
3.1	电炉内排烟		
3.2	出铁口等排烟		

11.1.4.2 除尘系统的组成和种类

典型的工业硅电炉烟气净化除尘系统由冷却器、旋风除尘器、布袋除尘器、风机、烟囱、阀门和管路、控制系统组成。根据设计需要半封闭工业硅电炉烟气净化与回收-除尘系统可分为正压方案和负压方案，其除尘系统工艺流程如下：

（1）正压方案：

1）内排烟系统从工业硅矿热炉半封闭矮烟罩放散烟囱三通接口外 1m 直管道系统→室外管道→余热利用系统/空气冷却器→离心处理器→主风机及电机→布袋除尘器；

2）出炉+精炼系统及阀门排烟系统→采用出炉风机的方式注入矿热炉矮烟罩，并入除尘器进口端；

3）内排烟系统和出炉+精炼系统及阀门排烟系统在主风机及电机烟气一并进入正压反吸风布袋除尘器前端→正压反吸风布袋除尘器；

4）正压反吸风布袋除尘器上部排气通道至后端脱硫管道系统→管道支架→脱硫抽引风机及电机→高空排放；

5）反吸输送气力管道系统→正压反吸风布袋除尘器下反吸输送阀→仓顶

旋风除尘器→正压反吸风布袋除尘器进口正压端；

6）仓顶旋风除尘器下卸灰阀→微硅粉加密仓装置→包装、转运、储存。

（2）负压方案：

1）电炉内排烟系统从工业硅矿热炉半封闭矮烟罩放散烟囱三通接口外1m直管道→室外管道→空气冷却器→离心处理器→负压反吸风布袋除尘器→主风机及电机→排气筒。

2）出炉+精炼系统排烟系统→采用出炉风机的方式注入矿热炉矮烟罩→余热利用系统/烟气冷却器→预处理器→布袋除尘器（微硅粉回收装置）→风机电机→排气筒。

11.1.4.3　设计标准

A　设计标准及规范

除尘系统及产品符合主要标准，规范包括但不限于以下标准，见表11-7。

表11-7　除尘系统设计标准及规范

标准号	标　准　名　称
GB 16297—2017	《大气污染物综合排放标准》
GB 9078—2017	《工业炉窑大气污染物排放标准》
GB 28666—2012	《铁合金工业污染物排放标准》
YB/T 4166—2007	《硅系铁合金矿热炉烟气净化及回收设施技术规范》
GB 3095—2012	《环境空气质量标准》
GB 50019—2003	《采暖通风与空气调节设计规范》
GBZ 1—2015	《工业企业设计卫生标准》
GB 12348—2008	《工业企业厂界环境噪声排放标准》
HJ/T 75—2007	《固定污染源烟气排放连续监测技术规范》
HJ 2020—2012	《袋式除尘工程通用技术规范》
GB/T 6719—2009	《袋式除尘器技术要求》
JB/T 8471—2010	《袋式除尘器安装技术要求与验收规范》
HJ/T 324—2006	《环境保护产品技术要求 袋式除尘器用滤料》
HJ/T 325—2006	《环境保护产品技术要求 袋式除尘器 滤袋框架》
HJ/T 326—2006	《环境保护产品技术要求 袋式除尘器用覆膜滤料》
GB 50017—2017	《钢结构设计规范》
GB 50205—2001	《钢结构工程施工及验收规范》
GB 50316—2000	《工业金属管道设计规范》
	国家相关行业制作、安装技术规范及标准等

B　设计指标（典型的设计值）

（1）除尘效率≥99.8%；

（2）烟气捕集率≥95%；

（3）烟气经布袋除尘器净化后出口粉尘排放浓度≤30mg/Nm^3；

（4）管道系统及负压反吹风布袋除尘器漏风率≤5%；

（5）加密后的微硅粉堆积密度350~750kg/m^{3}之间可调；

（6）布袋除尘器、除尘管道系统等本体使用寿命≥20年。

C　设计原则

（1）本着先进、适用、可靠、经济的原则；

（2）所有设备均立足国内加工制造；

（3）环保排放浓度低于国家规定的标准；

（4）结构合理、维护简便，运行费用低。

11.1.4.4　除尘系统的主要设备

A　烟气输送管道

a　引出管道

烟罩烟道直至送达余热利用的管道需予以保温处理（工业硅电炉烟气余热利用详见第12章）。

b　烟气冷却装置

为确保电炉在预热利用系统故障情况下也能正常运行，设置与预热利用系统并联的烟气冷却系统。烟气冷却系统常用的有：

（1）自然空气冷却器：

1）自然空气冷却器采用间接自然冷却及冷却介质为空气的方式。工程中经优化比较后采用。

2）自然式空气冷却器由ϕ300~600mm、壁厚3~5mm焊接排管组成。排管进出口设有集合管（或称联箱）连接。排管内烟气流平均速为16~22m/s，集合管内流速取10~16m/s。集合管下部可设灰斗及排灰阀。

3）自然式空气冷却器冷却面积，应根据烟气量及所需降温差值进行计算。其传热系数在K=10~14W/(m^2·K）范围，空气对流冷却器的散热能力可达到1.5~2kW/m。

4）由于采用间接自然冷却，传热系数k较低。占地面积较大，无机电设备维护工作量。

（2）强制式冷却器：

1）强制式冷却器采用间接风机强制冷却及冷却介质为空气的方式，工程中经优化比较后采用。有管式（机力冷却器）和折板式（板式换热器）两种，工程中比较后采用。

2）管式冷却器由 ϕ150～200mm、壁厚 3～4mm 无缝钢管错列排管组成，折板式冷却器由壁厚 3～4mm 钢板焊制组成。冷却器上、下两端为联箱，下联箱设有灰斗及密封式排灰阀。管排或板排一侧有轴流风机强制吹风过来，烟气在管排或板排内平均流速 16～20m/s，冷却空气流过排管束流速为 10m/s。

3）进行强制式空气冷却器热工计算时，其传热系数 k 在 16～23W/(m^2·K) 范围，机力通风冷却期的散热能力可以达到 3～4kW/m^2。

4）由于采用间接风机强制冷却，传热系数 k 较高。占地面积较小，但机电设备维护工作量相应增加。

（3）自然冷却器与强制式冷却器比较：自然冷却器优点是无运行费用，缺点是占地面积大、投资大。强制式冷却器则相反。

B　预分离设施

预分离设施在除尘工艺流程中为旋风除尘器，又称大颗粒预处理器和火花捕集器。其作用是将密度大的 CaO、Al_2O_3、FeO 等杂质和大颗粒的含碳颗粒从烟气中分离出来；并且通过离心碰撞、旋流增强对流换热的原理将火花捕集，避免高温粉尘或燃烧的含炭颗粒进入布袋除尘器。

硅系合金矿热炉冶炼烟气经过净化除尘后的粉尘主要成分为含 SiO_2很高的微硅粉且微硅粉粒度很细，这种微硅粉具有很高的经济价值，在冶炼工艺原料配比确定后，微硅粉中杂质主要是炭粉及少量 Fe_2O_3、MgO、Al_2O_3及 CaO 等化合物，粗颗粒关键靠粉尘预分离设备来分离，我国已在多年铁合金矿热电炉烟气污染治理过程中进行总结，创新开发、研制出了可调式离心预处理器。

粉尘预分离器应根据烟尘特性及除尘效率而选用旋风除尘器。旋风除尘器下部配用密封卸灰阀及集尘罐。

可调式离心预处理器是硅系合金矿热炉冶炼烟气净化回收系统中常用的预分离设施（图 11-1 和图 11-2）。可调式离心预处理器的主要特点是具有下排气口和下灰口的结构。含尘气流从入口进入大蜗壳，在旋转气流离心力的作用下，粉尘逐渐浓缩至大蜗壳的边壁上，同时在选择过程中气流向下扩散变薄，当旋转至 270°时，最边缘上约 15%～20%的浓缩气流携带大量浓缩粉尘及粗颗粒粉尘进入小旋风分离器。未进入小旋风分离器的内层粉尘，一部

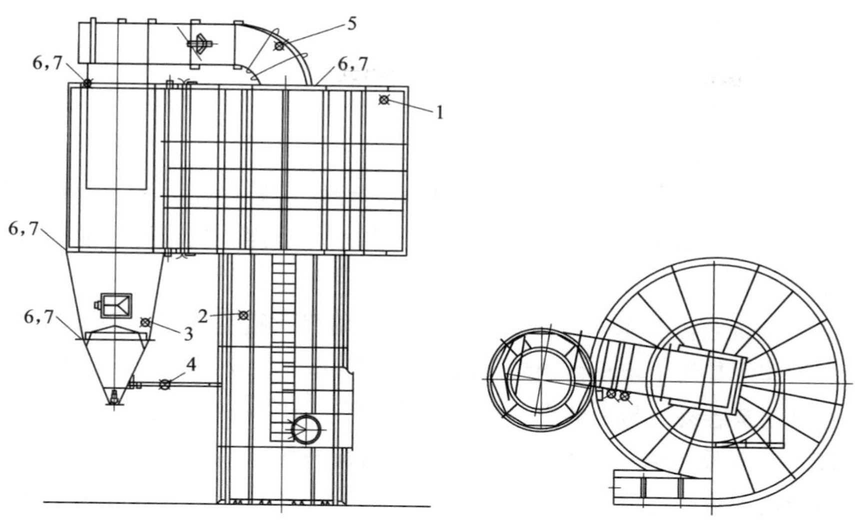

图 11-1　可调试离心预处理器示意图

1—上大蜗壳；2—下筒体；3—下锥体；4—支撑；5—上通道；6，7—螺栓、螺母

图 11-2　可调试离心预处理器实物图

分进入平旋蜗壳，在大旋风分离器中继续分离，另一部分通过芯管壁之间的间隙与新进入的含尘气流汇合，形成新的旋转气流，以增加细颗粒粉尘的捕捉机会。最后这两种气流通过大旋风下通道随管道排走，粗颗粒粉尘被捕集中在小旋风分离器下灰斗中。

可调式离心预处理器技术关键在于针对不同矿热炉基本工艺参数，确定外部尺寸，蜗壳相贯线，以及上通道和大旋风分离器和小旋风分离器之间可调式阀门位置设置及形式。

C　布袋除尘器设施

布袋除尘器设施分正压和负压两种。

a　正压反吸风布袋除尘器

外滤式反吸风布袋除尘器是一种高效、经济、处理能力大、使用方便的除尘设备，广泛用于冶金、化工、建材、电力、粮食、机械等行业的尘气净化及物料回收。该设备有以下主要特点：

(1) 表面过滤技术。该技术的核心是采用聚四氟乙烯玻纤覆膜滤袋。覆膜滤袋的作用是为了防止粉尘渗入滤袋织物内部，改变传统的布袋深层过滤，从而达到清灰容易、阻力减小、降低能耗及提高滤袋的使用寿命。

(2) 柔和反吸清灰技术。由于采用了玻纤覆膜滤袋，从而使柔和的反吸清灰就能达到很好的清灰效果。而传统的脉冲清灰由于清灰强度大，而且滤袋必须使用钢制袋笼，袋笼与滤袋的机械摩擦极易导致滤袋破损。柔和反吸清灰技术完全克服了脉冲清灰的所有缺点，极大地提高了布袋的使用寿命。

(3) 利用率高。在正常操作条件下，除尘器的利用率可高达99%以上。利用率是指在规定生产能力、粉尘排放量和能耗成本前提下，以百分比表示的年总运行时间。

(4) 减小除尘器的占地面积。通过使用覆膜滤袋，使滤尘室的容积减少了50%，大大节约了钢材、部件和设备。在安装空间有限的情况下，设备的总体构造和外形尺寸非常重要。

(5) 模块化设计。袋式除尘器以模块化设计为基础。这意味着其基本结构相当简单，且安装方便。并且，其最重要的好处是：便于后期的扩建，在必要的情况下提高除尘器的工作能力。在无需中断当前生产并保持满负荷运行的情况下，即可实施扩建。

(6) 整体结构形式独特，过滤室内部空间宽敞。气流在除尘器内处于最优化的运行状态。

(7) 过滤阀、清灰阀设计形式独特，密封性好，切换准确，免维护（传统设计的盘式三通阀密封靠耐热橡胶密封圈，存在易老化、维修工作量大、影响除尘器正常运行等问题）。

(8) 进气集合管设计独具优势，能充分减少气流对滤袋的冲击，延长滤袋使用寿命。

(9) 独特的上部排风结构设计，使净化气体排放时充分利用热气流原理，气流顺畅，不受外部气流影响，有效降低设备阻力。

b 负压长袋低压（外滤式）脉冲布袋除尘器

负压长袋低压除尘器的基本结构如下：

（1）除尘器由上箱体（净气室）、中箱体（尘气室）、灰斗、清灰系统（喷吹装置）、过滤装置（滤袋、框架）、出风口及控制系统组成。

（2）箱体的耐压强度不低于-6000~7000Pa。滤袋材质采用耐高温碳纤维和芳纶复合滤袋（防水、防油、防静电），面密度为550g/m^2。滤袋能在温度200℃下长期运行，瞬间250℃，使用寿命可达两年以上。使用氟美斯FMS9806制作，寿命可超过一年以上。

（3）框架采用直径ϕ160/ϕ130钢丝制造，表面镀锌或喷塑处理，减少对滤袋的磨损，拆卸方便，提高刚度。

（4）上箱体顶盖为轻便上揭盖式，人工操作，密封填料采用微闭孔橡胶，其接口微斜面3°坡度以利于排水，并采用防脱落安装。

负压长袋低压除尘器的工作原理如下：

（1）含尘气体由灰斗上端的进风口进入气流向上流动，部分大颗粒粉尘在惯性力作用下被分离出来，经折板与壁板的条隙直接落入灰斗。含尘气体从导流板上端进入中箱体过滤区，在负压作用下粉尘被阻留在滤袋外表面，净化后的气体从滤袋内向上经滤袋口进入上箱体，由上箱体顶部经排风口排出，从而完成气固分离的除尘目的。

（2）采用离线清灰是提高清灰效果和避免粉尘二次吸附的有效手段。每个除尘器滤袋室设计成小单室，离线清灰时关闭出口离线提升阀，出口离线提升阀由气缸推动，反应灵敏，完全切断通过除尘器的气流，然后进行脉冲喷吹清灰或在不停止除尘器运行（离线）进入滤袋室检修更换破损滤袋。

（3）脉冲喷吹控制系统能连续监测除尘器阻力，并由自动控制系统按照设定的（时间）控制程序，（或压差控制程序）依此发出信号，使喷吹系统电磁脉冲阀工作，压缩空气以极短的时间顺序通过各脉冲阀并经喷吹管的喷嘴向滤袋喷吹，在滤袋膨胀和反向气流的作用下，滤袋抖动，附着在滤袋外表面上的粉尘脱离滤袋落入灰斗，由排灰口卸灰阀排入输灰系统，喷吹一次持续时间为0.065~0.085s，该长袋低压脉冲除尘器在运行过程中按自动重复控制程序控制除尘器清灰全过程，保证含尘气体达标后排放。

c 除尘器的技术要求

（1）除尘器本体采用Q235钢板，并对用压型或加强筋板进行加固加强，本体耐压要求高于-6000~7000Pa。

（2）除尘器配件要求：供方应提供质量可靠，质量保证期一年以上配件生产厂家产品。

（3）选用专业厂家的优质滤料，材质采用耐高温碳纤维和芳纶复合滤袋滤料（防水、防油、防静电），面密度为550g/m^2。滤袋能在温度200℃下长期运行，瞬间250℃，使用寿命可达2年以上。

（4）选用优质电磁脉冲阀，3寸淹没式，喷吹100万次以上，最长使用寿命可达3年。

（5）骨架纵向采用10/16支ϕ4钢丝冷拔成型，横向采用ϕ4冷拔钢丝圈加固，最后表面镀锌或喷塑处理。

（6）除尘器进出气口设置差压仪表，并带有报警装置，在定时清灰力度不够、除尘器阻力过高时，由其传出信号给PLC程序控制器，控制脉冲阀开启清灰；另在布袋破损、阻力过小时报警，找出破袋室，进行更换滤袋。

（7）除尘器进气管部分设置温度检测报警装置显示和远程控制，设电动混风阀并与温度检测报警装置联动工作。在烟气温度高于滤袋所承受最高温度时，自动打开电动混风阀掺入冷风，使烟气温度处于滤袋正常工作温度范围内；当烟气温度处于设定最低温度不需要掺入冷风时，自动关闭冷风阀。

（8）灰斗底部安装振打电机，防止粉尘在灰斗壁上黏结难于清除。

（9）清灰采用定压、定时两种清灰相结合的方式，双保险保证除尘器的正常过滤性能。电控系统要求运行可靠、安全经济、操作简单、维护方便。除尘控制系统中心采用PLC编程控制器，上位机采用触摸屏显示，控制系统柜体有3C证书生产合格的制造厂家，生产系统自动化程度高，可实现分散控制，集中管理。

d 除尘器的技术特点

袋式除尘器的核心零部件是滤袋和滤袋框架。滤袋框架采用圆形断面，框架结构上支撑环及纵筋分布均匀，确保足够的强度和刚性，能承受滤袋在过滤和清灰过程中的气体压力。框架的生产从圆钢自动矫直下料，支撑环的焊合，框架多头点焊均采用专用工装设备，保证框架成型后纵筋无弯曲、脱焊、虚焊和漏焊，框架的直径、长度和垂直度偏差需符合标准的规定。采用喷塑防腐层，使框架表面光洁平滑，无焊疤、凹凸不平和毛刺，既提高框架使用寿命，也减少与布袋之间的摩擦力，从而提高布袋使用寿命。滤袋设计靠袋口弹性涨圈嵌在花板上，滤袋框架靠花板支撑，无需特别固定，布袋及框架安装、拆卸方便快捷。

布袋花板孔采用数控激光加工中心切割，加工精度高，花板孔光滑无毛刺，花板表面变形小，确保了除尘器喷吹清灰效果。

e 滤袋

工业硅电炉除尘对布袋材质有较高的要求。工业硅电炉烟气温度高，烟气有一定的腐蚀性。通常要求采用高温玻璃纤维或玻璃纤维与其他高温材质滤布的复合滤袋（氟美斯）。覆膜滤料的过滤表面复合一层极薄的微孔聚四氟乙烯材料 PTFE。聚四氟乙烯 PTFE 具有稳定的化学特性和耐热、强度高的物理特性，表面极为光滑，粉尘不易黏结在滤袋上，清灰能耗低，过滤风速可以提高。

主要滤袋性能如下：

（1）FMS 氟美斯耐高温针刺毡：

1）该滤袋是耐高温材质滤布的复合滤袋。它是由两种或两种以上的耐高温纤维混合及层状复合，以实现更高、更新的物理及化学性能。复合型耐高温针刺过滤毡 FMS（氟美斯），适用于负压（外滤式）脉冲清灰布袋除尘器。

2）FMS 针刺过滤毡系列产品具有耐高温、高强度、抗酸碱腐蚀、耐磨、抗折等特点，经过不同的表面化学处理与后整理技术，还具有易清灰，拒水防油、防静电等特点；并有适合 150~200℃、200~250℃、250~300℃ 等不同温度段的系列化产品。

3）FMS 滤料与玻璃纤维滤料相比，其耐磨性、抗折性及剥离强度有明显的提高，可承担高过滤负荷。过滤速度可达 1.0m/min 以上，运行阻力低。与合成化纤耐高温滤料相比，克服了化纤滤料伸长率大、变形大、耐温低、耐腐蚀性差的弱点；尺寸稳定性、强度更好，并且价格低于其他耐高温化学纤维。FMS 滤料是针对我国国情研制的新产品，广泛应用于钢铁、有色冶炼、化工、炭黑、建材、电力等部门。

布袋除尘器部分滤料性能见表 11-8。

表 11-8 布袋除尘器部分滤料性能表

品种性能	FMS9806 高温型（高炉煤气用）FMS9806	FMS9807 通用型 FMS9807	FMS9808 耐强酸型 FMS9808	FMS9809 耐强高温型 FMS9809	FMS9810 常温型 FMS9810
克重/$g \cdot m^{-2}$	>800	>800	>800	>800	>800
厚度/mm	2.4~3.0	2.4~3.0	2.4~3.0	2.5	2.1
透气度/$m^3 \cdot (m^2 \cdot min)^{-1}$	8~15	8~15	8~15	8~15	8~15

续表 11-8

品种性能		FMS9806 高温型（高炉煤气用）FMS9806	FMS9807 通用型 FMS9807	FMS9808 耐强酸型 FMS9808	FMS9809 耐强高温型 FMS9809	FMS9810 常温型 FMS9810
断裂强度 /g · d^{-1}	经向	>1800	>1800	>1800	>1800	>2000
	纬向	>1800	>1800	>1800	>1800	>2000
断裂伸长率 /%	经向	<10	<10	<10	<10	<10
	纬向	<10	<10	<10	<10	<10
连续工作温度/℃		260	240	220	400	150
短时工作温度/℃		300	260	280	450	170
过滤风速/m · min^{-1}		0.5~1.5	0.5~1.5	0.5~1.5	0.5~1.5	0.5~1.5
耐酸性		优	优	优	优	优
耐碱性		良	良	优	良	良
耐磨性		良	良	优	中	优
水解稳定性		良	良	优	良	良
后整理方法		特氟隆处理				

（2）无碱/中碱玻璃纤维膨体纱覆膜（PTFE）滤袋：

1）无碱/中碱玻璃纤维膨体纱滤袋膨体纱玻璃纤维布采用耐高温高强型玻璃纤维纱经过膨化处理后，经过特殊工艺加工制造而成。适用于正/负压（内滤式）反吸（吹）清灰布袋除尘器。

2）玻璃纤维膨体布是在连续玻璃纤维平幅过滤布基础上发展起来的一种新型织物，与连续玻璃纤维过滤布不同之处，在于纬纱由全部或部分膨化纱组成，由于纱线蓬松，覆盖能力强，透气性好，因而可提高过滤效率，降低过滤阻力，且除尘效率高，可达 99.5%以上，过滤速度在 0.6~0.8m/min。膨体纱玻璃纤维布主要用于高温大气除尘以及回收有价值的工业粉尘等方面，例如水泥、炭黑、钢铁、冶金、石灰窑、火力发电及燃煤等行业。

（3）覆膜滤料：

与普通玻纤滤料通过粉饼层过滤的深层过滤机理不同，覆膜滤料主要是通过微孔 ePTFE 薄膜进行的表面过滤。微米级的孔径，使得玻纤覆膜滤料几乎能截留含尘气流中的全部粉尘，具有极高的过滤效率。另外由于聚四氟乙烯的自洁、憎水的特性，覆膜滤料易清灰，同时粉尘不会深入滤料内部，因而能在不增加运行阻力的情况下保证气流的最大通量，是理想的高温烟气过滤材料。

玻纤覆膜滤料主要是在普通滤料的表面复合一层厚度为微米级的膨化微孔聚四氟乙烯薄膜（ePTFE），其生产技术的关键包括玻纤基材的表面处理、微孔聚四氟乙烯薄膜的拉制以及复合工艺技术。

玻纤覆膜滤料的复合工艺一般分为高温热压复合和黏结剂法复合两种。黏结剂法复合是采用合适的黏结剂在玻璃纤维织物和膨化微孔聚四氟乙烯薄膜之间交联固化使二者连成一体。其最大的缺点是复合强度差，特别是在高温烟气过滤过程中，黏结剂易老化变脆或者融化，ePTFE 薄膜就会与玻纤织物脱落而分离。另一方面，由于黏结剂的存在，堵塞了 ePTFE 薄膜的部分微孔，从而使玻纤覆膜织物透气性变差，无法满足大型袋过滤大风量、长寿命的使用要求。高温热压法复合技术要求高、难度大，国外公司都采用此法。其成型原理是先用聚四氟乙烯对玻纤织物进行表面化学处理，然后与微孔聚四氟乙烯薄膜一起在高温热压复合机中经过一对高温热压辊，使玻璃纤维织物和膨化微孔聚四氟乙烯薄膜在高温高压下复合成一个整体。这样生产的玻纤覆膜滤料复合强度高，透气性能好，高温下不会出现脱膜或者微孔堵塞现象，其使用寿命可大大延长。因此，采用高温热压复合技术是玻纤覆膜滤料生产的最佳选择和必然趋势。

11.1.5 其他烟气除尘

工业硅生产流程中有许多分散的烟气除尘点，如出铁口、配料站、料仓口、炉顶加料仓、精炼和浇铸等。为了达到烟尘的零排放，各烟尘的放散点都要设置除尘器或吸尘罩。这些部位的烟气的特点是大多为低温烟气，数量较小，扬尘点的粉尘粒度比较大。除尘器的烟气量需要根据除尘罩的面积计算。采用集中除尘有利于管理，但效率偏低。

11.1.6 烟尘的回收和利用

工业硅烟尘又名微硅粉，它的利用价值详见本书第 13 章。

11.1.6.1 微硅粉的回收

通过收尘器直接收集得到的微硅粉松散容积约为 150～200kg/m^3，经过加密处理后微硅粉的松散容积提高到 350～700kg/m^3，使其便于运输和应用。微硅粉加密技术是使原态微硅粉在压缩空气流的作用下，滚动聚集成小的颗粒团，从而大大方便运输和使用。

加密的机理是一种聚合工艺，主要是通过高压的罗茨鼓风机向微硅粉加密仓鼓入无油的压缩空气，通过压缩空气所具有的动能带动仓内微硅粉做湍流运动，加上微硅粉加密仓的储存一定高度灰柱的重力作用，使气流均匀且有方向性的作用于粉尘，使微硅粉颗粒之间得以聚合，从而提高体积性密度、流动性和其他理化性能。力、差压和温度进行控制，通过调节流量得到不同的体积密度。

11.1.6.2　微硅粉的利用

微硅粉的利用详见本章第 13 章工业硅生产副产品—微硅粉利用。

11.1.7　工业硅电炉烟气除尘案例——30MV · A 半封闭工业硅电炉烟气除尘与回收

11.1.7.1　项目概况

某公司 3×30MV · A 工业硅电炉烟气净化除尘系统，其除尘系统包括：
(1) 主除尘系统；
(2) 出硅、精炼及浇铸除尘系统。
以下参数按 1 台电炉进行描述。

11.1.7.2　工艺参数

工艺参数包括电炉冶炼工艺参数、项目所在地气象参数、地质条件及地震基本烈度等。

11.1.7.3　烟气参数

由业主提供，部分为参考值。
内排烟除尘系统的烟气参数如下：
(1) 烟气量：220000Nm^3/（h · 台）；
(2) 烟气温度：600℃±100℃（在极端情况下可能达到 900℃）；
(3) 含尘浓度：4.64g/Nm^3。
出硅口、精炼及浇铸除尘系统的烟气参数如下：
(1) 出硅口、精炼及浇铸除尘系统烟气并入电炉烟气主系统；
(2) 烟气温度：100~140℃（前后期接近室温）；
(3) 烟气含尘量：0.5g/m^3。
主除尘系统（含出硅口和精炼和浇铸除尘系统）烟气参数提供值如下：

（1）工况烟气量：550000m³/h。

（2）烟气温度：650±100℃（在极端情况下可能达到900℃）。

（3）含尘浓度：4.64g/Nm³。

（4）烟气成分（为设计参考值，见表11-9）。

表11-9 30MV·A工业硅电炉烟气成分 （%）

成分	H_2O	CO_2	O_2	N_2	Ar
含量	3.7	3.6	16.4	75.4	0.9

（5）烟尘成分（为设计参考值，见表11-10）。

表11-10 30MV·A工业硅电炉烟尘成分 （%）

成分	SiO_2	CaO	Al_2O_3	C	FeO	MgO
含量	85~93	0.4~1	0.2~0.5	3~10	0.5~3	1.0

（6）SiO_2>85%；Fe_2O_3/Al_2O_3/CaO/MgO/C：10%~15%；烟气中 SO_2 含量：约300mg/Nm³；烟气中 NO_x 含量：约250mg/Nm³。

（7）内排烟尘粒度见表11-11。

表11-11 30MV·A工业硅电炉烟尘粒度

粒度/μm	≤1.0	1.0~10	≥10
占比/%	<60	<30	<10

主除尘系统（含出硅口和精炼和浇铸除尘系统）烟气参数设计值如下：

（1）负压反吸风布袋除尘器设计参数如下：

1）工况烟气量：550000m³/h；

2）烟气温度：200±30℃（最高230℃）。

（2）除尘器出口后端至脱硫塔设计参数如下：

1）工况烟气量：330000m³/h；

2）烟气温度：120±20℃。

主要设备及参数如下：

（1）主风机：双吸入双支撑风机，工作温度200℃，风量：550000m³/h，风压：6500Pa。配用变频电机10kV，1400kW。

（2）负压布袋除尘器：型号GFC104×20，过滤面积19000m²，过滤风速

0.48m/min，滤袋规格 $\phi292\times10000$mm，滤袋数量 2080 套，滤袋材质：无碱玻璃覆膜滤袋。

（3）管道风速：25.2m/s。

（4）U 形冷却器：型号 KLQ3500m^2型，冷却面积 3500m^2。

（5）微硅粉加密装置：型号 JMC220$m^3\times6$ 型。

11.1.7.4　设计供货范围及分界点

A　主除尘系统

（1）工业硅矿热炉除尘系统及阀门系统设计：从工业硅矿热炉半封闭矮烟罩放散烟囱三通接口外 1m 直管道开始至负压反吸风布袋除尘器止（主风机后端接至脱硫设备，由业主自行考虑），对整个除尘系统工艺流程进行设计，含除尘烟气管道、管道补偿器、管道支架、管道托座、冶炼排风引风机、反吸风机等除尘管道系统设计、除尘系统各种阀类装置设计。

（2）工业硅炉除尘系统设备设计：含 U 形自然空气冷却器、可调式离心预处理器、负压反吸风布袋除尘器、除尘器下卸灰阀、反吸和气力输送系统等设备选型设计。

（3）微硅粉加密系统选型设计：含微硅粉加密仓框架、仓体、仓体排风系统及卸灰阀类装置设备选型设计。

（4）除尘系统用压缩空气管道系统及设备本体用循环冷却水设计。

（5）除尘电气设计：含高压部分、低压各配电柜的用电电压及功率分配、测量用仪器仪表及传感器、电缆电线分布示意图、设备运行指示及照明、除尘系统自动化工作远程控制设计。

B　分界点

（1）循环冷却水：将循环冷却水引至设备冷却水接口 1m 处，回水就近引至室外排水沟（或管）；

（2）压缩空气气源：将引至储气罐接口 1m 处，内部用气由供应商负责。

C　电气分界点

（1）高压部分：将 10kV/6kV 高压电源接至除尘控制室内的高压开关柜上；

（2）低压部分：将 380V 低压引至供货方除尘控制室内电源进线柜上。

11.1.7.5 设计方案

主除尘系统工艺流程如下：

(1) 内排烟系统从工业硅矿热炉半封闭矮烟罩放散烟囱三通接口外 1m 直管道 →室外管道支架 →空气冷却器→离心预处理器→负压反吸风布袋除尘器→主风机及电机→后端脱硫设备。

(2) 出炉+精炼+浇铸系统，采用助炉风机方式注入电炉矮烟罩。

(3) 电炉内排烟+出炉+精炼+浇铸系统及阀门管道排烟系统，一并进入负压反吸布袋除尘器，经抽风机进入后端脱硫系统。

(4) 后端脱硫管道系统→管道支架→脱硫设备→脱硫抽引风机及电机→高空排放。

(5) 反吸输送气力管道系统→负压反吸风布袋除尘器下反吸输送阀→仓顶旋风除尘器→负压反吸风布袋除尘器进口负压端。

(6) 仓顶旋风除尘器下卸灰阀→微硅粉加密仓装置→包装、转运、储存。

11.1.7.6 设备及部件清单

略。

11.2 工业硅生产烟气的化学净化——脱硫脱硝

11.2.1 硫、硝的来源

11.2.1.1 二氧化硫的来源

工业硅冶炼过程中以电力为能源，将炉料加热到 1800℃ 以上，使硅石中的 SiO_2 与还原剂碳反应，生成单质硅与 CO，CO 以烟气的形式通过炉膛空隙逸出到料面：

$$SiO_2 + 2C = Si + 2CO\uparrow$$

在目前的工业硅生产企业中，还原剂碳通常采用的是煤、石油焦以及木炭等，这些原料单独或混合配比使用。煤中含约 0.5%~1% 的硫，石油焦含 1%~3% 的硫，木炭含硫约 0.05%。在原料中含的硫元素在电炉炉膛中，在高温条件下，与氧进行化学反应，变成二氧化硫，混合在炉膛烟气里一起逸出到料面：

$$S + O_2 \longrightarrow SO_2 \uparrow$$

11.2.1.2　硝的来源（氮氧化物 NO_x）

硅石还原反应生成的 CO 以炉气的形式通过炉料空隙逸出到料面后，与空气中的氧气发生燃烧反应生成 CO_2。燃烧反应造成高温，使空气中的 N_2与 O_2发生反应，生成氮氧化物（$NO+NO_2$）。炉膛里的少量空气，在高温条件下，也会生成氮氧化物。这些氮氧化物在环境工程中统称为“硝”。大部分硝是在料面上燃烧 CO 时伴随生成的：

$$N_2 + O_2 \longrightarrow 2NO$$

$$2NO + O_2 \longrightarrow 2NO_2$$

燃烧烟气中，氮氧化物 NO_x的 NO 约占 95%，NO_2约占 5%。

11.2.2　脱硫方法

硫元素不是大气环境中的原生物质，任何形式的硫元素都不能排入大气环境，所以，二氧化硫（SO_2）必须从烟气中脱除出来，另行处理加以利用。

目前成熟的脱硫技术根据最终脱硫产物的形态，分成三大类：干法、半干法、湿法。

11.2.2.1　干法脱硫

干法是指此种方法的脱硫剂进料状态及最终产物都是干态的（“干进干出”），主要有高温循环流化床法、电子束照射法（EBA 法）、活性炭吸附法等。每种方法在各地结合当地的特定条件，都有过成功的案例。循环流化床法在干法中运用最普遍。

循环流化床法最早由德国鲁奇公司开发，已有四十年的成熟经验。循环流化床法是将脱硫塔建成下部菱形上部平顶结构，烟气从下部经过一个（或数个）文丘里管装置形成高速气流，同时用高压空气将研磨成细小颗粒的脱硫剂（通常是 CaO）吹入烟气中。在高速气流中的脱硫剂颗粒因强烈湍流扰动呈沸腾状，与二氧化硫气体分子剧烈碰撞反应，达到高效脱硫效果。

反应完成后的脱硫剂颗粒（含脱硫产物）被烟气从脱硫塔上部带出，经过随后的旋风除尘器将大部分脱硫剂颗粒分离出来，再吹入脱硫塔循环重复使用。小部分脱硫剂细粉在后续的布袋除尘器里滤除干净（图 11-3）。

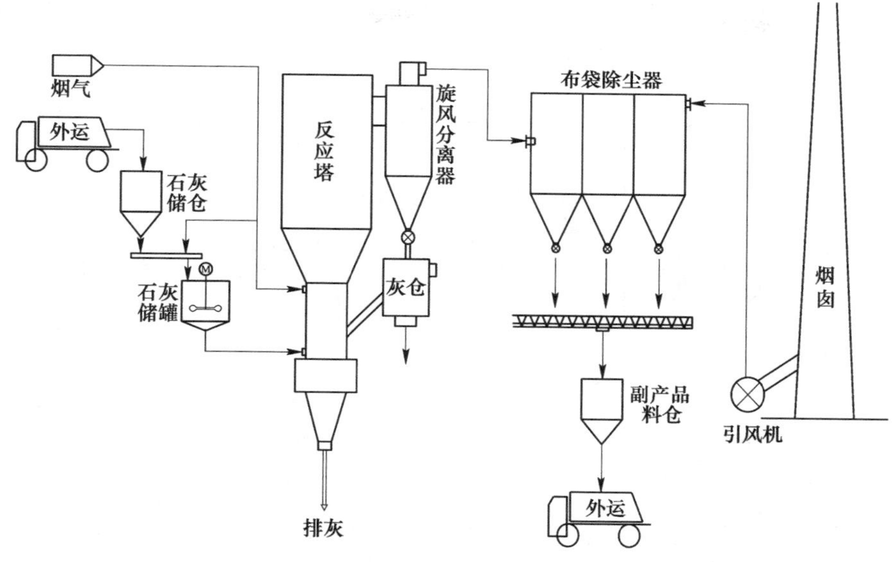

图 11-3　干法脱硫流程示意图

烟气在高温状态下，脱硫剂、二氧化硫都具有很高的内能，超过反应活化能，反应物分子可以直接发生气固反应。

主要反应方程式为：

$$CaO + SO_2 = CaSO_3$$

11.2.2.2　半干法脱硫

半干法脱硫剂以湿态（或半湿态）进入，脱硫最终产物呈干态（“湿进干出”）。目前国内有很多正在运行，效果良好，主要有石灰浆循环流化床法、石灰粉增湿循环流化床法、喷雾干燥法、炉内喷钙尾部增湿活化法等。结合工业硅生产特点，石灰浆循环流化床法、石灰粉增湿循环流化床法比较适用。

石灰浆循环流化床法与高温循环流化床法在工艺上比较相似，都是利用流化床的沸腾原理，通过烟气与石灰浆液滴扰动完成传质传热，在二氧化硫分子与石灰液发生反应时，液滴同时蒸发成粉尘。

脱硫塔呈下部菱形上部平顶结构，烟气（180～300℃）从下部经过文丘里管形成高速气流，同时用高压空气将脱硫剂（通常是 $Ca(OH)_2$ 石灰浆）吹入烟气中形成雾态。$Ca(OH)_2$ 与二氧化硫反应，同时未反应的石灰浆与脱硫产物中的水分被蒸发，至出塔时呈干粉状，在经过随后的旋风除尘器将大部分粉尘分离出，再配成石灰浆吹入脱硫塔重复使用。小部分细粉在后续的布袋除尘器里滤除干净（图 11-4）。

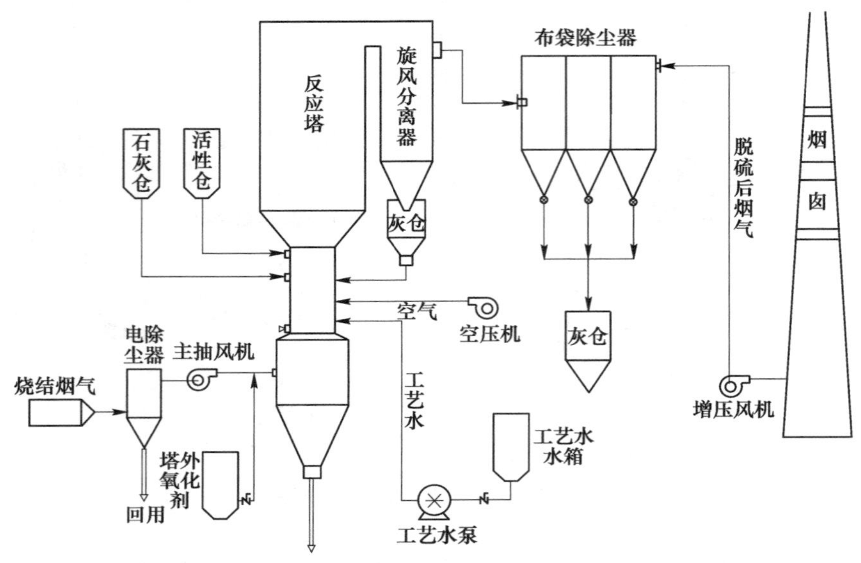

图 11-4　半干法脱硫流程示意图

这种反应因为温度较低，反应物分子内能达不到反应活化能，必须借助水的存在发生离子反应：

$$Ca(OH)_2 + SO_2 = CaSO_3 + H_2O$$

石灰粉增湿循环流化床法是将石灰干粉吹入脱硫塔下部入口处，同时喷水雾进塔，在塔内流化床中石灰粉、水滴在烟气中剧烈翻腾，完成氢氧化钙与二氧化硫的反应。同时烟气中蕴含的热量将水分蒸发，出塔时未反应的石灰粉与脱硫产物亚硫酸钙呈干灰粉尘形态，先经旋风除尘器回收大部分石灰以便重复使用，其余细粉在布袋除尘器中滤除。按照目前工业硅生产企业的生产情况看，无需对工艺、设备进行较大改进就可以采用半干法脱硫。

干法或半干法脱硫若放在布袋除尘器前段，将会降低微硅粉中 SiO_2 含量，若放在布袋除尘器后端，将使最终烟气中粉尘浓度增加，在选择时需慎重。

11.2.2.3 湿法脱硫

湿法是指此种方法的脱硫剂以湿态进入，脱硫最终产物也呈湿态（“湿进湿出”）。湿法净化的历史最为悠久，有百年以上历史，最早普遍用于化工领域，已经具备成熟完善的工艺设备技术。20世纪70年代以后，环境保护日益受到重视，湿法技术也开始逐步应用于尾气治理工程中。湿法是至今技术最为成熟、范围应用最广、脱硫最彻底的烟气脱硫技术，尤其是环保严格的超低排放地区，湿法是目前最可靠的方法。

湿法净化在各行各业根据各自的具体情况和行业特点，开发出很多的相似技术。在烟气净化领域，主要有石灰石/石灰-石膏法、双碱法、钠碱法等。这些方法的区别主要在于脱硫剂的选择及配制上；相同之处在主设备都是气液相吸收塔，多数情况下采用喷淋塔，个别情况下采用填料塔、筛板塔。

湿法脱硫工艺技术是在布袋除尘器后布置一台脱硫吸收塔，烟气从塔下部进入，脱硫液从上部进入，气液相逆流交会混合，发生传质酸碱反应，然后被清除二氧化硫的洁净烟气从塔上部排出，混合了脱硫产物的脱硫液从塔下部排出。脱硫液经再生后重复使用（图11-5）。

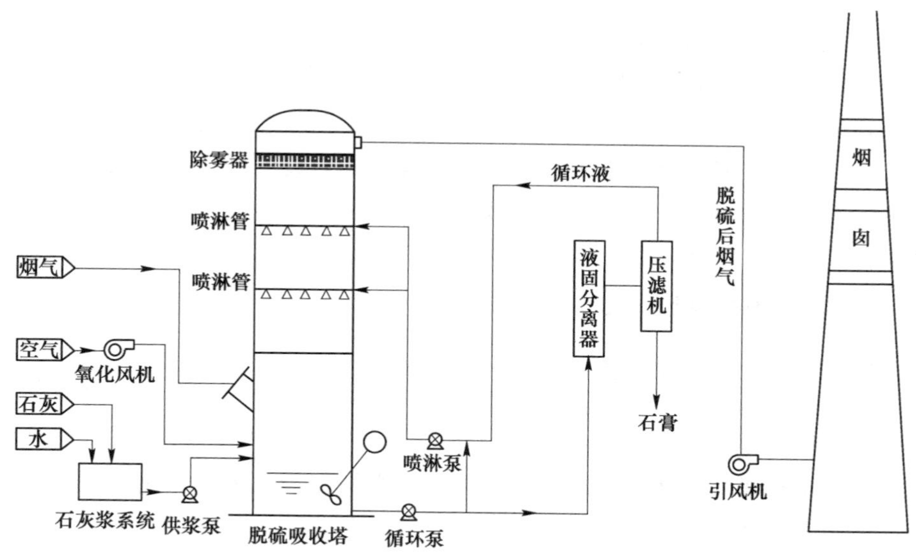

图11-5 湿法脱硫流程示意图

湿法反应温度最低（<100℃），反应物以离子状态发生反应：

$$Ca^{2+} + SO_2 + 2OH^- = CaSO_3 + H_2O$$

11.2.3　脱硝方法

烟气脱硝方法分两大类：SNCR（高温选择性非催化剂法）和 SCR（中低温选择性催化还原法）。这两种方法都需要往烟气中添加氨基还原剂，与氮氧化物反应，将其变成环境空气的原生物氮气，达到消除污染物的作用。

11.2.3.1　SNCR（高温选择性非催化剂法）

按照物理化学原理，温度决定反应物内能的大小。一般情况下，温度越高，则内能越高，反应活性越大。当温度达到某值使内能越过活化能，则反应物无需催化剂可直接发生反应。

根据这个原理，氮氧化物（NO_x）在低温状态下不能直接与还原剂反应，但在 850~1100℃温度区间内，氮氧化物可以直接与氨基还原剂反应，生成氮气。在实际工业应用中，多采用 950~1100℃温度区间。超过 1100℃，氮氧化物（NO_x）的生成反应速度大于消除反应速度，得不偿失。

反应方程式为：

$$NO_x + NH_2^- \longrightarrow N_2 + H_2O$$

低于 950℃温度区间，反应基本不进行。

这种方法的投资费用低于 SCR（中低温选择性催化还原法），运营费用更是低到不足 10%。在火力发电、水泥、固废处置领域经常使用，有较好的使用效果，排放浓度甚至低于 100mg/Nm³。缺点是对设计技术的要求极高，如果不能设计出与实际烟气温度相符的反应器，则反应效果不好，甚至不能正常运行。

脱硝塔用碳钢制造，内砌耐火材料。

11.2.3.2　SCR（中低温选择性催化还原法）

按照物理化学原理，当烟气温度低于 950℃时，氮氧化物（NO_x）不能通过与氨基还原剂直接反应达到消除的目的，必须在催化剂的作用下减低活化能，使反应能够进行。

目前工业领域中，广泛使用的是 V_2O_5/TiO_2 催化剂，反应区间在 160~450℃温度区间内。温度越低，催化剂寿命越长，但反应速度越慢导致所需装填量越多；温度越高，催化剂寿命越短，但反应速度越快致使所需装填量越少。综合正反两方面的因素，工业上多选用300~400℃温度区间，催化剂有效寿命2~3年。

反应方程式为：

$$4NO + 4NH_3 + O_2 \xlongequal{} 4N_2 + 6H_2O$$

$$6NO + 4NH_3 \xlongequal{} 5N_2 + 6H_2O$$

$$6NO_2 + 8NH_3 \xlongequal{} 7N_2 + 12H_2O$$

$$2NO_2 + 4NH_3 + O_2 \xlongequal{} 3N_2 + 6H_2O$$

一般情况下，SCR法的NO_x脱除率可达70%~90%，NO_x出口浓度可降低至100mg/Nm^{3}左右，是一种虽然昂贵但是简单可靠的烟气脱硝技术。

SCR催化剂的各种成分中，TiO_2没有催化活性能力，只作为载体，V_2O_5为主要活性成分，另外含有少量WO_3、MoO_3作为助催化剂，起到提高催化活性、抗氧化、抗毒化、延长寿命的作用。

催化剂可以根据需要制作成各种样式。在烟气脱硝工艺中，配合操作参数、工艺设备的条件，通常制成连续、单一通道的整体结构，逐层堆砌在脱硝装置里，普遍采用三种形式：板式、蜂窝式和波纹板式。受工况温度的限制，布袋除尘器安置在SCR脱硝装置后，所以脱硝时烟气中灰尘较大，易黏集在催化剂表面使催化剂失能，虽经反吹可以恢复部分催化剂的活性，但积灰依旧会越来越严重。催化剂填料的设计要充分考虑到防堵和防磨损的要求，就烟气流通性而言，板式最好，通流面积为85%左右，蜂窝式次之，流通面积为80%左右，波纹板式最差，最容易堵。从结构来看，在相同间距的前提下，板式的折流死角最少，最不容易堵灰；蜂窝式的折流死角较多，容易产生灰分搭桥而引起催化剂的堵塞；波纹板式的折流死角最严重，是最容易堵灰的构型。堵灰严重影响催化剂的寿命，对催化剂的更换周期起决定性的影响。

从所需催化剂装填量来说，板式的需装量最大，耗资最多，蜂窝式次之，波纹板式最少。应综合考虑各种因素，选择最佳的平衡点。目前，蜂窝式在脱硝催化剂全部市场总额里占到50%以上。

11.2.4　脱硫设计

工业硅电炉在生产正常的情况下，烟气进入冷却烟管时大约在500~700℃，这种温度条件不适合采用反应温度要求在900℃以上的干法脱硫工艺，只能采用操作温度在400℃以下的半干法或湿法脱硫工艺。这两种工艺在耗水量、排放限值、脱硫产物固废的处置上各有优缺点。工业硅生产厂家分布全国各地，各个厂家所处的具体条件各不相同，应该因地制宜，全面综合考虑各种因素来选择最适合自己的脱硫技术工艺。

11.2.4.1　半干法脱硫技术设计

半干法脱硫技术依照技术原理来说有很多种类，其中比较适合工业硅行业的主要有循环流化床（Circulating Fluidized Bed，CFB）、NID（Novel Integrated Desulphurization）等。

A　循环流化床法（CFB（Circulating Fluidized Bed）法）

2018 年环境保护部颁布施行了《烟气循环流化床法烟气脱硫工程通用技术规范》（HJ 178—2018），该规范规定了烟气循环流化床法烟气脱硫工程的设计、施工、验收、运行和维护的基本技术要求。该标准预设的烟气循环流化床法烟气脱硫工艺流程如图 11-6 所示。

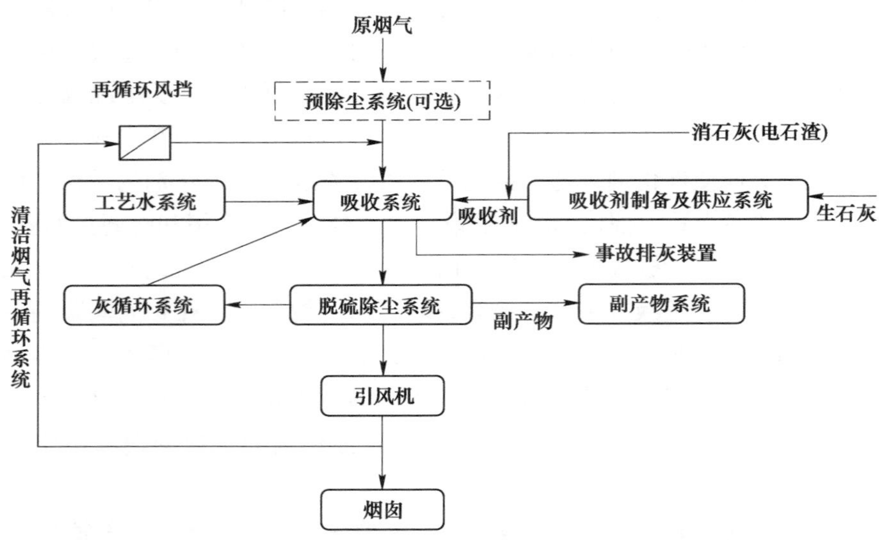

图 11-6　烟气循环流化床脱硫工艺流程示意图

这是一种典型的湿态脱硫方法：先将脱硫剂生石灰（CaO）加工成消石灰（$Ca(OH)_2$）浆液，用高压空气经雾化喷嘴喷入从脱硫塔下部烟气中，也可以将石灰粉与水不混合，而是分两路分别喷入脱硫塔中，利用往上流动的烟气在塔内进行搅拌混合。这种方法的优点是工艺简单，设备少；缺点是工况不易稳定，脱硫效果易起伏波动。湿润的脱硫剂一边与二氧化硫反应，一边因水分蒸发成颗粒状。脱硫塔呈下部小、上部大的形状，烟气流速是下部大、上部小。脱硫剂被烟气从下部吹到上部，脱硫剂颗粒受重力作用又从上部往下落，落到下部重新又被高速烟气吹起来，同时，喷入水雾使已经干燥的脱硫剂颗粒重新湿润。这种沸腾状态就形成了不断循环的流化床。每个反应周期只有3%~5%的脱硫剂被反应消耗掉，其余95%~97%被循环使用。

HJ 178—2018 可以作为重要参考，但是在具体运用中，要结合实际情况进行符合生产企业需要的最佳设计。

脱硫塔的操作压力为微负压，工艺技术按常压进行设计。当钙硫比（Ca/S）等于2±0.5时，脱硫率最佳可以达到90%，温度分布为顶部低于底部30~50℃为最佳。压力损耗为1500~2000Pa，流化床气速为5±1m/s，底部文丘里管气速为40~50m/s，烟气在流化床反应时间为3~7s，在塔内总停留时间4~8s，脱硫剂颗粒约为3mm，石灰纯度70%即可。

B 新型一体化脱硫法（NID(Novel Integrated Desulphurization)法）

NID 法与 CFB 法一样属于气液反应，最终生成干燥产物循环使用，但不是循环流化床，而是并流输送床。CFB 法的各个设备功能明确区分，各司其职，这样便于管理、维修，而 NID 法采用一体化设计，把脱硫塔主装置与配套设备集成在一起，成为一体化设备，各个功能在设备内相互交叉。NID 法的工艺比 CFB 法简单，占地面积、建设投入、运行费用远小于 CFB 法，但是相比而言操作稳定性不好、设备维修频繁、脱硫效果较低，适合小型工厂，能经常停车检修。

NID 按常压进行设计。当钙硫比（Ca/S）等于2±0.5时，脱硫率最佳可以达到70%，温度分布为出口低于进口30~50℃，压力损耗为2000~2500Pa，塔内烟气速度为1.8~2.5m/s，烟气脱硫反应时间约1~2s，在装置总停留时间2~4s，脱硫剂颗粒约为1μm，石灰纯度要大于85%。

CFB 法结合各地的具体情况，开发了各种配套工艺，形成了石灰浆循环流化床法、石灰粉增湿循环流化床法、喷雾干燥法、炉内喷钙尾部增湿活化法等脱硫方法，都获得了很多的成功案例。

11.2.4.2 湿法脱硫技术设计

烟气中的二氧化硫易溶于水，并呈酸性。用碱液逆向喷淋，可以发生酸碱中和吸收反应，生成亚硫酸钙/硫酸钙。通过这种方法，可以将烟气中的酸性物质（包括二氧化硫）彻底清除干净。在反应步骤中，二氧化硫溶于水的过程为控制步骤。

湿法工艺中烟气流程是烟气从布袋除尘器（或引风机）出口进入脱硫塔

下部，与从上往下喷淋的脱硫液逆向气体接触，烟气中的二氧化硫被脱硫液吸收带走，净化后的烟气经塔上部的除雾器除掉水汽液滴后，从顶部出塔，经引风机去烟囱放空（或直接经烟囱放空），如图 11-7 所示。

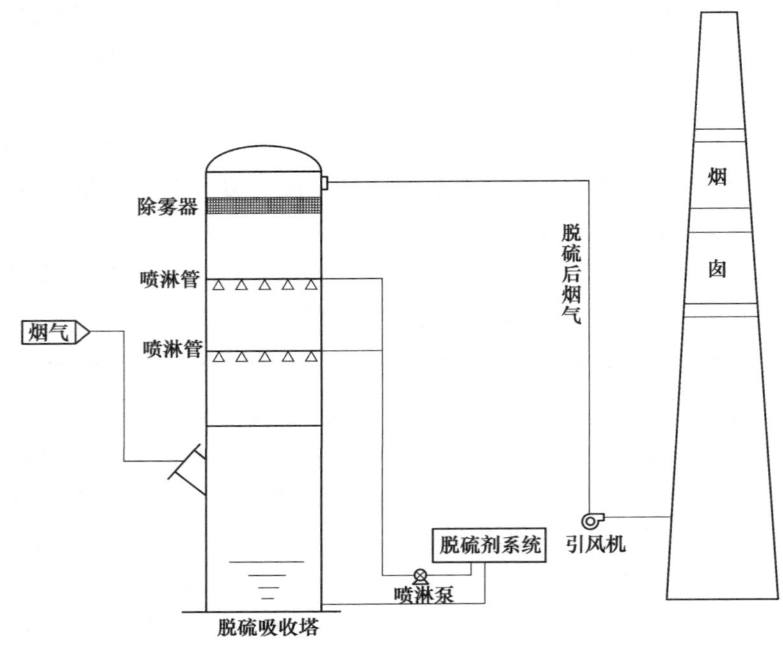

图 11-7　湿法脱硫塔流程示意图

依照脱硫剂配套工艺的不同，湿法技术分为石灰石/石灰-石膏法、双碱法、钠碱法等。

A　*石灰石/石灰-石膏法*

石灰石/石灰-石膏法广泛应用于很多行业的脱硫装置中，为此国家环境保护部在 2018 年 5 月实施了《石灰石/石灰-石膏湿法烟气脱硫工程通用技术规范》（HJ 179—2018），该规范是以火电厂脱硫技术为蓝本而编制，其他行业可以借鉴参考。图 11-8 所示为这部标准设定的一种比较通用的工艺流程，如果用于工业硅行业则需要调整细化以适应行业特点。

烟气脱硫装置的工艺设计应以满足在最低负荷工况和最大连续工况之间的任何负荷持续安全运行为目标，并且脱硫装置工况的调节变化速度应与工业硅炉的变化率相适应。脱硫率应大于 95%，出口浓度应低于 $100mg/Nm^3$，主设备脱硫塔的设计寿命不小于 30 年，年生产时数不小于 7000h。

脱硫剂初始用 $Ca(OH)_2$ 调配成石灰水，用高压喷淋泵打入塔内，石灰水

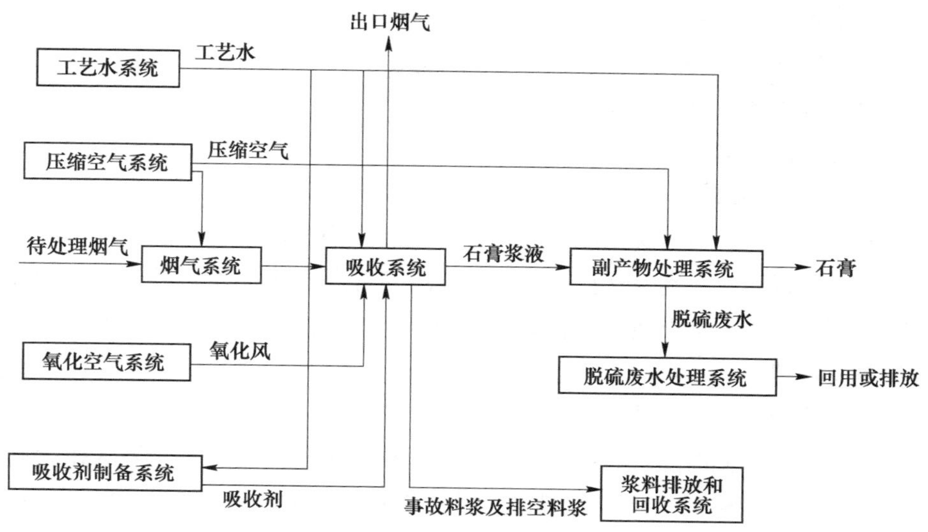

图 11-8 石灰石/石灰-石膏湿法烟气脱硫工艺流程示意图

滴从上至下与从下往上的烟气接触，烟气中的二氧化硫溶入石灰水滴发生酸碱中和反应，生成亚硫酸钙连同未反应的石灰水一起落入塔底，脱硫剂变成氢氧化钙/亚硫酸钙混合浆液，然后再用高压喷淋泵打回塔内继续循环使用。在循环过程中，用空气注入混合浆液中，使亚硫酸钙氧化成硫酸钙（石膏），形成沉淀滤出。循环过程中，持续补充石灰使脱硫剂保持 pH=9~11，循环浆液质量浓度在 8%~25%。

主要反应：

$$Ca(OH)_2 = Ca^{2+} + 2OH^-$$

$$Ca^{2+} + 2OH + SO_2 = CaSO_3\downarrow + H_2O$$

$$2CaSO_3 + H_2O + SO_2 = 2CaHSO_3$$

$$2CaSO_3 + 4H_2O + O_2 = 2CaSO_4 \cdot 2H_2O$$

副反应：

$$Ca(OH)_2 + 2CO_2 = CaCO_3 + H_2O$$

脱硫塔主设备为圆形、矩形。

圆形：制造要求高，安装困难，成本高，但是流体分布均匀性好，无死角，脱硫效果好。

矩形：制造要求低，成本低，但是流体分布均匀性不好，易形成死角，脱硫效果不稳定。

设计参数为：

空塔流速：3～4m/s；

反应时间：5～8s；

喷淋覆盖率：160%；

除雾器出口雾滴浓度：≤75mg/Nm^3；

压降：≤1500Pa。

石灰石/石灰-石膏湿法脱硫工艺目前已经相当成熟，运营安全可靠性好，缺点是投资成本大，但是用石灰做原料，运营成本低。所以目前大型工厂（例如电厂）多倾向于使用此法，烟气处理量越大（50 万立方米/时以上），此法越有优势。

因为脱硫剂是石灰浆，液固混合容易产生沉淀，但使用不慎会导致设备的积垢、堵塞，同时腐蚀、磨损也很严重，故对运营人员的工作要求比较高。另外，产生的硫酸钙（石膏）量大，各地处理石膏方法不一，各单位在做经济核算时应加以关注。

B 钠碱法

钠碱法脱硫技术是使用钠碱（NaOH 或 Na_2CO_3）作为脱硫剂，在喷淋吸收塔内吸收反应烟气中的二氧化硫。

反应方程式为：

$$2NaOH + SO_2 \xlongequal{} Na_2SO_3 + H_2O$$

$$Na_2CO_3 + SO_2 \xlongequal{} Na_2SO_3 + CO_2$$

钠碱与二氧化硫的反应速度极快，反应率很彻底，特别适合环保严格地区的超低排放要求。

设计参数为：

空塔流速：3～4m/s；

反应时间：3～5s；

喷淋覆盖率：100%；

除雾器出口雾滴浓度：≤25mg/Nm^3；

压降：≤1200Pa。

钠碱法脱硫技术是最成熟的工艺，运营安全可靠，优点是投资成本很小，设备维修率低，设备故障率低，易操作控制，但是用钠碱做原料，原料价格较高致使运营成本较高。适合工厂规模小的单位。

C 双碱法

双碱法脱硫技术是结合了石灰石/石灰法与钠碱法的工艺技术，开发的一种组合式工艺技术：像钠碱法一样用钠碱作脱硫剂，但是补充脱硫剂时不是直接添加钠碱，而是用石灰将废脱硫剂再生成钠碱，补充进脱硫剂循环液中。

反应方程式为：

$$2NaOH + SO_2 = Na_2SO_3 + H_2O$$

$$Na_2SO_3 + Ca(OH)_2 = 2NaOH + CaSO_3$$

设计参数为：

空塔流速：3~4m/s；

反应时间：3~5s；

喷淋覆盖率：100%；

除雾器出口雾滴浓度：≤25mg/Nm^3；

压降：≤1200Pa。

双碱法因为工艺复杂，投资费用比石灰法少不了太多，同时石灰法的积垢、堵塞、腐蚀、磨损问题虽没有那么严重但也同样具有，对运营人员的要求也不低，所以，双碱法在全国的普及率并不高。但是，双碱法具有钠碱法同样的高效脱硫率，可以在环保要求超低排放的地区使用。另外，原材料主要是石灰，价格低廉，所以依然有很多单位愿意采用此法。

12 工业硅电炉烟气余热利用

能源是人类赖以生存和发展的重要物质基础，能源使用效率的高低已成为一个企业、一个行业乃至一个国家技术进步的重要标志。随着我国经济的快速发展，寻找新的能源或可再生能源以及合理地综合利用现有的宝贵能源将是我国今后确保经济可持续发展的关键。

节能减排是根据社会和国家在能源节约和环境保护的发展趋势提出的要求，也是工业硅行业面对日益激烈的市场竞争形势下的明智选择。而利用日益成熟的余热发电技术，可大量回收和充分利用工业硅生产中的高温烟气余热，提高工业硅生产的整体能源利用水平，此项技术将有可能成为工业硅行业节能降耗的有效途径之一。

工业硅是冶金、化工、电子信息等产业的重要原材料，但同时也是资源、能源的消耗大户。我国是工业硅的生产和消费大国，工业硅生产对电能的消耗和依赖很大。工业硅电炉配套建设余热发电系统，可以提高高温烟气的余热利用，减少 CO_2等温室气体排放，将具有十分明显的环保效益和社会效益。

工业硅行业是高载能工业，节能潜力巨大。为此，国内外工业硅企业纷纷采取先进技术，开展节能降耗和综合利用，不断优化企业的能耗指标和环保指标，以期达到能耗最少、环保最优的战略任务。

我国工业硅行业余热资源十分丰富，回收利用的潜力很大。近年来，由于能源供应的日趋紧张，涨价幅度不断加大，能源费用在产品成本中的比重不断增加，市场竞争的形势要求企业寻求降低生产成本的措施。节能降耗已成为工业硅企业提高竞争力的重要途径。相信不远的未来，会有较大的进展。余热发电技术必将在我国工业硅行业的节能降耗方面做出突出的贡献。

12.1 工业硅电炉烟气余热利用的必要性和可行性

利用工业硅矿热炉生产过程中产生的 600～800℃ 的烟气余热作为热源的余热发电技术，在不增加生产能耗的前提下，整个热力系统不燃烧任何一次能源，回收的电力将回用于工业硅生产，该系统在回收工业硅生产过程中余热的同时，又减少了工业硅生产对环境的热污染，这将给企业带来一定的经济效益和社会效益。

余热电站建成后，可大量回收和循环利用烟气中的热能，提高企业的整体能源利用水平。另外，利用企业的烟气余热进行发电，实际上就是相应减少了电力系统中燃煤电站产生同等电量而产生的 CO_2的排放。

12.2 工业硅电炉烟气余热利用的工艺流程

12.2.1 工业硅电炉的烟气流程

目前国内工业硅冶炼多采用半封闭矮烟罩生产装置，烟气处理工艺流程为：由电炉、半封闭集烟罩出来的高温含尘烟气，经空气冷却器降温和旋风重力除尘器后去除了火星和大颗粒粉尘，再经引风机进入布袋除尘器过滤下来烟气中的细微粉尘，净化后的气体排入大气。布袋除尘器滤袋内的粉尘经清灰、卸灰，由输灰车送走统一回收处理。

高温烟气在进入布袋除尘器之前需要冷却到布袋滤袋承受温度以下，采用空气冷却器的形式通过自然循环散热，大部分热量排放到周围空气中，既浪费了宝贵的余热资源，又对周边环境造成了热污染。

12.2.2 余热利用系统的烟气工艺流程

在工业硅电炉烟气出口设置余热锅炉。每台锅炉均与系统原有的空气冷却器并联布置。

为了防止余热锅炉出现事故时，影响工业硅电炉的正常生产，在余热锅炉进口和旁通管道处各增加一个电动百叶调节阀，以便余热锅炉出现事故时，可以迅速从系统里解列出来。余热锅炉进风管道设置电动混风阀防止锅炉超温发生，余热锅炉出口设置电动百叶调节阀。为满足余热锅炉后布袋除尘器的进风要求，余热锅炉排烟温度设定为 180℃（图 12-1）。

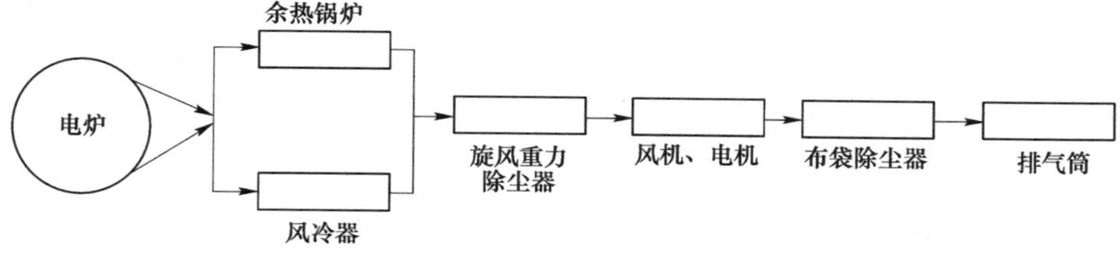

图 12-1 余热利用系统工艺流程图

12.2.3　余热发电热力系统的工艺方案

工业硅电炉烟气余热发电系统（余热电站）一般应由以下车间或子项组成：电站总平面布置、余热锅炉房、汽轮发电机房、化学水处理、循环水冷却塔及水泵房、室外汽水管线、电站内的供配电、控制、通讯、照明、电站内的给排水、消防系统等。

每台余热锅炉产生的过热蒸汽汇合后进入汽轮机发电，汽轮机作功后的乏汽通过冷凝器冷凝成水，经凝结水泵送入热力除氧器，汽轮机设置抽汽口，将低压蒸汽抽出送至热力除氧器加热冷凝水进行热力除氧，除氧器出水再经锅炉给水泵为余热锅炉提供给水，省煤器段的出水作为锅炉主汽段的给水从而形成完整的热力循环。余热电站原则性热力系统如图 12-2 所示。

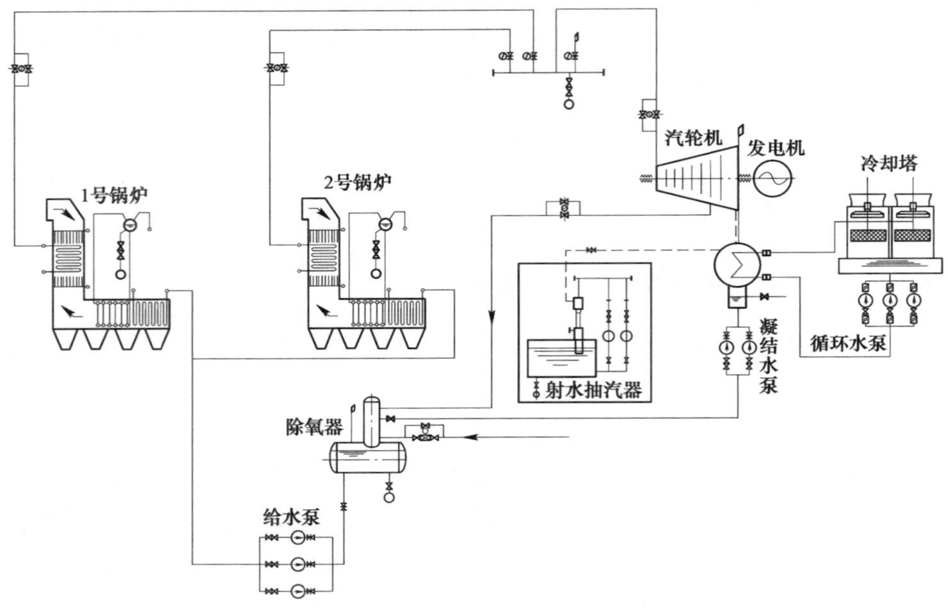

图 12-2　余热电站原则性热力系统图

上述方案的配置，可以使电站运行方式灵活、可靠，能很好地与工业硅生产配合，可最大限度地利用烟气余热。

该方案的特点如下：

（1）余热锅炉均设有旁通废气管道，一旦余热锅炉或电站发生事故时，可以将余热锅炉从工业硅生产系统中解列，不影响工业硅生产的正常运行。

（2）余热锅炉采用的结构形式，利于清灰，提高余热回收率。

（3）采用的热力除氧方式，有效地保证除氧效果。

（4）针对烟气粉尘粒度很小，比重较轻的特点，在锅炉的受热面采用机械清灰方式，确保清灰效果，保证传热效率。

（5）锅炉设有省煤器，保证锅炉系统有更高的产汽量。

（6）锅炉灰斗下灰采用埋刮板与气力输送相结合的方式，送至锅炉出口烟风管道。

12.3　工业硅电炉烟气余热利用的主要设备

12.3.1　余热锅炉

余热锅炉的配置应使电站运行方式灵活、可靠，能很好地与工业硅生产配合，可最大限度地利用余热。

根据工艺流程和烟气参数及粉尘的特性，余热锅炉采用单锅筒、光管受热面、自然循环方式、露天立式布置，结构紧凑、占地面积小。

在锅炉的各受热面之间布置了清灰装置，以减轻余热锅炉的积灰，提高锅炉的换热效率。

工业硅烟尘成分和粒度中，微小的 SiO_2 颗粒占到了烟尘成分的 80%～90%，这部分微小的颗粒被称为微硅粉。微硅粉的粒径大多小于 1μm，粉尘比表面积约 $20m^2/g$。由于微硅粉黏附力极强，在运行过程中极易产生静电而吸附在锅炉管壁外表面，很难清理干净。鉴于其导热系数很低，如果不能及时清理干净，会导致余热锅炉的换热效率大大降低，很难正常运行。因此，余热锅炉炉型和清灰方式的选择，是工业硅余热发电系统顺利运行的关键因素。

余热锅炉的清灰方式采用耐高温金属丝扁线团状材料制造，刷子被套装在传热管外，再将多个刷子连接为一个整体的网架结构，网架结构与金属网架相连，再由驱动装置带动，并设有各种保护和控制系统。这种清灰方式使多个刷子在电动机的带动下在传热部件的外壁上来回运动，将黏附于壁上的粉尘抹去，保证了锅炉的正常运行。

锅筒材料为 20g，安装在钢架顶部。锅筒内部装置的一次分离采用缝隙挡板结构，二次分离元件为特殊的钢丝网分离器。为了保证好的蒸汽品质和合格的锅水，还装有加药管和表面排污管。

为保证安全和便于操作，锅筒上部装有压力表、安全阀和备用管座。锅筒前方设有两组石英玻璃管水位表，其中一只为双色水位表，便于用户单位设置工业摄像头以监视水位；一组电接点液位计管座，可作水位显示和接水位报警器用；两组水位平衡容器，作水位记录与控制用。

锅炉四周布置有内护板，与热烟道组成烟气通道，内护板、热烟道外敷设轻型保温层。锅炉整个外表面采用彩色钢板作保护层。

余热锅炉的特点如下：

实施后不得影响电炉生产，不能使除尘系统效率下降，不影响微硅粉的产量和质量；余热锅炉均设有旁通废气管道，一旦余热锅炉或电站发生事故时，可以将余热锅炉从工业硅生产系统中解列，不影响工业硅生产的正常运行。

余热锅炉给水除氧采用热力除氧方式，有效保证除氧效果。

针对废气粉尘粒度很小、密度较小的特点，在锅炉的受热面采用机械清灰方式，确保清灰效果，保证传热效率。

锅炉设有省煤器，保证锅炉系统有更高的产汽量。

12.3.2　汽轮机和发电机

根据工艺流程和烟气参数及粉尘的特性，汽轮机采用中温中压参数单压凝汽式，额定进汽压力 3.43MPa，额定进汽温度 435℃，排汽压力 0.008MPa，汽机超发能力 10%，并且在此负荷能够长期稳定运行。

汽机真空系统采用射汽抽气器系统。汽机调节采用电液联合调节，运行稳定，调节精确，既可定前压调节，又可定功率调节，运行灵活。汽机布置方式为岛式布置，减少厂房宽度，提高汽机效率，并减少汽机间占地面积。汽机设有转速、轴承温度、轴瓦温度、轴向位移、真空度等多点报警和保护，运行安全可靠。汽机配有启动油泵及直流事故油泵，保证在事故停电等故障时汽机的安全停车。发电机为空气冷却式，转速 3000r/min，微机型可控硅静止励磁，设有定子、转子、轴承温度、进出风温度等报警，并与电站控制系统连锁。

12.4　工业硅电炉烟气余热利用案例

四川某公司利用回收 2 台 33000kV · A 工业硅电炉生产线烟气余热，将之转变为电能。针对 2 台电炉的烟气余热，工程装机为 12MW，共包含 2 台余热锅炉，1 套汽轮发电机组及与之配套的循环水系统、化学水系统以及电气系统。其总图布置如图 12-3 所示。

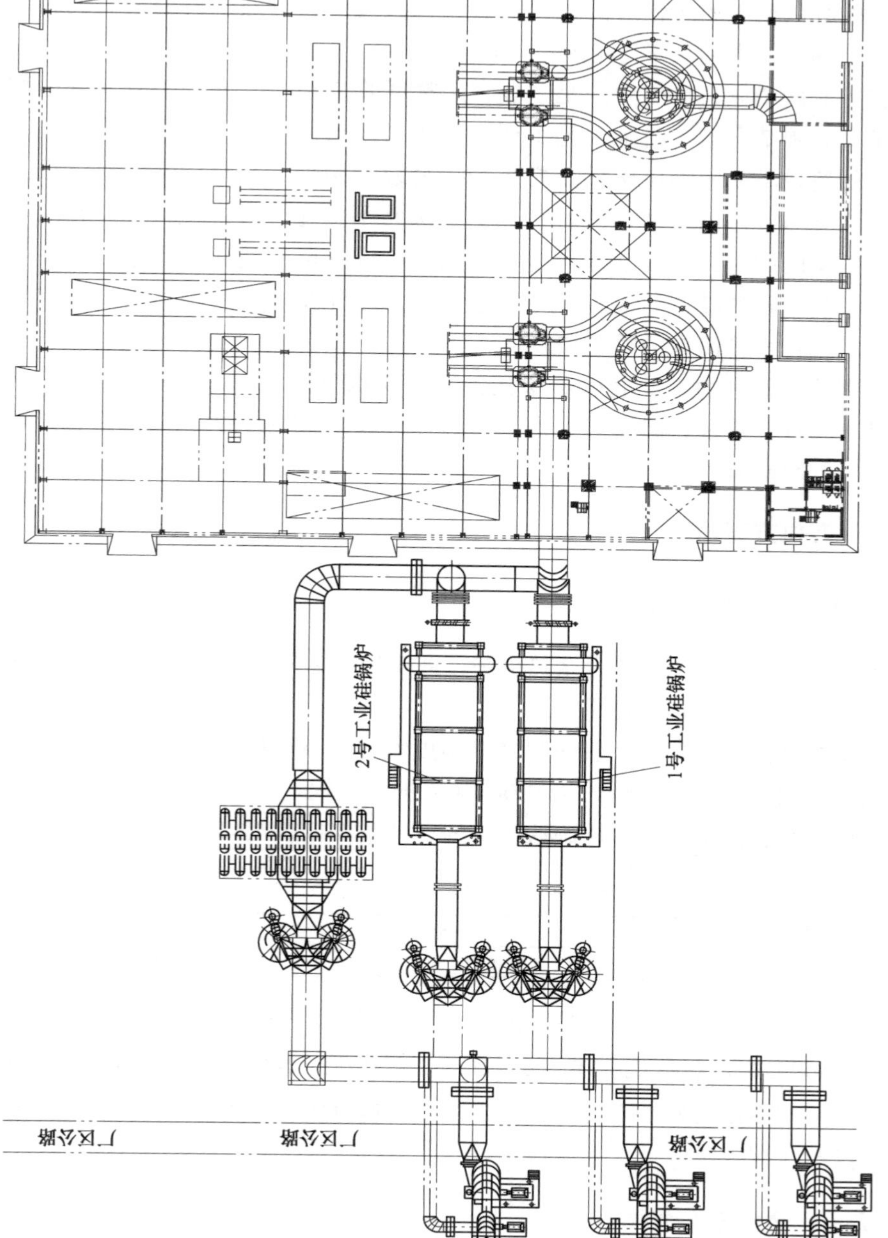

图 12-3 总图布置

该项目电炉采用半封闭烟罩冶炼形式，烟气处理仍采用传统工艺：由电炉、半封闭集烟罩出来的高温含尘烟气，经空气冷却器自然降温，再经旋风重力除尘器后去除火星和大颗粒粉尘，再经引风机进入布袋除尘器过滤下来烟气中的细微粉尘，净化后的烟气直接排入大气。布袋除尘器滤袋内的粉尘经清灰、卸灰，由输灰车送走统一处理。

在工业硅企业，冶炼生产是主业，余热回收是副业。该技术方案遵循如下原则：必须结合电炉冶炼工艺生产特点进行余热回收利用系统的设计，余热电站的建设不能影响电炉的正常生产。高效利用烟气余热，不盲目追求高指标，充分考虑目前行业内能够达到的实际水平，充分考虑性价比，在取得较高发电量的同时，投资合理。适当采用一些成熟可靠的新技术来提高发电量，使余热电站的技术具有一定的先进性，且使用最成熟、最可靠、适应能力最强、操作维护简单的系统和设备。

根据业主提供的工业硅电炉参数，每台 33000kV · A 矿热炉的排烟参数为：基本特性：连续，温度基本稳定；烟气参数：180000Nm^3/h-700℃；烟气含尘量：2.54g/Nm^3。

12.4.1　装机方案确定

12.4.1.1　余热锅炉

该方案余热电站共设 2 台余热锅炉，即 1 号和 2 号。两台 33000kV · A 工业硅电炉分别设置 2 台余热锅炉。

由于废气温度较高，余热锅炉进口温度设计为 650℃，远高于 550℃，因此该项目采用中温中压参数 3.82MPa-450℃的余热锅炉。考虑到工业硅电炉运行的不稳定性，经多方案对比确认锅炉的设计条件见表 12-1。

表 12-1　余热锅炉设计条件

入口烟气风量/Nm^3 · h^{-1}	入口烟气温度/℃	出口烟气温度/℃
180000	650	200

据此废气参数计算，每台 33000kV · A 的工业硅电炉余热锅炉产生 30.0t/h-3.82MPa-450℃的过热蒸汽。在此设计条件下，当入口烟气参数为 180000Nm^3/h-650℃时锅炉排烟温度为 200℃，此时产汽量为 28.0t/h-3.82MPa-450℃，该方案以此为考核工况。

12.4.1.2　汽轮机组

2 台余热锅炉产生的 3.82MPa-450℃过热蒸汽，除去管线压力、温度损失等的参数为28.0t/h-3.43MPa-435℃，混合后作为汽轮机主进汽。按照汽轮机效率约82%，发电机效率约97%计算，余热锅炉所产生的蒸汽共具有约11800kW的发电能力。为了能充分适应工业硅电炉周期性的烟气参数波动，保证机组安全、平稳运行，并提高发电效率，利用电炉所产生的余热，故选择1台额定发电功率为12000kW的汽轮机组。

综上所述，采用两炉一机方案。装机方案为：

1台12MW凝汽式汽轮机组+2台余热锅炉。其热力系统图如图12-4所示。

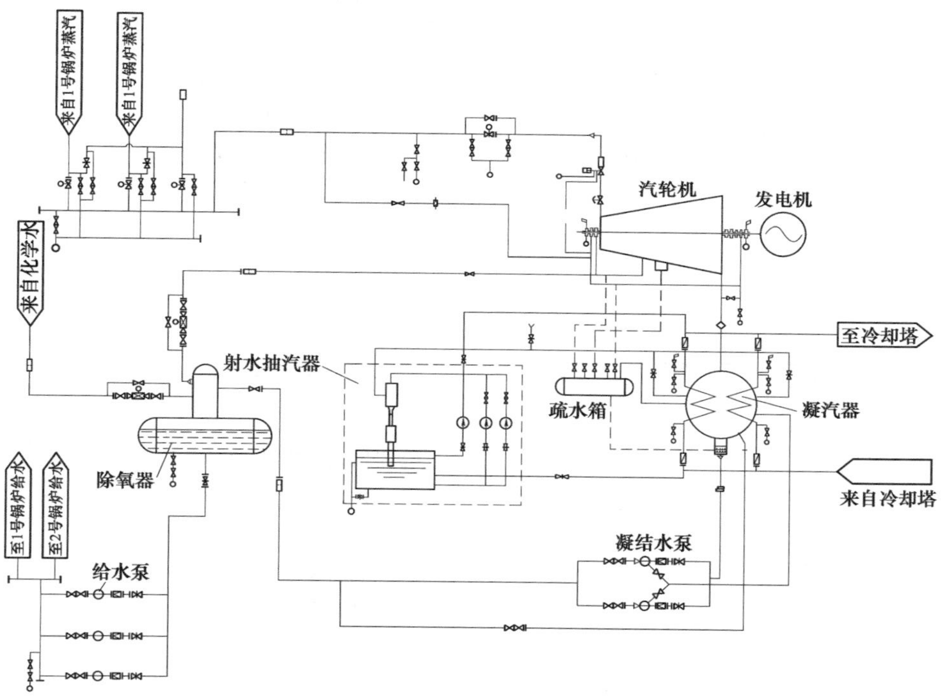

图12-4 电站热力系统图

汽轮机主要技术参数见表12-2。

表12-2 汽轮机主要技术参数

项目	参数	项目	参数
额定功率/MW	12	最大允许主进汽压力/MPa (a)	3.63
计算发电功率/kW	11800	额定主进汽温度/℃	435
转速/r · min^{-1}	3000	最大主进汽温度/℃	445
额定主进汽压力/MPa (a)	3.43	额定排汽压力/MPa (a)	0.008

该机组在额定功率40%~110%的情况下均可以长期稳定运行，它的优点是进汽参数范围较广，适应能力强。

12.4.2 主要设备

余热利用系统的主要设备见表12-3。

表12-3 余热利用系统的主要设备

序号	设备名称及型号	数量	主要技术参数、性能、指标
1	中温中压凝汽式汽轮机	1	型号：N12-3.43； 额定功率：12MW； 额定转速：3000r/min； 主汽压力：3.43MPa； 主汽温度：435℃； 排汽压力：0.008MPa
2	发电机	1	型号：QF-J15-2； 额定功率：15MW； 额定转速：3000r/min
3	废气余热锅炉	2	入口烟气量：180000Nm³/h； 入口烟气温度：650℃； 入口烟气含尘浓度：2.54g/Nm³； 出口烟气温度：200℃； 主蒸汽参数：30.0t/h-3.82MPa-450℃； 给水温度：104℃； 锅炉总漏风：≤2%； 烟气阻力：≤1200Pa； 循环方式：自然循环； 布置方式："L"形露天布置
4	热力除氧器	1	出力：65t/h； 工作压力：0.12MPa； 工作温度：104℃； 除氧水箱：20m³
5	锅炉给水泵	3	型号：DG46-50×10； 流量：28~50t/h； 扬程：575~510m
6	凝结水泵	2	型号：4N6G； 流量：30~65.5t/h； 扬程：78~65m

12.4.3 各车间布置

12.4.3.1 发电主厂房

发电主厂房由汽轮发电机房及电站控制室、高低压配电室组成，占地22.5m×24m。

汽轮发电机房占地为24m×15m，双层布置，±0.000平面为辅机平面，布置有汽轮机凝汽器及供油系统等，7.500平面为运转层，汽轮机及发电机布置在此平面。为了便于检修，汽机间内设平梁起重机1台，跨距 L_K 为13.5m，起重量25t，轨顶标高15.000m。

高低压配电室、电站控制室布置在汽轮发电机房的一侧，占地为24m×7.5m，双层布置。高、低压配电室布置在±0.000平面，电站控制室布置在7.500平面。

12.4.3.2 废气余热锅炉

废气余热锅炉布置于电炉厂房的旁边，进口烟管从主烟道出口处接出进入锅炉；出口烟管与新加的旋风筒分离器（不在该项目范围）入口连接。

余热锅炉布置于空冷器旁边，接近于生产线主烟道，减少烟温损失，提高发电量。

余热锅炉拟采用“L”形露天布置，占地20.97m×6.2m。汽水取样器、排污扩容器、加药装置等布置在±0.000平面。

12.4.3.3 电站室外管线

室外汽水管线主要有：自余热锅炉至汽机房的主蒸汽管道，由汽机房去余热锅炉的给水管道。

管道敷设方式：管道采用架空敷设，并尽量利用厂区现有的建筑物或构筑物做管道的支吊架以减少占地面积和节省投资。

12.4.4 冷却水系统

12.4.4.1 设备冷却用水量

根据蒸汽品质及蒸汽量、汽轮发电机的汽耗和冷却倍率计算确定冷却水量，见表12-4。

表 12-4　余热利用系统主要设备冷却水量　　(m^3/h)

凝汽器冷却水量	3530	其他设备冷却水量	20
冷油器冷却水量	100	循环冷却水总量	3760
空气冷却器冷却水量	110		

12.4.4.2　设备冷却水系统

设备冷却用水采用循环系统。循环冷却水系统包括循环冷却水泵、冷却构筑物、循环水池及循环水管网。该系统运行时，循环冷却水泵自循环水池抽水送至各生产车间供生产设备冷却用水，冷却过设备的水（循环回水）利用循环水泵的余压送至冷却构筑物，冷却后的水流至循环水池，供循环水泵继续循环使用。为确保该系统良好、稳定的运行，系统中设置了加药和旁滤设备。

12.4.4.3　循环冷却水系统设备选型

机组运行期间，循环水量因室外气象条件的变化而变化，根据机组所在地区的气象条件和冷却用水量、建设场地的特点，循环冷却水泵采用单级双吸卧式离心泵，冷却塔采用组合逆流式机械通风冷却塔，冷却塔的进出水温差按 8℃计算。因场地条件限制，并充分考虑预留二期余热电站场地，为便于循环水量的分配，并考虑冷却塔和循环水泵运行的经济性和可靠性，循环冷却水系统中设备选型见表 12-5。

表 12-5　设备冷却水系统设备

序号	设备名称	数量	主要技术参数、性能、指标
1	组合式逆流式机械通风冷却塔	2	型号：10BNGZ-2000； 变频调速； 设计出力：2000m^3/h； 功率：90kW
2	循环冷却水泵（两用一备）	3	型号：KQSN400-M19； 变频调速（其中一台利用现有水泵）； 流量：1151～1918～2398m^3/h； 扬程：31～22～13m； 功率：160kW

续表 12-5

序号	设备名称	数量	主要技术参数、性能、指标
3	絮凝剂/杀菌加药装置	2	型号：DS-300B； 设计出力：0~37.5L/h
4	盘式过滤器（带外源清洗口）	1	设计出力：200m^3/h

12.4.4.4　系统损失水量与补充水量

根据余热电站建设所在地区气象条件和该工程的冷却用水量，以及系统所采用的冷却构筑物形式，计算得出冷却水补充水量，见表 12-6。

表 12-6　冷却水补充水量　（m^3/h）

蒸发风吹渗漏水量	48.5
系统排水量	10.1
损失水量	58.6

间接循环利用率为 98%左右，循环水系统需补充新鲜水量 58.6m^3/h。

12.4.5　化学水处理系统

12.4.5.1　概述

余热锅炉属于中压蒸汽锅炉。为满足锅炉及机组的正常运行，锅炉给水指标应满足《火力发电机组及蒸汽动力设备水汽质量》（GB/T 12145—2008）中压锅炉水质标准和设备运行水质要求。

12.4.5.2　水量确定

给水在锅炉内不断蒸发浓缩，超过规定标准时蒸汽的品质就会恶化，影响锅炉的安全运行，因此，要不断地把浓缩的锅炉水从汽锅中含盐浓度较高地段的水面引出，同时要不断地给锅炉补水，以满足锅炉稳定、正常的运行。

电站正常运行时，汽水系统补水量为 2m^3/h，最大为 6m^3/h（不包括启动调试期）。电站水处理设备的出力，按全部正常汽水损失与机组启动或事故增加的汽水损失之和确定，同时考虑化学水车间自身设备的耗水量。因此，水处理系统生产能力按 10m^3/h 进行设计。

12.4.5.3　化学水处理系统方案

电站化学水处理系统补水由厂区现有净水器供给，在化学水处理系统补水水质须满足表 12-7 给水系统相应要求的前提下，化学水处理系统采用“过滤+二级反渗透+EDI”处理方案。处理流程为：现有净水器出水→原水箱→原水泵→多介质过滤器→活性炭过滤器→保安过滤器→一级高压泵→一级 RO 装置→缓冲水箱→二级高压泵→二级 RO 装置→中间水箱→中间水泵→EDI 装置→除盐水箱→除盐水泵→主厂房。出水水质达到锅炉给水质量标准（GB/T 12145—2008），见表 12-7。

表 12-7　锅炉给水质量标准（GB/T 12145—2008）

项　目	参　数	项　目	参　数
工作压力/MPa	3.8~5.8	铁/$\mu g \cdot L^{-1}$	≤50
硬度/$\mu mol \cdot L^{-1}$	≤2.0	铜/$\mu g \cdot L^{-1}$	≤10

为控制锅炉给水的含氧量，减少溶解氧对热力系统设备的腐蚀，采用热力除氧的方式。

锅炉汽包水质的调整，是采用药液直接投放的方式，由加药装置中的加药泵向余热锅炉汽包投加 Na_3PO_4 溶液来实现的。

12.4.5.4　主要设备选型

根据上述水量及工艺流程的特点，化学水处理系统设备见表 12-8。

表 12-8　化学水处理系统设备表

序号	设备名称及型号	数量	主要技术参数、性能、指标
1	原水箱	1	容积：$60m^3$
2	原水泵（一用一备）	2	流量：15~30m^3/h； 扬程：35~30m； 功率：5.5kW
3	多介质过滤器	1	设计出力：20m^3/h
4	活性炭过滤器	1	设计出力：20m^3/h
5	板式换热器	1	换热面积：$6m^2$
6	保安过滤器	1	设计出力：20m^3/h
7	一级高压泵	1	流量：20m^3/h； 扬程：94m； 功率：7.5kW
8	一级反渗透装置	1	设计出力：16m^3/h
9	PE 缓冲水箱	1	容积：2.5m^3

续表 12-8

序号	设备名称及型号	数量	主要技术参数、性能、指标
10	二级高压泵	1	流量：$16m^3/h$； 扬程：115m； 功率：11kW
11	二级反渗透装置	1	设计出力：$11m^3/h$
12	反渗透清洗装置	1	
13	中间水箱 （利用现有）	1	容积：$36m^3$
14	中间水泵	2	流量：$8.8\sim15m^3/h$； 扬程：33~30m； 功率：3kW
15	EDI 装置	1	产水量：$10m^3/h$
16	除盐水箱	2	容积：$60m^3$
17	除盐水泵（一用一备）	2	流量：$4.4\sim7.6m^3/h$； 扬程：51~48m
18	反洗水泵	1	流量：$60\sim120m^3/h$； 扬程：24~16.5m； 功率：11kW
19	加药装置	3	设计出力：0~3.8L/h

12.4.6 电站接入系统

确保新建余热电站生产运行及管理的合理与顺畅，拟在新建的余热电站汽轮发电机房端侧新建余热电站站用高低压配电室。

拟建余热电站的发电机机端电压为 10.5kV，采用线变组形式接入电力系统。发电机出线 10kV 母线经单回电缆线路连接到 110/10.5kV 升压变压器的 10kV 侧，通过 110/10.5kV 升压变压器与厂区变电站 110kV 母线对应连接，从而实现余热电站与系统并网运行，同期并网操作设在电站侧。并且在发电机出口断路器，电站侧发电机联络断路器处设置同期并网点。余热电站系统与电力系统并网运行，运行方式为并网电量不上网。在不改变总降原有供电、运行方式及厂内生产线全部正常的前提下，发电机发出的电量将全部用于厂内负荷。

12.4.7　电气及自动化

12.4.7.1　电气

A　站用电配电

（1）电压等级：

发电机出线电压：10.5kV；

站用低压配电电压：0.4kV；

站用辅机电压：0.38kV；

站用照明电压：380V/220V；

操作电压：交流或直流：220V；

检修照明电压：36V/12V。

（2）电站主要负荷统计，见表 12-9。

表 12-9　余热发电站主要负荷

电站主要用电负荷	装机容量/kW	台数	计算负荷/kW
锅炉给水泵	75（两用一备）	3	120
凝结水泵	22（一用一备）	2	17.6
冷却塔风机	90	2	144
循环水泵	160（两用一备）	3	256

（3）站用变压器选择：根据站用电负荷情况，同时考虑电站运行的经济、可靠性及大容量电动机的启动，12MW 余热电站站用变压器选择一台 SCB10-1250/10，10.5kV/0.4kV，1250kV · A 变压器。变压器负荷率约为 60%。同时设置一路 400V、400A 保安电源，该电源引自厂内生产线就近电力室，以确保机组在紧急情况下能够正常安全停下来。

（4）直流系统：直流负荷包括高压开关操作电源、保护电源、直流油泵和事故照明。直流供电的电压为 220V，直流负荷的统计见表 12-10。

表 12-10　直流系统负荷

负荷类型	经常负荷	事故照明负荷	直流油泵	冲击负荷	合计
容量/kW	1	3	5.5		9.5
电流/A	4.5	13.5	30.3	10	57.3
计算时间/h	1	1	1		
事故放电容量/A · h	4.5	13.5	30.3		47.3

B 直流系统容量选择

按满足事故全停电状态下长时间放电容量选择，取容量储备系数 $K_k=1.4$，容量换算系数 K_c，根据 1h 放电时间终止电压为 1.75V，查得 $K_c=0.47$，由式 $C_c \geqslant K_k C_s / K_c$（式中，$C_c$ 为直流系统容量；C_s 为事故放电容量）可得：

$$C_c \geqslant 1.4 \times 47.3 / 0.47 = 141\text{A} \cdot \text{h}$$

经校验，150A · h 的容量可以满足实际需要。

C 主要电气设备选型

（1）10kV 高压配电设备选用金属铠装全封闭中置式高压开关柜；

（2）400V 站用低压配电设备选用抽屉式低压配电屏；

（3）继电保护屏选用标准屏；

（4）控制屏选用相关仪表控制屏，控制台为由 DCS 系统配套的电脑工作台；

（5）静止可控硅励磁装置随发电机配套。

D 过电压保护和电力装置的接地

（1）根据公司所在地区的气象资料，对高于 15m 的建筑物（如汽轮机房等）按三类防雷建筑物保护设计；

（2）发电机母线及发电机中性点均设有电站专用避雷器；

（3）电力装置的接地。

高压系统为接地保护，低压系统为接零保护。在汽轮发电机房、化学水处理、发电机出线小间、高低压配电室、站用变压器室及电站中央控制室等场所均设置接地装置。并通过电缆沟及电缆桥架上的接地干线，将各处的接地装置连接起来，形成电站的接地网络。

E 站用电设备的控制

根据余热电站的运行特点，将采用机电集中的控制方式，但化学水处理部分辅机采用就地单独控制。

F 电气照明

按设计规范设置正常照明、事故照明及安全照明。

12.4.7.2 电站通信系统

为了使电站内部及站内与站外的行政调度通信畅通，利用厂内生产线现有的程控电话系统设置相应的调度和行政电话。

12.4.7.3　热工自动化

A　编制原则及控制方案

为了使余热电站处于最佳运行状态，节约能源，提高劳动生产率，拟采用技术先进、性能可靠的集散型计算机控制系统（简称 DCS 系统）对各车间（除化学水处理车间外）进行分散控制、集中管理。

为便于余热电站参观、培训、操作运行等要求，余热电站设计将中控室的功能区域进行划分，在 DCS 操作台正前方墙上设置 LCD 显示屏，显示汽包液位。

B　控制设备及一次仪表选型

为保证整个控制系统的先进性和可靠性，拟选用 DCS 系统实现对过程参数的采集、监视、报警与控制。

对于关键性的检测和控制元件选用进口设备或国内引进技术生产的优质产品。选用的一次仪表设备有智能化系列压力/差压变送器、温度检测仪表元件、节流装置、高温汽包液位计、锅炉汽包水位等电视监视系统。

C　系统配置及功能

设置于电站的计算机系统（DCS）由现场级及中央控制级组成。

D　应用软件

用于电站的 DCS 系统应用软件是实现现场级和中央监控级功能的重要文件。应用软件包括逻辑控制软件和过程控制软件。

a　逻辑控制软件

对电站所有电动机、电动阀，根据 LCD 显示的热力系统图，通过键盘操作，完成组启、组停、紧停复位、逻辑联锁等控制。

b　过程控制软件

为保证整个电站运行工况的稳定，共设有 5 个自动调节控制回路：

(1) 1 号工业硅电炉锅炉汽包水位自动调节回路；

(2) 2 号工业硅电炉锅炉汽包水位自动调节回路；

(3) 除氧器水位自动调节回路；

(4) 热井水位自动调节回路；

(5) 除氧器压力自动调节回路。

12.4.7.4　系统特点

该系统是一个控制功能分散控制、集中监视和管理的控制系统，电站中控室取消了常规模拟仪表盘和模拟流程图，代之以大屏幕彩色图形显示器，更便于运行人员监视与操作，同时大大缩小了中控室的建筑面积。此外系统中还采用了面向过程的语言，硬件均为模块化，使整个系统的操作与维护更加简便。为防止数据丢失和电源干扰，系统采用不间断电源（UPS）供电，保证了运行的可靠性。

12.4.7.5 自控线路和接地

一次检测元件、变送器至现场站之间的连接导线及直流信号线均选用对屏+总屏的计算机专用屏蔽电缆，热电偶至 I/O 模件柜的连接导线选用补偿导线。

开关量信号线选用交联控制电缆，DCS 控制系统各设备之间的连接电缆随设备成套供货。

电缆线路均敷设在电缆沟或带顶盖的电缆桥架内，并尽可能与电力电缆分开敷设。当由于条件所限信号电缆与动力电缆同架敷设时，必须用分隔板隔开。引出电缆沟或电缆桥架后导线须穿钢管暗配或明配。

接地系统的接地质量对计算机系统及自动化设备的防干扰能力至关重要。现场站应设置屏蔽接地母线，用专设电缆与屏蔽接地母线相连接，信号电缆屏蔽层在箱盘一端接至屏蔽接地母线。计算机系统的接地装置及接地阻值按设备的要求设置。仪表箱盘金属外壳单独接至电气保护接地母线上。

12.4.7.6 系统通信及调度自动化

与电网的系统通信及调度自动化应由公司委托当地电力部门设计，并以当地电力部门出具的“接入系统报告”的相关设计方案为准。

12.4.7.7 电气设施防火要求

考虑电气设备的安全运行，将按照电气防火规范的要求进行设计。如高压开关柜、低压配电屏及控制保护屏等底部的电缆孔洞，在电缆敷设完毕后，采用防火堵料将孔洞进行封堵。在穿越室内外的电缆沟设置防火隔墙。在易发生火灾事故的场所，电缆选型可以考虑采用阻燃型电缆。

在电缆施工安装时，为减小火灾范围，电缆桥架或电缆穿越楼板、墙壁的孔洞应在电缆敷设完毕后，采用防火堵料进行封堵。

12.4.8　主要技术参数

该余热发电系统的主要技术参数见表 12-11。

表 12-11　余热发电系统主要技术参数

序号	技术名称	单位	指标	备　注
1	装机容量	kW	12000	
2	平均发电功率	kW	11800	
3	年运小时	h	7920	
4	电站用电率	%	6	
5	年发电量	kW · h	9345.6×10^4	
6	年向工厂供电量	kW · h	8784.9×10^4	未考虑线损
7	小时耗水量	m^3/h	63. 1	

12.4.9　经济效益

按照设计工况计算，系统年运行时间为 7920h 计算，该系统年发电量为 9345.6×10^4 kW · h，年供电量为 8784.9×10^4 kW · h，按照当地电价 0. 35 元/(kW · h) 计算，每年节约电费为 3074. 7 万元，效益非常可观。

13 工业硅生产的副产品——微硅粉利用

13.1 微硅粉生成

微硅粉也称硅灰或称凝聚硅灰。

在工业硅和硅铁生产中用布袋除尘器从电炉烟气中收得的烟尘一般称为微硅粉，也称硅灰，其粒度极细，成分以二氧化硅为主，密度小，比电阻大，黏结性强，附着力大，不易沉降。随着工业硅和硅铁产量的增加，微硅粉的生成量也越来越大，我国2017~2019年工业硅和微硅粉产量见表13-1，硅铁合金和微硅粉产量见表13-2。

表13-1　2017~2019年全国工业硅和微硅粉产量

年份	工业硅产量/万吨	每吨附产硅灰	微硅粉产量/万吨
2017	220	350kg/t	77
2018	240		84
2019	240		84

表13-2　2017~2019年全国硅铁合金和微硅粉产量

年份	硅铁产量/万吨	每吨附产硅灰	微硅粉产量/万吨
2017	365	250kg/t	91
2018	534		133
2019	550		137

在电炉冶炼工业硅时，硅石中的二氧化硅被碳质还原剂还原：

$$SiO_2 + 2C = Si + 2CO$$

实际上，反应不是按上述总反应式进行，而是逐级还原，先生成中间产物：

$$SiO_2 \xrightarrow{Si} SiO \xrightarrow{C} Si \tag{13-1}$$

$$SiO_2 \longrightarrow SiO(气) \xrightarrow{C} SiC \xrightarrow{SiO_2} Si \tag{13-2}$$

SiO_2在还原过程中生成中间产物 SiO、SiC，部分中间产物 SiO 以气态从炉内逸出，因而造成硅的损失，当 SiO 蒸发逸出料面，在有氧气存在时，就生成细散的 SiO_2，并发出白色火焰：

$$2SiO + O_2 \longrightarrow 2SiO_2 \quad (13\text{-}3)$$

微硅粉是工业硅生产中的副产物，需要用除尘环保设备进行回收，因为密度较小，还需要用加密设备进行加密。

回收工艺：电炉—空气冷却器或余热发电—旋风除尘器—滤袋除尘器—加密—包装运输。

13.2　微硅粉性质

微硅粉是一种烟灰色超细粉末，随着含碳量的变化，颜色略有深浅变化，白度 40~50 容重约为 200kg/m³，真密度 2.2g/cm³。微硅粉颗粒绝大部分小于 1μm，最细 0.01μm，用氮吸附法测得比表面积为 26~36m²/g，其细度和比表面积约为水泥的 80~100 倍，粉煤灰的 50~70 倍。

微硅粉在形成过程中，因相变的过程中受表面张力的作用，形成了非结晶相无定形圆球状颗粒，且表面较为光滑，有些则是多个圆球颗粒粘在一起的团聚体。它是一种比表面积很大、活性很高的火山灰物质。掺有微硅粉的物料，微小的球状体可以起到润滑的作用。

用偏光显微镜观察微硅粉的组成结果，除少量碳粉和结晶 SiO_2粉外，主要成分均为非晶物相。X 射线衍射法的试验结果也表明硅粉中含有少量 SiO_2结晶物，绝大部分是无定形的 SiO_2，扫描电镜的观察结果为：微硅粉是由 5μm以下大小不等的球形颗粒组成。国内外微硅粉的化学成分见表 13-3。

表 13-3　西南地区工业硅的微硅粉及国外微硅粉的化学成分　　（%）

成分	云南某厂	贵州某厂	四川某厂	美国	挪威	加拿大	俄罗斯
SiO_2	95.67	92.56	96.66	93.70	93.00	91.50	92.05
Al_2O_3	0.43	0.26	0.25	0.30	1.75	0.70	0.55
Fe_2O_3	0.10	0.53	0.06	0.81	0.50	1.75	0.22
MgO	0.22	0.39	0.53	0.22	1.00	0.65	0.26
GaO	0.60	0.87	0.64	0.20	0.34	0.30	0.85
Na_2O	0.08	1.12	0.07	0.20	0.45	0.47	0.10
S	0.13	0.20	0.12	0.13	0.25	0.15	0.21

由于微硅粉比表面积很大，所以它具有良好的火山灰活性和充填性。微

硅粉质量影响因素是多方面的：

原材料包括矿石和还原剂：主要是硅石的硅含量、抗爆性强度。

还原剂：主要是木炭、石油焦、精煤、焦炭的质量对微硅粉质量有极大影响。

电炉料面温度：如果料面温度高，烟尘中的炭灰会燃烧一部分，微硅粉质量会有所提高。

所以说，微硅粉的回收量和质量与主产品的产量成反比关系。旋风分离器除杂效果好坏，也直接影响微硅粉的质量。

微硅粉与硅微粉的区别：微硅粉也叫硅灰或称凝聚硅灰，工业硅电炉内产生出大量挥发性很强的 SiO 气体，气体排放后与空气迅速氧化冷凝沉淀而成。从粒度上来说，硅微粉由天然石英加工而成，粒度比较大，有 200 目、300 目、400 目、500 目、600 目、800 目、1000 目、1250 目、3000 目、5000 目、10000 目等，是一种粉状态。而微硅粉的细度小于 1μm 的占 80%以上，平均粒径在 0.1~0.3μm，大约为 12500 目，是一种微粉状态。

13.3 微硅粉利用

由于国家对环境保护的加强，要求硅铁和工业硅电炉必须除尘后达标排放。回收下来的微硅粉日益增多，促使人们不得不为微硅粉寻找应用途径。微硅粉资源开发利用研究工作始于 20 世纪 50 年代，到 60 年代末 70 年代初已有工程应用。国外对微硅粉应用的研究已开展几十年，最近 20 余年研究工作比较系统，从回收、产品开发、使用到机理研究均有涉及，不少国家成立了相应研究机构，建立了相应的生产厂，微硅粉已进入商品化阶段。北欧各国首先研究了微硅粉在混凝土中的应用，挪威科技大学的 M. Slad 首次做了微硅粉的试验，发现混凝土掺用微硅粉后许多性能得到改善。80 年代以后，欧美和日本相继开展了微硅粉综合利用的研究，并取得了长足的进步。针对微硅粉的应用，1983 年在加拿大，1986 年在西班牙召开了两次国际会议，据文献报道，西欧及北美各国已将掺有微硅粉的混凝土应用于高层建筑、高速公路、桥梁和石油平台等工程中。

我国对微硅粉应用的研究起步较晚，1985 年水电部研究成功把微硅粉作为掺合料的喷射混凝土新工艺，并成功地应用于四川省渔子溪二级水电站引水隧洞工程中，同年 12 月通过了水电部的技术鉴定。1983~1986 年上海铁合金厂与上海建筑科学院等单位合作研究了微硅粉在混凝土中的应用。虽然我国对微硅粉应用的研究起步较晚，但近几年进展很快。在做好电炉除尘的基础上，集中力量，开拓了投资少、成本低、见效快而且工艺简单的微硅粉应用新途径。微硅粉应用领域的研究日益扩大，已成功地应用于耐火材料、高铁、高速公路、桥梁、海堤、高层建筑、装配式建筑、灌浆料、气密剂、电杆、城市综合管廊、油漆涂料、橡胶、陶瓷等行业。

13.3.1 微硅粉在建筑行业的利用

随着我国高性能混凝土推广工作的不断推进，微硅粉作为制备高性能混凝土的高效原材料，面临全新的发展机遇。从微硅粉特性及高性能混凝土需求来讲，装配式建筑、城市地下综合管廊、核电、高速铁路及重点公共建筑均需要使用优质复合材料生产高性能混凝土以提高工程质量和延长服役寿命。然而，当前我国微硅粉市场普遍存在生产厂家规模小、质量波动大、竞争无序、产品种类单一、功能单一和整体低端化等特点，因此，如何利用微硅粉自身特点，提高生产过程质量管控和产品标准化水平，结合高性能混凝土应用要求，系统开发复合化和高端化的微硅粉系列新产品，通过品牌建设和全方位市场拓展，服务我国高性能混凝土推广工作，并获取更好的经济利益，是微硅粉厂家普遍面临的新问题。

有建筑材料研究单位，根据不同领域和生产方式的差异以及高性能混凝土的功能需求，利用微硅粉和其他矿物掺合料特征，从微观形貌、颗粒组合和水化曲线等方面靶向设计硅质复合材料成分，经过系统配合比试验，评估并总结其对高性能混凝土耐久性能、易泵性和力学性能的改善效果，形成微硅粉高性能混凝土成套应用技术，并准备编制《微硅粉高性能混凝土》和《微硅粉在混凝土中应用技术规程》。

微硅粉还能够填充水泥颗粒间的孔隙，同时与水化产物生成凝胶体，与碱性材料氧化镁反应生成凝胶体。

13.3.1.1 微硅粉在混凝土、砂浆等建筑材料的作用

微硅粉在建筑材料中的作用有：

（1）显著提高抗压、抗折、抗渗、防腐、抗冲击及耐磨性能。

（2）具有保水、防止离析、泌水、大幅降低混凝土泵送阻力的作用。

（3）显著延长混凝土的使用寿命。特别是在氯盐污染侵蚀、硫酸盐侵蚀、高湿度等恶劣环境下，可使混凝土的耐久性提高一倍甚至数倍。

（4）大幅度降低喷射混凝土和浇注料的落地灰，提高单次喷层厚度。

（5）是高强混凝土的必要成分，已有 C150 混凝土的工程应用。

（6）具有约3倍水泥的功效，在普通混凝土和低水泥浇注料中应用可降低成本，提高耐久性。

（7）有效防止发生混凝土碱骨料反应。

（8）微硅粉为无定形球状颗粒，可以提高混凝土的流变性能。

（9）微硅粉的平均颗粒尺寸比较小，具有很好的填充效应，可以填充在水泥颗粒空隙之间，提高混凝土强度和耐久性。

研究证明，当微硅粉对水泥的取代率在30%以内时，蒸养温度为80℃，砂浆一天的抗压强度为不掺微硅粉的2倍（100MPa），若采用蒸压养护，则几乎达3倍（150MPa）。加拿大研究表明，当微硅粉与高效减水剂复合使用时，混凝土的抗压强度为不掺硅粉的3~5倍。目前，美国、丹麦、挪威等国已有微硅粉作掺和剂配制了强度高达110MPa的混凝土，而且工艺简单。

混凝土中掺入微硅粉增加了起反应的硅含量，在电镜下观察，掺微硅粉混凝土的水泥沙石空隙中有晶体生长。另外，微硅粉颗粒很细小，均匀地充填了混凝土微孔，减少了微孔容积，从而使致密性增强。改善混凝土离析和泌水性能。国外研究证明，微硅粉掺入量越多，混凝土材料越难以离析和泌水，当取代率达15%时，混凝土坍落度即使达15~20cm也不产生离析和泌水，当取代率达20%~30%时，混凝土直接放入自来水中也不易产生离析。

由于微硅粉的掺入提高了混凝土的密实性，大大减少了水泥与沙石空隙，所以提高了微硅粉混凝土的抗渗性能。国内外研究认为：当混凝土中微硅粉取代率为10%~20%时，显著改善了混凝土的抗渗性、抗化学侵蚀性，而且对钢筋的耐腐蚀性也有改善，这是由于密实性的提高和SiO_2含量的增加，有效地阻止了酸离子的侵入和腐蚀作用。另外，由于微硅粉比电阻很高，所以混凝土比电阻可提高1.9~16倍，有利于保护钢筋和埋设件。目前这些技术已在港口堤岸、水电站堤坝、飞机场跑道、越江隧道、多层厂房的防渗耐油地坪等工程中得到实际应用。

13.3.1.2 在水工抗磨蚀材料中的应用

南京水利科学研究院用微硅粉作为添加剂配制的“微硅粉砂浆”已用于葛洲坝水闸修补工程中，结果表明，“微硅粉砂浆”具有以下优良性能：

（1）“微硅粉砂浆”具有优越的抗冲磨性能，与600号普通水泥相比，抗冲磨性能提高60%~150%。

（2）“微硅粉砂浆”显著提高砂浆的密实性，砂浆吸水率降低到普通水泥的20%~30%，而抗渗能力大大提高，能有效地阻止有害离子的侵入，从而提高了砂浆的耐久性。

（3）“微硅粉砂浆”的抗压强度比普通砂浆提高45%~66%，抗拉强度提高7%~20%，最高强度可达116MPa，“硅粉砂浆”还能促进水泥水化，提高早期强度。

13.3.1.3 微硅粉对泵送混凝土的影响

混凝土的可泵性和它的组成材料、配合比是紧密相关的，对于坍落度大来说，混凝土坍落度大，它的流动性越好，在浆体不分离、水分不游离的情况下，混凝土的黏度是比较合适的，不会粘在输送管壁上。在输送的时候，混凝土需要添加一部分微硅粉来提供润滑性能，因为微硅粉的颗粒小，能填充在骨料和水泥颗粒之间，起到了减小摩擦力的作用。此外，添加了微硅粉以后能提高混凝土的抗渗性能，对混凝土提供良好的包裹性，牢牢锁住水分，从而防止混凝土出现泌水和离析的现象。

13.3.1.4 自密实高性能混凝土

微硅粉配制混凝土应由试验室做出施工配合比，严格按照配合比施工。在微硅粉混凝土的搅拌中，微硅粉应在骨料投料之后立即加入搅拌机。加入方式有两种程序：

（1）投入骨料，随后投入微硅粉、水泥干拌后，再加入水和其他外加剂。

（2）投入粗骨料+75%水+微硅粉+50%细骨料，搅拌15~30s，然后投入水泥+外加剂+50%细骨料+25%水，搅拌至均匀。搅拌时间比普通混凝土延长20%~25%或50~60s。切忌将微硅粉加入已拌好的混凝土中。

微硅粉可以调节黏度，提高黏聚性，减少泌水，助泵，提高抗渗性、强度和耐久性的功能，低掺量情况下有物理减水，提高屈服值，提高混凝土拌合物稳定性，降低对原材料变异和配料误差的敏感性。

13.3.1.5 喷射混凝土用微硅粉

微硅粉是一种喷射混凝土中广泛使用的材料，虽然它不能被认为是外加剂。它是一种具有很强火山灰活性的物质，既可以提高厚层衬里的黏结性，又可获得较高的早期强度。在许多施工中，使用微硅粉可以减小促凝剂的用量。它的使用方法主要分为干法和湿法两种。

利用微硅粉与其他胶凝材料的复合作用，用湿喷法生产高性能喷射混凝土具有下列优点：

（1）低的碱性腐蚀性；

（2）高工作性和低坍落度损失；

（3）低回弹，大幅度减少喷射混凝土的落地灰；

（4）高的早期强度和后期强度；

（5）高耐久性；

（6）提高单次喷层厚度。

13.3.1.6 泡沫混凝土

作为一种水泥基发泡轻质材料，加入微硅粉同样具有如下的效果：

（1）显著提高抗压、抗折、抗渗、防腐、抗冲击及耐磨性能。

（2）具有保水、防止离析、泌水、大幅降低混凝土泵送阻力的作用。

（3）显著延长混凝土的使用寿命。特别是在氯盐污染侵蚀、硫酸盐侵蚀、高湿度等恶劣环境下，可使混凝土的耐久性提高一倍甚至数倍。

（4）具有约5倍水泥的功效，在普通混凝土和低水泥浇注料中应用可降低成本，提高耐久性。

（5）具有极强的火山灰效应，拌和混凝土时，可以与水泥水化产物 $Ca(OH)_2$ 发生二次水化反应，形成胶凝产物，填充水泥混凝土结构，改善浆体的微观结构，提高硬化体的力学性能和耐久性。

（6）微硅粉为无定形球状颗粒，可以提高泡沫混凝土的流变性能。

（7）微硅粉的平均颗粒尺寸比较小，具有很好的填充效应，可以填充在水泥颗粒空隙之间，提高混凝土强度和耐久性。

微硅粉使用量与泡沫混凝土性能的关系：微硅粉掺量小于20%时，泡沫混凝土强度随着硅灰的掺量的增加而提高。掺量超过20%，强度明显下降。泡沫混凝土一般掺量5%~10%。

13.3.1.7 使用微硅粉注意事项

（1）加入微硅粉后的泡沫混凝土应该延长30~60s的搅拌时间。

（2）控制硅灰混凝土的干缩裂缝是施工中的关键。在泡沫混凝土浇筑完毕后终凝前，必须用喷雾方法来减少水分蒸发或采用塑料薄膜覆盖或喷洒混凝土养护剂养护，保持混凝土表面湿润，但不宜出现水流和可见水滴。

（3）微硅粉是极细的球状颗粒，不宜分散、黏度高。这一点应用时特别注意。

13.3.2 微硅粉在耐火材料的利用

微硅粉是一种超微固体物质，在耐火行业中普遍应用，对定形和不定形耐火材料的改善有重要作用，它填充于耐火材料孔隙中，提高了体积密度，降低了显气孔率，强度明显增加；它具有很强的活性，在水中形成胶体粒子，加入适量的分散剂，可增强其流动性，从而改善浇注料的性能，它具有较强的亲水性，能增强耐火材料的凝聚，同时对耐高温性能有较大的改善，并可延长耐火制品的使用寿命。广泛应用于高档高性能耐火浇注料及预制件，大型铁沟料及钢包料、透气砖、涂抹料、自流型耐火浇注料及干湿法喷射、氧化物结合碳化硅制品、刚玉莫来石推板、高温耐磨材料及制品、刚玉及陶瓷制品。

微硅粉在耐火材料中的作用有：

（1）改善浇注性能。微硅粉有很强的活性，在水中能形成胶体粒子，加入适量的分散剂，可增强流动性，从而改善浇注性能。

（2）增加强度。传统耐火材料中有众多孔隙，微硅粉充填于孔隙中，提高了体积密度和降低气孔率，强度可明显增强。

（3）延长使用寿命。微硅粉在水中易形成—Si—OH 基，具有较强的亲水性和活性，能增强耐火材料的凝聚，同时对高温性能有较大的改善，并可延长耐火制品的使用寿命。

（4）代替纯氧化铝泥作耐火材料。

（5）作盛钢桶整体浇注结合促凝剂。

（6）改善耐火制品的强度和高温性能。作为添加剂生产不定形和定形耐火制品，使其强度、高温性能大大改善。

（7）耐火制品的黏聚剂、促凝剂、结合剂、添加剂。

13.3.3 微硅粉在油漆、涂料行业的利用

微硅粉用于油漆、涂料中，常用在调和漆、底漆、防锈漆、防腐漆、道路漆、广场漆、船舶漆等油漆、涂料，能减少油漆、涂料中树脂和分散剂的使用量。不仅能起到填充增容、增稠消光等作用，还能提高油漆细度、流平性能、漆膜硬度，耐电弧绝缘。对油漆的耐水、防锈、防腐、防结块、防流柱、触变、防紫外线辐射、防老化和提高油漆的储存稳定性等方面效果均较为显著。微硅粉的白度提高、细度的均匀是需要解决的问题。

微硅粉在油漆中的应用特点为：

（1）不仅填充增容、增厚，而且防水、防腐蚀、抗细菌、抗结块、防止流柱、触变性、防紫外线辐射、耐老化、硬度膜、耐腐蚀、耐高温、耐洗刷性、耐电弧绝缘、优良的表面光洁度，具有良好的稳定性。硅酸盐保温隔热涂料继承了硅酸盐稳定性的性质，无尘、无毒，对人体无刺激且使用后不变形、不腐蚀、稳定可靠，可适用于不同的工作环境。

（2）不含有机物污染，金属含量低。可以提高涂层的抗紫外线能力，并具有良好的保温性能。含硅灰复合硅酸盐保温隔热涂料具有很好的装饰性，它不但适用于新建筑，也可以对老房、旧墙进行重新包装。

（3）减少研磨时间。用于油漆，微硅粉不仅可以缩短研磨时间，而且颜料的分散性，油漆、涂层的硬度，贮存稳定性好，可以减少树脂用量，从而降低生产成本。用于防腐蚀涂料，耐酸，耐碱，附着力强，抗冲击强度，附着力强，干燥快。用于建筑涂料，施工方便，微硅粉复合硅酸盐保温涂料其干燥后有一定的抗压强度和黏结强度，非承重部位无须造壳，在施工上变得非常简单，省去了支撑件，可现场涂抹，不需要保护层，不受保温表面形状限制，从而也节省了施工费用。特别在异型设备上具有其他保温涂料无法比拟的优势。异型设备保温一直是保温界的一大难题。因异型设备外观特殊，形状复杂，表面变化大，而硬制保温材料一般为板、瓦等型材，很不好安装。但微硅粉复合硅酸盐保温隔热涂料是膏状，可塑性强，可涂抹成任何形状，不浪费材料，不用造壳而且密封好。

（4）可用于热态修补。复合硅酸盐保温涂料可十分方便地用于热态修补而不影响设备的正常运行。

在涂料行业中，微硅粉的粒度、白度、硬度、悬浮性、分散性好，吸油率低，电阻率高等特性均能提高涂料的抗腐蚀性、耐磨性、绝缘性、耐高温性能。用于涂料中微硅粉，由于具有良好的稳定性，一直在涂料填料中扮演重要的角色。特别对外墙涂料来说，SiO_2原料对耐气候性起着举足轻重的作用。随着建筑市场的日益繁荣，涂料工业也得到了迅速发展，硅微粉的用量也随之增长，同时对微硅粉的超细、改性提出了更高的要求。在外墙雨刷漆中加入微硅粉，用于外墙装饰效果好，耐冲刷，成本低。

在特种涂料中的应用方面，用 12500 目微硅粉，应用化学共沉淀技术表面包覆掺杂 SiO_2制得复合导电粉，广泛用于电子电器、航空航天、军事和电磁等领域。用该导电粉末制得的导电涂料，体积电阻率仅为 12.6Ω，各项指标均达到国家标准。在阻燃绝缘涂料中通过加入微硅粉，提高了涂料的触变性能，该涂料具有涂覆均匀、不会出现裂纹，而且具有固化时间短、成本低的特点。在道路标识涂料中利用废旧塑料为原料，加入微硅粉等填料，生产成本低，因其流动性及流平性较高，施工成本低。在无毒环氧增韧涂料中，在环氧树脂中加入微硅粉，研制出了具有防腐功能的无毒环氧增韧涂料，克服了已有涂料在低温下刷涂和喷涂的缺陷和不足。

13.3.4 微硅粉在橡胶行业的利用

据前苏联文献报道，微硅粉可作为制取橡胶、树脂的矿物原料，含有微硅粉填料的橡胶，其相对伸长率、拉撕裂强度和抗老化性能均得到改善。预计微硅粉替代白炭黑用于橡胶工业是完全可能的。

微硅粉用于新型橡胶材料中，能使其分散流平性优异，抗撕裂、抗张拉、抗老化，并有补强作用。相对于市场上中低端的沉淀法白炭黑，石英粉在 SiO_2含量（99.6%以上）、水分含量（小于0.1%）、产品粒度、吸油量等主要技术指标均优于沉淀法白炭黑。

微硅粉用于新型黏结剂和密封剂中，可迅速形成网络状硅石结构，抑制胶体流动，固化速度加快，可以大幅提高黏结和密封效果。

目前微硅粉已有在低端产品中代替部分沉淀法白炭黑的应用，高端急待解决细度均匀分布问题。

13.3.5 微硅粉在陶瓷行业的利用

以微硅粉和氧化铝粉为主要原料，采用凝胶注模工艺和无压烧结法制备了多孔莫来石陶瓷材料。研究了原料配比和烧结温度对莫来石形成、多孔莫来石陶瓷显微结构和性能的影响。通过 X 射线衍射（XRD）、扫描电镜（SEM）和力学性能测定等手段表征了制备的多孔莫来石陶瓷。结果表明：烧结温度和 Al_2O_3/SiO_2配比是影响莫来石合成的主要因素；从1300℃开始，微硅粉中的 SiO_2就与 Al_2O_3发生反应，生成莫来石晶相，到1450℃时样品中莫来石含量达到最高；微硅粉适当过量有利于提高莫来石相的纯度，当 Al_2O_3/SiO_2物质的量比为3∶2.5时，合成的莫来石纯度高达90%，密度为2.51g/cm^3，气孔率为20.56%，抗压强度为260.93MPa。

微硅粉的白度及均匀性是陶瓷行业需要解决的问题。

13.3.6 微硅粉在保温材料的利用

微硅粉是一种活性很强的原材料，添加以后能大大提高工程的质量。尤其是在提高工程的强度、早强方面效果明显。微硅粉在显微镜下呈球状，加入水后，在水的作用下生成一种水凝胶体，呈网状链结构，可以起到包裹水分的作用。在外力作用下可释放水分，和水泥产生水化作用，增加强度。

保温材料行业正在逐渐认识和使用微硅粉。其用法非常广泛，可做如下饰面材料：

（1）墙体保温用聚合物砂浆、保温砂浆、界面剂；

（2）轻骨料保温节能混凝土及制品；

（3）内外墙建筑用腻子粉加工；

（4）外墙保温 STP 中空绝热板已有使用。

13.3.7 微硅粉在农业的利用

（1）微硅粉可作为硅肥生产的添加剂。经研究微硅粉中 3%左右的硅为小分子硅，能够被农作物吸收。

（2）微硅粉可作为农业土壤改良的疏松介质，减少土壤的板结。

（3）微硅粉可作为重金属防治的材料；用硅料能够减少植物对重金属的吸收，利用硅阻断植物吸收重金属通道的这一特点，经过治理，可使污染了的土地重新得到利用。

14 职业卫生和安全生产

随着我国科技创新的蓬勃开展，科技进步的高度发展，人民对物质、文化、健康的改善要求越来越高，环境保护和劳动卫生日益为人们所重视。在长期生产活动中，劳动者不仅掌握了生产技术，也总结了保护自身健康的经验。改革开放以来，国家颁布和完善了职业卫生和安全生产等一系列规程和规定，对保护劳动者健康和安全生产十分重视，列为考核政府、企业的首要条件。

工业硅生产和其他很多行业一样，为预防人身事故和职业病，也必须采取各种安全技术措施。

14.1 工业硅生产环境中的危害及其防治

在工业硅生产中，对劳动者和环境造成危害的五大要素是：高温、紫外线辐射、噪声、粉尘和易爆有害物。

14.1.1 高温

在工业硅生产过程中，电炉、烟气和熔体硅及热态硅块等不断散发热量，周围空气和物体不断被加热，因而环境温度升高。表 14-1 列出 6300kV · A 工业硅电炉车间的环境温度和辐射强度的实测结果。

表 14-1 工业硅电炉周围温度和辐射强度的实测结果

测定地点		热辐射强度 /J · (cm² · min)⁻¹	温度/℃		相对湿度 /%
			干球	湿球	
一楼铸造部	无带罩铸锭时离锭 0.5m 处	33.49	28	20	46
	无带罩铸锭时离锭 1m 处	62.8	50①		
一楼靠近前休息处		29.3	26.5	19	52
二楼炉前休息处		0.837	25~29	18~20	38~54
二楼捣炉机操作时（离炉 3m 处）		4.18~25.12	28	19	41
二楼一般加料时（离炉 1~2m 处）		20.93~41.86	30~32	21	40

续表 14-1

测定地点	热辐射强度 /J·$(cm^2 \cdot min)^{-1}$	温度/℃		相对湿度 /%
		干球	湿球	
三楼电极平台中心		31	21	39
三楼堆放电极处		28	19.5	44

注：测温时室外湿度为63%~59%。

① 此数据是用普通水银温度计测得，其余为通风干湿计测得。

由表 14-1 中数据可知，工业硅车间各工作场所的热辐射强度一般都大于 4.18J/($cm^2 \cdot min$)。在其他各种条件相同时，环境温度越高，人体出汗越多，能量消耗越大。劳动者在高温条件下操作易引起体温升高，当皮肤温度高于内脏温度时，会使体温调节发生障碍，水盐代谢失常。出汗过多，不仅损失人体水分，也会造成氯化钠的损失，因为汗水中往往含有 0.1%~0.5%的氯化钠。此时即使饮用大量水，也会排泄出去，从而造成蛋白质分解加剧，体重下降。重体力劳动者，一个工作日后有时体重可减轻 0.3kg，多时可达 1~2kg。

大量出汗后血液浓缩，使心脏负担加重，引起脉搏增加，也影响消化道、肾等器官。情况严重时还会引起头晕、恶心、呕吐、晕倒等中暑症状和四肢及腹肌发生周期性收缩热痉挛症状。

防暑降温的措施是：改善工艺过程，高温作业区尽量实现机械化操作；采取隔热措施，防止热源对机体的影响，如加水幕和水冷隔墙等，还可用通风换气的方法疏散热量；控制室、休息室安装空调降温；劳动者个人的工作服以白色为宜，要定时饮水，并及时补充盐分，夏季可饮盐汽水；体弱、有病者不宜参加高温作业，发现头晕、呕吐现象时要及时治疗。应急处理：将患者移至阴凉、通风处，同时垫高头部、解开衣服，用湿毛巾和冰块敷头部、腋窝等处，并及时送医院。

14.1.2 紫外线辐射

在工业硅生产中，有炽热的熔体硅、料面和弧光等热辐射源，在 1200~2000℃下可产生波长大于 0.324m 的紫外线，3000℃以上的辐射源（弧光，包括电焊弧光）可产生波长小于 0.29m 的紫外线。

适当的紫外线照射，对人体无害，甚至有益；但过量的照射对人体则有伤害，这是由于光化学作用引起的。过量的紫外线照射，可引起皮肤出现红斑，有烧灼感，发痒，并有小水泡渗出。如环境中有沥青烟并存，会引起皮炎。当中波紫外线长时间照射眼睛时，会引起电光眼炎，出现眼内有异物感、羞明等症状。

预防紫外线照射的方法，主要是操作时尽量远离热辐射源，并尽量避免眼睛和皮肤受照射。操作时穿戴好劳动保护品，特别是要戴好眼镜。

防辐射线的护目眼镜，主要用于防止生产中的有害红外线、耀眼的可见光和紫外线进入眼内，这种护目眼镜种类很多，其镜片主要有吸收式、反射式、吸收-反射式、光化学反应式和光电式几种。吸收式的可吸收有害辐射线；反射式的可将有害辐射线反射掉；吸收-反射式的则同时有以上两种作用。在吸收式镜片上采用镀膜法镀上膜层，即成为吸收-反射式镜片，这种镜片可避免吸收式护目眼镜因使用时间长而导致温度升高的缺点。光化学反应式镜片是在炼制硅玻璃时把卤化物（如卤化银）注入而制成。这种玻璃暴露在辐射能下，会发生光密度或颜色的可逆性变化，变色眼镜片就属于此种镜片。光化学反应式镜片目前还没有应用于工业炉护目镜，主要原因是变色速度慢。在工业上镜片的变色速度高于人眼的反应速度（0. 3s）时才有实用价值。光电式镜片是用透明度可变的陶瓷材料或电效应液晶等制成，它是用光电池接受强光信号再通过光电控制器促使液晶改变颜色，吸收强光。没有强光时，液晶恢复原来的排列状态，镜片变成无色透明的。这种镜片很有发展前途，国外已将这种镜片广泛应用于工业炉护目镜中。

14.1.3 噪声

噪声是指不同频率和不同强度的声音无规律地组合在一起所形成的声音，是人们不希望有的声音。它不但影响人们的生活和工作，还干扰人们对其他声音信号的感觉和鉴别。在工业硅生产中，电弧声音以及破碎原料和产品时都会产生噪声。

在噪声控制中，经常需要知道噪声源在单位时间内辐射的总声能量（即声功率），声功率用级来表示，单位是 dB，它的数学计算式为：

$$L_w = 10\lg \frac{W}{W_0}$$

式中，L_w为声功率级，dB；W 为声功率，W；W_0为参考声功率，10^{-2}W。

如已知一声源的声功率级，可用下式计算出相应的声功率：

$$W = W_0 \times 10^{L_w/10}$$

表 14-2 列出一些典型声源的声功率和声功率级。

表 14-2 典型声源的声功率和声功率级

声源	声功率/W	声功率级/dB	声源	声功率/W	声功率级/dB
轻声耳语	10^{-9}	30	大型鼓风机	10^{-1}	110
普通对话	10^{-5}	70	气锤	1	120
空压机	10^{-2}	100	喷气发动机	10000	160

在噪声控制中，当已知几个声源的功率级求总声功率级时，可利用级的合成方法计算，即

$$L = 10\lg\left(\sum_{i=1}^{n} 10^{0.1L_i}\right)$$

式中，L_i为 n 个声级中的第 i 个声音；L 为总合成级。

国家环境保护部规定了工业企业的生产车间和作业场所的噪声标准，见表 14-3。不同时间的噪声标准修正值见表 14-4。

表 14-3 工业企业噪声卫生标准

每个工作日接触噪声的时间/h	新建、扩建、改建企业的允许噪声级/dB	现有企业暂时达不到标准时的允许噪声级/dB
8	85	90
4	88	93
2	91	96
1	93	99

表 14-4 不同时间的噪声标准修正值 (dB)

时间	白天	晚上	深夜
修正值	0	−5	−10~15

噪声的危害主要是：

（1）损害听觉。人耳短时间暴露在噪声下会引起听觉疲劳，产生暂时性的听力减退；暴露时间长，可导致噪声性耳聋。80dB 以下的噪声不致引起噪声性耳聋。90dB 以上的噪声，对听觉的影响比较严重。表 14-5 列出噪声性耳聋的发病率。

表 14-5　工作 40 年后噪声性耳聋发病率

噪声级/dB	80	85	90	95	100
发病率/%	0	10	21	29	41

注：此表是国际标准组织（ISO）1999 号文件统计的数字。

（2）诱发多种疾病。在超标准的噪声影响下，往往引起头痛、脑涨、头晕、耳鸣、多梦失眠、心慌、全身疲乏无力、消化不良、食欲不振、恶心呕吐、血压升高等症状。

（3）降低工作效率和影响安全生产。噪声易使人烦躁，注意力分散，工作效率和工作质量下降。据统计，噪声可降低劳动生产率 10%~50%。由于噪声分散人们的注意力，因而容易引起人身伤亡事故，特别是在具有能够遮蔽音响警报信号的强噪声情况下，更易造成事故。

噪声除护措施如下：

（1）控制声源：采用无声或低声设备代替发出强噪声的设备；

（2）控制声音传播：采用吸声材料或吸声结构吸收声能；

（3）个体防护：佩戴耳塞、耳罩、帽盔等防护用品；

（4）健康监护：进行岗位体检，定期进行岗中体检；

（5）合理安排工作和休息：适当安排工间休息，休息时离开噪声环境。

企业厂界环境噪声排放标准请详见 GB 12348—2008《工厂企业环境噪声排放标准》。

14.1.4　粉尘

工业硅炉烟气粉尘的危害和治理第 10 章已有论述。

此外，在硅石、木炭、精煤、石油焦等原料和产品工业硅的破碎、筛分、输送过程中也会产生粉尘。据测定，在距硅石破碎设备 2m 处，空气中的硅石粉尘含量可达 32.9g/m^3；在距煤、木炭筛分设备 2m 处，木炭粉尘含量为 12.9g/m^3；在距硅块破碎机 2m 处，空气中硅尘含量为 1.4g/m^3。

我国颁布的《工业企业设计卫生标准》中，规定了生产性粉尘的最高容许浓度，含有 10%以上游离二氧化硅（硅石、石英岩等）的粉尘，容许最高浓度是 2mg/m^3；游离二氧化硅含量在 10%以下、不含有毒性物质的矿物性和动植物性粉尘，容许最高浓度是 10mg/m^3。

长期吸入含游离二氧化硅的粉尘可引起矽肺。矽肺发病时间的长短及病情轻重，主要取决于灰尘中游离二氧化硅的含量、灰尘浓度和颗粒大小、接触硅尘作业的持续时间、体力劳动强度及个人健康状况等因素。

可采取如下措施消除或减轻上述粉尘的污染：在可能情况下，最好是向工业硅车间供给粒度符合要求并经过洗涤的硅石，使硅石的破碎、筛分和洗涤在露天采石场进行；在破碎机、筛分机上以及运输机的下料处加收尘罩，进行局部吸气收尘；为降低空气中的粉尘含量，采用湿法作业，防止粉尘飞扬；佩戴个人防护用具，如口罩、防尘面罩等。

14.1.5 易爆、有害物

工业硅生产时要求对烟气中的二氧化硫和氮氧化物进行治理，氨法治理氮氧化物是其中一种方法。液氨是易爆、有害物质。因此，凡使用液氨设施，必须严格执行国家有关法律法规标准。脱硫治理有干法、半干法和湿法，详见第 11 章。

14.2 工业硅生产的安全注意事项

工业硅生产是在高温、通电，并有烟尘和噪声的条件下进行的，电炉设备还有通水冷却和液压系统等，所以易于发生各种设备人身事故。为了保证安全生产，各岗位的操作人员必须具有一定的安全生产知识，还应遵守各项有关规定。

14.2.1 安全知识

（1）工人和其他人员进岗位前必须经过各级安全教育，上岗时要戴好本岗位的各种劳动保护品；

（2）上岗前必须熟悉本岗位的设备性能和操作要领；

（3）非本岗位人员未经有关领导同意，不得任意操作；

（4）设备检修时，要有专人负责管理，并挂好检修指示牌，移动的灯具必须是低压（如 36V）；

（5）不得在易燃易爆物附近及其他禁烟地区吸烟；

（6）制止任何违章作业，发现事故后要积极抢救，并及时报告有关负责人。

14.2.2 主要岗位的安全规程

14.2.2.1 熔炼岗位

（1）在工业硅生产时，任何操作都应杜绝机电设备相间短路；

（2）捣炉操作时不要动作太猛，要注意防止炉内刺火伤人；

（3）电炉使用石墨或炭素电极，下放或接长电极时，应有统一指挥，严防接电极时吊钩脱落，造成电极倾倒发生事故；

（4）要特别注意通水设备，电炉干烧时更要经常巡视，并要防止干烧后突然加料时喷火伤人；

（5）发现炉内设备打弧或严重漏水时，应立即按炉前事故停电按钮，切断炉用电源，并报告班长进一步处理。

14.2.2.2　配电岗位

（1）配电岗位是电炉的重要控制部门，工作要认真、仔细，严防误操作；

（2）要经常保持相间电压平衡，使用功率要控制在规定的使用范围内；

（3）变压器的轻重瓦斯、油水冷却器、温度信号、电极限位等保护设施发生故障而导致发出信号时应立即通知班长或停电；

（4）冷却水系统进水压力不足、进水温度过高或出水温度过高、出水流量过小的报警，应立即告知班长；

（5）停电时间稍长时（停电时间超过 2h 左右）应适时上抬电极，防止电极被粘料粘住；

（6）定期做好各项有关记录，按时向班长汇报配电室内各仪表的工作情况。

14.2.2.3　出炉岗位

（1）出硅时，操作区附近及所用工具和硅水包等要保持干燥，以防潮湿物件与熔体硅接触后爆炸伤人；

（2）出炉口附近不得放置易燃、易爆、有毒物品；

（3）烧通炉眼后，应先将烧穿器拉出炉口区，再切除烧穿电源，最后将烧穿器移回正常停放位置；

（4）需要用木棒捅炉眼时，操作者和炉口之间应有挡板，以防喷火伤人；

（5）堵炉眼先放的硅块一定要干燥，堵向炉内时，应缓慢用力，防止熔体硅喷溅伤人；

（6）底吹精炼时气体压力不能过大，以免喷溅伤人；

（7）浇铸时流头不能过大，以免飞溅伤人，硅锭冷凝时，由于温差应力易引起硅锭自动破裂，所以用起重机吊运热硅锭时，应注意防止硅锭折断或漏熔体硅伤人。

14.2.2.4　包装岗位

（1）搬运硅块时，要戴好手套，防止烫伤或划伤；

（2）用铁锤击碎硅块时，要戴好保护眼镜；

（3）定期检查吊具及钢绳的磨损情况，当磨损超过标准时，应立即更换。

14.3　工业硅安全生产规范

工业硅安全生产规范按照附录 A2.2 执行。

15 工业硅生产企业的清洁生产

清洁生产和可持续高质量发展理念高度一致，两者相辅相成，促进社会协调健康发展。工业硅冶炼对资源和能源消耗量大，工业硅生产实施清洁生产要从节约资源和能源、改进工艺和设备、加强管理、源头减量、加强末端“三废”治理等方面进行。清洁生产是工业硅行业可持续发展的必然选择。我国2002年6月29日第九届全国人民代表大会常务委员会第二十八次会议通过了《中华人民共和国清洁生产促进法》，并于2003年1月1日起实行。国内部分省市已经将工业硅清洁生产列入阶段性计划。因此，全行业必须充分认识工业硅行业清洁生产重要意义和面临的问题。

15.1 清洁生产基本概念

15.1.1 联合国对清洁生产定义

联合国环境规划署结合各国开展的污染预防活动，提出了清洁生产的定义，其定义为：“清洁生产是一种新的创造性的思想，该思想将整体预防的环境战略持续应用于生产过程、产品和服务中，以增加生态效率和减少人类及环境的风险。”具体来说：

（1）对生产过程，要求节约原材料和能源，淘汰有毒原材料，减降所有废弃物的数量和毒性；

（2）对产品，要求减少从原材料，提炼到产品最终处置的全生命周期的有害影响；

（3）对服务，要求将环境因素纳入设计和所提供的服务中。

15.1.2 我国对清洁生产定义

我国《中华人民共和国清洁生产促进法》对清洁生产的定义是：“指不断采取改进设计、使用清洁的能源和原料，采用先进的工艺技术与设备，改善管理，综合利用等措施，从源头消减污染，提高资源利用效率，减少或者避免生产、服务和产品使用过程中污染物的产生和排放，以减轻或者消除对人类健康和环境的危害。”概括起来，清洁生产具体表现在以下三个方面：

（1）清洁的能源。采用各种方法对常规的能源如煤采取清洁利用的方法和城市煤气化供气等；对沼气等再生能源的利用；新能源的开发以及各种节能技术的开发利用。

（2）清洁的生产过程。尽量少用和不用有毒、有害的原料；采用无毒、无害的中间产品；选用少废、无废工艺和高效设备；尽量减少生产过程中的各种危险因素，如高温、高压、低温、低压、易燃、易爆、强噪声、强振动等；采用可靠和简单的生产操作和控制方法；对物料进行内部循环利用；完善生产管理，不断提高科学管理水平。

（3）清洁的产品。产品设计应考虑节约原材料和能源，少用昂贵和稀缺的原料；产品在使用过程中以及使用后不含危害人体健康和破坏生态环境的因素；产品的包装合理；产品使用后易于回收、重复使用和再生使用；寿命及功能合理。

15.1.3 我国清洁生产评价体系

中华人民共和国国家发展和改革委员会、中华人民共和国生态环境部、中华人民共和国工业和信息化部发布（2018 年 第 17 号）公告，对《钢铁行业（铁合金）清洁生产评价指标体系》等 14 个行业清洁生产评价指标体系文件进行修订公布施行，同时废止了《清洁生产标准 钢铁行业（铁合金）》HJ 470—2009。提高了铁合金企业清洁生产的一般要求，该标准共分为三级，一级代表国际清洁生产先进水平，二级代表国内清洁生产先进水平，三级代表国内清洁生产基本水平。将铁合金企业清洁生产指标分为管理指标，指铁合金生产企业实施清洁生产应满足国家对铁合金相关管理规定要求的指标，包括：产业政策符合性、达标排放、总量控制、突发环境事件预防、建立健全环境管理体系、危险废物安全处置、清洁生产机制建设及清洁生产审核、节能减碳机制建设与节能减碳活动等。限定性指标：指对清洁生产有重大影响或者法律法规明确规定必须严格执行、在对铁合金生产企业进行清洁生产水平评定时必须首先满足的先决指标。该指标体系将限定性指标确定为：综合能耗、单位产品颗粒物排放量、产业政策符合性、达标排放、总量控制、突发环境事件预防等。

硅铁产品清洁生产指标体系技术要求内容见表 15-1。铁合金清洁生产指标体系技术要求内容见表 15-2。

表 15-1　硅铁产品清洁生产指标体系技术要求

一级指标		二级指标						
指标项	权重值	序号	指标项		分权重值	Ⅰ级基准值	Ⅱ级基准值	Ⅲ级基准值
生产工艺装备及技术	0.25	1	电炉额定容量/kV·A		0.16	≥50000	≥25000	≥12500
		2	电炉装置		0.12	半封闭矮烟罩装置		
		3	除尘设备		0.14	原料场为封闭料场，原料转运及输送系统采用密闭输送方式：原料处理、熔炼、产品加工产尘部位配备有除尘装置。在熔炼除尘装置废气排放部位安装有在线监测装置，对烟粉尘净化采用干式除尘装置和 PLC 控制，除尘装置配置率和同步运行率均达到 100%		原料场设有防尘抑尘网：原料处理、转运、输送、熔炼、产品加工产尘部位配备有除尘装置，对烟粉尘净化采用干式除尘装置和 PLC 控制。除尘装置配置率和同步运行率均达到 100%
		4	原料处理		0.12	采用原料预处理技术（包括硅石整粒与水洗，含铁料及炭质还原剂整粒等）		
		5	生产工艺操作	原辅料上料	0.11	配料、上料、布料实现 PLC 控制		配料、上料、布料实现机械化
				冶炼控制	0.08	电极压放、功率调节实现计算机控制		电极压放实现机械化
						料管加料、炉口拨料、捣炉实现机械化		
				炉前出炉	0.05	开堵炉眼及浇注实现机械化		炉前浇注实现机械化
		6			0.14	回收烟气余热生产蒸汽或用于发电		回收烟气余热并利用
		7			0.08	采用软水、净环水闭路循环技术		采用净环水闭路循环技术
资源与能源消耗	0.25	1	电炉自然功率因数（$\cos\varphi$）		0.10	（电炉额定容量 25000kV·A）≥0.76		（电炉额定容量 12500kV·A）≥0.84
						（电炉额定容量 33000kV·A）≥0.74		（电炉额定容量 16500kV·A）≥0.82
						（电炉额定容量 50000kV·A）≥0.65		
						（电炉额定容量 60000kV·A）≥0.62		
						（电炉额定容量 75000kV·A）≥0.58		
						（电炉额定容量 90000kV·A）≥0.54		

续表 15-1

一级指标		二级指标					
指标项	权重值	序号	指标项	分权重值	Ⅰ级基准值	Ⅱ级基准值	Ⅲ级基准值
资源与能源消耗	0.25	2	硅石入炉品位/%	0.16	SiO_2含量≥98		SiO_2含量≥97
		3	硅（Si）元素回收率/%	0.20	≥93		
		4	单位产品冶炼电耗 /kW·h·t^{-1}	0.16	≤8050	≤8050	≤8050
		5	综合能耗*（折标煤）（按电力折标系数 0.1229 折算）/kgce·t^{-1}	0.26	≤1770	1835	≤1970
		6	生产取水量/m^3·t^{-1}	0.12	≤3.0		≤4.0
产品特征	0.05	1	产品合格率/%	1	100	≥99.5	≥99.0
污染物排放控制	0.20	1	单位产品烟气产生量 /Nm^3·t^{-1}	0.30×10^4	≤3.5×10^4（950kJ/Nm^3）		≤4.0×10^4（800kJ/Nm^3）
		2	单位产品颗粒物排放量* /kg·t^{-1}	0.30	≤3.5		4.0
		3	单位产品废水排放量 /m^3·t^{-1}	0.20	≤1.2		≤1.5
		4	单位产品化学需氧量排放量 /kg·t^{-1}	0.10	≤0.12		≤0.30
		5	单位产品氨氮排放量 /kg·t^{-1}	0.10	≤0.02		≤0.03
资源综合利用	0.15	1	水重复利用率/%	0.34	≥97	≥95	≥92
		2	炉渣利用率/%	0.33	100		
		3	微硅粉回收利用率/%	0.33	100		

注：1. 硅铁产品标准执行 GB/T 2272；
2. 硅铁产品实物量以硅含量 75%为基准折合成基准吨，然后以基准吨为基础再折算单位产品能耗、物耗；
3. 硅铁生产采用干法除尘；
4. 在执行电炉自然功率因素指标时，当电炉容量与本表所列不一致时，可就近靠本表所列电炉容量，执行相应标准值；
5. 带 * 的指标为限定性指标；
6. 表中冶炼电耗、综合能耗适用于本表中所规定不同额定容量电炉；
7. 表中净环水是指不带软水处理装置的间接冷却循环水。

表 15-2　铁合金清洁生产指标体系技术要求

一级指标		二级指标					
指标项	权重值	序号	指标项	分权重值	Ⅰ级基准值（1.0）	Ⅱ级基准值（0.8）	Ⅲ级基准值（0.6）
清洁生产管理	0.10	1	产业政府符合性*	0.15	未采用国家明令禁止和淘汰的生产工艺、装备		
		2	达标排放*	0.15	污染物排放满足国家及地方政府相关规定要求		
		3	总量控制*	0.15	污染物排放量、二氧化碳排放量及能源消耗量满足国家及地方政策相关规定要求		
		4	突发环境事件预防*	0.15	按照国家相关规定要求，建立健全环境管理制度及污染事故防范措施，无重大环境污染事故发生		
		5	建立健全环境管理体系	0.05	建有环境管理体系，并取得认证，能有效运行；全部完成年度环境目标、指标和环境管理方案，并达到环境持续改进的要求；环境管理手册、程序文件及作业文件齐备、有效	建有环境管理体系，能有效运行；完成年度环境目标、指标和环境管理方案≥80%，达到环境持续改进的要求；环境管理手册、程序文件及作业文件齐备、有效	建立有环境管理体系，能有效运行；完成年度环境目标、指标和环境管理方案≥60%，部分达到环境持续改进的要求；环境管理手册、程序文件及作业文件齐备
		6	物料和产品运输	0.10	进出企业的原辅料及燃料等大宗物料和产品采用铁路、水路、管道或管状带式输送机等清洁方式运输比例不低于80%；或全部采用新能源汽车或达到国六排放标准的汽车运输	采用清洁运输方式，减少公路运输比例	
		7	固体废物处置	0.05	建立固体废物管理制度。危险废物贮存没有标识，转移联单完备，制定有防范措施和应急预案，无害化处理后综合利用率≥80%	建立固体废物管理制度。危险废物贮存没有标识，转移联单完备，制定有防范措施和应急预案，无害化处理后综合利用率≥70%	建立固体废物管理制度。危险废物贮存没有标识，转移联单完备，制定有防范措施和应急预案，无害化处理后综合利用率≥50%

续表 15-2

一级指标		二级指标					
指标项	权重值	序号	指标项	分权重值	Ⅰ级基准值（1.0）	Ⅱ级基准值（0.8）	Ⅲ级基准值（0.6）
清洁生产管理	0.10	8	清洁生产机制建设与清洁生产审核	0.10	建有清洁生产领导机构，成员单位与主管人员职责分工明确；有清洁生产管理制度和奖励管理办法；定期开展清洁生产审核活动，清洁生产方案实施率≥90%；有开展清洁生产工作记录	建有清洁生产领导机构，成员单位与主管人员职责分工明确；有清洁生产管理制度和奖励管理办法；定期开展清洁生产审核活动，清洁生产方案实施率≥70%；有开展清洁生产工作记录	建有清洁生产领导机构，成员单位与主管人员职责分工明确；有清洁生产管理制度和奖励管理办法；定期开展清洁生产审核活动，清洁生产方案实施率≥50%；有开展清洁生产工作记录
		9	节能减排机制建设与节能减碳活动	0.10	建有节能减碳领导机构，成员单位与主管人员职责分工明确；与所在企业同步建立有能源与低碳管理体系并有效运行；制定有节能减碳年度工作计划，组织开展节能减碳工作，年度管控目标完成率≥90%；年度节能减碳任务达到国家要求	建有节能减碳领导机构，成员单位与主管人员职责分工明确；与所在企业同步建立有能源与低碳管理体系并有效运行；制定有节能减碳年度工作计划，组织开展节能减碳工作，年度管控目标完成率≥80%；年度节能减碳任务达到国家要求	建有节能减碳领导机构，成员单位与主管人员职责分工明确；与所在企业同步建立有能源与低碳管理体系并有效运行；制定有节能减碳年度工作计划，组织开展节能减碳工作，年度管控目标完成率≥70%；年度节能减碳任务达到国家要求

注：带 * 的指标为限定性指标。

15.1.4　清洁生产的主要内容

整个清洁生产过程包含了生产者，消费者，全社会对于生产、服务和消费环节，从资源节约和生态保护等方面对工业产品生产从规划、设计，到产品生产、使用，直至最终产出废物处置，都提出了标准化要求。对工业废弃物实行源头消减，改变了原有的不顾费用或单一末端控制。因此，清洁生产应该理解为：清洁生产是在整个生产活动全过程，都要防止和减少产生污染物。对产品的生产及消费的每一环节，都要考虑不对环境、人的健康产生新的危害。以往，生产过程中的“废物减量化”“无废工艺”“污染预防”“节能减排”等工艺手段，都体现了对产品生产过程采用预防污染的策略来削减或消灭污染物的产生，从而达到清洁生产的目的。

15.2　开展清洁生产的重要意义

15.2.1　生产全过程控制

控制排污口（末端），使排放的污染物通过治理达标排放的办法，虽在一定时期内或在局部地区起到一定的作用，但并未从根本上解决工业污染问题。实践证明：预防优于治理。发达国家通过治理污染的实践，逐步认识到防治工业污染不能只依靠治理排污口（末端）的污染，要从根本上解决工业污染问题，必须“预防为主”，将污染物消除在生产过程之中，实行工业生产全过程控制。

15.2.2　发展循环经济的基础

大量试点经验证明：实施清洁生产，可以节约资源，削减污染，降低污染治理设施的建设和运行费用，提高企业经济效益和竞争能力；实施清洁生产，将污染物消除在源头和生产过程中，可以有效地解决污染转移问题；实施清洁生产，可以挽救一大批因污染严重而濒临关闭的企业，缓解就业压力和社会矛盾；实施清洁生产，可以从根本上减轻因经济快速发展给环境造成的巨大压力，降低生产和服务活动对环境的破坏，实现经济发展与环境保护取得“双赢”，并为探索和发展“循环经济”奠定良好的基础。

15.2.3　实现经济与环境协调发展的重要条件

我国环境污染严重的根本原因在于多数企业尚未从根本上摆脱粗放经营

方式，结构不合理，技术装备落后，能源原材料消耗高、浪费大，资源利用率低。而解决环境污染的根本出路在于实施清洁生产，预防污染的发生。所以转变传统的发展模式，实现经济与环境的协调持续发展的历史任务，已经摆在我们面前，清洁生产的重要性也就不言而喻了。

15.2.4 清洁生产是一种全新的发展战略

清洁生产借助于各种相关理论和技术，在产品的整个生命周期的各个环节采取“预防”措施，通过将生产技术、生产过程、经营管理及产品等方面与物流、能量、信息等要素有机结合起来，并不断优化生产工艺，从而实现最小的环境影响，最少的资源、能源消耗量，最佳的管理模式和经济增长水平。更重要的是，环境作为经济的载体，良好的环境可支撑高质量经济发展，并为社会经济活动提供所必需的资源和能源，从而实现经济的长期可持续发展。

15.3 工业硅清洁生产技术的应用及面临的问题

15.3.1 工业硅生产无废水

工业硅废水是矿石清洗用水和冶炼过程中的冷却循环水，主要产生污染物的环节在矿石清洗过程沉淀泥沙。大多数工业硅冶炼企业采用多级沉淀后压滤清除水体内淤积的泥沙，处理后的洁净水可循环再利用；冶炼生产用冷却循环水，过程中全封闭运行，无实质性添加物质，并且是使用冷却塔降温后，通过压力泵循环使用，无外排。因此，工业硅生产实际无废水。

15.3.2 工业硅清洁生产的关键是高温烟气的治理

工业硅电炉的烟气治理普遍采用旋风加布袋过滤除尘系统，除尘效果较好，但是对二氧化碳、一氧化碳、二氧化硫、氮氧化物等有害气体还未很好治理。烟气治理必须依靠先进的治理技术和一定的资金投资。根据多年的生产实践经验证明，烟气量产生的大小与企业的工艺技术、使用炉料和管理存在一定关系。生产技术稳定、管理先进的企业，产品质量高，消耗低，烟尘治理效果好，才能确保排放达标。技术管理差的企业，产品质量差，消耗高，散漏频繁，废气污染必然严重。在生产过程中，除设备技术性能影响外，生产操作控制效果直接关系电炉烟气量的大小。要使工业硅生产烟气治理与社会效益和经济效益协同良性循环，就必须有长远战略思维和有实效的管理措施：

（1）减少烟气量，提高生产操作技术水平。操作技术不当是造成烟气量增大的主要原因。大多厂家存在的问题是电炉老、旧，结构参数不合理，高电压、超负荷错误用电造成了严重刺火；配比不严格，冶炼工艺不当造成严重的刺火。工业硅生产是在电炉埋弧状态下连续进行的，操作中要做到闭弧操作，适时加料和捣炉、调整炉料电阻和电流电压的比值。闭弧操作的优点是：炉内料层结构能形成一个完整的体系，炉料依次下沉；弧光不外露，保持高炉温；电极消耗平衡稳定，避免发生电极折断；料面温度较低，提高电炉设备的利用率；粉尘量较少，可使电炉操作有一个较好的环境。无论电炉容量大小，都能做到闭弧操作，这是减少烟气量、提高硅回收率、降低消耗、解决操作和烟尘净化之间恶性循环的重要措施。

（2）烟气余热利用，节约资源、减少碳排放、减少热污染。据具有余热利用设施的工业硅生产企业的统计：每吨工业硅生产的烟气余热发电量约1900kW · h，余热利用可减少燃煤消耗、降低二氧化碳的排放和对大气的热污染。同时余热发电降低工业硅成本，企业、社会效益双丰收。

（3）烟气除尘和脱硫脱硝，减少对大气的污染。每生产 1t 工业硅产生的烟气中含尘量约 400kg 粉尘，通过烟气除尘系统实现排放烟气含尘量不高于 $50mg/Nm^3$达标要求。

工业硅生产的烟气中含有一定量的二氧化硫和硝（氮氧化合物），在未来的生产中，应采取有效方法将二氧化硫和氮氧化合物的排放控制在允许的范围内。

15.4 实施清洁生产审核的案例分析

根据行业生产工艺特点，国家或行业虽然尚未对工业硅冶炼行业单独下达清洁生产标准，但有关条文已经将工业硅电炉列为铁合金电炉之列，同时按电炉类型和构造，工业硅电炉也和铁合金电炉几乎完全一致，因此根据《清洁生产评价指标体系编制通则（试行稿）》，同时参考《清洁生产标准 钢铁行业（铁合金）》（HJ 470—2009）的要求，工业硅企业的清洁生产水平需达到国内清洁生产三级基本要求。四川省某工业硅生产企业 2015 年开展了清洁生产审核工作，同时重点审核整个冶炼系统（包含 3 座冶炼炉及其配料系统、烟气除尘系统及原料堆场等），制定清洁生产目标。把降低单位产品冶炼电耗、单位产品综合能耗、新水消耗、硅石单耗以及配料系统升级设置列为清洁生产目标，以期通过加强管理、技术革新、工艺改进、设备改造等措施，分别达到近、远期目标，详见表 15-3。

表 15-3 清洁生产目标一览表

序号	项目	现状（2014 年）	近期目标（审核完成）		远期目标（至 2017 年底）	
			目标值	相对降低/%	目标值	相对降低/%
1	单位产品冶炼电耗/$kW \cdot h \cdot t^{-1}$	12511. 39	12000	4. 09	11900	4. 89
2	综合能耗/$kgce \cdot t^{-1}$	3058. 69	3000	1. 92	2950	3. 55
3	硅石单耗/$t \cdot t^{-1}$	2. 85	2. 82	1. 05	2. 80	1. 75
4	配料系统	人工配料、上料、布料	实现自动配料、上料、布料	—	—	—

清洁生产治理目标分析：通过对照工业硅冶炼电耗限额值和先进能耗发现，目前企业工业硅冶炼电耗为 12511. 39kW · h/t，接近了西南地区工业硅冶炼电耗限额值 12500kW · h/t，但与先进能耗值 12000kW · h/t 还有一定的差距。同时结合《铁合金行业准入条件（2008）》，工业硅产品单位冶炼电耗不高于 12000kW · h/t，因此还有一定的节能潜力可挖掘，通过清洁生产审核，找到差距，进而达到国家铁合金行业准入条件。根据参考的《硅铁产品清洁生产指标要求》中原辅料上料项目的要求，企业以前为人工配料、上料和布料，为达到三级水平，企业将配料系统的升级作为其中的清洁生产目标，本轮清洁生产审核完成后，完成自动配料、上料和布料，达到三级水平。

通过建立审核重点物料平衡、硅平衡和水平衡，对全厂物料损失和废弃物产生原因八个方面评估分析，找到了重点环节，本轮清洁生产审核，共提出了 35 个方案，其中 33 个无/低费方案、2 个中/高费方案。目前 33 个无/低费方案已实施，总投资 12. 8 万元，直接产生的经济效益达到 415. 4 万元，这还不包括加强管理、提高生产效率和改善环境质量带来的间接环境效益和社会效益，因此无/低费方案的实施清洁生产效果比较明显；提出的 2 个中/高费方案总投资 2380 万元，其实施改造内容详见表 15-4。

表 15-4　中/高费方案情况表

方案编号	方案名称	投资额/万元	环境效果	经济效益
F4	自动配料系统技术改造	180	减少废弃物产生量，减少了粉尘排放	节约原辅料成本，降低劳动力用工成本，合计年可节约175万元
F24	烟气余热回收利用	2200	减少 CO_2 排放 980t，减少热污染和粉尘的排放，节约能耗 4770tce	产生直接效益 560 万元/年
合　计		2380	减少 CO_2 排放 980t，减少热污染和粉尘的排放，减少废弃物产生量，节约能耗 4770tce	节约原辅料成本，降低劳动力用工成本，合计年可节约735 万元

方案中自动配料系统技术改造于 2015 年 7 月实施完成；方案中烟气余热回收利用技改于 2015 年 12 月完成。

通过清洁生产审核，实施全部的清洁生产方案后，产生经济效益近1150. 4 万元/年。每年可节电 1073. 57 万千瓦时，节水 2. 6 万吨，硅石单耗降低 0. 05t/t，余热发电 1180 万千瓦时（合计总节约标煤 2769. 64t），年减排 CO_2 980t，减少粉尘无组织排放和热污染排放，具有较好的环境效益和经济效益。方案全部实施后，工业硅冶炼电耗降低 522. 25kW · h/t，综合能耗降低134. 73kgce/t。具体清洁生产目标完成情况见表 15-5。

表 15-5　具体清洁生产目标完成情况

序号	项目	审核前	实施后	目标值	变化情况	四川省限额值	国家准入值
1	单位产品冶炼电耗/kW · h · t^{-1}	12511. 39	11989. 14	12000	下降 4. 17%	≤13000	≤12000
2	综合能耗/kgce · t^{-1}	3058. 69	2923. 96	3000	下降 4. 40%	—	—
3	硅石单耗/t · t^{-1}	2. 85	2. 80	2. 82	下降 1. 75%	—	—
4	配料系统	人工配料、上料、布料	自动配料，实现了机械化及程序控制	自动配料	—	—	—

注：方案实施后的指标数据是 2017 年末统计值。

由表 15-5 数据可以看出，经过清洁生产审核实施后，清洁生产各项目标均超额完成，清洁生产切实为企业带来良好效益，促进企业下一步的发展。各项无/低费和中/高费方案实施后，工业硅冶炼电耗由 12511.39kW · h/t 下降到 11989.14kW · h/t，达到了国家铁合金行业准入限额值，综合能耗由 3058.69kgce/t 下降到 2923.96kgce/t，硅石单耗由 2.85t/t 降低到 2.80t/t，配料系统升级为自动配料，实现了机械化和程序控制，达到了清洁生产基本目标。

通过清洁生产审核工作，提高了企业员工对清洁生产审核的认识，核对并查定了有关单元操作、原材料、产品、用水、能源和废物的资料；确定了废弃物的来源、数量及类型，并根据审核结果制定削减目标，制定经济有效的废物控制对策；找寻出企业效率低的瓶颈部位和管理上疏忽之处。通过清洁生产审核，针对企业现状，提出许多可行的清洁生产方案，并通过对全部可行性方案的实施，树立公司的良好形象，提高企业的管理水平，提高原材料、水、能源的使用效率，有效地降低了成本，减少了企业主要污染物的产生及排放量；提高了员工素质，为企业带来一定的经济、环境和社会效益，企业已基本建立清洁生产体制，基本达到产品、生产、服务全过程的“节能、降耗、减污、增效”目的。

综上，清洁生产的效益主要反映在社会效益、环境效益、生产效益和经济效益，是企业可持续发展的基石。清洁生产是提高企业管理水平的重要手段，促使企业在自己的系统内更加严格和科学运作，使其正常、健康地运转和发展。清洁生产的审核实施，重点是抓住企业产生污染物最多、污染物最难治理、生产效益最低的关键部位进行审计和改造，这实际上是为企业选取了技术改造资金的最佳投入方向。不仅降低物料消耗，还提高企业良好形象。清洁生产可降低末端治理难度和费用。清洁生产通过源头削减废物方式，减少或消除污染物排放，节省了污染物控制设施的投资；减少了污染物设施的运转费用；消除或降低了产品因环境因素带来的市场风险。

16 工业硅生产质量检验

在工业硅的生产过程中，质量检验起着十分重要的作用，它是生产的眼睛，产品品质的保证。按检验工作的性质分为外观质量检验、内在质量检验（包括取样、制样和化学分析）两个部分。

16.1 外观质量检验

16.1.1 原材料外观质量检验

原材料检查验收：由料场管理人员严格按照公司的采购标准进行验收，验收项目见表 16-1。

表 16-1 原材料检查验收项目

项目	山皮	泥沙	杂石	粒度	杂物	炭头
硅石	√	√	√	√	√	
精煤				√	√	
油焦				√	√	
木炭		√	√	√	√	√
木片		√	√	√	√	

注：打√是要严格检查的项目。

16.1.2 工业硅外观质量检验

工业硅外观质量检查验收：由产品库房管理人员严格按照国家标准 GB/T 2881—2014 的要求进行验收，验收项目见表 16-2。

表 16-2 工业硅外观质量检查验收项目

项目	夹渣	异物	颗粒大小	粉状比例	硅黏结物
工业硅	√	√	√	√	√

注：打√是要严格检查的项目。

16.2 内在质量检验

16.2.1 取样、制样

16.2.1.1 原材料取样、制样

（1）硅石：按交货批次取样，一个批样数量不得大于500t，等距离点取样，多个面取小样，必须面面取到，由多个小样组成大的综合样，然后破碎大约2cm大小，用四分法缩分至10kg左右，化验室用颚式破碎机破碎至5~10mm，用四分法缩分至1kg左右，破碎至5mm以下用水洗干净、烘干，再用四分法缩分至100g左右，用强磁铁吸取铁粉，分两份，一份洗碳化钨料钵、筛子，另一份用碳化钨钵的制样机粉碎至全部通过120目网筛装袋，放入干燥器具备用。

（2）精煤、油焦：按交货批次取样，一个批样数量不得大于500t，等距离点取样，多个面取小样，必须面面取到，由多个小样组成大的综合样，然后破碎至大约5mm，用四分法缩分至5kg左右，用四分法缩分后用电子天平称取200g，烘干测定水分后，分两份，一份洗碳化钨料钵、筛子，另一份用碳化钨钵的制样机粉碎至全部通过80目网筛装袋，放入干燥器具备用。

（3）木炭：按交货批次取样，一个批样数量不得大于100t，散装取样，等距离点取样，多个面取小样，必须面面取到，由多个小样组成大的综合样，袋装取样，在垛高1/4和3/4处的两个水平面上等距离点取样，由多个小样组成大的综合样，然后破碎至5mm左右，连续用四分法缩分至1kg左右，用电子天平称取200g，烘干测定水分后，分两份，一份洗碳化钨料钵、筛子，另一份用碳化钨钵的制样机粉碎至全部通过80目网筛装袋，放入干燥器备用。

16.2.1.2 工业硅产品取样、制样

按照国家标准GB/T 2881—2014规定：

（1）产品取样：

1）铸锭取样：在铸锭中心和两条对角线1/6~5/6处的5个点上，分别取不少于200g的块状样品，样品应贯穿该点整个产品厚度。

2）精整后取样：在破碎后的工业硅上，于不少于5个对称点分别取不少于1000g的样品。

3）袋装取样：每批随机抽取不少于25%的包装件，从每个包装件中取出不少于0.3%重量的小样。

（2）产品制样：

将取出的样品破碎到粒度不大于5mm后采用四分法缩分到一定量，再破碎到粒度1mm左右，再采用四分法缩分后的试样不少于200g，分两份，一份洗碳化钨料钵、筛子，另一份用碳化钨钵的制样机粉碎至全部通过100目网筛装袋，放入干燥器备用。

16.2.2 化学分析

化学分析方法：参照国标GB/T 2881—2014中GB/T 14849.1，GB/T 14849.2，GB/T 14849.4。试剂未注明均为分析纯，分析用水按GB/T 6682规定的三级水。

16.2.2.1 原材料化学分析方法

原材料化学成分必须分析的项目见表16-3。

表16-3 原材料化学分析项目

项目	W 水分	A 灰分	V 挥发分	C 固定碳	G 黏结指数	SiO_2	Fe_2O_3	Al_2O_3	CaO
硅石						√	√	√	√
精煤	√	√	√	√	√		√		
油焦	√	√	√	√			√		
木炭	√	√	√	√			√		

注：打√是要分析的项目。

A 硅石化学分析

a SiO_2的测定：氢氟酸挥发法

（1）方法原理：将试样置于铂金皿中，然后用氢氟酸处理使主体硅转换成四氟化硅溢出，于850℃的马弗炉中灼烧。由减少重量计算SiO_2的含量。其主要反应方程式如下：

$$SiO_2 + 4HF = SiF_4\uparrow + 2H_2O$$

（2）试剂和溶液：

1）氢氟酸；

2）硝酸；

3）硫酸（1+1）。

（3）仪器设备：

电子分析天平（0.1mg）；

铂金皿；

马弗炉。

（4）随同试样做试剂空白试验。

（5）分析步骤：将铂金皿清洗干净于电炉上烧干水分，移入850℃马弗炉中灼烧30min，稍冷放入干燥器中冷却至室温后称重为G_1。准确称取1.0000g硅石试样，将试样用少许水润湿加入15mL氢氟酸，3~4mL硝酸，再加入6~7滴浓硫酸先于低温上加热冒尽硫酸烟。这样反复处理直到样品分解完全冒尽硫酸烟，将铂皿移入850℃的马弗炉中灼烧30min以上至恒重，稍冷放入干燥器中冷却至室温后称重记为G_2。

（6）分析结果计算：

$$G_0 = G_2 - G_1$$

$$SiO_2(\%) = \frac{G - (G_2 - G_1 + G_0)}{G} \times 100$$

式中 G_1——铂金皿的质量，g；

G_2——氢氟酸处理并灼烧后残渣及铂金皿总质量，g；

G_0——试剂空白处理并灼烧后残渣质量，g；

G——试样质量，g。

b Fe_2O_3的测定：1,10-二氮杂菲分光光度法

（1）方法原理：试样用氢氟酸和硝酸分解，硫酸冒烟去除硅、氟等，残渣用盐酸溶解，用盐酸羟胺将Fe^{3+}还原至Fe^{2+}。在pH=3~5的微酸性介质中，铁与1,10-二氮杂菲生成红色络合物。于分光光度计波长510nm测量其吸光度。

（2）试剂和溶液：

1）氢氟酸；

2）硝酸；

3）硫酸（1+1）；

4）盐酸（1+1）；

5）盐酸羟胺溶液（10g/L）；

6）1,10-二氮杂菲溶液（2.5g/mL）：称取1.25g，1,10-二氮杂菲置于烧杯中，加入2mL盐酸（1+1），加入水约300mL，溶解后用水稀释至500mL

摇匀；

7）乙酸-乙酸缓溶液：称取 272g 乙酸钠置于烧杯中，加入 500mL 水，溶解后过滤于 1000mL 容量瓶中，加入 240mL 冰乙酸，用水稀释至刻度摇匀；

8）混显色溶液：将盐酸羟胺溶液（10g/L），1,10-二氮杂菲溶液（2.5g/L），乙酸-乙酸缓溶液以（1+1+2）的体积混合，一周内使用；

9）铁标准溶液：国家标准样品（Fe 单元素标准溶液 1000μg/mL）移取 10.00mL 铁标准溶液于 200mL 容量瓶中，用水稀释至刻度摇匀，此溶液 50μg/mL 铁。

（3）仪器：分光光度计。

（4）随同试样做试剂空白试验。

（5）分析步骤：将测定 SiO_2后铂皿中残渣加入 5.0mL 盐酸（1+1），沿皿壁加入 20mL 水，加热至残渣完全溶解，冷却移入 250mL 容量瓶中，用水稀释至刻度摇匀，此溶液为母液 A，移取母液 A 20mL 于 100mL 容量瓶中，加入 20mL 混合显色液，用水稀释至刻度摇匀。放置 15min 后，用 1cm 比色皿，以水为参比，于分光光度计波长 510nm 处测量其吸光度。减去试剂空白的吸光度，从工作曲线上查出相应的铁的质量。

（6）工作曲线的绘制：移取铁标准溶液：0mL、1.00mL、2.00mL、4.00mL、6.00mL、8.00mL、10.00mL 分别置于一组 100mL 容量瓶中。加入 20mL 混合显色液，用水稀释至刻度摇匀。放置 15min 后，用 1cm 比色皿，以水为参比，于分光光度计波长 510nm 处测量其吸光度。以铁的质量为横坐标吸光度为纵坐标绘制工作曲线。

（7）分析结果的计算：

$$Fe_2O_3(\%) = \frac{m_1 V_0 R \times 10^{-6}}{m_0 V_1} \times 100$$

式中　m_1——工作曲线上查得的铁的质量，μg；

V_0——试液总体积，mL；

m_0——试样质量，g；

V_1——分取试液体积，mL；

R——Fe 换算成 Fe_2O_3的系数。

c　Al_2O_3的测定：铬天青 S 分光光度法

（1）方法原理：试样用氢氟酸和硝酸分解硫酸冒烟驱除硅、氟等，残渣用盐酸溶解。用抗坏血酸掩蔽铁的干扰在 pH＝5.5～6.1 的六次甲基四胺介质中，铝和铬天青 S 生成紫红色络合物。于分光光度计波长 545nm 处测量其吸光度。

（2）试剂溶液：

1）氢氟酸；

2）硝酸；

3）硫酸（1+1）；

4）盐酸（1+1）；

5）抗坏血酸溶液（10g/L）：用时现配；

6）六次甲基四胺溶液（300g/L）；

7）铬天青 S 乙醇溶液（0.3g/L）：称取 0.3g 铬天青 S 置于烧杯中，加水和无水乙醇各 25mL，溶解后加入 475mL 水，用无水乙醇稀释 1000mL 摇匀；

8）铝标准溶液：国家标准样品（Al 单元素标准溶液 1000μg/mL）移取 20.00mL 铝标准溶液于 200mL 容量瓶中，加入 4mL 盐酸（1+1），用水稀释至刻度摇匀。此溶液 100μg/mL 铝，为 A 标液。移取 A 标液 10mL 于 200mL 容量瓶中，加入 4.0mL 盐酸（1+1）用水稀释至刻度摇匀，此溶液 5μg/mL 铝为 B 标液。

（3）仪器：分光光度计。

（4）随同试样做试剂空白试验。

（5）分析步骤：将测定铁时剩下的母液 A，吸取 50mL 到 500mL 容量瓶中，稀释到刻度摇匀，此溶液为母液 B，吸取母液 B 50mL 于 100mL 容量瓶中，加入 5.0mL 抗坏血酸溶液（10g/L），10.0mL 铬天青 S 乙醇溶液（0.3g/L），5.0mL 六次甲基四胺溶液（300g/L），每加一种试剂均需摇匀，用水稀释至刻度摇匀，放置 20min 后，用 1cm 比色皿，以水为参比，于分光光度计波长 545nm 处测量其吸光度。减去试剂空白的吸光度，从工作曲线上查出相应的铝的质量。

（6）工作曲线的绘制：移取铝 B 标液：0mL、1.00mL、2.00mL、3.00mL、4.00mL、5.00mL 分别置于一组 100mL 容量瓶中。用水稀释至约 30mL，加入 5.0mL 抗坏血酸溶液（10g/L），10.0mL 铬天青 S 乙醇溶液（0.3g/L），5.0mL 六次甲基四胺溶液（300g/L），每加一种试剂均需摇匀，用水稀释至刻度摇匀，放置 20min 后，用 1cm 比色皿以水为参比，于分光光度计波长 545nm 处测量其吸光度。以铝的质量为横坐标，吸光度为纵坐标绘制工作曲线。

（7）分析结果的计算：

$$Al_2O_3(\%) = \frac{m_1 V_0 V_2 R \times 10^{-6}}{m_0 V_1 V_3} \times 100$$

式中　m_1——工作曲线上查得铝的质量，μg；

V_0——母液 A 的总体积，mL；

m_0——试样质量，g；

V_1——吸取母液 A 的体积，mL；

V_2——母液 B 的总体积，mL；

V_3——吸取母液 B 的体积，mL；

R——Al 换算成 Al_2O_3的系数。

d　氧化钙的测定：EDTA 络合滴定法

（1）方法原理：在强碱性溶液中（pH≥12.5）EDTA 与钙离子形成稳定的络合物，测定时铁、铝的干扰用三乙醇胺掩蔽，锰干扰加入盐酸羟胺掩蔽。

（2）试剂和溶液：

1）三乙醇胺（1+4）；

2）氢氧化钾（40%）；

3）氯化镁（1%）；

4）盐酸羟胺（10%）；

5）钙黄绿素（0.5%）：称取 0.5g 钙黄绿素于 100g 氯化钾（105℃烘干）中，并磨细混匀，放入干燥器中；

6）EDTA 标准溶液（0.003mol/L）：称取 5.7g 乙二胺四乙酸二钠溶于水中，稀释至 5L，放置一周后再标定。

7）钙标准溶液：国家标准样品（Ca 单元素标准溶液 1000μg/mL）移取 20.00mL 钙标准溶液于 200mL 容量瓶中，加入 10mL 盐酸，用水稀释至刻度摇匀，此溶液 100μg/mL 钙，为钙标液母液。

（3）随同试样做试剂空白试验。

（4）EDTA 标准溶液的标定：吸取钙标液母液 20mL（100μg/mL）于 400mL 三角烧杯中，加入 50mL 水、三乙醇胺（1+4）5.0mL 摇匀，加入 7mL 氢氧化钾（40%）摇匀，加入氯化镁（1%）1.0mL 摇匀，加入盐酸羟胺（10%）1.0mL 摇匀，加入少许钙黄绿素指示剂充分摇匀，静止 10min，用 0.003mol/L 的 EDTA 标准溶液缓慢的滴定到荧光绿消失即为终点，记下消耗 EDTA 毫升数 V。

（5）分析步骤：将测定铁时剩下的母液 A，吸取 50mL 于 400mL 三角烧杯中，加入 50mL 水、三乙醇胺（1+4）5.0mL 摇匀，加入 7mL 氢氧化钾（40%）摇匀，加入氯化镁（1%）1.0mL 摇匀，加入盐酸羟胺（10%）1.0mL 摇匀，加入少许钙黄绿素指示剂充分摇匀，静止 10min，用 0.003mol/L

的 EDTA 标准溶液缓慢的滴定到荧光绿消失即为终点，记下消耗 EDTA 毫升数 V_1。

（6）分析结果计算：

$$C = \frac{m}{MV}$$

$$\text{CaO}(\%) = \frac{(V_1 - V_0)CV_2R \times 10^{-3}}{GV_3} \times 100$$

式中 C——EDTA 标准溶液的浓度，mol/L；

m——钙标液中溶质的质量，mg；

M——钙的摩尔质量，g/mol；

V——标定时消耗 EDTA 标准溶液的量，mL；

V_0——滴定空白时消耗 EDTA 标准溶液的量，mL；

V_1——滴定试样时消耗 EDTA 标准溶液的量，mL；

V_2——母液 A 的总体积，mL；

V_3——吸取母液 A 的体积，mL；

R——CaO 的分子量；

G——试样的质量，g。

B 精煤、油焦、木炭的化学分析

a 精煤、油焦、木炭水分的测定

（1）方法原理：试样在 105～110℃的烘箱内烘 1.5～2.0h，两次质量之差为水分含量。

（2）仪器设备：

1）称样盘；

2）电热鼓风干烘箱；

3）电子天平（0.01g）。

（3）分析步骤：准确称取人工砸碎并缩分好的精煤、油焦或木炭试样 200g 至已恒重的称样盘中，记下称样盘和试样质量 G_1，放入预先加热到 105～110℃烘箱烘 1.5～2.0h，称取称样盘和试样质量 G_2。

（4）分析结果计算：

$$W_{水分}(\%) = \frac{G_1 - G_2}{G} \times 100$$

式中 G_1——称样盘和试样的质量，g；

G_2——烘后称样盘和试样的质量，g；

G——试样质量，g。

b 精煤、油焦、木炭挥发分的测定

（1）方法原理：试样在挥发分坩埚中，隔绝空气加热将试样中有机物分解出来，油焦、木炭温度850℃±20℃，煤900℃±20℃。

（2）仪器设备：

1）挥发分坩埚；

2）坩埚架；

3）马弗炉；

4）电子分析天平（0.1mg）。

（3）分析步骤：准确称取试样1.0000g，于已经恒重的挥发分坩埚中，盖好盖称出坩埚和样总质量 G_1。将坩埚放入坩埚架上小心放入已恒温的马弗炉中，灼烧7min，稍冷放入干燥器中冷至室温称出坩埚和样总质量 G_2。

（4）分析结果计算：

$$V_{挥发分}(\%) = \frac{G_1 - G_2}{G} \times 100$$

式中 G_1——挥发分坩埚和试样质量，g；

G_2——灼烧后挥发分坩埚和试样质量，g；

G——试样质量，g。

c 精煤、油焦、木炭灰分的测定

（1）方法原理：试样于马弗炉中，灰化至恒重。

（2）仪器设备：

1）瓷舟；

2）马弗炉；

3）电子分析天平（0.1mg）。

（3）分析步骤：准确称出恒重瓷舟的质量 G_1，准确称取试样1.0000g于瓷舟中，低温放入马弗炉中升温灰化至样品无黑色碳粒恒重为止。取出稍冷放入干燥器中冷至室温称出瓷舟和灰分质量 G_2。

（4）分析结果计算：

$$A_{灰分}(\%) = \frac{G_2 - G_1}{G} \times 100$$

式中 G_1——瓷舟质量，g；

G_2——灼烧后瓷舟和灰分质量，g；

G——试样质量，g。

d 精煤、油焦、木炭固定碳的计算

（1）方法原理：称取的试样质量减去挥发分、灰分的质量，就是高温燃烧了固定碳的质量。

（2）分析结果计算：

$$C_{固定碳}(\%) = 100\% - V_{挥发分}(\%) - A_{灰分}(\%)$$

e 精煤黏结指数的测定

（1）方法原理：将一定质量的试验煤样和专用无烟煤，在规定的条件下混合，快速加热成焦，所得的焦块在一定规格的转鼓内进行强度检验，以焦块的耐磨强度，即对破坏抗力的大小表示试验煤样的黏结能力。

（2）仪器设备：

1）瓷质专用坩埚；

2）电子分析天平（0.1mg）；

3）专用无烟煤；

4）搅拌丝；

5）镍铬钢压块；

6）压力专用设备；

7）转鼓试验机；

8）圆孔筛直径 1mm；

9）镊子。

（3）分析步骤：准确称取 5.0000g 专用无烟煤 1.0000g 煤样放入坩埚中，用搅拌丝将坩埚内的混合物搅拌 2min。搅拌方法是：坩埚作 45°左右倾斜，逆时针方向转动，每分钟约 15 转，搅拌丝按同样倾角作顺时针方向转动，每分钟约 150 转，搅拌时搅拌丝的圆环接触坩埚壁与底相连接的圆弧部分。经 1min45s 后，一边继续搅拌，一边将坩埚与搅拌丝逐渐转到垂直位置 2min 时，搅拌结束。将坩埚壁上煤粉轻轻扫下，用搅拌丝轻轻将混合物拨平，沿坩埚壁的层面略低 1～2mm，以便压块将混合物压紧后，使煤样表面处于同一平面。用镊子加压块于坩埚中央，然后将其置于压力器下压 30s，加压时防止冲击。加压结束后，压块仍留在混合物上，注意从搅拌时开始，带有混合物的坩埚，应轻拿轻放，避免受到撞击与振动。加上坩埚盖放入已恒温 850℃马弗炉中焦化 15min 之后，将坩埚从马弗炉中取出，稍冷放入干燥器中完全冷却至室温，取出压块称焦渣总质量 m，然后放入转鼓进行第一次转鼓试验 250r/5min，转鼓试验后的焦块用 1mm 圆孔筛进行筛分，再称筛上部分质量 m_1，然后将其放入转鼓第二次转鼓试验 250r/5min，重复筛分，称筛上部分质量 m_2。

（4）分析结果计算：

$$G_{\text{黏结指数}} = \frac{10 + (30m_1 + 70m_2)}{m} \times 100$$

式中　m——焦化处理后焦渣总质量，g；

m_1——第一次转鼓试验筛上部分质量，g；

m_2——第二次转鼓试验筛上部分质量，g。

（5）补充试验：当测得的 $G<18$ 时，需重做试验。此时煤样和无烟煤的比例改为 3∶3，即 3g 试验煤样与 3g 专用无烟煤。其余试验步骤均和（3）相同，分析结果计算为：

$$G_{\text{黏结指数}} = \frac{30m_1 + 70m_2}{5m} \times 100$$

式中　m——焦化处理后焦渣总质量，g；

m_1——第一次转鼓试验筛上部分质量，g；

m_2——第二次转鼓试验筛上部分质量，g。

f　精煤、油焦、木炭灰分中 Fe_2O_3 的测定：1,10-二氮杂菲分光光度法

（1）方法原理：试样用氢氟酸和硝酸分解硫酸冒烟去除硅、氟等，残渣用盐酸溶解，用盐酸羟胺将 Fe^{3+} 还原至 Fe^{2+}。在 pH＝3～5 的微酸性介质中，铁与 1,10-二氮杂菲生成红色络合物。于分光光度计波长 510nm 处测量其吸光度。

（2）试剂和溶液：

1）氢氟酸；

2）硝酸；

3）硫酸（1+1）；

4）盐酸（1+1）；

5）盐酸羟胺溶液（10g/L）；

6）1,10-二氮杂菲溶液（2.5g/mL）：称取 1.25g 的 1,10-二氮杂菲置于烧杯中，加入 2mL 盐酸（1+1），加入水约 300mL，溶解后用水稀释 500mL 摇匀；

7）乙酸-乙酸缓溶液：称取 272g 乙酸钠置于烧杯中，加入 500mL 水，溶解后过滤于 1000mL 容量瓶中，加入 240mL 冰乙酸，用水稀释至刻度摇匀；

8）混显色溶液：将盐酸羟胺溶液（10g/L），1,10-二氮杂菲溶液（2.5g/L），乙酸-乙酸缓溶液以（1+1+2）的体积混合，一周内使用；

9）铁标准溶液：国家标准样品（Fe 单元素标准溶液 1000μg/mL）移取 10.00mL 铁标准溶液于 200mL 容量瓶中，用水稀释至刻度摇匀，此溶液 50μg/mL 铁。

（3）仪器设备：

1）铂金皿；

2）分光光度计。

（4）随同试样做试剂空白试验。

（5）分析步骤：准确称取 0.1000g 灰分于铂金皿中，将试样用少许水润湿，加入 15mL 氢氟酸、3~4mL 硝酸，加入 6~7 滴浓硫酸先于低温上加热冒尽硫酸烟。这样反复处理直到样品分解完全冒尽硫酸烟，加入 5.0mL 盐酸（1+1），沿皿壁加入 20mL 水，加热至残渣完全溶解，冷却移入 250mL 容量瓶中，用水稀释至刻度摇匀，此溶液为母液 A，移取母液 A 50mL 到 500mL 容量瓶中，稀释到刻度摇匀，此溶液为母液 B，吸取母液 B 50mL 于 100mL 容量瓶中测定铁，加入 20mL 混合显色液，用水稀释至刻度摇匀。放置 15min 后，用 1cm 比色皿，以水为参比，于分光光度计波长 510nm 处测量其吸光度。减去试剂空白的吸光度，从工作曲线上查出相应的铁的质量。

（6）工作曲线的绘制：同硅石中 Fe_2O_3 的工作曲线绘制步骤一致。

（7）分析结果的计算：

$$Fe_2O_3(\%) = \frac{m_1 V_0 V_2 R \times 10^{-6}}{m_0 V_1 V_3} \times 100$$

式中 m_1——工作曲线上查得的铁的质量，μg；

V_0——母液 A 的总体积，mL；

V_1——吸取母液 A 的体积，mL；

V_2——母液 B 的总体积，mL；

V_3——吸取母液 B 的体积，mL；

m_0——试样质量，g；

R——Fe 换算成 Fe_2O_3 的系数。

C 原材料化学分析各元素允许差

原材料化学分析各元素允许差见表 16-4。

表 16-4 原材料化学分析各元素允许差 （%）

指标名称	质量分数	允许差	指标名称	质量分数	允许差
SiO_2	≥98.00	0.2	$A_{灰分}$	≤15.00	0.2
Fe_2O_3	≤0.5	0.03	$V_{挥发分}$	≤50.00	0.5
Al_2O_3	≤0.5	0.03	$C_{固定碳}$	≥50.00	1.0
CaO	≤1.0	0.03	$G_{黏结指数}$	≥18	3
$W_{水分}$	≤20.00	0.4			

16.2.2.2　工业硅产品的化学分析

工业硅产品化学成分分析是按客户的需求：必须分析的元素：Fe、Al、Ca，其他元素是按客户要求分析：本节着重介绍 Fe、Al、Ca、P、B、Cr、Ti 的分析方法。

A　分光光度法

a　工业硅中 Fe 的测定：1,10-二氮杂菲分光光度法

(1) 方法原理：试样用氢氟酸和硝酸分解，硫酸冒烟去除硅、氟等，残渣用盐酸溶解，用盐酸羟胺将 Fe^{3+} 还原至 Fe^{2+}，在 pH=3~5 的微酸性介质中，铁与 1,10-二氮杂菲生成红色络合物。于分光光度计波长 510nm 处测量其吸光度。

(2) 试剂和溶液：

1) 氢氟酸；

2) 硝酸；

3) 硫酸 (1+1)；

4) 盐酸 (1+1)；

5) 盐酸羟胺溶液 (10g/L)；

6) 1,10-二氮杂菲溶液 (2.5g/mL)：称取 1.25g 的 1,10-二氮杂菲置于烧杯中，加入 2mL 盐酸 (1+1)，加入水约 300mL，溶解后用水稀释至 500mL 摇匀；

7) 乙酸-乙酸缓溶液：称取 272g 乙酸钠置于烧杯中，加入 500mL 水，溶解后过滤于 1000mL 容量瓶中，加入 240mL 冰乙酸，用水稀释至刻度摇匀；

8) 混显色溶液：将盐酸羟胺溶液 (10g/L)，1,10-二氮杂菲溶液 (2.5g/L)，乙酸-乙酸缓溶液以 (1+1+2) 的体积混合，一周内使用；

9) 铁标准溶液：国家标准样品 (Fe 单元素标准溶液 1000μg/mL) 移取 10.00mL 铁标准溶液于 200mL 容量瓶中，用水稀释至刻度摇匀，此溶液 50μg/mL 铁。

(3) 仪器设备：

1) 电子分析天平 (0.1mg)；

2) 分光光度计；

3) 铂金皿。

(4) 随同试样做试剂空白试验。

（5）分析步骤：准确称取试样 1.0000g 于铂皿中，将试样用少许水润湿，加入 10mL 氢氟酸，滴加硝酸至试样全溶，加入 0.5mL 硫酸（1+1）先于低温电炉加热至冒烟，再放入高温电炉上冒尽硫酸烟，残渣加入 3.0mL 盐酸（1+1），沿皿壁加入 20mL 水，加热至残渣完全溶解，冷却移入 250mL 容量瓶中，用水稀释至刻度摇匀，此溶液为母液 A，移取母液 A 20mL 于 100mL 容量瓶中，加入 20mL 混合显色液，用水稀释至刻度摇匀。放置 15min 后，用 1cm 比色皿，以水为参比，于分光光度计波长 510nm 处测量其吸光度。减去试剂空白的吸光度，从工作曲线上查出相应的铁的质量。

（6）工作曲线的绘制：同硅石中 Fe_2O_3 的工作曲线绘制步骤一致。

（7）分析结果的计算：

$$\mathrm{Fe}(\%)=\frac{m_1V_0\times10^{-6}}{m_0V_1}\times100$$

式中 m_1——工作曲线上查得的铁的质量，μg；

V_0——试液总体积，mL；

m_0——试样质量，g；

V_1——分取试液体积，mL。

b 工业硅中 Al 的测定：铬天青 S 分光光度法

（1）方法原理：试样用氢氟酸和硝酸分解硫酸冒烟去除硅、氟等，残渣用盐酸溶解。用抗坏血酸掩蔽铁的干扰，在 pH=5.5～6.1 的六次甲基四胺介质中，铝和铬天青 S 生成紫红色络合物，于分光光度计波长 545nm 处测量其吸光度。

（2）试剂溶液：

1）氢氟酸；

2）硝酸；

3）硫酸（1+1）；

4）盐酸（1+1）；

5）抗坏血酸溶液（10g/L），用时现配；

6）六次甲基四胺溶液（300g/L）；

7）铬天青 S 乙醇溶液（0.3g/L）：称取 0.3g 铬天青 S 置于烧杯中，加水和无水乙醇各 25mL，溶解后加入 475mL 水，用无水乙醇稀释 1000mL 摇匀；

8）铝标准溶液：国家标准样品（Al 单元素标准溶液 1000μg/mL）移取 20.00mL 铝标准溶液于 200mL 容量瓶中，加入 4mL 盐酸（1+1），用水稀释至刻度摇匀，此溶液 100μg/mL 铝为 A 标液，移取 A 标液 10mL 于 200mL 容量瓶中，加入4.0mL盐酸（1+1）用水稀释至刻度摇匀，此溶液5g/mL铝为B标液。

（3）仪器设备：分光光度计。

（4）随同试样做试剂空白试验。

（5）分析步骤：将测定铁时剩下的母液A，吸取20mL到500mL容量瓶中，稀释到刻度摇匀，此溶液为母液B，吸取母液B 20mL于100mL容量瓶中，加入5.0mL抗坏血酸溶液（10g/L），10.0mL铬天青S乙醇溶液（0.3g/L），5.0mL六次甲基四胺溶液（300g/L），每加一种试剂均需摇匀，用水稀释至刻度，摇匀，放置20min后，用1cm比色皿，以水为参比，于分光光度计波长545nm处测量其吸光度。减去试剂空白的吸光度，从工作曲线上查出相应的铝的质量。

（6）工作曲线的绘制：同硅石中Al_2O_3的工作曲线绘制步骤一致。

（7）分析结果的计算：

$$Al(\%)=\frac{m_1V_0V_2\times10^{-6}}{m_0V_1V_3}\times100$$

式中　m_1——工作曲线上查得铝的质量，μg；

V_0——母液A的总体积，mL；

m_0——试样质量，g；

V_1——吸取母液A的体积，mL；

V_2——母液B的总体积，mL；

V_3——吸取母液B的体积，mL。

c　工业硅分光光度法分析各元素允许差

工业硅分光光度法分析各元素允许差见表16-5。

表16-5　工业硅分光光度法分析各元素允许差　　（%）

元素名称	质量分数	允许差
Fe	≤0.6	0.03
Al	≤0.6	0.03

B　络合滴定法

a　工业硅中Ca的测定：EDTA络合滴定法

（1）方法原理：在强碱性溶液中（pH≥12.5），EDTA与钙离子形成稳定的络合物，测定时铁、铝的干扰用三乙醇胺掩蔽，锰干扰，加入盐酸羟胺掩蔽。

（2）试剂和溶液：

1）三乙醇胺（1+4）；

2）氢氧化钾（40%）；

3）氯化镁（1%）；

4）盐酸羟胺（10%）；

5）钙黄绿素（0.5%）：称取0.5g钙黄绿素于100g氯化钾（105℃烘干）中，并磨细混匀，放入干燥器中；

6）EDTA标准溶液（0.003mol/L）：称取5.7g乙二胺四乙酸二钠溶于水中，稀释至5L，放置一周后再标定；

7）钙标准溶液：国家标准样品（Ca单元素标准溶液1000μg/mL），移取20.00mL钙标准溶液于200mL容量瓶中，加入10mL盐酸，用水稀释至刻度摇匀，此溶液100μg/mL，为钙标液母液。

（3）随同试样做试剂空白试验。

（4）EDTA标准溶液的标定：吸取钙标液母液20mL于400mL三角烧杯中加入50mL水，加入三乙醇胺（1+4）5.0mL摇匀，加入7mL氢氧化钾（40%）摇匀，加入氯化镁（1%）1.0mL摇匀，加入盐酸羟胺（10%）1.0mL摇匀，加入少许钙黄绿素指示剂充分摇匀，静止10min，用0.003mol/L的EDTA标准溶液缓慢的滴定到荧光绿消失即为终点。记下消耗EDTA毫升数V。

（5）分析步骤：将测定铁时剩下的母液A，吸取50mL于400mL三角烧杯中加入50mL水，加入三乙醇胺（1+4）5.0mL摇匀，加入7mL氢氧化钾（40%）摇匀，加入氯化镁（1%）1.0mL摇匀，加入盐酸羟胺（10%）1.0mL摇匀，加入少许钙黄绿素指示剂充分摇匀，静止10min，用0.003mol/L的EDTA标准溶液缓慢的滴定到荧光绿消失即为终点。记下消耗EDTA毫升数V_1。

（6）分析结果计算：

$$C = \frac{m}{MV}$$

$$\mathrm{Ca}(\%) = \frac{(V_1 - V_0)CV_2M \times 10^{-3}}{GV_3} \times 100$$

式中 C——EDTA标准溶液的浓度，moL/L；

m——钙标液中溶质的质量，mg；

M——钙的摩尔质量，g/mol；

V——标定时消耗 EDTA 标准溶液的量，mL；

V_0——滴定空白时消耗 EDTA 标准溶液的量，mL；

V_1——滴定试样时消耗 EDTA 标准溶液的量，mL；

V_2——母液 A 的总体积，mL；

V_3——吸取母液 A 的体积，mL；

G——试样的质量，g。

b　工业硅络合滴定法分析元素允许差

工业硅络合滴定法分析元素允许差见表 16-6。

表 16-6　工业硅络合滴定法分析元素允许差　（%）

元素名称	质量分数	允许差
Ca	≤1.0	0.03

C　电感耦合等离子原子发射光谱法

测定工业硅中 Fe、Al、Ca、B、P、Cr、Ti 等元素。

（1）测定范围及分析线见表 16-7。

表 16-7　测定范围及分析线

测定元素	质量分数/%	分析线/nm	测定元素	质量分数/%	分析线/nm
Fe	0.020~1.00	259.9	B	0.0005~0.20	249.7
Al	0.020~1.00	396.1	Cr	0.0010~0.50	267.7
Ca	0.010~1.00	317.9	Ti	0.0050~0.50	336.1
P	0.0010~0.10	213.6			

（2）方法原理：试样用氢氟酸、硝酸溶解，加热除去硅、氟等，残渣用盐酸溶解。利用电感耦合等离子体光谱仪，在选定的最佳测定条件下，测量试样溶液中各元素浓度。

（3）试剂和溶液：

1）氢氟酸（40%），优级纯；

2）硝酸（密度 1.42g/mL），优级纯；

3）盐酸（密度 1.19g/mL），优级纯；

4）铁标准溶液：国家标准样品（Fe 单元素标准溶液 1000μg/mL）移取 20.00mL 铁标准溶液于 200mL 容量瓶中，加入 10mL 盐酸，用水稀释至刻度摇匀，此溶液 100μg/mL 铁，为铁标液母液；

5）铝标准溶液：国家标准样品（Al 单元素标准溶液 1000μg/mL）移取

20.00mL 铝标准溶液于 200mL 容量瓶中，加入 10mL 盐酸，用水稀释至刻度摇匀，此溶液 100μg/mL 铝，为铝标液母液；

6）钙标准溶液：国家标准样品（Ca 单元素标准溶液 1000μg/mL）移取 20.00mL 钙标准溶液于 200mL 容量瓶中，加入 10mL 盐酸，用水稀释至刻度摇匀，此溶液 100μg/mL 钙，为钙标液母液；

7）磷标准溶液：国家标准样品（ P 单元素标准溶液 1000μg/mL）移取 20.00mL 磷标准溶液于 200mL 容量瓶中，加入 10mL 盐酸，用水稀释至刻度摇匀，此溶液 100μg/mL 磷，为磷标液母液；

8）硼标准溶液：国家标准样品（B 单元素标准溶液 1000μg/mL）移取 20.00mL 硼标准溶液于 200mL 容量瓶中，加入 10mL 盐酸，用水稀释至刻度摇匀，此溶液 100μg/mL 硼，为硼标液母液。

9）铬标准溶液：国家标准样品（Cr 单元素标准溶液 1000μg/mL）移取 20.00mL 铬标准溶液于 200mL 容量瓶中，加入 10mL 盐酸，用水稀释至刻度摇匀，此溶液 100μg/mL 铬，为铬标液母液；

10）钛标准溶液：国家标准样品（Ti 单元素标准溶液 1000μg/mL）移取 20.00mL 钛标准溶液于 200mL 容量瓶中，加入 10mL 盐酸，用水稀释至刻度摇匀，此溶液 100μg/mL 钛，为钛标液母液。

（4）仪器设备：

1）电子分析天平（0.1mg）；

2）电感耦合等离子体原子发射光谱仪。

（5）随同试样做试剂空白试验。

（6）分析步骤：

1）分析试液的制备：准确称取试样 0.4000g 于聚四氟乙烯烧杯中，用少许水润湿，加氢氟酸 10mL 浸泡 5min，滴加硝酸至试样全部溶解，于 140℃的电热板上蒸发至近干，再加入硝酸 3mL 继续蒸发至近干，加盐酸 6mL 加热溶解盐类，取下冷却。移入 100mL 塑料容量瓶中，稀释至刻度摇匀，此溶液测定 B、P、Cr、Ti 等元素。

移取上述溶液 10mL 于 100mL 容量瓶中，加入盐酸 5mL 刻度稀释至摇匀，此溶液测定 Fe、Al、Ca。

2）标准测定液的配制：分别吸取各种标液母液 0mL、1mL、2mL、3mL、4mL、5mL。于 100mL 的容量瓶中，加入盐酸 5mL 刻度稀释至摇匀，此溶液为各元素标线测定液。

3）测定条件：根据仪器情况选择适宜的氩气流量，最佳的测定条件，选定各元素的波长，测定各元素标线，测定溶液的强度，当工作曲线的线性相关系数≥0.999 时，即可进行分析试液的测定，根据光强度和浓度的关系计算机自动给出样品中各元素的质量浓度。

（7）分析结果计算：

$$w(\%) = \frac{(c - c_0)VR \times 10^{-6}}{m_0} \times 100$$

式中　w——待测元素；

c——被测元素的质量浓度，μg/mL；

c_0——空白试验溶液中被测元素的质量浓度，μg/mL；

V——测定分析试液体积，mL；

m_0——试样的质量，g；

R——稀释系数。

（8）精密度见表 16-8。

表 16-8　精密度　　（%）

质量分数	重复性限 r	再现性限 R	质量分数	重复性限 r	再现性限 R
0.0010	0.0002	0.0003	0.100	0.011	0.012
0.0050	0.0005	0.0007	0.50	0.03	0.04
0.010	0.0020	0.0025	1.00	0.05	0.07
0.050	0.0040	0.0050			

16.3　工业硅生产中质量检验结果准确度的控制和保证

在工业硅生产中要保证产品的品质必须做到：

（1）外观验收严格按照公司标准；

（2）取样、制样：严格按照国家标准；

（3）分析操作、一丝不苟；

（4）校验工作、常抓不怠。

17 工业硅工厂设计

17.1 工厂总体设计

17.1.1 设计工作的任务

设计工作是基本建设的关键环节之一，是科研与生产的纽带。工业硅工厂设计的任务是为国内外客户及时提供技术先进、经济合理、符合各项法规的设计文件，为顺利地进行工厂新建、扩建、技术改造创造有利条件，在工厂建设的过程中，从资源勘探、技术经济考察、厂址选择，一直到设计工作完成后的施工和投产，设计部门均应参加到这些环节的活动中去。

一个正确、先进的设计是来自于生产实践，又服务于生产活动。因此，设计只能建立在已有的科学技术成果基础上，而不可能单独地进行科学技术上的开拓，但它也绝不是现在生产工艺的简单重复，而必须不断吸取新的科学技术，从一定意义上说，设计是新技术成果的传播者、推广者。由此可见，设计工作无疑是一个技术上再创新过程，同时又是一项复杂的技术经济工作，既要分析所采用的各项新技术可能取得的经济效果，还要就整个工程的投资效果进行论证。这种技术经济分析从工程项目建议书开始，就贯穿于可行性研究、初步设计，直至施工图设计的全过程，贯穿于地区总体经济发展规划、厂址和资源基地选择、各种设计方案的比较和选定，一直到工程投产的整个设计全过程中，这就要求在整个设计工作的过程中，既要钻研、消化吸收国内外最新技术，还要深入现场实际，结合“国情、省情、厂情”进行技术开发；对已投产的工程应进行回访总结，解决生产中的设计问题，为提高企业效益、社会效益做好技术服务工作，并为进一步改进设计技术积累资料数据。

改革开放以来，我们不仅引进了具有当今国际先进技术水平的大型设备技术和工艺技术，同时也向菲律宾、伊朗、印尼、巴西等国家出口成套电炉工程技术和设备，这些不仅扩大了国际间的“科工贸”交往，而且更为重要的是加速了技术开发，推动了技术创新。我们的总体设计水平不再停留在20世纪，已跨入21世纪国际先进技术水平的行列，迈上了大型工业硅电炉技术的新台阶。

17.1.2　总体设计及其阶段

工业硅工厂设计，包括前期工作、设计工作和后期服务工作三部分。对设计部门来说，主要是根据客户提出的设计委托书或项目建议书进行可行性研究，经过设计评审或审批后进行设计。设计工作一般是按初步设计和施工图设计两个阶段进行，设计后期工作包括交待设计意图、解释设计文件、配合施工进行现场技术服务。

多年来的实践表明，设计工作与基本建设中的各个环节都有着极为密切的关系，这些关系可用如图 17-1 所示的方式表示。

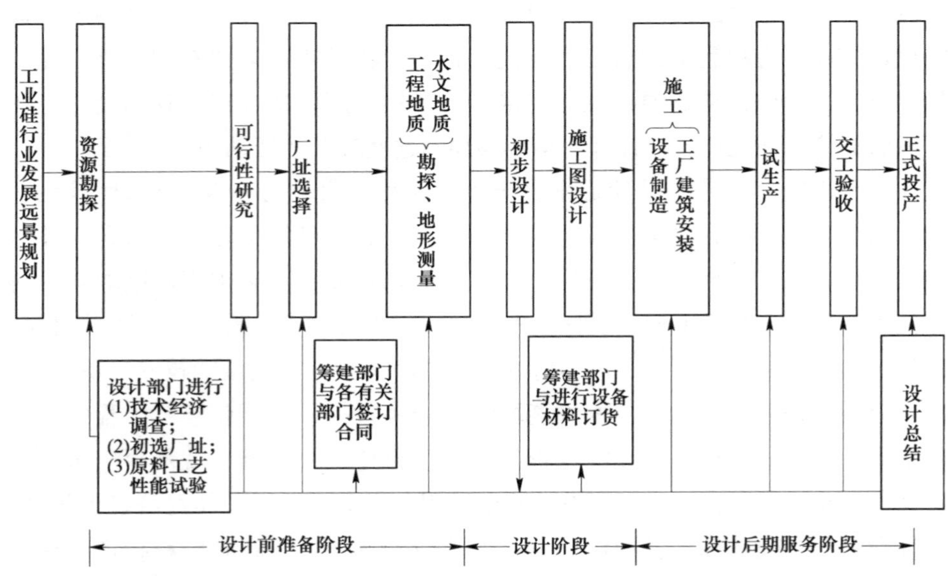

图 17-1　设计工作与基本建设中各个环节的关系

17.1.2.1　编制工程项目建议书

工程项目建议书可由上级主管部门组织有关单位共同编制，也可由建设单位委托设计单位代为编制，然后由上级机关或建设单位审批后下达给设计单位。项目建议书是委托设计单位进行可行性研究的重要依据。

工程项目建议书一般应包括：建设的必要性和依据，建设规模，产品方案，生产方法，原材料，供水，供电，运输等协作配合条件，建厂地区的概貌，“三废”治理要求，投资和建设进度，预测达到的经济效益和技术水平等。

项目建议书原则上应满足可行性研究工作的要求。

17.1.2.2 可行性研究

可行性研究一般是由国家上级机关下达计划给设计部门或由建设单位委托设计部门进行。

开展可行性研究一般应具备如下基础资料：建设单位提供的水、电、交通运输等协议书、意向书；建厂地区的自然地理条件，原材料、燃料、劳动力来源等方面的资料；勘察部门提供的确定厂址需要的工程地质、水文地质及测绘资料；业主规定的产品规格、标准和销售对象，市场需求的预测研究资料；矿产资源的地质勘探总结报告等。

进行可行性研究是要对建设项目的市场需求、资源条件、工程布局、生产规模、产品方案、工艺流程、外部条件、建设速度、资金筹措、成本核算、经济效益、竞争能力等各方面进行调查研究、分析计算和方案比较，提出评价意见。通过对拟建项目的各种因素进行综合性的技术经济分析，得出是否可行的基本认识，为有关部门提供资料，提供决策意见，作为编制环境评价、初步设计、确定工程项目建设计划的主要依据。

17.1.2.3 初步设计

初步设计必须根据审批的可行性研究文件和要求进行，并要依据其他一些基础资料，还要有各项有关协议，同时要遵循国家和上级机关制订的有关建设方针和技术政策、有关规定、规范和标准。

初步设计的内容和深度，应满足下列要求：为主管部门或委托单位提供若干可比方案，在论证企业效益、社会效益和环境效益基础上，择优推荐某一设计方案，以备审批；为主要设备和材料订货提供依据；根据初步设计可签订土地征购和居民搬迁协议；为控制基建投资、开展项目投资包干、投标承包及编制基建计划提供依据；能指导施工图设计和为生产提供文字资料。其主要内容包括：

（1）确定生产工艺流程和主要设备选择；处理各生产车间、辅助车间、公用设施等相互之间的关系和总图布置位址；确定所有建筑物、构筑物的结构形式；安排厂内外的运输；选择供电、供水系统；规定生活福利设施的设计原则；确定全厂的生产岗位定员等。

（2）提出工程项目主要技术经济指标：产品及规格，主要生产作业指标，原材料消耗，能耗、电耗、水耗、占地面积及其利用系数，投资概算，产品生产成本、资金来源及使用、经济效益计算等。

（3）如果采用新工艺、新技术、新设备，或特殊的技术方案，应说明技术上的先进性、可靠性和经济上的合理性。

（4）提出主要设备清单，供建设单位进行初步的设备订货之用。

初步设计文件，一般应包括设计说明书、设计图纸、主要设备表和设计总概算四部分内容。其内容和深度应满足有关规定的要求。

17.1.2.4　施工图设计

施工图设计应根据批准的初步设计编制。施工图设计的深度应能满足以下要求：非标准设备及结构件的制作；施工预算的编制，并作为预算包干工程结算的依据；指导施工，如生产设备、金属结构件等的安装。

施工图的内容应包括：企业施工、安装所需要的全部图纸；重要施工安装部位和生产环节的施工操作说明；新型非标准设备的维护检修技术条件；设备明细表和材料汇总表。

以上简述了工业硅生产企业设计的基本程序和内容，对单纯工业硅生产车间的设计程序和内容可以适当从简。

17.2　厂址选择

工业硅厂的厂址选择是否正确，不但决定着投资的多少，而且也影响建设速度的快慢以及建成投产后效益，厂址选择正确与否，还关系到工厂投产以后生产管理是否方便，生产成本的高低，以及工厂发展的难易等。因此，在选择厂址时，必须贯彻党的各项方针政策，既要符合政策，又要注意经济合理；正确处理工业与农业、局部与整体、当前与长远、内部与外部、生产与生活等矛盾关系。广泛深入实际，认真调查研究，根据资源、工程地质、交通、供电、燃料、水源等客观条件，进行多方案比较，精心选择，慎重确定。

对厂址选择可概括为“六靠、一平、一好”，即靠近产品用户，矿物资源产地，能源、水源、交通要道及城镇；场地平缓；工程地质条件好。其具体要求如下：

（1）厂址应靠近原料基地及产品用户，以采用简便可靠的运输方式，这样不但节省投资，而且节省长年运输费用。

（2）厂址必须有足够的场地面积，应尽可能利用荒山坡地，注意节约用地，不占农田，对厂区、住宅区、铁路专用线、厂内公路等各项占地问题应全面规划，统筹安排。

（3）厂址应靠近电源。每吨工业硅产品综合耗电 13500～14500kW · h。因此，厂址附近须有可靠的电源，以保证供电和节省输电线路的投资。在厂址选择过程中，应由建设单位与有关电力部门达成供电具体协议。

（4）厂址附近应有足够的水源，须保证在枯水季节能正常供应工厂生产和生活的用水量。在确定水源时，必须注意不与农业争水；同时应考虑在工厂投产后不污染农业用水和地下水。

（5）厂址应有好的交通运输条件，工厂物料年吞吐量为工厂产品规模的 8～10 倍左右。因此，大中型厂应靠近铁路或公路干线。在有水运条件的地区，应尽量考虑水运。

（6）厂址除考虑建厂基本条件外，还必须关心职工生活，工厂应在可能条件下靠近城镇或其他企业，以便充分利用已有的生活设施，并考虑相互协作的可能性。

（7）注重环境保护。住宅区与工厂的距离应远于 12km 为宜，同时工厂应位于住宅区和城镇的主导（盛行）风向的下风侧。工厂与住宅区、矿山的位置应尽可能在铁路、公路、河流的一侧。

（8）厂址应有良好的工程地质条件。地耐力最好在 $18t/m^2$（土壤深度为 1.5～2.0m 处）以上。厂址下面应避免有断层、滑坡、古墓或其他有用矿体，并尽可能避开溶洞、煤窑、膨胀土、冻土、翻浆等。如属于地震区，要调查研究当地的地震情况。厂址应不受洪水威胁，并要求厂区地下水位较低，以节省防洪、防涝设施的投资。

17.3 工厂总平面设计

工业硅厂总平面设计的任务是：以力求生产过程的顺畅、简捷为中心，妥善处理原、燃料与成品进出厂的交通运输关系，主要生产车间与辅助生产车间的关系，地上设施与地下设施的关系，供电、供气、供排水等系统相互之间的关系，生产区与生活区之间的关系，工业生产与农业生产之间的关系等，使企业的各个组成部分形成一个有机的整体。

17.3.1 总平面设计主要设计原则

（1）总平面设计是各个专业设计的综合。在设计时必须遵照国家的建设法规及当地有关部门的总体规划，深入现场，全面安排，减少占地面积，提高建筑系数，为最经济地利用场地，并为满足工厂的施工、生产和发展的要求创造有利条件，但不应早占地。

（2）工厂总平面布置应力求集中紧凑，运输简捷，交通方便，避免平面交叉。但也要注意防火和采光、通风的要求。在节约的原则下，适当地照顾工厂的整齐、美观。

（3）工厂总平面布置应尽量利用地形，适当地选择标高，以减少土方工程量。对纵向较长的车间，如电炉车间的主厂房，一般应顺等高线布置。当地形横向坡度较大时，可结合生产要求采用阶梯式布置。

（4）各车间应设在有利于生产的适当位置。例如，原料车间应接近矿山来料的方向；成品库、包装车间、材料库要放在交通线附近；变电所和压缩空气机等应设在负荷中心；修理车间、材料库及车间办公室应设在与各车间联系方便的地点。

（5）较大荷重的构筑物，如电炉车间的主厂房，在满足生产要求的前提下，尽量选择在工程地质较好的地方。

（6）充分考虑风向，对可能产生粉尘的车间及露天堆场应设在工程的下风侧。

（7）除特殊情况外，车间一般应考虑有发展的可能。相邻两车间应各向外侧发展；成品库的发展应留在交通线的尽头方向，以减少扩建时对生产的影响。

17.3.2 对总平面布置的具体要求

（1）工业硅厂总平面布置，应按原料处置、冶炼、成品精整等生产流程和外部运输条件合理布置。其他辅助建、构筑物根据其生产需要和污染程度等按功能分区布置，并注意不要堵死各生产系统的发展可能性。

（2）原料处理设施及其堆场，应布置在原料进厂的一侧，并宜位于厂区常年最小频率风向的上风侧。

（3）制氧车间和储存化学品的仓库等的防火、防爆要求，应符合现行《建筑设计防火规范》的有关规定，其防爆泄压面积部位，不应面对人员集中的地方和主要交通道路。

（4）总降压变电所的位置应靠近耗电量大的主要电炉车间。

（5）电炉的烟气净化和余热回收设施宜布置在电炉车间附近。

17.4 工业硅电炉车间设计

工业硅电炉车间设计内容主要包括：产品方案及设计规模、工艺流程、主要原料技术条件、主要设备选择、车间组成及工艺布置、车间总体设计与技术装备水平以及主要技术经济指标等。

17.4.1 产品方案及生产规模

新建的工业硅电炉冶炼车间产品方案，一般以单一产品（系）为宜，同时应考虑其他转炼品种的可能性和灵活性。通常车间设计规模为年产工业硅3万~6万吨，宜相应设置2~4座电炉以达到年产规模的要求。

17.4.2 工艺流程

工业硅生产工艺流程见图3-1。

来自原料准备车间的合格粒度的硅矿石、碳质还原剂（石油焦、烟煤、木炭、木片等）及熔剂（石灰石、白云石等），在配料站按冶炼工艺要求进行称量配料，配制的炉料在胶带运输机上（或配料车）形成“三明治”（Sandwich）或夹层，以混合均匀。炉料通过上料系统、布料系统及下料管加到电炉内，供电炉冶炼。对于工业硅冶炼，还要采用推料捣炉对炉口料面进行维护操作。电炉为连续还原冶炼，而出硅则为定时间歇操作。出炉的硅水经精炼铸锭成形，经精整破碎加工后，产品计量包装出厂。

对于工业硅电炉产生的烟气采用干式、净化设施处理。应将余热回收，实现二次能源利用。

17.4.3 主要原料技术条件

17.4.3.1 *硅石*

对用于冶金或机械工业的工业硅产品，生产所用的硅石要求：$SiO_2 \geqslant 99.2\%$、$Fe_2O_3 \leqslant 0.12\%$、$Al_2O_3 \leqslant 0.15\%$、$CaO \leqslant 0.10\%$。对于用于化工或电子工业用工业硅产品要求硅石杂质含量更低（$Fe_2O_3 \leqslant 0.10\%$、$Al_2O_3 \leqslant 0.12\%$、$CaO \leqslant 0.08\%$）。如果配置炉外精炼，则硅石中Al_2O_3、CaO含量可适当放宽。如果是用于化工和电子工业用的工业硅，对于硅石中的磷（P）、硼（B）、钛（Ti）等还须有严格要求。

17.4.3.2 *碳质还原剂*

碳质还原剂的主要技术要求见表17-1。

表 17-1 碳质还原剂的主要技术条件

种类	化学成分				常温电阻率 /μΩ · m	反应性 (1100℃) /%	粒度 /mm
	固定碳	挥发分	灰分	硫			
木炭	65~75	20~30	2~5	<0.1	>5000	>96	20~100
精煤	52~60	38~45	3~4	0.3~1.0	约 3000	>70	5~20
石油焦	83~88	10~18	0.2~0.5	0.5~3	约 1000	<45	3~15
木片	12~16	30~40	50~60	—			10~100

17.4.3.3 熔剂

工业硅生产选用石灰石作为熔剂，其主要技术条件为 $CaCO_3$≥92%、粒度 30~60mm。

17.4.4 主要设备选择

主要设备选择，主要包括电炉炉型、电炉变压器、电控、配料、上料、电炉加料、炉口操作、炉前出炉、精炼及浇铸、产品加工等主要设备的选择。

17.4.4.1 电炉炉型

工业硅炉型选用半封闭固定式（或旋转式）还原炉。

17.4.4.2 电极装置

电极装置是电炉设备的核心部件，由电极及其把持器、升降机构和压放装置组成。电极有石墨电极和炭素电极。

电极把持器常采用碟簧式和波纹管式两种。对于大型电炉应选用波纹管一对一顶紧铜瓦，压力均匀，可以保证铜瓦对电极的抱紧力均衡。采用锻制加工铜瓦，其质量优于铸造铜瓦。

电极升降机构采用液压缸型式，其中液压缸又可设计为柱塞式吊挂缸或柱塞式座缸两种形式。

电极压放装置常采用块式机械液压式抱闸，为机械抱紧，液压松开。

17.4.4.3 电炉变压器

正确选择变压器型式，特别是二次侧工作电压决定电炉的作业指标。

为使输入电炉三相电极的功率均衡，大中型电炉（容量大于 12500kV · A）宜配置 3 台单相有载调压变压器。生产过程均有与其适合的工作电压范围，同时切换到电炉上的工作电压又必须完全满足调整功率的需要，即常用操作电压级及其以上应做到恒功率；此外还要考虑冶炼品种变换、炉料成分的波动、处理炉况等都须选用最适当的电压级，这样电炉生产稳定，生产效率高。中国现有的 12500kV · A 和 16500kV · A 电炉一般工作电压范围 132V ~ 144V ~ 186V，19 级；25000kV · A 和 30000kV · A 电炉为 143V ~ 188V~233V，31 级。

17.4.4.4 电炉电极控制

电炉功率调节一般采用两种控制方式：一种为电炉功率（通常为炉内阻抗）自动调节装置，采用电子计算机实现比例积分三点式调节或液压伺服阀调节；另一种为按照输入电流进行调节的人工手动及自动控制。电极压放选用 PLC 系统自动程序控制，也可以人工手动操作。

17.4.4.5 配料设备

设置配料站，采用电子秤或核子秤称量，并按原料配比实现 PLC 程序控制。

17.4.4.6 上料设备

上料设备多采用斜桥或大倾角皮带机；当地面积允许时，也可采用长胶带上料运输机。

17.4.4.7 炉顶布料设备

常用炉顶布料设备有两种形式：一种为配仓式胶带输送机组，另一种为环行布料车。

17.4.4.8 电炉加料设备

工业硅电炉采用料管下料兼布料；一般采用料管加料并辅以自由行走的多功能加料、推料、捣炉机或单功能自由行式加料推料车。

17.4.4.9 开堵硅口设备

电炉多采用电弧烧穿器开眼和人工堵眼，大型电炉准备采用机械化程度较高的开眼堵眼机。

17.4.4.10　炉前出硅设备

常用硅水包有两种：大型工业硅电炉为钢板铆焊结构，内衬耐火砖；中小型工业硅电炉也有用铸钢包，炉前通常采用电动铰车牵引硅水包车组。

17.4.4.11　硅水铸块设备

硅水常采用锭模浇铸，大型电炉车间也有用机械化程较高的浇铸机浇铸。

17.4.4.12　产品加工设备

产品加工设备视用户对产品粒度的要求而定，块状产品采用颚式机破碎成一定块度，规格较小的可用人工锤打。

17.4.5　车间组成及工艺布置

电炉冶炼车间主要由配料站、主厂房及辅助设施等组成。

17.4.5.1　配料站

配料站常为多层结构的单独厂房，上部设贮料仓（贮量约超一昼夜供配料用的合格料），又称日料仓，其下部设配料称量系统。配料站通常与主厂房平行布置，有的视场地情况，也可成垂直方向布置。向主厂房供料多采用斜桥上料机或大倾角皮带机，也有的采用很长的胶带输送机，前者布置紧凑，节省用地，后者为配料站与电炉间距离拉开，其间空场地可布置烟气净化设施。

17.4.5.2　主厂房

主厂房包括变压器跨、电炉跨、浇铸跨、成品加工跨。主厂房的总体设计有两种布置形式：一种为变压器跨—电炉跨—浇铸跨三跨毗连，成品加工间单独设置。这种布置方式，其炉前操作场地宽敞，采光和通风条件较好；另一种为上述四个跨毗连在一起，这种布置方式，其炉前操作场地既宽敞，又便于浇铸实现机械化，有利于铁锭运输，而且成品加工跨与浇铸跨的厂房柱子又可公用，节省土建工程投资，但缺点是车间内采光和通风条件较差。

工业硅生产车间剖面图如图 17-2 所示。

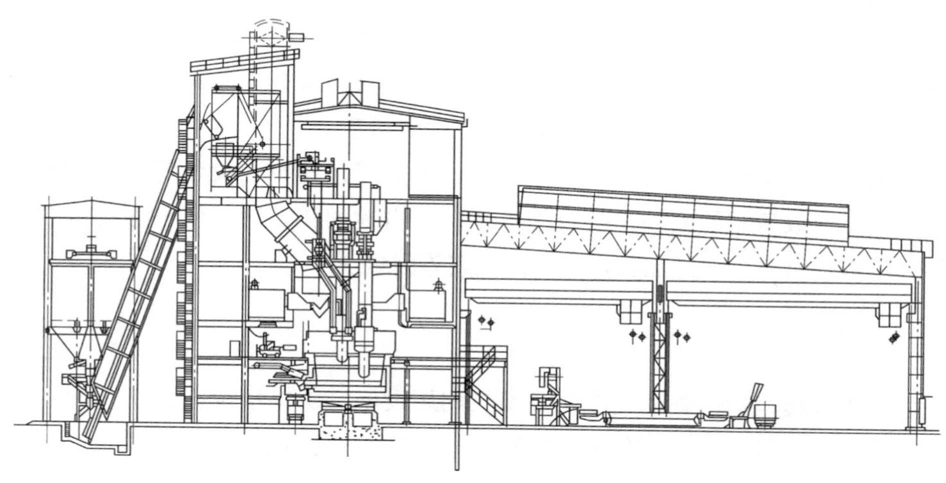

图 17-2 工业硅电炉车间剖面图

变压器跨通常指用于布置电炉变压器的跨间。当电炉采用三台单相变压器时，除一台变压器布置在变压器跨内之外，另两台则布置于电炉跨内。变压器室的设计不仅要考虑变压器的抽芯检修，还要便于电炉控制中心的布置等。

电炉跨是工业硅电炉冶炼车间的核心部位。电炉生产必备的布料系统、加料系统、电极系统、短网系统（又称大电流母线系统）及电控系统、液压系统、炉口操作系统、炉前出铁系统和水冷系统等均布置在电炉跨内。此跨为多层框架式厂房建筑，依据车间工艺总体布置要求，一般设计为三层大平台，其中包括炉顶布料平台、电极升降装置平台和炉口操作平台；另外还有一些局部小平台，如炉顶电极接长的小平台、变压器平台、炉前出炉平台等。电炉跨的跨度主要视电炉容量的大小、冶炼工艺、炉顶布料和炉口处加料方式以及厂房结构选型设计的可能性和合理性等综合因素加以确定。电炉跨长度主要由电炉座数、电炉中心距所决定。此外，电炉跨的两端头还要考虑设置楼梯、电梯和电极提升吊装孔的位置。电炉跨厂房高度主要由各层平台高度以及炉顶布料形式和悬挂起重机的轨面标高决定，同时还要考虑采光和通风排烟等要求。

浇铸跨用于进行硅水浇铸、硅水包修理及烘烤，有时将此跨延长兼作精整处理用。其布置形式与生产工艺和浇铸方式有着密切的关系。

当使用环式浇铸机浇铸时，设备应布置在浇铸跨和成品加工跨的两跨间的公用柱子处。这样，浇铸操作在浇铸跨，铁锭脱模于成品加工跨，其效果是生产流程短，劳动条件好。浇铸所用的桥式起重机是一种频繁操作的重要设备，属于重级工作制。起重能力应根据吊运铁水及相关器具的最大总重加以确定；起重机的台数由各种作业时间综合计算确定。

成品加工跨用于进行成品精整、存放及加工，其布置设计要考虑正常生产时成品存放所需的面积，以及加工系统的占地面积，同时要考虑物流合理性、堆存数量多少、产品数量、发往地点等因素。

17.4.5.3　辅助设施

辅助设施包括电炉烟气净化及余热利用设施、供排水设施、变（配）电所、化验室、机修车间、仓库、办公室、工人休息室等。

下面主要对供电设施及供水设施加以介绍：

（1）供电设施。电炉变压器的一次电压应在技术和经济方面比较后确定，现常使用的有 35kV 和 110kV 两种。为确保安全生产，除有正常电源外，应考虑有保安电源。

工业硅电炉操作用断路器应满足频繁动作的要求，35kV 线路宜采用真空断路器 110kV 线路采用六氟化硫断路器，并采用电动操作机构。

电炉配电室应该在主要操作层，以便与炉前和炉口操作联系。大中型工业硅电炉变压器室的设计应方便就地抽芯检查变压器，炉用变压器室应配置能容纳全部变压器油量的贮油池，或设置能将油排到安全处所的设施。事故油池设计与一般变压器事故油池相同。

（2）供水设施。工业硅电炉采用循环供水，当水源供水水质不能直接满足生产要求时，设计中应采用软化设施，循环水应在处理后补充新水。为确保安全供水，应采用双管供水，供水加压设施要求一级供电负荷。电炉冷却水在分水器处的温度≤35℃，压力≥0.3MPa，回水温度≤50℃。

变压器冷却水供水压力要根据所用油水冷却器的要求供水，以免事故时冷却水进入变压器油内，破坏变压器绝缘。进水温度≤28℃，进出水温差≤10℃，排水冷却后可循环使用。

17.4.6　车间主要设计参数

工业硅电炉车间布置主要设计参数见表 17-2。

表 17-2　工业硅电炉车间布置主要设计参数

项目	电炉容量/kV · A	12500	16500~18900	25500~30000
原料间	跨度/m	18~21	21~24	24~30
	轨面标高/m	9~10	9.5~11	10~12
	主要作业	加工、储存	加工、储存	加工、储存
变压器间	每间长度/m	9	12	12
	宽度/m	6	6~7.5	7.5~9
电炉间	电炉型式	半封闭式	半封闭式	半封闭式
	跨度/m	15~18	18~21	21~24
	电炉中心距/m	24~30	30~36	36~42
	电炉中心距变压器侧柱列线/m	6~7	7~8	8~9
	炉口平台标高/m	5.2~5.4	6.0~6.5	7~8
	电极升降平台标高/m	15~18	17~19	19~21
	吊电极起重机轨面标高/m	23~25	25~27	27~30
浇铸间	浇铸方式	锭模或浇铸机	锭模或浇铸机	锭模或浇铸机
	跨度/m	15~18	18~21	21~24
	轨面标高/m	9~10	10~11	11~12
成品间	跨度/m	15~18	18~21	21~24
	轨面标高/m	8~9	9~10	10~11
	主要作业	精整、储存	精整、储存	精整、储存

17.4.7　车间总体技术装备

车间总体设计技术装备水平应因地制宜。但工业硅电炉冶炼车间属高温、多尘、劳动强度大的生产车间，因此在设计指导思想上应对工作环境恶劣的操作部位尽量采用切实可行的技术措施，如实施机械化或自动化，大力采用新工艺、新设备、新技术，努力提高工厂技术装备水平，使科学技术尽快转化为生产力，有利于提高企业经济效益和社会效益。

工业硅电炉车间设计技术装备主要特点举例如下：

（1）实行精料入炉，采用组合碳质还原剂，配料设施实现集中程控操作，PLC 系统控制；

（2）主体设备采用先进的半封闭旋转电炉技术；

（3）电炉采用液压传动，结构紧凑，操作平稳，易于实现自动控制；

（4）电炉功率自动调节装置，采用计算机实现比例积分式调节或液压伺服系统调节；

（5）电极把持器采用水冷波纹管式压力环，实现铜瓦对电极的抱紧力均衡；

（6）电极压放装置采用简单实用的液压机械抱闸，电极程序压放采用 PLC 系统控制；

（7）选用有载电动多级调压的 3 个单相炉用变压器设备技术；

（8）二次供电系统采用水冷导电铜管式硬母线和水冷软电缆式可挠母线的组合结构；

（9）炉口料面操作采用自由行走的车式加料、拨料及捣炉的三功能设备；

（10）开堵炉口操作采用烧穿器或开堵眼机；

（11）电炉冷却采用软水节水技术；

（12）电炉高温烟气设置余热利用装备；

（13）采用干式烟气净化除尘技术和先进的脱硫、脱硝设备。

17.4.8　车间主要技术经济指标

车间设计主要技术经济指标是参照国内部分工业硅电炉冶炼车间设计的，其主要技术经济指标见表 17-3。

表 17-3　车间设计主要技术经济指标

项　目		2×12500kV · A 电炉车间	2×18900kV · A 电炉车间	2×30000kV · A 电炉车间
产品		工业硅	工业硅	工业硅
设计规模/$t \cdot a^{-1}$		15000	23000	30000
电炉年工作天数/d		330	330	330
电炉自然功率因数 $\cos\phi$		0.82~0.84	0.76~0.80	0.68~0.72
产品冶炼电耗/$kV \cdot A \cdot t^{-1}$		12000	12000	12000
功率补偿后可达到功率/kW · 台$^{-1}$		12500	17500	25500
主车间占地面积/m^2		6250	7570	8760
主要原材料消耗 /$kg \cdot t^{-1}$	硅石	2700	2700	2700
	精煤		1000	1950
	石油焦	900	700	
	木炭	680		
	木片（块）	500	1080	1080
	炭电极	80	80	80

18 工业硅生产的技术经济分析

18.1 工业硅生产的技术经济指标

在工业硅生产中，为了不断提高企业的生产、管理水平，降低原材料和能量消耗，提高产品质量，降低成本，增加效益，需要有经济核算制度，需要经常运用分析、比较各项技术经济指标。这些技术经济指标，既能反映企业的生产、管理水平，也是企业核算的主要依据。

目前，工业硅生产企业定期统计的技术经济指标主要是工业硅产品的产量、品级率、原材料和电能单耗、硅的回收率、平均负荷、电炉作业率、成本和企业利润等。

18.1.1 产量

工业硅月产量或年产量是指企业在一个月或一年内生产工业硅产品的实际数量，单位为 t。

工业硅产品的台日产量，是指每台工业硅电炉平均每昼夜产出工业硅产品的数量，其计算公式为：

$$工业硅电炉的台日产量 = \frac{电炉总产量}{电炉生产台数 \times 生产天数}(t/(台 \cdot 天))$$

工业硅电炉在规定时间内的产量 Q，还可用下式计算：

$$Q = \frac{W\cos\varphi K \times 24}{A}N(t)$$

式中 W——电炉变压器容量，kV · A；

$\cos\varphi$——实际功率因数；

K——与开炉时间有关的电炉容量利用系数；

N——规定时间内电炉工作的额定昼夜数；

A——电能单耗，kW · h/t。

工业硅的月产量、年产量、台日产量或规定时间内的产量，表示的都是工业硅电炉实际的生产能力和结果。

18.1.2　品级率

工业硅的品级率是指某一段时间某一种品级的产品在同期所产工业硅总量中所占的百分比。工业硅的品级率包括一级品率、二级品率、三级品率、优级品率和合格率。计算式分别为：

$$一(二、三)级品率 = \frac{一(二、三)级品产量}{同期工业硅总产量} \times 100\%$$

$$优级品率 = \frac{一、二级品产量}{同期工业硅总产量} \times 100\%$$

$$合格率 = \frac{一、二、三级品产量}{同期工业硅总产量} \times 100\%$$

工业硅的品级率表明所产工业硅的质量情况。

目前，我国工业硅产品品级划定的依据是2014年经国家标准化管理委员会发布的GB/T 2881—2014《工业硅》。

18.1.3　原材料和电能单耗

原材料单耗是指生产每吨工业硅所消耗的硅石、木炭、石油焦、精煤、木屑等还原剂和电极的数量。电能单耗一般是指电炉生产每吨工业硅所消耗的电量。计算式分别为：

$$硅石单耗 = \frac{硅石总消耗量(t)}{工业硅总产量(t)}$$

$$木炭单耗 = \frac{木炭总消耗量(t)}{工业硅总产量(t)}$$

$$石油焦单耗 = \frac{石油焦总消耗量(t)}{工业硅总产量(t)}$$

$$精煤单耗 = \frac{精煤总消耗量(t)}{工业硅总产量(t)}$$

$$木屑单耗 = \frac{木屑总消耗量(t)}{工业硅总产量(t)}$$

$$电极单耗 = \frac{电极总消耗量(t)}{工业硅总产量(t)}$$

$$电能单耗 = \frac{电能总消耗量(kW \cdot h)}{工业硅总产量(t)}$$

18.1.4 硅的回收率

硅的回收率是指产品的含硅量与所消耗硅石含硅量的百分比。因为产品工业硅的杂质量较少，硅石的 SiO_2 含量较高，所以计算中往往把产品和硅石的杂质含量都忽略不计。计算式为：

$$\text{硅的回收率} = \frac{\text{产品的含硅量}}{\text{所消耗硅石的含硅量}} \times 100\%$$

$$= \frac{\text{产品产量}}{\text{消耗硅石量} \times \frac{28}{60}} \times 100\%$$

$$= \frac{60}{\text{硅石单耗} \times 28} \times 100\%$$

18.1.5 平均负荷

平均负荷为电炉生产所消耗的电量与生产时间之比。计算式为：

$$\text{平均负荷} = \frac{\text{工业硅电炉消耗的电量(kW·h)}}{\text{生产时间(h)}}\text{(kW)}$$

18.1.6 电炉作业率

电炉作业率是指工业硅电炉实际运行时间占日历时间的百分数。它反映出工业硅电炉的时间利用程度。计算式为：

$$\text{工业硅电炉作业率} = \frac{\text{实际运行时间(天)}}{\text{日历时间(天)}} \times 100\%$$

18.1.7 成本

在工业硅生产过程中消耗原材料和动力等物资，生产设备和动力设备等固定资产要有折旧和修理，还要支付职工工资和管理费用。企业在销售产品过程中，也会有物资消耗和费用支出。工业硅成本就是工业硅生产企业在生产和销售工业硅产品过程中所支出的各种费用总和。

根据计算工业硅成本时，包括费用范围的不同，工业硅成本可分为车间成本、工厂成本和完全成本。

生产一定数量的产品，在车间范围内的全部费用支出构成车间成本。车间成本加上企业管理部门的费用支出构成工厂成本。工厂成本加上销售过程中的费用支出，构成完全成本（即销售成本）。

在连续生产情况下，一定时期内生产出一批工业硅产品消耗的总费用称为这批产品的总成本。产品总成本除以工业硅产量，得出工业硅的单位成本。

18.1.8　利润

工业硅生产企业的利润是企业销售收入扣除产品成本和税金之后的余额。工业统计报表中，利润一般分为产品销售利润、利润总额、利税总额等几个指标。

产品销售利润是指企业在一定时期内销售工业硅产品和对外承做的工业性作业所得的利润，其计算公式为：

$$\text{产品销售利润}=\text{产品销售收入}-\text{产品销售成本}-\text{产品销售税金}$$

式中

$$\text{产品销售收入}=\Sigma\text{（单位产品销售价格}\times\text{销售量）}$$

$$\text{产品销售成本}=\Sigma\text{（单位产品销售成本}\times\text{销售量）}$$

$$\text{产品销售税金}=\Sigma\text{（产品销售收入}\times\text{税率）}$$

利润总额是企业在一定时期内已实现的全部利润。其计算公式如下：

$$\text{利润总额}=\text{产品销售利润}+\text{其他销售利润}\pm\text{营业外收支净额}$$

式中，其他销售利润是指企业产品销售利润以外的销售利润，如外购商品的销售利润、外购原材料的销售利润等；营业外收支净额是指企业销售业务以外发生的收入（包括租金、无法退还的押金、非工业性事业收入等）减去营业外支出（指与企业产品生产无直接关系的支出，包括企业搬迁费、劳动保险费、编外人员生活费、停工损失、积压物资削价损失、职工教育经费、新产品试制费等）后的净额。

18.1.9　资金利润率

资金利润率是指企业在一定时期内利润总额与企业全部资金的比值。它说明企业运用全部资金所取得的经济效果。其计算式为：

$$\text{资金利润率}=\frac{\text{利润总额}}{\text{固定资产净值全年平均值}+\text{流动资金全年平均占用额}}\times 100\%$$

18.1.10　资金利税率

资金利税率是指企业在一定时期内利润总额、税金之和与全部资金的比值。其计算式为：

$$\text{资金利税率}=\frac{\text{利润总额}+\text{税金总额}}{\text{固定资产净值全年平均值}+\text{流动资金全年平均占用额}}\times 100\%$$

18.2 工业硅产品的成本构成

工业硅产品成本主要是由原材料费、电费、工资及附加费、车间经费和企业管理费等项构成。各工业硅企业由于电炉容量大小、装备水平和开工率、原材料与电能的单耗和价格、技术管理水平等的不同，工业硅产品的成本也有很大差异。

2017 年我国几家工业硅企业产品费用构成和百分比构成见表 18-1。

表 18-1 我国几家工业硅企业工厂单位成本的百分比构成 （%）

工厂	原材料费	电费	工资及附加费	车间经费	企业管理费	工厂单位成本
1	36.36	38.84	5.62	11.01	8.16	100
2	29.17	45.42	5.57	13.17	6.67	100
3	33.27	40.00	7.50	14.36	4.87	100
4	37.18	43.73	5.19	8.49	5.36	100

近两年我国工业硅生产的原材料价格波动较大，而且各厂之间所用原材料价格有明显差异。在这种情况下，产品成本受原材料价格的影响较大。采用相同容量电炉的企业间管理成本的差距也很大。

18.3 降低成本提高效益的途径

18.3.1 增加产量

工业硅企业在投产之后，如何保证工业硅电炉和主要设备满负荷运行，减少各种停炉时间，对保证和提高产品产量、质量、降低消耗增加企业效益非常必要。

除了供电方面的原因造成的限电和停电之外，企业内部操作不当或生产管理水平低，事故停炉次数多时间长，电炉小修和大修的间隔时间短、次数多等，都会造成电炉不能满负荷运行，降低产量、降低质量、增加消耗。在电炉满负荷运行的情况下，如果电炉的几何参数和电气制度不当，产品的电耗高，也会影响产量。

目前，不少工业硅生产企业在供电正常情况下，由于操作经验不足，生产管理水平低，仍不能在适当电压档次下满负荷生产。这就不能得到较高的产量。同是采用 30000kV · A 的工业硅电炉，有的企业可使二次电压长期保持在 220V 左右，同时电极深埋，炉况正常；而有的企业只能使用 200V 左右的二次电压，再提高二次电压就不能维持正常炉况。这就需要掌握先进的工艺方法和操作技术，提高生产管理水平。

某些工业硅生产企业，由于操作不当或配料比不合理等原因，造成炉内很快积满碳化硅和熔渣，导致炉底上涨等，不得不进行通电干烧处理，严重时只能停炉扒炉。不少企业，电炉小修一个月左右进行一次，有的不到20天就得处理。但也有的企业，由于精选原料，恰当地选择原料配比和操作制度合适等原因，电炉在10个月内无需干烧，每月只用4~8h进行简单处理。后一种情况对增加工业硅产量非常有利。

电炉的炉衬结构、砌筑和开炉方法合适与否，对电炉的使用寿命影响很大。电炉开炉后，因事故或供电原因造成的停炉次数过多，也会影响电炉的使用寿命。电炉大修的间隔时间短，或者在每次大修期间，因安排不当延长大修时间，都会使电炉正常运行时间缩短，降低产量。所以，选择合理的电炉炉衬结构和砌筑方法，尽量减少各种原因的停炉，有利于增加产量。

18.3.2　提高产品质量

降低工业硅的杂质含量，提高产品的优级品率，乃至增加产品品种，对扩大工业硅的应用领域，增加销售收入是十分有利的。显然，提高工业硅的产品质量是增加效益的重要途径。

提高产品质量，除采用底吹氧化精炼方法外，一些企业在长期生产实践中还摸索出不少方法，主要有以下几点：

（1）精选原料和严格验收。不少企业重视原料的精选和验收，严格检查进厂硅石和还原剂等原料，不合格者不予验收。有的厂建立专职检查和群众检查相结合机制，除有专人进行原料和各生产环节的检查外，还发动和组织生产员工进行检查，不准采购、调运、加工和投入炉内不合质量要求的原料。

对进厂的木炭和木片（块）除进行筛分外，还进行人工挑选，除掉树皮、生料和各种夹杂物；为除掉石油焦中的铁，有的还进行磁选；硅石除破碎、筛分外，还进行水洗。

（2）严格控制铁的进入。原料带入的氧化铁，在生产过程中几乎全部被还原进入产品，而产品中的铁目前还没有有效清除方法，所以严格控制生产过程中铁的进入很有必要。有的厂严格规定了原料中的铁含量，并规定严禁用铁棍捅炉眼，还有的厂用耐高温合金钢工具代替生产过程中采用的各种铁制工具。原料入炉前进行磁选去铁。

（3）制订内控标准。有的厂为保持和提高产品的质量，维护本企业声誉，除坚持按国家标准生产外，还根据用户要求制订内控标准，根据内控标准制订最佳工艺操作规程。根据内控标准和操作规程严格把好产品质量关。

18.3.3 降低原材料和电极消耗

精煤和石油焦作为生产工业硅还原剂已被普遍采用。木炭是能满足生产工业硅要求的最理想还原剂，但来源有限，价格又贵。随着工业硅生产的迅速发展，精煤和石油焦近两年价格上涨很快，供应也开始紧张。

在这种情况下，不断扩大还原剂来源非常必要。现在木片、玉米芯等在工业硅生产中已得到充分应用。

原材料费用一般占工业硅成本的30%~40%左右。其中碳质还原剂的费用在原材料费用中占有较大份额，要根据碳质原料的性质、产地、价格和来源等特点，因地制宜地选取各种碳质材料搭配在一起作为混合还原剂使用，并尽可能增加来源近、价格便宜的碳质材料的使用比例，既满足生产要求，又能降低费用，这是降低工业硅成本的重要方面，需要认真研究解决。

18.3.4 降低电费

电费占工业硅产品成本的比例一般可达到30%~40%，是工业硅成本的主要构成部分，所以降低电费是降低工业硅成本的最重要方面。

21世纪开始以来，我国的工业硅生产发展很快，生产单位增加很多。由于各企业的投产时间、使用的材料、技术条件不同、人员素质、外部条件和管理水平等也有差异，因而工业硅生产的电能单耗相差很大。统计数据表明，采用相同容量电炉的企业，有的电能单耗相差2000kW·h以上。这说明，不少企业在节能、降低电费方面大有潜力可挖，应该引起足够的重视。

一些企业的实践表明，通过合理地选择原料、确定合适的电炉结构参数和电气制度、配置合适的短网、科学的工艺标准和精心操作等都可明显地降低电能单耗。

工业硅企业是高能耗企业，在供电电源的选择上，更应具有战略眼光，在可能条件下应尽量利用廉价的水电和建设自备电站。

工业硅企业有无廉价电源，不仅决定电费能否降低，更关系到企业的存亡。

18.3.5 提高装备水平

目前，工业硅企业装备参差不齐。在现有基础上实现加料、捣炉和电极控制等的机械化和自动化，在可能条件下采用计算机控制，这些对最佳生产条件的控制，对企业人员的减少和劳动生产率的提高都有好处，有利于增加企业效益。

大型工业硅电炉企业可相对减少生产人员，降低工资部分的费用支出，实现规模效益。

18.3.6　烟气余热利用

烟气余热利用可大幅降低成本，提高企业效益，具体详见第 12 章。

18.3.7　副产品的综合利用

工业硅生产副产品有微硅粉、炉渣、硅石碎粒。

微硅粉可作高级建筑材料、耐火材料、油漆涂料、橡胶材料、陶瓷材料、保温材料和农业利用等，是对国民经济发展价值很高的基础材料。

工业硅生产属于无渣冶炼，但还是有产量的 3%～5%的炉渣，炉渣中含有 30%～70%的硅，可作为铸造业产品脱氧和合金化使用。

硅石筛分和冲洗下的硅石碎料，可作为生产石英砂原料和建筑材料。

由此可见对工业硅生产的副产品进行综合利用可提高企业效益和社会效益。

树立工业硅生产是系统工程的科学理念，加强企业管理，做好系统中的每一个细小环节。尊重知识、尊重人才、搞好培训、提高素质，建设一支优秀的生产技术队伍和管理团队是企业提高效益的根本。

部分优秀论文选编

A1.1 优级工业硅的生产

摘　要： 企业要获得优良的社会效益和企业效益，必须走生产优级工业硅的道路。生产优级工业硅工艺是“四精”即精料入炉、精心设计、精心操作、炉外精炼。做好“四精”可生产出满足化学用硅和电子用硅的优级工业硅。

关键词： 优级工业硅；精料入炉；精心设计；精心操作；炉外精料

A1.1.1 引言

工业硅的用途主要在冶金、机械、建筑工业及化学工业和电子工业。随着科学技术的不断进步和科技创新，对工业硅的需求正在快速增长。冶金、机械方面主要配制铝合金，以适应汽车、高铁、飞机等交通工具轻型化的需要，建筑主要用于装修门、窗等领域俗称为冶金级工业硅。它对于工业硅本身的纯度要求相对较低，其特点是需要量大，占整个工业硅销量的40%左右。

优级工业硅指产品纯度高，杂质少。主要用于化工工业和电子工业。随着科技进步和科技创新，优级工业硅在有机硅和电子半导体等领域的应用不断拓宽，它用于生产有机硅单体和聚合物：硅油、硅橡胶、硅树脂等，它具有耐高温、电绝缘、抗辐射、防水等优良性能，广泛应用于电气、航空、机械、化工、医药、国防、建筑等行业。优级工业硅还是集成电路核心的电子元器件主要原料，95%以上的半导体硅制品、太阳能元器件等也是以优级工业硅为原料。现在美国、日本和欧盟等工业发达国家和地区，优级工业硅消费量已占工业硅总消费量的80%以上，其消费量趋于稳定增长。我国优级硅的消费量仅占工业硅用量总量不足60%，但是优级工业硅消费量增长速度远高于美国、日本、欧盟等工业发达国家和地区。因此，增加优级工业硅产量是符合科技创新，实现中国梦的需要。

根据2018年中国有色金属工业协会硅业分会文献资料表明：国内工业硅

产量表现为高附加值、高纯化学级产品占比偏低，而大量的冶金级工业硅则产量过剩。

优质优价是市场经济的价值规律。在一般情况下，化工、电子级用硅的“421”等比冶金级硅“553”要高出约1500元/吨。

冶金级工业硅和优级工业硅，由于品质不一样（主要区别在杂质含量的差别），价格差别很大，但生产它们时消耗能源和资源相差不大，其主要原因是生产优质工业硅，需要企业做好、做细工业硅生产中的每一个细小环节。生产全过程要做好“精”字当头。

A1.1.2 精料入炉是生产优质工业硅的必备基础

工业硅生产是无渣冶炼，不能用有渣法冶炼时通过改变炉渣物理、化学性质的方法来调整电炉的电热参数和产品成分。因此原料品质的优劣，不但直接影响产品质量，同时影响冶炼操作和炉况，影响电炉产量、能耗、物耗等技术经济指标。

工业硅产品对原料要求十分严格。为此要求原料的化学成分和物理性质必须符合产品和冶炼工艺，达到下列基本要求：

（1）炉料的主要化学成分须满足产品化学成分和冶炼工艺要求。

（2）炉料须有良好的化学活性以便还原反应的顺利进行。

（3）炉料要有合理的粒度和良好热稳定性，使电炉有均匀的透气性和良好的热交换性。

（4）炉料须有较高的比电阻以保证电极有一定的插入深度，确保生产顺利进行。

生产工业硅的主要炉料是硅石和碳质还原剂，实践表明，精料入炉是生产工业硅特别是生产优级工业硅的必备条件。硅石是生产优级工业硅的最主要炉料，精选硅石尤为重要。

A1.1.2.1 *硅石*

对于生产优级工业硅硅石中的含氧化物杂质 $Fe_2O_3<0.12\%$，$Al_2O_3<0.15\%$，$CaO<0.12\%$；如果生产超优质工业硅对氧化物杂质的控制更严格，$Fe_2O_3<0.1\%$，$Al_2O_3<0.12\%$，$CaO<0.10\%$，并对硅石中硼（P）、磷（P）等还有严格要求。我国硅石资源丰富，产地遍布全国各地，优质硅矿产地也较多，其主要分布见表A1.1-1。

表 A1.1-1　我国部分优质硅石的产地　（%）

序号	地　名	有效成分	主要杂质		
		SiO_2	Fe_2O_3	Al_2O_3	CaO
1	陕西洋县	99.06	0.13	0.20	0.18
2	湖北谷城	99.67	0.08	0.09	0.06
3	湖北广水	99.40	0.14	0.27	0.12
4	云南彝良	99.36	0.016	0.12	0.02
5	山西五台	99.25	0.12	0.15	0.11
6	湖北恩施	99.48	0.048	0.18	0.03
7	陕西武功	99.74	0.068	0.12	0.03
8	四川会理	99.42	0.048	0.19	0.01
9	广西贺州	99.60	0.052	0.06	0.04
10	广西灌县	99.37	0.114	0.20	0.15
11	青海大通	99.01	0.16	0.23	0.17
12	江西九江	99.63	0.039	0.12	0.06
13	吉林桦甸	99.20	0.12	0.30	0.15

在生产过程中，还要求硅石清洁无泥沙等杂质。硅石中的杂质一是硅石本身带入，二是表面泥沙带入。杂质的主要成分是 Al_2O_3、CaO、Fe_2O_3。硅石带入的杂质在矿热炉里会有一定数量被还原进入硅熔液，带入的杂质含量越多，还原数量越多，因此，一方面还原这些难还原的杂质要消耗电能，另一方面，工业硅中的杂质数量增加，使工业硅质量下降。

硅石精选和水洗是减少硅石带入杂质、提高产品品质的重要措施之一。工业硅生产企业使用的硅石在入炉前必须严格的把关和水洗，冲掉各种杂质和附着物。

化学成分相似的硅石，由于成因不一样、产地不同，其物理、化学特性会有差别：熔点、热稳定性、抗爆性、硅石中石英颗粒的致密性、孔隙率等，都会影响硅石的熔化性和还原性，进而影响炉况和质量。因此，在选择矿点时不但要做硅石的化学成分分析，同时须进行物理、化学试验和分析调查。

硅石粒度是冶炼生产的另一个重要工艺条件。粒度过小时，虽能增大与还原剂的接触面，有利于还原反应的进行，但使炉料透气性变坏，反应过程中产生的气体不能顺利排出，反而会减慢还原反应的速度。硅石中的杂质，一般存在于石英颗粒的界面间，硅石粒度越小，表面附着的杂质越多，带入的杂质越多，影响产品质量，降低产品品质，因此，小于 20mm 的硅石要严禁入炉。硅石粒度过大，由于不能和沉料及反应速度相适应，易使未反应的硅石沉入炉底进入硅熔液中，造成渣量增加，硅熔液流动性变差、出炉困难以及硅回收率降低能耗增加，产品杂质增多，质量下降，久至熔渣堆积造成炉底上涨影响正常生产。适宜的硅石粒度受硅石种类、电炉容量、操作状况以及还原剂的种类和粒度等多种因素影响，要根据具体的生产经验决定。一般情况下，决定硅石粒度大小的原则是，在保证炉内透气性和化学反应过程良好的前提下，要均匀些、小些。我国目前小型工业硅电炉硅石的入炉粒度为20~50mm，中型电炉的硅石入炉粒度为30~70mm，大型电炉硅石入炉粒度为30~80mm。

A1. 1. 2. 2　还原剂

工业硅生产对还原剂的基本要求为：灰分低、纯度高、挥发分适中、比电阻高、化学反应性强，并且有一定的粒度和机械强度等。

工业硅生产中通过选用不同种类的还原剂和调整它们之间的配比来控制工业硅的质量和炉况。

工业硅常用的还原剂有木炭、石油焦、烟煤、兰炭，它们都含有一定数量的灰分。灰分中，氧化物的主要成分有 SiO_2、Fe_2O_3、Al_2O_3、CaO，它们在冶炼时其中的一部分被还原成单质的元素 Si、Fe、Al、Ca，另一部分则还是以氧化物状态进入熔渣。被还原成单质的 Fe、Al、Ca 进入产品，会降低产品质量。未被还原的氧化物进入熔渣，会增加渣量，影响炉况增加电耗。因此，为了提高产品质量和降低消耗，要求还原剂必须纯度高、灰分低、比电阻大和化学活性强反应能力好。

A　木炭

木炭是将木材在隔绝空气或有限制地通入空气条件下加热，使其分解干馏后所得到的固体产物。它具有灰分较低、比电阻高、化学活性高和还原能力强的特点，特别是铁的含量很低，磷（P）、硼（B）、钒（V）、钛（Ti）的含量也低，是生产优质、超优质工业硅的理想还原剂，也是最早用于工业硅生产的还原剂。

制得1t木炭要消耗4~5t木材。我国森林资源贫乏，大量使用木炭将影响国家森林资源和环境保护。又由于木炭价格昂贵，目前除云南、贵州使用木炭和特别纯净硅石，生产超优质工业硅外，大多企业仅在开炉和处理炉况时使用少量木炭。工业硅生产时应尽量减少木炭使用量，甚至不用木炭，积极寻找木炭的代用品。

B 石焦油

石焦油是石油炼制中的副产品，其优点是灰分低，缺点是石墨化程度高、比电阻小、导电率高、反应性差、化学活性差。表 A1.1-2 列出了石油焦行业标准。

表 A1.1-2 石油焦行业标准 (%)

项目	质量标准							试验方法
	一级品	合格品						
		1号A	1号B	2号A	2号B	3号A	3号B	
硫	≤0.5	≤0.5	≤0.8	≤1.0	≤1.5	≤2.0	≤3.0	GB/T 387
挥发分	≤12	≤12	≤14	≤14	≤17	≤18	≤20	≤SH/T 0026
灰 分	≤0.3	≤0.3	≤0.5	≤0.5	≤0.5	≤0.8	≤1.2	SH/T 0029
水 分	≤3	≤3	≤3	≤3	≤3	≤3	≤3	SH/T 0032
真密度/$g \cdot m^{-3}$	≤2.08	≤2.13						SH/T 0033
粉焦量（块粒）（8mm 以下）	≤25							
硅含量	≤0.08							SH/T 0058
钒含量	≤0.015							SH/T 0058
铁含量	≤0.08							SH/T 0058

石油焦是所有碳质还原剂中灰分最低的，一般灰分都在 0.5%以下，固定碳高达 82%~88%，石焦油的价格比较低，是提高工业硅产品质量，降低生产成本的最佳选择。现在大部分生产企业都选择采用石焦油取代木炭，都在摸索石油焦生产工业硅的工艺，并获得可喜成果。

石油焦由于石墨化程度高，比电阻小，导电性强，不利于电极深插，加之化学活性差，反应性差，还原速度低，不利于炉况顺行，因此全部使用石油焦，生产还只是在中小型工业硅电炉上取得成功。大部分工业硅生产厂家普遍利用石油焦灰分低的优点，配以其他比电阻高的炉料（木炭、烟煤、兰炭）以及改进炉前操作工艺，确保合适的炉料比电阻和较好的化学反应性，以获得优质、低耗的技术经济效果。

石油焦中有一定量的铁，因此石油焦在入炉前，要用磁铁吸出石油焦中混入的金属铁和氧化铁，以利生产出优质工业硅。表 A1.1-3 为某企业石油焦的灰分组成。

表 A1.1-3　某企业石油焦的灰分组成　(%)

成分	SiO_2	Al_2O_3	CaO	Fe_2O_3	MgO
含量	30~50	8~13	6~12	10~20	1~4

C　低灰分精煤

低灰分精煤是洗煤厂经过富选、精洗而得来。前苏联曾在工业硅生产中，成功以低灰分烟煤取代木炭和石油焦，即全煤冶炼。我国的工业硅生产企业也曾在20世纪90年代开始用低灰分烟煤代替木炭作还原剂生产工业硅。

低灰分烟煤的特点是：（1）灰分低、杂质少、比电阻大、化学反应性好，适合工业硅生产；（2）发热量高，每千克低灰分煤发热量达到6000kcal，有助于提高电炉温度，经实践证明：每生产1t工业硅，加入0.45t低灰分烟煤可降低电耗6.2%，硅石单耗可减少50kg；（3）烟煤灰分中金属氧化物成分有相对较多熔剂元素，有利于炉料烧结，是炉料烧结的调整剂，又是炉底沉渣的助熔剂，有利于积渣的排除。

低灰分烟煤具有较高的比电阻，一些经精选的烟煤仅有少量的灰分，少量的杂质，挥发分适中，用低灰分烟煤代替石油焦，使炉料烧结适中，而且可以使电极深插。

由于木炭资源短缺，价格昂贵，我国一些工业硅生产企业早已在试验以煤代替木炭，经过实践证明，完全可以以低灰分烟煤代替木炭生产工业硅。低灰分烟煤的化学活性好，资料表明，烟煤的化学活性是石油焦的5倍，仅次于木炭（碳质还原剂在高温下与 CO_2 反应生产CO的反应能力称为碳的反应性；碳质还原剂与SiO的反应性是指高温下SiO气相与碳相互作用 $SiO+C \rightarrow Si+CO$ 的能力。在工业硅冶炼过程中，SiO是最重要的气相中间产物）。炉料中加入烟煤，可以加快硅石的还原反应，炉内温度亦有所提高，电极能深插在炉料中。但是，必须控制烟煤的灰分含量，烟煤的灰分高了，会影响工业硅产品的质量。对低灰分烟煤的理化指标要求是：

（1）固定碳含量：52%~60%。

（2）挥发分：35%~42%。

（3）灰分：≤4.5%（生产优级工业硅要≤3.5%）。

（4）灰分中杂质：SiO_2 25%~45%，Fe_2O_3 ≤20%，Al_2O_3 ≤20%，CaO≤6%。

（5）入炉水分：5%~7%。

（6）低灰分烟煤黏结性较大，要求烧结指数适中，如果烧结指数过高，易提前结焦，影响透气性。但是烟煤的缺点是灰分中的氧化铁和氧化铝的含量是石油焦的 5 倍，是木炭的 10 倍，对工业硅产品质量影响很大。因此，对用于生产工业硅的烟煤的灰分含量要严格控制在 4.5%以下，特别对于生产优质工业硅的烟煤灰分要控制在 3.5%以下，灰分指标越低越好。

低灰分烟煤在加工生产和运输、储存过程中易混入的铁质或铁的氧化物，要求在配料入炉前用磁铁吸除杂质铁。新疆某地的低灰分烟煤成分见表 A1.1-4。

表 A1.1-4 新疆某地低灰分烟煤化学成分 (%)

成分	固定碳	灰分	挥发分	Fe_2O_3	Al_2O_3	CaO
含量	54.82	3.02	41.12	0.16	0.44	0.1

目前我国大型工业硅电炉采用全煤工艺已在四川、新疆等地获得成功。

D 木屑

由于木炭资源短缺价格又昂贵，工业硅生产逐渐由石油焦、低灰分烟煤来代替木炭的冶炼工艺，为此必须在每批料（200kg 硅石）加入 60~100kg 木屑（或木块、玉米芯、松树球、椰子壳、甘蔗渣等），调节入炉料的透气性、比电阻、化学活性和反应性，以利于稳定炉况，确保生产的正常进行。

入炉木屑等疏松剂的质量要求是：木屑由木屑机进行加工，在加工前必须将木材的树皮扒掉，因为树皮中的含钙量和泥沙杂质较高，为了保证产品质量，含钙量高的树皮不能入炉。加工出来的木屑规格要求是长 50~100mm，宽 40~60mm，厚 10~20mm。如果采用其他材料作疏松剂，也要做到无泥土杂质和含铁杂物。总之一切疏松剂都必须干净无泥沙和铁质杂物，存放在干净的库房防止雨淋和灰尘污染。

现在我国工业硅生产企业使用石油焦加低灰分精煤加木屑组成的多种还原剂合理配比入炉的措施，并已取得优质、低耗的优良效果。例如四川某公司，配料比为硅石 200kg、精煤 63kg、石油焦 55kg、木屑 70kg，液硅出炉后经炉外精料，优质产品率达 90%以上。表 A1.1-5 列出了国内部分工业硅生产企业的配料比例。

表 A1.1-5 国内部分工业硅生产企业的配料比例 (kg)

序号	硅石	木炭	石油焦	精煤	木块	木片	玉米芯
1	200	40	68			60	
2	200	55		73		55	

续表 A1. 1-5

序号	硅石	木炭	石油焦	精煤	木块	木片	玉米芯
3	200		73	30		80	
4	300		100	63	90		
5	400		80	180	120		
6	600		80	320		240	
7	800		66	495		320	
8	1200			840		520	

A1. 1. 3 精心设计是生产优质工业硅的主要保障

工业硅电炉的炉型参数必须精心设计。

工业硅电炉的炉型参数主要指电极直径、极心圆直径、炉膛内径、炉膛深度。合适的炉型参数是冶炼过程正常进行和取得优质、低耗的基本保证。炉型参数的确定一般根据电炉变压器的有功功率、二次电压、二次电流和电极允许的承载电流密度先确定电极直径，并依生产经验确定极心圆直径，进而确定炉膛内径和炉膛深度。

极心圆直径是工业硅电炉非重要的炉型参数。极心圆过小，则电极间距离过小，易使电极间炉料电阻减小，炉料电流增大，电极不易深插；极心圆过大，则三相电极下坩埚不易连通，炉心热量不够集中，不利于二氧化硅的充分还原，炉心化料慢或是炉心硅石还原不充分而沉入炉底，增加炉底积渣，同样会导致电极上抬，影响炉况。确定极心圆直径大小时还应考虑实际电炉功率，电极种类、还原剂种类、配比、炉料比电阻和极心圆的合理功率密度等。实际生产中，由于还原剂种类及其配比的变化，以及为便于安装、检查等原因，极心圆须有一定的可调整范围。

合适的炉膛尺寸对工业硅生产的正常运行也很重要。炉膛直径过大，炉底功率密度减小，电炉散热表面增大，热损失增加，导致死料区扩大，炉底和出炉口温度降低，出炉口不易通畅，出炉时间延长，不利炉外精炼，影响产品质量；炉膛直径过小，会使电极—炉料—炉衬回路电流增加，造成电极上抬，炉底温度下降，影响还原反应正常进行，导致炉底积渣增加炉底上涨，炉况破坏，各项指标恶化。

炉膛深度也要合适，合适的炉膛深度，料面平炉口有利于平顶型料面操作，降低炉口温度，改善生产现场的劳动环境，更重要的是可减少 SiO 的挥发损失，并使热量集中在炉内，减少热损失，提高热效率，提高回收率。炉膛过深，操作稍有不慎会造成料层过厚，料面上升，遭致炉内高温区上移，最终导致电极上抬，炉底温度降低，使炉况恶化，出炉困难，影响精炼降低质量；炉膛过浅，则使料层减薄，SiO 的挥发损失增大，影响 Si 的回收率，产量降低，能耗增加，特别是炉口热损失增加，炉口温度过高，生产劳动环境明显变坏，料层薄易发生刺火塌料，使冶炼过程不能顺利进行。

因此，工业硅电炉的炉型参数必须合适，才能确保炉况正常，才能做到优质、低耗。表 A1.1-6 列出了我国目前部分工业硅电炉炉型参数。

表 A1.1-6 我国目前部分工业硅电炉炉型参数

电炉公称容量/MV·A	12.5	16.5	18.9	30
电炉实际有功功率/MW	12.5	15.5	17	25.5
常用二次电压/V	158	167	175	215
额定二次电流/A	53600	63510	68590	80567
电极直径/mm	1000	1100	1146	1272
极心圆直径/mm	2500	2750	2850	3200
极心圆功率密度/kW·m^{-2}	2545	2658	2867	3234
炉膛直径/mm	5700	6100	6300	7100
炉底功率密度/kW·m^{-2}	498	530	561	644
炉膛深度/mm	2500	2700	2900	3200
炉壳内径/mm	7600	8000	8200	9000
炉壳高度/mm	4860	5060	5260	5560

A1.1.4 精心操作是生产优质工业硅的决定关键

精心操作是工业硅生产优质、低耗的关键。其中均匀布料、及时加料、正确捣炉、合理推料、维护好出炉口通畅至关重要。

A1.1.4.1 均匀布料

均匀布料主要指还原剂在炉内与硅石分布均匀，避免偏加料造成局部缺碳使还原剂不能与硅石充分接触，或是局部过剩出现碳化硅（SiC）堆积导致炉况恶化。为使料层厚度均匀压力一致，炉内 CO 等气体均匀排出，应保持炉心料面偏低。由于电极四周温度相对较高，熔化还原速度偏快，料层易变薄，高温气流易集中冲出形成刺火，使热损失增大，硅损失也增大。因此，电极四周料面应高出 200~300mm，呈平顶馒头形，以使大粒硅石不至于滚落锥体下部，避免局部偏加料。

料面要保持平炉口，不能高料面操作，合适的料面形态和料面高度使炉口辐射面减小，热损失减小。料层厚度不能过厚，料层过厚会导致电流随着通过的截面增大而增大，以致电极上抬，影响炉况正常运行。

A1.1.4.2　适时下料

按炉料熔化速度下料，避免炉内缺料跑火或下料过多使炉温降低，电极上抬。采用一定时间的焖烧和定期加料的操作方法，保持一定的料面高度，保持炉口火焰均匀不过长，为避免炉料焖烧熔化后架空，使炉内炉料过热，电极四周炉料熔空后（此时电流波动较大，电弧声变大，料面火焰加长，炉口温度升高）应及时用器具沿电极熔化区边缘处压料、推料、盖料、加新料。加新料后继续焖烧，炉料依次熔化还原，在完全熔化前，除了向火焰较大刺火处，薄盖一层炉料调整火焰外，不再加新料。待炉料完全熔化后，再重复前述操作。这样操作的好处是：避免零星被动下料，减少空烧、塌料和炉口跑火次数，减少热损失、减轻劳动强度，集中彻底加料后，各电极周围料层厚度基本一致，因而炉料压力一致，可使高温气体在三根电极周围较为均匀排出。这种加料方法不会扰乱料层正常的加热、熔化、还原次序：即新料预热在上，半熔化料在中，熔融还原料在下。最上层是新料，可以充分利用上升气体的热量，使炉料进入反应区时温度较高，反应进行更快。

A1.1.4.3　及时正确的捣炉

采取及时正确的捣炉操作对于改善料层透气性，扩大坩埚区促进合理焖烧，减少跑火塌料提高炉温，提高硅的回收率和提高产品质量非常重要。工业硅电炉普遍采用捣炉机进行捣炉操作。

工业硅电炉冶炼过程中，在远离电极处的炉料会经常出现烧结黏块，使料层透气性变坏，高温气流不易由此处通过，而集中于容易通过的电极附近，造成透气不均匀甚至局部刺火。结果是刺火处温度越来越高，结块处温度不能提高，结块越来越大，影响了坩埚区扩大，使反应区缩小。及时采取捣炉操作，将三角区、大面及电极边缘处的烧结黏块或硬块捣碎，使炉料疏松透气改善，火焰区扩大是改变和改善上述情况的有效措施。此外，必须在出炉后捣炉，捣炉要求快、准、透、好，既要作到疏松料层透气性，又要防止铁质捣炉杆的铁质材料熔化，影响产品质量。捣炉前应作好捣炉的准备工作，观察和判断炉况，即炉料结构、透气状况、结块状况等情况。捣炉顺序是：

先捣结块不透气部位，后捣冒火严重区域；先捣炉心、大面八字处，后捣锥形下脚处小面边缘处。捣起的大块料必须迅速推向炉心，捣炉完毕应及时盖上新料，立即做好平顶锥形料面。

除捣炉外焖烧时的扎眼也很重要，扎眼部位一般在远离刺火冒火的部位，通过适当及时的扎眼，改善透气性，扩大冒火区域，减少刺火，减小炉内气压，电流波动减弱，甚至可避免刺火塌料。保持料层中均匀而恒定的温度分布。

A1.1.4.4 维护好出炉口

工业硅生产要重视出炉口的维护和排渣。工业硅虽然说是无渣冶炼，但实际上有3%左右的炉渣。如果出炉口不畅通，不但因熔渣排不净造成炉底上涨影响正常生产，还会造成出炉时间延长，影响硅液温度，影响炉外精料，进而影响产品质量。

出炉口必须大小合适，维持畅通，确保出炉时硅溶液流量较大，能将炉渣随之带出或用木杆或竹竿将渣带出，以免炉底积渣造成炉底上涨。打开出炉口一般使用烧穿器，炉眼烧通后，如果渣多硅水流动不畅通，可用木杆或竹竿引流。

堵炉眼前应先清除炉口处黏渣。如炉眼已被熔渣堵得很小，要用烧穿器扩眼，然后将炉眼大小尺寸的成品硅块送到炉眼深处，再用炉眼堵具推实，这样连续堵入3~4块硅块后，再用5~20mm左右的碎硅块封堵200mm，最后用黏土和石墨粉的混合物做成的泥球堵实堵严炉眼，并在炉眼外侧留200mm左右空段。对于新投产的工业硅生产企业，无硅块时，可用焦炭或煤块代替硅块堵炉眼。

A1.1.5 炉外精炼

炉外精炼是获得优质工业硅的必要措施。生产工业硅的各种原料会带入一定量的杂质，在生产过程中捣炉、扎眼、出炉时也会带入少量的杂质，这些杂质进入熔硅中，污染熔硅纯度，影响产品质量。我国目前绝大多数工业硅生产企业通过炉外精炼，去除工业硅中大部分的铝、钙杂质，提高产品纯度，使质量达到优级品标准。

A1.1.5.1 精炼的主要设施

A 底吹铁水包和透气砖

某工业硅电炉每次出硅量约3t。铁水包内衬为干砌高铝砖（型号为LZ-

75)，包底为高铝质耐热混凝土打结料。透气砖置于铁水包底部中央，具体如图 A1. 1-1 所示。

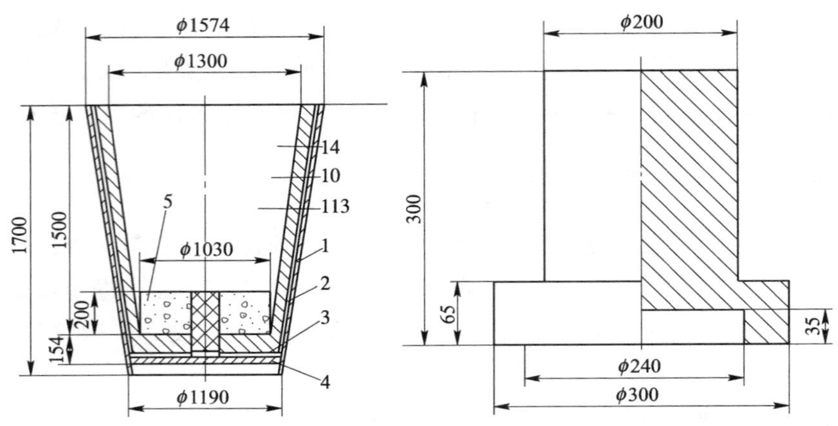

图 A1. 1-1　铁水包及其透气砖剖面图

1—钢板；2—石棉网；3—耐火砖；4—透气砖；5—耐热混凝土打结层

B　底吹供气系统

底吹供气系统以氧气瓶组（或制氧机）和空压机作为气源；压力表、流量表、截止阀、节流阀、单向阀等组成调节控制阀组，配以输气管路组成。供气系统可有自动和手动两种操作方式，一般采用手动为多。底吹供气系统如图 A1. 1-2 所示。

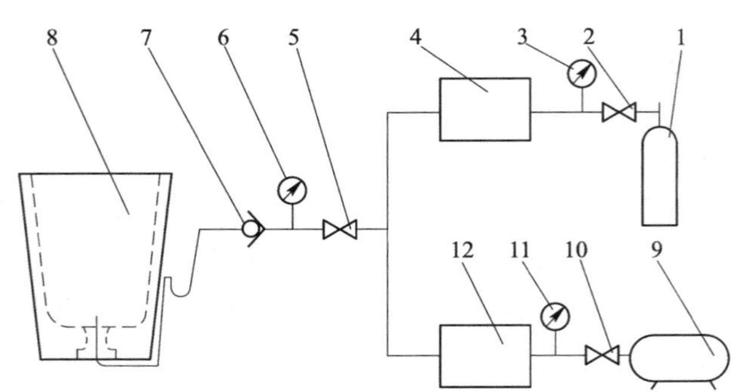

图 A1. 1-2　底部吹（氧）气系统

1—氧气源（瓶）；2，5，10—节流阀；3，6，11—压力表；4，12—联合阀组；7—单向阀；8—铁水包；9—空气源（空压机）

A1.1.5.2 精炼操作

出炉前先将铁水包加热烘烤，之后将铁水包拉至出炉口下，准备开炉眼出硅。打开炉眼前先向铁水包中通入压缩空气，初始压力为0.3MPa，流量为4~6m^3/h。随着炉内硅熔液的不断流出，逐渐增加空气流量，观察包内硅溶液翻腾情况，气体流量不得过大或过小，以不向包外喷溅为准。当出硅至1/3左右，保持氧气和空气按1∶1混合，流量逐渐加大在12~20m^3/h，富氧气体的压力增加到5kg(4.9×10^5Pa)。出硅完毕继续富氧精炼10~20min，以控制硅熔液温度，并获得良好的底吹气体的搅拌作用。此时加入助熔剂降低炉渣熔点，改善炉渣流动性，以便吸收上浮氧化铝、氧化钙等氧化物，提升精炼效果。然后将铁水包移至浇铸工位，待硅熔液温度降至1600℃左右开始用木耙扒渣，扒渣完毕立即进行浇铸。浇铸流量要适中，浇铸结束后扒除包内残渣，并继续吹空气3~5min。在整个出硅和精炼过程中，不间断地向铁水包投放保温剂保温覆盖。

精炼主要工艺参数如下：

工业硅出炉量：约3t/炉；

氧气耗量：5~7m^3/t；

压缩空气消耗量：6~8m^3/t；

供气压力：0.3~0.5MPa；

富氧气体：0.4~0.8m^3/min；

保温剂：30~50kg/t。

控制吹入气体流量大小应注意：从工业硅熔液表面看，熔液不断翻滚冒泡，同时又不出现过多的飞溅。若吹入气体流量过小，则会影响精炼效果，并且工业硅和熔渣容易黏包；若吹入气体流量过大，则易引起熔体飞溅，以及熔体局部过热，从而导致硅烧损挥发。

温度控制：工业硅出炉温度约为1800℃，包内吹氧精炼温度控制在1700~1800℃之间，出炉完毕逐渐降低氧气比例，后期只由空气进行吹气搅拌，期间温度控制在1600~1700℃之间，扒渣浇铸温度控制在1550~1600℃。

A1.1.5.3 精炼效果

A 统计数据

生产工业硅过程抽取16组试样，分别作了精炼前和精炼后的钙（Ca）和铝（Al）的化学分析，列于表A1.1-7。

表 A1.1-7 工业硅产品精炼前、后的 Ca、Al 化学分析 (%)

抽样号	Ca			Al		
	精炼前	精炼后	脱除率	精炼前	精炼后	脱除率
1	0.27	0.024	91.1	0.43	0.094	78.1
2	0.20	0.021	89.5	0.41	0.090	78.0
3	0.28	0.028	90.0	0.48	0.096	80.0
4	0.22	0.021	90.0	0.42	0.094	77.6
5	0.28	0.024	91.4	0.47	0.102	74.5
6	0.24	0.030	87.5	0.42	0.088	79.0
7	0.28	0.026	90.7	0.46	0.090	80.4
8	0.26	0.030	88.5	0.45	0.092	79.6
9	0.28	0.026	90.7	0.39	0.084	78.5
10	0.22	0.024	89.1	0.44	0.092	79.1
11	0.26	0.019	92.7	0.46	0.092	80.0
12	0.24	0.022	90.0	0.42	0.094	77.6
13	0.22	0.024	89.1	0.40	0.086	78.5
14	0.28	0.026	90.7	0.38	0.088	76.8
15	0.30	0.026	91.3	0.40	0.106	73.5
16	0.26	0.022	91.5	0.44	0.096	78.2
平均			90.3			78.1

B 统计分析

从表 A1.1-7 可以看出，工业硅经富氧底吹精炼有较高的脱钙率和脱铝率。脱钙率最高 92.7%，最低 87.5%，平均达 90.3%；脱铝率最高 80.4%，最低 73.5%，平均 78.1%。

C 底吹富氧精炼的优越性

富氧底吹精炼脱钙、脱铝效果都很好。工业硅产品中钙含量可降到 0.03%以下，铝含量降到 0.1%以下。富氧底吹精炼工艺运行安全，工艺流程短，操作维护方便，不需要增添复杂昂贵的设备，精炼成本低效益好。因此，炉外精炼是我国工业硅企业生产优级工业硅产品的必备手段。

A1.1.6 结论

(1) 在矿热炉上采用以石油焦、低灰分烟煤加木屑（或玉米芯等）组成的复合还原剂，代替木炭为主的还原剂，具有重要意义。该法初炼产品杂质含量大幅降低，不经精炼即可生产出满足冶金、建筑、机械工业需要的“553”品牌，即产品中 Fe、Al、Ca 分别达到≤0.5%、≤0.5%、≤0.3%水平。特别是钙（Ca）含量比木炭工业硅低而稳定。

（2）采用炉外底吹富氧精炼工业硅，可使初练产品中钙（Ca）和铝（Al）下降90%和75%，确保优级工业硅的质量。该法操作简单，运行安全，无污染，效果好，企业效益和社会效益都可获得提高。

（3）“四精”工艺即精料入炉、精心设计、精心操作、炉外精炼，可生产出优质化工工业用硅和电子工业用硅品牌，提高产品的市场竞争力是工业硅生产企业生存、发展的必由之路。

参 考 文 献

[1] 唐琳，栾心汉．氧气底吹精炼工业硅的试验研究［J］. 铁合金，1998（5）：23-26.
[2] 张芙玉，彭友盛，等．工业硅精制试产生产［J］. 铁合金，2001（1）：22-24.
[3] 甘代顺．以煤代替木炭生产工业硅［J］. 铁合金，2002（2）：25-27.
[4] 高发祥．化学用硅冶炼工艺技术［J］. 铁合金，2004（2）：15-19.
[5] 王力平．工业硅炉况控制的探讨［J］. 铁合金，2004（5）：6-11.
[6] 程士宝，陈晓霞．工业硅冶炼用煤指标的探讨［J］. 铁合金，2013（5）：16-18.
[7] 甘胤，王吉坤，等．工业硅还原剂木炭的代替研究进展［J］. 铁合金，2013（5）：45-48.
[8] 唐琳．工业硅生产工艺与设备［M］. 成都：四川大学出版社，2014.

A1.2 工业硅电炉炉底上涨的原因分析和预防治理措施

摘　要：本文首先阐述工业硅生产的基本原理，然后叙述了新建大中型工业硅电炉普遍存在炉底上涨现象原因分析，最后提出了炉底上涨的预防和治理措施。

关键词：精料；设备；操作；管理

A1.2.1 引言

随着国民经济的发展，国家对工业硅生产的节能和环保的要求不断提升，不断淘汰以前小型工业硅电炉，工业硅电炉向大型化、环保型发展，木炭作工业硅电炉还原剂的使用在逐渐减少。据业内人士反映近几年建设的大中型工业硅电炉在生产中普遍存在炉底易上涨的现象，炉底上涨导致电耗增加，产量减少，被迫停炉挖炉，造成企业效益下降。近期就如何预防和治理工业硅炉底上涨问题进行调研与探索，并取得了一定的收获，现与业内人士分享与交流。

研究发现，工业硅电炉挖炉时炉底挖出的炉渣有绿色和白色两种，经化验绿色炉渣是以碳化硅（SiC）为主，白色炉渣是以二氧化硅为主的硅酸铝钙渣。鉴于硅的熔点为1410℃，碳化硅的熔点为1818℃，则硅酸铝钙的熔点为1550~1850℃之间。无论是碳化硅渣还是硅酸铝钙渣，都是熔点较高、且黏度大、流动性差。出炉时不易从炉内排出，造成存积在炉膛底部，导致炉膛底部熔渣堆积而上涨，进而导致电极上抬，炉况恶化，电耗升高，产量下降，被迫停产挖炉。本文旨在探索我国工业硅电炉容量不断扩大后，出现炉底易上涨的原因及预防治理措施。

A1.2.2 工业硅生产的基本原理

A1.2.2.1 工业硅电炉中的物理化学反应

工业硅生产炉内的总反应公式为：

$$SiO_2+2C = Si+2CO \quad \Delta G^{\ominus}=167400-86.40T$$

$$T_{开}=1937.5K(相当于 1664.5℃)$$

工业硅电炉内反应的分区如图 A1.2-1 所示。

基于上述对工业硅冶炼的理论认识，建立了一个与之相适应的理想数学

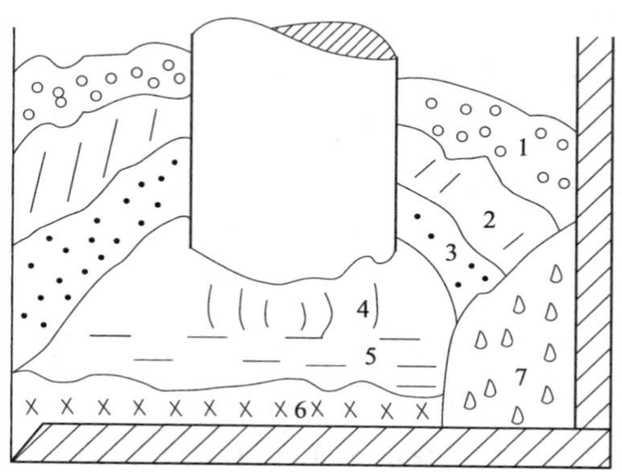

图 A1.2-1 硅业电炉内反应分区图

1—冷凝区（歧化反应区）：主要有 SiO，CO，SiO_2，C，Si，温度低于 1500℃，主要反应为 $2SiO = Si\downarrow + SiO_2\downarrow$（放热反应）；2—SiC 形成区：主要有 SiO，CO，SiO_2，SiC，C，Si，温度为 1500～1800℃，主要反应为 $SiO+2C = SiC\downarrow + CO\uparrow$（吸热反应）；3—SiC 分解区：主要有 SiO，SiO_2，SiC，CO，Si，温度高于 1800℃，反应为 $SiC+SiO_2 = Si\downarrow + SiO\uparrow + CO\uparrow$（吸热反应）；4—电弧区：主要有 SiO，SiC，CO，Si 的蒸气，温度为 2000～4000℃；5—熔池区：主要有硅熔渣，温度高于 1800℃；6—炉底：主要有 SiC，SiO_2，杂质（硅酸铝钙渣）；7—死料区：主要有 SiO_2，C，Si，SiC

模型（图 A1.2-2）。当然，该模型比较简单，与炉内不同组分的变化对模型的影响尚未表示出来，有待进一步研究。

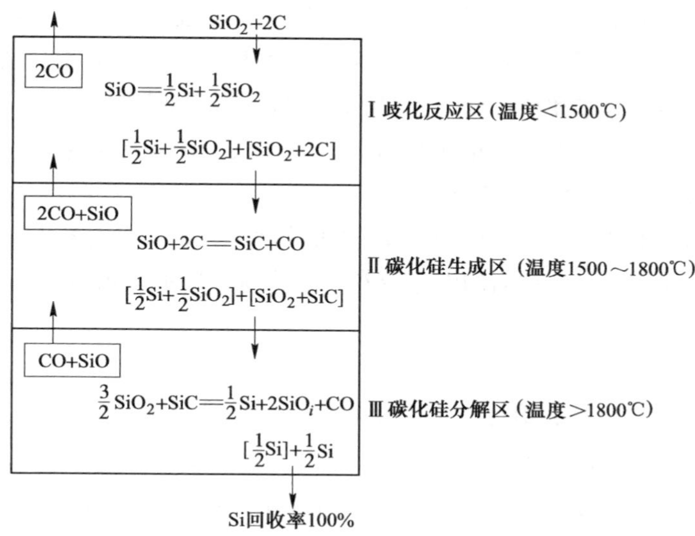

图 A1.2-2 工业硅冶炼的理想数学模型

由上述模型可知：

（1）上层料的料面高度和透气性要适当。上层炉料要有适宜的高度和透气性，使反应生产的 CO 气体迅速排出和气态 SiO 在料层中被充分捕收回来，有利于提高硅的回收率和提高产量降低能耗。配料必须按照 1 个 SiO_2 分子和 2 个 C 原子准确配料，并且混料要均匀，在炉内各个区域都要达到上述配比要求。

歧化反应 $2SiO \rightarrow Si + SiO_2$ 是放热反应，因此料面温度不能过高以利歧化反应进行，为此电极要有一定的插入深度，高温区不能上移。

（2）进入反应区的炉料所含的 SiO_2 和 C 量要合适。反应需要的硅石即无多余的 SiO_2，也无多余的 C。当炉况反映炉料中 C 或 SiO_2 有过多或过少现象，应进行及时调整，防止生成过多的气态 SiO 和造成 SiO_2 熔渣沉积或未分解的 SiC 堆积炉底。

（3）反应区要有充分的热量和高温。反应区进行 SiC 的分解是吸热反应，起始温度 1827℃，因此反应区的温度必须达到 2000℃以上，温度过低 SiC 分解反应不能充分进行，甚至无法进行。但高温最好不要超过 2400℃，因为超过此温度，气态 SiO 蒸发会明显增加，Si 的损失将增加，Si 的回收率将降低，影响产量和电耗。

A1.2.2.2 工业硅电炉中的电流与热量、温度的关系

工业硅电炉生产需要大量的热量，炉膛底部需要高的温度。热量和温度主要来源于电能。所以炉膛里电流的流经路线及各路线的电流量的分布对炉膛内各区的温度分布和整个生产过程的顺利进行有重要影响。

工业硅生产是在埋弧式电炉内进行，埋弧式电炉炉膛内电流的流经路线可大致分为三部分，如图 A1.2-3 所示。

在实际的生产过程中，I_1、I_2、I_3 很难截然分开，彼此是相互串通又是动态变化的。为便于分析炉内的电流分布，可将电炉内的电流视为由 I_1、I_2、I_3 三个并联支路组成，如图 A1.2-4 所示。

由图可知：

（1）电极端与炉底熔池的电阻相对要小。在硅的生产过程中，为提高生产率和热的利用率，反应区的热量需要集中，就是分支电流 I_1 要尽量大，也就是要保持电极端与炉底熔池的电阻相对要小，这样才能做到通常要求的要深埋电极，把热量和温度集中到炉膛底部。

（2）电极间的电阻相对要大。在硅的生产过程中，为减小乃至消除电极

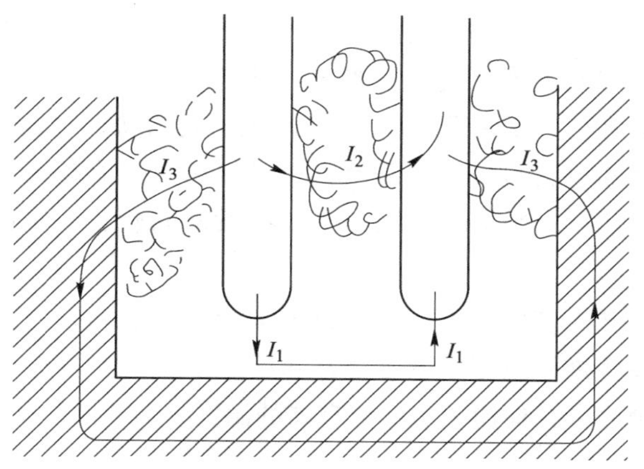

图 A1.2-3 工业硅电炉电流分布图

I_1—由电极端经电弧、熔体硅、电弧回到另一根电极的分支电流；

I_2—从电极侧表面经炉料到另一电极的侧表面到电极的分支电流；

I_3—从电极侧表面经炉料到侧部碳块，再经炉底碳块和另一侧的侧部碳块和炉料，到另一电极的侧表面到电极的分支电流

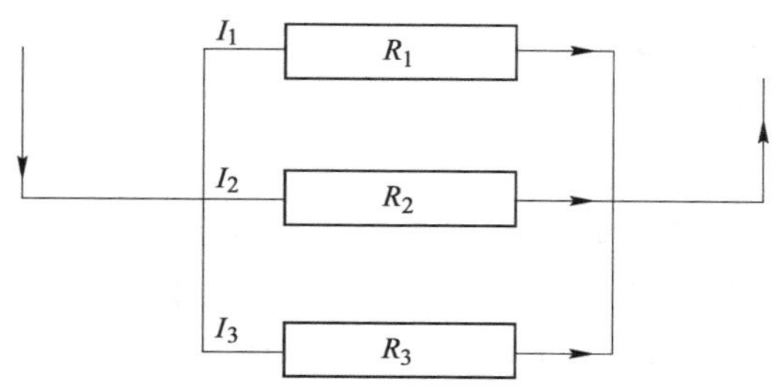

图 A1.2-4 电极电流及分支电流构成的电路

间的分支分流 I_2，必须在电极间的炉料要有较高的电阻，以减小该部分电流，因此要有合适的极间距和一定的极间电位梯度（V/cm）。

在极心圆不变的情况下减少 I_2 的措施：1）在电极安全运行的情况下缩小电极直径增大极间距；2）增大炉料电阻：①选用电阻大的还原剂；②使用木屑（或木块）增加炉料电阻。

炉缸四周形成的致密炉帮结壳，不仅能保护侧部炭块，也能有效地减小乃至消除分支电流 I_3，因此生产过程是必须要有合适的极墙距。太大不利于排渣，太小烧坏炉墙，同功率电炉，使用炭素电极或石墨电极它们的极墙距不一样。

（3）三相电极用电要平衡。用三相电炉熔炼硅时，特别是对大容量工业硅电炉，由于电炉具有高的电抗，在三相之间还有功率分布不均匀问题。当短网的布置不合理或冶炼工艺不适当时，常会产生三相不平衡问题，即出现“强相”和“弱相”。“强相”表现为功率大、化料快、炉面冒火有力，“弱相”表现为功率小、化料慢、炉面死。相间的功率差值越大，区域间温差较大，产品的电耗往往也越高。相间不平衡持续时间较长，还可能破坏整个熔炼过程。

所以在工业硅生产中，不仅要尽量增大分支电流 I_1，使电极有足够的插入深度。还要注意维持三相功率平衡，这样才能使工业硅电炉内有较大的热量并集中于炉膛底部，促使炉膛底部有高的温度。

A1.2.3　工业硅生产时炉底上涨的原因分析

在生产实践中炉底上涨主要指炉底未被分解还原的 SiC 和 SiO_2、CaO、Al_2O_3 等氧化物形成熔融物，熔融物不断沉积增多，沉积层不断增高，导致反应区逐渐上升，电极逐渐上移，电炉底部温度不断下降，出炉时硅液和熔融渣不能通畅流出，正常炉况受到破坏和指标恶化。

A1.2.3.1　炉料的影响

A　炉料中杂质

进入炉内的炉料中除了含有 SiO_2 和 C 之外，还含有诸如 Fe_2O_3、CaO、Al_2O_3、MgO 等氧化物杂质。在常压下 Fe_2O_3 还原温度最低，其次是 SiO_2，再次是 Al_2O_3、MgO 和 CaO。由于还原他们的还原温度不同，所以在工业硅电炉中，Fe_2O_3 和 SiO_2 绝大部分被还原，Al_2O_3、MgO、CaO 则部分被还原。根据资料介绍，硅石和还原剂灰分中的各种氧化物，在冶炼生产时进入熔融工业硅的情况是：铁 95%～98%、硅 80%～85%、铝 50%～55%、钙 35%～40%、镁 30%～35%。未被还原的氧化铝、氧化钙、氧化镁等便与二氧化硅一起形成熔渣，这种熔渣在正常生产情况时每产出 1t 工业硅约产生 25～35kg。工业硅和熔渣组合的熔点据资料记载见表 A1.2-1。

表 A1.2-1　工业硅和熔渣组分熔点

组分名称	工业硅	SiO_2	CaO	Al_2O_3	$SiO_2 \cdot CaO$	$SiO_2 \cdot Al_2O_3 \cdot 2CaO$	SiC
熔点/℃	1410	1620	2546	2058	1544	1593	1818

由表可知，熔渣的熔点比工业硅的熔点高很多，并且流动性又差。因此沉积在炉膛底部的熔渣难于排出，时间久了造成熔渣在炉底堆积炉底上涨。因此炉料中杂质越多，特别是熔渣中 Al_2O_3 增多熔点升高，流动性变差，容易造成排渣困难炉底上涨。

B 炉料粒度的影响

当炉料粒度过小时，炉料会提前熔化而影响透气性，造成刺火跑火损失大量热能和 SiO；炉料粒度过大时，没完全反应的炉料进入炉膛底部，增加熔渣。这些熔渣与硅熔液混熔在一起，变黏的熔体出炉时不易排出，造成炉底熔渣的堆积使炉底上涨。因此炉料要有合适的粒度。

C 配比的影响

从 SiO_2 还原的总反应式看，参加反应必须精确为 1 个 SiO_2 分子和 2 个 C 原子，如果 C 过量炉底就会积存 SiC，否则就会产生氧化渣。碳化硅形成炉底上涨的特征是炉料较疏松导电性强，电极电流不断增大，电极位置不断上升，出炉时带出的黏渣呈绿色。SiO_2 等氧化物杂质形成炉底上涨，早期炉料发黏，捣炉时形成大块黏料，甚至拉成丝状，同时电极电流下降，电极能够深插，熔化区坩埚缩小，电极电流开始波动并不断加剧，后期只能被迫提升电极，炉膛底部热量和温度下降，熔点高黏度大的熔渣无法顺利排出积存炉膛底部，最终遭致炉底上涨。因此炉料配碳一定要合适。

A1.2.3.2 电炉几何参数的影响

由图 A1.2-1 和图 A1.2-2 可知，工业硅电炉的炉膛底部必须要有足够的热量和一定高的温度，才能促使 SiC 的分解（$SiC+SiO_2 \rightarrow Si+SiO+CO$，开始反应的温度为 1827℃，达到 2000℃才能充分进行），高熔点高黏度的 SiC 与氧化炉渣的排放也需要炉膛底部有足够高的温度。

为了使炉膛底部有充足的热量和温度，电炉的极心圆功率密度和炉膛底面积功率密度必须达到合适量值，才能确保炉膛底部有足够高的温度。并且电极必须要有足够的插入深度，确保热量和温度在炉膛底部，否则如果电极插入深度不够，高温区上升，反而会造成炉况恶化和排渣不畅炉底上涨。

过去工业硅电炉以木炭为主作还原剂，其炉料电阻较大，现在用石油焦或精煤作主要还原剂，炉料电阻较小，导电性强，如果按老资料设计工业硅电炉，极心圆直径不变电极间炉料导电性增强，就会造成电极上抬电极插入深度不足，炉膛底部就会因热量不足温度不高而排渣不畅，造成炉底上涨。

A1.2.3.3　操作引起的炉底上涨

A　亏碳操作

工业硅生产过程中由于人为原因造成炉内亏碳（加重料）使炉中部分氧化物没有被碳质还原剂充分还原，这部分未被还原的氧化物有 SiO_2、Al_2O_3、CaO、MgO 等，它们进入炉膛底部形成高熔点高黏度的氧化物熔渣，不易随硅熔液排出炉外，时间久后积存炉底造成炉渣堆积炉膛底部上涨。

B　多碳操作

配料中还原剂过多，在炉中生成大量碳化硅不能充分分解，最后进入炉膛底部。碳化硅熔点高，渗入炉底熔渣，造成熔渣黏度增高，这种高黏度熔渣无法随硅熔液排出炉外，造成炉缸堆积炉底上涨。

C　偏加料操作

偏加料操作造成炉内还原剂分布不均，部分区域亏碳产生氧化物熔渣，部分区域多碳产生碳化硅熔渣。无论氧化物熔渣或碳化硅熔渣，它们共同的特点是熔点高，黏度大，流动性差，无法在炉内充分接触进行还原反应和分解反应，最终还是造成炉缸堆积，炉底上涨。

D　先亏碳后多碳操作

有些企业为了使电极深插便在配料中减少还原剂用量，这样炉底亏碳造成炉内氧化渣堆积，为了排除炉内氧化渣便在每次硅熔液出炉后附加碳块等还原剂，目的是想用碳块的碳还原氧化渣，由于氧化渣熔点高黏度大，流动性差，只能部分氧化渣与碳块中的碳发生还原反应，这样操作只能减少部分氧化渣，可是未被消化的碳量却在炉膛底部与炉内的其他氧化物生成 SiC、Ca_2C 等高熔点碳化物，这些高熔点碳化物同样因熔点高黏度大、流动性差不能很好排出，时间久后同样造成炉底上涨。

E　用电制度不适合

如果使用较高的二次电压 V_2，初期由于电效率较高，可以获得较高产量和较低电耗。但是随着时间增加电极会向上抬，电极与炉膛底部距离增加，炉膛底部的热量逐渐减少，温度逐渐降低，时间久了，炉膛底部便会造成 SiC 和氧化渣的积存而炉底上涨。如果使用较低的二次电压 V_2，虽能使电极有较深的插入深度，但是电炉的电效率却降低，炉膛底部的热量减少，不利于碳化硅的分解反应和熔渣的排出，同样会造成炉底上涨。

因此，在原材料品种和配料比一定、电炉几何参数一定、电炉补偿方式一定、使用功率一定时，确定合适的二次电压（V_2）至关重要。

A1.2.4 预防及治理工业硅电炉炉底上涨的措施

A1.2.4.1 精料入炉是预防炉底上涨的首要条件

A 硅石

首先要精选杂质含量低、抗爆性能好、粒度适中的硅石。硅石带入的杂质主要集聚在硅石表面，占杂质含量约80%，因此，去除硅石表面杂质是降低硅石杂质的主要措施。应该先对经过精选和粒度达到要求的硅石，采用滚筒筛或振动筛加喷淋对硅石进行筛分和水洗，并再次进行人工挑拣精选，把不合格的硅石捡除，最大限度去除硅石表面的氧化物杂质。

B 还原剂

（1）木炭。现今国内尚有少数企业使用木炭，对所使用的木炭先去除树皮，减少树皮和附着在木炭表面的杂质进入炉内。

（2）精煤。首先要优选灰分尽可能低的精煤，目前国内已能生产出灰分低于3%的低灰分精煤。精煤在运输存储过程要避免杂质混入，最后在入炉前要采取磁选去铁的措施。

（3）石油焦。石油焦在运输、存储过程也要避免杂质混入，最后在入炉前同样要进行磁选去铁。

（4）木块。木块中的树皮要去除。

C 还原剂搭配尽可能多使用石油焦

工业硅电炉的还原剂过去是以木炭为主，现在是以石油焦和精煤作还原剂，石油焦的灰分一般在0.5%~1%，有的甚至低于0.5%；精煤的灰分大多在3%~4%左右，低于3%的很少。灰分主要有SiO_2、Fe_2O_3、Al_2O_3、CaO等，它们在工业硅电炉中的还原率分别为：SiO_2约96%、Fe_2O_3约98%、Al_2O_3约60%、CaO约40%。被还原出来单质Si、Fe、Al、Ca进入硅熔液，这些进入硅熔液的Fe、Al、Ca污染硅熔液，降低产品品级，影响企业经济效益。未被还原的氧化物特别是Al_2O_3、CaO、MgO等进入炉底形成熔渣，Al_2O_3、CaO、MgO都是高熔点氧化物，它们进入炉底熔渣使熔渣黏度增高，流动性变差，不易排出炉外，造成炉膛熔渣堆积炉底上涨，因此，在还原剂的搭配上，在保证炉料有合适的电阻、电极插入深度合适、炉况顺行的前提下，尽量多配石油焦，少配精煤。现在有的企业在还原剂的搭配中石油焦可以占到80%，甚至个别企业还原剂全部使用石油焦，不但产品品级较高，同时炉内积渣少，电炉使用周期长。

A1.2.4.2 电炉设计是防止炉底上涨的保障

A 大型工业硅电炉为还原反应提供热量和温度保证

工业硅生产中必然会产生一定数量的高熔点、高黏度、流动性差的熔渣沉积在炉膛底部，设计工业硅电炉时，必须要有利于炉膛底部有充足的热量和足够高的温度，能够使熔渣顺利排出。

在电炉建设选址确定的情况下，则原材料的来源基本确定。电炉设计必须依据原材料的特性进行，在电炉功率确定后，选择适当的电极直径、极心圆、炉膛直径和炉膛深度，以保证电极顺利下插，进而保证炉膛底部有充足的热量和足够高的温度。

B 以电炉实际有功功率作为设计的基础

过去工业硅电炉设计是依据电炉容量来计算（即 kV · A），大型电炉的自然功率因数随电炉容量的增大而降低。据资料报道，国外 30000kV · A 工业硅电炉的自然功率因数仅为 0.65，有功功率仅为 19500kW。随着技术的发展、电炉结构的改进、电炉用材的优化，现在我们自主研发的 30000kV · A 工业硅电炉有功功率可达 25500kW 以上。因此，原先的设计计算方法已不适应今天的实际情况，应丢弃以电炉容量设计电炉参数的理论，变为以电炉实际有功功率作为工业硅电炉设计的基础数据。

以电炉实际有功功率为依据，做到几何参数和使用功率匹配，并以电弧电流作为电炉的主导电流。为此，要正确选择电极材质、电极直径、极心圆直径、炉膛直径、炉膛深度、炉膛内侧部炭砖的高度、电极间间距以及电极与炉墙间距离的合理尺寸。

C 设计时电极材质的选择

在极心圆直径相等时使用石墨电极，可以增加极间距，增加电极间炉料电阻，便于电极深插提高炉底温度，有利出炉时排渣，消除炉底积渣防止炉底上涨。

近几年我国生产出载流能力更大的工业硅电炉用电极。炭素电极与石墨电极载流能力的比较见表 A1.2-2。

表 A1.2-2 电极电流负荷表

公称直径/mm	普通炭电极		高石墨炭电极		石墨电极	
	允许最高电流负荷/A	允许最高电流密度/A·cm^{-2}	允许最高电流负荷/A	允许最高电流密度/A·cm^{-2}	允许最高电流负荷/A	允许最高电流密度/A·cm^{-2}
780	31500	6.6	36200	7.6	57300	12.0
800	33100	6.6	38100	7.6	60200	12.0
870	38000	6.4	43900	7.4	68300	11.0
900	40600	6.4	47000	7.4	73100	11.0
920	42500	6.4	49100	7.4	76400	11.0
960	46300	6.4	53500	7.4	79500	11.0
1020	50600	6.2	57900	7.1	89800	11.0
1060	54600	6.2	62600	7.1	97000	10.0
1100	57900	6.1	66400	7.0	99700	10.0
1146	62800	6.1	72100	7.0	10300	10.0
1197	68600	6.1	78700	7.0	12400	10.0
1250	71100	5.8	82200	6.7	116500	9.0
1272	73700	5.8	85100	6.7	120600	9.0
1305	77540	5.8	89600	6.7	120300	9.0
1321	76600	5.6	88900	6.5	116400	8.0
1400	80000	5.2	92300	6.0	123000	8.0

由表可知，石墨电极比高石墨质炭电极（通常称为 G 级炭素电极）的承载电流大得多。在云南怒江县某工业硅企业，电炉公称容量 15000kV·A，长期超负荷实际使用功率约 14500kW，原先采用高石墨质炭电极，电极直径为 1100mm，极心圆直径 2740mm，电极间间距 1273mm，现在改用石墨电极，电极直径为 960mm，极心圆直径还是 2740mm，电极间间隙增大为 1413mm，由于电极间间隙增大了 140mm，电极间炉料电阻增大，电极间电流 I_2 减小，电弧电流 I_1 得到增大。在电炉其他条件都不变的情况下，电弧电流得到增大，电极插入深度也得到增加，炉底温度得到提高，有利炉底沉渣外排，同时电极间间距增加，减少了电极电流邻近效应影响，有利于功率因数提高和电效率的提高。据资料显示该炉使用了石墨电极后，平均冶炼炉电耗为 11200kW·h/t，无炉底上涨现象，因此有条件的电炉和新建工业硅电炉电极材质采用石墨电极为好。

D　大型工业硅电炉应采取旋转炉体

大中型工业硅电炉指 16500kV · A 以上的工业硅电炉，应采取炉体整体旋转结构。炉体整体旋转指电炉电极等固定不动，炉体沿电极及其极心圆作圆周或往复运动。

其优点为：(1) 炉料在电炉内沿电极极心圆作旋转运动有利于改善炉料透气性，有利于减少死料区，减少炉内沉渣；(2) 炉料在电炉内既有不断下沉的纵向运动，又有旋转产生的圆周运动，这使炉内硅石和还原剂的分布更趋均匀，使还原反应充分进行，减少和避免局部偏加料造成炉内积渣；(3) 炉体旋转有利炉膛内硅石和还原剂的均匀分布，电极间炉料电阻的一致，有利于三电极平衡深插，有利于提高炉底温度，有利于排除炉底沉渣；(4) 炉体沿三电极旋转，可扩大电炉内电弧反应区的容积，有利炉温的提高和还原速度的提高，从而减少炉内积渣；(5) 炉体旋转后炉底和炉墙高温区不断转换趋于均匀，有利炉衬使用寿命延长。

鉴于以上优点，建议大中型工业硅电炉采用旋转炉体结构。

E　多炉眼有利于排渣

多炉眼可以缩短液态工业硅和熔渣排出的路径，有利于液态工业硅和熔渣的排出，特别便于死料区熔渣的排出，减少炉底沉渣。

目前国内新建的 25500kV · A 以上的大型工业硅电炉的炉眼都有 5 个。已有老式 12500kV · A 工业硅电炉，实际使用功率 12000kW，采用四炉眼交替出炉，基本上做到每年仅在春节停炉期间挖炉，一年只挖一次炉，全年平均电耗为 11800kW · h/t。因此建议无论新建和原有的工业硅电炉把出炉口增至 4 个以利于排渣，减少炉底积渣，防止炉底上涨。

A1.2.4.3　精心操作是防止工业硅电炉炉底上涨的关键

A　精心操作的核心

精心操作的核心是指：(1) 反应区上部有适宜的料层高度和透气性，使反应生成的 CO 气体能迅速溢出，气态 SiO 在料层中被充分捕收，以有利于提高 Si 回收率，减少炉底氧化渣沉积。(2) 进入反应区的炉料所带入的 SiO_2 和 C 量要合适，生成 Si 后既无多余的 SiO_2 也无多余的 C，既可减少炉底氧化渣，又可杜绝炉底 SiC 的积沉。(3) 当炉料中 SiO_2 或 C 过多或过少时，应及时调整防止炉底生成过多的氧化渣和 SiC 沉积，使炉底上涨等不正常炉况消灭在萌芽期。(4) 通过适时的加料、焖烧、调火、捣炉、推料、沉料等操作减少或避免炉面刺火，减少热损失和 SiO 损失，既提高电炉热效率和硅回收率又减轻炉内设备的损坏。（5）三相电极按要求平衡送电。三电极都有一定的插入深度，炉内电流分布合理热量充足，炉膛底部温度高满足 SiC 充分分解的需要。（6）减少熔炼过程中铁等杂质进入炉内，提高产品质量。

B　精心操作的要领

精心操作的要领包括：

（1）经常保持生产处于正常状态。正常状态的标准为：电极深而稳的插在炉料中，三相电极电流负荷稳定、平衡；炉气从炉膛上部整个有效表面均匀冒出，没有暗色烧结现象，也没有严重的大塌料大刺火现象，炉料沿炉膛上部的整个有效截面下沉；出炉口易烧开，炉眼畅通，硅水温度高，出硅后期有熔渣流出，从炉眼喷出的炉气压力不大，出炉口好堵好开；出炉的硅量与规定使用的电量和炉料消耗相适应，产品质量稳定。

（2）保持适宜的料层高度。每一台工业硅电炉在各方面条件确定的条件下，正常生产时，在炉膛里应保持相对恒定的料层高度，该料层所造成的压力使反应区生成的气体既能通过料层在全炉膛表面均匀冒出，又不会从炉料与电极接触处冒出形成刺火，使投入炉内的炉料能得到充分预热，而又不在料面或料层中停留时间过长，造成还原剂的烧损过多和刺火喷溅损失过大。

（3）预热炉料适当焖烧。加入到炉内的炉料应在每相电极周围形成平顶圆锥体，俗称馒头型，在表面料层下面的炉料经充分加热后形成烧结层，烧结层应是多孔的硬壳，既能使反应生成的炉气均匀冒出，又能承受上部炉料的重量压力，在烧结层下部的坩埚反应区内进行硅生成的反应。焖烧时间合适时，既能使热能充分发挥作用，又能使反应充分进行。如果焖烧时间过长，炉料烧结严重，产生结块，影响透气性，影响反应顺利进行；如果焖烧时间过短，形成大刺火大塌料，高温炉气大量冲出，热量损失严重，同时破坏炉内反应顺利进行。因此，焖烧适时是维持正常炉况的重要基础。每台工业硅电炉由于所用的炉料不同配比不同，炉型参数相异，操作制度不同，供电制度不同，每台电炉适宜的焖烧时间也不同，广义而言大中型工业硅电炉每次的焖烧时间大概在 60min。

焖烧时间的长短，在电炉功率一定、电炉几何参数（电极直径、极心圆直径、炉膛直径、炉膛深度）一定时，可通过供电制度、炉料配比、电极插入深度来予以调整。焖烧时间长短对热量利用率和炉内反应的好坏影响很大，进而影响炉内沉渣数量和出炉排渣。

（4）适时和正确的捣炉、推料。为保证生产正常进行需要进行捣炉，以改善炉料的透气性和加速炉料下沉，促进还原反应的进行。因此，捣炉是工业硅生产过程中非常重要的环节。但是捣炉又是增大热能损失和 SiO 散失，增大电耗、降低产量、影响质量的有害操作，同时容易造成硅石和还原剂未经充分反应就落入炉底，导致炉底氧化渣和 SiC 渣的增加，因此，适时捣炉和正确的捣炉方式并严禁大翻膛非常重要。

在电炉正常运行时，只有当炉料在炉膛上部充分预热或出现形成刺火现象时才实施捣炉。捣炉时最好每个电极区逐个进行，在捣炉前应从冒火较差的部位进行，定好捣杆的运行方向，捣炉时捣杆不能触碰电极和炉内设施，捣炉结束应立即把热料推到电极周围，并在整理好的料面上盖加新料，加料应均匀，对于易刺火部位要先加料并可适当多加一些。

（5）多炉眼轮流出炉。国外大容量工业硅电炉有 5～6 个出炉口轮番出炉，可以减少死料区，减少炉膛积渣防止炉底上涨。目前已有有功功率 12000kW 工业硅电炉，采用四炉口轮番出炉的出炉工艺，取得炉龄延长的良好效果。

（6）选择合适的出炉间隔和出炉时间。工业硅生产的反应过程和机理告诉我们，要使反应向生成硅的方向进行，液态硅应从反应区迅速离开；要使反应向生成硅的方向进行，炉底熔渣应尽快排除。如此电极容易深插对生产过程进行十分有利。

国外大容量工业硅电炉，多数采用连续出炉方式。最近河南淅川某铁合金公司，15000kV · A 工业硅电炉的出炉，从过去每班 12h 出炉 3 次，改变为每班 12h 出炉 4 次，取得生产指标比过去好的效果。

近十年来，随着我国的工业硅电炉从小到大快速发展容量不断增大，如 6300kV · A—12500kV · A—16500kV · A—25500KV · A—33000kV · A，其极心圆功率密度、炉底面积功率密度、炉膛容积功率密度都得到相应提高，小容量电炉的热容量小的弊病已得到改善，我国过去的间歇式出炉方式已具备改变的条件。

作者认为，解决好既要为加速反应尽快把反应产物离开反应区的动力学条件，又要照顾好加速反应的保持炉底温度的热力学条件。各企业应该根据电炉使用功率、所产产品的质量要求、现有的设备条件和实际生产状况，进行全面的综合分析，从中探索出每一台电炉合适的出炉间隔时间和出炉时间。

作者认为，25000kW 以上的工业硅电炉，应从目前 8h 出 3 炉改为出 4 炉，出炉时间约 60min；15000kW 以上的电炉，以每 12h 出 3 炉改为出 4 炉，出炉时间约为 60～80min。

（7）改善硅水包保温适应增加出炉时间的需要。增加出炉时间必然会增加硅溶液在包内的热损失，造成沾包的损失增加。为此必须有减少热损失的相应措施：加厚硅水包衬厚度提高保温层效果；硅水包加保温帽以减少热损失；出硅时加覆盖剂可以减少热损失。

（8）减少热停炉。减少热停炉次数和热停炉时间，保持炉膛底部有足够的温度。对于每一次热停炉都要有事前的应急预案，包括停炉前的措施和停电及重新送电后的措施。

A1. 2. 4. 4　精细管理是防止炉底上涨的灵魂

精细管理是防止炉底上涨的灵魂，是工业硅生产的统帅。工业硅电炉的操作是关键，而关键在于人，核心是企业的管理理念和管理素质，应重视企业综合管理水平和人力资源的培训，提高规章制度和工作程序的执行力度，建立一支高水平高素质的团队，以适应大中型电炉生产中出现的新情况、新常态。

A1. 2. 5　结论

工业硅生产过程中必然会产生一定数量的熔渣甚至熔渣沉积，通过精料入炉、精心设计、精心操作和精心管理可以预防炉底积渣，延缓炉底上涨，增加电炉炉龄，提高企业效益。现今各地区都已涌现出很多先进的工业硅企业和优秀长寿的工业硅电炉。

在撰写本文和收集资料过程中，得到云南宏盛锦盟企业集团和东方希望昌吉吉盛新型建材有限公司的大力帮助和支持，在此表示衷心感谢。

参考文献

[1] 唐琳，董涛，等．工业硅生产与节能［J］．铁合金，2012（1）：5-11，（2）：5-8，（3）：10-13.

[2] 贾强，张烽，等．减缓硅钙电炉堆积技术及电炉优化设计实例［J］．铁合金，2015（4）：16.

[3] 毕红兴，罗文波，等．全煤焦生产化学级金属硅的实验［J］．铁合金，2015（11）：17.

A1.3 工业硅生产的新常态

1957 年，我国在抚顺铝厂建成第一台工业硅电炉，经过 60 多年的发展，特别是近 5 年，我国工业硅的产能与产量大幅增长，现在无论在产能与产量上都位居世界第一。据中国有色工业协会硅业分会的统计[1]：我国 2018 年工业硅产能达到 500 万吨，实际产量据不完全统计约为 240 万吨，出口海外 76 万吨，国内消费 164 万吨。国内工业硅消费中，铝合金行业消费 65 万吨，占国内消费总量的约 40%；有机硅行业消费约 54 万吨，占国内总消费量的约 33%；多晶硅行业消费约 43 万吨，占国内消费总量的约 26%；其他约 3 万吨占总消费量的约 2%。

为了我国工业硅行业的低碳、绿色和可持续发展，为了进一步提高我国工业硅行业在国际上的话语权和工业硅企业的经济效益，以及遵循国家有关产业政策，工业硅生产的新常态应该是：

A1.3.1 电炉大型化

我国在 20 世纪末引进 25.5MW · A 工业硅电炉，通过工业硅生产者的努力，从引进、消化到创新，现在全国已经有近百台大型工业硅电炉在甘肃、云南、四川、新疆、贵州、福建等省崛起，发挥越来越明显的技术优势和强大生命力。

（1）大型工业硅电炉功率大、热量大、温度高有利于工业硅冶炼的吸热反应进行，有利于降低电耗、提高企业经济效益[2]。

表 A1.3-1 为工业硅电炉的技术参数。随着电炉容量的增大，它们的极心圆功率密度、炉底面积功率密度都在逐渐增长，功率密度大意味着单位面积上作功功率产生的热量大、温度高，有利于工业硅冶炼的吸热反应进行，有利于生产效率的提高。茂县潘达尔硅业有限责任公司、云南保山永昌硅业股份有限公司、兰州蓝星化工有限公司等大型工业硅电炉的生产实践充分证明，大型工业硅电炉产品的单电耗低、产品质量稳定。

表 A1.3-1 小、中、大型工业硅主要技术参数比较

公称容量/MV · A	6.3	12.5	16.5	30
低压补偿后功率/MW	6.9	12.5	15.5	25.5
极心圆直径/mm	1900	2500	2750	3200

续表 A. 1. 3-1

极心圆功率密度/MW · m^{-2}	2. 438	2. 545	2. 658	3. 234
炉膛底部直径/mm	4400	5600	6100	7100
炉底功率密度/MW · m^{-2}	0. 454	0. 508	0. 562	0. 644

(2) 大型工业硅电炉的炉衬耐火材料用量大、热容量大、热稳定性好。表 A1. 3-2 为小、中、大型工业硅电炉的炉衬耐火材料质量表。

表 A1. 3-2 小、中、大型工业硅电炉炉衬耐火材料质量表

公称容量/MV · A	6. 3	12. 5	16. 5	30. 0
炉衬重量/t · 台$^{-1}$	170	310	420	640

表 A. 1. 3-2 说明电炉容量越大，炉衬材料越多，也就是大型工业硅电炉炉衬蓄热量多。当由于种种原因引起的热停炉和自身原因如原料品质、配比、供电制度、炉前操作、出铁制度等变化造成的炉况波动时，大型电炉因其耐火材料多热稳定性好，炉况易于稳定，对于产品质量的稳定和电耗、产量指标都有好处。大型电炉的产品质量普遍比中、小型电炉产品质量稳定，茂县潘达尔硅业有限公司、云南保山永昌硅业股份有限公司、兰州蓝星化工有限公司、云南宏盛锦盟企业集团，其产品化工级质量比例多在 85%以上。

(3) 大型电炉便于实现机械化、自动化，可以减轻员工劳动强度，减少企业员工数量，提高员工劳动生产率，节约人工成本。四川某企业 2 台 30MV · A 工业硅电炉，全公司员工 250 人[3]，工业硅设计年产 3 万吨，全员劳动生产率平均 120t/(人 · 年)。而年产 3 万吨的 12. 5MV · A 工业硅电炉需 4 台，员工 320 人，全员劳动生产率平均为 94t/(人 · 年)，产品中人工费用支出部分，12. 5MV · A 电炉比 30MV · A 电炉多出 28%。表 A1. 3-3 列出 30MV · A 与 12. 5MV · A 人工成本比较。

表 A1. 3-3 30MV · A 与 12. 5MV · A 人工成本比较

炉 容	年产量/万吨	全员人数	平均劳动生产率 /t · (人 · 年)$^{-1}$	产品中人工费用占比/%
30MV · A ×2 台	3	250	120	100
12. 5MV · A×4 台	3	320	94	128

(4) 大型电炉功率大、极心圆功率密度大、炉底面积功率密度大、热量大、炉温高，余热利用效果好，有利于降低成本。

A1.3.2 余热利用资源再生

工业硅生产过程会产生大量高温烟气，在正常生产时烟气温度为600~700℃，炉况不正常发生大塌料或捣炉时烟气温度甚至高达900~1000℃，这些高温烟气携带大量热能，过去这些热能没有回收被白白浪费。现在可以对高温烟气携带的热量进行回收利用。例如茂县潘达尔硅业有限公司等企业，通过将高温烟气进入余热发电系统回收其中的热能进行发电，这对于降低产品成本，提高企业效益和减少大气热效应污染都有好处。表A1.3-4为该公司余热发电经济指标[4]。

表A1.3-4 余热电站经济指标（潘达尔硅业）

序号	技术名称	单位	指标	备　注
1	装机容量	kW	12000	
2	平均发电功率	kW	11800	
3	年运行小时	h	7000	按7000h计算，相对于矿热炉的运转率大于95%
4	平均站用电率	%	7	
5	年发电量	kW·h	8260×10^4	
6	年供电量	kW·h	7682×10^4	
7	电站年耗水量	t/a	72.5×10^4	103.6t/h
8	电站劳动定员	人	18	四班三运转
9	工程总投资	万元	6500	
10	投资回收期	年	3.9	含建设1年
11	供电成本	元/(kW·h)	0.053	含：人工工资、电站日常管理、耗水、耗气、药品、维修、大修等费用 不含折旧及财务费用
12	节约标煤量	t/a	2.6×10^4	
13	每吨工业硅电耗减少量	kW·h	1920	单台工业硅炉年产量按1.5万吨计算

如果企业冶炼电价以0.35元/(kW·h)计算，可降低成本691.2元/吨。全年增效2764.8万元。

我国某地2台36MV·A工业硅矿热炉[5]利用烟气余热系统每年发电量为4624.6×10^4kW·h，年供蒸汽量41.04×10^4t，两项合计产值为5249万元，经济效益非常可观。

余热利用、余热发电良好的经济效益正被越来越多的工业硅生产企业所重视，将会成为工业硅企业提高经济效益的重要组成部分。

A1.3.3　无木炭生产和新型还原剂的研发

工业硅电炉在20世纪炉容比较小，多在6300kV·A以下，还原剂主要是木炭，1t木炭需要消耗5t树木，随着生态保护要求越来越高，木炭资源非常紧张，价格飞涨。我国工业硅产量不断增加，同时对还原剂的需求量越来越大，从环境保护出发和降低生产成本双重压力下，必须寻找新的工业硅还原剂。

现在我国已普遍采用石油焦和低灰分精煤作为工业硅的还原剂，在实践中使用效果良好，冶炼电耗普遍在12000~13000kW·h/t；化工级产品比例可以达到80%~90%；电炉的有效使用寿命可达到一年以上。

随着对自然环境的要求越来越高，在工业硅生产中也发现了石油焦、精煤作为还原剂带来的新问题，石油焦和精煤都含有一定量的硫元素，这些硫元素在工业硅生产中会变成二氧化硫，随着烟气进入大气，造成大气污染。因此，必须对含有二氧化硫的烟气进行脱硫净化处理。同时要加强对工业硅新型无污染还原剂进行研究开发。据报道，昆明理工大学和云南宏盛锦盟集团对新型还原剂的研究开发都做出了一些实质性的工作，并取得阶段性成果。

A1.3.4　电炉烟气的净化：除尘、脱硫、脱硝

改革开放以来，我国高耗能冶炼项目以及其他工业炉窑迅猛发展，特别是在近5~10年内，高耗能冶炼炉和工业炉窑的数量成倍增加，并且规模也越来越大，随之而来的是工业炉窑排放的烟气中，粉尘、SO_2、NO_x等大气污染物对环境造成严重危害，雾霾天气、酸雨等就是大气污染的结果，环境污染已严重威胁人类健康，因此，进行烟气除尘、脱硫、脱硝等烟气净化治理势在必行。

根据《中华人民共和国环境保护法》《中华人民共和国大气污染防治法》《环境空气质量标准》等，对全国范围环境空气质量功能区分为三类：

一类环境空气质量功能区（一类区）：自然保护区、风景名胜区、其他需要特殊保护区。

二类环境空气质量功能区（二类区）：城镇规划中确定的居住区、商业交通居民混合区、文化区、一般工业区和农村地区，以及一、三类不包含的地区。

三类环境空气质量功能区（三类区）：特定的工业区。

根据环境空气质量功能区的不同出台了相应的排放标准，2012 年对排放的标准又进行了严格要求，随着时间的推移，我国的环保要求还会越来越严格。要降低烟气污染和烟气达标排放的主要方式就是进行烟气除尘、脱硫、脱硝处理。

A1. 3. 4. 1 除尘

工业硅生产中产生的高温烟气中含有大量的颗粒物，俗称尘埃。尘埃的浓度可达 3~5g/Nm^3。现在采用空气冷却器→火花捕集器→布袋除尘器→排放，烟气排放尘埃浓度能达到低于 30mg/Nm^3。

A1. 3. 4. 2 脱硫

在工业硅电炉的发展过程中，碳质还原剂已发生了很大改变，以前很多厂家选择的是木炭作为还原剂，随着森林资源的减少和国家政策的调控，逐步用煤和石油焦替代木炭。在用木炭作为碳质还原剂的时期，因为木炭中含 S 很少，烟气中的 SO_2 含量非常低，基本忽略不计，根本不需要考虑脱硫。现在用煤和石油焦作还原剂，煤和石油焦里含有 0.5%~3%的 S，很多厂家为了降低成本，采购的高硫油焦，含 S 就更高，因此，烟气中 SO_2 含量严重超标，大量排放的情况下极易形成雾霾、酸雨等环境污染现象。根据国家环保政策，要求对烟气进行“脱硫”“脱硝”后再排放是迟早也是必须要做的事情，不然严重污染环境。

脱硫技术和方法有很多种[6]，有湿法烟气脱硫、半干法烟气脱硫、干法烟气脱硫等。

A 湿法烟气脱硫

湿法烟气脱硫主要有两类：双碱法、石灰水法。

（1）“双碱法”烟气脱硫技术是利用氢氧化钠（NaOH）溶液作为启动脱硫剂，配制好的氢氧化钠溶液以高压雾化状喷入洗涤脱硫塔后吸收二氧化硫（SO_2）以达到烟气脱硫的目的，然后脱硫产物（Na_2SO_3）经脱硫剂再生池还原成氢氧化钠再返回脱硫器内循环使用。其工艺原理如下：

$$SO_2 + 2NaOH \longrightarrow Na_2SO_3 + H_2O$$

$$Na_2SO_3 + Ca(OH)_2 \longrightarrow 2NaOH + CaSO_3$$

（2）石灰水法也称为石灰-石膏法。生石灰用水溶解为 $Ca(OH)_2$ 浆液，同双碱法一样高压喷入脱硫塔中，将尾气中的 SO_2 反应吸收掉，未反应完的溶液循环使用，反应生成的 $CaSO_3$(或 $CaSO_4$) 过滤后用作建筑材料：

$$CaO + H_2O \longrightarrow Ca(OH)_2$$

$$Ca(OH)_2 + SO_2 \longrightarrow CaSO_3 + H_2O$$

$$CaSO_3 + \frac{1}{2}O_2 \longrightarrow CaSO_4$$

B 半干法烟气脱硫

半干法烟气脱硫是利用喷雾干燥的原理，在吸收剂喷入吸收塔后，一方面吸收剂与烟气中的 SO_2 发生化学反应，生成固体产物，另一方面烟气中的热量不断传给吸收剂，使之不断干燥，在吸收塔内脱硫反应后形成的产物成为干粉。

半干法喷雾脱硫的工艺流程为：石灰经过二级消化、湿式球磨，配制成一定浓度的石灰浆吸收剂，并加入适量的添加剂，用泵送到高位料箱，流入高速离心雾化机，经雾化后在吸收塔内与含 SO_2 烟气接触混合，石灰浆雾滴中的水分被烟气中的显热蒸发，而 SO_2 同时被石灰浆雾滴吸收。生成的干灰渣一部分沉积在喷雾吸收塔底部，另一部分随烟气进入除尘系统，烟气除尘净化后从烟囱排出。

整个流程包括脱硫吸收剂制备、吸收剂浆液雾化、雾粒与烟气接触混合、液滴蒸发和 SO_2 吸收、灰渣排除和脱硫剂再循环等步骤。

C 干法烟气脱硫

干法烟气脱硫的基本原理是将干的脱硫吸收剂直接喷入含硫烟气，这些吸收剂主要成分是石灰粉。这些吸收剂进入烟气后受热分解，形成具有活性的氧化钙离子，这些粒子的表面和烟气中的 SO_2 反应生成亚硫酸钙/硫酸钙。这些反应产物和未参加的飞灰一起被除尘设备捕获，SO_2 的脱除过程可以持续到除尘器范围内。

D 几种脱硫方法的比较

(1) 干法烟气脱硫投资省，占地少，有较宽的脱硫效果（脱硫率 60%～85%），使其具有较强的适应性，能满足大部分企业不同脱硫的需要。相比而言，半干法次之。

(2) 脱硫率：湿法最高（可达 95%，可满足低于 50mg/Nm^3 的排放要求），半干法次之；干法脱硫效果较差，很难满足排放控制在小于 50mg/Nm^3 的要求。

各企业应根据自身情况和企业所在地对烟气排放 SO_2 的控制要求以及经

济指标（投资费用和运行费用）进行综合考虑和综合比较，选择适合本企业最科学、最合理的脱硫方案。

A1.3.4.3　脱氮氧化合物（NO_x）俗称脱硝

工业硅生产时烟罩下高温烟气温度通常为600~700℃，在塌料和捣炉时炉内料面温度高达1000~1100℃，空气中含有79%的氮与21%的氧，在900℃温度左右开始会结合生成氮氧化合物，温度升高时氮氧化合物的生成量会增加，在1100℃时空气中的氮氧化合物含量会急剧增加。再则工业硅电炉生产时炉内CO气体从料面逸出，在料面上方CO气体接触空气后发生燃烧反应使烟气温度升高，此时烟罩下 N_2 与 O_2 发生反应生成 NO_x。

烟气脱硝技术同样已成功的应用在电力、玻璃、水泥、钢铁、化工、石化等领域，该脱硝技术称为高温脱硝法（SNCR）和低温脱硝法（SCR）。

SNCR和SCR脱硝原理：把含有 NH_x 基的还原剂溶液（如氨水或尿素等）喷入高温烟气区域，还原剂迅速热分解为 NH_3 和其他副产物，随后 NH_3 和 NO_x 进行化学反应生成 N_2 和水。

液氨或氨水蒸发后形成的氨气与 NO_x 主要反应如下：

$$4NH_3 + 4NO + O_2 = 4N_2 + 6H_2O$$

$$8NH_3 + 6NO_2 = 7N_2 + 12H_2O$$

$$4NH_3 + 2NO_2 + O_2 = 3N_2 + 6H_2O$$

但SNCR脱硝需要的反应温度在880~1100℃之间，而工业硅电炉设备是半封闭烟罩，平均烟气温度均在600~800℃之间，只有捣炉塌料或发生刺火瞬间，烟气温度会达到900℃以上，但是持续时间不会超过15s。因此，SNCR高温脱硝不适合工业硅烟气脱硝。而适合的温度区间在500℃以下，有四种：（1）350~420℃；（2）中温SCR（230~280℃）；（3）低温SCR（160~230℃）；（4）超低温脱硝（45~60℃）。由于各种脱硝方式的使用条件和经济性各不相同，对照不同工业硅企业各自的特殊性，要根据国家的产业政策，当地环境保护的具体要求以及投资费用、运行费用、安全可靠性等因素进行综合分析、综合评估，确定本企业最经济、最合理、最科学的烟气净化措施。

A1.3.5　结论

工业硅生产的新常态是既要绿水青山，又要金山银山。

参 考 文 献

[1] 赵家生．中国工业硅市场现状及市场分析［C］. 2019 年中国工业硅产业链年会论文集，2019.

[2] 唐琳，杨青平，董涛，等．工业硅炉底上涨的原因分析和预防和治理措施［C］. 2017 年中国工业硅产业链年会论文集，2017.

[3] 陈晓燕．潘达尔硅业［C］. 2017 年中国工业硅产业链年会论文集，2017.

[4] 魏连有．工业硅炉余热利用及节能环保［C］. 2017 年工业硅产业链年会论文集，2017.

[5] 张兵涛．工业硅矿热炉烟气余热的综合利用［J］. 铁合金，2017（6）：42-44.

[6] 李肇全．工业脱硫脱硝技术［M］. 北京：化学工业出版社，2014：116.

A1.4 大型工业硅电炉的技术优势和装备特点

A1.4.1 引言

我国自20世纪90年代末从国外引进25.5MVA工业硅电炉，通过我国工业硅电炉生产者的不懈努力，从引进、消化、完善、创新，现在国内已有近百台容量25MV·A以上的大型工业硅电炉，在甘肃、四川、新疆、云南、贵州、福建等省崛起，发挥越来越明显的技术优势和强大生命力。现将大型工业硅电炉的技术优势和装备特点加以介绍，供已建、在建、拟建大型工业硅电炉企业参考。

A1.4.2 大型工业硅电炉的技术优势

（1）大型工业硅电炉功率大、热量大、温度高，有利于工业硅生产的吸热反应进行，有利于降低电耗，提高企业经济效益[1]。

表A1.4-1为小、中、大型工业硅电炉的技术参数。由表可知，随着电炉容量的增大，它们的极心圆功率密度和炉膛底部面积功率密度都在逐渐增大。功率密度增大意味着单位面积做功功率增大，做功功率大就是产生的热量多、温度高，有利于工业硅生产中吸热反应进行，有利于生产效率的提高，有利于降低电耗和提高产量。四川、云南、甘肃等省大型工业硅电炉的生产实践充分证明，大型工业硅电炉产品长期的单电耗控制在12500kW·h/t左右，国外的大电炉单电耗长期在12000kW·h/t以下。

表A1.4-1 小、中、大型工业硅电炉主要技术参数

电炉公称容量/MV·A	6.3	12.5	16.5	30
低压补偿后有功功率/MW	7.0	12.50	15.50	25.50
电炉极心圆直径/mm	1900	2500	2740	3200
极心圆功率密度/MW·m^{-2}	2.471	2.545	2.658	3.234
电炉炉膛底部直径/mm	4300	5600	6100	7100
炉膛底部功率密度/MW·mm^{-2}	0.482	0.508	0.563	0.644

（2）大型工业硅电炉的炉衬耐火材料用量大、热容量大、热稳定性好。表A1.4-2为小、中、大工业硅电炉的炉衬耐火材料质量表。

表 A1.4-2　小、中、大工业硅电炉的炉衬耐火材料质量表

公称容量/MV·A	6.3	12.5	16.5	30.0
炉衬重量/t	170	310	390	640

表 A1.4-2 说明电炉容量越大，炉衬材料越多，也意味着大型工业硅电炉炉衬蓄热量越多，热稳定性越好。如果由于种种原因引起的热停炉或自身原因如原料、配比、供电、炉前操作、出铁制度等变化造成炉况波动，大型工业硅电炉炉衬材料和炉内炉料多，热稳定性好，炉况易于稳定，不易波动。中、小型电炉如果热停炉时间超过 2~3 天，恢复生产非常困难；大型工业硅电炉就是停炉一周，重新送电后也能恢复到停电前的生产指标。大型工业硅电炉热稳定好，全年作业率高，这对于电炉的电耗、产量和企业的经济效益都有很大的好处。

（3）大型工业硅电炉劳动生产率高、人工成本低。大型电炉便于实现机械化、自动化，可以减轻员工劳动强度，减少企业员工，提高员工的劳动生产率，节约产品的人工成本。四川某企业 2 台 33MV·A 工业硅电炉，全公司员工 250 人[1]设计年产量 3 万吨，全员劳动生产率平均 120t/(人·年)。而年产 3 万吨的 12.5MV·A 工业硅电炉需要 4 台，员工 320 人，全员劳动生产率平均 94t/(人·年)，12.5MV·A 电炉比 33MV·A 电炉多出 28%产品中人工费用支出部分具体见表 A1.4-3。

表 A1.4-3　33MV·A 与 12.5MV·A 电炉人工成本比较

炉容	年产量/万吨	全员人数	人均劳动生产率 /t·(人·年)$^{-1}$	产品中人工费用 /%
33MV·A×2 台	3	250	120	100
12.5MV·A×4 台	3	320	94	128

（4）大型工业硅电炉余热利用效果好。大型工业硅电炉生产过程中产生大量高温烟气，在正常时烟气温度为 600~700℃，当炉况不正常发生大塌料或捣炉时烟气温度甚至高达 800~1000℃。这些高温烟气携带大量热能，过去这些热能没有回收利用被浪费。现在可以对高温烟气携带的热量进行回收利用。例如茂县潘达尔硅业有限公司等企业，通过将高温烟气进入余热利用系统，回收其中的热能进行发电，这对于降低产品成本提高企业效益和减少大气热效应污染都有好处。表 A1.4-4 为茂县潘达尔硅业有限公司余热发电的经济指标[2]。

表 A1.4-4　余热电站经济指标（潘达尔硅业）

序号	技术名称	单位	指标	备　注
1	装机容量	kW	12000	
2	平均发电功率	kW	11800	
3	年运行小时	h	7000	按 7000h 计算，相对于矿热炉的运转率大于 95%
4	平均站用电率	%	7	
5	年发电量	kW · h	8260×10^4	
6	年供电量	kW · h	7682×10^4	
7	电站年耗水量	t/a	72.5×10^4	103.6t/h
8	电站劳动定员	人	18	四班三运转
9	工程总投资	万元	6500	
10	投资回收期	年	3.9	含建设 1 年
11	供电成本	元/(kW · h)	0.053	含：人工工资、电站日常管理费、耗水、耗气、药品、维修、大修等费用。不含折旧及账务费用
12	节约标煤量	t/a	2.6×10^4	
13	每吨硅电耗减少量	kW · h	192	每台硅炉年产量按 1.5 万吨计算

如果企业的综合电价以每千瓦时 0.35 元计算，则每吨产品可降低成本 691 元/吨，全年提高效益 2764.8 万元。

据另一资料报道[3]：某地 2 台 36MV · A 工业硅电炉利用余热系统每年发电量为 4624.6×10^4kW · h，年对外销售蒸汽 41.04×10^4t，两项合计产值为 5249 万元，经济效益更为可观。

余热利用良好的经济效益正被越来越多的工业硅生产企业所重视，将成为它们提高经济效益的重要组成部分。

A1.4.3　大型工业硅电炉的装备特点

A1.4.3.1　旋转式炉体

旋转式炉体[4]是指电炉电极、烟罩等固定不动，炉体（炉壳及其炉衬）沿电极及其极心圆作圆周或往复转动，旋转速度为 60～240h/r，可根据生产需要作自动或手动控制炉体转与不转和炉体转速快慢。旋转式炉体有如下优点：

（1）炉料在炉膛内沿电极极心圆运动，有利于改善炉料透气性，有利于减少死料区，减少炉内积渣。

（2）炉料在电炉内既有不断下沉的纵向运动，又有旋转产生的圆周运动，这使炉膛内硅石和还原剂的混合更趋均匀，有利于还原反应充分进行，减少和避免局部偏加料造成炉况波动和炉内积渣。

（3）炉体旋转有利于炉膛内硅石和还原剂的均匀分布，电极间炉料电阻的一致有利于三电极平衡深插，有利于提高炉膛底部温度，有利于电效率、热效率的提高。

（4）炉体沿三相电极旋转，可扩大电炉内电弧反应区的容积，有利于炉底温度提高和还原速度提高，有利于电炉生产效率的提高。

（5）炉体旋转后炉底和炉墙高温区不断转换趋于均匀，有利于炉衬使用寿命的延长。

A1.4.3.2 高品质耐火材料

大型工业硅电炉炉衬使用寿命长，采用高品质耐火材料。内衬使用半石墨砖进行无缝砌筑，出炉口附近使用碳化硅材料；出炉口部位使用氮化硅砖等新型耐火材料和多个出铁口的结构形式。这对防止出炉口耐材损坏和提高炉衬使用寿命提供可靠的保障。

A1.4.3.3 多出炉口

大型工业硅电炉的出炉口一般有5个。多炉口可以缩短液态工业硅和熔渣排出的路径，有利于液态工业硅和熔渣排出，特别便于死料区熔渣的排除减少炉底积渣，防止炉底上涨，延长电炉有效使用周期，对提高企业整体效益很有帮助。

A1.4.3.4 集烟箱式烟罩

工业硅电炉的烟气温度比同容量其他铁合金品种的烟气温度高，烟气量大，为顺利排烟和保护电炉设备减少受高温烟气的伤害，希望烟罩做得高些。从提高电效率考虑，把持器水冷大套和铜瓦上端的垂直铜管越短越好。因此，大型工业硅电炉烟罩采用集烟箱式：烟罩顶部中心区呈凹形，这样把持器水冷大套和铜瓦上端的垂直铜管可以做得较短，这对于提高电炉电效率，提高电炉的自然功率因数有帮助。烟罩顶部的外围做成较高的环形顶部，这样容易捕集较高温度（最高可达1000℃）的大烟气量。这种中心低凹、周围高的集烟箱式烟罩是大容量工业硅电炉的特点之一，同时也是必需的。

A1.4.3.5　全液压控制电极系统

（1）电极把持器采用压力环式把持器。压力环内径向设置液压波纹膨胀管。可实现一对一的径向顶紧铜瓦，保证铜瓦与电极之间的压力均匀，不易产生因顶紧力不一而产生偏流或铜瓦刺火，可提高铜瓦的使用寿命，有效防止电极事故的发生。波纹膨胀管内的液压压力可在0~10MPa之间调节，可实现电极带电压放控制。铜瓦为锻造铜瓦，锻造铜瓦密度大，截流能力强，使用寿命长，一般使用寿命5年以上，铜瓦使用寿命长，损耗小，减少铜瓦和电极引起的热停炉时间，从而可以降低电耗增加产量。

（2）电极升降装置。电极升降采用液压控制，电极升降平衡，安全可靠，并可自动调整各电极负荷，实现功率自动控制。

（3）电极压放装置。压放装置采用液压机械抱闸。对电极抱紧靠碟形弹簧的弹力。松开电极时用液压力克服弹簧的弹力。压放电极采用程序压放和手动压放两种形式。

A1.4.3.6　液压系统

大型工业硅电炉设有液压站，为电极升降、压放、把持、炉门升降等处提供动力源。该系统由油泵站、阀站、蓄能器、控制柜和连接管等组成。

液压传动和机械传动相比有以下优点：

（1）在同样功率下，液压传动装置质量轻，结构紧凑、惯性小；

（2）运动平稳，便于实现频繁而稳当的换向，易于吸收冲击力，防止过载，安全性好；

（3）能够实现较大范围的无级变速；

（4）能实现远程自动、遥控操作。

A1.4.3.7　冷却水系统

电炉采用软化水循环冷却，避免冷却部件结垢，可延长冷却部件使用寿命，减少热停炉故障。水冷系统由分水器、冷却水管、回水箱等组成，在每个冷却水支路的进水管上有压力指示器，回水管上均设置流量和温度指示器，可远程发送压力、流量和温度等数值，实现远程监控。

A1.4.3.8　机械化操作

为改善操作条件，减轻劳动强度，对高温多尘的炉口操作采用料管或加料机加料为主，人工干预和机械干预为辅的操作方式。炉口设捣炉机和推料机。配料及上料系统有配料站、上料系统和炉顶布料系统，它们采用集中程序控制。整个生产过程基本可以做到机械化、自动化，有利于减轻一线生产者劳动强度。

A1.4.3.9 三台单相电炉变压器向电炉供电

大型工业硅电炉供电由三台单相电炉变压器完成，它们呈正三角形布列在变压器平台。其优点有：

（1）可使三相短网布置对称，三相短网的阻抗近似相等，从而消除单台三相变压器电炉因三相短网不相同、不对称造成三相短网阻抗不等而造成功率转移现象，不会出现强相和弱相甚至死相，便于三相功率平衡，冶炼稳定，便于实现电炉功率自动化调节。

（2）便于电炉变压器尽可能靠近电炉中心，从而缩短导电短网长度，减小阻抗降低损耗，提高有功功率，提高自然功率因数，提高电效率，为降低电耗创造有利条件。

（3）调压范围大。三台单相电炉变压器的高压侧（一次端）通过星-三角（Y-△）转换开关可大大增加低压侧（二次端）输出电压范围，便于在开炉时使用较低线电压（如 143V 左右），正常生产时用较高线电压（210～220V）。

（4）便于分相控制，分相调整炉况。三台单相电炉变压器，可通过各自的调压开关，调整各自的二次侧（二次端）的输出电压，调整各相电极的插入深度，实现可以分相独自调整各相的炉况，对调整炉况大有好处。

（5）便于分相低压补偿。各相功率相等，避免强相、弱相，三相平衡有利于提高电炉整体功率因数，提高和增加产量。

（6）降低备用电炉变压器投资，只需 1 台单相变压器作备用。

A1.4.3.10 短网

三台单相变压器组成的大型工业硅电炉短网的优点有：（1）短网较短，短网的阻抗损失减少，有利于降低电耗提高产量；（2）三相电极的三相短网的长度和结构形式基本一致，三相短网的阻抗基本一致，有利于减小三相电极强弱相差异，有利于炉况稳定和顺利运行。

大型工业硅电炉短网为管式短网，软连接部分为水冷电缆，与短网铜管、电极铜管及铜瓦组成一个冷却水回路，实现水电输送一体化。短网铜管外包有绝缘层，防止短网短路事故发生。

A1.4.3.11　组合补偿提高电炉有功功率，提高电炉产量

大型工业硅电炉的使用电流大，周围铁磁体多，导致自然功率因数低。例如 30MV · A 工业硅电炉，自然功率因数 $\cos\varphi$ 仅为 0.70 左右，使用功率仅为 21MW。同时电炉阻抗损耗较大，产品单电耗会增高。为了提高电炉电效率，一般通过电炉低压补偿将功率因数提高到 0.85～0.87，此时的使用功率可达到 25.5MW，有功功率提高 15.0%左右，电炉产量也可以相应提高 15.0%左右，因此大型工业硅电炉都装有低压补偿装置。电炉功率因数由 0.85 提高到 0.92～0.94 则可采取高压补偿或中压补偿均可，采用高压或中压补偿，应视外部电网等级等具体情况而定。

A1.4.3.12　电炉生产过程控制自动化、智能化

电炉有 2 个控制室或把 2 个控制室放在一个房间内：

（1）配料控制室：配料控制室大多设在配料站底层或放在电炉中央控制室内，实现对自动配料进行控制，配料控制室内有一个配料操作台，一个配料称量屏。有三种控制方式：自动、半自动、手动。配料操作台上有模拟屏，可显示整个配料、上料、分料、下料过程。手动时，参照模拟屏逐级启动或停止各台设备。机旁只能手动，有模拟屏。称量屏内有称量控制器，参与自动控制并显示重量，设有编程器，可编写程序及修改程序。附有打印机，可打出每批料各组成的重量。称量控制器可以对某些情况报警显示：如称量时间超时、某种物料超重等，并可在下次称量时自动修正。配料的控制过程由 PLC 控制系统回路实现。

（2）电炉中央控制室：电炉中央控制室设在电炉间二层（操作平台层），控制室内有操作台、控制屏和配电屏。

操作台上控制电极升降，台上有手动、自动转换开关，变压器挡位，一次电压表，一次分相电流表，二次三相线电压表，二次三相电流表，二次三相相压表，停送电控制装置，电流调定器，分相有功功率表，分相无功功率表，分相功率因数表，电炉总有功功率表，电炉总无功功率表，电炉功率因数表等。手动时有操作台上按钮操作，自动时电极完全由功率调节屏控制。调节屏上可设电流值（围绕电流调定值设定一个范围）和电极动作延时时间（电极上升或下降时间）。通过以上原则进行功率自动调节，防止电极的频繁上下窜动，保证电极处于最佳冶炼位置。

电极压放控制：中央控制室有压放屏，在电极检修平台有压放箱控制，压放过程可两地操作。压放屏上有压放量显示，可以显示每次的压放量，并能累计压放量，不需要累计时可清零。

中央控制室有打印机，把配料控制室和中央控制室中的有关数据打印在一起。

中央控制室采用 PLC 系统实现控制。

在公司总部设有一服务器，实现对电炉生产过程的远程监视。

A1.4.3.13　氧气底吹精炼装置

底部吹（氧）气系统如图 A1.4-1 所示。

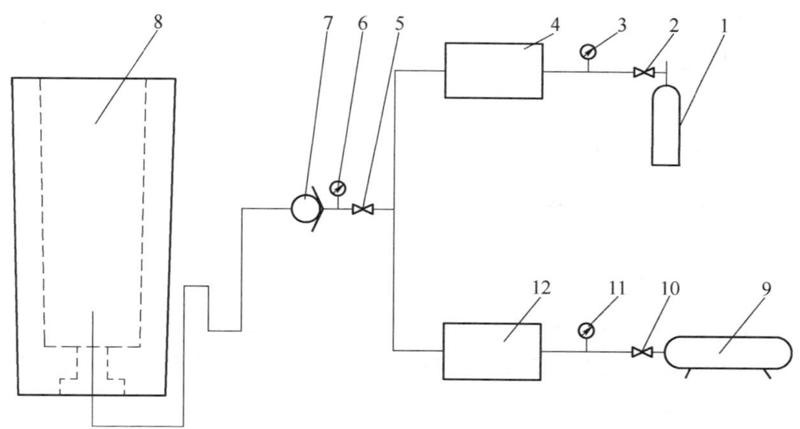

图 A1.4-1　底部吹（氧）气系统

1—氧气源（瓶）；2，5，10—节流阀；3，6，11—压力表；4，12—联合阀组；
7—单向阀；8—铁水包；9—空气源（空压机）

大型工业硅电炉有一套氧气底吹精炼装置。该工艺能将硅熔液中的铝去除约75%，钙去除85%~90%，提高硅熔液的纯净度、品级率。由于氧气底吹精炼工艺具有简便、安全、经济效果好等优点，已成为大中型工业硅电炉必备的配置。

A1.4.3.14　完整的烟气净化系统

电炉有一套完整的烟气净化设施。正常运行时，电炉产生的高温烟气经集烟箱式烟罩→烟道→烟管→烟气冷却器（或余热锅炉）→火花捕集器→进入布袋除尘器→脱硫装置→双吸入抽风机→排气筒（暂无脱硝装置）。净化后排入天空的烟气，达到《工业炉窑大气污染物排放标准》中的排放标准。

大型工业硅电炉有 5 个出炉口交替使用，每个出炉口各设有单独的吸烟罩和排烟管，排烟管并入环形烟道，各排烟道各自都有控制阀，出炉时将该出炉口排烟管和控制阀打开，风机启动，出铁烟气经烟管输送到操作平台上方，作为炉门等处气封用气，进入烟罩，随同电炉烟气送入电炉烟气净化系统处理。

在精炼工位的上方，设置有吸烟罩，将精炼产生的烟气通过管道并入电炉烟气管道一并处理。

在浇铸过程中产生大量烟尘，为有效捕集烟尘，在锭模上方设置移动式吸烟罩，将烟气经管道和风机送入电炉烟气净化系统，一并处理。

由于对电炉烟气、出炉口烟气、精炼烟气、浇铸区烟气都设置烟罩捕集，并经火花捕集器和布袋除尘器二级净化，最终实现烟气达标排放，并使电炉作业区岗位粉尘浓度低于 $10mg/Nm^3$，达到《工业企业设计卫生标准》，使工业硅生产达到环保清洁生产。

A1. 4. 3. 15　未来的新技术装备

大型工业硅电炉可采用低频供电[5]或直流供电，在不需任何补偿装置的情况下，电炉的自然功率因数将可达到 0. 90%以上，这样电炉产量将再提高 10%以上，电耗降低 2%~3%。大型直流和低频工业硅电炉将是新时代我国在工业硅电炉生产设备方面的新创新和新贡献。

鉴于大型工业硅电炉有上述的技术优势和装备特点，只要把工业硅生产作为系统工程来认识和对待，强化企业自身培育，建立一支生产管理和技术管理都过硬的团队，通过理论-实践-理论-实践多个反复，把工业硅生产的每一个环节真正意义的融会贯通，做到举一反三，大型工业硅电炉的技术优势就可以充分发挥。

大型工业硅电炉的生产只要我们把它作为系统工程对待，在国内已经涌现出很多大型工业硅电炉的先进企业，看到其强大生命力，做到降低生产成本提高企业效益。同时通过余热利用减少环境污染，实现良好的企业效益和社会效益的双丰收。这种高效益、低污染、绿色、低碳的大型工业硅电炉正被国家产业政策大力提倡和推广。

结论：大型工业硅电炉有很多技术优势和设备优势，节能降耗、绿色环保的效益优势正日益显示，大型工业硅电炉的强大生命力，正被人们认识、接受，不久的将来，大型工业硅电炉将遍布祖国大地。

参考文献

[1] 陈晓燕．潘达尔硅业发展历程［C］.2017 年中国工业硅产业链年会论文集，2017：59.

[2] 魏连有．工业硅余热利用及节能环保［C］.2017 年中国工业硅产业链年会论文集，2017：66.

[3] 张兵涛，仝伟峰，班允鹏．工业硅矿热炉烟气余热的综合利用［J］. 铁合金，2017（6）：42.

[4] 唐琳．工业硅生产工艺及设备［M］. 成都：四川大学出版社，2014.

[5] 唐琳，栾心汉，张健．铁合金冶炼节能技术——低频供电矿热炉［J］. 铁合金，1998（4）：6.

A1.5　30MV · A 工业硅电炉的机械设备

摘　要：本文叙述现代 30MV · A 工业硅电炉的机械设备，为电炉的高产、低耗、优质、长寿创造良好的保障。

关键词：30MV · A 工业硅电炉；机械设备

我国第一台工业硅电炉于 1957 年建成投产，从满足国内现代化发展需要到自足有余出口外销，特别是 21 世纪起，通过国际交往和我国工业硅行业工作者的不懈努力，从引进、消化、完善、创新，现在已有近百台容量在 25MV · A 以上的大型工业炉电炉，在甘肃、四川、新疆、云南、贵州、福建等省崛起，发挥越来越明显的技术优势和强大生命力。电炉现代化的机械设备为电炉的高产、低耗、优质、长寿创造良好的保障。现将 30MV · A 工业硅电炉的机械设备概况作介绍，供已建、在建、拟建大型工业硅电炉企业和个人参考。

工业硅电炉的机械装备主要包括炉体、旋转机构、电极系统、排烟系统、炉顶布料、加料系统、液压系统、冷却系统、炉底测温装置、炉底通风冷却装置、气封系统、极间木隔板以及电弧烧穿器。30MV · A 电炉的主要技术参数见表 A1.5-1。

表 A1.5-1　30MV · A 电炉的主要技术参数表

指　标	参　数	指　标	参　数
自然功率因数 $\cos\varphi$	0.70～0.72	极心圆直径/mm	3200
低压补偿后功率因数 $\cos\varphi$	0.85～0.87	炉膛底部直径/mm	7100
电炉使用功率/MW	25～26	炉膛深度/mm	3160
电炉常用二次电压/V	210～220	炉壳外径/mm	8968
电炉常用二次电流/A	80563	炉壳高度/mm	5520
电极直径/mm	1272	炉体旋转速度/$h \cdot r^{-1}$	60～240

A1.5.1　炉体

炉体由炉壳和炉衬组成。

A1.5.1.1 炉壳

工业硅电炉的炉壳有圆形或锥台圆形，它优点是：结构紧凑，可以缩小单位辐射面积减少热损失，三根电极产生的热量比较集中，炉膛中死料区较少，短网布置也容易做到合理减少损耗。

由于圆形炉壳容易制作安装，所以使用较广。我国现有的 30MV·A 工业硅电炉都采用制造方便的圆筒形炉壳。

炉壳由炉身、炉底、加强筋等组成，采用焊接结构，炉壳要有足够的强度，30MV·A 工业硅电炉炉身一般用 20mm 厚的锅炉钢制作，炉底用厚 25mm 钢板焊接而成，加强筋由 36 道纵向筋板和 4 道水平筋组成，它们的作用是抵抗由于炉衬热膨胀而产生的胀裂，以防炉身膨胀变形。

圆形炉壳身上，均匀配置 5 个出铁口，在炉身出铁口处需增设加固筋和专用框架。

30MV·A 工业硅电炉，为了减少涡流和磁滞损失，以及制作安装方便，炉壳可沿圆周分成几瓣，每瓣之间垫石棉板密封，用螺栓通过隔磁垫圈紧密连接，或采用全焊接结构。焊接要求密实不漏气。

炉壳要高出操作平台 300~400mm，防止人员和操作设备滑入炉内。

炉壳底部呈水平状，炉壳浮放在旋转机构的工字钢梁上。以使炉壳和工字钢梁在受热时各膨胀各的，而不互相影响，同时空气也可在工字钢梁空道之间流通，起到冷却炉底的作用，还可以对炉底进行观察及时发现和预防炉底烧穿事故。

炉壳必须要有接地装置，接地电阻不大于 4Ω。

工业硅冶炼温度较高，炉底温度也会很高，应由风机通风对炉底进行冷却，并有炉底温度监测装置和把监测到的炉底温度传输到中央控制室。

A1.5.1.2 炉衬

工业硅电炉炉衬主要有绝缘、保温、耐火等材料组成。

30MV·A 工业硅炉衬结构如下：

炉底部位，由下往上：20mm 硅酸铝纤维板、40mm 高铝浇注料找平层、6 层 ZL48 高铝砖（65×6＝390mm）、6 层 ZL75 高铝砖（65×6＝390mm）、40mm 炭素捣打料找平、2 层半石墨炭砖（400×2＝800mm）、1 层微孔炭砖（400mm）、100mm 炭素捣打料保护层。炉底总厚度 2080mm 加 100mm 炭素捣打料保护层。

炉墙部分，由外往里：绝缘层（20mm 硅酸铝纤维板）、膨胀层（50mm 耐火粒）、保温砖层（115mm 轻质高铝砖）、耐温层（230mmZL75 高铝砖）、防渗层（100mm 碳质粗缝糊）、耐火层（400mm 微孔炭砖）。炉墙总厚度 915mm。

出炉口砖采用碳化硅结合氮化硅砖，出炉口砖附近用电熔刚玉砖。炭砖采用无缝砌筑，黏结材料为炭素胶泥，砖缝不大于 1mm。炉底高铝砖干砌，砖缝不大于 1mm，缝隙由高铝质耐火粉填充。炉墙砖采用高铝质耐火泥浆湿砌，砖缝不大于 2mm。

A1. 5. 2　旋转机构

30MV · A 工业硅电炉采用转轮式炉体旋轮机构见图 A1. 5-1。

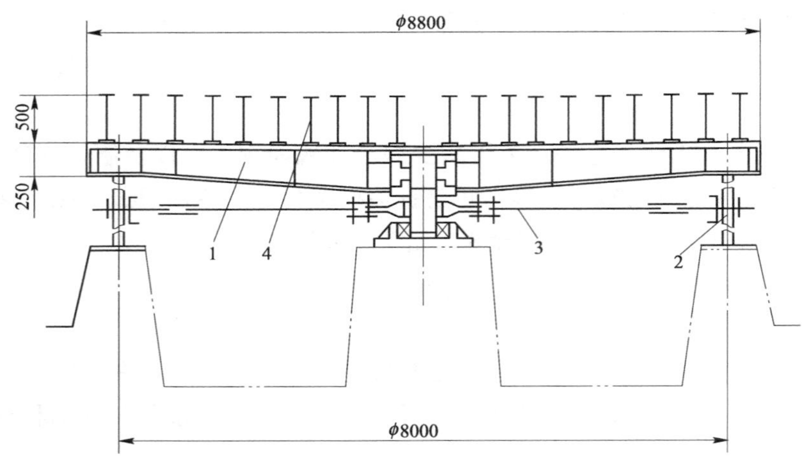

图 A1. 5-1　轮转式炉体旋转机构

1—旋转圆盘；2—圆锥形滚轮；3—拉杆；4—工字钢

炉体旋转系统由辐梁、上环形轨、下环形轨、滚轮导向架、中心轴及驱动机构等系统组成。辐梁由工字钢、钢板等焊接而成，主要承载炉体重量，安装在上环形轨上。辐梁与上环形轨间设置有绝缘垫，上环形轨下布置有滚轮导向架及下环形轨。滚轮导向架由 32 个滚轮及支架构成。32 个滚轮绕中心轴旋转。炉体旋转系统的电机、减速机、摩擦联轴器过去均为进口，现在国内已可生产，摩擦联轴器所传递的扭矩可调节，从而保护电机、减速机不会因过载而损坏，当电极所受阻力，超过摩擦联轴器所能传递的扭矩时，摩擦件产生相对滑动在不停电机的情况下使炉体停止旋转，以保护电极不被损坏。当电极所受阻力减小后，炉体可继续旋转。炉体旋转速度可调。炉体旋转的开、关及转速接入 PLC 系统，设有手动和自动两种控制。

A1.5.3　电极系统

电极系统由电极、电极把持器、电极升降机构和电极压放装置组成。

A1.5.3.1　电极

工业硅电炉的电极采用石墨质炭素电极，30MV · A 工业硅电炉的电极直径为 1272mm，1272mm 石墨质炭素电极的技术参数如下：

电极直径：1272mm；

允许最高电流负荷：85100A；

允许最高电流密度：6.7A/cm；

柱体长度：2500/2700mm±100mm；

接头长度：340mm。

炭素电极的结构图见图 A1.5-2。炭素电极的一端加工成带有圆锥形母螺纹的螺孔，另一端加工成相应尺寸圆锥形公螺纹，不需要专门加工的接头而实现两根电极的连接。

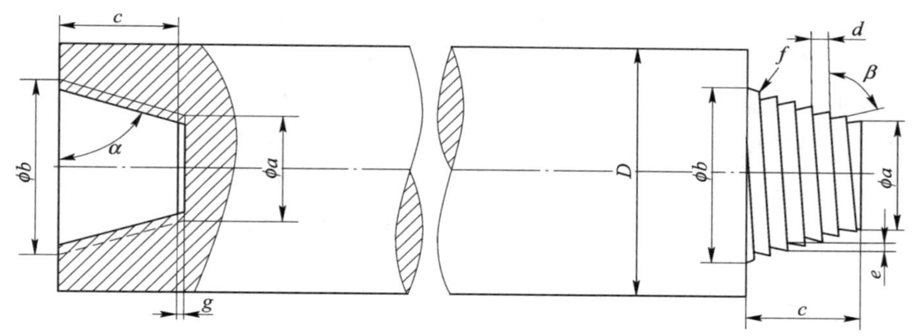

图 A1.5-2　炭素电极结构示意图

A1.5.3.2　电极把持器

把持器由导电铜瓦、导电铜管、下把持筒、上保护屏、下保护屏、压力环、底部环等组成，它的作用是把短网输送过来的电流通过导电铜管和铜瓦送到电极上。各部件均在高温和强磁场条件下工作，应具有充分的循环水冷却和较好的防磁性能。

导电铜瓦为铸锻或轧制而成，材质为 T_2 电解铜，铜瓦载流密度大，使用寿命长，一般可使用五年以上，30MV · A 工业硅电炉每根电极有 10 块铜瓦。

对应有 10 块下保护屏，为提高铜瓦的使用寿命，采用内部通水冷却结构。

导电铜管采用 T_2 电解铜，每块铜瓦两根，铜管管径为 ϕ70mm×12.5mm，在铜瓦内形成循环水路，铜管既起导电作用又起冷却水冷却铜瓦的作用，在电炉正常工作情况下导电铜管的电流密度控制在每平方毫米不大于 2.5A（$\leqslant$2.5A/mm^2）。

压力环用以压紧铜瓦紧贴电极减少接触电阻和杜绝铜瓦与电极间打弧，压力环上有对应铜瓦数量的顶紧装置，30MV · A 工业硅电炉采用波纹管膨胀箱，实行一对一的顶紧铜瓦，由于采用液压控制顶紧装置的伸长或缩短，电极各铜瓦受力均匀，顶紧装置的顶紧压力可通过液压系统充油压力在 0~6MPa 之间调节，压力环材质为 1Cr18Ni9Ti 不锈钢，采用两个半环绞接成整体以便安装、维修。

在压力环下增设分体式底部环，采取合理设置底部环内循水路的方法，有效防止刺火对压力环损害同时也降低整体压力环拆卸的麻烦，减少热停炉时间，提高电炉作业率，新型底部环见图 A1.5-3。

底部环由螺栓与上部压力环连接，底部环底板采用双旋式结构，底部与侧面均无焊缝，这种结构可有效减少焊接应力和焊接疵病，避免焊缝漏水，在底部水路设计时考虑了冷却水流速对水垢及热交换的影响，在底部高温区采用小截面高流速水路，减少水垢在压力环底部的堆积，提高热交换率，延长底部环的使用寿命，底部环采用不导磁耐高温不锈钢 1Cr18Ni9Ti 或 T_2 铜。

新型工业硅电炉的保护屏制作成上、下两部分（见图 A1.5-4），上部为不易变形并易于制作的圆筒形整体结构，在其大修周期内基本能做到免维修和

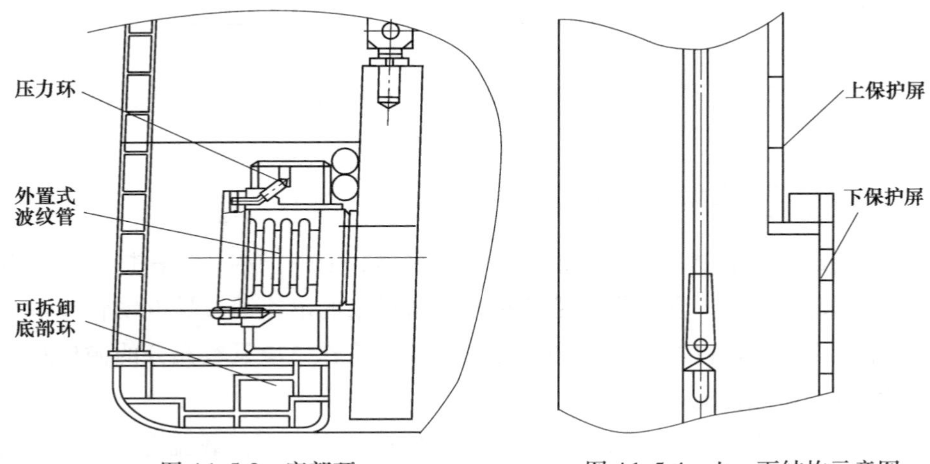

图 A1.5-3　底部环　　图 A1.5-4　上、下结构示意图

易于与烟罩密封，下部做成可拆卸分体式结构，上、下保护屏的材质均为1Cr18Ni9Ti。

A1.5.3.3 电极升降机构

电极升降机构用作电极的提升和下降，实现输入电炉的电流、功率的调整，现在工业硅电炉的电极升降机构全部由液压系统控制实现，根据电炉总体设计和安装情况，液压缸可设计成活塞式座缸和活塞式吊挂缸两种（见图A1.5-5和图A1.5-6）。

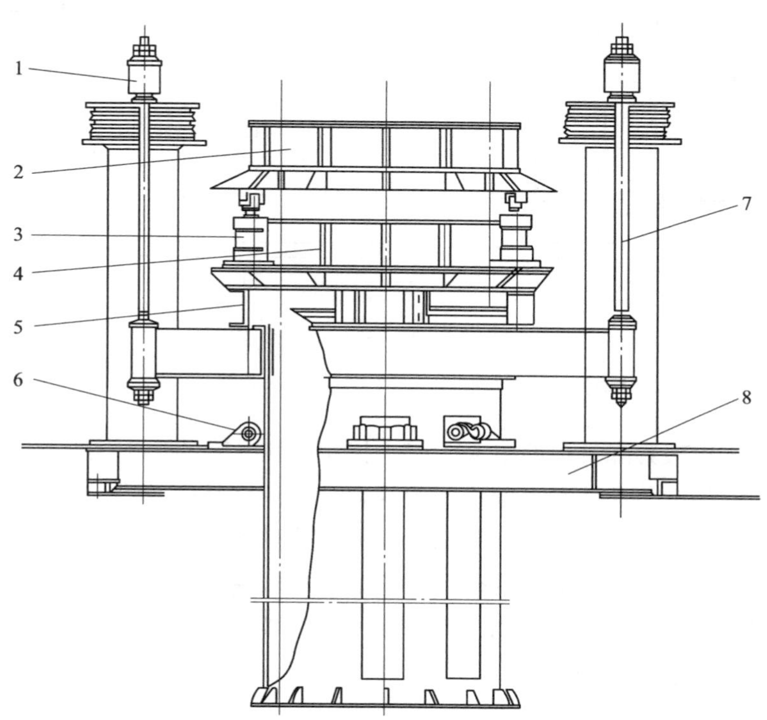

图A1.5-5 座缸式电极升降装置

1—升降油缸；2—上抱闸；3—压放缸；4—下抱闸；
5—把持筒上横梁；6—导向轮；7—防尘罩；8—固定底座

电极升降机构由升降油缸、上把持筒、压放平台、支撑平台、导向轮、横梁等组成，上把持筒和电极把持系统的下把持筒以螺栓连接在一起，以便安装和中间作绝缘处理，它的作用就是提升或下降电极，以此来改变电极与炉底间的距离，从而实现电极与炉底间的电阻和电极间的电阻的调节，来调节电极电流大小，以达到控制每相电极功率大小的目的。

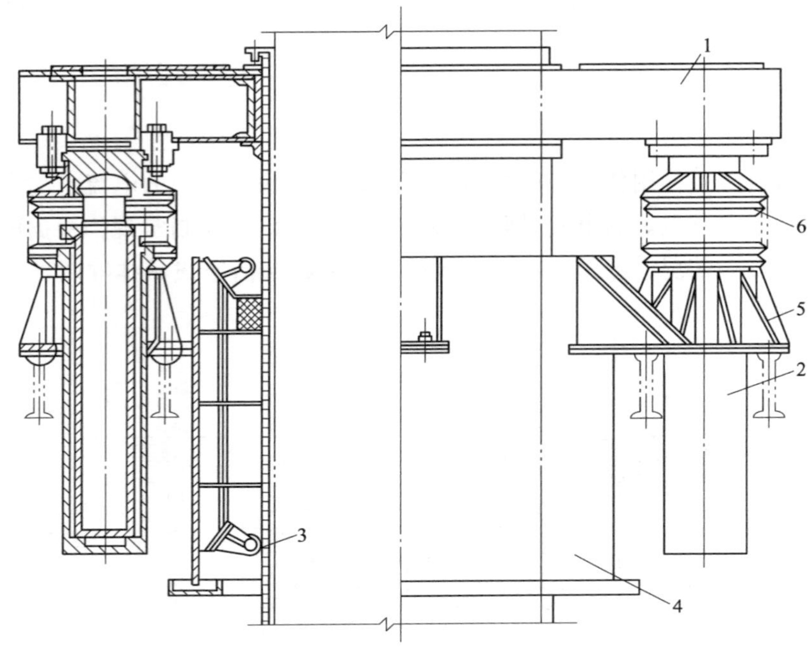

图 A1.5-6　吊缸式电极升降装置

1—把持筒上部横梁；2—升降油缸；3—导向轮；4—导向筒；5—底座；6—防护罩

座缸式电极升降机构见图 A1.5-5，控制电极升降的油缸用螺栓固定在支撑平台上，油缸与支撑平台间应有绝缘，升降油缸是柱塞式，即电极提升靠液压力，电极下降靠自重，升降油缸内设有传感器，可使中央控制室电极操控人员随时知道升降缸活塞的位置，并采取相应措施控制电炉，当电极升降时导向轮对把持筒起导向作用，升降油缸与小横梁绞接，可消除升降电极时的晃动对液压缸的影响，小横梁与压放平台间以柱杆方式连接，它们之间应设置绝缘。

吊缸形式的电极升降机构见图 A1.5-6，升降缸吊挂在顶层平台下方，升降吊缸下部连接支撑平台（固定底座）它们之间应有绝缘，支撑平台与上把持筒连接在一起。

两种形式结构基本相同，只是承载平台不同，吊缸式吊在顶层平台、座缸式座在次顶层平台。

液压缸升降机构具有结构简单紧凑、传动平稳、能够实现自动化操作，为适应冶炼操作的特点，电极的升降要求升时快一些（0.5~1.0m/s），下降时慢些（0.2~0.4m/s）。

A1.5.3.4 电极压放装置

30MV · A 工业硅电炉的电极压放装置采用上、下两道活动式常闭液压机械块式抱箍（图 A1.5-7）。它具有安全可靠操作方便、可实现手动、自动操作。并可做到带电压放和压放量控制操作。

电炉工作时对电极抱紧力靠蝶形弹簧的弹力，松开电极时用液压力克服弹簧的弹力，实现抱闸对电极的松开动作。

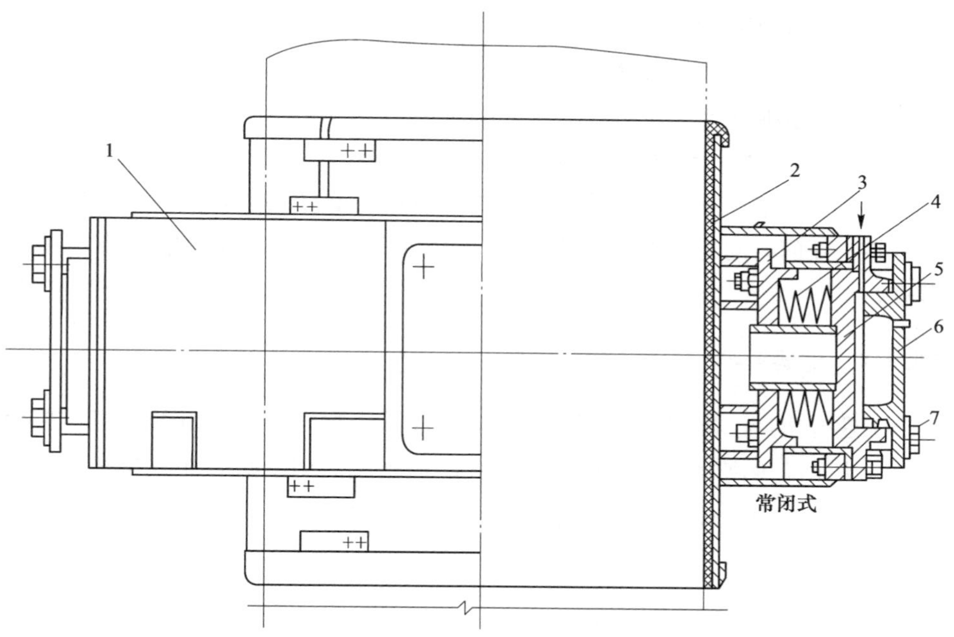

图 A1.5-7 常闭液压机械闸块式抱闸

1—下抱闸；2—橡胶闸皮；3—钢闸瓦；4—碟形弹簧；5—缸体；6—压盖；7—调整螺栓

30MV · A 工业硅电炉压放装置为双抱闸环夹持结构，抱闸环由闸瓦、抱闸箱、抱闸油缸和组合碟簧组成，抱紧电极时靠抱闸环径向均布六组组合碟簧作用，闸瓦用钢质材料制作，闸瓦表面粘贴硫化橡胶作闸皮，以提高摩擦力，同时确保电极与压放装置间绝缘。使电极可在液压系统出故障时不产生下滑。电极的压放是由安装在两抱闸中间的 4 个压放油缸来实现，电极压放过程由人工或 PLC 自动控制完成，也可由液压阀台上手动完成，电极的压放周期主要取决于电极的消耗，电极的消耗又取决于工艺操作和电炉的用电量。4 个压放小油缸控制每次运作的压放量，每次压放可事先调定最小为 20mm，最大为 100mm。

在正常生产期间，电极由压放装置夹持紧贴闸瓦，需压放时按一定程序、一定数量来压放电极，以补充电极的消耗，也可以按照压放相反的程序提升（倒拔）电极，在倒拔电极时，一定要释放压力环对铜瓦的压力。

压放电极步骤如下：

（1）松开上抱闸；

（2）上抱闸升起；

（3）上抱闸抱紧；

（4）下抱闸松开、压力环松开；

（5）下抱闸升起；

（6）下抱闸抱紧、压力环抱紧。

在非正常情况下手动操作控制压放过程时，必须要有足够时间来完成每个步骤，任何时间绝不能同时给上、下抱闸给油加压，以免电极下滑酿成事故。

A1.5.4　排烟系统

工业硅生产、出炉、炉外精炼和浇铸过程中都会产生大量的高温、带尘烟气，为了减少高温及粉尘对员工健康的伤害和利用余热、回收生产副产品（微硅粉），工业硅生产设备中排烟系统占有重要地位。其排烟系统示意图见 A1.5-8。

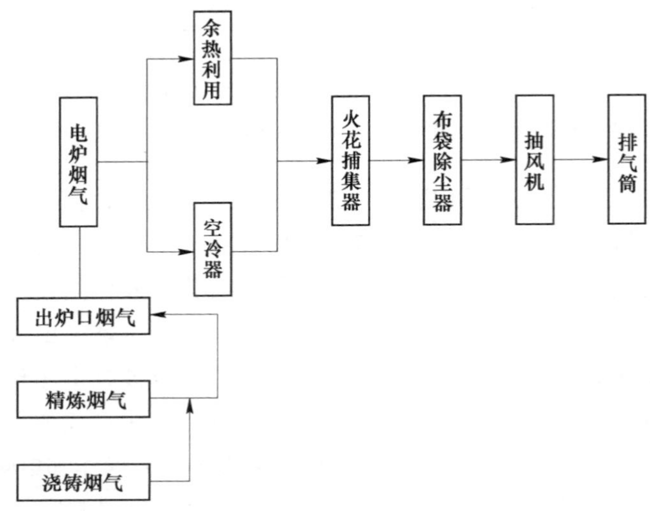

图 A1.5-8　工业硅电炉生产排烟系统图

A1.5.4.1 烟罩

30MV·A 工业硅电炉烟罩由烟罩侧壁、烟罩侧裙、升降炉门、炉门提升装置、烟罩顶盖、烟罩骨架、烟罩吊挂、电极密封及导向装置等组成。

工业硅电炉的烟罩采用半封闭式立柱坐落在操作平台上，顶部吊挂在上部平台下方，烟罩侧部设计成六角形有 6 个炉门，供捣炉、加料、推料和平整料面等炉口操作，由于有 6 个炉门避免了操作死角，炉门由液压控制，升降自如，可以控制冷空气进入量，调控烟气温度，有组织收集烟尘和余热利用，6 个升降炉门的设计也有效地防止了以往烟罩侧壁积灰的弊病，保证了炉内环境的通畅，更有利于收尘除灰。另外利用炉门轨道，悬挂升降炉门，既降低了炉门轨道受热变形导致炉门活动不畅甚至卡死现象发生，也避免烟罩顶部因悬挂出现的不稳定、易损坏、检修困难等影响作业率的缺点。炉门开闭具备远方、机旁、遥控三种控制方式。开闭状态进 PLC 系统显示。烟罩顶部有 2 个烟道出口和 3 个穿越电极的开口及 10 个料管的开口。烟罩炉门下方设防撞装置，防止加料捣炉车撞击炉壳。各烟罩盖板的炉内侧打结高铝质浇注料外通冷却水。

目前烟罩有无水冷骨架烟罩和水冷骨架烟罩两大类型。

无水冷骨架烟罩的盖板通过烟罩吊挂吊在承载平台下方，减少了电炉中心电极三角区内因承重受热受压引起的变形、漏水及烧蚀，而烟罩盖板由不锈钢钢板焊接而成，并采用水冷及内部打衬结构，以降低操作平台温度及延长烟罩使用寿命，盖板与盖板之间采用以耐火砖加配陶瓷纤维毡的绝缘方式，再用不锈钢、云母、标准件组成连接装置，使其连接在一起，其绝缘效果显著（见图 A1.5-9）。

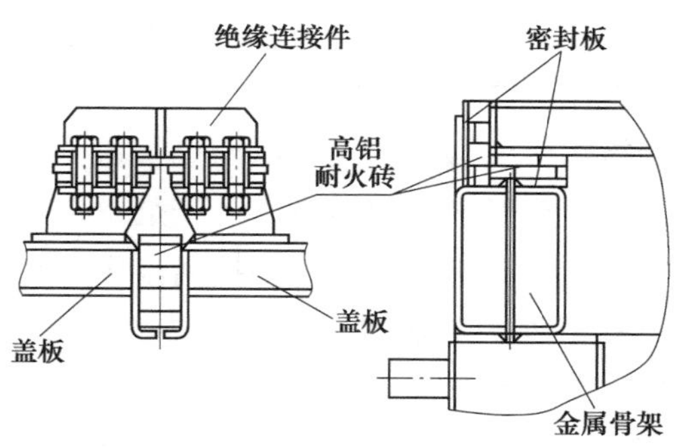

图 A1.5-9 盖板、骨架的连接示意图

其中耐火砖起绝缘作用，陶瓷纤维毡起密封作用，这样既解决了盖板与盖板间的绝缘问题，也提高了密封效果，绝缘距离的增加延长了使用时间，同时也增加了盖板与骨架间的绝缘距离，密封效果更加完善，延长了盖板与骨架的使用寿命，通水烟罩盖板和骨架的材质为 1Cr18Ni9Ti，以减小磁场对电炉功率因素的影响，盖板外沿放置于烟罩骨架外环上，在盖板与骨架外环架间用石棉板予以绝缘和密封。

该设计将立柱底法兰下部增加一段钢管使其提高，空隙部分由耐火砖填充，这样不但不需要加大烟罩直径，还将增大烟罩与立柱底部的绝缘距离，提高烟罩对地的绝缘效果（见图 A1. 5-10）。

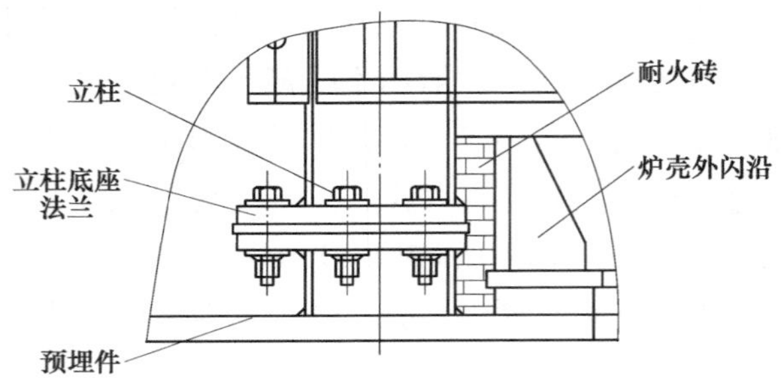

图 A1. 5-10　立柱的连接示意图

烟罩顶部的底面有高温和多种成分烟气的侵蚀，采用高铝质不定形耐火材料打结，为了防止脱落，在盖板内侧焊接“∧”形的锚固钉，锚固钉的材质为 1Cr13，长 50mm，高铝打结料厚度 80mm 左右。

有金属骨架烟罩是指烟罩顶部中间有一金属骨架环，通过连接支架与烟罩顶部外环架坐落在 6 根支柱上，内嵌 3 个防磁电极孔圈和 10 个加料孔圈组成内环，其间铺以水冷盖板内环材料均为防磁不锈钢，外环与内环间用钢管连接，其间也铺设水冷盖板，外环、内环、内外环连接钢管、电极孔圈、四周加料孔圈、支管、立柱、炉门均需通水冷却。

有学者推出集烟箱式凹型烟罩和大喇叭出口烟道，使烟罩炉门上方周围高，而烟罩中心区低的凹形形状共同组成一个笼烟罩，烟罩顶部四周高有利于捕集高温烟气，通过大喇叭出口烟道易于把高温多尘烟气排出烟罩，烟罩中心部位较低，可以使上保护屏做得短些，把持器铜瓦上的铜管也可短些，这对降低铜瓦铜管阻抗有较大帮助。

电极的密封在烟罩顶部烟罩盖板及穿越电极的开口上，通水冷却，并通过扇形密封环压紧电极把持器的上保护屏（或称水冷大套）防止炉内烟气外逸，并可随极心圆调整而移动。

烟罩吊挂在上层平台下方，烟罩吊挂装置必须设有两道绝缘。

A1.5.4.2　烟道

从烟罩顶部大喇叭排烟口往上直至顶端与大气相连的管道统称为烟道，每台电炉有 2 个烟道，每个烟道由保温烟道、烟管、放散阀、烟道吊挂等组成。烟道设有伸缩节，以补偿烟道受热或冷却后尺寸发生变化。烟道的重量分段承载在烟罩盖板、压放平台和料仓平台，避免了集中载荷。烟道下部尽量远离电炉短网，以减小磁场影响，从大喇叭口至上层平台间烟道材质选用无磁不锈钢，下部烟道温度较高内腔先焊上锚固钉，然后打结或喷涂耐热保温材料，直至烟道旁出车间连接烟气净化系统处，上部烟道出口有放散阀门，控制烟气是否需放散，放散阀有翻板阀和钟罩阀两种，由液压装置进行控制。烟道对烟罩与平台的连接处、烟道吊挂、烟管间必须要有良好的密封和绝缘。

A1.5.4.3　出炉口排烟装置

为改善出炉口处的劳动条件和捕集出炉时的粉尘，在出炉口处设有排烟装置，收集电炉出炉时产生的烟气，并为气封装置提供气源，出炉口排烟装置由吸烟罩、吸烟管、控制阀、烟道管、引风机等组成，30MV·A 工业硅电炉由于炉体旋转，使出炉口位置不固定，因此吸烟罩呈半环形布置在炉壳周围，5 个吸烟罩有各自的吸烟管，每个吸烟管都设有控制阀，出硅时出炉口附近的控制阀呈开启状态，关闭其余控制阀，并一定要关严，以免影响排烟效果，吸烟罩和烟道管由钢质材料加工而成，吸烟罩内部喷涂轻质耐火材料，以延长吸烟罩使用寿命，烟道管用钢制吊架吊挂在操作平台下方，出炉口排烟风机需有接地装置，为减小噪音及风管振动，抽风机进风口和出风口均需有软连接。

A1.5.4.4　底吹富氧精炼工位排烟

液态工业硅出炉后流入铁水包，需拉至精炼工位继续精炼，此时出炉口已停止排烟，通过精炼工位上方的吸烟罩—管道—控制阀与出炉口环形烟道相连，控制阀由精炼工控制。

A1.5.4.5　浇铸时的排烟

液态工业硅在浇铸时会有少量的烟气，浇铸时在铸模上方设吸烟罩，烟气并入精整工位，烟气管道进入出炉口环形烟道，再进入烟气净化系统，如果采取天车浇铸，可用移动罩式吸烟排烟或在浇铸间顶部设屋顶罩排烟。

总之，工业硅生产的整个过程中，都需要对可能产生烟尘的环节、工位进行消烟除尘。

A1.5.5 炉顶布料加料系统

炉顶布料加料系统负责把由配料、上料系统送来的炉料加入炉内。主要由布料设备和加料设备组成。

A1.5.5.1 布料设备

布料设备布置在炉顶，又称为炉顶布料设备，通常采用地面轨道式、悬挂轨道式，两种方式给电炉炉顶料仓供料。

A 地面轨道式布料设备

a 直轨式布料设备

直轨式布料设备通常采用常规型胶带输送机，可逆胶带输送机，可逆轨道胶带输送机，根据实际工艺，由多条输送机在空间形成输送机网络而组成布料系统。直轨式布料设备在就地增设单料仓选位功能及设备定位功能。控制方式分为就地（机旁操作箱）控制和集中控制，集中控制可以单独作为一个分站，通常将配料、上料设备和分料设备整合为一套系统，使得系统更具管理性。由于系统有全自动、半自动和点动的操作模式，操作方式灵活，操作简单。

b 环轨式布料设备

环轨式布料设备主要由环形轨道、环形布料车、定位装置、料位检测装置等组成。控制方式采用手动及自动两种控制方式，手动配置无线遥控装置，自动控制配置工业电脑及上位机组态控制。上位机进行控制，提供了工艺流程控制组态画面给用户，可以进行人机交互，上位机可以通过光纤连接到工厂任何位置。由于系统是全自动系统，一键起动，操作简单。系统同时也提供了半自动和点动的操作模式，适用于系统调试和检修，建议正常生产情况下，使用全自动，因为系统设计了安全可靠的连锁保护程序，设备不会误操作。

B 悬挂轨道式

悬挂轨道式布料设备又称空中轨道式，其应用方式同地面环轨式相似，设备组成、控制方式参见地面环轨式相关介绍，不同于地面轨道式主要的区别是，悬轨式以轨道悬空、料车悬挂的方式安装。

A1.5.5.2　炉顶加料设备

电炉炉顶加料设备：12 个料仓，每个料仓的容积约 $4m^3$，经料仓下接料管向炉内加料。每个料仓下接一个加料管，其中 1 个中心料管，3 个相间料管，6 个电极料管，2 个炉外料管。料管 ϕ480mm×10，每个料管中间设 2 道液压闸阀（或每个料仓下设 1 台振动给料机和 1 道闸阀），料管在短网标高上 1m 以下采用无磁不锈钢，炉内加料嘴采用不锈钢（1Cr18Ni9Ti）水冷。其余采用 16Mn 钢制作。加料采用炉口操作平台遥控操作和料仓下面控制液压闸阀旁手动操作均可。料管下插板闸与上插板闸连锁控制（不允许同时打开）防止误操作造成料管窜火。2 个炉外料管，用作加料机加料，将调整炉料加到炉内需要的地方以调整炉况。

A1.5.6　液压系统

液压系统为电极系统的升降、压放、把持以及炉门的升降、烟道控制阀的启闭、料管闸阀等提供动力源。30MV·A 工业硅电炉的液压系统原理如图 A1.5-11 所示。

A1.5.6.1　液压系统的组成

A　液压站（图 A1.5-12）

油泵：选用齿轮油泵或柱塞泵 2 台（1 用 1 备），供油的压力为 6~12MPa，工作压力为 10MPa，以确保系统有充足的液压力。

储气罐：又称蓄能器，为确保系统压力的稳定，液压站设置 4~6 个储气罐，储气罐容量需满足液压油泵停止运转后液压系统继续工作不少于 30min。

油箱：油箱为液压介质循环使用的容器。为减少液压介质的侵蚀和提高油箱的使用寿命，油箱采用耐腐蚀不锈钢制作。油箱容量 $1.8m^3$ 油箱中应安装液压介质冷却和加热装置，以确保电炉无论在冬天或夏天都能启动开炉生产。

液压介质：为防止泄漏油引起的失火，液压介质采用能阻燃的水乙二醇。水乙二醇对油泵、油箱、阀门、管道有一定的腐蚀作用，因此上述部件都要有抗腐蚀能力。

阀件：为运行控制需要，油泵站内设置了多种型号的阀件。

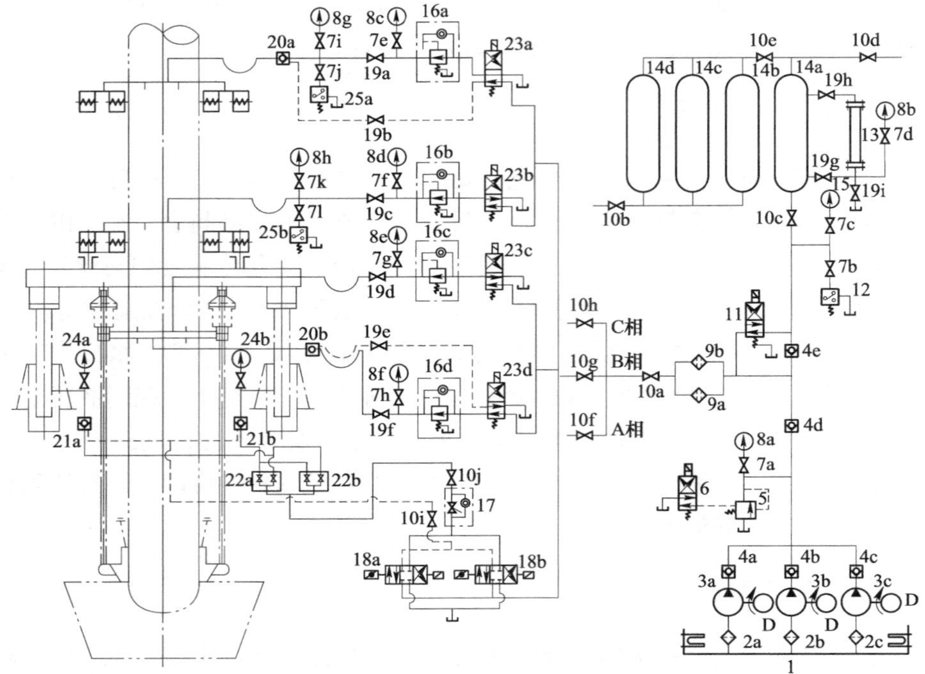

图 A1.5-11　30MV · A 工业硅电炉的液压系统原理图

1—油箱；2a～2c—滤油器；3a～3c—油泵；4a～4e，20a，20b，21a，21b—单向阀；5—溢流阀；6，23a～23d—电磁换向阀；7a～7l—压力表开关；8a～8h—压力表；9a～9b—精过滤器；10a～10j，19a～19i—截止阀；11，18a，18b—电液换向阀；12，25a，25b—压力继电器；13—液位计；14a～14d—贮压罐；15—远程发送压力表；16a～16d—单向减压阀；17—单向节流阀；22a，22b—分流集流阀；24a，24b—电接点压力表

B　管路

液压系统的钢管必须用无缝钢管，连接软管用高压软管，连接处必须是耐高压耐高温的绝缘接头。

C　阀站

阀站由控制电极升降、压放、把持以及炉门升降、烟道放散阀等的液压元件组成，这些元件全部布置在一块金属版面上称阀站，又称阀屏。

A1.5.6.2　液压系统的控制

液压系统控制有中央控制室内实行手动和 PLC 自动控制及液压站旁手动控制三种形式。

图 A1.5-12 液压站

液压系统压力，不但在电炉控制室设有直接防震压力表显示或控制屏显示，在液压站也应有压力显示。

A1.5.6.3 液压系统的安装

液压系统的液压钢制管路与把电极系统、炉门升降、料管闸阀及钟罩阀等采用高压软管连接，并设有 2 道绝缘接头，安装时两接头间留有 100mm 以上的安全距离，保证接头不因液压震动产生松动、漏油、打电等现象，所有管路及泵站要有减震措施。

液压管道在安装前要进行酸洗和纯化，管路试装清洗干净后，方可连接执行元件，确保系统清洁畅通和安全运行。

A1.5.7 冷却水系统

工业硅电炉冷却系统是对处于高温下工作的构件进行冷却的系统。

A1.5.7.1 冷却水系统的组成

工业硅电炉冷却水系统主要有：

（1）软化水冷却系统。为防止长期处于高温工作条件下构件的结垢，对这些部件的冷却采用经软化处理后的软化水。主要包括电炉把持器全部构件（铜瓦、铜瓦铜管、上保护屏、下保护屏、压力环、压力环顶紧装置（波纹管膨胀箱）、底部环护环等），烟罩，短网等部分。

(2) 清洁水冷却系统。清洁水冷却系统主要指工作温度不高，但对水温要求相对严格的部件进行冷却。主要包括电炉变压器油水冷却器、液压站油箱的冷却和除尘风机轴承冷却等。

A1.5.7.2　电炉冷却水系统的组件

电炉软化水系统的组件由进水水管、进水分水器、分水支管、回水箱、配水管及仪表等组成。

进水水管：连接外部管网的管道，其直径 DN360mm。

分水器：外部进入软水通过分水器分配到电炉各部需要软化水冷却的装置，分水器安置在电炉操作平台，也有安置在电炉变压器层平台。分水器由钢管和钢板制作，其上焊接分配给各部位的冷却钢管。进水分水器上安有压力、温度、流量显示。

管路：由分水器到需冷却部位的管路由 DN40mm 的钢管和高耐压夹布胶管（d=45mm，耐压≥0.6MPa）组成，用不锈钢抱箍（d40/D63）连接。在分水器的每个出水管上都装有阀门，阀门可控制水的通与断及调节水量的大小。30MV · A 工业硅电炉约有 110 个软水循环水路。

回水箱：由钢板制作，上部敞开以便观察各路回水的流量和温度情况，在各回水管上装有测温温度计和压力表。

在进水分配器上，温度、压力、流量传感器和各回水支管上温度、压力传感器都接入自动化检测控制的 PLC 系统，用于自动监控、报警和自动跳闸保护。软连接部分采用带绝缘双头系扣连接。

A1.5.8　炉底测温装置

为防止炉底温度过高、烧穿炉底，设置多个炉底测温装置，测量电极位置下炉底温度，测出炉底温度传输到中央控制室操作台显示。热电偶采用铂铑品牌，炉底还设置接地装置，接地电阻不大于 4Ω。

A1.5.9　炉底通风冷却装置

工业硅生产炉膛底部温度高（2000℃左右），炉衬热传导好，炉衬下部温度也高。炉底下方设置风机对炉底进行通风冷却。

A1.5.10　气封系统

为防止高温烟气从电炉烟罩内外逸，电炉加料管、电极把持器上保护屏

（水冷大套）与烟罩间以及烟罩炉门等处设有气封。气封气源来自出炉口排烟风机。出炉口烟气经风机将烟气注入电炉气封系统，经管道分配到各需气封的部位，电炉加料管气封用气送到下料管闸阀处。电极保护屏处气封和炉门气封用气送到烟罩顶部，各用气支管上都设有控制阀，控制气封气量的通断和大小。

A1.5.11　电极间木隔板

为杜绝接电极时相间短路及保证操作人员的安全，在电极连接平台上设置电极间木隔板及地面木地板。木隔板设有胶轮可移动，便于电极吊装及人员操作。地面木地板上需铺设绝缘橡胶板，以保证接装电极时员工的人身安全。

A1.5.12　电弧烧穿器

电弧烧穿器（图 A1.5-13）用于 30MV·A 工业硅电炉的烧穿出炉口和修补炉眼。这种烧穿器供电方式是与炉用变压器低压侧中的一相直接连接；其操作电压可参照工业硅电炉常用电压，操作电流一般为 3000~5000A。

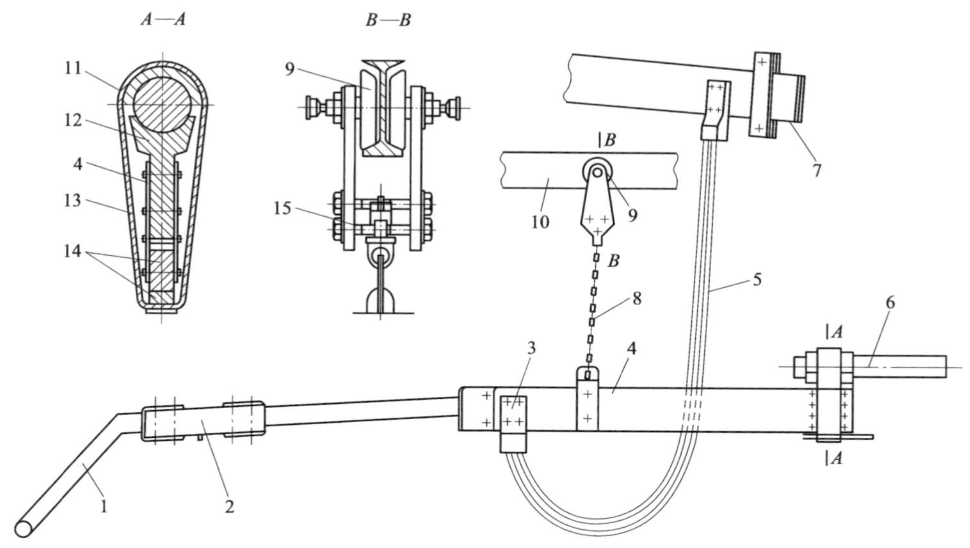

图 A1.5-13　电弧烧穿器的结构

1—手把柄；2—木方梁；3—铜接头；4—导电板；5—软电缆；6—石墨电板棒；7—输入母线；8—悬挂链子；9—滑轮；10—工字梁；11—轴瓦；12—铜头；13—钢箍；14—销键；15—绝缘垫

烧穿器的作用是烧穿出炉，将熔融硅液排出。它由烧穿器本体、烧穿母线、接触开关、轨道、吊挂等组成。烧穿器本体可在固定于操作平台下方的环形轨道上移动，以便在任何时候都能对准出炉口。堵出炉口后或不使用时可把它从炉口移开。烧穿器本体前端有 ϕ100mm 的石墨棒，石墨棒两端有螺母丝扣，以便接长使用。烧穿器母线为铜排，电源来自电炉变压器，通过铜排把电流从短网经接触开关、软母线连接到烧穿器本体上。在烧穿器母线上设置穿心式电流互感器，并将电流信号上传至 PLC 进行显示。烧穿器本体、铜排都需要与周围环境绝缘，以保证环境安全和操作安全。烧穿器在不工作时，烧穿器接触开关需断开，只有当需要烧穿出炉口时，接触开关才能处于接触通电工作状态。

烧穿器安装时首先安装烧穿器轨道及烧穿器母线，烧穿器轨道应先在地面分段连接好再整体往上吊装，要控制好烧穿器轨道的水平度及高度尺寸，以确保烧穿器对准出炉口。然后安装烧穿器，安装完毕烧穿器应进退自如，旋转自如。在安装、调试阶段烧穿器接触开关要处于断开状态，以确保工作安全。

A1.6 30MV·A 工业硅电炉直接电烘开炉

摘　要：本文介绍30MV·A工业硅电炉的主要技术参数，开炉的必要条件，开炉之前的准备、电烘、投料、出炉和转入正常生产。

关键词：工业硅电炉；技术参数；开炉条件；准备；电烘；投料；出炉；生产

A1.6.1 引言

工业硅电炉的开炉是工业硅电炉生产获得良好效果的第一步。电炉建设完成，在正式生产前要进行烘炉，通过烘炉，使炉衬气体排出，炭电极升温。炭衬烧结成整体，使炉衬有一定的温度和蓄热量，确保投料生产电极和炉衬达到正常生产要求。

传统烘炉方法的整个烘炉过程分为两个阶段：第一阶段是柴烘、焦炉或油烘，其目的是除掉炉衬水分、气体和炭电极升温。第二阶段是电烘，其目的是烘干炉衬，使其达到一定温度，蓄热满足生产需要；并使电极达到一定温度，使电极具有一定承受电流的能力，满足生产需要。

最近，我国已有工业硅的开炉，采用直接电烘开炉，并取得了良好的效果。现介绍如下，与业内人士分享。

A1.6.2 30MV·A 工业硅电炉的主要技术参数

A1.6.2.1 电炉的主要技术参数

电炉额定容量：30MV·A；

自然功率因数 $\cos\varphi_1$：0.70~0.72；

低补后功率因数 $\cos\varphi_2$：0.85~0.87；

电炉使用功率：25~26MW；

电炉常用电压：209~221V；

电炉常用二次电流：80563A；

电极直径：1272mm；

极心圆直径：3200mm；

炉膛直径：7100mm；

炉膛深度：3200mm；

炉壳外径：8968mm；
炉壳高度：5560mm；
炉体旋转速度：60~240h/r；
电极电流密度：6.31A/cm^2；
极心圆功率密度：3.17MW/m^2；
炉膛底部功率密度：0.66MW/m^2。

A1.6.2.2　电炉变压器的主要参数

变压器额定容量：10MV · A×3；
一次侧电压：110kV；
一次侧电流：157A；
二次侧电压范围：143V~188V~233V；
二次侧级差：3V/31 级；
常用二次侧电压：215V；
常用二次侧电流：80563A；
最大二次侧电流：92133A；
相数：3 相；
电流频率：50Hz；
调压方式：有载分相电动调压；
冷却方式：强油水冷。

A1.6.3　开炉的必备条件

（1）电炉的机械、电气冷调试运行合格，液压系统工作正常；

（2）冷却水系统试运行合格，各冷却部件无漏水渗水现象，水压、水质、水温、水量符合要求，管道通畅；

（3）彻底检查各处绝缘，各绝缘点绝缘电阻都在 0.15MΩ 以上；

（4）所有监测仪表、控制仪表、信号、报警、继电保护等都经核定校验无误；

（5）监控系统显示、控制及 PLC 系统试运行合格；

（6）制定合适的工艺运行模式，制定各岗位安全、生产、操作规程；

（7）供电的质、量有保障，高低压供配电系统验收合格；

（8）原材料质量符合要求，储量 30 天以上，配料、上料、炉顶布料等系统验收达标；

（9）人员配备齐全，并经安全生产培训合格。

A1.6.4 开炉前的准备

（1）电炉机电设备准备。电炉机电设备处于完好工作状态。

（2）在炉壳底板上沿起每 500mm 位置，横向每隔 1500mm 左右打 ϕ20mm 的排气孔；正常生产后再将孔封堵。

（3）烘炉材料、工具准备：

1）炭块 20t，粒度 20~50mm（或焦炭 30t，粒度 20~60mm）；

2）木柴直径≥100mm，长度≤1200mm，15t；

3）出铁工具齐全，出铁场地保持干燥整洁；

4）开炉工具：推料用大铲 4 把、推料架 3 个、加料锹 10 把，大钩 4 根、螺纹钢 ϕ24mm×6000 4 根、清炭锹 10 把。

（4）夹紧电极、提升电极、清理炉膛、在炉墙炭砖和电极刷涂石灰浆多道。

（5）冷却水系统呈半流状态，确认无渗水、漏水。

（6）除尘系统风机处于低位工作状态。

（7）由开炉负责人指挥进行 3 次送、停电冲击试验，变压器及其控制保护等一切正常。

（8）电炉变压器空载运行 30min，再次确认变压器、短网、电极、烟罩、等系统能确保安全运行；各绝缘部位能经受考验。

A1.6.5 电烘

（1）在炉底三相电极下方用 ϕ100mm 炭棒连成“△”，炭棒上面投放高约 300mm、直径 1500mm 左右炭块（或焦炭）和极心圆连线方向铺设高约 200mm、宽约 800mm 的炭块（或焦炭），其他地区炭块层 100~120mm。

（2）电炉变压器二次侧挡位放在 V_2：143V 挡位（31 级），旋转机构不旋转。

（3）电炉送电下降电极接触炭块。观察炉内火花和操作室内电流表变化，一般在 4h 后火花增多电流表有反应。烘炉前期四天（96h）电极始终“坐死”在炭块上，电极端部不能产生弧光，严禁提升电极。刚开始时每送电 90min 停电 30min，停电时间视炭块烧结情况松动或增加炭块，随着送电时间的增加，间隙停电时间逐渐减少。在电流逐渐升高，炉内设备逐渐升温，特别是电极升温加快，要严防电极事故。

电烘后期（电烘四天后）二次侧电压升到146V，电极开始离开炭块，电极端头与炭块产生弧光。开动炉体旋转机构，并以最快速度转动炉体，以使炉底和炉壁尽可能加热均匀。

（4）电烘六天（约144h）电炉功率达到7MW左右，耗电约45万kW · h，炉壳温度侧部炭砖处达到70～75℃，炉底第二层炭砖处温度40℃左右，炉壳排气孔点火有火焰，此时电炉炉衬已达到升温目标，符合投料温度条件。停电2h后，停止炉体旋转，迅速抓紧时间进行一次性热清炉，尽可能在1h内把炉内余炭清理完毕将余下炭量推向电炉中心部以保护炉心底部。

（5）电烘期间用电计划详见表A1. 6-1。

表A1. 6-1　电烘用电计划表

时间/h	V_2/V	I_1/A	I_2/kA	功率（参考值）/MW	用电（参考值）		备注
					耗电/kW · h	累计/kW · h	
0～4	143	1. 5	1. 153	0. 343	485	485	电极坐死，炉体不转
5～8	143	3. 0	2. 307	0. 486	1458	1943	
9～12	143	4. 5	3. 461	0. 729	2430	4373	
13～16	143	6. 0	4. 614	0. 927	3401	7774	
17～20	143	7. 5	5. 768	1. 214	4372	12146	
21～24	143	9. 0	6. 921	1. 457	5342	17488	
25～28	143	10. 0	7. 690	1. 619	6153	23640	
29～32	143	11. 0	8. 459	1. 781	6800	30440	
33～36	143	12. 0	9. 228	1. 943	7448	37888	
37～40	143	13. 0	9. 997	2. 105	8096	45984	
41～44	143	14. 0	10. 766	2. 267	8744	54728	
45～48	143	15. 0	11. 535	2. 429	9392	64120	
49～52	143	15. 5	11. 920	2. 510	9878	73998	
53～56	143	16. 0	12. 304	2. 591	10202	84200	
57～60	143	16. 5	12. 689	2. 672	10526	94726	
61～64	143	17. 0	13. 073	2. 753	10850	105576	
65～68	143	17. 5	13. 458	2. 834	11174	116750	
69～72	143	18. 0	13. 842	2. 915	11498	128248	
73～76	143	18. 5	14. 227	2. 996	11822	140070	
77～80	143	19. 0	14. 611	3. 077	12146	152216	
81～84	143	19. 5	14. 996	3. 158	12470	164686	
85～88	143	20. 0	15. 380	3. 239	12794	177480	

续表 A1.6-1

时间/h	V_2/V	I_1/A	I_2/kA	功率（参考值）/MW	用电（参考值）		备注
					耗电/kW·h	累计/kW·h	
89~92	143	20.5	15.765	3.320	13118	190598	电极坐死，炉体不转
93~96	143	21.0	16.149	3.401	13442	204040	
97~100	146	23	17.687	3.725	14252	218292	抬起电板，炉体旋转
101~104	146	25	19.225	4.049	15548	233840	
105~108	146	27	20.763	4.372	16842	250682	
109~112	146	29	22.301	4.696	18136	268818	
113~116	146	31	23.839	5.020	19432	288250	
117~120	146	33	25.377	5.344	20728	308978	
121~124	146	35	26.915	5.668	22024	331002	
125~128	146	37	28.453	5.992	23320	354322	
129~132	146	39	29.382	6.316	24616	378938	
133~136	146	41	30.889	6.640	25912	404850	
137~140	146	43	32.396	6.964	27208	432058	
141~144	146	45	33.903	7.287	28502	460560	结束电烘，停止旋转

A1.6.6 投料

当炉衬达到投料温度时，人工最短时间清理干净炉底，首先下降电极接触炉底，调整铜瓦下沿平炉口，紧固电极、提升电极在三相电极下面各投放200kg 炭块。维持停电前的二次电压 146V，下降电极接触炭块引弧，起弧后待弧光稳定 10min，立即将事先准备的木柴投入炉内，见投入的木柴燃着，马上把 15t 木柴一次性的投入炉内，并立即投入事先配好的炉料用人工均匀投加在木柴上，首次一次性投入约 50 批。入炉料配比如下：硅石 300kg，精煤220kg，木片 120kg。

此时炉内料面高度约 1000mm（平炉墙炭砖顶部），投料后电炉功率逐渐增大，允许炉内少量跑火，电炉冷却水可视情况逐渐加大。出硅水前采用人工加料，勤加薄盖严格控制料面，可用大铲平整料面，料面必须平起，烟道闸门保持微开启，以后随着有功功率升起逐渐加大。尽量少开炉门防止电极接头氧化。投料 24h 料面高度约为 1600mm，此阶段不需捣炉。24h 后每班（8h）升高料面 200mm，此时可人工浅捣透气。投料 48h 料面控制在炉口下1200mm 左右，投料总量约 600 批。送电达到 50 万 kW·h 左右（加上电烘电量，总电量达到 95 万 kW · h 左右），电极电流波动较大，炉内已有较多数量硅熔液，此时可以出第一炉 2 包硅水。

投料后如果功率因素低于 0.85，应投入低压补偿，使低补后功率因素不低于 0.85。投料后开始做出铁的准备工作：准备 2 个出炉口出炉、2 个铁水包、2 个铁水包车，以备 2 个出炉口同时出炉，做好出 2 包硅水的一切准备工作。

A1.6.7 出炉

（1）第 1 炉硅水：投料 48h，送电量约 50 万 kW · h（加电烘电量约 95 万 kW · h），出第一炉 2 包硅水。在流量变小时需进行拉渣操作，出炉口喷火长度不少于 200mm，才能结束第一炉出水。

（2）第 2 炉出硅：在结束第一炉出铁后，立即提升二次电压，使用 V_2：170V，开始使用料管加料和推料机，负荷逐渐加大，运行 8h，有功功率逐渐达到 15MW，耗电约 10 万 kW · h。此时开始出第 2 炉硅水。出炉、堵眼操作如前。

（3）第 3 炉出硅：第 2 炉堵眼后 V_2 升到 173V，有功负荷逐渐达到 16.5MW，送电 6h，耗电约 8 万 kW · h。

（4）第 4 炉出硅：第 3 炉堵眼后 V_2 升到 176V，转动炉体旋转机构，转速为每小时 3.5kW · h 左右，有功功率逐渐升到 18.0MW，经 5h 耗电约 8 万 kW · h，出第 4 炉硅水，开始精炼硅熔液。

（5）第 5 炉出硅：第 4 炉堵眼后 V_2 升到 179V，有功功率逐渐升到 19MW，经 4h 耗电约 6 万 kW · h，第 5 炉出硅。

（6）逐渐转入正常。以后每出 1 炉将 V_2 升高 1 挡，有功功率逐渐上升，出炉由每班（8h）出 3 炉，直到 V_2 达到 215V，有功功率 25kW 可以试行每 2h 出 1 炉。

以后根据炉况，生产指标，调整炉料配比和用电制度，开炉到此结束。

投料、出硅用电计划表见表 A1.6-2。

表 A1.6-2 投料、出硅用电计划表

时间 /h	V_2/V	I_1/A	I_2/kA	功率（参考值）/MW	用电（参考值）		备 注
					耗电 /kW · h	累计 /kW · h	
1~2	152	46	33.289	7449	7.449	7.449	炉体不转
3~4	152	48	34.737	7773	15.222	22.671	
5~6	152	50	36.184	8097	15.870	38.541	
7~8	152	52	37.631	8421	16.518	55.059	

续表 A1.6-2

时间/h	V_2/V	I_1/A	I_2/kA	功率（参考值）/MW	用电（参考值） 耗电/kW·h	累计/kW·h	备　注
9~10	155	54	38.322	8745	17.166	72.225	
11~12		56	39.742	9069	17.814	90039	
13~14		58	41.161	9393	18.462	108501	
15~16		60	42.581	9717	19.110	127611	
17~18	158	62	43.164	10040	19.757	147368	
19~20		64	44.557	10364	20.404	167772	
21~22		66	45.949	10688	21.052	188824	
23~24		68	47.342	11012	21.700	210524	
25~26	161	70	47.826	11336	22.348	232872	
27~28		72	49.194	11660	22.996	255868	
29~30		74	50.559	11984	23.644	279512	
31~32		76	51.925	12308	24.292	302804	
33~34	164	78	52.317	12631	24.939	328743	
35~36		80	53.658	12955	25.586	354329	
37~38		82	54.600	13279	26.234	380563	
39~40		84	56.341	13603	26.662	407225	
41~42	167	86	56.646	13927	27.530	434755	
43~44		88	57.964	14251	28.178	462933	
45~46		90	59.281	14575	28.826	491759	
47~48		92	60.599	14899	29.474	521233	第 1 炉出水（2 包）
49~50	170	94	60.824	15223	30.122	553155	
51~52		96	62.118	15546	30.769	583924	
53~54		98	63.412	15870	31.416	614340	
55~56		100	64.706	16194	32.064	647404	第 2 炉出水
57~58	173	102	64.856	16518	32.712	680116	
59~60		104	66.127	16842	33.360	713476	
61~62		106	67.399	17166	34.008	747484	第 3 炉出水
63~64	176	108	68.671	17490	34.656	782140	
65~66		110	68.750	17813	35.303	817443	第 4 炉出水转动炉体
67~68	179	112	70.000	18138	35.951	853394	
69~70		114	71.250	18461	36.599	889993	第 5 炉出水
71~72	182	116	72.500	18786	37.247	927240	进入正常生产

A1.6.8 结论

（1）大型工业硅电炉直接电烘开炉、投产，在实践中证明可行；

（2）直接电烘开炉可缩短开炉时间，提前产生效益；

（3）直接电烘开炉可节约开炉材料，降低开炉成本；

（4）直接电烘开炉可减轻开炉期间工人的工作量和劳动强度。

参考文献

[1] 赵乃成，张启轩．铁合金实用技术手册［M］．北京：冶金工业出版社，1993.

[2] 王力平．25.5MVA 工业硅电炉开炉工艺实践［J］．铁合金，2003（5）．

[3] 唐琳．工业硅生产工艺与设备［M］．成都：四川大学出版社，2014.

A1.7 全封闭硅铁和工业硅电炉的可行性研究

摘　要：本文叙述了全封闭硅铁及工业硅电炉的需要性以及在技术上的可行性和经济上的优势性。

关键词：全封闭硅铁及工业硅电炉；必要性；可行性；优势性

A1.7.1 引言

硅铁及工业硅电炉始于19世纪，至今已有百余年历史，其中可分为四个阶段：

（1）敞口炉；

（2）具有烟气除尘系统的敞口炉；

（3）具有烟气除尘系统的半封闭炉；

（4）具有能源回收系统和烟气除尘系统的半封闭炉。

矿热炉生产品种有：硅铁、工业硅、硅钙合金、硅铝合金、富锰渣、高碳锰铁、锰硅合金、高碳铬铁、硅铬合金、钛渣、黄磷、电石等。由于硅系合金冶炼的特殊性，生产过程中需要捣炉透气，无法实行全封闭生产，现今除硅系品种电炉外，其他品种电炉均已实现全封闭。

从20世纪70年代起，国内外铁合金人先后对硅铁及工业硅电炉生产的不捣炉工艺和全封闭设备进行探索、研究和实践，取得在工艺理念、设备升级、冶炼操作等方面的重大突破，实现了很有意义的阶段性成果。

A1.7.2 硅铁及工业硅电炉全封闭的必要性

硅铁及工业硅电炉炉内的主要还原反应是[1]：

$$SiO_2 + 2C \longrightarrow Si + 2CO\uparrow$$

反应生成的CO气体携带着大量的化学潜能，但是硅铁及工业硅电炉冶炼的特殊性，在生产时需要打开炉门进行捣炉透气操作，无法实现电炉的全封闭。在打开炉门捣炉的同时大量空气进入烟罩，烟罩内由炉膛逸出的CO气体与由炉门进入空气中的O_2进行燃烧反应生成CO_2，其反应如下，并放出大量热能：

$$2CO + O_2 \longrightarrow 2CO_2$$

其后果是：

（1）CO化学潜能浪费。烟罩内CO气体的燃烧反应，浪费了大量烟气的化学潜能，降低了企业效益。

（2）增加设备故障率，降低作业率。CO 气体的燃烧使烟罩内烟气温度达到 600~700℃，特殊情况时高达 1000℃以上。高温烟气容易烧坏炉膛内设备（把持器、烟罩顶部、内侧等），造成设备事故，增加故障率，降低作业率。

（3）恶化工作环境，易发人身安全事故。烟罩内的高温烟气通过对流传热、辐射传热、传导传热，特别是打开炉门操作时，高温传输到操作平台，增加了工作环境温度，恶化劳动环境，增加安全隐患。

（4）避免料面处的 CO 燃烧反应，减少了还原剂的烧损。

（5）炉膛上部温度的降低有利于歧化反应的进行，有利于硅回收率的提高。

综上所述，为实现硅铁和工业硅生产的节能、环保、绿色、安全，对电炉全封闭生产很有必要。

A1.7.3　硅铁和工业硅全封闭生产在技术上的可行性实践

从 20 世纪 70 年代开始已有研究者对硅铁和工业硅电炉不捣炉操作工艺进行研究，为电炉全封闭生产进行探索，发现可以采用二段式旋转炉缸实现不捣炉工艺进而实现电炉全封闭生产。二段式旋转炉缸如图 A1.7-1 所示[2]。

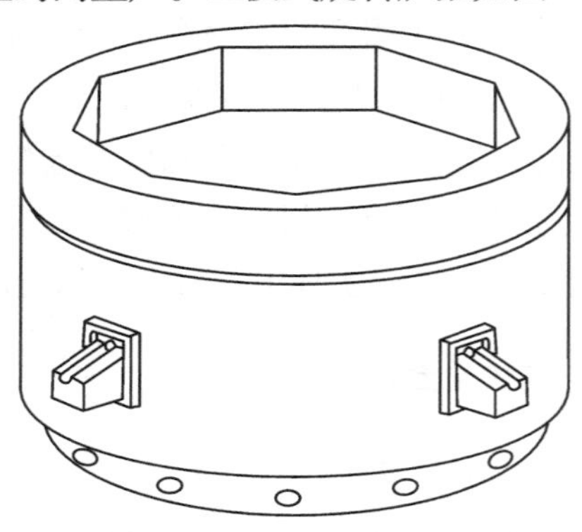

图 A1.7-1　二段式旋转缸示意图

炉体分成两部分，即上部与下部。上部内断面为正多边形，典型为正九边形，称为炉圈；下部是电炉的主体。两部分可各自单独旋转。原则上，两部分炉体可采取旋转或往复转动任意组合。

A1.7.3.1　国外电炉不捣炉生产经验介绍

据挪威埃肯公司于 1978 年 5 月在拉丁美洲钢铁协会铁合金会议上所作的

《双重旋转为封闭硅铁炉铺平道路》一文指出[2]："两段炉体操作的作用是炉料中的疏松效应，即炉料从外圈向内做径向迁移和从上部向下部做纵向迁移。这些效应可在观察炉子料面时看到。然而，肉眼的观察只能得出炉料总效应的一些模糊特征。"又指出："由于两段炉体的上部和下部旋转方向不同、速度不同，在两部分之间分割平面附近的炉料受到剪切和揉动作用，使炉料不黏结而多孔。"该文还指出："在使用炉圈操作时，可清楚地观察出在炉子断面上炉气均匀分布，导致较低的炉气温度。这可用装在炉盖下面的若干个热电偶测量出来。显而易见的是，在电炉用两段炉体操作时，分布在整个断面上的炉料，下沉是更均匀的。"

该文还叙述，典型的炉气成分见表 A1.7-1。

表 A1.7-1 炉气成分

成　分	浓度/%
CO	65~80
H_2	12~25
CH_4	0~4
N_2	1~3

H_2 来源于还原剂中挥发分的裂化和炉料中的水分与炉内碳的相互作用；CH_4来源于还原剂中挥发分。

又据挪威埃肯菲斯卡厂发表的《生产金属硅的 9000kW 两段炉体电炉的操作经验》一文中列出 1977 年 9 月投产后的操作数据，见表 A1.7-2[3]。

表 A1.7-2 9000kW 电炉操作数据

时　间	电耗 /kW·h·t^{-1}	作业时间 /%	负荷 /MW	Si 回收率 /%	备　注
1970~1977 年	14690	95.9	9.4	73.9	普通设计
1977 年 10 月~1978 年 5 月	14150	95.3	9.0	74.6	设计 No.1：60°摆动
1978 年 9 月~1979 年 3 月	13900	94.6	9.3	73.7	设计 No.2
1979 年 5 月~1979 年 9 月	12960	95.3	9.4	80.6	全旋转 不需要捣炉
1979 年 10 月~1980 年 4 月	12160	95.4	9.4	81.7	
1980 年 9 月~1981 年 6 月	12820	96.4	9.0	79.9	
预测 1982 年	12500	95.8	9.0	81.0	设计 No.3

从表 A1. 7-2 中可以清楚地看出，该两段炉体电炉可以不捣炉，并取得了电耗降低、硅回收率提高的可喜结果。

A1. 7. 3. 2　国内硅铁电炉不捣炉生产经验介绍

我国江西省新余钢铁厂于 1981 年进行了上部炉缸旋转电炉冶炼 75%硅铁试验[4]。

A　试验设备电炉简介

试验电炉的主要技术规范如下：

变压器容量：3200kV · A；

功率因数：电容补偿前为 0. 85，电容补偿后为 0. 94；

变压器一次侧电压：6300V；

变压器二次侧电压：82. 8V、86. 5V、90. 6V、95. 1V、100V；

电极直径：650mm；

下炉缸直径：3700mm；

炉缸总深度：1800mm，其中，下部炉缸深 1180mm，上部炉缸深 620mm。

试验炉的结构如图 A1. 7-2 所示。

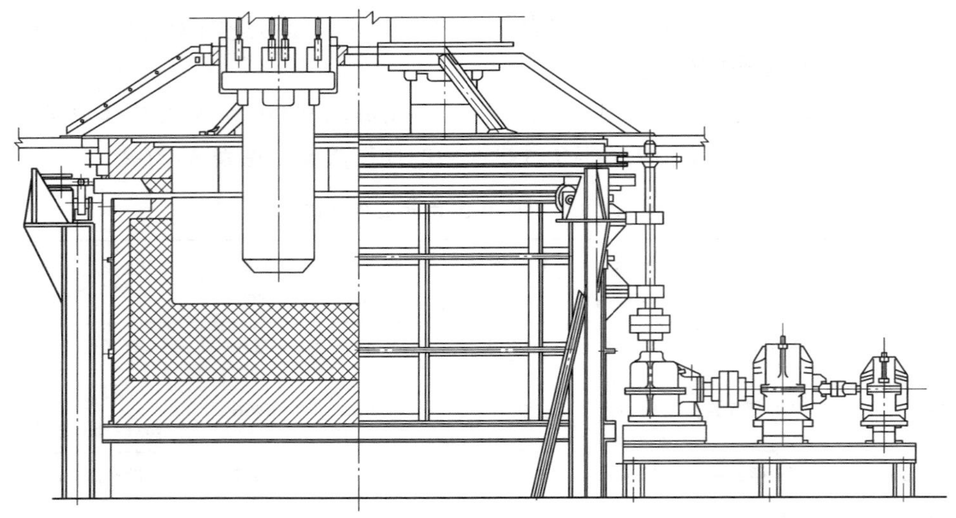

图 A1. 7-2　试验炉结构图

电炉炉体被分切成上下两段，根据国外有关资料推算，上部炉缸高度约为电极直径的 0. 95~1. 1 倍，取 620mm，是电极直径的 0. 95 倍。它的内横截面是一个边长为 1347mm 的正九边形。上部炉体借助于环形轨道支撑在四个托轮上，还有五个挡轮起定心作用。由 1.1kW 直流电动机提供的原动力经减速和转向后，通过立轴带动拨轮，拨动上炉壳的柱销，推动上部炉缸做 360°旋转。

直流电源用硅整流装置取得。直流电机采用的无级调速装置可使上部炉缸的转速在 6~8h/r 的范围内任意选择。考虑到上炉缸旋转过程中存在着炉料对电极的挤压和推动，试验炉不但制成了刚度较大的长把持筒式电极吊装装置，还加设了特制的简易炉盖。

B 试验过程

a 冷炉料试验

把按配料计算后的正规料批投入炉内，平至炉口，开动旋转装置，使上炉缸以 6h/r 的速度旋转，旋转持续三天。顺、逆时针的旋转表明：上部炉缸的旋转装置可以正常工作；距炉壁 350mm 范围内的炉料明显地被推动；因为没有热能输入，炉内无正常的冶炼和吃料过程，旋转时炉料中粒度较小的焦炭（2~8mm）会在粒度较大的硅石（20~80mm）间的缝隙中下沉。

b 冶炼试验

这一试验是从 1981 年 5 月 9 日用焦炭焙烧电极开始。因为使用了简易炉盖，电极工作端长达 2.5m 左右，电极行程仅为 400mm。用焦炭焙烧电极共 26h，耗用冶金焦约 8t。此后又电烘 32h50min，耗电 28000kW · h。

5 月 13 日 0 点 15 分开始投料。由于 1 号电极和 2 号电极端部过烧，投料后不久，端部劈裂，直至 26h 之后才放出第一炉合金。投料后三天，料面已经平达炉口。

试验炉投产后，各种设备事故和电极事故比较频繁，最为严重的是投料后的前 6 天，热停炉 19.5h，平均每天要停炉 3 个多小时。试产后的第 14 天（5 月 26 日)，发现炉料中的焦炭被挤入上下炉壳的缝隙中，使上炉缸上抬，支承上炉缸的四只托轮全部脱空。后来切除砂封圈，用人工定时清除嵌入物，才使炉壳不再继续上抬。试验进入 6 月份以后，由于简易炉盖部分的白钢套烧损、变形，致使电极升降和下放都比较困难，6 月 8 日将其割除，上炉缸转数由 16h/r 逐渐增加到 7h/r，没有发现电极吊装位置有明显变形和卡死的迹象。试验进入 7 月份后，才渐趋正常。但由于试验炉驱动部分存在的一些问题，旋转至 7 月 10 日暂停。停转后，按敞口炉的正常操作恢复了每 4h 捣炉一次。到 7 月底，料线沿炉口上升了将近 300mm。

试验炉的操作实践表明，只要停炉后上炉缸的旋转不停，送电之后，料面仍旧疏松，冒火均匀，料线不易上涨，电极仍能稳定地插入炉料 1m 左右。

C 试验结果

a 明显地改善了炉口操作

上炉缸旋转后近 10 天的时间，完全取消了捣炉操作，炉况仍然较好，料面平坦疏松，坩埚范围大，全炉冒火均匀。转速控制在 7~8h/r 时，炉料自动下沉，沿电极周边 250mm 的环形区内和炉心三角区，均有大面积的“塌料”。后来随着热停次数和热停时间的增加，料面逐渐硬结，但每班只要有一次小捣（即深度不大的挑料），即可维持正常炉况，不窜白火。挑料时没有大的硬块可撬出，炉口操作环境的温度明显下降。

这次试验仍沿用原来的炉料粒度组成，在此情况下，还不能完全停止使用大铲下料，但下料次数和每次下料的用力程度减少了许多。

出铁时，在铁口可以看到旋转炉的炉气压力明显减小。

b 可稳定在较低料线上操作

如前所述，这次开炉，投料后三天，料线就已平至炉口。在以后的生产中，使用了较高的操作电压（95V），料线没有上涨，即使在一次热停 5~6h 后，料线也还稳定地控制在炉口平面。因为检修旋转设备的故障，在 6 月 12~18 日，炉子停转 7 天，料线逐渐超过炉口。18 日恢复旋转后，料线又恢复到原来的炉口水平。7 月 10 日停转后，在将近 20 天的时间里，料线就超过了炉口 300mm。

c 有助于热停后炉况迅速恢复

5 月 13 日投料，15 日料面平达炉口。从 13~18 日七天的热停炉时间分别为 93min、204min、375min、182min、237min、83min，共计 18h34min。

这种投料后马上就发生的时间长、次数频繁的热停，并没有给上部炉缸旋转的试验炉带来炉口操作忙乱及铁口打不开的困难。相反送电之后，各种操作很快就趋于正常。

d 增加了电极插入深度

试验中，炉子的声响比较小，同相邻的 2 号电炉形成明显的对照。试验过程中，曾因悬糊等原因发生过几次电极硬断事故，对断电极头实际测量证明，旋转炉的电极插入深度为 1000mm 左右。

e 增加了电炉有用功率，改善了技术经济指标

上炉缸旋转之后，增加了电极插入深度，改善了料面透气条件，从而使操作电压比普通炉可提高一级。电炉有用功率、平均日产、单位电耗的改善情况见表 A1. 7-3。

表 A1.7-3 上炉缸旋转与停转时的经济指标

指　标	上炉缸停转	上炉缸旋转	指标比较/%
平均日产/t	8.03	8.35	提高 4.0
单位电耗/kW·h·t^{-1}	8561	8376	下降 2.0
有用功率/kW	2864	2914	提高 1.7

A1.7.4 全封闭硅铁和工业硅电炉在经济上的优势

A1.7.4.1 系统总投资下降约5%

半封闭炉由于炉内逸出的 CO 气体在烟罩下燃烧，烟气温度为 600~700℃，特殊情况时可达 1000℃ 以上，因此烟气量大，高达 6Nm^3/kW，工况烟气量 19.8m^3/kW，导致烟气净化设施庞大，投资大，运营费用高，占地面积大。电炉全封闭后煤气量仅为 0.23Nm^3/kW[5]，工况煤气量约为 0.67m^3/kW，烟气量大大减少，可使煤气净化处理设施大大缩小，投资费用大大减少。据资料表明，一台 25000kW 封闭炉总费用下降约 15%，具体见表 A1.7-4[6]。

表 A1.7-4 25000kW 75%硅铁电炉在三种情况时的总费用

设　备	带有余热锅炉和布袋除尘器的半封闭炉	带有标准锅炉和高温除尘器的封闭炉	带有非净化煤气锅炉和布袋除尘器的封闭炉
一台完整炉子的设备（包括基建）	100	100	100
除尘设备	570	230	100
能量回收系统	140	72	100
总设备费	115	100	100

A1.7.4.2 产品成本下降可观

（1）全封闭炉能量回收远高于半封闭炉。在挪威埃肯公司《高效率的硅铁生产工艺》一文中指明：对于 25000kW 硅铁全封闭电炉生产过程中煤气的潜在能量约为 17000kW[6]。这意味着可回收能量占输入电量的 70%。在 2017 年《中国工业硅产业链论文集》中指出：半封闭工业硅电炉余热锅炉的可回收发电量达到每吨产品的 1920kW·h。以工业硅产品吨电耗 12500 度计算，可回收电量 15.4%。二者比较，全封闭炉比半封闭炉每吨产品多回收 54.6% 电量。考虑某些不确定因素和未知因素，起码可多回收电量 35%。工业硅电耗 12500kW · h/t，可多节电 4375kW · h/t；硅铁电耗 8500kW · h/t，可多节电 2975kW · h/t。回收能量多节电多，产品成本降低，企业效益明显增加。

（2）产品电耗降低。在挪威埃肯公司《高效率的硅铁生产工艺》一文中指明：电炉改造成封闭炉后，使 75%硅铁的电耗大约降低了 500kW · h/t[6]。在挪威埃肯公司菲斯卡厂的 9000kW 金属硅电炉上，同样出现电炉经改造成两段炉后，电耗也有降低[2]。

根据我国江西新余钢铁厂“上部炉缸旋转电炉冶炼 75%硅铁电炉试验”中指出：采用上部炉缸旋转后吨电耗下降 2%。具体见表 A1. 7-3。

（3）碳消耗下降。电炉封闭后烟罩内没有空气，没有氧，炉内不会产生碳的燃烧，在《高效率的硅铁生产工艺》中指出电炉封闭后碳消耗约减少 10%[6]。

（4）回收率提高。在《生产金属硅的 9000kW 两段炉体的操作经验》和《高效率的硅铁生产工艺》等文章中指出，由于不需要捣炉和炉况稳定，电炉的 Si 回收率都有不同程度的提高。

（5）产量提高。电炉全封闭后产品电耗降低和 Si 回收率提高，带来电炉产量提高，这在国内外的经验介绍中都有表述。

（6）炉口操作人员和设备减少。电炉全封闭后不需要捣炉透气，不需要推料平整料面，因此炉口操作人员和设备可以减少甚至取消。

A1. 7. 5 结语

以上的介绍只是初步结论，即硅铁和工业硅电炉的全封闭，技术上是可以做到的，在经济上效益将更好。分析非常粗浅，需要从定性到定量、从工艺到设备、从局部到整体、从技术到经济做更细致、更深入、更全面、更科学的论证。全面地、系统地落实到每一个细小环节，才能实现全封闭硅铁和工业硅电炉的可操作性。

此处的抛砖引玉仅是这项艰难工作的第一步，未来还有很多意想不到的困难需要我们去克服，在这里对所有关心和帮助的朋友表示衷心的感谢。

由于作者水平所限，不妥之处敬请同仁不吝赐教。

谢谢大家！

参 考 文 献

［1］栾心汉，唐琳，等．铁合金生产节能及精炼技术［M］．西安：西北工业大学出版

社，2006.

［2］挪威埃肯公司斯皮杰克公司工程部．双重旋转为封闭硅铁炉铺平道路［C］．铁合金1980年译文集，1980：60.

［3］挪威埃肯公司菲斯卡厂．生产金属硅的9000kW两段炉体电炉的操作经验［J］．铁合金，1983（1）：61-62.

［4］江泽新，汤星昭，郭文成．上部炉缸旋转电炉冶炼75%硅铁试验［J］．铁合金，1982（4）：34-36.

［5］挪威埃肯公司．埃肯8500kW 75%硅铁封闭电炉的发展和成就［J］．铁合金，1981（4）：53.

［6］挪威埃肯公司．高效率的硅铁生产工艺［C］．第三次国际铁合金会议文集，1984：26-32.

附　　录

附录 1　工业硅国家标准（GB/T 2881—2014）

1　范围

本标准规定了工业硅的要求、试验方法、检验规则、标志、包装、运输、贮存和订货单（或合同）的内容。

本标准适用于矿热炉内炭质还原剂与硅石熔炼所生产的工业硅，主要用于配制合金、制取多晶硅和生产有机硅等。

2　规范性引用文件

下列文件对于本文件的应用是必不可少的。凡是注日期的引用文件，仅注日期的版本适用于本文件。凡是不注日期的引用文件，其最新版本（包括所有的修改单）适用于本文件。

GB/T 8170　数值修约规则与极限数值的表示和判定

GB/T 14849　（所有部分）工业硅化学分析方法

3　要求

3.1　牌号

工业硅按化学成分分为 8 个牌号。牌号按照硅元素符号与 4 位数字相结合的形式表示，表示方法见附录 A。

3.2　化学成分

3.2.1　常规检测元素含量

需常规检测的元素含量应符合表 1 的规定。需方需要其他牌号时，可参见附录 B 或由供需双方协商确定后在订货单（或合同）中具体注明。

3.2.2　微量元素含量

需方对工业硅中的微量元素含量有要求时，应在订货单（或合同）中注

表 1

<table>
<tr><td rowspan="3">牌号</td><td colspan="4">化学成分（质量分数）/%</td></tr>
<tr><td rowspan="2">名义硅含量[a]，不小于</td><td colspan="3">主要杂质元素含量，不大于</td></tr>
<tr><td>Fe</td><td>Al</td><td>Ca</td></tr>
<tr><td>Si1101</td><td>99. 79</td><td>0. 10</td><td>0. 10</td><td>0. 01</td></tr>
<tr><td>Si2202</td><td>99. 58</td><td>0. 20</td><td>0. 20</td><td>0. 02</td></tr>
<tr><td>Si3303</td><td>99. 37</td><td>0. 30</td><td>0. 30</td><td>0. 03</td></tr>
<tr><td>Si4110</td><td>99. 40</td><td>0. 40</td><td>0. 10</td><td>0. 10</td></tr>
<tr><td>Si4210</td><td>99. 30</td><td>0. 40</td><td>0. 20</td><td>0. 10</td></tr>
<tr><td>Si4410</td><td>99. 10</td><td>0. 40</td><td>0. 40</td><td>0. 10</td></tr>
<tr><td>Si5210</td><td>99. 20</td><td>0. 50</td><td>0. 20</td><td>0. 10</td></tr>
<tr><td>Si5530</td><td>98. 70</td><td>0. 50</td><td>0. 50</td><td>0. 30</td></tr>
<tr><td colspan="5">注：分析结果的判定采用修约比较法，数值修约规定按 GB/T 8170 的规定进行，修约数位与表中所列极限值数位一致。</td></tr>
<tr><td colspan="5">[a] 名义硅含量应不低于 100%减去铁、铝、钙元素含量总和的值。</td></tr>
</table>

明“要求微量元素含量”，具体要求应符合表 2 的规定。供需双方对微量元素含量有其他要求时，由供需双方协商确定后在订货单（或合同）中具体注明。

表 2

<table>
<tr><td colspan="2" rowspan="2">用途</td><td rowspan="2">类别</td><td colspan="9">微元素含量（质量分数），不大于 ×10^-6</td></tr>
<tr><td>Ni</td><td>Ti</td><td>P</td><td>B</td><td>C</td><td>Pb</td><td>Cd</td><td>Hg</td><td>Cr^6+</td></tr>
<tr><td rowspan="4">化学用硅</td><td rowspan="2">多晶用硅</td><td>高精级</td><td>—</td><td>400</td><td>50</td><td>30</td><td>400</td><td>—</td><td>—</td><td>—</td><td>—</td></tr>
<tr><td>普精级</td><td>—</td><td>600</td><td>80</td><td>60</td><td>600</td><td>—</td><td>—</td><td>—</td><td>—</td></tr>
<tr><td rowspan="2">有机用硅</td><td>高精级</td><td>100</td><td>400</td><td>—</td><td>—</td><td>—</td><td>—</td><td>—</td><td>—</td><td>—</td></tr>
<tr><td>普精级</td><td>150</td><td>500</td><td>—</td><td>—</td><td>—</td><td>—</td><td>—</td><td>—</td><td>—</td></tr>
<tr><td colspan="2">冶金用硅</td><td>—</td><td>—</td><td>—</td><td>—</td><td>—</td><td>—</td><td>1000</td><td>100</td><td>1000</td><td>1000</td></tr>
</table>

3. 3　粒度

工业硅粒度范围及允许偏差应符合表 3 的规定，需方对粒度有特殊要求时，由供需双方协商确定后在订货单（或合同）中具体注明。

表 3

粒度范围/mm	上层筛筛上物（质量分数）/%	下层筛筛下物（质量分数）/%
10～100	≤5	≤5

3.4　外观

工业硅以块状或粒状供货，其表面和断面应洁净，不允许有夹渣、粉状硅黏结以及其他异物。

4　试验方法

4.1　化学成分分析

工业硅的化学成分分析按 GB/T 14849（所有部分）的规定进行。Hg 元素和 Cr^{6+} 元素含量的检测方法由供需双方协商。

4.2　粒度检验

采用孔径为 10mm 和 100mm 的筛具进行粒度检验。对于筛上物，可采用手工分检法，将试样的方向或位置改变，让所有合适粒度的试样能通过筛孔。

4.3　外观检验

在自然散射光下，目视检查外观质量。

5　检验规则

5.1　检查和验收

5.1.1　供方应对产品进行检验，保证产品质量符合本标准及订货单（或合同）的规定，并填写质量证明书。

5.1.2　需方应对收到的产品，按本标准的规定进行检验，如检验结果与本标准及订货合同的规定不符时，应以书面形式向供方提出，由供需双方协商解决。属于粒度、外观的异议，应在收到产品之日起十日内提出；属于化学成分的异议，应在收到产品之日起 30 日内提出。如需仲裁，供需双方共同进行仲裁取样。

5.2　组批

工业硅应成批提交检验，每批应由同一牌号的产品组成，批种宜为 60t。

5.3　计重

工业硅应检斤计重。

5.4　检验项目

每批工业硅均应进行铁、铝、钙元素含量及粒度、外观质量检验。当订货单（或合同）有要求时，还应对微量元素含量等特殊要求的项目进行检验。

5.5　化学成分取样和制样

5.5.1　仲裁取样和制样

5.5.1.1　取样量

每批随机抽取不少于 25%的包装件，从每个包装件中取出不少于 0.3%重量的小样。

5.5.1.2　取制样方法

用符合图 1 要求的取样铲从包装件的上、中、下位置进行取样，将样品破碎到粒度不大于 5mm 后用二分器缩分，缩分后的试样不少于 3000g，然后将其破碎到 1mm 后用二分器缩分至 400g，作为分析样品。将分析样品用磁铁吸去铁粉后用碳化钨磨盒制样，制样后的试样应全部通过 0.149mm 标准筛，然后将试样平均分成三份，一份供方保存，一份需方保存，一份封存供仲裁用。

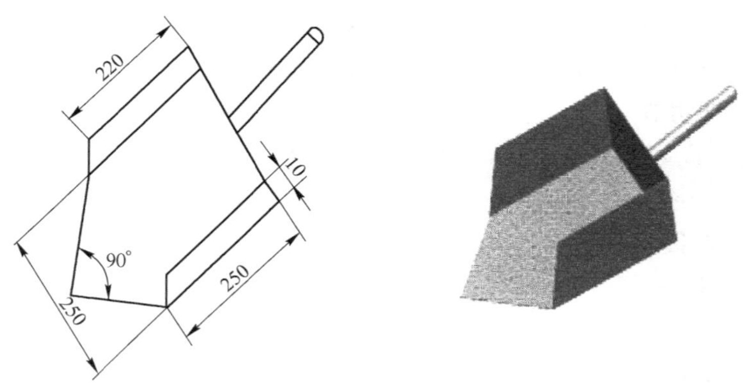

图 1　取样铲示意图

5.5.2　其他取样和制样

其他取样和制样方法可参照附录 C 的方法进行。

5.6　粒度取样

每批抽取不少于 5%的包装件全检，但不少于 1 袋。

5.7　外观取样

由供需双方协商确定后在订货单（或合同）中具体注明。

5.8　检验结果判定

5.8.1　化学成分不合格时，判该批产品不合格。

5.8.2　粒度不合格时，判该批产品不合格。

5.8.3　外观质量不合格时，可由供需双方协商处理。

6　标志、包装、运输、贮存及质量证明书

6.1　标志

每件包装应有如下标志：

a）产品名称；

b）供方名称；

c）牌号；

d）本标准编号；

e）批号；

f）净重。

6.2　包装、运输、贮存

工业硅包装物应能防潮，一般用塑料编织袋包装，每件净重宜为1000kg。如需其他形式包装时，可由供需双方协商确定后在订货单（或合同）中具体注明。产品在运输贮存过程中应防止雨淋或受潮。

6.3　质量说明书

每批产品应附产品质量说明书，其中注明：

a）产品名称；

b）供方名称；

c）牌号；

d）批号；

e）重量和件数；

f）分析检验结果和技术监督部门印记；

g）本标准编号；

h）出厂日期或包装日期。

6.4　订货单（或合同）内容

a）产品名称；

b）牌号；

c）重量；

d）需要在合同中注明的其他特殊要求；

e）本标准编号。

附　录　A
（规范性附录）
工业硅四位数字牌号表示方法

工业硅牌号由硅元素符号和 4 位数字表示，4 位数字依次分别表示产品中主要杂质元素铁、铝、钙 的最高含量要求，其中铁含量和铝含量取小数点后的一位数字，钙含量取小数点后的两位数字。示例如下：

示例 1 ：Si2202

Si	2	2	02
硅元素符号	铁含量	铝含量	钙含量
表示：工业硅	铁含量≤0. 20%	铝含量≤0. 20%	钙含量≤0. 02%

示例 2：Si3303

Si	3	3	03
硅元素符号	铁含量	铝含量	钙含量
表示：工业硅	铁含量≤0. 30%	铝含量≤0. 30%	钙含量≤0. 03%

示例 3：Si4210

Si	4	2	10
硅元素符号	铁含量	铝含量	钙含量
表示：工业硅	铁含量≤0. 40%	铝含量≤0. 20%	钙含量≤0. 10%。

附　录　B
（资料性附录）
其他工业硅牌号及化学成分

表 B. 1 中给出了除表 1 以外的其他常见牌号及化学成分要求。

表 B. 1

牌号	化学成分（质量分数）/%			
	名义硅含量[a]，不小于	主要杂质含量，不大于		
		Fe	Al	Ca
Si1501	99. 39	0. 10	0. 50	0. 01
Si2101	99. 69	0. 20	0. 10	0. 01
Si3103	99. 57	0. 30	0. 10	0. 03
Si3205	99. 45	0. 30	0. 20	0. 05
Si3203	99. 47	0. 30	0. 20	0. 03
Si3210	99. 40	0. 30	0. 20	0. 10
Si3305	99. 35	0. 30	0. 30	0. 05
Si3310	99. 30	0. 30	0. 30	0. 10
Si4105	99. 45	0. 40	0. 10	0. 05
Si4305	99. 25	0. 40	0. 30	0. 05
Si4405	99. 15	0. 40	0. 40	0. 05
Si5510	98. 90	0. 50	0. 50	0. 10
Si6210	99. 10	0. 60	0. 20	0. 10
Si6630	98. 50	0. 60	0. 60	0. 30
Si7750	98. 10	0. 70	0. 70	0. 50
注：分析结果的判定采用修约比较法，数值修约规则按 GB/T 8170 的规定进行，修约数位与表中所列极限值数位一致。				
[a] 名义硅含量应不低于 100%减去铁、铝、钙元素含量总和的值。				

附 录 C
（资料性附录）
生产过程取样和制样方法

C.1 取样

C.1.1 熔体取样

当铝、钙精炼完成后，将氧气流量调节至最小，关闭空气5min后，将取样器取样口朝上，倾斜60°~65°插入硅液深度350~400mm中，4~6s后取出，稍冷后轻轻敲击，使硅样脱出。

C.1.2 铸锭取样

在铸锭中心和两条对角线1/6、5/6处的5个点上，分别取不少于200g的块状样品，样品应贯穿该点整个产品厚度。

C.1.3 精整后取样

在破碎后的工业硅上，于不少于5个对称点分别取不少于1000g的样品。

C.2 制样

将取出的样品破碎到粒度不大于5mm后采用二分器缩分，缩分后的试样不少于200g，按以下两种方法之一进行制样，作为分析样品：

a）将分析样品用磁铁吸去铁粉后用碳化钨磨盒制样，制样后的试样全部通过0.149mm标准筛。

b）用普通制样机制成粒度为0.600mm的试样后，用磁铁吸去铁粉，用玛瑙球磨机或用玛瑙研钵研磨，研磨后的试样应全部通过0.149mm标准筛。

附录 2　工业硅安全生产规范 (YS/T 1185—2017)

1　范围

本标准规定了工业硅安全生产的规范性引用文件、基本要求、设备设施安全作业要求、主要工艺流程安全作业要求、其他等内容。

本标准适用于工业硅生产过程的基本安全要求。

2　规范性引用文件

下列文件对于本文件的应用是必不可少的。凡是注日期的引用文件，仅所注日期的版本适用于本文件。凡是不注日期的引用文件，其最新版本（包括所有的修改单）适用于本文件。

GB 2893　安全色

GB 2894　安全标志及其使用导则

GB 3095　环境空气质量标准

GB 4053. 1　固定式钢直梯安全技术条件

GB 4053. 2　固定式钢斜梯安全技术条件

GB 4053. 3　固定式工业防护栏安全技术条件

GB 4053. 4　固定式工业防护平台安全技术条件

GB 4387　工业企业厂内铁路、道路运输安全规程

GB 5082　起重吊运指挥信号

GB/T 5817　粉尘作业场所危害程度分级

GB 6067　起重机械安全规程

GB 7231　工业管道的基本识别色、识别符号和安全标识

GB/T 8196　机械安全防护装置固定式和活动式防护装置设计与制造一般要求

GB/T 10827　机动工业车辆安全规范

GB/T 11651　个体防护装备选用规范

GB 12348　工业企业厂界噪声标准

GB/T 12801　生产过程安全卫生要求总则

GB/T 13861 生产过程危险和有害因素分类与代码
GB/T 13869 用电安全导则
GB 15630 消防安全标志设置要求
GB/T 17045 电击防护装置和设备通用部分
GB 18218 危险化学品重大危险源辨识
GB 25465 铝工业污染物排放标准
GB 50011 建筑抗震设计规范
GB 50016 建筑设计防火规范
GB 50034 建筑照明设计标准
GB 50057 建筑物防雷设计规范
GB 50140 建筑灭火器配置设计规范
GB 50187 工业企业总平面设计规范
GB 50205 钢结构厂房施工质量验收规范
GB 50544 有色金属企业总图运输设计规范
GB Z1 工业企业设计卫生标准
GB Z2. 1 工作场所有害因素职业接触限值 第1部分：化学有害因素
GB Z2. 2 工作场所有害因素职业接触限值 第2部分：物理因素
GB Z158 工作场所职业病危害警示标识
AQ 3009 危险场所电气防爆安全规范
AQ 3022 化学品生产单位动火作业安全规范
AQ 3025 厂区高处作业安全规程
AQ 8001 安全评价通则
AQ 8002 安全预评价导则
AQ/T 9002 生产经营单位安全生产事故应急预案编制导则
AQ/T 9006 企业安全生产标准化基本规范
TS GR0004 固定式压力容器安全技术监察规程

3 基本要求

3. 1 设计

3. 1. 1 工业硅生产企业新建、改建及扩建项目的设计应按 GB 50187、GB 50544 的要求执行，安全设施应与主体工程同时设计、同时施工、同时投入生产和使用。安全设施的投资应纳入建设项目概算。

3. 1. 2 工业硅企业设计方案中需包含《职业安全篇》，设计依据及采用标准按 GB/T 12801、AQ/T 9006 的规定执行，包括生产过程中的主要危险有害因素、工业安全防范措施，安全机构设置及人员配备，并按 AQ8001、AQ8002 的要求对消防、泄漏、交通、设备、生产、作业等活动中涉及人身、设备、设施、环境、安全等方面的因素进行分析评估，提出有效的控制措施及达到的控制目标。

3.1.3 工业硅企业工艺设计应技术先进、经济合理、安全可靠。实现生产与安全的统一，经济效益与社会效益的统一。

3.1.4 设计要优先选用质量安全性高的工艺与设备，提高机械化与自动化水平，减轻操作人员的劳动强度，减少与危险有害因素接触的频次，减少人身危害因素。

3.1.5 对引进国外技术或国外设备配套项目的设计，应符合国家有关安全的法律法规。

3.1.6 厂房设计应考虑良好的通风散热、防洪防雪、采光照明等内、外部环境条件。

3.2 施工

3.2.1 施工应遵照设计进行，如果确实需要变更，应经过设计单位书面同意。

3.2.2 隐蔽工程要经过建设单位、监理单位和施工单位三方共同检查验收，经验收合格，方可进行隐蔽。

3.2.3 施工完毕，施工单位要将竣工说明书、竣工图及变更说明书，交付使用单位存档。建设工程项目竣工后，应有安全生产监督管理部门参加检查验收，经验收合格，才能投入运行。

3.3 厂址

3.3.1 厂址选址应全面对周围环境进行客观充分的定性、定量评价，制定整体规划和选定生产区、生活区、水源地及“三废”排（堆）放点等各功能区。

3.3.2 厂址选址应具备良好的工程地质和水文地质条件，避开断层、滑坡、泥石流、淤泥层、地下河道、塌陷、岩溶、膨胀土地区等不良地质地段及地下水位高且有侵蚀性的地区，并按地震烈度等级标准设防。

3.3.3 厂址不应布置在下列地区：具有开采价值的矿床上；爆破危险区和采矿陷落及最终错动区；大型水库、油库、发电站、重要的桥梁、隧道、交通枢纽、机场、电台、电视台、军事基地、战略目标，以及生活饮用水源地等防护区域之内；城市园林区、疗养区、风景区、重要文化古迹、考古区和多雷区等。

3.3.4　厂址标高应高出最高防洪水位（包括波浪侵袭及壅水位高）0.5m 以上，地处海岸边的应高于最高潮水位 1m 以上。如无法达到，应设置有效防护措施。

3.3.5　厂区边缘与居住区之间应设置卫生防护带或绿化带距离，并符合《铁合金行业规范条件》。

3.4　厂区

3.4.1　厂区及厂房的布局应符合项目设计方案。

3.4.2　厂区布置要考虑物料流向，保证物料顺畅运行，同时要缩短物流距离。

3.4.3　车间与各辅助车间（设施）布置应符合生产流程的顺序。

3.4.4　根据生产流程和作业特点，合理布置车间工艺装备、生产设施和操作区域，确保生产安全。

3.4.5　厂区道路的设计应满足应急救援需求。

3.5　厂房、建（构）筑物

3.5.1　厂房

3.5.1.1　厂房热源点周围的建（构）筑物、设备设施等要符合建筑防火安全间距，同时建立有效的隔热防护措施。

3.5.1.2　厂房结构应考虑风、雨、雪、雷、电、积尘等动（静）载荷及其他因素影响。钢结构厂房的建设应符合 GB 50205 要求。

3.5.1.3　厂房四周应设置防坠护栏杆，厂房内合理布置人车安全分流通道、消防梯、检修梯及其他高空作业设施。

3.5.1.4　厂房地坪应设置宽度不小于 1.5m 的安全人行道，安全人行道应有明显的标志分界线；主厂房及其他中、重级工作类型桥式起重机的厂房，应设置双侧贯通的起重机安全通道，轻级工作起重机厂房，应设单侧贯通的安全通道，安全通道宽度应不小于 0.8m。

3.5.1.5　厂房四周道路与厂内主干道相连，在主要道路及交叉路口应设消防栓。

3.5.1.6　厂房设置的安全出口不得少于 2 个，门应向外开放，工作期间不得上锁。疏散通道应有明显逃生标志，疏散通道的楼梯最小宽度不少于 1.1m，确实达不到 1.1m 的，应有第二条逃生通道。

3.5.1.7　厂房（车间）紧急出入口、通道、走廊、楼梯等，应设逃生指示灯、应急照明，其设计应符合 GB 50034 的规定。

3.5.1.8　桥式起重机司机室与电源滑线，原则上应相对布置；若两者位于同一侧，则应有安全防护措施。

3.5.1.9　在生产作业区域或有关建筑物危险部位，应按照 GB 2894 的要求设置安全标志。

3.5.1.10　厂房、烟囱等高大建筑物及易燃、易爆等危险设施，应按照 GB 50057 的要求安装避雷装置。

3.5.2　建（构）筑物

3.5.2.1　建（构）筑物的建设应按照 GB 50016、GB 50011 的要求进行设计，符合土建规范。

3.5.2.2　设备之间、设备与建（构）筑物之间，留有满足生产、操作、检修需要的安全距离。设备之间；大型设备 >2m，中型设备 >1m，小型设备 >0.7m；设备与墙、柱距离：大型设备≥0.9m，中型设备≥0.8m，小型设备≥0.7m；在墙、柱与设备间有人操作的应满足设备与墙、柱间和操作空间的最大距离要求。移动车辆与建（构）筑物之间，应有 0.8m 以上的安全距离。

3.5.2.3　受高温辐射的建（构）筑物，应有防护措施。所有高温作业场所，均应设置通风降温设施。

3.5.2.4　厂房内梯子应采用不大于45°的斜梯（特殊情况允许采用60°斜梯或直爬梯），梯子设置应符合 GB 4053.1、GB 4053.2 的规定。

3.5.2.5　操作位置高度超过 1.5m 的作业区，应设固定式或移动式平台；固定式钢平台应符合 GB 4053.4 的规定，平台负荷应满足工艺设计要求。高于 1.5m 的平台，宽于 0.25m 的平台缝隙，深于 1m 的敞口沟、坑、池，其周边应设置符合 GB 4053.3 规定的安全栏杆（特殊情况例外），不能设置栏杆的，其上口应高出地坪 0.3m 以上。平台、走廊、梯子应防滑。

3.5.2.6　主控室、电气间、电缆隧道等易发生火灾的建（构）筑物，应设自动火灾报警装置及消防水系统与消防通道及警示标志。

3.5.2.7　控制室、电气室的门均应向外开启。主控室应按隔音要求设计，应设置紧急出口。

3.5.2.8　易积水的坑、槽、沟应有排水措施。密闭的深坑、池、沟应设置换气设施。

3.6　设备

3.6.1　设备选型应符合项目设计方案，不使用国家规定淘汰的工艺装备，应按照 GB/T 13869 的要求做好各类电气装置的操作、使用、检查和维护。应按照 GB/T 17045 的要求，对电气装置、系统、设备做好防护。

3.6.2　机械设备的防护、保险、信号等装置无缺陷；裸露的齿轮、轴及高度在 2m 以下的链传动、传动带应有防护罩。起落段两侧应加设防护栏（网），栏高不低于 1.05m。按照 GB/T 8196 的规定执行。

3.6.3　机器设备的金属外壳、底座、传动装置，金属电线管、配电盘以及配电装置的金属构件，遮栏和电缆线的金属外包皮等，均应采用接地或接零保护。

3.6.4　易燃、易爆及粉尘散发量较大的场所，电气设备选用应按 AQ 3009 的规定执行。在多导电粉尘、潮湿或高温区的场所，设备选型以及电缆敷设应考虑其特殊的环境条件，配电设备防护等级不低于 IP54，高温区采用耐高温阻燃型电缆，架空电缆不能跨越高温区域，电气设备、开关、插座禁止安装在可燃材料上。每层厂房应设立电源开关箱，使用自动空气开关。

3.6.5　仓库内除固定的照明外禁止使用其他电器。可燃物品仓库禁止使用碘钨灯和超过 60W 的白炽灯，照明开关应设在仓库外。

3.6.6　特种设备需由专业厂家生产、安装、维修、改造。经专业资质机构检验合格取得安全使用证或安全标志后方可投入使用，使用过程中要定期进行检验。

3.6.7　余热锅炉等承压容器按 TS GR0004 的规定执行，定期进行检测，建立压力容器的安全管理制度及管理台账。

3.6.8　循环水管道、余热锅炉蒸汽管道及空气管道应按 GB 7231 的要求，正确使用安全标志。

3.7　安全管理

3.7.1　企业法人是企业的安全生产第一责任人，对安全生产负全面责任，各级主要负责人对本部门的安全生产负责，各级机构对其管理范围的安全生产负责。

3.7.2　企业应建立和健全本单位安全生产管理机构，按规定配备专（兼）职安全生产管理人员，不断加强安全生产工作。

3.7.3　企业各级生产经营主要负责人、安全生产管理人员都应具有安全生产管理资格证。

3.7.4　企业应根据安全生产管理要求，建立健全安全生产岗位责任制和岗位安全技术操作规程。

3.7.5　企业应定期对员工进行安全法律法规、安全生产规范和劳动保护等安全教育培训，经考试合格后方可上岗。

3.7.6　新工人入厂，应接受厂、车间、班组“三级”安全培训，经考评合格后，方可独立工作。

3.7.7 调换工种和脱岗三个月以上重新上岗人员，应重新进行岗位安全再培训，经考试合格后方可上岗。

3.7.8 外来参观或学习的人员，应接受必要的安全教育，并有专人引导。

3.7.9 生产经营单位应为员工提供符合 GB/T 11651 或相应标准的劳动防护用品，在作业过程中员工应正确佩戴和使用。

3.7.10 发生安全事故，企业应按照国家有关生产安全事故报告、调查处理条例和四不放过原则“事故原因未查清不放过，事故责任人未受到处理不放过，事故责任人和相关人员没有受到教育不放过，未采取防范措施不放过”进行报告和处理。

3.7.11 企业应推动先进适用性技术在安全生产工作中的推广应用，提高安全生产管理技术水平。

3.7.12 采用新工艺、新技术、新材料或者新设备投运前，应进行安全风险评估，完善安全生产管理制度，并对相关人员进行相应安全生产培训，经考核合格后方可上岗。

3.7.13 特种作业和特种设备人员必须按照国家有关规定经专门的安全培训机构培训，取得特种作业操作资格证书后方可上岗作业。

3.7.14 企业应按照 GB/T 13861、GB 18218、GB/T 5817 的规定，对生产过程中的危险和有害因素进行分类和危险源辨识，采取相应控制措施，并在工作场所按 GB Z158 的要求设置职业病危害警示标识。

3.7.15 重大危险源应登记建档，绘制平面分布图，告知相关人员，定期进行检测、评估和适时监控，并制定应急预案，定期演练。

3.7.16 按 GB 2894、GB 2893 的要求正确使用安全标志和安全色。

3.7.17 外委施工管理中，应对施工单位及操作人员的合法资质进行审核，确认并签订《安全协议》，明确双方的安全责任和义务。

3.7.18 在进行检修、保养、巡视作业时，应采用联保、互保制度。

3.7.19 遵守《中华人民共和国安全生产法》和安全生产法律、法规及文件，夯实安全生产基础，完善安全生产管理体系，落实安全生产责任制。

3.8　通用规程

3.8.1 劳动用品防护

3.8.1.1 上岗前，作业人员应按规定穿戴齐全劳动防护用品，确保规范，有效。

3.8.1.2 生产作业人员操作运转设备时，禁止佩戴围巾，女工应将长发盘在安全帽内。

3.8.1.3 电焊工、电工作业应穿绝缘鞋，系牢鞋带；高空作业时禁止穿光滑的硬底鞋。

3.8.1.4 生产作业人员进入含尘、有害气体作业现场，应佩戴好防护眼镜、呼吸器或防护口罩。

3.8.1.5 作业人员进入高噪声作业区域，应佩戴好防护耳塞。

3.8.1.6 距基准面2m以上高处作业时，应系好安全带。

3.8.2 遵章守纪

3.8.2.1 禁止酒后（包括含酒精饮料）上岗。禁止脱岗、串岗、睡岗和疲劳上岗。

3.8.2.2 在厂房通行线上禁止坐卧休息或放置各种物料。

3.8.2.3 在厂房内禁止骑自行车或驾驶与生产无关的车辆。厂房内生产用车辆时速控制在5km以内。

3.8.2.4 在吊物运行的吊车、电葫芦下方禁止行走、站立、坐卧等。

3.8.2.5 禁火区域严禁吸烟或携带火种进入。在禁火区域作业应办理动火作业审批手续。在重点防火区域进行检修、维护设备时，操作人员应穿着防静电工作服，使用防爆工具。

3.8.2.6 未经许可，不允许启动他人负责的机器设备及安全装置。

3.8.2.7 禁止随意动用、跨越、毁坏各种安全防护设施和安全警示标志。

3.8.2.8 生产过程中，应按正常速度和正确的程序操作设备，不冒险、不违规、不抢时间。

3.8.3 维修、保养作业

3.8.3.1 严格按照国家有关安全法律法规和安全作业技术规程操作。进入现场前，应进行安全确认，设置安全监护人员，布置安全警戒线和安全警示标志。

3.8.3.2 维修区域与施工区域应设立明显区分标志，维修区域应有良好的照明与通风条件。

3.8.3.3 交叉作业区域，应建立有效的安全保护措施并由专人统一指挥。

3.8.3.4 地面或作业平台上的坑、沟、池等区域应设置盖板或防护栏等防坠落设施。

3.8.3.5 临时开挖的坑、沟或在通道上设置的警戒线等障碍物，应采取安全防护措施及设立明显的安全警示标志和警示灯。

3.8.3.6 储料仓、受压管道、压力容器等设施不应重力敲打。拆卸料仓、压力管道及人孔时，应将汽、油、料、风放尽，拆卸时不应垂直面对法兰，卸螺丝由下而上，防止物料喷出伤人。

3.8.3.7　使用专用设备及工器具时，应严格遵守安全操作规程。

3.8.3.8　作业中禁止用手试摸滑动面、转动部位或用手指试探螺孔。

3.8.3.9　使用起重设备时，应严格遵守起重作业安全技术规程。

3.8.3.10　电气维修人员应取得相应特种作业资格证书。

3.8.3.11　高低压配电室及大型设备停送电检修应按规定办理工作票及操作票，操作时执行唱票复诵制。维护检修设备作业前应锁死设备能源，确保在零能源状态下工作，现场设备中应悬挂安全警示牌；作业中需一人监护、一人操作；送电时应告知相关人员。应避免带电作业，如确需带电作业，应采取有效的安全措施。

3.8.3.12　定期检查各设备电气线路确保无裸露、破损，预防触电事故发生。

3.8.3.13　设备试车前应检查电源接法正确，各部分的手柄、行程开关、撞块灵敏可靠，传动系统的安全防护装置齐全，确认具备条件后，方可开车运转。

3.8.3.14　严格执行电气作业安全规定：禁止用湿手检查电气设备和操作设备启动按钮；禁止用水冲洗电机、开关盒；禁止将盛水容器放在电器开关箱上；禁止在操作室内堆放杂物、工具；禁止在进行电气检修工作时停电后及施工前未验电、放电而直接作业。

3.8.3.15　作业工具的绝缘性能应保持良好，使用电动工具，应有良好的接地保护装置，手持电动工具电源应有漏电保护装置，使用时应戴好绝缘手套。

3.8.3.16　电焊机电源应使用漏电保护装置，外壳应接零保护，严禁在雨天露天进行电焊作业。禁止使用厂房金属框架或生产管网代替二次回路线。电焊作业应戴电焊手套、穿绝缘鞋、戴防护镜。在容器内进行电焊作业应设专人监护。

3.8.3.17　气焊作业，乙炔瓶、氧气瓶存放按 AQ 3022 的规定执行，间距应大于 5m。气瓶离明火或电气设备的距离不得小于 10m。禁止用钢丝绳直接捆绑、吊运氧气、乙炔气瓶。气瓶不应在夏季炎热阳光下暴晒。乙炔瓶禁止卧放使用。

3.8.3.18　电气焊作业现场与易燃易爆及化学品距离应大于 10m。氧气瓶、乙炔瓶与易燃易爆品禁止混放。

3.8.3.19　外来施工单位应办理安全作业许可证和安全用电手续，并经主管部门审批，方可进入单位现场施工。

3.8.3.20　在重点消防部位作业动火，必须按动火管理规定进行登记、办理动火作业票，严格审批手续。

3.8.4　防止高空坠物

3.8.4.1　在离地平面（垂直距离）2m 以上（含 2m）位置作业为高空作业，按照 AQ 3025 的规定执行，应办理登高作业票，有安全防护，如设置围栏、安全网等。作业前，作业人员应佩戴好防护用品，检查登高工具和悬挂锚点，确保牢固可靠，并设监护人；作业中禁止抛送工具或零件。

3.8.4.2　高空作业用具（包括安全网）和锚点应定期检查、评估确认有效。在恶劣气候下如风力超过 6 级、暴风雨等，应停止高空作业。患有严重心脏病、高血压、贫血症、癫痫症等人员禁止从事高空作业。

3.8.4.3　天车吊运重物应距离地面 2.3m 且距离最高设备 0.5m 以上，禁止人员从下方通过。

3.8.4.4　天车吊运时应稳起稳落，工作中严禁中断与起重相关的空压机或液压设备。

3.8.4.5　禁止从天车上向下抛物。

3.8.4.6　操作电动葫芦时，严禁超负荷使用及电动葫芦下站人，特殊情况下务必以指挥人为准。

3.8.4.7　在堆块上作业时，作业人员应确认产品堆放平稳，防止踩空或坠落，并密切注意天车运行情况。

3.8.5　受限空间施工

3.8.5.1　在受限空间施工应按照 AQ 3022 的规定执行，施工时应办理工作许可票，施工人员应持证上岗且设有监护人。

3.8.5.2　在设备内检修作业时，必须先对设备内空气进行检测，并根据检测结果，确定是否进入。检修时应打开设备上的所有人孔，保持设备内空气流通，必要时可向设备内通风（新鲜空气），佩戴长管面具或选配适用的防毒面具。

3.8.5.3　在邻近带电部分进行电器维修作业时，应保持可靠安全距离和设置安全措施。

3.8.5.4　进入除尘器检查时应安装临时安全照明。进入除尘器内应戴好防尘用品，保证良好通风。进出除尘器应防止碰伤。

3.8.5.5　进入导热油加热炉内检修时，应用空气吹扫热油盘管及炉内盘管后，检修人员方可进入。

3.8.5.6　在混捏锅内检修时应切断电源并悬挂警示牌，并有专人负责监护方可进入锅内。

3.8.5.7 使用的行灯电压不得大于36V，进入潮湿密闭容器内作业行灯电压不得大于12V。确保电线绝缘应良好。使用的手动工具应符合国家标准并装设漏电保护器。

4 设备设施安全作业要求

4.1 通用设备

4.1.1 天车

4.1.1.1 使用副钩吊运物品时必须挂牢，禁止超负荷、吊物不允许站人。运行中禁止同时进行纵向、横向、旋转等两种以上动作，严格执行“十不吊”规定。

a）超载或者被吊物重量不清不吊；

b）指挥信号不明确不吊；

c）捆绑、吊挂不牢或不平衡，可能引起滑动时不吊；

d）被吊物上有人或浮置物时不吊；

e）结构或零部位有影响安全工作等缺陷或损伤时不吊；

f）遇有拉力不清的埋置物件时不吊；

g）工作场地昏暗，无法看清场地、被吊物和指挥信号时不吊；

h）被吊物棱角处于捆绑钢绳间未加衬垫时不吊；

i）歪拉斜拽重物时不吊；

j）容器内装载物品过满时不吊。

4.1.1.2 同一轨道上两台天车间距离不得小于3m。天车应安装防撞措施，避免同一轨道上运行的天车发生相互碰撞事故。两台天车同时作业时，两车距离应大于10m，接近10m时，应不间断地发出信号避免撞车。

4.1.1.3 以上未提及事项普通天车作业按照GB 5082和GB 6067的规定执行。普通天车作业易发生坠物伤人、高空坠落等事故。普通天车吊运物品时，应检查确认吊具完好、捆束牢靠后方可进行。指挥和配合作业的人员站位应安全、可靠。

4.1.2 多功能天车（电葫芦）

4.1.2.1 上岗前检查各限位确保灵活正常；爬梯确保处于上限；照明、防护、传动装置及紧固螺栓确保正常；润滑情况确保良好。

4.1.2.2 开车前必须鸣铃并观察地面设备和人员情况，按照操作程序平稳启动。天车运行时，轨道上禁止站人、检修、加油和清扫卫生工作。

4.1.2.3 进行手动、脚踏操作时应集中精力，正确操作，避免用力过猛。

4.1.2.4　运行中应紧握操作手柄，除两手外不允许用身体其他部位采用碰撞方式代替手转动控制器。认真观察并确认各指示灯正常，谨防驾驶室、吊具与吊物相互碰撞或碰伤人。

4.1.2.5　启动运行时，应由低速到高速，禁止启动后立即拉到高速挡，需要停车时应事先拉低速挡，由快变慢停在停车位，不允许从高速挡位立即停车及利用倒车方法停车。天车运行和升降要求平衡，大、小车临近终点或停车时速度应缓慢，不允许使用限位开关作停车手段。

4.1.2.6　夹运精炼炉、吊运热硅锭或其他物品时，应先将夹物、吊物垂直提升距离工作面10cm以上，确定夹紧挂牢后方可起步移动。

4.1.2.7　吊钩起落时应密切关注钢丝绳状态，确保无卡槽及绞绕现象，确保交流接触器灵活良好。

4.1.2.8　机械传动部位和抱闸失灵时禁止吊运物品。禁止在天车上存放易燃、易爆物品或其他物品。

4.1.2.9　在炉面所有作业均应有专人指挥，全程监护。

4.1.2.10　发生故障时，应立即停车检查，原因未查明前禁止操作控制开关按钮。

4.1.2.11　天车副钩在最低位置时卷筒钢丝绳不得小于两圈半，钢丝绳应每班检查一次，发现问题及时处理。

4.1.2.12　定时对天车进行检查、维护保养、定期检查大小车轨道，厂房立柱（制动装置）确保卷扬钢丝绳处于安全状态。

4.1.2.13　天车作业完毕后应停在指定位置，不应停在高温区域上方，按程序关闭电源、气源并确认后方可离开。

4.1.2.14　以上未提及事项，应遵守普通天车安全作业规程的规定。

4.1.3　带式输送机

4.1.3.1　带式输送机作业易发生滑倒、摔伤，而且易卷入皮带造成机械伤人等事故。带式输送机靠近人行通道的一侧应安装急停拉绳开关和防皮带跑偏装置，机头、机尾加防护罩。

4.1.3.2　带式输送机启动前应确保除尘系统、磁选器工作正常，并对带式输送机进行全面检查，确认安全后方可开动。清理吸铁器时必须停料、停带式输送机。

4.1.3.3　运行前应先空负荷开动带式输送机，待运转正常后再投料运行。投料运行后要检查皮带确认未跑偏。

4.1.3.4　带式输送机运转中应做到以下规定：

a）不应脚踏、跨越输送机或防护盖；

b）不应将头、手伸入防护盖内；

c）不应将头、手和其他物体伸入皮带下和托辊、链条、齿轮之间；

d）不应在人行道上跑、打、跳；

e）不应在空中人行道上往下扔东西；

f）不应走出人行道或栏杆以外的地方；

g）不应将工器具及其他物件搁放在输送机或过道上。

4.1.3.5　检查时禁止将手伸进传动部位，发现异常立即停料停机处理。

4.1.3.6　巡视、检查时应与皮带之间保持一定的安全距离，避免卷入皮带造成伤人。

4.1.3.7　带式输送机局部出现起皮、磨损、刮伤等现象时，必须停机处理查找原因。

4.1.3.8　工作中经常巡视下料口、下料仓运转情况，防止阻料、拉坏皮带。

4.1.3.9　皮带上严禁放置杂物、工具，下料口堵料要停机处理。

4.1.3.10　带式输送机必须排空料才能停车。

4.1.3.11　检修时必须停车、断电、挂牌并派人监护。

4.1.3.12　冬季在露天、高空进行巡视时，必须做好防滑措施。

4.1.3.13　夜间巡视应保证照明，上下楼梯应注意防止摔伤。

4.1.4　斗式提升机

4.1.4.1　开车前应认真检查确保所有紧固部位及联轴节无松动、润滑情况良好，无卡住、掉斗、堵料现象，无安全隐患后方可启动。

4.1.4.2　设备正式启动前，应与相关的上下工序紧密联系，全面做好安全准备后方可启动。

4.1.4.3　定期检查料斗螺丝紧固情况，防止掉斗。

4.1.4.4　斗式提升机应排空料后才能停车。

4.1.4.5　生产中应定期进行巡视检查，确保无堵料、卡斗现象。发现问题应立即停机处理。

4.1.4.6　斗式提升机运行中应关严观察孔，禁止将头或手伸到观察孔内。

4.1.4.7　斗式提升机内严禁掉入铁器等杂物。

4.1.4.8　作业人员检查斗式提升机进入斗提箱内时应先停电，挂牌并派专人监护。

4.1.5　捣炉机（加料车）

4.1.5.1　捣炉机（加料车）及相关设备、设施应定期检查，设备零部件应齐全、紧固可靠、无缺陷。各润滑部位油量充足，油泵、管道畅通，管道、接头、电磁阀无泄漏，设备周围无障碍物。

4.1.5.2　操作捣炉机（加料车）时，速度应缓慢，且后方不应有人。

4.1.5.3　捣炉机（加料车）故障处理时，应严格执行设备检修停电挂牌制度。

4.1.5.4　捣炉机（加料车）运行时，应将捣炉机门关闭。捣完后应将捣杆快速收回。

4.1.5.5　捣炉机（加料车）制动装置、转向装置应有效。操作时应关闭捣炉机的门窗。

4.1.5.6　捣炉后（加料车）捣杆搁置在指定区域冷却，避免大臂上捣料残留火星引发火灾、高温烫伤。

4.1.6　通风除尘设备

4.1.6.1　开车前应对设备进行全面检查，确认正常后方可启动。

4.1.6.2　生产时应先启动除尘设备，正常后再开启其他设备。

4.1.6.3　生产时应经常巡视检查除尘设备运转情况，发现问题及时停机处理。

4.1.6.4　除尘设备应及时调整局部工艺参数确保正常运行。

4.1.6.5　除尘布袋应定期进行检查更换，确保除尘效果。

4.1.6.6　在布袋室内检查、更换布袋时必须有专人监护，完毕后应确认人员全部离开后再关门，避免除尘器内留人。

4.1.6.7　更换布袋前应排空料，更换布袋后清理干净除尘器内部，以免杂物、工具留在除尘器内损坏排料螺旋。

4.1.6.8　通风除尘设备停车时，排料螺旋应将除尘设备内料排空后才能停机。

4.1.6.9　除尘器启动时风机、排料螺旋、反吹装置应同时开启。螺旋下料阀排空料后才能停车。

4.1.6.10　在通风除尘设备及管道上动火应排空设备及管道内粉尘，办理动火证并采取预防措施后方可动火。

4.1.6.11　通风除尘设备检修时必须停电、挂牌并派人监护。

4.1.6.12　其他未提及事项按照受限空间作业的规定执行。

4.1.7　破碎机

4.1.7.1　作业人员应在破碎机设备开车前进行细致、全面检查，确认正常后，方可启动。按照设备启动、停车顺序操作，按照技术标准精心细致地操作。先手动启动，运转正常后，再改为自动操作。

4.1.7.2　破碎机带料运行时禁止停车，突然停电再启动必须排空料后，方可启动。

4.1.7.3　反击式破碎机调速应逐步进行。

4.1.7.4　破碎机运行时禁止触碰机械传动部位，禁止佩戴湿手套启动电器设备，防止触电。

4.1.7.5　严禁在平台上打闹，防止掉入破碎腔内被挤伤、压伤，破碎机反射面严禁站人，操作时与破碎机保持安全距离。

4.1.7.6　设备出现故障、堵料时，必须切断电源后再进行处理，并悬挂“故障处理、禁止送电”标牌。设备检修时必须停电、挂牌，并有专人监护。

4.1.7.7　生产时禁止将头、手伸进破碎机内检查，防止机械伤人。

4.1.7.8　铁器、杂物禁止带入破碎机内，以防设备损坏。

4.1.7.9　工作中应经常巡视设备，发现异常时立即停车检查处理。

4.1.7.10　工作中上、下工序做好联系，发现破碎机内堵料或有撞击声、皮带打滑、大块料及铁器进入等情况时，应立即停车处理。

4.2　辅助系统

4.2.1　制氧系统

4.2.1.1　进入氧气间，劳保着装应符合安全操作规程，不得穿化纤衣料和有油污的工作服入内。

4.2.1.2　进入氧气间严禁携带任何火种，易燃易爆物品或穿带铁钉鞋以及在站内使用手机、对讲机。

4.2.1.3　作业中注意事项：

a）严禁超压、超负荷运行；

b）严禁携带烟火、手机进入生产现场；

c）正确穿戴防护用品；

d）上下冷却塔抓紧扶手；

e）检查安全附件确认完好；

f）检查管道确认无泄漏；

g）拆卸和安装时必须卸压。

4.2.1.4　作业后：站内储气罐储存的氧气是保证生产供气的主要气源，每班灌满气罐后，应先关进气阀门，再关出气阀门，应彻底检查阀门确认关到位，确认无气体泄漏。

4.2.2　变压器油水冷却系统

4.2.2.1 配电工在查看变压器油温度的同时也要查看油水冷却器的运行情况，每间隔4h更换油泵一次，确保进出水阀门无渗漏水现象。

4.2.2.2 观察油压力和水压力，确保油压永远高于水压，防止冷却水渗入变压器油中。

4.2.2.3 定期清除冷却器下水池中的污物和冷却水管中的水垢，保证冷却水通畅无阻。

4.2.2.4 变压器的温度小于50℃。

4.2.2.5 一般水的压力为0.25MPa，油的压力为不小于0.8MPa。

4.2.3 仪表控制

4.2.3.1 仪表设备应定期检查、检测，发现异常要及时处理。

4.2.3.2 发现仪表的报警及自动联锁装置运转不正常，应及时处理。

4.2.3.3 仪表通电前，应确认无误，接好地线，安全措施应符合要求，通电后，发生异常现象，应立即断电检查。

4.2.3.4 投入正常运行的自动调节器和控制装置、报警装置、联锁装置，不得擅自调整。

4.2.3.5 非工作人员不得随意进入仪表室，非仪表专业人员不得随意乱动仪表设备。

4.2.3.6 仪器仪表在检修过程中，不得任意更改不同型号的元器件，有特殊情况时，须经有关人员同意后方可更换。

4.2.3.7 仪表设备故障处理，应严格执行设备检修停电挂牌制度。

4.2.3.8 认真填写配电记录、保证真实、准确、完整。

4.2.4 液压站控制

4.2.4.1 液压站及相关设施应定期检查、维护，设备零部件应齐全、坚固可靠、无缺陷。各润滑部位油量充足，油泵管路畅通，管道、接头、电磁阀无泄漏，设备周围无障碍物。

4.2.4.2 不得在调压站内使用明火，检修设备应停电、泄压，严格执行检修停电挂牌制度。

4.2.4.3 检查切断阀脱节扣机构正常工作，检查切断后关闭是否严密。

4.2.4.4 液压站应保持清洁，地面不得有油污、物料。

4.2.4.5 液压站应配有消防设备，并摆放在明显位置。

4.2.4.6 不得在变压室内堆放易燃、易爆物品以及其他无关杂物。

4.2.5 变配电控制

4.2.5.1 进入变压器室操作时，应同时有两人以上，穿绝缘鞋、戴绝缘手套。所使用的工具应安全可靠。

4.2.5.2 变压器室应安装避雷装置，应有可靠的安全接地，送电前应了解高低压设备性能及运行情况。

4.2.5.3 在变压器室各醒目部位应有危险性提示标识牌和文字。分合闸操作时，需由专人作业，旁边需设监护人。变压器正常运行时，配电人员应按照安全操作规程进行监控和操作，每小时将运行情况记录一次，每月维护保养一次，每年检查维修一次。

4.2.5.4 应定期检查变压器及相关设施各连接部位无松脱现象，经常清除灰尘、杂物。

4.2.5.5 不得在变压室内堆放易燃、易爆物品以及其他无关杂物。变压器室应配有有效的消防设备，并摆放在明显的位置。

4.2.5.6 在电缆、电容器上作业，应停电操作，并作放电处理，总路断路器合闸后，母排上就已供电，此时再依次分别合上各路分屏刀闸，再合上各支路断路器。

4.2.5.7 变压器不应超载、超温运行，应做好运行记录和维护保养。在运行中冷却水压应小于油压。有载调压时，应降低至安全负荷后再进行调压操作，不应频繁和高负荷调整变压器挡位。

4.2.5.8 变压器运行时应将变压器室门关闭。停电检修必须挂提示牌，并设专人在现场监护。变压器检修时，不应在电极、导电铜瓦、压力环、冷却循环水管上使用电焊作业。

4.3 检维修

4.3.1 检维修前做好如下准备：

a）进行危险、有害因素识别；

b）编制检维修方案；

c）对检维修单位、人员进行资质确认；

d）办理工艺、设备设施交付检维修手续；

e）对检维修人员进行安全培训教育；

f）检维修前对安全控制措施、方案进行确认；

g）为检维修作业人员配备合格、齐全的劳动保护用品；

h）办理各种作业许可证。

4.3.2 检修前应对现场进行安全检查，断开电源，并在电源开关处挂上“禁止合闸”安全牌。检修完成后由指定人员办理检修交付手续。

5　主要工艺流程安全作业要求

5.1　原料作业准备

5.1.1　硅石进料及清洗

5.1.1.1　在硅石垒高作业过程中应与车辆保持1m以上的安全距离，同时要求周围人员撤离到6m外的安全区域，防止垒高过程造成硅石飞溅。

5.1.1.2　原料制备工应熟知安全一般要求及基本常识和安全的注意事项。

5.1.1.3　硅石破碎人员应佩戴防护眼镜，防止飞起的小硅石碰伤眼睛。

5.1.1.4　清洗硅石前，应检查洗矿设备，并将水压调至适当压力，开启洗矿机，待空负荷运行3min后再开给矿机开始下料进行清洗。

5.1.1.5　使用装载机投料清洗硅石投料时，应确认洗矿机仓内无人，方可投料。

5.1.1.6　装载机在投料作业时，洗矿机操作人员应保持足够的安全距离。

5.1.2　还原剂进料及筛分

5.1.2.1　验收合格入库的还原剂要根据种类、产地、质量进行分类安全堆放。

5.1.2.2　堆垒操作时应与车辆保持1m以上的安全距离。

5.1.2.3　堆放场地周围应设有消防设施和不小于4m的环形消防通道。

5.1.2.4　易燃还原剂堆放点要有防火标识，并指定专人进行巡查。

5.1.2.5　筛分石油焦和木炭的人员要佩戴好防尘口罩。

5.1.2.6　木屑机、皮带机、破碎机、滚筒机和振动筛的高速转动部位应安装防护罩，不允许触摸转动部位，防止机械伤人。

5.1.3　配料作业

5.1.3.1　配料工在装运原材料时，要与破碎机、皮带机、滚筒筛和振动筛保持安全距离。

5.1.3.2　人工或转料车转料上炉台时，应避让正在作业的捣炉机或大铲拨料设备，防止意外碰伤。

5.1.3.3　自动化配料、上料系统发生故障时，应立即断开电源，由专业人员进行检修。

5.2　冶炼作业

5.2.1　电炉熔炼

5.2.1.1　使用捣炉机捣炉时，遇到料面硬壳不得硬挑，捣炉杆要对准方向，不得碰撞电极，避免发生电极断裂事故和造成捣炉机损坏。

5.2.1.2 捣炉人员应根据炉内的化料情况，适时进行捣炉，避免炉料化空大塌料发生火焰喷射烫伤。

5.2.1.3 冶炼闷烧时，冶炼工不得脱岗，应逐一观察炉内的导电铜瓦、压力环、冷却循环水管的情况，发现铜瓦打弧或者有渗漏水现象，应立即停电抢修。观察炉内情况时，要戴好防护面罩。加（投）料时，应注意炉底积存硅液溅出伤人。

5.2.1.4 在电炉运行时，不许短接两相电极或测量电极。

5.2.1.5 发生电极断裂时，应立即停电。在拽出电极交叉作业中，应采取安全措施。进入炉内时，要垫好隔热板，防止烫伤。

5.2.1.6 接长电极作业时，应断开电源，确认电极临时卡具和电极接头是否可靠。不得在接长电极作业的同时焊接该电炉导电设施和移动电极。

5.2.2 出硅

5.2.2.1 出炉工具应摆放整齐，防止溅飞火花引起燃烧。

5.2.2.2 炉前周围5m内用水应谨慎，保持炉前干燥，预防跑炉眼、硅水抬包底部渗漏硅水、炉口渗漏硅水现象出现，发生爆炸事故。

5.2.2.3 出炉前应对使用的抬包、抬车、氧气及通氧设施认真检查，保持炉前、抬包干燥，若抬包内衬耐火砖的裂纹和侵蚀局部大于40mm的应立即更换。更换或使用新抬包时应烘烤干燥。

5.2.2.4 在烧穿炉眼前，应清理炉口和溜槽后才能合上烧穿器的电源开关。停止使用烧穿器时，应断开烧穿器的电源，不得在烧穿器带电的情况下，进行其他出炉作业。

5.2.2.5 硅水抬包与出炉口溜槽要对准摆正，抬包内的硅液不能装得太满，硅液面与抬包上沿口的距离应大于100mm，防止电动抬包车行走时溅出硅液。

5.2.2.6 炉眼黏渣堵塞，需要用木杆桶拉渣时，应挂好出炉口挡板，防止喷火焰和硅液发生。

5.2.2.7 在向抬包内加入保温材料时，应确保材料干燥无杂物。

5.2.2.8 要经常检查吹氧气系统的氧气瓶、氧压表、阀门、管道、空压机、空气转子流量计、高压钢丝胶管、压力表等附件有无漏气和损坏。

5.2.2.9 出炉结束后，清理好出炉口才能堵炉眼，防止造成设备和人身伤亡事故。

5.2.2.10 检查吹氧时，使用钢管插入时，防止硅液喷出烧伤。

5.2.2.11 出炉工作结束后，要把出炉平台、出炉轨道和炉周围的卫生打扫干净，出炉工具要整齐地摆放在工具架上。

5.2.3　产品精炼

5.2.3.1　硅水精炼时，操作人员应与硅水包保持 3m 以上的安全距离。

5.2.3.2　硅水精炼中，应控制好空气、氧气的流量，防止空气、氧气流量过大发生硅水飞溅伤人。

5.2.3.3　精炼通氧胶管应设有防护，防止硅水飞溅烧坏胶管。

5.2.3.4　操作人员在观察硅水时应佩戴好面屏等防护用品。

5.2.4　抬包

5.2.4.1　在吊运抬包之前，首先检查起吊设备的控制系统是否可靠，钢丝绳和吊钩有无异常，再检查吊抬包的吊具是否存在问题，确认无误方可吊运。

5.2.4.2　不能继续使用的抬包要重新砌筑，在清理抬包时，要戴好防尘口罩，宜采用湿法扒包，防止粉尘飞扬。抬包清理完把场地打扫干净。

5.2.4.3　清理抬包的风镐要经常维护保养，使用前要检查钎杆头和卡子接头的可靠性，防止钎杆脱落伤人。

5.2.4.4　砌筑抬包时，应有两个人以上互相配合。砌筑好的新抬包，安装好吹氧芯体，进行烘烤干燥。

5.2.4.5　砌筑抬包和扒抬包要在指定地点。

5.2.5　产品浇铸

5.2.5.1　浇铸操作场地应保持清洁，浇铸包、地坑、渣槽、浇铸锭模周围应保持干燥。

5.2.5.2　使用新的抬包、模具、地模前，应烘干预热，地模必须保持干燥，严防因潮湿而引起爆炸或断裂。

5.2.5.3　浇铸现场应划定吊运硅水包的区域和路线，确保吊运路线畅通。

5.2.5.4　产品浇铸前，硅水流入锭模的部位应用耐火材料垫好。

5.2.5.5　产品浇铸时应缓慢、均匀浇铸，防止飞溅。

5.2.5.6　浇铸时，抬包的倾斜度最大不得超过 60°，浇铸包尽量靠近锭模，防止硅水溅出。

5.2.5.7　浇铸结束扒渣时，抬包的倾斜度不得超过 75°。

5.2.5.8　锭模使用过程中应随时进行检查、检测、维护，如发现有腐蚀严重、裂纹、裂口、弯曲、焊缝开裂或渗水现象，应停止使用并及时进行修理或更换。

5.2.5.9　采用水冷锭模作业，要确保水道畅通，水压符合要求，防止硅水渗透发生爆炸。

5.3　产品精整及成品仓储

5.3.1 精整

5.3.1.1 工作前要认真检查使用工具（尤其是大锤），若有问题应立即处理或更换。

5.3.1.2 搬运硅块和清理硅块时，须戴手套，防止硅块的断裂面锋利，极易划伤。

5.3.1.3 使用大、小锤时要确保对面无人。

5.3.1.4 进行硅块破碎时，佩戴好防护眼镜，预防飞起的小硅块伤害眼睛，破碎硅块人员要保持一定距离，避免互相伤害。

5.3.1.5 托盘中的硅块不要装太满，防止在吊运中掉下伤人。

5.3.1.6 破碎时，防止硅块从平台上掉下伤人。

5.3.2 编组包装和仓储运输

5.3.2.1 在装袋过程中，不要把有锋刃角的硅块装在包装袋的周边位置，避免割破包装袋，发生漏包。

5.3.2.2 产品在入库转运时，应摆放在转运车中间，防止产品掉落伤人。

5.3.2.3 产品入库时，要摆放整齐，堆高包装袋应摆放平稳，同时留出库房的安全通道。

5.3.2.4 产品堆放时，不许有人站在附近。防止垒高过程造成产品掉落伤人。

5.3.2.5 在平台和通道上，能触及的旋转和移动部位应设置防护栅或防护罩。

5.4 除尘和加密

5.4.1 除尘

5.4.1.1 制定安全操作规程，确保正常安全运行，建立设备运行台账。

5.4.1.2 巡查及检修时，上下钢爬梯应防止脚下踩空发生摔伤事故。

5.4.1.3 保持场地清洁卫生，道路畅通，夜间照明充足，防止摔伤。重点部位应有明显的安全标示。

5.4.1.4 更换布袋时，首先清空布袋内余灰，停止除尘设备，断开电源，打开通气门，并在有人监护的条件下进行操作，在箱体内更换布袋时间不得超过 3min，超过 3min 需外出呼吸新鲜空气后再进行更换。

5.4.2 加密

5.4.2.1 加密作业应按照安全操作规程并佩戴防尘口罩。

5.4.2.2 同一个罐内不能同时进行送灰和加密工作，防止布袋爆裂或脱落。

5.4.2.3 仓顶布袋清灰，应随时检查布袋压力情况。

5.4.2.4　高加密产品作业时（500~800kg/m^3），应对料位高度进行监控，确保在承载重量范围内。

5.4.2.5　在检修时不许跨越刮板机和伸手抓刮板链节。

5.4.2.6　确保压缩空气配管系统处于正常工作状态，管路无堵塞。

5.4.2.7　除尘车间内禁止烟火，重点部位应配置消防和避雷措施。

5.4.2.8　其他未提及事宜按照受限空间安全作业规定执行。

6　其他

6.1　消防

6.1.1　厂区内，应按照 GB 15630 的规定设置必要的消防设施和消防通道，设置消防设施的地点应有明显的标志牌。

6.1.2　消防设施的设置应符合消防法规、标准的规定；主控室、电气间等易发生火灾的建（构）筑物，应设自动火灾报警装置。

6.1.3　消防器材按照 GB 50140 的规定执行，应单独摆放在明显和便于使用的地点，周围不应存放其他无关物品；消防设施、器材应由专人负责管理，并定期检查充装更换。

6.2　厂内交通运输

各企业在严格执行 GB 4387 的同时，可根据企业铁路、道路实际状况，制定更加具体有效的厂内交通运输安全规程或管理制度。机动工业车辆在使用、操作、维护时严格执行 GB/T 10827 的要求。

6.3　动力系统

动力系统主要为工业硅生产企业提供水、电、汽、风等能源，各企业要参照国家或行业相关标准、设备使用说明书，结合本企业的实际情况，制定企业的动力规程（包括安全管理制度、操作规程、运行规程、检修规程、安全规程、事故应急预案等）。

6.4　环境与卫生

车间及厂区环境与卫生应符合 GB Z1、GB Z2.1、GB Z2. 2、GB 3095、GB 12348 的规定。

6.5　事故应急措施

工业硅企业应根据相关规定结合企业的具体情况，制定切实可行的各类事故应急预案。工业硅生产的主要危险有害因素有：灼烫、车辆伤害、触电伤害、物体打击、起重伤害、火灾爆炸、机械伤害、高温、粉尘、噪声等。

工业硅生产企业应按照 AQ/T 9002《生产经营单位安全生产事故应急预

案编制导则》的要求，结合企业具体情况，制定切实可行的各类事故应急预案，至少应包括：

a)《工业硅安全生产总预案》；

b)《自然灾害抢险救援应急预案》；

c)《工业硅浇铸爆炸、火灾事故应急预案》；

d)《触电、电击伤害救援应急预案》；

e)《动力变压器火灾事故应急预案》；

f)《矿热炉突发停电应急预案》。

7　危险源辨识

工业硅安全生产危险源辨识参照附录 A 进行。

附　录　A
（资料性附录）
危险源辨识

工业硅安全生产危险源辨识参见表A.1。

表A.1　危险源辨识

序号	工艺流程	危险有害因素	危险源过程描述	可能导致的事故（危险种类）	可能伤及的人员、造成设备设施损坏、员工健康损害、环境破坏的结果
1	原料作业准备	机械危害	铲车司机不按规程操作铲车	伤人、设备设施损坏	操作工、现场设备设施
2		机械危害	车辆维护检修不周，制动、信号装置损坏	车辆伤害、设备设施损坏	操作工、设备设施
3		行为危害	铲料时料斗内站人	掩埋、压伤	操作工
4		行为危害	料斗上有人操作	砸伤	操作工
5		环境危害	提升机、皮带机、洗矿机（破碎机）除尘效果差	职业病、健康损害	操作工、其他人员
6		环境危害	提升机、皮带机、洗矿机（破碎机）、通风除尘设备噪声超标、长时间接触	职业病、听力损害	操作工、其他人员
7		行为危害	相关机械设备工作室内部或出口附近有人	伤人	操作工、维修工
8		行为危害	工作服破烂未收紧	卷入伤人	操作工
9		行为危害	女工长发未盘起	机械伤人	女工
10		行为危害	皮带机运转从下料口取异物	机械伤人	操作工
11		行为危害	整理皮带机除尘罩铁皮时不戴手套	划伤	操作工、维修工
12		机械危害	绑松紧带时脱掉	伤人	操作工、维修工
13		行为危害	提升机卡机时不停机清料，手压，棍撬	机械伤人	操作工
14		行为危害	上下楼梯没有扶稳	摔伤	操作工、检查、维修巡视人员
15		能源危害	现场电气设备或就地控制箱漏电或触摸裸露电气元件	触电	操作工、检查、维修巡视人员

续表 A.1

序号	工艺流程	危险有害因素	危险源过程描述	可能导致的事故（危险种类）	可能伤及的人员、造成设备设施损坏、员工健康损害、环境破坏的结果
16	原料作业准备	行为危害	电气设备维护吹灰不及时，电气设备绝缘老化，导致短路、断路	火灾事故或粉尘爆炸、设备设施损坏	操作工、检查、维修巡视人员
17		行为危害	硅石或其他原材料垒高不当导致飞溅	伤人	操作工、其他人员
18		行为危害	还原剂堆放没有环形消防通道和消防设施，易燃还原剂没有单独存储，并保持安全距离	火灾事故	操作工、检查、维修巡视人员
19	电炉熔炼	环境危害	烟气浓度超标、通风不良、除尘系统损坏	职业病	操作工、检查、维修巡视人员
20		环境危害	通风除尘设备噪声超标、长时间接触	职业病、听力损害	操作工、检查、维修巡视人员
21		行为危害	使用明火	火灾、爆炸	操作工
22		物理危害	矿热炉高温辐射	职业病、中暑	操作工
23		物理危害	矿热炉高温辐射	灼伤	操作工、检查、维修巡视人员
24		化学危害	炉体冷却夹套停水	爆炸、灼伤、烫伤	操作工、检查、维修巡视人员
25		能源危害	炉体冷却夹套漏水	喷炉、火灾爆炸、灼伤、烫伤	操作工、检查、维修巡视人员
26		机械危害	机械设备传动部件没有防护罩、违章作业	机械伤害	操作工、检查、维修巡视人员
27		行为危害	高空作业时防护不当	高空坠落	操作工、维修工
28		环境危害	维修平台积灰过多	滑落	操作工、维修工
29		物理危害	高空放置可移动物不临时固定	坠物伤人	操作工、其他人员
30		能源危害	维修，检查易损件未切断电源	突发机械伤害	巡检员、维修工
31		行为危害	控制室未挂维修警示牌	误操作	维修工
32		行为危害	启动设备未确认设备周围无人，无妨碍工器具	其他伤害	作业人员
33		环境危害	设备粉尘油污	其他伤害	作业人员

续表 A.1

序号	工艺流程	危险有害因素	危险源过程描述	可能导致的事故（危险种类）	可能伤及的人员、造成设备设施损坏、员工健康损害、环境破坏的结果
34	电炉熔炼	人工功效危害	设备维修不到位	高空坠物	作业人员
35		物理危害	爬梯无扶手	其他伤害	筛分工、质检
36		环境危害	爬梯积灰多，有油污	其他伤害	作业人员
37		环境危害	控制箱积灰	触电，粉尘爆炸	操作工
38		环境危害	烟尘大、视线不清	其他伤害	作业人员
39		物理危害	平台面捣炉机（加料车）不按规程操作	机械伤人	操作工、其他人员
40		行为危害	疏通下料卸灰阀操作不当	机械、器具伤人	操作工
41		环境危害	平台一些原料不及时清理	其他伤害	其他人员、操作工
42		环境危害	平台照明不足	其他伤害	作业人员
43		心理社会危害	上下沟通不畅	机械伤人	作业人员
44		物理危害	平台作业时防护服不到位	其他伤害	作业人员
45		物理危害	管道破裂	其他伤害	操作工
46		人工功效危害	维修保养不到位	气体伤人	操作工
47		人工功效危害	噪声	听力损害	作业人员
48		环境危害	炉体温度高	灼烫	周边人员
49		行为危害	不佩戴劳保防护用品	职业危害	作业人员
50		行为危害	酒后上岗	其他伤害	作业人员
51		社会心理危险	串岗、睡岗	其他伤害	作业人员
52		行为危害	对工作环境不熟悉、未接受岗前培训	其他伤害	作业人员
53		物理危害	沟通渠道受阻	其他伤害	作业人员
54		行为危害	野蛮操作、盲目指挥	其他伤害	作业人员
55		行为危害	私拉乱接用电设备	电器危害	作业人员
56		行为危害	配电柜不按规定除尘	电器火灾	操作人员

续表 A.1

序号	工艺流程	危险有害因素	危险源过程描述	可能导致的事故（危险种类）	可能伤及的人员、造成设备设施损坏、员工健康损害、环境破坏的结果
57	电炉熔炼	物理危害	料斗内夹角余料上下料斗	摔伤、碰头	操作人员
58		机械危害	皮带机机头裸露	机械伤害	操作人员
59		能源危害	电气设备绝缘老化、电线裸露	触电	操作工、维修巡视人员
60		机械危害	斗提机卡住	机械伤害	操作人员
61		物理危害	上平台梯子滑，上楼顶梯子不固定	高处坠落	操作、检修、其他人员
62		环境危害	二层平台设备多，地面粉尘多	摔伤、碰头	操作、检修、其他人员
63		环境危害	室内环境差、粉尘大、障碍多	职业病、其他伤害	操作、检修、其他人员
64		环境危害	在捣炉时候粉尘大，温度高，空间小	尘肺、其他伤害	操作人员
65	出硅精炼	环境危害	环境差、粉尘大、障碍多	职业病、其他伤害	操作、检修、其他人员
66		行为危害	野蛮操作、盲目指挥	其他伤害	作业人员
67		行为危害	不佩戴劳保防护用品	职业危害、烫伤	作业人员
68		环境危害	炉口周围5m半径内的环境及出炉工具必须保持干燥	爆炸	操作、检修、其他人员
69		行为危害	不按操作规程开启氧气瓶阀门	飞溅伤人	操作、检修、其他人员
70		行为危害	吊装硅水包不按照规范	飞溅伤人	操作、检修、其他人员
71		环境危害	取样、观察液面、障碍多	高处坠落、其他伤害	操作人员、质检人员
72		化学危害	负压不足	爆炸	操作人员、其他人员
73		化学危害	炉体漏风进气	爆炸	操作人员、其他人员
74		能源危害	除尘设备突然断电停机	爆喷	操作人员
75		能源危害	炉体进水	爆炸	操作人员、其他人员

续表 A.1

序号	工艺流程	危险有害因素	危险源过程描述	可能导致的事故（危险种类）	可能伤及的人员、造成设备设施损坏、员工健康损害、环境破坏的结果
76	浇铸	机械危害	天车勾头碰人	碰伤	操作人员、其他人员
77		机械危害	天车上各部位的螺丝脱落	砸伤	操作人员、其他人员
78		行为危害	天车吊装硅包掉落	掉落伤人	操作人员、其他人员
79		机械危害	吊重物左右摆动	碰伤	操作人员、其他人员
80		机械危害	吊块托板链条断，托板掉落	砸伤	操作人员、其他人员
81		机械危害	钢丝绳断重物掉下伤人	砸伤	操作人员、其他人员
82		机械危害	勾头磨损断裂、重物掉下	砸伤	操作人员、其他人员
83		行为危害	天车吊装硅锭掉落	掉落伤人	操作人员、其他人员
84		行为危害	硅锭冷却时，进水	爆炸	操作人员、其他人员
85	精整包装运输仓储	行为危害	人工破碎力度过大	溅伤	操作人员、其他人员
86		行为危害	人工破碎，注意力不集中	砸伤	操作人员、其他人员
87		行为危害	人员分类和装包，注意力不集中	划伤	操作人员、其他人员
88		环境危害	现场粉尘大，劳动防护用品穿戴不齐全	职业病	检验工、现场员工
89		环境危害	检验场所地不平、湿滑、粉料未及时清理	摔伤	检验工、现场员工
90		物理危害	天车钢丝绳、勾头断裂，卷扬装置制动失灵，指挥操作失误、断裂	起重伤害，砸伤、挤伤	检验工、现场员工
91		行为危害	距离产品过近	起重伤害，砸伤、挤伤	检验工
92		机械危害	交叉作业，距离机动车过近	车辆伤害	检验工
93		机械伤害	制动、信号、报警装置失灵	人身伤害、设备设施损坏	驾驶员、现场员工
94		物理伤害	维护、保养不及时，紧固件连接件松动	设备设施损坏	车辆或其他设备
95		物理伤害	把车停在斜坡上，没有进行手制动	人身伤害、设备设施损坏	驾驶员、现场员工、车辆或其他设备

续表 A. 1

序号	工艺流程	危险有害因素	危险源过程描述	可能导致的事故（危险种类）	可能伤及的人员、造成设备设施损坏、员工健康损害、环境破坏的结果
96	收尘加密	行为危害	修理设备	机械伤害	操作人员、其他人员
97		行为危害	操作设备	触电	操作人员、其他人员
98		行为危害	操作设备	粉尘、噪声	操作人员、其他人员
99		环境危害	清理	粉尘	操作人员、其他人员

附录 3　铁合金工业污染物排放标准（GB 28666—2012）

1　适用范围

本标准规定了铁合金生产企业或生产设施水污染物和大气污染物排放限值、监测和监控要求，以及标准的实施与监督等相关规定。

本标准适用于电炉法铁合金生产企业或生产设施的水污染物和大气污染物排放管理，以及电炉法铁合金工业建设项目的环境影响评价、环境保护设施设计、竣工环境保护验收及其投产后的水污染物和大气污染物排放管理。

本标准适用于法律允许的污染物排放行为；新设立污染源的选址和特殊保护区域内现有污染源的管理，按照《中华人民共和国大气污染防治法》《中华人民共和国水污染防治法》《中华人民共和国海洋环境保护法》《中华人民共和国固体废物污染环境防治法》《中华人民共和国环境影响评价法》等法律、法规、规章的相关规定执行。

本标准规定的水污染物排放控制要求适用于企业直接或间接向其法定边界外排放水污染物的行为。

2　规范性引用文件

本标准内容引用了下列文件中的条款。

GB/T 6920—1986	水质　pH 值的测定　玻璃电极法
GB/T 7466—1987	水质　总铬的测定　高锰酸钾氧化-二苯碳酰二肼分光光度法
GB/T 7467—1987	水质　六价铬的测定　二苯碳酰二肼分光光度法
GB/T 7472—1987	水质　锌的测定　双硫腙分光光度法
GB/T 7475—1987	水质　铜、锌、铅、镉的测定　原子吸收分光光度法
GB/T 16157—1996	固定污染源排气中颗粒物测定与气态污染物采样方法

GB/T 15432—1995	环境空气　总悬浮颗粒物的测定　重量法
GB/T 11901—1989	水质　悬浮物的测定　重量法
GB/T 11914—1989	水质　化学需氧量的测定　重铬酸钾法
GB/T 11893—1989	水质　总磷的测定　钼酸铵分光光度法
GB/T 11894—1989	水质　总氮的测定　碱性过硫酸钾消解紫外分光光度法
GB/T 16488—1996	水质　石油类的测定　红外分光光度法
HJ/T 55—2000	大气污染物无组织排放监测技术导则
HJ/T 195—2005	水质　氨氮的测定　气相分子吸收光谱法
HJ/T 397—2007	固定源废气监测技术规范
HJ/T 399—2007	水质　化学需氧量的测定　快速消解分光光度法
HJ 484—2009	水质　氰化物的测定　容量法和分光光度法
HJ 503—2009	水质　挥发酚的测定　4-氨基安替比林分光光度法
HJ 535—2009	水质　氨氮的测定　纳氏试剂分光光度法
HJ 536—2009	水质　氨氮的测定　水杨酸分光光度法
HJ 537—2009	水质　氨氮的测定　蒸馏-中和滴定法

《污染源自动监控管理办法》（国家环境保护总局令第 28 号）

《环境监测管理办法》（国家环境保护总局令第 39 号）

3　术语和定义

下列术语和定义适用于本标准。

3.1　铁合金

一种或一种以上的金属或非金属元素与铁组成的合金，及某些非铁质元素组成的合金。

3.2　现有企业

在本标准实施之日前，建成投产或环境影响评价文件已通过审批的铁合金生产企业或生产设施。

3.3　新建企业

本标准实施之日起，环境影响评价文件通过审批的新建、改建和扩建的铁合金工业建设项目。

3.4 直接排放

排污单位直接向环境排放水污染物的行为。

3.5 间接排放

排污单位向公共污水处理系统排放水污染物的行为。

3.6 公共污水处理系统

通过纳污管道等方式收集废水，为两家以上排污单位提供废水处理服务并且排水能够达到相关排放标准要求的企业或机构，包括各种规模和类型的城镇污水处理厂、区域（包括各类工业园区、开发区、工业聚集地等）废水处理厂等，其废水处理程度应达到二级或二级以上。

3.7 排水量

生产设施或企业向企业法定边界以外排放的废水的量，包括与生产有直接或间接关系的各种外排废水（如厂区生活污水、冷却废水、厂区锅炉和电站排水等）。

3.8 单位产品基准排水量

用于核定水污染物排放浓度而规定的生产单位产品的废水排放量上限值。

3.9 标准状态

温度为273.15K，压力为101325Pa时的状态。本标准规定的大气污染物排放浓度均以标准状态下的干气体为基准。

3.10 颗粒物

生产过程中排放的炉窑烟尘和生产性粉尘的总称。

3.11 排气筒高度

自排气筒（或其主体建筑构造）所在的地平面至排气筒出口计的高度，单位为m。

3.12 企业边界

铁合金工业企业的法定边界。若无法定边界，则指企业的实际边界。

4 污染物排放控制要求

4.1 水污染物排放控制要求

4.1.1 自2012年10月1日起至2014年12月31日止，现有企业执行表1规定的水污染物排放限值。

表 1　现有企业水污染物排放浓度限值及单位产品基准排水量

单位：mg/L（pH 值除外）

序号	污染物项目	限值		污染物排放监控位置
		直接排放	间接排放	
1	pH 值	6~9	6~9	企业废水总排放口
2	悬浮物	100	200	
3	化学需氧量（COD_{Cr}）	80	200	
4	氨氮	20	25	
5	总氮	20	25	
6	总磷	1.0	2.0	
7	石油类	5	10	
8	挥发酚	0.5	1.0	
9	总氰化物	0.5	0.5	
10	总锌	2	4.0	
11	六价铬	0.5		车间或生产设施废水排放口
12	总铬	1.5		
单位产品基准排水量（m^3/t）		4.5		排水量计量位置与污染物排放监控位置相同

4.1.2　自 2015 年 1 月 1 日起，现有企业执行表 2 规定的水污染物排放限值。

4.1.3　自 2012 年 10 月 1 日起，新建企业执行表 2 规定的水污染物排放限值。

表 2　新建企业水污染物排放浓度限值及单位产品基准排水量

单位：mg/L（pH 值除外）

序号	污染物项目	限值		污染物排放监控位置
		直接排放	间接排放	
1	pH 值	6~9	6~9	企业废水总排放口
2	悬浮物	70	200	
3	化学需氧量（COD_{Cr}）	60	200	
4	氨氮	8	15	
5	总氮	20	25	
6	总磷	1.0	2.0	
7	石油类	5	10	

续表2

序号	污染物项目	限值		污染物排放监控位置
		直接排放	间接排放	
8	挥发酚	0.5	1.0	企业废水总排放口
9	总氰化物	0.5	0.5	
10	总锌	2	4.0	
11	六价铬	0.5		车间或生产设施废水排放口
12	总铬	1.5		
单位产品基准排水量（m^3/t）		2.5		排水量计量位置与污染物排放监控位置相同

4.1.4 根据环境保护工作的要求，在国土开发密度已经较高、环境承载能力开始减弱，或环境容量较小、生态环境脆弱，容易发生严重环境污染问题而需要采取特别保护措施的地区，应严格控制企业的污染物排放行为，在上述地区的企业执行表3规定的水污染物特别排放限值。

执行水污染物特别排放限值的地域范围、时间，由国务院环境保护行政主管部门或省级人民政府规定。

表3 水污染物特别排放限值

单位：mg/L（pH值除外）

序号	污染物项目	限值		污染物排放监控位置
		直接排放	间接排放	
1	pH值	6~9	6~9	企业废水总排放口
2	悬浮物	70	200	
3	化学需氧量（COD_{Cr}）	60	200	
4	氨氮	8	15	
5	总氮	20	25	
6	总磷	1.0	2.0	
7	石油类	5	10	
8	挥发酚	0.5	1.0	
9	总氰化物	0.5	0.5	
10	总锌	2	4.0	
11	六价铬	0.5		车间或生产设施废水排放口
12	总铬	1.5		
单位产品基准排水量（m^3/t）		2.5		排水量计量位置与污染物排放监控位置相同

4.1.5 水污染物排放浓度限值适用于单位产品实际排水量不高于单位产品基准排水量的情况。若单位产品实际排水量超过单位产品基准排水量，须按公式（1）将实测水污染物浓度换算为水污染物基准排水量排放浓度，并以水污染物基准排水量排放浓度作为判定排放是否达标的依据。产品产量和排水量统计周期为一个工作日。

在企业的生产设施同时生产两种以上产品、可适用不同排放控制要求或不同行业国家污染物排放标准，且生产设施产生的污水混合处理排放的情况下，应执行排放标准中规定的最严格的浓度限值，并按公式（1）换算水污染物基准排水量排放浓度。

$$\rho_{基} = \frac{Q_{总}}{\sum Y_i Q_{i基}} \times \rho_{实} \tag{1}$$

式中　$\rho_{基}$——水污染物基准排水量排放浓度，mg/L；

$Q_{总}$——实测排水总量，m^3；

Y_i——第 i 种产品产量；

$Q_{i基}$——第 i 种产品的单位产品基准排水量，m^3/t；

$\rho_{实}$——实测水污染浓度，mg/L。

若 $Q_{总}$ 与 $\sum Y_i Q_{i基}$ 的比值小于 1，则以水污染物实测浓度作为判定排放是否达标的依据。

4.2　大气污染物排放控制要求

4.2.1 自 2012 年 10 月 1 日起至 2014 年 12 月 31 日止，现有企业执行表 4 规定的大气污染物排放限值。

表 4　现有企业大气污染排放浓度限值　　单位：mg/m^3

序号	污染物	生产工艺或设施	限值	污染物排放监控位置
1	颗粒物	半封闭炉、敞口炉、精炼炉	80	车间或生产设施排气筒
		其他设施	50	
2	铬及其化合物[a]	铬铁合金工艺	5	

[a] 待国家污染物监测方法标准发布后实施。

4.2.2 自 2015 年 1 月 1 日起，现有企业执行表 5 规定的大气污染物排放限值。

4.2.3 自 2012 年 10 月 1 日起，新建企业执行表 5 规定的大气污染物排放限值。

表5　新建企业大气污染物排放浓度限值　　单位：mg/m^3

序号	污染物	生产工艺或设施	限值	污染物排放监控位置
1	颗粒物	半封闭炉、敞口炉、精炼炉	50	车间或生产设施排气筒
		其他设施	30	
2	铬及其化合物[a]	铬铁合金工艺	4	

[a] 待国家污染物监测方法标准发布后实施。

4.2.4　根据环境保护工作的要求，在国土开发密度已经较高、环境承载能力开始减弱，或环境容量较小、生态环境脆弱，容易发生严重环境污染问题而需要采取特别保护措施的地区，应严格控制企业的污染物排放行为，在上述地区的企业执行表6规定的大气污染物特别排放限值。

执行大气污染物特别排放限值的地域范围、时间，由国务院环境保护行政主管部门或省级人民政府规定。

表6　大气污染物特别排放限值　　单位：mg/m^3

序号	污染物	生产工艺或设施	限值	污染物排放监控位置
1	颗粒物	半封闭炉、敞口炉、精炼炉	30	车间或生产设施排气筒
		其他设施	20	
2	铬及其化合物[a]	铬铁合金工艺	3	

[a] 待国家污染物监测方法标准发布后实施。

4.2.5　企业边界大气污染物任何1小时平均浓度执行表7规定的限值。

表7　企业边界大气污染物浓度限值　　单位：mg/m^3

序号	污染物项目	限值
1	颗粒物	1.0
2	铬及其化合物[a]	0.006

[a] 待国家污染物监测方法标准发布后实施。

4.2.6　在现有企业生产、建设项目竣工环保验收及其后的生产过程中，负责监管的环境保护行政主管部门，应对周围居住、教学、医疗等用途的敏感区域环境空气质量进行监测。建设项目的具体监控范围为环境影响评价确定的周围敏感区域；未进行过环境影响评价的现有企业，监控范围由负责监管的环境保护行政主管部门，根据企业排污的特点和规律及当地的自然、气象条件等因素，参照相关环境影响评价技术导则确定。地方政府应对本辖区环境质量负责，采取措施确保环境状况符合环境质量标准要求。

4.2.7　产生大气污染物的生产工艺装置必须设立局部气体收集系统和集中净化处理装置，达标排放。所有排气筒高度应不低于15m。排气筒周围半径200m范围内有建筑物时，排气筒高度还应高出最高建筑物3m以上。

4.2.8　在国家未规定生产单位产品基准排气量之前，以实测浓度作为判定大气污染物排放是否达标的依据。

5　污染物监测要求

5.1　污染物监测的一般要求

5.1.1　对企业排放废水和废气的采样，应根据监测污染物的种类，在规定的污染物排放监控位置进行，有废水和废气处理设施的，应在该设施后监控。在污染物排放监控位置须设置永久性标志。

5.1.2　新建企业和现有企业安装污染物排放自动监控设备的要求，按有关法律和《污染源自动监控管理办法》的规定执行。

5.1.3　对企业污染物排放情况进行监测的频次、采样时间等要求，按国家有关污染源监测技术规范的规定执行。

5.1.4　企业产品产量的核定，以法定报表为依据。

5.1.5　企业应按照有关法律和《环境监测管理办法》的规定，对排污状况进行监测，并保存原始监测记录。

5.2　水污染物监测要求

对水污染物排放浓度的测定采用表8所列的方法标准。

表8　水污染物浓度测定方法标准

序号	污染物项目	方法标准名称	方法标准编号
1	pH值	水质　pH值的测定　玻璃电极法	GB/T 6920—1986
2	悬浮物	水质　悬浮物的测定 重量法	GB/T 11914—1987
3	化学需氧量	水质　化学需氧量的测定重　铬酸钾法	GB/T 7467—1987
4	氨氮	水质　氨氮的测定　纳氏试剂分光光度法	HJ 535—2009
		水质　氨氮的测定　水杨酸分光光度法	HJ 536—2009
		水质　氨氮的测定　蒸馏-中和滴定法	HJ 537—2009
		水质　氨氮的测定　气相分子吸收光谱法	HJ/T 195—2005
5	总氮	水质　总氮的测定　碱性过硫酸钾消解紫外分光光度法	GB/T 11894—1989
6	总磷	水质　总磷的测定　钼酸铵分光光度法	GB/T 11893—1989
7	石油类	水质　石油类的测定　红外分光光度法	GB/T 16488—1996

续表 8

序号	污染物项目	方法标准名称	方法标准编号
8	挥发酚	水质　挥发酚的测定　4-氨基安替比林分光光度法	HJ 503—2009
9	总氰化物	水质　氰化物的测定　容量法和分光光度法	HJ 484—2009
10	总锌	水质　铜、锌、铅、镉的测定　原子吸收分光光度法	GB/T 7475—1987
		水质　锌的测定 双硫腙分光光度法	GB/T 7472—1987
11	六价铬	水质　六价铬的测定　二苯碳酰二肼分光光度法	GB/T 7426—1987
12	总铬	水质　总铬的测定　高锰酸钾氧化-二苯碳酰二肼分光光度法	GB/T 7466—1987

5.3　大气污染物 监测要求

5.3.1　排气筒中大气污染物的监测采样按 GB/T 16157、HJ/T 397 规定执行；大气污染物无组织排放的监测按 HJ/T 55 规定执行。

5.3.2　对大气污染物排放浓度的测定采用表 9 所列的方法标准。

表 9　大气污染物浓度测定方法标准

污染物项目	方法标准名称	方法标准编号
颗粒物	固定污染源排气中颗粒物测定与气态污染物采样方法	GB/T 16157—1996
	环境空气　总悬浮颗粒物的测定　重量法	GB/T 15432—1995

6　实施与监督

6.1　本标准由县级以上人民政府环境保护行政主管部门负责监督实施。

6.2　在任何情况下，企业均应遵守本标准的污染物排放控制要求，采取必要措施保证污染防治设施正常运行。各级环保部门在对企业进行监督性检查时，可以现场即时采样或监测的结果，作为判定排污行为是否符合排放标准以及实施相关环境保护管理措施的依据。在发现设施耗水或排水量有异常变化的情况下，应核定设施的实际产品产量和排水量，按本标准的规定，换算为水污染物基准排水量排放浓度。

附录 4　工业硅生产大气污染物排放标准（T/CNIA 0123—2021）

1　范围

本文件规定了工业硅生产企业大气污染物排放控制要求及无组织排放控制措施和污染物监测要求。

本文件适用于半密闭式矿热炉碳热还原生产工业硅过程的大气污染物排放管理，以及工业硅生产企业建设项目的环境影响评价、环境保护设施设计、竣工验收、环境保护验收及其投产后的大气污染物排放管理。

本文件不适用于再生硅、多晶硅、单晶硅及硅材压延加工企业。

2　规范性引用文件

下列文件中的内容通过文中的规范性引用而构成本文件必不可少的条款。其中，注日期的引用文件，仅该日期对应的版本适用于本文件；不注日期的引用文件，其最新版本（包括所有的修改单）适用于本文件。

GB/T 15432　环境空气　总悬浮颗粒物的测定　重量法

GB/T 16157　固定污染源排气中颗粒物测定与气态污染物采样方法

HJ/T 42　固定污染源排气中氮氧化物的测定　紫外分光光度法

HJ/T 43　固定污染源排气中氮氧化物的测定　盐酸萘乙二胺分光光度法

HJ/T 55　大气污染物无组织排放监测技术导则

HJ/T 56　固定污染源排气中二氧化硫的测定　碘量法

HJ/T 57　固定污染源废气　二氧化硫的测定　定电位电解法

HJ 75　固定污染源烟气（SO_2、NO_x、颗粒物）排放连续监测技术规范

HJ 76　固定污染源烟气（SO_2、NO_x、颗粒物）排放连续监测系统技术要求及检测方法

HJ/T 373　固定污染源监测质量保证与质量控制技术规范（试行）

HJ/T 397　固定源废气监测技术规范

HJ 482　环境空气　二氧化硫的测定　甲醛吸收-副玫瑰苯胺分光光度法

HJ 483　环境空气　二氧化硫的测定　四氯汞盐吸收-副玫瑰苯胺分光光度法

HJ 629　固定污染源废气　二氧化硫的测定　非分散红外吸收法

HJ 692　固定污染源废气　氮氧化物的测定　非分散红外吸收法

HJ 693　固定污染源废气　氮氧化物的测定　定电位电解法

3　术语和定义

下列术语和定义适用于本文件。

3.1

现有企业　existing facility

指本标准实施之日前已建成投产或环境影响评价文件已通过审批的工业硅生产企业或生产设施。

3.2

新建企业　new facility

指本标准实施之日起环境影响评价文件通过审批的新建、改建和扩建的工业硅生产设施建设项目。

3.3

排气量　exhaust volume

指生产设施或企业通过排气筒向环境排放的工艺废气的量。

3.4

单位产品基准排气量　benchmark exhaust volume per unit product

指用于核定大气污染物排放浓度而规定的生产单位工业硅产品的废气排放量上限值。

3.5

排气筒高度　stack height

指自排气筒（或其主体建筑构造）所在的地平面至排气筒出口计的高度。

3.6

大气污染物排放浓度限值　emission concentration limits of air pollutants

指处理设施后排气筒中污染物任何 1 h 浓度平均值不得超过的限值；或指无处理设施排气筒中污染物任何 1 h 浓度平均值不得超过的限值。

3.7

企业边界　enterprise boundary

指工业硅工业企业的法定边界。若无法定边界，则指实际边界。

4　大气污染物排放控制要求及无组织排放控制措施

4.1　大气污染物排放控制要求

4.1.1　本文件实施之日起至2021年12月31日止，现有企业大气污染物排放浓度限值见表1。

4.1.2　自2022年1月1日起，现有企业大气污染物排放浓度限值见表2。

4.1.3　自本文件实施之日起，新建企业大气污染物排放浓度限值见表2。

表1　现有企业大气污染物排放浓度限值

生产系统及设备	排放浓度限值 mg/m^3			污染物排放监控位置
	颗粒物	二氧化硫	氮氧化物	
原料加工、运输	30	—	—	车间或生产设施排气筒
矿热炉冶炼	50	250	300	
精炼	30	—	—	
产品破碎、筛分	30	—	—	
其他	30	—	—	

表2　新建企业大气污染物排放浓度限值

生产系统及设备	排放浓度限值 mg/m^3			污染物排放监控位置
	颗粒物	二氧化硫	氮氧化物	
原料加工、运输	30	—	—	车间或生产设施排气筒
矿热炉冶炼	50	150	240	
精炼	30	—	—	
产品破碎、筛分	30	—	—	
其他	30	—	—	

4.1.4　根据环境保护工作的要求，在国土开发密度已经较高、环境承载力开始减弱，或大气环境容量较小、生态环境脆弱，容易发生严重大气环境污染问题而需要采取特殊保护措施的地区，应严格控制企业的污染物排放行为，在上述地区的企业大气污染物特别排放浓度限值见表3。执行大气污染物特别排放限值的地域范围、时间，由国务院生态环境主管部门或省级人民政府规定。

表3 新建企业及现有企业大气污染物特别排放浓度限值

生产系统及设备	排放浓度限值 mg/m³			污染物排放监控位置
	颗粒物	二氧化硫	氮氧化物	
原料加工、运输	30	—	—	车间或生产设施排气筒
矿热炉冶炼	50	100	240	
精炼	30	—	—	
产品破碎、筛分	30	—	—	
其他	30	—	—	

4.1.5 企业边界大气污染物任何1 h平均浓度执行表4规定的限值。

表4 现有和新建企业边界大气污染物浓度限值

污染物项目	排放浓度限值 mg/m³
颗粒物	1.0

4.1.6 所有排气筒高度应不低于15 m。排气筒周围半径200 m范围内有建筑物时，排气筒高度还应高出最高建筑物3 m以上。

4.1.7 在国家未规定生产设施单位产品基准排气量之前，以任何1 h浓度平均值作为判定大气污染物排放是否达标的依据。

4.2 无组织排放控制措施

4.2.1 一般地区无组织排放控制

4.2.1.1 原料及运输系统

原料及运输系统要求如下：

a） 硅矿石鼓励采用防风抑尘网或封闭式堆场，防风抑尘网高度不低于堆存物料高度的1.1倍，并采取喷雾等抑尘措施；碳质还原剂等散装物料鼓励采用半封闭式贮料库（棚），并鼓励采取防风、防雨、防渗及抑尘措施。原料场及贮料库与配料上料生产设施鼓励采用抑尘措施作业。

b） 厂内大宗物料鼓励采取密闭皮带、密闭通廊、管状带式输送机等封闭式输送装置；需要车辆运输的粉料，鼓励采取密闭措施，或吸排罐车等密闭输送方式；汽车、火车卸料点应设置集气罩或其他抑尘措施，皮带输送机卸料点鼓励设置密闭罩，并配备抑尘设施。

c） 除尘装置设置密闭灰仓并及时卸灰；除尘灰、微硅粉等不落地；对运输车辆进行覆盖，或采用罐车、气力输送等方式运输。

d） 工业硅生产产生的微硅粉鼓励密闭收集和储存。

4.2.1.2 工业硅冶炼

工业硅冶炼要求如下：

a） 工业硅鼓励采用半封闭矮烟罩式矿热炉装置。冶炼矿热炉配料、上料、炉顶加料，出硅，精炼，铸模浇铸工序应设置集气罩，并配备除尘设施。

b） 工业硅冶炼厂房不应有可见烟尘外逸。

c） 原料加工、成品破碎加工鼓励设置防尘抑尘措施。

4.2.1.3 工厂应配备车轮清洗装置，或采取其他控制措施。

4.2.2 重点地区无组织排放控制

4.2.2.1 原料及运输系统

原料及运输系统要求如下：

a） 硅石矿应采用防风抑尘网或封闭式堆场，防风抑尘网高度不低于堆存物料高度的1.1倍，并采取喷雾等抑尘措施；碳质还原剂等散装物料应采用封闭式贮料库（棚），并采取防风、防雨、防渗及抑尘措施。原料场出口应配备车轮清洗和车身清洁装置，或采取其他控制措施。

b） 厂内大宗物料应采用封闭通廊、密闭皮带输送机、管状带式输送机等输送装置。

c） 散装物料储存物料倒运、物料运输、物料卸料以及微硅粉的收集与储存等环节的无组织排放控制措施与一般地区相同。

4.2.2.2 工业硅冶炼

工业硅冶炼要求如下：

a） 工业硅鼓励采用半封闭矮烟罩式矿热炉装置。冶炼矿热炉配料、上料、炉顶加料，出硅，精炼，铸模浇铸工序应设置集气罩，并配备除尘设施。

b） 工业硅冶炼厂房不应有可见烟尘外逸。

c） 原料加工、成品破碎加工鼓励设置防尘抑尘措施。

4.2.3 生产工艺设备、废气收集系统以及污染治理设施应同步运行。废气收集系统或污染治理设施发生故障或检修时，应停止运转对应的生产工艺设备，待检修完毕后共同投入使用。

4.2.4 因安全因素或特殊工艺要求不能满足本标准规定的无组织排放控制要求，经生态环境行政主管部门批准，可采取其他有效污染控制措施。

5 污染物监测要求

5.1 污染物监测的一般要求

5.1.1 对企业排放废气的采样，应根据监测污染物的种类，在规定的污染物排放监控位置进行，有废气处理设施的，应在处理设施后监控。企业应按照环境监测管理规定和技术规范的要求，设计、建设、维护永久性采样测试平台和排污口标志。

5.1.2 新建企业和现有企业安装污染物排放自动监控设备的要求，按有关法律和《污染源自动监控管理办法》的规定执行。

5.1.3 对排气筒中大气污染物采样按 GB/T 16157、HJ/T 397、HJ/T 373 或 HJ 75、HJ 76 等有关污染源监测技术规范的规定执行，企业边界大气污染物监测按 HJ/T 55 的规定执行。

5.1.4 企业产品产量的核定，以法定报表为依据。

5.1.5 企业须按照有关法律和《环境监测管理办法》的规定，对排污状况进行监测，并保存原始监测记录。

5.2 大气污染物监测要求

5.2.1 采样点的设置与采样方法按 GB/T 16157 执行。

5.2.2 在有敏感建筑物方位、必要的情况下进行监控，具体要求按 HJ/T 55 进行监测。

5.2.3 大气污染物浓度的测定方法见表5。

表5　大气污染物浓度测定方法

污染物项目	方法标准名称	标准编号
颗粒物	固定污染源排气中颗粒物测定与气态污染物采样方法	GB/T 16157
	环境气体　总悬浮颗粒物的测定　重量法	GB/T 15432
二氧化硫	固定污染源排气中二氧化硫的测定　碘量法	HJ/T 56
	固定污染源废气　二氧化硫的测定　定电位电解法	HJ/T 57
	环境空气　二氧化硫的测定 甲醛吸收-副玫瑰苯胺分光光度法	HJ 482
	环境空气　二氧化硫的测定 四氯汞盐吸收-副玫瑰苯胺分光光度法	HJ 483
	固定污染源废气　二氧化硫的测定　非分散红外吸收法	HJ 629
氮氧化物	固定污染源排气中氮氧化物的测定　盐酸萘乙二胺分光光度法	HJ/T 43
	固定污染源排气中氮氧化物的测定　紫外分光光度法	HJ/T 42
	固定污染源废气　氮氧化物的测定　定电位电解法	HJ 693
	固定污染源废气　氮氧化物的测定　非分散红外吸收法	HJ 692

附录 5　工业硅单位产品能源消耗限额(GB 31338—2014)

1　范围

本标准规定了工业硅企业单位产品生产能源消耗（以下简称能耗）限额的技术要求、统计范围和计算方法、节能管理与措施。

本标准适用于工业硅企业单位产品生产能耗的计算、考核，以及对新建项目的能耗控制。

2　规范性引用文件

下列文件对于本文件的应用是必不可少的。凡是注日期的引用文件，仅注日期的版本适用于本文件。凡是不注日期的引用文件，其最新版本（包括所有的修改单）适用于本文件。

GB/T 2589　综合能耗计算通则

GB/T 2881　工业硅

GB/T 12723　单位产品能源消耗限额编制通则

GB 17167　用能单位能源计量器具配备和管理通则

3　术语和定义

GB/T 2589 和 GB/T 12723 界定的术语和定义适用于本文件。

4　技术要求

4.1　现有工业硅企业单位产品综合能耗限额限定值

现有工业硅企业单位产品综合能耗限额限定值应不大于 3500kgce/t。

4.2　新建工业硅企业单位产品综合能耗限额准入值

新建工业硅企业单位产品综合能耗限额准入值应不大于 2800kgce/t。

4.3　工业硅企业单位产品综合能耗限额先进值

工业硅企业单位产品综合能耗限额先进值应不大于 2500kgce/t。

5　工业硅产品能耗计算原则、计算范围及计算方法

5.1　计算原则

5.1.1　企业生产的能源消耗

企业生产的能源消耗是指用于生产活动的各种能源，包括一次能源（原煤、原油、天然气等）、二次能源（电力、热力、石油制品、焦炭、煤气等）、耗能工质（水、氧气、压缩空气等）和余热资源，包括能源及耗能工质在企业内部进行贮存、转换及计量供应（包括外销）中的损耗，不包括生活用能、批准的基建项目用能。

企业生活用能量是指企业系统内的宿舍、学校、文化娱乐、医疗保健、商业服务和托儿幼教等方面的用能量。不包括车间、管理部门的照明、取暖、降温、洗澡等用能。

5.1.2　报告期内企业生产的能源消耗量

报告期内企业生产的能源消耗量有3种计算方法：

方法一：报告期内企业生产的能源消耗量=企业购入能源量+期初库存能源量-企业外销能源量-企业基建项目耗能量-企业生活用能量期末库存能源量；

方法二：报告期内企业生产的能源消耗量=企业诸产品工艺能耗量+辅助和附属生产系统用能量+企业内部能源转换损失量；

方法三：报告期内企业生产的能源消耗量=企业诸产品综合能耗量之和。

5.1.3　能源实物量的计量

能源实物量的计量应符合《中华人民共和国计量法》和GB 17167的规定。

5.1.4　各种能源（包括生产耗能工质消耗的能源）折算的原则及计量单位

5.1.4.1　单位产品能耗用千克标准煤（kgce）或吨标准煤（tce）表示，应以其低（位）发热量等于29.3076兆焦称为1千克标准煤。

5.1.4.2　企业消耗的煤炭、焦炭、燃料油、煤气等外购能源的折算系数，应按国家规定的测定分析方法进行分析测定，按实测值换算为标准煤；不能实测的，应按能源供应部门提供的低（位）发热量进行换算；在上述条件均不具备时，可用国家统计部门规定的折算系数换算为标准煤（参见附录A）。

5.1.4.3　电力按国家统计部门规定的折算系数换算（参见附录A）。

5.1.4.4　企业加工转换的二次能源（电力除外）及耗能工质按相应的等价热值折算（参见附录B），计入产品能耗中。

5.1.4.5　能源及耗能工质实物消耗量计算单位：

——煤、焦炭、重油：单位为千克（kg）、吨（t）、万吨（10^4t）；

——电：单位为千瓦时（kW·h）、万千瓦时（10^4kW·h）；

——煤气、天然气、压缩空气、氧气：单位为立方米（m^3）、万立方米

(10^4m^3);

——蒸汽：单位为千克（kg）、吨（t）；

——水：单位为吨（t）、万吨（10^4t）。

5.1.5 余热资源计算原则

企业回收的余热，属于节约能源循环利用，在计算能耗时，应避免重复计算。余热利用装置用能计入能耗。回收能源自用部分，计入自用工序；转供其他工序时，在所用工序以正常消耗计入；回收的能源折标准煤后应在回收余热的工序、工艺中扣除。如是未扣除回收余热的能耗指标，应标明“未扣余热发电”“含余热发电”“未扣回收余热”等字样。

5.2 计算范围

5.2.1 工业硅企业单位产品综合能耗统计范围

工业硅企业单位产品综合能耗包括冶炼生产系统能耗和辅助生产系统能耗，扣除生产过程回收利用并外供的二次能源量。

冶炼生产系统能耗包括生产系统冶炼电耗（含炉料加热、维持炉况的冶炼、烘炉电、洗炉电、动力电、照明电），矿石还原的碳质还原剂（石油焦、煤、疏松剂等）和耗能工质（水、气等）消耗的能源量。

辅助生产系统能耗包括原料准备、输送、浇注、精整、环保设施用电、循环水系统及物料与工业硅运输的动力消耗。

5.2.2 成品计量

产品产量以精整后的入库的成品产量。

5.3 工业硅单位产品综合能耗计算方法

工业硅单位产品综合能耗按式（1）计算：

$$E_{\mathrm{Si}} = \frac{e_1 + e_2 + e_3 + e_4 - e_5}{P_{\mathrm{Si}}} \tag{1}$$

式中 E_{Si}——工业硅单位产品综合能耗，单位为千克标准煤每吨（kgce/t）；

e_1——生产系统的冶炼电耗，单位为千克标准煤（kgce）；

e_2——碳质还原剂消耗量，单位为千克标准煤（kgce）；

e_3——耗能工质消耗量，单位为千克标准煤（kgce）；

e_4——辅助生产系统的动力能耗，单位为千克标准煤（kgce）；

e_5——二次能源回收并外供量，单位为千克标准煤（kgce）；

P_{Si}——符合 GB/T 2881 规定的工业硅产量，单位为吨（t）。

6 节能管理与措施

6.1 节能基础管理

6.1.1 企业应建立节能考核制度，定期对工业硅企业的各生产工序能耗情况进行考核，并把考核指标分解落实到各基层单位。

6.1.2 企业应按要求建立能耗统计体系，建立能耗计算和统计结果的文件档案，并对文件进行受控管理。

6.1.3 企业应根据 GB 17167 的要求配备相应的能源计量器具并建立能源计量管理制度。

6.2 节能技术措施

6.2.1 工业硅企业应配备余热回收等节能设备，最大限度地对生产过程中可回收的能源进行利用。

6.2.2 工业硅企业应进行技术改造，采用先进工艺，提高生产效率和能源利用率。

6.2.3 工业硅企业应合理组织生产，减少中间环节，提高生产能力，延长生产周期。

6.2.4 工业硅企业应大力发展循环经济，利用现有技术，合理利用再生资源。

附　录　A

（资料性附录）

常用能源品种现行折标准煤系数

表 A.1　常用能源品种现行折标准煤系数

能源		折标准煤系数及单位[a]	
品种	平均低位发热量	系数	单位
原煤	20908kJ/kg(5000kcal/kg)	0.7143	kgce/kg
洗精煤	26344kJ/kg(6300kcal/kg)	0.9000	kgce/kg
柴油	42652kJ/kg(10200kcal/kg)	1.4571	kgce/kg
汽油	43070kJ/kg(10300kcal/kg)	1.4714	kgce/kg
电力（当量值）	3600kJ/(kW·h)［860kcal/(kW·h)］	0.1229	kgce/(kW·h)
热力（当量值）	—	0.03412	kgce/MJ

[a] 本附录中折标准煤系数如遇国家统计部门规定发生变化，能耗等级指标则应另行规定。

附　录　B
（资料性附录）
耗能工质能源等价值

表 B.1　耗能工质能源等价值

品种	单位耗能工质耗能量	折标准煤系数[a]
新水	2.51MJ/t（600kcal/t）	0.0857kgce/t
软水	14.23MJ/t（3400kcal/t）	0.4857kgce/t
压缩空气	1.17MJ/m^3（280kcal/m^3）	0.0400kgce/m^3
氧气	11.72MJ/m^3（2800kcal/m^3）	0.4000kgce/m^3
[a] 本附录中的能源等价值如有变动，以国家经计部门最新公布的数据为准。		

附录 6　清洁生产标准　钢铁行业（铁合金）（HJ 470—2009）

1　适用范围

本标准规定了钢铁行业铁合金企业清洁生产的一般要求。本标准将钢铁行业铁合金企业清洁生产指标分为四类，即生产工艺与装备要求、资源与能源利用指标、废物回收利用指标和环境管理要求。

本标准适用于采用电炉法生产硅铁、高碳锰铁、锰硅合金、中低碳锰铁、高碳铬铁和中低微碳铬铁共六个品种产品铁合金企业的清洁生产审核和清洁生产潜力与机会的判断、清洁生产绩效评定、清洁生产绩效公告制度，也适用于环境影响评价和排污许可证等环境管理制度。

2　规范性引用文件

本标准内容引用了下列文件中的条款。凡是不注日期的引用文件，其有效版本适用于本标准。

GB 21341　铁合金单位产品能源消耗限额

GB/T 2272　硅铁

GB/T 3795　锰铁

GB/T 4008　锰硅合金

GB/T 5683　铬铁

GB/T 24001　环境管理体系要求及使用指南

3　术语和定义

下列术语和定义适用于本标准。

3.1　清洁生产

指不断采取改进设计、使用清洁的能源和原料、采用先进的工艺技术与设备、改善管理、综合利用等措施，从源头削减污染，提高资源利用效率，减少或者避免生产、服务和产品使用过程中污染物的产生和排放，以减轻或者消除对人类健康和环境的危害。

3.2 电硅热法

在电炉中用硅（来源于中间产品锰硅合金、硅铬合金等）做还原剂生产中低微碳锰铁、中低微碳铬铁等铁合金产品的方法。

3.3 电炉额定容量

电炉变压器额定容量，用 kV · A 表示，它是反映电炉生产能力的指标。

3.4 电炉功率因数

交流电路中电压与电流之间相位差（φ）的余弦，以符号 $\cos\varphi$ 表示。其数值是有用功率与视在功率的比值，是设备效率高低的参数。

3.5 电炉自然功率因数

电炉额定容量下其低压侧未进行无功补偿前的电炉初始功率因数。

3.6 电炉低压无功补偿

对容量较大的电炉低压侧就地进行补偿，并联安装于电炉变压器后短网侧，由电容器和电抗器等组成并与冶炼电压相匹配的可监控的无功补偿系统。可优化电炉冶炼参数，提高功率因数，平衡冶炼时产生的无功功率，从而增加产品产量，降低冶炼电耗。

3.7 PLC 控制

一种专门为在工业环境下应用而设计的数字运算操作的电子装置。它采用可以编制程序的存储器，用来在其内部存储执行逻辑运算、顺序运算、计时、计数和算术运算等操作的指令，并能通过数字式或模拟式的输入和输出，控制各种类型的机械或生产过程。

4 规范性技术要求

4.1 指标分级

本标准给出了钢铁行业铁合金企业生产过程中清洁生产水平的三技术指标：

一级：国际清洁生产先进水平；

二级：国内清洁生产先进水平；

三级：国内清洁生产基本水平。

4.2 指标要求

采用电炉法生产硅铁、高碳锰铁、锰硅合金、中低碳锰铁、高碳铬铁和中低微碳铬铁共六个品种产品的清洁生产指标要求分别见表 1 至表 7。

表 1 硅铁产品清洁生产指标要求

<table>
<tr><td colspan="2">清洁生产指标等级</td><td>一级</td><td colspan="2">二级</td><td colspan="2">三级</td></tr>
<tr><td colspan="7">一、生产工艺与装备要求</td></tr>
<tr><td colspan="2">1. 电炉额定容量/kV · A</td><td>≥50000</td><td colspan="2">≥25000</td><td colspan="2">≥12500</td></tr>
<tr><td colspan="2">2. 电炉装置</td><td colspan="5">半封闭矮烟罩装置</td></tr>
<tr><td colspan="2">3. 除尘装置</td><td>原料处理、熔炼产尘部位配备有除尘装置，在熔炼除尘装置废气排放部位安装有在线监测装置，对烟粉尘净化采用干式除尘装置和 PLC 控制</td><td colspan="2">原料处理、熔炼产尘部位配备有除尘装置，对烟粉尘净化采用干式除尘装置和 PLC 控制</td><td colspan="2">原料处理、熔炼产尘部位配备有除尘装置，对烟粉尘净化采用干式除尘装置</td></tr>
<tr><td rowspan="4">4. 生产工艺操作</td><td>原辅料上料</td><td colspan="3">配料、上料、布料实现 PLC 控制</td><td colspan="2">配料、上料、布料实现机械化及程序控制</td></tr>
<tr><td rowspan="2">冶炼控制</td><td colspan="3">电极压放、功率调节实现计算机控制</td><td colspan="2">电极压放实现机械化</td></tr>
<tr><td colspan="5">料管加料、炉口拨料、捣炉实现机械化</td></tr>
<tr><td>炉前出炉</td><td colspan="5">开堵炉眼实现机械化</td></tr>
<tr><td colspan="2">5. 余热回收利用</td><td>回收烟气余热生产蒸汽或用于发电</td><td colspan="4">回收烟气余热并利用</td></tr>
<tr><td colspan="2">6. 水处理技术</td><td colspan="5">采用软水、净环水闭路循环技术</td></tr>
<tr><td colspan="7">二、资源与能源利用指标</td></tr>
<tr><td rowspan="3">1. 电炉功率因数 $\cos\varphi$</td><td>电炉额定容量 (S)/kV · A</td><td>$S \geq 50000$</td><td>$30000 \leq S < 50000$</td><td>$25000 \leq S < 30000$</td><td>$16500 \leq S < 25000$</td><td>$12500 \leq S < 16500$</td></tr>
<tr><td>电炉自然功率因数 $\cos\varphi$</td><td>—</td><td>≥0.65</td><td>≥0.74</td><td>≥0.80</td><td>≥0.82</td></tr>
<tr><td>低压补偿后功率因数 $\cos\varphi$</td><td>≥0.92</td><td colspan="2">≥0.92</td><td colspan="2">—</td></tr>
<tr><td colspan="2">2. 硅石入炉品位/%</td><td colspan="3">SiO_2含量≥97</td><td colspan="2">SiO_2含量≥96</td></tr>
<tr><td colspan="2">3. 硅（Si）元素回收率/%</td><td colspan="5">≥92</td></tr>
<tr><td colspan="2">4. 单位产品冶炼电耗/(kW · h/t)</td><td colspan="3">≤8300</td><td colspan="2">≤8500</td></tr>
<tr><td colspan="2">5. 单位产品综合能耗[a]（折标煤）/(kg/t)</td><td colspan="3">≤1850</td><td colspan="2">≤1910</td></tr>
<tr><td colspan="2">6. 单位产品新水消耗量/(m^3/t)</td><td>≤5.0</td><td colspan="2">≤8.0</td><td colspan="2">≤10.0</td></tr>
</table>

续表1

<table>
<tr><td>清洁生产指标等级</td><td>一级</td><td>二级</td><td>三级</td></tr>
<tr><td colspan="4">三、废物回收利用指标</td></tr>
<tr><td>1. 工业用水重复利用率/%</td><td colspan="2">≥95</td><td>≥90</td></tr>
<tr><td>2. 炉渣利用率/%</td><td colspan="3">100</td></tr>
<tr><td>3. 微硅粉回收利用率/%</td><td colspan="3">100</td></tr>
<tr><td colspan="4">注：1. 硅铁产品标准执行 GB/T 2272。
2. 硅铁产品实物量以硅含量 75%为基准折合成基准吨，然后以基准吨为基础再折算单位产品能耗、物耗。
3. 硅铁生产采用干法除尘。</td></tr>
<tr><td colspan="4">[a] 综合能耗计算过程中电力折合标煤按当量热值折算，取折标系数 0.1229kg/(kW·h)。</td></tr>
</table>

表2 电炉高碳锰铁产品（熔剂法）清洁生产指标要求

<table>
<tr><td colspan="2">清洁生产指标等级</td><td>一级</td><td>二级</td><td>三级</td></tr>
<tr><td colspan="5">一、生产工艺与装备要求</td></tr>
<tr><td colspan="2">1. 电炉额定容量/kV·A</td><td>≥50000</td><td>≥25000</td><td>≥12500</td></tr>
<tr><td colspan="2">2. 电炉装置</td><td colspan="2">全封闭式</td><td>全封闭式或半封闭式</td></tr>
<tr><td colspan="2">3. 煤气净化装置</td><td colspan="2">干式净化装置</td><td>干式或湿式净化装置</td></tr>
<tr><td colspan="2">4. 除尘装置</td><td>原料处理、熔炼产尘部位配备有除尘装置，在熔炼除尘装置废气排放部位安装有在线监测装置，对烟粉尘净化采用干式除尘装置和 PLC 控制</td><td>原料处理、熔炼产尘部位配备有除尘装置，对烟粉尘净化采用干式除尘装置和 PLC 控制</td><td>原料处理、熔炼产尘部位配备有除尘装置，对烟粉尘净化采用干式或湿式除尘装置</td></tr>
<tr><td rowspan="4">5. 生产工艺操作</td><td>原辅料上料</td><td colspan="2">配料、上料、布料实现 PLC 控制</td><td>配料、上料、布料实现机械化</td></tr>
<tr><td rowspan="2">冶炼控制</td><td colspan="2">电极压放、功率调节实现 PLC 控制</td><td>电极压放实现机械化</td></tr>
<tr><td colspan="3">加料实现机械化</td></tr>
<tr><td>炉前出炉</td><td colspan="3">开堵炉眼实现机械化</td></tr>
<tr><td colspan="2">6. 煤气或余热回收利用</td><td>全封闭电炉回收煤气并利用</td><td colspan="2">回收电炉煤气或烟气余热并利用</td></tr>
<tr><td colspan="2">7. 水处理技术</td><td colspan="3">采用软水、净环水闭路循环技术</td></tr>
</table>

续表 2

<table>
<tr><td colspan="2">清洁生产指标等级</td><td>一级</td><td colspan="2">二级</td><td colspan="2">三级</td></tr>
<tr><td colspan="7">二、资源与能源利用指标</td></tr>
<tr><td rowspan="3">1. 电炉功率因数 cosφ</td><td>电炉额定容量(S)/kV · A</td><td>S≥50000</td><td>30000≤S <50000</td><td>25000≤S <30000</td><td>16500≤S <25000</td><td>12500≤S <16500</td></tr>
<tr><td>电炉自然功率因数 cosφ</td><td>—</td><td>≥0. 60</td><td>≥0. 70</td><td>≥0. 76</td><td>≥0. 78</td></tr>
<tr><td>低压补偿后功率因数 cosφ</td><td>≥0. 92</td><td colspan="2">≥0. 92</td><td colspan="2">—</td></tr>
<tr><td colspan="2">2. 锰矿入炉品位/%</td><td colspan="5">Mn 含量≥38</td></tr>
<tr><td colspan="2">3. 锰（Mn）元素综合回收率/%</td><td colspan="5">≥80</td></tr>
<tr><td colspan="2">4. 单位产品冶炼电耗/(kW · h/t)</td><td colspan="3">≤2300</td><td colspan="2">≤2600</td></tr>
<tr><td colspan="2">5. 单位产品综合能耗[a]（折标煤）/（kg/t）</td><td colspan="3">≤670</td><td colspan="2">≤710</td></tr>
<tr><td colspan="2">6. 单位产品新水消耗量/(m^3/t)</td><td>≤5. 0</td><td colspan="2">≤8. 0</td><td colspan="2">≤10. 0</td></tr>
<tr><td colspan="7">三、废物回收利用指标</td></tr>
<tr><td colspan="2">1. 工业用水重复利用率/%</td><td colspan="3">≥95</td><td colspan="2">≥90</td></tr>
<tr><td colspan="2">2. 煤气回收利用率/%</td><td>100</td><td colspan="2">≥90</td><td colspan="2">≥85</td></tr>
<tr><td colspan="2">3. 炉渣利用率/%</td><td>100</td><td colspan="2">≥95</td><td colspan="2">≥90</td></tr>
<tr><td colspan="2">4. 尘泥回收利用率/%</td><td>100</td><td colspan="2">≥95</td><td colspan="2">≥90</td></tr>
<tr><td colspan="7">注：1. 电炉高碳锰铁产品标准执行 GB/T 3795。
2. 高碳锰铁产品实物量以锰含量 65%为基准折合成基准吨，然后以基准吨为基础再折算单位产品能耗、物耗。
3. 入炉矿品位每升高或降低 1%，相应冶炼电耗也降低或升高≤60kW · h/t，详见 GB 21341。</td></tr>
<tr><td colspan="7">[a] 综合能耗计算过程中电力折合标煤按当量热值折算，取折标系数 0. 1229kg/(kW · h)。</td></tr>
</table>

表 3　锰硅合金产品清洁生产指标要求

清洁生产指标等级	一级	二级	三级
一、生产工艺与装备要求			
1. 电炉额定容量/kV · A	≥50000	≥25000	≥12500
2. 电炉装置	全封闭式		全封闭式或半封闭式

续表3

<table>
<tr><td colspan="2">清洁生产指标等级</td><td>一级</td><td colspan="2">二级</td><td colspan="2">三级</td></tr>
<tr><td colspan="2">3. 煤气净化装置</td><td colspan="3">干式净化装置</td><td colspan="2">干式或湿式净化装置</td></tr>
<tr><td colspan="2">4. 除尘装置</td><td>原料处理、熔炼产尘部位配备有除尘装置，在熔炼除尘装置废气排放部位安装有在线监测装置，对烟粉尘净化采用干式除尘装置和 PLC 控制</td><td colspan="2">原料处理、熔炼产尘部位配备有除尘装置，对烟粉尘净化采用干式除尘装置和 PLC 控制</td><td colspan="2">原料处理、熔炼产尘部位配备有除尘装置</td></tr>
<tr><td rowspan="4">5. 生产工艺操作</td><td>原辅料上料</td><td colspan="3">配料、上料、布料实现 PLC 控制</td><td colspan="2">配料、上料、布料实现机械化</td></tr>
<tr><td rowspan="2">冶炼控制</td><td colspan="3">电极压放、功率调节实现 PLC 控制</td><td colspan="2">电极压放实现机械化</td></tr>
<tr><td colspan="5">加料实现机械化</td></tr>
<tr><td>炉前出炉</td><td colspan="5">开堵炉眼实现机械化</td></tr>
<tr><td colspan="2">6. 煤气或余热回收利用</td><td colspan="3">全封闭电炉回收煤气并利用</td><td colspan="2">回收电炉煤气或烟气余热并利用</td></tr>
<tr><td colspan="2">7. 水处理技术</td><td colspan="5">采用软水、净环水闭路循环技术</td></tr>
<tr><td colspan="7">二、资源与能源利用指标</td></tr>
<tr><td rowspan="3">1. 电炉功率因数 cosφ</td><td>电炉额定容量(S)/kV·A</td><td>S≥50000</td><td>30000≤S<50000</td><td>25000≤S<30000</td><td>16500≤S<25000</td><td>12500≤S<16500</td></tr>
<tr><td>电炉自然功率因数 cosφ</td><td>—</td><td>≥0.62</td><td>≥0.72</td><td>≥0.78</td><td>≥0.81</td></tr>
<tr><td>低压补偿后功率因数 cosφ</td><td>≥0.92</td><td colspan="2">≥0.92</td><td colspan="2">—</td></tr>
<tr><td colspan="2">2. 锰矿入炉品位/%</td><td colspan="5">Mn 含量≥34</td></tr>
<tr><td colspan="2">3. 锰（Mn）元素综合回收率/%</td><td colspan="5">≥82</td></tr>
<tr><td colspan="2">4. 单位产品冶炼电耗/(kW·h/t)</td><td colspan="3">≤4000</td><td colspan="2">≤4200</td></tr>
<tr><td colspan="2">5. 单位产品综合能耗[a]（折标煤）/（kg/t）</td><td colspan="3">≤950</td><td colspan="2">≤990</td></tr>
<tr><td colspan="2">6. 单位产品新水消耗量/(m^3/t)</td><td>≤5.0</td><td colspan="2">≤8.0</td><td colspan="2">≤10.0</td></tr>
<tr><td colspan="7">三、废物回收利用指标</td></tr>
<tr><td colspan="2">1. 工业用水重复利用率/%</td><td colspan="3">≥95</td><td colspan="2">≥90</td></tr>
<tr><td colspan="2">2. 煤气回收利用率/%</td><td>100</td><td colspan="2">≥90</td><td colspan="2">≥85</td></tr>
</table>

续表 3

清洁生产指标等级	一级	二级	三级
3. 炉渣利用率/%	100	≥95	≥90
4. 尘泥回收利用率/%	100	≥95	≥90
注：1. 锰硅合金产品标准执行 GB/T 4008。 2. 锰硅合金产品实物量以 Mn +Si = 82% 为基准折合成基准吨，然后以基准吨为基础再折算单位产品能耗、物耗。 3. 入炉矿品位每升高或降低 1%，相应冶炼电耗也降低或升高≤100kW · h/t，详见 GB 21341。			
[a] 综合能耗计算过程中电力折合标煤按当量热值折算，取折标系数 0.1229kg/(kW · h)。			

表 4 电硅热法中低碳锰铁产品清洁生产指标要求

清洁生产指标等级		一级	二级	三级
一、生产工艺与装备要求				
1. 电炉额定容量/kV · A		≥5000		≥3000
2. 电炉装置		半封闭式矮烟罩		
3. 精炼电炉铁水装炉		热装热兑工艺		
4. 除尘装置		原料处理、熔炼产尘部位配备有除尘装置，在熔炼除尘装置废气排放部位安装有在线监测装置，对烟粉尘净化采用干式除尘装置和 PLC 控制	原料处理、熔炼产尘部位配备有除尘装置，对烟粉尘净化采用干式除尘装置和 PLC 控制	原料处理、熔炼产尘部位配备有干式除尘装置
5. 生产工艺操作	原辅料上料	配料、上料、布料实现 PLC 控制		配料、上料、布料实现机械化
	冶炼控制	电极压放、功率调节实现 PLC 控制		电极压放实现机械化
		加料实现机械化		
6. 水处理技术		采用软水、净环水闭路循环技术		
二、资源与能源利用指标				
1. 电炉自然功率因数 cosφ		≥0.9		
2. 锰矿入炉品位/%		Mn 含量≥48		Mn 含量≥46
3. 锰（Mn）元素回收率/%		≥84		≥82
4. 单位产品冶炼电耗/(kW · h/t)（热装）		≤580	≤680	≤700

续表 4

清洁生产指标等级	一级	二级	三级
5. 单位产品综合能耗[a]（折标煤）/(kg/t)	≤110	≤120	≤130
6. 单位产品新水消耗量/(m^3/t)	≤1.0	≤2.0	≤3.0
三、废物回收利用指标			
1. 工业用水重复利用率/%	≥95		≥90
2. 炉渣利用率/%	100	≥95	≥90
3. 尘泥回收利用率/%	100	≥95	≥90
注：1. 电硅热法中低碳锰铁产品标准执行 GB/T 3795。 2. 中低碳锰铁产品实物量以含 Mn 78%为基准折合成基准吨，然后以基准吨为基础再折算单位产品能耗、物耗。 3. 入炉矿品位每升高或降低 1%，相应冶炼电耗也降低或升高≤20kW · h/t。			
[a] 综合能耗计算过程中电力折合标煤按当量热值折算，取折标系数 0.1229kg/(kW · h)。			

表 5 高碳铬铁产品清洁生产指标要求

清洁生产指标等级		一级	二级	三级
一、生产工艺与装备要求				
1. 电炉额定容量/kV · A		≥50000	≥25000	≥12500
2. 电炉装置		全封闭式		全封闭式或半封闭式
3. 煤气净化装置		干式净化装置		干式或湿式净化装置
4. 除尘装置		原料处理、熔炼产尘部位配备有除尘装置，在熔炼除尘装置废气排放部位安装有在线监测装置，对烟粉尘净化采用干式除尘装置和 PLC 控制	原料处理、熔炼产尘部位配备有除尘装置，对烟粉尘净化采用干式除尘装置和 PLC 控制	原料处理、熔炼产尘部位配备有除尘装置
5. 生产工艺操作	原辅料上料	配料、上料、布料实现 PLC 控制		配料、上料、布料实现机械化及程序控制
	冶炼控制	电极压放、功率调节实现计算机控制		电极压放实现机械化
		加料实现机械化		
	炉前出炉	开堵炉眼实现机械化		
6. 煤气或余热回收利用		全封闭电炉回收煤气并利用		回收电炉煤气或烟气余热并利用
7. 水处理技术		采用软水、净环水闭路循环技术		

续表 5

清洁生产指标等级		一级	二级		三级	
二、资源与能源利用指标						
1. 电炉功率因数 $\cos\varphi$	电炉额定容量 (S)/kV · A	$S \geq 50000$	$30000 \leq S < 50000$	$25000 \leq S < 30000$	$16500 \leq S < 25000$	$12500 \leq S < 16500$
	电炉自然功率因数 $\cos\varphi$	—	≥0.76	≥0.84	≥0.86	≥0.88
	低压补偿后功率因数 $\cos\varphi$	≥0.92	≥0.92		—	
2. 铬矿入炉品位/%		Cr_2O_3含量≥40				
3. 铬（Cr）元素综合回收率/%		≥92	≥90			
4. 单位产品冶炼电耗/(kW · h/t)		≤2800			≤3200	
5. 单位产品综合能耗[a]（折标煤）/（kg/t）		≤740			≤810	
6. 单位产品新水消耗量/(m^3/t)		≤5.0	≤8.0		≤10.0	
三、废物回收利用指标						
1. 工业用水重复利用率/%		≥95			≥90	
2. 煤气回收利用率/%		100	≥90		≥85	
3. 炉渣利用率/%		100	≥95		≥90	
4. 尘泥回收利用率/%		100	≥95		≥90	

注：1. 高碳铬铁产品标准执行 GB/T 5683。
2. 高碳铬铁产品实物量以含铬 50%为基准折合成基准吨，然后以基准吨为基础再折算单位产品能耗、物耗。
3. 入炉矿品位每升高或降低 1%，相应冶炼电耗也降低或升高≤80kW · h/t，详见 GB 21341。

[a] 综合能耗计算过程中电力折合标煤按当量热值折算，取折标系数 0.1229kg/(kW · h)。

表 6　电硅热法中低微碳铬铁产品清洁生产指标要求

清洁生产指标等级	一级	二级	三级
一、生产工艺与装备要求			
1. 电炉额定容量/kV · A	≥5000		≥3000
2. 电炉装置	带盖倾动或半封闭精炼炉		
3. 精炼电炉铁水装炉	热装热兑工艺		热装或冷装工艺

续表6

<table>
<tr><td colspan="2">清洁生产指标等级</td><td>一级</td><td>二级</td><td>三级</td></tr>
<tr><td colspan="2">4. 除尘装置</td><td>原料处理、熔炼产尘部位配备有除尘装置，在熔炼除尘装置废气排放部位安装有在线监测装置，对烟粉尘净化采用干式除尘装置和 PLC 控制</td><td>原料处理、熔炼产尘部位配备有除尘装置，对烟粉尘净化采用干式除尘装置和 PLC 控制</td><td>原料处理、熔炼产尘部位配备有干式除尘装置</td></tr>
<tr><td rowspan="3">5. 生产工艺操作</td><td>原辅料上料</td><td colspan="2">配料、上料、布料实现 PLC 控制</td><td>配料、上料、布料实现机械化</td></tr>
<tr><td rowspan="2">冶炼控制</td><td colspan="2">电极压放、功率调节实现计算机控制</td><td>电极压放实现机械化</td></tr>
<tr><td colspan="3">加料实现机械化</td></tr>
<tr><td colspan="2">6. 水处理技术</td><td colspan="3">采用软水、净环水闭路循环技术</td></tr>
<tr><td colspan="5">二、资源与能源利用指标</td></tr>
<tr><td colspan="2">1. 电炉自然功率因数 $\cos\varphi$</td><td colspan="3">≥0.9</td></tr>
<tr><td colspan="2">2. 铬矿入炉品位/%</td><td colspan="3">Cr_2O_3含量≥48</td></tr>
<tr><td colspan="2">3. 铬（Cr）元素综合回收率/%</td><td>≥87</td><td>≥85</td><td>≥83</td></tr>
<tr><td colspan="2" rowspan="2">4. 单位产品冶炼电耗/(kW·h/t)</td><td colspan="2">中碳铬铁≤1400</td><td>中碳铬铁≤1600</td></tr>
<tr><td colspan="2">低微碳铬铁≤1600</td><td>低微碳铬铁≤1800</td></tr>
<tr><td colspan="2">5. 单位产品综合能耗[a]（折标煤）/(kg/t)</td><td colspan="2">≤230</td><td>≤270</td></tr>
<tr><td colspan="2">6. 单位产品新水消耗量/(m^3/t)</td><td>≤1.0</td><td>≤2.0</td><td>≤3.0</td></tr>
<tr><td colspan="5">三、废物回收利用指标</td></tr>
<tr><td colspan="2">1. 工业用水重复利用率/%</td><td colspan="2">≥95</td><td>≥90</td></tr>
<tr><td colspan="2">2. 炉渣利用率/%</td><td>100</td><td>≥95</td><td>≥90</td></tr>
<tr><td colspan="2">3. 尘泥回收利用率/%</td><td>100</td><td>≥95</td><td>≥90</td></tr>
<tr><td colspan="5">注：1. 电硅热法中低微碳铬铁产品标准执行 GB/T 5683。
2. 中低微碳铬铁产品实物量以含铬量 50%为基准折合成基准吨，然后以基准吨为基础再折算单位产品能耗、物耗。
3. 入炉矿品位每升高或降低 1%，相应冶炼电耗也降低或升高≤30kW·h/t。</td></tr>
<tr><td colspan="5">[a] 综合能耗计算过程中电力折合标煤按当量热值折算，取折标系数 0.1229kg/(kW·h)。</td></tr>
</table>

表 7　铁合金清洁生产指标要求

<table>
<tr><th>清洁生产指标等级</th><th>一级</th><th>二级</th><th>三级</th></tr>
<tr><td colspan="4">环境管理要求</td></tr>
<tr><td>1. 环境法律法规标准</td><td colspan="3">符合国家和地方有关环境法律、法规，污染物排放达到国家、地方和行业现行排放标准、总量控制和排污许可证管理要求</td></tr>
<tr><td>2. 组织机构</td><td colspan="3">建立健全专门环境管理机构和有专职管理人员，开展环保和清洁生产有关工作</td></tr>
<tr><td>3. 环境审核</td><td>按照《钢铁企业清洁生产审核指南》的要求进行了审核；按照 ISO 14001 建立并有效运行环境管理体系，环境管理手册、程序文件及作业文件齐备</td><td>按照《钢铁企业清洁生产审核指南》的要求进行了审核；环境管理制度健全，原始记录及统计数据齐全有效</td><td>按照《钢铁企业清洁生产审核指南》的要求进行了审核；环境管理制度健全，原始记录及统计数据基本齐全</td></tr>
<tr><td>4. 废物处理</td><td colspan="3">对工业固体废物（包括危险废物）的处置、处理符合国家与地方政府相关规定要求。对于危险废物应交由持有危险废物的经营许可证的单位进行处理。应制定并向所在地县级以上地方人民政府环境保护行政主管部门备案危险废物管理计划（包括减少危险废物产生量和危害性的措施以及危险废物贮存、利用、处置措施），向所在地县级以上地方人民政府环境保护行政主管部门申报危险废物产生种类、产生量、流向、贮存、处置等有关资料。针对危险废物的产生、收集、贮存、运输、利用、处置，应当制定意外事故防范措施和应急预案，并向所在地县级以上地方人民政府环境保护行政主管部门备案</td></tr>
<tr><td>5. 生产过程环境管理</td><td colspan="2">1　每个生产工序要有操作规程，对重点岗位要有作业指导书；易造成污染的设备和废物产生部位要有警示牌；生产工序能分级考核。
2　建立环境管理制度，其中包括：
—　开停工及停工检修时的环境管理程序；
—　新、改、扩建项目管理及验收程序；
—　储运系统污染控制制度；
—　环境监测管理制度；
—　污染事故的应急处理预案并进行演练；
—　环境管理记录和台账</td><td>1　每个生产工序要有操作规程，对重点岗位要有作业指导书；生产工序能分级考核。
2　建立环境管理制度，其中包括：
—　开停工及停工检修时的环境管理程序；
—　新、改、扩建项目管理及验收程序；
—　环境监测管理制度；
—　污染事故的应急程序</td></tr>
<tr><td>6. 相关方环境管理</td><td colspan="2">环境管理制度中明确：
—　原材料供应方的管理程序；
—　协作方、服务方的管理程序</td><td>环境管理制度中明确：
—原材料供应方的管理程序</td></tr>
</table>

5 数据采集和计算方法

5.1 采样

本标准各项指标的采样和监测按照国家颁布的相关标准监测方法执行。

5.2 相关指标的计算方法

5.2.1 电炉功率因数

电炉功率因数，按公式（1）计算：

$$A = \frac{P}{S} \tag{1}$$

式中 A——电炉功率因数，以 $\cos\varphi$ 表示；

P——有用功率 ，kW；

S——视在功率，kV · A。

5.2.2 入炉矿品位

指入炉矿主元素的平均品位，按公式（2）计算：

$$C_{\mathrm{p}} = \frac{C_{\mathrm{z}}}{C_{\mathrm{s}}} \times 100\% \tag{2}$$

式中 C_{p}——入炉矿品位,%；

C_{z}——入炉矿含主元素量，t；

C_{s}——入炉矿实物总量，t。

5.2.3 元素回收率

指产品在冶炼过程中某种主元素的利用程度，它是反映冶炼过程中金属回收程度的指标，按公式（3）计算：

$$R_{\mathrm{id}} = \frac{S_{\mathrm{d}}}{I_{\mathrm{o}}} \times 100\% \tag{3}$$

式中 R_{id}——元素回收率,%；

S_{d}——合格品含主元素重量，t；

I_{o}——入炉原料含主元素重量，t。

5.2.4 单位产品冶炼电耗

指在单位时间（以年为单位）内铁合金冶炼工序每生产单位合格铁合金产品所消耗的电量，其中不包括原料处理、出铁、浇铸、精整等过程消耗的电量，按公式（4）计算：

$$E_{ydh}=\frac{e_{ydh}}{P_{THJ}} \tag{4}$$

式中 E_{ydh}——单位产品冶炼电耗，kW · h/t；

e_{ydh}——铁合金生产冶炼耗电量，kW · h；

P_{THJ}——合格铁合金产量，t。

5.2.5 单位产品综合能耗

指铁合金企业在单位时间（以年为单位）生产单位产品合格铁合金所消耗的各种能源，扣除工序回收并外供的能源后实际消耗的各种能源折合标准煤总量，按公式（5）计算：

$$E_{THJ}=\frac{e_{yd}+e_{th}+e_{dl}-e_{yr}}{P_{THJ}} \tag{5}$$

式中 E_{THJ}——铁合金产品综合能耗（折标煤），kg/t；

e_{yd}——铁合金生产冶炼电力能源年耗用量（折标煤），kg；

e_{th}——铁合金生产炭质还原剂年耗用量（折标煤），kg；

e_{dl}——铁合金生产过程中动力能源年耗用量（折标煤），kg；

e_{yr}——年二次能源回收与外供量（折标煤），kg；

P_{THJ}——年合格铁合金产量，t。

5.2.6 单位产品新水消耗量

指铁合金企业在单位时间（以年为单位）采用电炉法生产单位产品铁合金所消耗的新水量，按公式（6）计算：

$$V_{ui}=\frac{V_i}{M_s}\times 100\% \tag{6}$$

式中 V_{ui}——吨产品新水消耗量，m^3/t；

V_i——年生产铁合金产品所消耗的所有新水量，m^3；

M_s——年铁合金产品产量，t。

5.2.7 工业用水重复利用率

指铁合金生产过程中工业重复用水量占工业总用水量的百分比，按公式（7）计算：

$$W=\frac{W_r}{W_r+W_n}\times 100\% \tag{7}$$

式中 W——水重复利用率,%；

W_r——年生产铁合金产品过程中的重复用水量，m^3；

W_n——年生产铁合金产品过程中的新水补充量，m^3。

5.2.8 炉渣利用率

指炉渣利用量与炉渣产生量的百分比，按公式（8）计算：

$$R = \frac{G_h}{G} \times 100\% \tag{8}$$

式中 R——炉渣利用率，%；

G_h——年炉渣利用量，t；

G——年炉渣产生量，t。

5.2.9 微硅粉回收利用率

指硅铁生产过程中微硅粉利用量与微硅粉回收量的百分比，按公式（9）计算：

$$W_{gr} = \frac{W_{ge}}{W_{gz}} \times 100\% \tag{9}$$

式中 W_{gr}——微硅粉回收利用率，%；

W_{ge}——微硅粉年利用量，t；

W_{gz}——微硅粉年回收量，t。

5.2.10 煤气回收利用率

指煤气利用量与煤气回收量的百分比，按公式（10）计算：

$$M_r = \frac{M_h}{M} \times 100\% \tag{10}$$

式中 M_r——煤气回收利用率，%；

M_h——年利用煤气量，万 m^3；

M——年回收煤气量，万 m^3。

5.2.11 尘泥回收利用率

指铁合金生产尘、泥利用量与尘、泥回收量的百分比，按公式（11）计算：

$$C_r = \frac{C_h}{C} \times 100\% \tag{11}$$

式中 C_r——尘、泥回收利用率，%；

C_h——年尘、泥利用量，t；

C——年尘、泥回收量，t。

5.2.12　基准吨

指铁合金企业把产品实物量按所含主要元素折合成规定基准成分且以吨为单位的产品产量，按公式（12）计算：

$$M_{jz} = \frac{E_z \times M_s}{E_j} \tag{12}$$

式中　M_{jz}——基准吨，t；

E_z——产品主要元素成分,%；

M_s——产品实物量，t；

E_j——产品含主要元素的基准成分,%。

注：为便于统一计算和比较铁合金产品冶炼效果，规定铁合金产量均按基准吨计算，其他指标如单位炉料消耗、单位电能消耗也均以基准吨为单位进行计算。

6　标准的实施

本标准由各级人民政府环境保护行政主管部门负责监督实施。

附录 7　常用耐火材料、隔热材料及其辅助材料的物理参数

常用耐火材料及隔热材料的密度见附表 7-1，常用耐火材料、隔热材料及其辅助材料的密度、比热容和导热系数见附表 7-2，耐火材料的电阻率见附表 7-3。

附表 7-1　常用耐火材料及隔热材料的密度

名　称	密度/$t \cdot m^{-3}$	名　称	密度/$t \cdot m^{-3}$
黏土耐火砖	2.0~2.1	石墨砖	1.42
硅质耐火砖	1.9	刚玉砖	2.96~3.1
镁质耐火砖	2.6	耐火混凝土	1.7~2.0
高铝耐火砖	3.0~3.2	石棉板	1.0~1.3
镁铬耐火砖	2.8~3.0	石棉绳	0.8
镁硅耐火砖	2.6	碳素填料	1.6
高铝砖	2.3~2.75	石棉泥料	0.9
轻质硅砖	1~2	黏土泥料	1.7
轻质黏土砖	0.8~1.3	水渣石棉填料	1.2
轻质高铝砖	0.77~1.5	硅藻土粉	0.6~0.68
半硅砖	2.0	镁砂粒	1.65~1.80
硅藻土砖	0.45~0.65	耐火黏土粉	1.1
碳砖	1.4~1.6	水玻璃	1.3~1.5
碳化硅砖	2.4	耐高温玻璃	2.23

附表 7-2　常用耐火材料、隔热材料及其辅助材料的密度、比热容和导热系数

材料名称	密度/$kg \cdot m^{-3}$	比热容 /$kJ \cdot (kg \cdot C)^{-1}$	导热系数 /$kJ \cdot (m \cdot h \cdot ℃)^{-1}$
红砖	1700	0.92	1.88~2.72
黏土砖	1900~2100		
硅藻土砖			1.17
矿渣砖	1400	0.75	2.09
矿渣砖（轻质）	1100	0.75	1.506
砖砌体	1350	0.79	2.09

续附表 7-2

材料名称	密度/kg · m^{-3}	比热容 /kJ · (kg · C)$^{-1}$	导热系数 /kJ · (m · h · ℃)$^{-1}$
重砂浆黏土砖砌体	1800	0. 79	2. 93
重砂浆硅酸盐砖砌体	1900	0. 84	3. 14
碎石或卵石混凝土	2200	0. 84	4. 60
钢筋混凝土	2400	0. 84	5. 56
石棉水泥隔热板	500	0. 84	0. 46
石棉水泥隔热板（轻质）	300	0. 84	0. 34
石棉水泥隔热板（特轻质）	250	0. 84	0. 25
矿渣棉	176	0. 75	0. 20
矿渣棉	200	0. 75	0. 25
水泥砂浆	1800	0. 84	3. 35
石灰砂浆	1600	0. 84	2. 93
耐火黏土	1845	1. 09	3. 72
干黏土	1520~1600	0. 94	
自然干燥土壤	1800	0. 84	4. 18
生石灰	900~1300	0. 90	0. 44
熟石灰	1150~1250		
石灰石	2700	0. 586	2. 51
白云石	2900	0. 93	
大理石	2700	0. 42	4. 68
石英	2500~2800	0. 84	2. 59
干砂	1500	0. 79	1. 17
湿砂	1650	2. 09	4. 06
水泥	1200		
陶瓷	2300~2450		
纯橡胶	930	.	
平板胶	1600~1800		
沥青	1060~1260		

附表 7-3 耐火材料的电阻率

材料名称	孔隙度/%	电阻率/Ω · cm		
		800℃	1200℃	1400℃
镁砖（MgO 88%）	18	5.8×10^6	17000	560
镁砖（MgO 90%~95%）	17	15×10^6	21000	11000
铬镁砖	19	0.37×10^6	3900	400
铬镁砖	14	2.1×10^6	130000	2400
黏土砖（SiO_2 53%，Al_2O_3 42%）	18	19000	1550	720
莫来石（SiO_2 32%，Al_2O_3 64%）	26	0.21×10^6	16000	7200
莫来石溶体	1.5	25000	1700	760
硅砖（SiO_2 97%）	26	0.36×10^6	10500	3300
硅锆砖（SiO_2 35%，ZrO_2 65%）	30	1.25×10^6	21000	3600
镁橄榄石	21	1.45×10^6	11500	680
碳化硅砖	12	3700	4600	1700
铸造刚玉（Al_2O_3 99%）	3.1	3800	740	290

附录 8　铁合金厂用水及水的硬度

1　工厂用水的水源

工厂用水的水源通常可分为下列三种情况：

(1) 地下水为水源，如水井；

(2) 地表水为水源，如拟建河水水源，拟建水库及湖泊水源；

(3) 城市自来水为水源。

工厂新水（水源水）补充量见附表 8-1。

附表 8-1　工厂新水补充量

序号	工厂规模/万吨	用水量/$m^3 \cdot h^{-1}$
1	<1.0	约 20
2	1~3	20~50
3	3~5	50~80
4	5~10	80~150
5	>10	150~200

2　工厂循环冷却水的主要技术条件

2.1　水质条件

2.1.1　铁合金电炉机械设备与供电设备冷却用软水

铁合金电炉机械设备与供电设备冷却用软水的技术条件见附表 8-2。

附表 8-2　铁合金电炉机械设备与供电设备冷却用软水的技术条件

序号	项　目	电炉冷却软水	管式短网冷却软水	直流变压器除盐水
1	硬度/°dH（德国度）	<3	<1	<0.1
2	悬浮物含量/$mg \cdot L^{-1}$	<50	<20	微量
3	pH 值（25℃）	6~8	7~8.5	7~9
4	氯离子（Cl^-）/$mg \cdot L^{-1}$	<50	<5	1
5	硫酸离子（SO_2^{2-}）/$mg \cdot L^{-1}$	<50	<5	
6	M 碱度（$CaCO_3$计）/$mg \cdot L^{-1}$	<60	<5	1

续附表 8-2

序号	项　　目	电炉冷却软水	管式短网冷却软水	直流变压器除盐水
7	总含盐量/mg·L^{-1}	<400	少量	微量
8	总铁量（Fe 计）/mg·L^{-1}	<2	少量	微量
9	硅酸盐（SiO_2计）/mg·L^{-1}	<6	少量	0.1
10	油脂/mg·L^{-1}	2~5	<1	<1
11	电导率（25℃）/μS·cm^{-1}	<500	<20	<10

2.1.2 铁合金其他设备（一般冷却用工业水）

水质硬度　<100mg/L（CaO）(10°dH)

悬浮物含量　<100mg/L

pH 值　6~9

2.1.3 湿法冶金车间用工业水

硬度　<80mg/L(CaO)(8°dH)

悬浮物含量　<100mg/L

铁含量　<0.5mg/L

pH 值　6~8

其他要求按具体工程和生产要求提出。

2.2　水温要求

2.2.1 铁合金电炉设备冷却用软水

进水温度　<50℃

出水温度　<60~65℃

温升　≤15℃（一般）

2.2.2 二次侧大电流母线（管式短网）冷却水

进水温度　20~30℃

出水温度　≤55℃（但不应低于45~50℃，以免水量过大）

2.2.3 铁合金设备冷却用工业水（要求用低温冷却水的除外）

进水温度　<30℃（炎热地区<35℃）

出水温度　<45℃

温升　≤15℃

2.2.4 低温冷却水

电炉变压器、结晶器、低温冷却器、锰电解槽、冷冻设备等的设备冷却水，要求使用低温水，水温一般要求低于20~25℃。

湿法冶金车间用工业水及其他用水，可视具体情况提出水温要求。

2.3 水量及水压要求

2.3.1 铁合金设备冷却用软水

铁合金电炉及变压器需要的冷却用软水量和水压条件见附表 8-3。

附表 8-3 铁合金电炉及变压器需要的冷却用软水量和水压条件

电炉变压器容量 /kV · A	炉型	电炉设备		变压器	
		水量 $/m^2 \cdot h^{-1}$	水压 /MPa	水量 $/m^3 \cdot h^{-1}$	水压 /MPa
50000	半封闭式	1200	0.30	3×25=75	0.05
31500	全封闭式	1000	0.3	3×25=75	0.05
30000	全封闭式	1000	0.3	3×20=60	0.05
25000	全封闭式	900	0.3	3×20=60	0.05
25000	半封闭式	850	0.3	3×20=60	0.05
16500	全封闭式	750	0.3	60	0.05
16500	半封闭式	700	0.3	60	0.05
12500	半封闭式	500	0.3	60	0.05

3 水的硬度和 pH 值

3.1 水的硬度

水的硬度是溶解于水中的钙盐和镁盐含量的标志。暂时硬度（碳酸盐硬度）取决于重碳酸盐的含量，水沸腾时重碳酸盐即分解成不溶于水的碳酸盐，例如 $Ca(HCO_3)_2 \rightarrow CaCO_3 + CO_2 + H_2O$，水即软化。永久硬度系由硫酸盐、氯化物和其他盐类的含量决定，水沸腾时它们仍保持于溶液中。

根据硬度不同，水可分为（$CaCO_3$）：

极软水：<75.08mg/L（1.5mg-N/L）；

软水：75.08～150.15mg/L（1.5～3mg-N/L）；

中等硬水：150.15～300.31mg/L（3～6mg-N/L）；

硬水：300.31～450.46mg/L（6～9mg-N/L）；

极硬水：>450.46mg/L（9mg-N/L）。

目前，我国对水硬度有三种表示方法：

（1）德国度，即 1 德国度相当于 1 升水中含有 10 毫克氧化钙（CaO），以°dH 表示；

（2）毫克当量/升，即 1 毫克当量/升相当于 1 升水中含有 1 毫克当量的钙+镁（Ca+Mg），以 mg-N/L 表示；

（3）毫克/升，即 1 毫克/升相当于 1 升水中含有 1 毫克的碳酸钙（$CaCO_3$ 或 CaO），以 mg/L 表示。

它们之间的单位换算关系为：

$$1°dH = 10mg/L\ (CaO) \quad 或 \quad 17.85mg/L\ (CaCO_3)$$

$$1mg\text{-}N/L = 2.804°dH$$

水的其他硬度表示方法有：

（1）英国度：1 度相当于 0.7 升水中含有 10 毫克 $CaCO_3$；

（2）法国度：1 度相当于 1 升水中含有 10 毫克 $CaCO_3$；

（3）美国度：1 度相当于 1 升水中含有 1 毫克 $CaCO_3$。

硬度换算见附表 8-4。

附表 8-4　硬度换算

硬度单位	毫克当量/升	德国度	法国度	英国度	美国度
毫克当量/升	1	2.804	5.005	3.5110	50.045
德国度	0.35663	1	1.7848	1.2521	17.847
法国度	1.9982	0.5603	1	0.7015	10
英国度	0.28483	0.7987	1.4285	1	14.285
美国度	0.01898	0.0560	0.1	0.0702	1

1 升水中硬度为 1 德国度的化合物含量见附表 8-5。

附表 8-5　1 升水中硬度为 1 德国度的化合物含量

序号	化合物名称	化合物含量/$mg \cdot L^{-1}$	序号	化合物名称	化合物含量/$mg \cdot L^{-1}$
1	CaO	10.00	8	MgO	7.19
2	Ca	7.14	9	$MgCO_3$	15.00
3	$CaCl_2$	19.17	10	$MgCl_2$	16.98
4	$CaCO_3$	17.85	11	$MgSO_4$	21.47
5	$CaSO_4$	24.28	12	$Mg(HCO_3)_2$	26.10
6	$Ca(HO_3)_2$	28.90	13	$BaCl_2$	37.14
7	Mg	4.34	14	$BaCO_3$	35.20

根据水中游离碳酸含量和加热温度计算出来的允许碳酸盐硬度见附表 7-6。

附表 8-6　根据水中游离碳酸含量和加热温度计算出来的允许碳酸盐硬度

游离碳酸含量/mg · L^{-1}	加热至不同温度时，冷却水允许的碳酸盐硬度/mg · L^{-1}					
	20℃	30℃	40℃	50℃	60℃	70℃
10	9.1	8.3	7.6	6.9	6.4	5.8
20	11.5	10.4	9.5	8.7	8.0	7.3
30	13.2	12.0	10.9	10.0	9.2	8.3
40	14.5	13.2	12.0	11.0	10.1	9.1
50	15.6	14.2	12.9	11.8	10.9	9.8
60	16.6	15.1	13.7	12.6	11.6	10.5
80	18.3	16.6	15.1	13.8	12.8	11.5
100	19.7	17.9	16.3	14.9	13.8	12.4

3.2　pH 值计算

pH 值是氢离子浓度的指数，在数值上等于氢离子浓度的负对数，以表示溶液的酸度和碱：

$$pH = -\lg(H^+) \quad 或 \quad pH = -\lg C$$

式中　C——溶液的当量浓度值。

pH=7 为中性溶液，pH<7 为酸性溶液，pH>7 为碱性溶液。

pH 值与氢离子浓度（H^+）的换算见附表 8-7。

附表 8-7　pH 值与氢离子浓度（H^+）的换算

序号	pH 值	(H^+)/mol · L^{-1}	序号	pH 值	(H^+)/mol · L^{-1}
1	n.00	1.00×10^{-n}	12	n.55	$2.82\times10^{-(n+1)}$
2	n.05	$8.91\times10^{-(n+1)}$	13	n.60	$2.51\times10^{-(n+1)}$
3	n.10	$7.94\times10^{-(n+1)}$	14	n.65	$2.24\times10^{-(n+1)}$
4	n.15	$7.18\times10^{-(n+1)}$	15	n.70	$2.00\times10^{-(n+1)}$
5	n.20	$6.31\times10^{-(n+1)}$	16	n.75	$1.78\times10^{-(n+1)}$
6	n.25	$5.65\times10^{-(n+1)}$	17	n.80	$1.59\times10^{-(n+1)}$
7	n.30	$5.02\times10^{-(n+1)}$	18	n.85	$1.41\times10^{-(n+1)}$
8	n.35	$4.47\times10^{-(n+1)}$	19	n.90	$1.26\times10^{-(n+1)}$
9	n.40	$3.98\times10^{-(n+1)}$	20	n.95	$1.12\times10^{-(n+1)}$
10	n.45	$3.55\times10^{-(n+1)}$	21	(n+1) .00	$1.00\times10^{-(n+1)}$
11	n.50	$3.16\times10^{-(n+1)}$			

利用表 8-7 可将已如的 pH 值换算为氢离子浓度（H^+）。例如，已知 pH=6.55，则 $n=6$，在表中 n.55 行查得（H^+）$= 2.8\times10^{-(n+1)} = 2.8\times10^{-7}$mol/L。

例 1：1L 水中（H^+）的浓度是 1×10^{-3}mol/L，则：$pH=-\lg(1\times10^{-3}) = 3$。

例 2：已知含硫酸为 3g/L 的水，则：

$$pH = -\lg C = -\lg 3/49.04^{❶} = -\lg 0.061$$
$$= -(2.7853) = 1.2147$$

---

❶ 0.5mol/L H_2SO_4 = 49.04g/L，1mol/L HCl = 36.47g/L，1mol/L HNO_3 = 63.02g/L。

附录 9　各种能源折算标准煤的系数表

附表 9-1　各种能源折算标准煤的系数表

能源名称	平均发热量/kJ · kg^{-1}（kcal · kg^{-1}）	折算标准煤/t
电/万千瓦时	等价热值 11930. 1（2850）（全国） 当量热值：3600（860）	4. 07
焦炭（干剂）/t	28464. 8（6800）	0. 971
石油焦/t	35392. 6（8455）	1. 208
洗精煤/t	26371. 8（6300）	0. 900
动力煤（混合煤）/t	20930（5000）	0. 714
烟煤/t	25116（6000）	0. 857
原油/t	41860（10000）	1. 429
汽油/t	43115. 8（10300）	1. 471
柴油/t	46046（11000）	1. 571
重油/t	41860（10000）	1. 429
煤油/t	43115. 8（10300）	1. 471
氧气/万立方米	耗能工质	4
水/万立方米	耗能工质	0. 86
城市煤气/万立方米	15906. 8（3800）（上海市）	5. 429
液化石油汽/t	46046（11000）	1. 571
蒸汽/t	3767. 4（900）	0. 129
木炭/t	29302（7000）	1. 000
木块/t	8372（2000）	0. 285
石油/t	41860（10000）	1. 429
天然气/万立方米	38971. 7（9310）	13. 3
纯铝/t	氧化放热：31139. 7（7439）	1. 063
纯硅/t	氧化放热：30486. 6（7283）	1. 04

附录 10 常用法定计量单位

附表 10-1 常用法定计量单位

量	法定计量单位	符号	说明或换算关系
长度	米	m	基本单位 1m=3.2808ft（英尺），1m=1.0936yd（码） 1m=39.37″（英寸），1m=3 市尺
	千米	km	1km=1000m 1km=0.62137 英里，1km=0.5396 海里 1km=2 市里
	分类	dm	1m=10dm
	厘米	cm	1m=100cm
	毫米	mm	1m=1000mm
	微米	μm	1mm=1000μm
			1ft（英尺）=12″（英寸），1yd（码）=3ft（英寸），1″（英寸）=25.4mm
			1 海里=1852m，1 市里=150 市丈，1 市尺=10 市尺，1 市尺=10 市寸
质量	千克（公斤）	kg	基本单位 1kg=2 市斤，1 市斤=500g，1 市斤=10 市两 1 市斤=16 旧市两
	克	g	1kg=1000g
	毫克	mg	1g=1000mg
	吨	t	1t=1000kg 1t（公吨）=2204.6lb（磅），1t=0.98419Imp ton（英吨、长吨） 1t=1.10229USton（美吨、短吨）
			1lb（磅）=16oz（英两）=453.6g，1oz（药金衡盎司）=31.1035g
面积	平方米	m^2	导出单位 $1m^2=1.19603yd^a$（码^2），$1m^2=10.7654ft^2$（尺^2） $1m^2=10^{-6}km^2$
	平方千米（平方公里）	km^2	$1km^2=10^6m^2$，$1km^2=10ha$（公顷）
	平方厘米	cm^2	$1cm^2=0.0001m^2=10^{-4}m^2$
	平方毫米	mm^2	$1mm^2=10^{-6}m^2=10^{-2}cm^2$
	公顷	ha	$1ha=10000m^2$，1ha=100a（公亩），1ha=15 市亩=2.471 英亩
	公亩	a	$1a=100m^2$，1 市亩$=666m^2$，1a=0.15 市亩

续附表 10-1

量	法定计量单位	符号	说明或换算关系
体（容）积	立方米 立方分米（升） 立方厘米 立方毫米 升 毫升	m^2 dm^3(L，l) cm^3 mm^3 L，l mL，ml	导出单位 $1dm^3=1l$（L），$1m^3=1000dm^3=1000l$（升） $1cm^3=10^{-6}m$、$1cm^3=1ml$（毫米） $1mm^3=10^{-3}cm^3=10^{-9}m^3$ $1m^3=35.347^3$（ft^3、英尺^3）　$1m^3=61023.7^{\#3}$（in^3、英寸^3） $1m^3=1.308yd^3$（码^2）$1m^3=27$ 市尺^3、$1'^2$（英尺^3）$=1728^{\#3}$（英寸^2） 1gal（UK）英加仑$=4.546\times10^{-3}m^3$　1l（升）= 0.2200 英加仑 1gal（US）美加仑$=3.785\times10^{-3}m^3$　1l（升）= 0.2647 美加仑
时间	秒 分 （小）时 日（昼夜） 年	s min h d a	基本单位 1min=60s 1h=60min=3600s 1d=24h 1a=12month（月）　1a=365d
（平面）角	弧度 度 分 秒	rad （°） （′） （″）	辅助单位 1°=1（π/180）rad 1′=（1/60）°=0.01667°　优先使用度的小数 1″=（1/60）′=（1/3600）°=0.0002776°　优先使用度的小数
力·重力	牛（顿） 千牛（顿） 兆牛（顿）	N kN MN	导出单位　$m\cdot kg\cdot s^{-2}$ 1kN=1000N $1MN=10^6N=10^3kN$ $1N=10^5dyn$（达因），1N=0.101972kgf（千克力） 1kgf（千克力、公斤力）=9.80665N
压力·压强·应力	帕（斯卡） 千帕（斯卡） 兆帕（斯卡）	Pa kPa MPa	导出单位　N/m^2，$m^{-1}\cdot kg\cdot s^{-2}$ 1kPa=1000Pa $1MPa=10^3kPa=10^6Pa=10bar$（巴） 1bar（巴）=1000mbar（毫巴），1bar=100kPa 1atm（标准大气压）$=10.1325\times10^4Pa=760mmHg=10.334mH_2O$ 1at（工程大气压）$=9.80665\times10^4Pa=1kgf/cm^2$ 1mmHg=133.322Pa，$1mmH_2O=9.806375Pa$ 1Torr（托）=1mmHg=133.322Pa

续附表 10-1

量	法定计量单位	符号	说明或换算关系
电流	安（培） 千安（培） 兆安（培） 毫安（培）	A kA MA mA	基本单位 1kA = 1000A 1MA = 1000kA = 10^6A 1mA = 10^{-3}A
电压·电动势·电位	伏（特） 千伏（特） 兆伏（特） 毫伏（特）	V kV MV mV	导出单位 W（瓦）/A（安），$m^2 \cdot kg \cdot s^{-6} \cdot A^{-1}$ 1kV = 1000V 1MV = 1000kV = 10^6V 1mV = 10^{-3}V
电荷（量）	库（仑）	C	导出单位 s · A
电容	法（拉）	F	导出单位 C/V，$m^{-2} \cdot kg^{-3} \cdot s^{-4}$，$A^2$
电阻	欧（姆）	Ω	导出单位 V/A，$m^2 \cdot kg \cdot s^{-2} \cdot A^{-2}$
电导	西·（门子）	S	导出单位 A/V，$m^{-3} \cdot kg^{-1} \cdot s^3 \cdot A^2$
磁通（量）	韦（伯）	Wb	导出单位 V · s，$m^2 \cdot kg \cdot s^{-2} \cdot A^{-1}$
电感	享（利）	H	导出单位 Wb/A，m · kg · s · A
温度	开（尔文） 摄氏度	K ℃	基本单位 热力学温度 导出单位 F（华氏温度）= 9/5℃+32，K（绝对温度）= ℃+273
能量·功·热量	焦（耳） 千焦（耳） 兆焦（耳） 千瓦时	J kJ MJ kW · h	导出单位 N · m，$m^2 \cdot kg \cdot s^{-2}$ 1kJ = 1000J 1MJ = 1000kJ = 10^6J 1J = 10^7erg（尔格），1cal（卡）= 4.1868J 1kcal（千卡）= 4.1868kJ 1kW · h（千瓦 · 时，度）= 3.6×10^6J 1kgf · m（千克力 · 米）= 9.80665J，1J = 0.101972kgf · m 1Btu，（英热单位）= 1055J，1lb · ft（磅 · 英尺）= 1.3558J 1metric HP · h（公制马力小时）= 2.648×10^6J

续附表 10-1

量	法定计量单位	符号	说明或换算关系
功率	瓦（特） 千瓦（特） 兆瓦（特）	W kW MW	导出单位　J/s，$m^2 \cdot kg \cdot s^{-3}$ 1kW = 1000W 1MW = 1000kW = 10^6W 1metric HP（公制马力）= 735.49875W 1kW = 1.359621metric HP（公制马力） 1HP（英制马力）= 0.7457kW 1metric HP（公制马力）= 0.9863HP（英制马力） 1kW = 737.563lb · ft/s（磅 · 英尺/秒） 1kW = 101.972kgf · m/s（公斤力 · 米/秒） 1kW = 0.2391kcal/s（千卡/秒）
频率	赫（兹）	Hz	导出单位　s^{-1}
转速	转速	s^{-1}	旋转速度　r/min 或 r/s
物质的量	摩（尔）	mol	基本单位
发光强度	坎（德拉）	cd	基本单位
流量	米²/秒 升/秒	m^2/s L/s	导出单位 导出单位 $1m^3/h$（米³/（小）时）= $1/3600m^3/s = 2.778\times10^{-4}m^3/s$ $1m^3/h$ = 1000/3600L/s = 0.277778L/s $1m^3/h$ = 0.0611gal（UK）/s（英加仑/秒） $1m^3/h$ = 0.0734gal（US）/s（美加仑/秒）
（光）照度	勒（克斯）	lx	导出单位　$1m/m^3$，$m^{-2} \cdot ch \cdot sr$
光通量	流（明）	lm	导出单位　cd · sr
立体角	球面度	sr	辅助单位
视在功率	伏安	V · A	1V · A = 1W　1kV · A = 1000VA
（动力）黏度	帕（斯卡）秒	Pa · s	导出单位　1Pa · s = 1000mPa · s $1kgf \cdot a/m^2$ = 9.80665Pa · s 1mPa · s（毫帕秒）= lcP（厘泊）
运动黏度	二次方米每秒	m^2/s	导出单位　$1m^2/s = 10^6mm^2/s$ $1mm^2/s$（二次方毫米每秒）= 1cst（厘斯（托克斯））

续附表 10-1

量	法定计量单位	符号	说明或换算关系
电阻率	欧（姆）米 欧（姆）厘米	Ω · m Ω · cm	$1\Omega \cdot mm^2/m = 10^{-6}\Omega \cdot m$
面积电流	安（培）/厘米^2 安（培）/毫米^2	A/cm^2 A/mm^2	
力矩	牛米	N · m	1kgf · m = 9.80665Nm　1N · m = 0.101972kgfm
冲击功	焦（耳）	J	1kgf · m = 9.80665Nm　1N · m = 0.101972kgfm
线胀系数		K^{-1}	$1mm/(mm \cdot ℃) = 1K^{-1}$
导热系数		W/(m · K)	1cal/(cm · s · ℃) = 418.68W/(m · K) $1W/(m \cdot K) = 2.3884\times10^{-8}cal/(cm \cdot s \cdot ℃)$
热容		J/K	1cal/℃ = 4.1868J/K，1J/K = 0.23864cal/℃
质量热容		J/(kg · K)	1cal/(kg · ℃) = 4.1868J/(kg · K) 1J/(kg · K) = 0.23884cal/(kg · ℃)
转动惯量	千克米^2	$kg \cdot m^2$	
动量	千克米/秒	kg · m/s	
动量矩	千克米^2/秒	$kg \cdot m^2/s$	
速度	米/秒	m/s	
加速度	米/秒^2	m/s^2	
角速度	弧度/秒	rad/s	
角加速度	弧度/秒^2	rad/s^2	

注：（　）内的文字通常可省略。

附录 11 元素周期表

原子序数	14	Si	元素符号，粗体指放射性元素
元素名称 注 * 的是人造元素	硅		
	$3s^23p^2$		外围电子层排布，括号指可能的电子层排布
	28.09		相对原子质量（加括号的数据为该放射性元素半衰期最长同位素的质量数）

金 属 ｜ 非 金 属 ｜ 过渡元素

周期 \ 族	1A 1	Ⅱ A 2	Ⅲ B 3	Ⅳ B 4	Ⅴ B 5	Ⅵ B 6	Ⅶ B 7	Ⅷ 8	Ⅷ 9	Ⅷ 10	Ⅰ B 11	Ⅱ B 12	Ⅲ A 13	Ⅳ A 14	Ⅴ A 15	Ⅵ A 16	Ⅶ A 17	0 18	电子层	0族电子数
1	1 H 氢 $1s^1$ 1.008																	2 He 氦 $1s^2$ 4.003	K	2
2	3 Li 锂 $2s^1$ 6.941	4 Be 铍 $2s^2$ 9.012											5 B 硼 $2s^22p^1$ 10.81	6 C 碳 $2s^22p^2$ 12.01	7 N 氮 $2s^22p^3$ 14.01	8 O 氧 $2s^22p^4$ 16.00	9 F 氟 $2s^22p^5$ 19.00	10 Ne 氖 $2s^22p^6$ 20.18	L K	8 2
3	11 Na 钠 $3s^1$ 22.99	12 Mg 镁 $3s^2$ 24.31											13 Al 铝 $3s^23p^1$ 26.98	14 Si 硅 $3s^23p^2$ 28.09	15 P 磷 $3s^23p^3$ 30.97	16 S 硫 $3s^23p^4$ 32.06	17 Cl 氯 $3s^23p^5$ 35.45	18 Ar 氩 $3s^23p^6$ 39.95	M L K	8 8 2
4	19 K 钾 $4s^1$ 39.10	20 Ca 钙 $4s^2$ 40.08	21 Sc 钪 $3d^14s^2$ 44.96	22 Ti 钛 $3d^24s^2$ 47.87	23 V 钒 $3d^34s^2$ 50.94	24 Cr 铬 $3d^54s^1$ 52.00	25 Mn 锰 $3d^54s^2$ 54.94	26 Fe 铁 $3d^64s^2$ 55.85	27 Co 钴 $3d^74s^2$ 58.93	28 Ni 镍 $3d^84s^2$ 58.69	29 Cu 铜 $3d^{10}4s^1$ 63.55	30 Zn 锌 $3d^{10}4s^2$ 65.41	31 Ga 镓 $4s^24p^1$ 69.72	32 Ge 锗 $4s^24p^2$ 72.64	33 As 砷 $4s^24p^3$ 74.92	34 Se 硒 $4s^24p^4$ 78.96	35 Br 溴 $4s^24p^5$ 79.90	36 Kr 氪 $4s^24p^6$ 83.80	N M L K	8 18 8 2
5	37 Rb 铷 $5s^1$ 85.47	38 Sr 锶 $5s^2$ 87.62	39 Y 钇 $4d^15s^2$ 88.91	40 Zr 锆 $4d^25s^2$ 91.22	41 Nb 铌 $4d^45s^1$ 92.91	42 Mo 钼 $4d^55s^1$ 95.94	43 Tc 锝 $4d^55s^2$ [98]	44 Ru 钌 $4d^75s^1$ 101.1	45 Rh 铑 $4d^85s^1$ 102.9	46 Pd 钯 $4d^{10}$ 106.4	47 Ag 银 $4d^{10}5s^1$ 107.9	48 Cd 镉 $4d^{10}5s^2$ 112.4	49 In 铟 $5s^25p^1$ 114.8	50 Sn 锡 $5s^25p^2$ 118.7	51 Sb 锑 $5s^25p^3$ 121.8	52 Te 碲 $5s^25p^4$ 127.6	53 I 碘 $5s^25p^5$ 126.9	54 Xe 氙 $5s^25p^6$ 131.3	O N M L K	8 18 18 8 2
6	55 Cs 铯 $6s^1$ 132.9	56 Ba 钡 $6s^2$ 137.3	57~71 La~Lu 镧系	72 Hf 铪 $5d^26s^2$ 178.5	73 Ta 钽 $5d^36s^2$ 180.9	74 W 钨 $5d^46s^2$ 183.8	75 Re 铼 $5d^56s^2$ 186.2	76 Os 锇 $5d^66s^2$ 190.2	77 Ir 铱 $5d^76s^2$ 192.2	78 Pt 铂 $5d^96s^1$ 195.1	79 Au 金 $5d^{10}6s^1$ 197.0	80 Hg 汞 $5d^{10}6s^2$ 200.6	81 Tl 铊 $6s^26p^1$ 204.4	82 Pb 铅 $6s^26p^2$ 207.2	83 Bi 铋 $6s^26p^3$ 209.0	84 **Po** 钋 $6s^26p^4$ [209]	85 **At** 砹 $6s^26p^5$ [210]	86 **Rn** 氡 $6s^26p^6$ [222]	P O N M L K	8 18 32 18 8 2
7	87 **Fr** 钫 $7s^1$ [223]	88 **Ra** 镭 $7s^2$ [226]	89~103 **Ac~Lr** 锕系	104 **Rf** 𬬻 * $5d^27s^2$ [261]	105 **Db** 𬭊 * $6d^37s^2$ [262]	106 **Sg** 𬭳 * [266]	107 **Bh** 𬭛 * [264]	108 **Hs** 𬭶 * [277]	109 **Mt** 鿏 * [268]	110 **Ds** 𫟼 * [281]	111 **Rg** 𬬭 * [272]	112 **Uub** * [285]	……							

镧系	57 La 镧 $5d^16s^2$ 138.9	58 Ce 铈 $4f^15d^16s^2$ 140.1	59 Pr 镨 $4f^36s^2$ 140.9	60 Nd 钕 $4f^46s^2$ 144.2	61 **Pm** 钷 $4f^56s^2$ [145]	62 Sm 钐 $4f^66s^2$ 150.4	63 Eu 铕 $4f^76s^2$ 152.0	64 Gd 钆 $4f^75d^16s^2$ 157.3	65 Tb 铽 $4f^96s^2$ 158.9	66 Dy 镝 $4f^{10}6s^2$ 162.5	67 Ho 钬 $4f^{11}6s^2$ 164.9	68 Er 铒 $4f^{12}6s^2$ 167.3	69 Tm 铥 $4f^{13}6s^2$ 168.9	70 Yb 镱 $4f^{14}6s^2$ 173.0	71 Lu 镥 $4f^{14}5d^16s^2$ 175.0
锕系	89 **Ac** 锕 $6d^17s^2$ [227]	90 **Th** 钍 $6d^27s^2$ 232.0	91 **Pa** 镤 $5f^25d^17s^2$ 231.0	92 **U** 铀 $5f^36d^17s^2$ 238.0	93 **Np** 镎 $5f^46d^17s^2$ [237]	94 **Pu** 钚 $5f^67s^2$ [244]	95 **Am** 镅 * $5f^77s^2$ [243]	96 **Cm** 锔 * $5f^76d^17s^2$ [247]	97 **Bk** 锫 * $5f^97s^2$ [247]	98 **Cf** 锎 * $5f^{10}7s^2$ [251]	99 **Es** 锿 * $5f^{11}7s^2$ [252]	100 **Fm** 镄 * $5f^{12}7s^2$ [257]	101 **Md** 钔 * $(5f^{13}7s^2)$ [258]	102 **No** 锘 * $(5f^{14}7s^2)$ [259]	103 **Lr** 铹 * $(5f^{14}6d^17s^2)$ [262]

注：
相对原子质量录自2001年国际原子量表，并全部取4位有效数字。

参考文献

［1］何允平，王恩慧．工业硅生产［M］．北京：冶金工业出版社，1989.

［2］赵乃成，张启轩．铁合金生产实用技术手册［M］．北京：冶金工业出版社，1998.

［3］何允平，王金铎．工业硅科技新进展［M］．北京：冶金工业出版社，2004.

［4］栾心汉，唐琳，李小明，侯苏波．铁合金生产节能及精炼［M］．西安：西北工业大学出版社，2006.

［5］唐琳．工业硅生产工艺及设备［M］．成都：四川大学出版社，2014.

［6］李小明，张爽，赵俊学，等．铁合金生产概论［M］．北京：冶金出版社，2014.

［7］谢刚，包崇军，李宗有．工业硅及硅铁生产［M］．北京：冶金工业出版社，2016.

［8］戴维，舒莉．铁合金工程技术［M］．北京：冶金工业出版社，2015.

［9］中国有色金属工业协会硅业分会论文集．

［10］《铁合金》杂志．

［11］全国铁合金技术讲座暨高级技术培训班培训教材．

［12］国际铁合金会议论文集．

［13］有关国家标准、行业标准．

唐 琳

男，汉族，1961 年毕业于武汉钢铁学院（现武汉科技大学），1988 年被评为水利部高级工程师，1989 年被聘为水利部丹江口水利枢纽管理局铁合金厂总工程师。先后被聘为中国铁合金学会理事、中国有色金属工业协会硅业分会专家委员会资深专家、四川省铁合金（工业硅）工业协会顾问等。

从事铁合金行业五十余年，先后八次获得部、局级科技成果奖；在《铁合金》杂志发表论文二十余篇；出版专著《铁合金生产节能及精炼技术》（西北工业大学出版社，2006），《镍铁冶金技术及设备》（冶金工业出版社，2010），《工业硅生产工艺及设备》（四川大学出版社，2014）。

魏奎先

男，昆明理工大学教授，博士生导师，博士后合作导师。主要从事真空冶金、硅冶金与硅材料等方面的研究，入选云南省中青年学术与技术带头人后备人才、云南省“万人计划”青年拔尖人才。现任昆明理工大学学术委员会委员、中国有色金属学会青年工作委员会副秘书长、中国金属学会铁合金分会委员、《中南大学学报（自然科学版）》青年编委。主持国家自然科学基金项目 3 项（含联合重点项目 1 项）、固废资源化重点专项子课题等项目 10 余项。获中国有色金属工业科技奖励一等奖 3 项，获 2018 年中国有色金属学会青年科技奖，获中国循环经济协会专利奖二等奖 1 项。申请专利 30 余件，发表 SCI/EI 检索学术论文 40 篇。承担《铁合金原理及工艺》《硅冶金与硅材料》《冶金过程能源环境学》课程。

邢鹏飞

男，工学博士，教授，博士生导师。东北大学新能源系主任、新能源材料所所长，中国金属学会铁合金分会副主任委员、冶金法多晶硅创新联盟专家委员、稀土杂志编委等。主要从事将电热冶金、高温冶金应用于新能源材料、铁合金、硅合金、硅、高纯硅、二次资源高值化利用等方面的研究。曾在中科院过程工程研究所作高级访问学者 2 年，丹麦科技大学、丹麦 LUCENT 公司和 HYMITE 公司等作访问学者、高级研究员 7 年。先后产业化的项目有“光伏废料制备高纯硅”“高品质碳化硼结晶块的冶炼和制粉”“稀土硅铁合金”“稀土硅钡合金”等 6 项。获国家技术发明奖二等奖、辽宁省科技进步奖一等奖等奖项 10 余项。申请及授权专利 60 余件，发表相关论文 200 余篇，其中 SCI 收录 50 余篇。

李小明

男，教授，博士生导师，西安建筑科技大学冶金工程学院副院长。主要从事冶金工程技术、冶金资源综合利用领域的教学及科研工作。任中国金属学会冶金反应工程学会委员、中国硅酸盐学会工程技术分会冶金固废专业委员会委员、中国冶金教育学会冶金工程实践教学研究会副理事长。科技奖励和科技项目评审专家。主持国家自然科学基金项目 2 项，省部级、厅局及企业横向课题 20 余项，发表论文 110 余篇，申请及授权专利 10 件，出版专著及教材 8 部。

张　爽

女，汉族，西安建筑科技大学冶金工程专业毕业，现任西安腾冶冶金工程有限责任公司总经理。曾组织过 100t 大型炼钢电弧炉、钢包精炼炉以及大型矿热炉等项目的研发、设计及生产。担任中国首套出口伊朗大型矿热炉和首条出口伊朗的宽板热连轧总包 EPC 等生产线项目的总负责人。

精通 ISO9001、TS16949 质量管理体系和冶金项目产品监造监制体系，具有丰富的企业管理经验和先进的管理理念。曾出版教材《铁合金生产概论》（冶金工业出版社，2010），在《铁合金》杂志发表《印尼苏钢集团 25.5MVA 镍铁电炉设计与装备特点》等论文。

本人愿为共建“一带一路”新时代作出新贡献。

王海娟

女，博士，副教授，2000~2007 年就读于北京科技大学，获冶金物理化学硕士学位；2010 年毕业于瑞典皇家工学院，获冶金工程博士学位。现任北京科技大学钢铁冶金新技术国家重点实验室、冶金与生态工程学院副教授，中国金属学会铁合金分会副秘书长，INFACON 会议组委会成员，MMTB、JOM、Steel Research International 等期刊审稿人。主要研究领域为铁合金冶炼相关的基础理论与工艺（锰、铬、硅系）、铁合金精炼工艺技术等。在研 / 完成科研项目 15 项，获冶金科技进步奖三等奖 1 项。主持引进了瑞典 CLU 转炉精炼技术、GRANSHOT 铁水粒化技术并首次在中国应用于工业生产。发表学术论文 40 余篇，包括冶金领域著名期刊 Metallurgical and Materials Transaction B，Steel Research International 及 ISIJ International 等，申请及授权专利 6 项。

昌吉吉盛新型建材有限公司

昌吉吉盛新型建材有限公司成立于 2014 年 1 月，是东方希望集团旗下专注于硅基新材料领域的全资子公司。公司利用新疆丰富的硅石资源，结合东方希望集团在新疆的煤、电、冶一体化产业，建有 17×33MW 工业硅生产线及配套洗煤厂、碳电极、硅粉制备车间产业链。公司年产能 24 万吨，主要产品为 421、441、551、553 等。产品除供应本集团多晶硅生产外，还畅销国内外市场，已成为国内先进的工业硅生产基地。

工业硅是现代工业尤其是高科技产业必不可少的基础材料，被广泛应用于化工、冶金、电子信息、机械制造、航空航天、船舶制造、能源开发等各个工业领域。昌吉吉盛新型建材有限公司工业硅生产线以硅石为生产原料，以低硫、低灰分煤炭和木块为还原剂，采用全煤冶炼工艺进行熔炼生产。项目主要包含 17×33MW 矮烟罩半封闭旋转电炉、两座空压站、一套余热发电系统，以及相关公用及辅助工程。

总 经 理：陈建材　手机 18699439061

销售经理：王叶茂　手机 18145696311

北京科技大学钢铁冶金新技术国家重点实验室

北京科技大学钢铁冶金新技术国家重点实验室于 2011 年经国家科学技术部批准，依托于生态与循环冶金教育部重点实验室筹建；2012 年正式挂牌建成运行；2013 年经国家科技部评估并验收合格，正式对外开放。

实验室以钢铁工业发展重大需求为导向，紧密围绕碳素能源高效转化、冶金资源高效利用、高端钢铁材料高效生产等我国钢铁工业急需解决的重大问题，针对高温过程反应机理与反应动力学、能量高效转换与链接、铁矿资源高效利用、高品质钢铁材料冶炼与铸轧、冶金智能制造与装备五个方向开展基础研究。通过基础理论的突破，力争在复杂矿选择性还原与元素高效分离、煤氧强化燃烧与氧气高炉炼铁、洁净钢高效精炼等关键技术上建立工业技术原型，为我国钢铁工业 CO_2 减排、复杂共生和劣质化铁矿高效利用、钢铁产品的低成本高效冶炼等提供理论基础和技术支撑。

实验室独立运行以来，承担了一批包括国家“973”计划、“863”计划、科技支撑计划、国家自然科学基金重点项目、教育部创新团队和引智计划在内的重大科研任务，累计科研经费逾 5 亿元；荣获省部级以上奖励 22 项，其中国家科技进步奖二等奖 5 项，冶金科学技术奖 1 项，中国循环经济协会科学技术奖一等奖 1 项，中国产学研合作创新成果奖 1 项，2013 年节能中国十大应用技术 1 项；发表 SCI 论文 900 余篇，获国内外授权专利 200 余项。

实验室现有固定研究人员 82 人，其中教授、研究员 56 人（博士生导师 57 人），副教授、高工 9 人，讲师和工程师等 18 人，具有博士学位研究人员占 90.1%；其中有中科院院士 1 人、工程院院士 1 人、杰青 6 人、长江学者 4 人。实验室目前拥有 4 个教育部创新团队，其中 3 个教育部长江学者和创新团队发展计划和 1 个“黄大年”教师创新团队。除固定工作人员外，还有 400 多名博士后、博士研究生和硕士研究生在实验室从事相关研究工作。同时本实验室还聘请国内外知名专家、学者作为客座人员，合作进行课题申报、人才培养，并参与实验室的研究工作。

实验室具有冶金工程一级学科博士学位授予权，涵盖冶金物理化学、钢铁冶金、有色金属冶金 3 个二级学科，并设有博士后科研流动站，与材料科学与工程、动力工程及工程热物理、机械工程、资源工程、环境科学与工程、化学工程与技术、控制科学与工程、计算机科学与技术、信息与通信工程、软件工程等学科相交叉，是一个冶金工程基础研究和应用基础研究、聚集和培养优秀冶金科技人才、开展高水平学术交流、科研装备先进的重要基地。

四川纳毕硅基材料科技有限公司

四川纳毕硅基材料科技有限公司（原德昌亚王金属材料有限责任公司），位于四川省凉山州“国家攀西战略资源创新开发试验区”的四川德昌特色工业园，是凉山地区目前规模最大、生产与环保设备最先进、产品质量合格率最高、市场品牌度最响的工业硅生产企业，曾先后获得“凉山出口创汇突出贡献先进单位”“四川省重合同守信用企业”等荣誉称号。

公司注册资本 31250 万元，一期占地面积 262 亩，自建有 4 公里的 110kVA 的同塔双回输电专用线路与开关站，2 台 12500kVA 与 2 台 16500kVA 工业硅矿热炉先后于 2012 年、2017 年投产，主营 421#、521# 系列高纯度工业硅，年产能 3 万吨。2021 年实现销售收入 3.8 亿元，实现净利润 1.15 亿元，缴纳税费 3330 余万元。

公司制定了一套完整、科学的硅基材料产能、产业链与市场竞争模式的综合发展战略，成立了中国西南首家“硅基材料研究院”，独家拥有“短流程冶金技术”“直流电冶金技术”两项首创硅材料生产技术。利用这两项技术，依托现有的 3 万吨工业硅厂区，积极利用凉山州地区“水电资源、光伏资源、硅矿资源、氯碱资源”等四大优势，在四川德昌特色工业园区内全力打造四川凉山地区“纳毕硅基材料产业园”（园中园），计划在未来 5 年内总投资 138.5 亿元人民币，重点推进“10 万吨工业硅、10 万吨多晶硅、40 万吨有机硅单体及衍生产品”三大项目投资，在中国“国家攀西战略资源创新开发试验区”核心区内打造四川“凉山硅谷”，项目全部投产后，公司销售收入将达到 168 亿元，净利润达到 19.8 亿元。

未来公司还将在资源丰富、高载能与环境管控相对宽松的北非与南美洲建设“纳毕海外硅基材料工业园”；在中国微电子芯片与电子工业集中的广东大湾区、成都天府新区重点发展“碳化硅半导体材料与新型有机硅材料”。根据公司的发展规划，公司的综合产能、销售规模、盈利能力将先后进入中国硅行业前 8 名与前 3 名，成长为一家世界材料工业领域知名的上市公司。

四川乐山鑫河电力综合开发有限公司

Sichuan Leshan Xinhe Comprehensive Power Development CO.,LTD

【公司概况】

四川乐山鑫河电力综合开发有限公司是集电力开发、工业硅生产、矿山开采、房地产开发、酒店服务于一体并通过 ISO9001 国际质量体系认证的综合型民营企业。现有员工 1200 余人，有 5×12500kVA+5×16500kVA 工业硅矿热炉共 10 条生产线，年产能 10 万吨，目前生产的工业硅牌号主要有 3203、3303、4110、421 级；总装机 3.8 万千瓦电站 4 座；有锰矿、铁矿、铜矿、铅锌矿等多金属矿权 6 个;“三星级”宾馆 1 个。

公司党委、工会、科协、团委等管理组织机构健全，管理规范，经营良好。

【公司掠影】

水电企业

冶炼企业

公司总部

房地产业

宾馆

矿山企业

地址：四川省乐山市金口河区滨河路一段 69 号

Address：No.69, Section 1, Binhe Road, Jinkouhe District, Leshan City, Sichuan Province

电话 / Tel：0833-2713449　传真 / Fax：0833-2713449　邮编 / P.C：614700

邮箱 / E-mail：scxhdl@126.com

网址 / Website：http://www.scxhtzjt.com

西安建筑科技大学冶金应用技术研究所

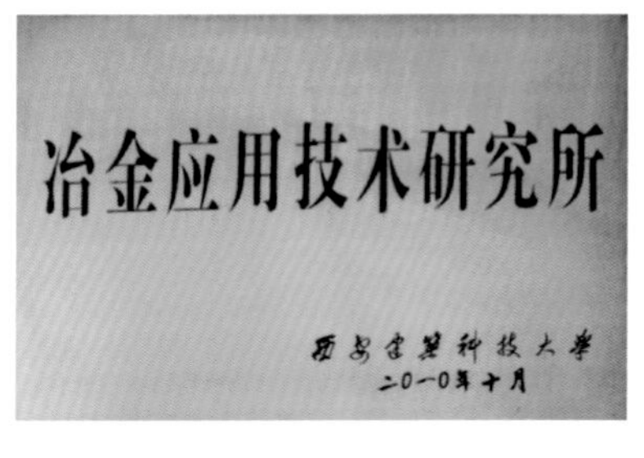

西安建筑科技大学冶金应用技术研究所成立于1997年，主要研究方向包括铁合金生产工艺设备、节能技术及新产品开发，冶金过程固体废弃物综合利用，冶金辅助材料及技术，冶金工艺优化等。掌握矿热炉成套设计及节能技术、多元铁合金新产品生产技术、钢渣综合利用技术等。研究所已承担相关研究开发项目36项，设计项目22项。研究所依托西安建筑科技大学冶金工程学院和省级冶金工程实验室和技术研究中心，可提供冶金、材料相关实验研究与检测，工程咨询与设计，设备制作与成套、生产、开发配套等服务。依托西安建筑科技大学设计研究总院，拥有冶金行业工程设计乙级资质。

泰宁县三晶光电有限公司

泰宁县三晶光电有限公司于2007年11月23日成立，总投资6500万元，注册资金600万元，占地89亩，拥有生产炉、精炼炉和配套设施，建筑面积36557平方米。公司年产高纯硅（纯度99.5%）10000吨。产品主要应用于高端民用、军工特种合金、有机硅化工、电子、太阳能光伏行业。

公司年产10000吨高纯硅项目严格按照节能、环保、清洁生产要求设计建设，在同行业中具有积极的带头示范作用。该项目被列入福建省重点项目和省级创业投资资金投资项目，2014年被国家工信部公告为第5批符合行业准入条件的企业。公司是福建省冶金工业协会硅业分会会长单位，产品质量名列全国行业前列，为“中国好硅在福建，福建好硅在三明”作出了积极的贡献。

公司2015年取得了ISO9001质量管理体系认证证书。公司产品高纯硅规格主要有：3N、4 N、2202、25015、3301、35015、4103、4203等，其中P < 20ppm，Ti < 250ppm，B < 10ppm，C < 100 ppm。

法人代表、总经理：江远金

电话：13328589138　（0598）5190393

传真：（0598）5190398　邮编：354400

电子邮箱：tnsjgd2008@163.com

地址：福建省三明市泰宁县杉城镇大洋坪工业集中区 A02 号

南京库泰环保科技有限公司

南京库泰环保科技有限公司是由德国库泰环保科技有限公司（即“TUC- 克劳斯塔尔工业大学环境技术学院有限公司”）与原中石化南京化学工业集团公司所属的改制单位共同联合组建而成。德国库泰环保科技有限公司在环保科技领域具有世界领先的技术实力，为了在世界上最具有市场潜力的中国推广先进技术以造福中国人民，与具有丰富经验和建设实力的中国本地公司强强联合，组成战略合作伙伴，共同为打造蓝天碧水的中国而不懈努力。

公司核心技术团队由毕业于德国克劳斯塔尔工业大学的多名博士、硕士组成。公司与德国 CUTEC-Institut-Gmbh 密切合作，拥有包括布袋除尘、脱硫、脱硝工艺及设备在内的多项废气处理技术，其中在冶炼烟气处理、二噁英去除、酸碱性废气处理、VOC 有机废气处理等多种废气处理领域技术处于国内外领先水平。公司可根据废气性质成分、处理量和处理要求等具体情况进行方案设计、设备制造、安装调试、运营培训等一条龙全套服务。

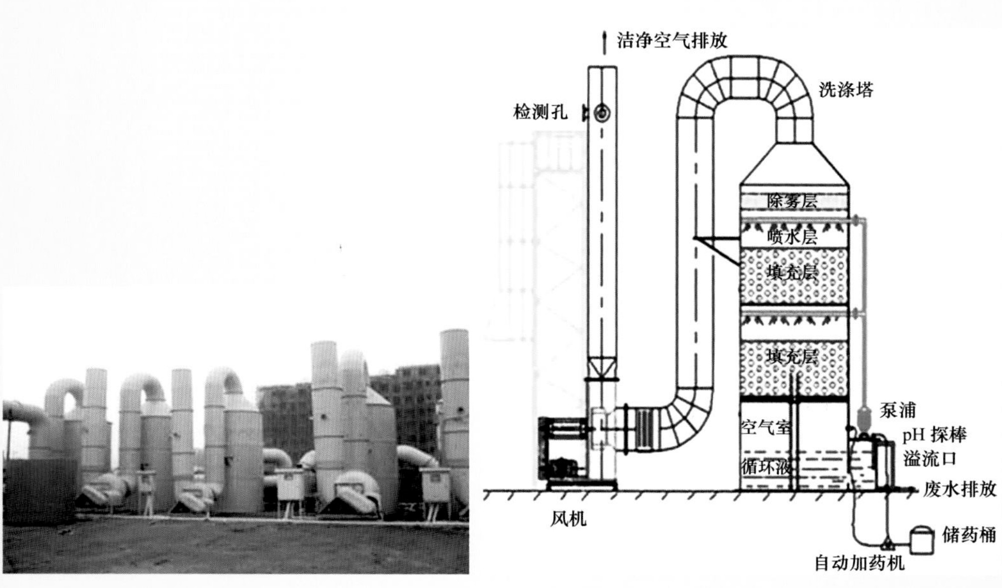

总经理：董涛
电　话：13815446226
邮　箱：taodong2002@163.com
地　址：南京市六合区宁六路 359 号
网　址：www.nanjingcutec.com

阿坝州禧龙工业硅有限责任公司

阿坝州禧龙工业硅有限责任公司成立于2000年4月20日，是浙江新安化工集团股份有限公司全资控股的工业硅专业生产企业。公司秉承新安文化核心价值观“客户为先、贡献为本、艰苦奋斗、同创共享”，坚持安全环保生产，走绿色发展之路，努力打造新安集团硅基新材料的基础原料基地，为新安集团成为硅基新材料的全球领先者贡献力量。

阿坝州禧龙工业硅有限责任公司在汶川县桃关工业区已经建成有2台12600kVA技改型矿热炉和1台16500kVA的新型矿热炉，每年工业硅产能超过20000吨，产值3亿元，是四川省守合同重信用企业，四川省模范职工之家，“禧龙牌商标”是四川省著名商标，2010年获得阿坝州突出贡献企业称号，2014年获得浙江新安化工集团公司年度优胜单位称号。

阿坝州禧龙工业硅有限责任公司成立二十年来经历了2008年“5·12”地震和2013年“7·10”泥石流两次特大自然灾害都坚定信心恢复重建，持续稳定生产，受到省州县领导的肯定。2004年公司率先使用碳素电极冶炼工业硅，推动了工业硅冶炼技术工艺的创新突破与发展，为工业硅冶炼技术创新作出了突出贡献。

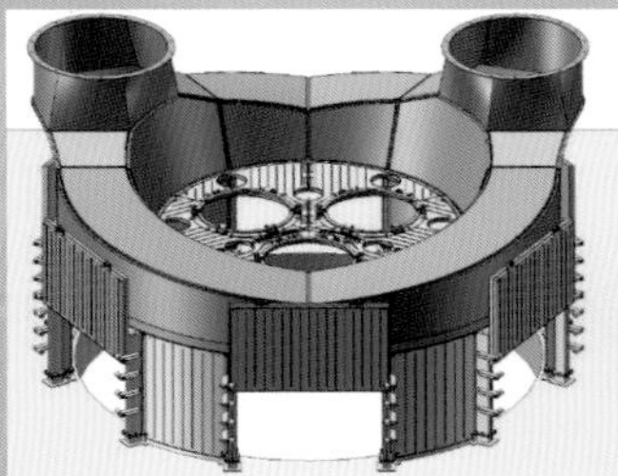

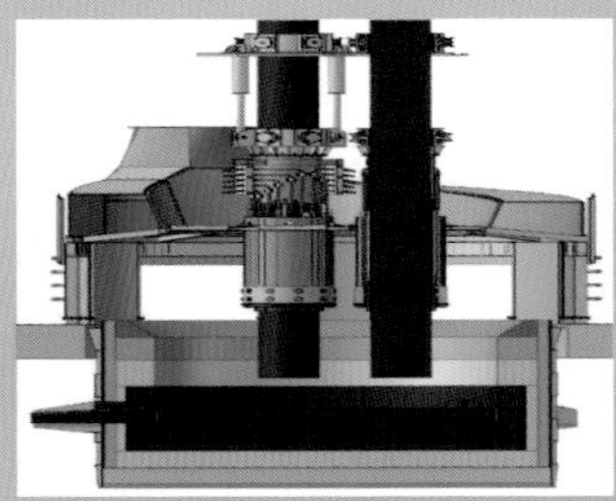